实验动物从业人员培训教程（第二版）

张　薇　张延英　刘忠华　陈　嘉　邹移海◎主编

中山大學出版社
SUN YAT-SEN UNIVERSITY PRESS
·广州·

图书在版编目（CIP）数据

实验动物从业人员培训教程/张薇等主编．—2版．—广州：中山大学出版社，2024.3
ISBN 978－7－306－08007－3

Ⅰ.①实…　Ⅱ.①张…　Ⅲ.①实验动物—饲养管理—职业培训—教材　Ⅳ.①Q95－331

中国国家版本馆CIP数据核字（2023）第247031号

出 版 人：王天琪
策划编辑：鲁佳慧
责任编辑：鲁佳慧
封面设计：曾　斌
责任校对：黎海燕
责任技编：靳晓虹
出版发行：中山大学出版社
电　　话：编辑部 020－84111996，84113349，84111997，84110779
　　　　　发行部 020－84111998，84111981，84111160
地　　址：广州市新港西路135号
邮　　编：510275　　传　真：020－84036565
网　　址：http://www.zsup.com.cn　E-mail：zdcbs@mail.sysu.edu.cn
印 刷 者：佛山市浩文彩色印刷有限公司
规　　格：787mm×1092mm　1/16　22.75印张　740千字
版次印次：2016年11月第1版　2024年3月第2版　2024年3月第2次印刷
定　　价：98.00元

本书编委会

顾　问： 黄　韧　顾为望　余　亮　王元占　詹纯列

主　编： 张　薇　张延英　刘忠华　陈　嘉　邹移海

副主编： 余文兰　袁　文　邓少嫦　邹皑龙　王牧孜

编　委：（以姓氏笔画为序）

王元占　王林川　王牧孜　邓少嫦　邢会杰　刘忠华　关业枝
李建军　肖　东　余　亮　余文兰　邹移海　邹皑龙　宋　冰
张　钰　张　薇　张永斌　张延英　张嘉宁　陈　嘉　陈梅丽
陈燕平　罗　益　赵　勇　赵维波　袁　文　袁　进　顾为望
高赛飞　郭中敏　郭学军　黄　韧　黄文革　黄海定　黄海燕
寇红岩　傅江南　詹纯列　黎韦华　黎福荣　潘藜捷

协　编： 练敏洲　闫立新　王玉珏　唐　彬

内 容 简 介

本书共分19章，包括实验动物管理法规和标准、动物福利和伦理、实验动物学绪论、实验动物遗传学、实验动物微生物与寄生虫学、实验动物环境生态学、实验动物营养学、常用实验动物、基因工程动物、SPF鸡及鸡蛋、水生实验动物、无菌动物、人类疾病动物模型、动物实验质量监控、动物实验基本技术、实验动物饲料营养和生产、实验动物普通笼器具生产加工、实验动物特殊笼器具生产加工、实验动物及环境设施的检测。书后附“实验动物及相关产品供应单位名录”，供读者购买实验动物及相关产品时参考，更多信息可进入“中国实验动物信息网”查询。

本书涵盖内容广泛，可作为实验动物从业人员的培训教材和工具书，也可供高等院校研究生和本科生、职业学校学生作为教材使用。

前　言

2010年6月2日，广东省第十一届人民代表大会常务委员会第十九次会议通过了《广东省实验动物管理条例》，自2010年10月1日起施行。该条例的实施有力地促进了广东省实验动物管理工作的开展，并提高了实验动物科技水平。

《广东省实验动物管理条例》要求实验动物工作单位具有保证正常生产或正常使用实验动物所需要的专业技术人员，对实验动物从业人员提出了专业技术资格要求。我们编撰《实验动物从业人员培训教程》就是为了帮助实验动物从业人员掌握实验动物学理论知识，顺利通过实验动物专业技术考核并获得上岗资质。同时，本教程也可作为实验动物从业人员日常工作的参考用书，以及职业教育和高等院校研究生、本科生的学习教材。

《广东省实验动物管理条例》规定，对广东省境内实验动物的生产、使用实行许可管理制度，实施许可评估过程中必须派专家到申报单位进行现场考核。而对从业人员可进行口试和笔试考核以评估其专业技术水平，这成为专家现场考核的重要环节。为了确保口试和笔试考核的公平性，我们在2015年编写出版了《实验动物学考试题汇编》，已提交省科学技术主管部门作为参考图书。

编委会自2014年初开始着手《实验动物从业人员培训教程》的撰写工作，历时两年半完成，于2016月11月出版。全书约80万字，共18章，分为实验动物管理法规和标准、动物福利、实验动物学绪论、实验动物遗传学、实验动物微生物与寄生虫学、实验动物环境生态学、实验动物营养学、常用实验动物、基因工程动物、SPF鸡及鸡蛋、水生实验动物、人类疾病动物模型、动物实验质量监控、动物实验基本技术、实验动物饲料营养和生产、实验动物普通笼器具生产加工、实验动物特殊笼器具生产加工、实验动物及环境设施的检测。有些章节存在内容的重合（如第七章和第十五章），主要是考虑到不同学员的培训需要，目的是方便学员的学习。该书是与《实验动物学考试题汇编》相匹配的培训教材。《实验动物学考试题汇编》的所有答案均可从《实验动物从业人员培训教程》中找到，提高了实验动物从业人员的学习效率，受到好评。

随着生命科学、医药学等的发展，我们愈加认识到实验动物是支撑相关科技进步与创新不可或缺的战略性资源。实验动物学知识的更新紧跟支撑学科的发展，也是实验动物从业人员学习培训所需。因此，编委会于2021年着手本教程第二版的出版工作，修改完善了书的内容，并新增了“无菌动物”章节，共19章。

由于水平有限，本书的错漏在所难免，恳请读者对书中存在的问题不吝赐教，提出宝贵意见，在此表示衷心感谢。

张　薇
2023年12月22日

目 录

第一章　实验动物管理法规和标准

人类的进步伴随着历史经验教训的积累和修正，其促使人类建立各种法规秩序来约束和规范自己的活动，并向正确的方向发展，两者相辅相成。

实验动物科学的发展也是如此。随着实验动物在生命科学研究和产品检验中的广泛使用，作为生命科学研究重要支撑条件的实验动物，正在发挥着越来越重要的作用，同时也凸显了实验动物管理法规和标准建立的重要性。为此，国家和各省（自治区、直辖市）、出台了实验动物管理相关法律法规和标准，使我国实验动物管理工作逐步走上法制化、标准化的道路。

第一节　我国实验动物管理工作的立法历程

1918 年，北平中央防疫处齐长庆首先饲养繁殖小鼠做实验。其后，陆续有学者从美国、日本、瑞士、印度等国带回小鼠、大鼠、豚鼠、兔和金黄地鼠等动物并进行繁殖、饲养。但当时实验动物的饲养和使用仅局限在几个大城市的少数研究单位。当时，国民政府没有出台相关的管理规定。

中华人民共和国成立后，实验动物工作因科学发展之需得到了推动。20 世纪 50 年代，我国政府为研制生产疫苗、菌苗以预防传染病，在北京、上海、武汉、长春、成都、兰州建立了六大生物制品所，并建立了规模较大的实验动物饲养繁殖基地。其后，各高等院校、医药研究院所、制药企业、药品检定所和卫生防疫站等机构，亦相继建立了实验动物饲养繁殖室。虽然当时我国尚无实验动物相关的管理法规和标准，但是，实验动物工作的开展和进步已成为加速我国实验动物管理法规及标准建立的催化剂。

中国共产党第十一届三中全会为我国的科学事业包括实验动物工作的开展，注入了生机和活力。1981 年，根据全国人大的议案和全国政协的提案，国务院责成国家科学技术委员会就实验动物问题进行调查研究。1982 年和 1985 年，国家科学技术委员会（以下简称国家科委）先后在西双版纳和北京召开全国实验动物科技工作会议，研究并制定我国实验动物科技发展战略。卫生部也在 1983 年、1988 年、1992 年和 1999 年召开 4 次医学实验动物工作会议，布置医学实验动物工作。国家科委还按照 1982 年第一次会议精神，着重抓了云南、上海、北京、天津的 4 个国家级实验动物中心的建设。1988 年，国家科委颁布了《实验动物管理条例》，这是我国最早出台的实验动物管理文件，标志着我国实验动物工作走上了行政法规管理的轨道。

1994 年，国家质量技术监督局首次发布了 47 项实验动物标准，随后经多次修订补充（1994 年、2001 年、2010 年、2022 年），与行业标准和地方标准共同构成了我国实验动物标准体系。

目前，我国实验动物和动物实验的质量管理逐步走上正轨，组织机构体系、法规标准体系和质量保障体系不断完善，形成了具有我国特色的实验动物法制化、规范化管理体制和发展模式。

第二节 我国实验动物工作的管理机构及法规与标准

一、实验动物管理机构

《实验动物管理条例》确立的“统一规划，合理分工，有利于促进实验动物科学研究和应用”的管理原则，推动了我国实验动物三级管理机构的建立，包括：①科学技术部（简称科技部）作为主管部门负责全国实验动物的监督管理和协调工作，国务院有关部门在各自的职责范围内负责实验动物的有关工作；②各省（自治区、直辖市）科技行政主管部门负责本行政区域内实验动物的监督管理工作；③实验动物生产和使用单位成立管理机构，负责本单位实验动物工作的管理和协调，为实验动物工作的开展提供必要条件。

1998 年，北京率先推行许可证制度。2015 年，据科学技术部调查结果，在全国 31 个省（自治区、直辖市）以及军队系统的 1 382 个实验动物单位中共有实验动物许可证 1 870 个（其中 422 个生产使用证，1 448 个使用许可证）。许可证制度的实施为促进实验动物行业健康发展，从源头上阻断不合格的实验动物流入市场，为实验动物和动物实验的质量提供了法律制度保障。

二、实验动物管理法规与标准

实验动物管理政策法规体系：《实验动物管理条例》的发布实施对我国实验动物管理政策法规体系的建立发挥了重要的指导作用。根据《实验动物管理条例》，1997 年，国家科学技术委员会、国家技术监督局联合发布了《实验动物质量管理办法》（国科发财字〔1997〕593 号）。1998—1999 年，先后发布了《国家实验动物种子中心管理办法》（国科发财字〔1998〕174 号）、《国家啮齿类实验动物种子中心引种、供种实施细则》（国科财字〔1998〕048 号）、《省级实验动物质量检测机构技术审查准则》和《省级实验动物质量检测机构技术审查细则》（国科财字〔1998〕059 号）、《关于当前许可证发放过程中有关实验动物种子问题的处理意见》（国科财字〔1999〕044 号）等部门规章。2001 年，科学技术部、卫生部等 7 部门联合发布了《实验动物许可证管理办法（试行）》（国科发财字〔2001〕545 号）。2006 年，科学技术部发布了《关于善待实验动物的指导性意见》（国科发财字〔2006〕398 号）。为贯彻落实《实验动物管理条例》，1996 年，《北京市实验动物管理条例》颁布实施，这是我国第一部有关实验动物管理的地方性法规，在国内首次规定了实行统一的实验动物许可证制度取代原来实行的多部门分散管理的实验动物合格证制度。湖北、云南、黑龙江、广东、吉林等地结合本省管理工作需要，先后通过地方人大立法发布实施本地区的实验动物管理条例。各省（自治区、直辖市）科技主管部门还制定了相关配套的管理规定。一些省市以不同形式发布了实验动物管理办法。同时，军队为贯彻执行《实验动物管理条例》，制定了《军队医学实验动物管理实施细则》《军队医学实验动物许可证管理办法》等一系列配套规章。行政法规、地方法规、部门规章以及管理办法等规范性文件的制定，为加强我国实验动物管理工作法制化，提升实验动物对科技发展的支撑水平发挥了重要作用。

实验动物标准体系：实验动物标准是国家对实验动物质量和检测方法提出的技术法规，涉及实验动物生产与使用、质量检测、动物福利、管理及监督等方面。我国实验动物标准体系分为 2 个系列 5 个层次，政府主导的标准系列从上至下依次为国家标准（简称国标）、行业标准、地方标准，市场主导的标准系列主要有团体标准、企业标准。国家标准主要对我国常用的实验动物及相关条件提出了要求，地方标准主要对国家标准中没有涉及的实验动物及相关条件提出了要求，行业标准主要是实验动物管理方面的要求，这三个层次的标准是我国实验动物行政许可的依据。实验动物标准对实验动物工作依法实施科学监管、全方位持续提高实验动物质量、保证科学研究工作质量起到了不可或缺的重要作用。

（一）管理法规简介

1.《实验动物管理条例》

1988 年，《实验动物管理条例》（国家科学技术委员会令第 2 号）正式颁布实施，这是我国第一部有关实验动物管理的行政法规，并先后于 2011 年、2013 年、2017 年进行了修订。

《实验动物管理条例》分为 8 章共 33 条，内容包括总则、实验动物的饲育管理、实验动物的检疫和传染病控制、实验动物的应用、实验动物的进口与出口、从事实验动物工作的人员、奖励与处罚、附则等。其中，《实验动物管理条例》规定："国家科学技术委员会主管全国实验动物工作。省、自治区、直辖市国家科学技术委员会主管本地区的实验动物工作。国务院各有关部门负责管理本部门的实验动物工作。"

《实验动物管理条例》还规定："应用实验动物应当根据不同的实验目的，选用相应的合格实验动物。申报科研课题和鉴定科研成果，应当把应用合格实验动物作为基本条件。应用不合格实验动物取得的检定或者安全评价结果无效，所生产的制品不得使用。"

《实验动物管理条例》为 1988 年颁布，其中的许多内容已经无法满足社会进步的需求，需要进行修订。2000—2002 年，科技部立项开展前期调研工作，2005 年正式启动《实验动物管理条例》的修订工作。

2.《实验动物质量管理办法》

《实验动物质量管理办法》由国家科委、国家质量技术监督局于 1997 年颁布。《实验动物质量管理办法》分为 5 章共 26 条。其要点为：①制定了国家实验动物种子中心的必备条件；②提出实验动物生产和使用实行许可证制度，以及申领实验动物许可证的基本条件；③将实验动物质量检测机构划分为国家级和省级两级。

3.《国家实验动物种子中心管理办法》和《国家啮齿类实验动物种子中心引种、供种实施细则》

《国家实验动物种子中心管理办法》由科技部于 1998 年 5 月印发。《国家实验动物种子中心管理办法》分为 6 章共 20 条，对种子中心的任务、组织机构、经费和管理、检查与监督等进行了规定。1998 年 10 月配套颁布了《国家啮齿类实验动物种子中心引种、供种实施细则》，规范了引种、供种程序中的申请、协议、必备资料等。

4.《实验动物许可证管理办法（试行）》

《实验动物许可证管理办法（试行）》由科技部、卫生部、教育部、农业部、国家质量监督检验检疫总局、国家中医药管理局、中国人民解放军总后勤部卫生部等 7 部门于 2001 年发布。《实验动物许可证管理办法（试行）》分为 5 章共 23 条，对实验动物许可证的适用范围、申请、审批和发放、管理和监督等，作出了明确规定。

2004 年，科技部以国务院决定方式公布保留的与实验动物有关的 3 项行政许可项目是：①实验动物原种进口登记单位资质认定；②实验动物许可证核发；③实验动物出口审批。2013 年，《国务院关于取消和下放一批行政审批项目等事项的决定》（国发〔2013〕19 号）将"实验动物出口审批"和"实验动物工作单位从国外进口实验动物原种登记单位指定"这 2 项行政许可，下放到省级科技行政管理部门实施，由各省（自治区、直辖市）审批。

2016 年 2 月 3 日，国务院决定第二批取消 152 项中央指定地方实施的行政审批事项，其中，国务院正式发文中包括了实验动物出口、实验动物种子进口单位指定 2 项行政审批事项在内的事项被正式取消。

目前，科技部仅保留与实验动物有关的 1 项行政许可——实验动物许可证的核发。

（1）由各省（自治区、直辖市）科技厅负责受理许可证申请，进行考核和审批，签发批准实验动物生产或使用许可证的文件，发放许可证。

（2）申请实验动物使用许可证的要求：①使用的实验动物及相关产品必须来自有实验动物生产许可证的单位，质量合格；②实验动物饲育环境及设施符合国家标准；③使用的实验动物饲料符合国家标准；④有经过专业培训的实验动物饲养和动物实验人员；⑤具有健全有效的管理制度；⑥法规规定的其他条件。

5.《关于善待实验动物的指导性意见》和《关于加强科技伦理治理的意见》

科学技术部于2006年9月颁布了《关于善待实验动物的指导性意见》，要求各单位成立实验动物管理或伦理委员会，对实验动物饲养管理、应用、运输等过程开展伦理学审查，确保善待实验动物。该指导意见的颁布表明，我国对实验动物伦理福利已经提出相应要求，以便与国际接轨。

中共中央办公厅、国务院办公厅于2022年3月颁布了《关于加强科技伦理治理的意见》，对科技伦理原则、治理体制、治理制度保障、审查和监管、教育和宣传等提出了要求，其中特别提到了使用实验动物应符合的科技伦理原则。

6.《农业部　科学技术部关于做好实验动物检疫监管工作的通知》

该通知由农业部和科学技术部于2017年12月颁布，针对实验动物的特殊性，对实验动物检疫工作做了进一步规范和简化。该通知明确了可按照实验动物检疫要求进行检疫的《实验动物品种及质量等级名录》，对实验动物出售、运输的检疫监管作出了要求。

7.《中华人民共和国生物安全法》

《中华人民共和国生物安全法》于2020年10月颁布，2021年4月正式施行，其中第四十七条对病原微生物实验室的实验动物管理提出了明确要求：病原微生物实验室应当采取措施，加强对实验动物的管理，防止实验动物逃逸，对使用后的实验动物按照国家规定进行无害化处理，实现实验动物可追溯。禁止将使用后的实验动物流入市场。第七十七条明确了将使用后的实验动物流入市场的行政处罚。

8. 其他相关法律法规

实验动物相关的法律法规还包括《中华人民共和国野生动物保护法》《中华人民共和国进出境动植物检疫法》《中华人民共和国动物防疫法》《病原微生物实验室生物安全管理条例》等。

（二）实验动物国家标准简介

自1994年首次颁布实验动物国家标准（包括遗传、微生物寄生虫、环境设施、营养4个标准）以来，我国分别于2001年、2008年、2010年、2011年、2014年、2022年新增或修订了实验动物国家标准。目前共有实验动物国家标准110项。按标准制定时间，2001年62项，2008年11项，2010—2011年4项，2014—2022年17项。

1. 第一版实验动物国家标准

第一版实验动物国家标准由国家质量技术监督局于1994年1月11日批准，1994年10月1日起实施，共有4项标准：①《GB 14922—1994 实验动物　微生物学和寄生虫学监测等级（啮齿类和兔类）》；②《GB 14923—1994 实验动物　哺乳类动物的遗传质量控制》；③《GB 14924—1994 实验动物　全价营养饲料》；④《GB 14925—1994 实验动物　环境及设施》。

2. 第二版实验动物国家标准

第二版实验动物国家标准由国家质量监督检验检疫总局于2001年8月29日批准，2002年5月1日起实施。共有21项标准，其中修订标准10项，新标准11项。

修订标准10项：①《GB 14922. 1—2001 实验动物　寄生虫学等级及监测》，代替GB 14922—1994；②《GB 14922. 2—2001 实验动物　微生物学等级及监测》，代替GB 14922—1994；③《GB 14923—2001 实验动物　哺乳类实验动物的遗传质量控制》，代替GB 14923—1994；④《GB 14924. 3—2001 实验动物　小鼠大鼠配合饲料》，代替GB 14924—1994；⑤《GB 14924. 4—2001 实验动物　兔配合饲料》，代替GB 14924—1994；⑥《GB 14924. 5—2001 实验动物　豚鼠配合饲料》，代替GB 14924—1994；⑦《GB 14924. 6—2001 实验动物　地鼠配合饲料》，代替GB 14924—1994；⑧《GB 14924. 7—2001 实验动物　犬配合饲料》，代替GB 14924—1994；⑨《GB 14924. 8—2001 实验动物　猴配合饲料》，代替GB 14924—1994；⑩《GB 14925—2001 实验动物　环境及设施》，代替GB 14925—1994。

新标准11项：①《GB/T 14926. 57—2001 实验动物　犬细小病毒检测方法》；②《GB/T 18448. 2—2001 实验动物　弓形虫检测方法》；③《GB/T 14927. 2—2001 实验动物　近交系小鼠、大鼠免疫标记检测法》；④《GB/T 14927.1—2001 实验动物　近交系小鼠、大鼠生化标记检测法》；⑤《GB/T 14926.46—2001 实验动物　钩端螺旋体检测方法》；⑥《GB/T 14926.56—2001 实验动物　狂犬病病毒检测方法》；⑦《GB/T 14924.10—2001 实验动物　配合饲料氨基酸的测定》；⑧《GB/T 14926.10—2001 实验动物　泰泽病原体检测方法》；⑨《GB/T 14926.21—2001 实验动物　兔出血症病毒检测方法》；⑩《GB/T 14926.47—2001 实验动物　志贺菌检测方法》；⑪《GB/T 14926.58—2001 实验动物　传染性犬肝炎病毒检测方法》。

3. 2008 年部分检测标准的修订

2008 年，仅对 2001 年颁布的 11 项实验动物国家检测标准进行了修订，代替 2001 年的标准，故 2008 年修订的标准不作为新一版国家标准。具体包括：①《GB/T 14926.57—2008 实验动物　犬细小病毒检测方法》，代替 GB/T 14926.57—2001；②《GB/T 18448.2—2008 实验动物　弓形虫检测方法》，代替 GB/T 18448.2—2001；③《GB/T 14927.2—2008 实验动物　近交系小鼠、大鼠免疫标记检测法》，代替 GB/T 14927.2—2001；④《GB/T 14927.1—2008 实验动物　近交系小鼠、大鼠生化标记检测法》，代替 GB/T 14927.1—2001；⑤《GB/T 14926.46—2008 实验动物　钩端螺旋体检测方法》，代替 GB/T 14926.46—2001；⑥《GB/T 14926.56—2008 实验动物　狂犬病病毒检测方法》，代替 GB/T 14926.56—2001；⑦《GB/T 14924.10—2008 实验动物　配合饲料氨基酸的测定》，代替 GB/T 14924.10—2001；⑧《GB/T 14926.10—2008 实验动物　泰泽病原体检测方法》，代替 GB/T 14926.10—2001；⑨《GB/T 14926.21—2008 实验动物　兔出血症病毒检测方法》，代替 GB/T 14926.21—2001；⑩《GB/T 14926.47—2008 实验动物　志贺菌检测方法》，代替 GB/T 14926.47—2001；⑪《GB/T 14926.58—2008 实验动物　传染性犬肝炎病毒检测方法》，代替 GB/T 14926.58—2001。

4. 第三版实验动物国家标准

第三版实验动物国家标准由国家质量监督检验检疫总局和国家标准化管理委员会于 2010—2011 年发布，2011 年实施。共有 4 项标准：①《GB 14923—2010 实验动物　哺乳类实验动物的遗传质量控制》（2010－12－23 发布，2011－10－01 实施）；②《GB 14923.3—2010 实验动物　配合饲料营养成分》（2010－12－23 发布，2011－10－01 实施）；③《GB 14925—2010 实验动物　环境及设施》（2010－12－23 发布，2011－10－01 实施）；④《GB 14922.2—2011 实验动物　微生物学等级及监测》（2011－06－16 发布，2011－11－01 实施）。但是，《GB 14922.1—2001 实验动物　寄生虫学等级及监测》则仍为 2001 年版国家标准，没有进行修订。

5. 近年编写的实验动物国家标准

2014—2023 年，国家实验动物标准化委员会不断进行新国标的制定以及旧国标的修订工作共计 17 项 。中华人民共和国国家质量监督检验检疫总局和中国国家标准化管理委员会颁布了：①《GB/T 27416— 2014 实验动物机构　质量和能力的通用要求》；②《GB/T 34240—2017 实验动物　饲料生产》（2017－09－07 发布，2018－04－01 实施）；③《GB/Z 34792—2017 实验动物　引种技术规程》（2017－11－01 发布，2018－05－01 实施）；④《GB/T 35823—2018 实验动物　动物实验通用要求》（2018－02－06 发布，2018－09－01 实施）；⑤《GB/T 34791—2017 实验动物　质量控制要求》（2017－11－01 发布，2018－05－01 实施）；⑥《GB/T 35892—2018 实验动物　福利伦理审查指南》（2018－02－06 发布，2018－09－01 实施）。2020 年后，实验动物国家标准由国家市场监督管理总局和国家标准化管理委员会颁布，先后颁布了：①《GB/T 38740—2020 实验动物　猴马尔堡病毒检测方法》（2020－04－28 发布，2020－08－01 实施）；②《GB/T 39647—2020 实验动物　生殖和发育健康质量控制》（2020－12－14 发布，2021－07－01 实施）；③《GB/Z 39502—2020 实验动物　新型冠状病毒肺炎（COVID-19）动物模型制备指南》（2020－11－19 发布，2021－06－01 实施）；④《GB/T 39650—2020 实验动物　小鼠、大鼠品系命名规则》（2020－12－14 发布实施）；⑤《GB/T 39760—2021 实验动物　安乐死指南》（2021－03－09 发布，2021－10－01 实施）；⑥《GB/T 39646—2020 实验动物　健康监测总则》（2020－12－14 发布实施）；⑦《GB/T 39759—2021 实验动物　术语》（2021－03－09发布，2021－10－01实施）；⑧《GB/T 42011—2022 实验动物　福利通则》（2022－12－30发布，2022－12－30实施）；⑨《GB 14922—2022 实验动物　微生物、寄生虫学等级及监测》（合并了《GB 14922.2—2011 实验动物　微生物学等级及监测》和《GB 14922.1—2001 实验动物　寄生虫学等级及监测》，发布于2022－12－29，2023－07－01实施）；⑩《GB 14923—2022 实验动物　遗传质量控制》（2022－12－29发布，2023－07－01实施），替代《GB 14923—2010 实验动物　哺乳类实验动物的遗传质量控制》；⑪《GB 14925—2023 实验动物　环境及设施》（2023－11－27发布，2024－06－01实施）。2021年，国务院办公厅电子政务办公室和科学技术部基础研究司联合发布《C 0268—2021 全国一体化政务服务平台　电子证照　实验动物许可证》。

第三节　各省实验动物管理法律法规

为贯彻落实国家《实验动物管理条例》和《实验动物许可证管理办法（试行）》，各省（自治区、直辖市）结合本地区实验动物管理工作需要，先后通过地方人大立法发布实施本地区的实验动物管理条例或以不同形式发布了实验动物管理办法。行政法规、地方法规、部门规章以及管理办法等规范性文件的制定，为加强我国实验动物管理工作法制化、提升实验动物对科技发展的支撑水平发挥了重要作用。

一、地方法规与规章

（一）地方法规

目前，我国有6个省（自治区、直辖市）实现了实验动物管理地方立法。北京（1996年）、湖北（2005年）、云南（2007年）、黑龙江（2008年）、广东（2010年）、吉林（2016年）6个省（自治区、直辖市）通过人大立法的方式先后发布了实验动物管理的地方条例。这些地方人大发布实施的实验动物管理条例，为加强各地区实验动物法制化管理、提升实验动物这一科技基础支撑条件的水平发挥了重要作用，有力地促进了各地区科技事业的发展。

（二）地方规章

各地方政府以不同形式发布了管理办法，以加强本地区实验动物和动物实验的管理。例如，2012年，湖南省以政府令的形式发布了《湖南省实施〈实验动物管理条例〉办法》；2014年，上海市科学技术委员会发布了《上海市实验动物许可证申领管理办法》等。这有力地推动了我国实验动物工作整体水平的提升与发展。为推进和规范实验动物许可证制度，北京、福建、甘肃、河北、湖北、江苏、天津、云南、重庆、安徽、广西、贵州、江西、青海、山西、四川等省（自治区、直辖市）还发布了实验动物许可证管理办法或/和实验动物许可证管理办法实施细则。这些管理办法和细则的制定与实施，完善了我国实验动物管理制度体系。

二、广东省实验动物管理法规

（一）广东省实验动物法制化管理发展历程

1988年，国家出台《实验动物管理条例》（国家科学技术委员会令第2号）；同年，广东省政府颁布实施《广东省实验动物管理办法》。在确立实验动物工作的地位和作用的同时，广东省是国内最先提出质量合格证制度和实验动物质量标准的省份，开启了广东省实验动物标准化管理的新模式。1995年，广东省科学技术委员会颁布实施了《关于在科研计划和成果管理中严格执行实验动物合格证制度的通知》等，在国内首次明确将实验动物质量“一票否决制”应用在科技项目立项和成果鉴定中；而且这一措施写进科技部《关于“九五”期间实验动物发展的若干意见》中，进一步推动了《广东省实验动物管理办法》的有效实施以及实验动物的统一管理。

2010 年，《广东省实验动物管理条例》经广东省第十一届人民代表大会常务委员会批准并颁布实施，将《广东省实验动物管理办法》上升为地方性法规，这标志着广东省实验动物管理工作进入了法制化管理的新阶段。广东是继北京、湖北、云南、黑龙江之后，全国第五个对实验动物进行地方立法管理的省（自治区、直辖市）。2019 年，依据广东省第十三届人民代表大会常务委员会第十五次会议《关于修改〈广东省水利工程管理条例〉等十六项地方性法规的决定》，对《广东省实验动物管理条例》进行了修正。

（二）《广东省实验动物管理条例》的制度特点及其创新

《广东省实验动物管理条例》内容既全面又重点突出，共分 7 章 52 条。第一章“总则”，概括性地规定了《广东省实验动物管理条例》的立法目的、规范对象、监管主体等；第二章“生产与使用管理”，规定了实验动物的生产、使用实行许可管理制度；第三章“生产与使用规范”，规定了实验动物生产、使用、运输、检测、职业安全等方面的规范；第四章“生物安全与实验动物福利”，规定了实验动物的预防免疫、传染病防控、废弃物处理、特殊实验、福利伦理等方面的规范；第五章“生产与使用监督”，规定了对实验动物生产和使用情况进行监督检查和检测的制度；第六章“法律责任”，对违反《广东省实验动物管理条例》的行为规定了相应的罚则；第七章为“附则”。

《广东省实验动物管理条例》从选题、调研到起草、立项、修改、审议和表决，历时近 5 年，2010 年 10 月正式颁布实施。该条例从法制层面确立了广东省科学技术厅对全省实验动物的生产和使用活动实行许可管理，在全国首先明确授权省实验动物监测机构开展实验动物质量监测工作并承担相应法律责任，提出了实验动物生产和使用规范，写入提高实验动物福利的相关内容，具有较高的前瞻性、科学性、指导性、规范性和可实施性。《广东省实验动物管理条例》的制度创新性主要体现在以下方面：①明确授权省实验动物监测机构开展实验动物质量监测工作，以保证监督检测评估的公正性和权威性；在授权的同时，也规定了省实验动物监测机构及其有关人员对所实施的检验、检测结论承担法律责任。这是在制度设计上进行创新，对避免“许可”条件发生偏离，加强实验动物的管理发挥重要作用，最大程度地避免了“重许可轻监督”的可能。②明确规定实验动物许可管理和质量监督所需经费，由省财政予以保障，是实验动物管理工作和人才队伍得以持续发展的核心保障，并且规避了许可与监督在经济利益方面的嫌疑。③推动了对实验动物福利伦理的关注。《广东省实验动物管理条例》第二十七条、第二十八条、第二十九条、第三十条、第三十一条对实验动物福利与伦理作出规定，突出实验动物福利伦理的重要性。④为教学用实验动物提供了具有可操作性的制度保障。第十五条第三款规定，关于“教学示教时使用实验动物的，在保证公共卫生安全的前提下，可以在实验动物使用许可证规定以外的场所内进行”，充分体现了该条例实事求是、宽严结合的特点，具有很强的可实施性。

（三）广东省实验动物行政许可的申请

广东省行政区域内从事生产、使用实验动物活动的单位和个人，应按照《广东省实验动物管理条例》规定，向广东省科学技术厅申请实验动物生产或使用许可。

（1）实验动物生产许可。

《广东省实验动物管理条例》第七条：从事实验动物保种、繁育、供应等生产活动的单位和个人，应当取得由省人民政府科学技术主管部门颁发的实验动物生产许可证。

第八条：申请实验动物生产许可证的单位和个人，应当符合下列条件：①有工商营业执照或者事业单位法人证书；②实验动物种子来自国家实验动物种子中心或者国家认可的保种单位、种源单位，遗传背景清楚，质量符合国家标准；③实验动物的生产环境及设施、笼器具、饲料、饮用水等符合国家标准和有关规定；④具有保证正常生产实验动物所需要的专业技术人员和实验动物质量的检测能力；⑤有健全的饲养、繁育等管理制度和相应的操作规程。

（2）实验动物使用许可。

《广东省实验动物管理条例》第七条：设立动物实验场所使用实验动物进行科学研究、实验和检测等活动的单位和个人，应当取得由省人民政府科学技术主管部门颁发的实验动物使用许可证。

第九条：申请实验动物使用许可证的单位和个人，应当符合下列条件：①有工商营业执照或者事业单位法人证书；②使用的实验动物及其相关产品应当来自有实验动物生产许可证的单位，质量符合国家标准；③实验动物的饲料、垫料、笼器具、饮用水等符合国家标准和有关规定；④有符合国家标准的动物实验环境设施；⑤具有保证正常使用实验动物所需要的专业技术人员，以及动物实验设施环境质量的检测能力；⑥有健全的实验室管理制度和相应的动物实验技术操作规程。

（3）申请网站及办事指南：可登录广东省科学技术厅官网查询和办理实验动物许可申请（https://www.gdzwfw.gov.cn/portal/v2/branch-hall? orgCode=006939801）。

（4）实验动物的生产、使用许可证的有效期为5年。被许可人需要延续取得行政许可的，应当在许可证有效期届满3个月前，向广东省科学技术厅提出申请。

（5）实验动物的生产、使用许可证不得转借、转让、出租或者超许可范围使用。

第四节　实验动物质量的监督管理

实验动物质量监督管理体系的建立，包括实验动物相关法律法规体系的建立和完善，实验动物国家标准（以及行业标准和地方标准）的建立和完善，质量监督检测机构（国家和省市级）的建立和完善，执法队伍的建立和行政处罚的实施，信息透明公开的措施，等等。

实验动物质量监督管理的对象是生产或使用实验动物的单位和个人、执行监督管理活动的单位（如科技主管部门、实验动物管理办公室、实验动物检测机构等）。

实验动物质量监督管理的内容，包括实验动物管理活动、运行情况、技术操作、人员等全面情况。例如，依照实验动物遗传、微生物和寄生虫、环境设施、营养的国家标准进行的相关检测，对实验动物机构设置的要求，对从业人员的技术和健康要求，对实验动物设施的环境指标要求，对繁殖饲养和动物实验环境应该分隔的要求，对实验动物种子的要求，对引进动物检疫的要求，对不同等级、不同种类动物应分开饲养的要求，对饲料、垫料、饮水的控制要求，对动物伦理和福利的要求，对废弃物和动物尸体处理的要求，对实验动物运输的要求，对各种操作规范的要求，等等。

实验动物质量监督管理措施，包括许可管理、安全检查、质量检测、人员考核、行政处罚等。许可管理含许可证申领和后续年检两项工作；安全检查主要是对设施和设备的安全检查；质量检测是对实验动物和环境设施的检测（年检或抽检），以及单位自检；人员考核是对从业人员进行培训及考核，发放上岗证或培训证，持证上岗；行政处罚措施有立案处罚、罚款、警告、暂扣许可证及限期整改、吊销许可证等。

实验动物质量监督检测的方式有定期抽检和飞行检查两种。定期抽检是在年初制订并公布实验动物及环境设施的抽检计划。飞行检查可能是在接到投诉后立即实施，也可以是监督检查单位事先安排的，一般不预先通知，仅在将要到达被飞行检查的单位时，才电话通知被检查单位。对检测不合格单位则公布信息并限期整改，再次检测不合格则吊销许可证。

信息透明公开的措施主要是通过建立的网络信息平台，将实施实验动物质量监督管理的情况及时向外界公示或公布。信息内容包括实验动物相关法律法规，实验动物国家标准及行业标准和地方标准，质量监督检测机构（国家和省市级），行政处罚的实施情况，实验动物许可申领程序（实验动物许可申领程序、实验动物许可证申请书、实验动物质量及环境检测申请），实验动物许可证发放情况（新领证、5年到期换证、变更、注销的相关公告）。

第二章 动物福利和伦理

人类从任意狩猎、饲养食用、观赏、实验等应用动物的行为，发展到善待动物，给予动物应有的健康生活的权利、规范应用动物的行为，是人类文明进步的必然。

自古以来，动物被当作人类的私有财产、商品或食物而任人宰割，全无福利和权利可言。直到1822年，马丁提出的禁止虐待动物的议案——“马丁法令”——获得英国议会通过，首次以法律条文形式规定了动物的利益，保护动物免受虐待，人类对待动物的态度才开始发生变化。早期的动物福利主要针对遭受残忍对待的动物个体，1959年，动物学家罗歇尔（William Moy Stratton Russell）和微生物学家布鲁克（Rex Leonard Burch）在《人道主义实验技术原理》（*The Principles of Humane Experimental Technique*）一书中第一次全面系统地提出了以替代（replacement）、减少（reduction）和优化（refincment）为原则的动物实验替代方法理论，即“3R”原则，为动物实验和实验动物研究及实施实验动物福利和伦理奠定了基础，表明实验动物福利主要是针对养殖动物的饲养体系及实验动物的实验规则。20世纪80年代，美国、德国、瑞士、荷兰等国家相继制定和实施了动物保护法，涉及动物福利等内容。

近30多年来，我国逐渐加强了实验动物福利和伦理的管理。1988年，国家科学技术委员会颁布了《实验动物管理条例》；2006年，国家科学技术部发布了《关于善待实验动物的指导性意见》；2022年3月21日，中共中央办公厅、国务院办公厅发布了《关于加强科技伦理治理的意见》；2023年10月8日，科技部、教育部、工业和信息化部、农业农村部、国家卫生健康委员会、中国科学院、中国社科院、中国工程院、中国科学技术协会、中央军委、科技委发布了《关于印发〈科技伦理审查办法（试行）〉的通知》（国科发监〔2023〕167号）；以及制定了《GB/T 35892—2018 实验动物福利伦理审查指南》,《GB/T 39760—2021 实验动物 安乐死指南》,《GB/T 42011—2022 实验动物福利通则》等国家标准。各省（自治区、直辖市）在实验动物立法文件中也都有关于实验动物福利和伦理的条文和规定。这些都加强了实验动物福利和伦理的管理和执行规范。

第一节 动物福利和伦理的概念

动物福利的基本出发点是让动物在康乐的状态下生存，也就是为了使动物能够健康、快乐、舒适而采取的一系列行为和给动物提供的相应的外部条件，即实验动物福利是人们保障实验动物健康和快乐生存权利的理念，为实验动物提供相应外部条件的总和。

动物康乐是指动物自身感受的状态，也就是“心里愉快”的感受状态，是指动物个体在某个特定时间段或整个生命周期内生理和精神与所处环境的协调状况。

动物福利概念由5个基本要素组成：①生理福利，即无饥渴之忧虑；②环境福利，也就是要让动物有适当的居所；③卫生福利，主要是减少动物的伤病；④行为福利，应保证动物表达天性的自由；⑤心理福利，即减少动物恐惧和焦虑的心情。

动物伦理是指人类对待动物或在与动物接触或开展动物实验时所遵循的社会道德标准和原则理念。

第二节 动物的需求和动物福利

从理论上讲，动物康乐的标准是对动物需求的满足。动物需求主要表现在三方面，即维持生命的需要、维持健康的需要、维持舒适的需要。上述三方面的需要决定了动物的生活质量。

动物的康乐与动物福利表达的意思是相近的，动物福利体现在人们对动物康乐所采取的态度以及实施的有效措施，换言之，动物福利是为了动物的康乐，而动物康乐的状态又反映了动物福利条件的状况。

美国动物福利专家称，动物应有“五大自由”：转身自由、舔梳自由、站起自由、卧下自由、伸腿自由。英国农场动物福利法规定有“五无”：无营养不良、无环境带来不适、无伤害和疾病、无拘束地表现正常行为、无惧怕和应激。

为了确保动物福利的实施，目前国际上普遍认可的、必须让动物享有的“五大自由”是：

（1）享有不受饥渴的自由：提供适当的清洁饮水及保持健康和精力所需要的食物。

（2）享有生活舒适的自由：提供适当的房舍或栖息场所，能够舒适地休息和睡眠。

（3）享有不受痛苦、伤害和疾病威胁的自由：做好防疫工作，预防疾病，给患病动物及时诊治。

（4）享有生活无恐惧和焦虑的自由：拥有良好的条件和处置（包括宰杀过程）措施，不造成动物的精神压抑和痛苦。

（5）享有表达天性的自由：提供足够的空间、适当的设施以及与同类动物伙伴在一起，使动物能够自由表达正常的习性。

第三节 “3R”原则

就实验动物而言，各种形式的实验给动物带来不同程度的疼痛和痛苦，如果说实验或外科手术可以用麻醉、安乐死等方法减轻或者避免动物的疼痛和痛苦，那么诸如在毒性实验和制作人类疾病动物模型等过程给动物带来的痛苦又用什么方法避免呢？这无疑是实验动物福利中根本性的问题。为了从根本上解决这类问题，英国的动物学家罗歇尔（William Moy Stratton Russell）和微生物学家布鲁克（Rex Leonard Burch）在《人道主义实验技术原理》（*The Principles of Humane Experimental Technique*）一书中，通过大量的调查研究，提出了科学、合理、人道地使用实验动物的理论。该理论的核心便是“3R”原则，即“替代、减少、优化”原则。

（1）替代（replacement）原则：使用低等动物代替高等级动物，或不使用动物而采用其他方法达到与动物实验相同的目的。

（2）减少（reduction）原则：为获得特定数量及准确的信息，尽量降低实验动物的用量。

（3）优化（refinement）原则：使用实验动物时，尽量减少非人道方法的使用频率和危害程度。

随着科学技术的快速发展，实验动物的使用量也在不断攀升，据报道，某发达国家1年的使用量就达几千万只。据保守的估计，全世界每年的实验动物使用量可能达到上亿只。为此，应积极倡导“3R”原则，遵循“3R”原则，在善待实验动物的同时，科学、合理、人道地使用实验动物。同时，要寻求代替动物实验的方法，减少活体动物实验，避免无科学目的或者反复盲目地进行动物实验。如何科学地将实验动物的使用量降到最低以及最大程度地减少实验动物的痛苦，是实验动物福利研究的重要课题。

第四节　对实验动物福利和伦理的要求

一、世界动物保护协会对实验动物福利和伦理的要求

世界动物保护协会（World Animal Protection）是由1953年成立的动物保护联盟和1959年成立的动物保护国际联合会在1981年合并而成的。世界动物保护协会致力于动物保护，避免残酷对待动物的行为，减轻动物所遭受的苦难，并在全球提高动物的福利标准。

世界动物保护协会也关注实验动物的保护和福利，主要集中在以下7个方面。

（1）动物卫生和心理福利。反对给动物带来不必要的痛苦的实验。对实验中持续使用的动物，要求尽量避免动物痛苦，除使用麻醉手段减轻痛苦以外，还应避免实验动物遭受恐惧、精神压抑、饥饿等痛苦。

（2）动物环境、生理和行为福利。为实验动物提供适合其生理和行为需要的遮蔽处、照料、食物和水，实验动物机构的兽医应负责为实验动物提供全部福利。

（3）“3R”原则。支持能替代、减少或者优化动物实验的技术和程序的开发及使用。认为任何可以减少动物痛苦，减少所使用动物数量，甚至完全取代活体动物实验的技术是先进的。

（4）反对从野外捕捉动物进行实验。确实因为研究需要进行动物实验的，必须从专业繁殖机构获取。

（5）反对所有重复性的动物实验。重复性实验是指该实验已经找到替代方式，或该实验是为了微不足道的科学目的，或该实验（物质测试）对动物或者人类是非必需的（如化妆品）。

（6）职业道德。负责照料实验动物的工作人员必须接受关于使用动物的职业道德评估，接受全面的培训以获得所必要的技术。

（7）动物实验道德委员会。所有使用动物进行研究的机构均应成立动物实验道德委员会用以审查决定通过或者驳回动物实验项目的申请，该委员会必须有动物福利代表参加。

二、我国对实验动物福利和伦理的要求

1988年，国家科学技术委员会颁布《实验动物管理条例》，其中第六章第二十九条规定，从事实验动物工作的人员对实验动物必须爱护，不得戏弄或虐待。这是我国最早对实验动物福利伦理方面提出的要求。

北京等5个省（自治区、直辖市）在实验动物立法方面均对实验动物福利和伦理提出了要求。2004年颁布的《北京市实验动物管理条例》(2004年修订本）的第七条规定：从事实验动物工作的单位和个人，应当维护动物福利。2005年颁布的《湖北省实验动物管理条例》的第二十九条规定：从事实验动物工作的单位和个人，应当关爱实验动物，维护动物福利，不得戏弄、虐待实验动物；在符合科学原则的前提下，尽量减少动物使用量，减轻被处置动物的痛苦；鼓励开展动物实验替代方法的研究与应用。2007年颁布的《云南省实验动物管理条例》第二十八条规定：从事实验动物工作的单位和个人，应当善待实验动物，维护动物福利，不得虐待实验动物；逐步开展动物实验替代、优化方法的研究与应用，尽量减少动物使用量；对不再使用的实验动物活体，应当采取尽量减轻痛苦的方式妥善处置。2009年颁布的《黑龙江省实验动物管理条例》第五条规定：动物实验设计和实验活动应当遵循替代、减少和优化的原则；从事实验动物工作的单位和人员应当善待实验动物，维护实验动物福利，减轻实验动物痛苦；对不使用的实验动物活体，应当采取尽量减轻痛苦的方式进行妥善处理。2010年颁布的《广东省实验动物管理条例》专门设“第四章　生物安全与实验动物福利”，其中第二十七条至第三十一条共5条为关于实验动物福利的条文，对实验动物福利做了较详细的规定。第二十七条：鼓励共享实验动物的实验数据和资源，倡导减少、替代使用实验动物和优化动物实验方法。

第二十八条：实验动物生产、使用活动涉及实验动物伦理与物种安全问题的，应当遵照国家有关规定，并符合国际惯例。第二十九条：从事实验动物工作的人员在生产、使用和运输过程中应当维护实验动物福利，关爱实验动物，不得虐待实验动物。第三十条：对实验动物进行手术时，应当进行有效的麻醉；需要处死实验动物时，应当实施安死术。第三十一条：从事实验动物生产、使用的单位和个人，在开展动物实验项目时，应当制定保证实验动物福利、符合实验动物伦理要求的实验方案；有条件的应当设立实验动物福利伦理组织，对实验方案进行审查，对实验过程进行监督管理。

2006年，科学技术部发布了《关于善待实验动物的指导性意见》，这是我国第一份专门针对动物福利要求的文件。具体内容如下。

（一）提出了善待实验动物的概念

善待实验动物是指在饲养管理和使用实验动物过程中，要采取有效措施，使实验动物免遭不必要的伤害、饥渴、不适、惊恐、折磨、疾病和疼痛，保证实验动物能够实现自然行为，受到良好的管理与照料，为其提供清洁、舒适的生活环境，提供充足的、保证健康的食物和饮水，避免或减轻疼痛和痛苦等。

（二）设立实验动物管理委员会

实验动物生产单位及使用单位应设立实验动物管理委员会（或实验动物道德委员会、实验动物伦理委员会等）。其主要任务是保证本单位实验动物设施、环境符合善待实验动物的要求，实验动物作业人员得到必要的培训和学习，动物实验实施方案设计合理，规章制度齐全并能有效实施，并协调本单位实验动物的应用者之间尽可能合理地使用动物，以减少实验动物的使用数量。

（三）“3R”原则

善待实验动物包括倡导“减少、替代、优化”的“3R”原则，科学、合理、人道地使用实验动物。

（四）饲养管理过程中善待实验动物的指导性意见

（1）实验动物生产、经营单位应为实验动物提供清洁、舒适、安全的生活环境。饲养室内环境指标不得低于国家标准。

（2）实验动物笼具、垫料质量应符合国家标准。笼具应定期清洗、消毒；垫料应灭菌、除尘，定期更换，保持清洁、干爽。

（3）各类动物所占笼具最小面积应符合国家标准，保证笼具内每只动物都能实现自然行为，包括转身、站立、伸腿、躺卧、舔梳等。笼具内应放置供实验动物活动嬉戏的物品。孕、产期实验动物所占用笼具面积至少应达到该种动物所占笼具最小面积的110%以上。

（4）对于非灵长类实验动物及犬、猪等天性喜爱运动的实验动物，其种用动物应有运动场地并定时遛放。运动场地内应放置适于该种动物玩耍的物品。

（5）饲养人员不得戏弄或虐待实验动物。在抓取动物时，应方法得当，态度温和，动作轻柔，避免引起动物的不安、惊恐、疼痛和损伤。在日常管理中，应定期对动物进行观察，若发现动物行为异常，应及时查找原因，采取有针对性的必要措施予以改善。

（6）饲养人员应根据动物食性和营养需要，给予动物足够的饲料和清洁的饮水。其营养成分、微生物控制等指标必须符合国家标准。应充分满足实验动物妊娠期、哺乳期、术后恢复期对营养的需要。对实验动物饮食、饮水进行限制时，必须有充分的实验和工作理由，并报实验动物管理委员会（或实验动物道德委员会、实验动物伦理委员会等）批准。

（7）实验犬、猪分娩时，宜有兽医或经过培训的饲养人员进行监护，防止发生意外。对出生后不能自理的幼仔，应采取人工喂乳、护理等必要的措施。

（五）应用过程中善待实验动物的指导性意见

（1）实验动物应用过程中，应将动物的惊恐和疼痛减少到最低限度。实验现场避免无关人员进入。在符合科学原则的条件下，应积极开展实验动物替代方法的研究与应用。

（2）在对实验动物进行手术、解剖或器官移植时，必须进行有效麻醉。术后恢复应根据实际情况，进行镇痛和有针对性的护理及饮食调理。

（3）保定实验动物时，应遵循“温和保定，善良抚慰，减少痛苦和应激反应”的原则。保定器具应结构合理、规格适宜、坚固耐用、环保卫生、便于操作。在不影响实验的前提下，对动物身体的强制性限制宜减少到最低限度。

（4）处死实验动物时，须按照人道主义原则实行安死术。处死现场不宜有其他动物在场。确认动物死亡后，方可妥善处置尸体。

（5）在不影响实验结果判定的情况下，应选择“仁慈终点”，避免延长动物承受痛苦的时间。

（6）灵长类实验动物的使用仅限于非用灵长类动物不可的实验。除非因伤病不能治愈而备受煎熬者，猿类灵长类动物原则上不予处死，实验结束后单独饲养，直至自然死亡。

（六）运输过程中善待实验动物的指导性意见

（1）实验动物的国内运输应遵循国家有关活体动物运输的相关规定；国际运输应遵循相关规定，运输包装应符合国际航空运输协会（International Air Transport Association，IATA）出版的《活体动物规则》的要求。

（2）实验动物运输应遵循的规则：通过最直接的途径，本着安全、舒适、卫生的原则尽快完成。运输实验动物时，应把动物放在合适的笼具里，笼具应能防止动物逃逸或其他动物进入，并能有效防止外部微生物侵袭和污染；运输过程中，能保证动物自由呼吸，必要时应提供通风设备；实验动物不应与感染性微生物、害虫及可能伤害动物的物品混装在一起运输；患有伤病或临产的怀孕动物，不宜长途运输，必须运输的应有监护和照料；运输时间较长的，途中应为实验动物提供必要的饮食和饮用水，避免实验动物过度饥渴。

（3）实验动物的运输应注意的事项：在装卸过程中，实验动物应最后装上运输工具；到达目的地时，应最先离开运输工具。地面或水陆运送实验动物，应有人负责照料；空运实验动物，发运方应将飞机航班号、到港时间等相关信息及时通知接收方，接收方接收后应尽快运送到最终目的地；高温、高热、雨雪和寒冷等恶劣天气运输实验动物时，应对实验动物采取有效的防护措施；地面运送实验动物应使用专用运输工具，专用运输车应配置维持实验动物正常呼吸和生活的装置及防震设备；运输人员应经过专门培训，了解和掌握有关实验动物的专业知识。

（七）善待实验动物的相关措施

1）生产、经营和使用实验动物的组织和个人必须取得相应的行政许可。

2）使用实验动物进行研究的科研项目，应制订科学、合理、可行的实施方案。该方案经实验动物管理委员会（或实验动物道德委员会、实验动物伦理委员会等）批准后方可组织实施。

3）使用实验动物进行动物实验应有益于科学技术的创新与发展，有益于教学及人才培养，有益于保护或改善人类及动物的健康及福利或有其他科学价值。

4）各级实验动物管理部门应根据实际情况制订实验动物从业人员培训计划并组织实施，保证相关人员了解善待实验动物的知识和要求，正确掌握相关技术。

5）有下列行为之一者，视为虐待实验动物。情节较轻者，由所在单位进行批评教育，限期改正；情节较重或屡教不改者，应离开实验动物工作岗位；因管理不妥屡次发生虐待实验动物事件的单位，将吊销单位实验动物生产许可证或实验动物使用许可证。

（1）非实验需要，挑逗、激怒、殴打、电击或用有刺激性食品、化学药品、毒品伤害实验动物的。

（2）非实验需要，故意损害实验动物器官的。

（3）玩忽职守，致使实验动物设施内环境恶化，给实验动物造成严重伤害、痛苦或死亡的。

（4）进行解剖、手术或器官移植时，不按规定对实验动物采取麻醉或其他镇痛措施的。

（5）处死实验动物不使用安死术的。

（6）在动物运输过程中，违反本意见规定，给实验动物造成严重伤害或大量死亡的。

（7）其他有违背善待实验动物基本原则或违反本意见规定的。

（八）仁慈终点

仁慈终点（humane endpoint）作为一种减轻动物疼痛和痛苦的优化方法可供科研人员选择。科研人员通过实际观察或利用录像等手段，将实验中动物的一些外在表现记录下来，经过分析发现，这些外在表现是按照一个固定的模式向着一个方向的有序发展过程。那么，在不影响实验结果判定的前提下，"人为"地确定某一个点（或阶段）及时终止实验，即可缩短实验时间，也可减轻实验后期动物所要承受的痛苦。

第五节　对实验动物进行福利和伦理审查的基本要求

成立由管理人员、科技人员、实验动物专业人员和外单位人士组成的实验动物伦理委员会，依据实验动物伦理委员会章程，审查和监督本单位在开展实验动物研究、繁育、生产、经营、运输、动物实验设计和实施的过程，是否符合实验动物福利和伦理要求。经实验动物伦理委员会批准后方可开展各类实验动物的饲养、运输和动物实验，并接受日常监督检查。

一、实验动物福利和伦理审查基本要求

（1）申请者是否具备开展相关项目实验动物的资质，是否经过实验动物专业技术和职业道德培训。

（2）申报审查的材料是否完整和真实。

（3）项目实施的理由，项目设计、实施和操作规范是否符合动物生理、环境、卫生、行为和心理等动物福利要求，是否采取了避免动物受伤害和虐待的措施。

（4）项目设计、实施和操作规范是否体现"减少、替代、优化"的"3R"原则。

（5）实验动物生产、运输、实验等环境设施是否符合相应等级实验动物环境要求。

（6）活体动物处死是否采取安死术，动物尸体的处置措施是否得当。

（7）是否有实验动物福利伦理委员会认为违反实验动物福利伦理的其他行为。

二、审查的原则

根据 GB/T 35892—2018 实验动物　福利伦理审查指南，审查有 8 项原则：①必要性原则；②保护原则；③福利原则；④伦理原则；⑤利益平衡性原则；⑥公正性原则；⑦合法性原则；⑧符合国情原则。

三、审查内容

根据 GB/T 35892—2018 实验动物　福利伦理审查指南，审查内容主要包括：①人员资质；②设施条件；③实验动物医师；④动物来源；⑤技术规程；⑥动物饲养；⑦动物使用；⑧职业健康与安全；⑨动物运输。

四、审核的主要程序

根据 GB/T 35892—2018 实验动物　福利伦理审查指南，审查程序主要在实验前、实验中、实验结束三个阶段：①申请材料的递交；②实施方案审查；③实施过程的审查；④终结审查。

五、审查规则

根据 GB/T 35892—2018 实验动物　福利伦理审查指南，审查规则是通过或不通过，不通过可改进或完善资料后再次申请，或申请者有异议，则可进入申诉与答复程序。

2023 年 10 月 8 日发布的《科技伦理审查办法（试行)》（国科发监〔2023〕167 号）是为规范科学研究、技术开发等科技活动的科技伦理审查工作，强化科技伦理风险防控，促进负责任创新，依据《中华人民共和国科学技术进步法》《关于加强科技伦理治理的意见》等法律法规和相关规定而制定的，于 2023 年 12 月 1 日执行。其内容包括了总则、审查主体、审查程序、监督管理、附则 5 个章节，对科技活动的伦理审查原则、审查主体、审查程序、监督管理等进行了明确的规定，并列出了“需要开展伦理审查复核的科技活动清单”且明确该清单将根据工作需要动态调整，全面规范了科学伦理的审查。

第三章 实验动物学绪论

动物用于实验源于古代人们对动物治病的本能及人为对动物施加某种因素后的观察，已有几千年的历史。在其后的漫长岁月里，随着自然科学和生物医学的发展，至20世纪50年代以后，实验动物学逐渐发展成为一门具有自身理论体系的独立学科。该学科从动物学、兽医学、畜牧学、解剖学、组织学、胚胎学、遗传学、生理学、营养学、环境生态学、微生物学和病理学等角度，对实验动物的群体与个体、各器官组织及细胞直至分子生物学水平，做多层次全方位的系统研究，培育出多种符合标准的实验动物，并制作出一系列人类疾病的动物模型，以供生物医学及环保、商品检验、质量检测、军事科学等广阔领域应用。实验动物学的发展为生命科学的高水平研究奠定了物质基础。

第一节 实验动物学概述

一、实验动物学的概念

实验动物学（laboratory animal science，LAS）是以实验动物为主要研究对象，并将培育的实验动物应用于生命科学等的研究的一门综合性学科。简而言之，它是研究实验动物和动物实验的一门综合性学科。前者指对实验动物本身进行生物学及生理学特性的系统研究，实施遗传育种、保种以维持其遗传学和生物学特性，培育新品系，并生产繁殖出标准化的实验动物。后者是用标准的实验动物进行科学实验，研究其生命过程的组织形态、机能反应的变化，并在动物自然发生的疾病及人为制作的病理模型中观察疾病发生发展的规律，以及研究药物等因素的作用，以适应生物学、医药学、环保、商品检验、质量检测和军事科学等广阔领域的研究需要。

二、实验动物

实验动物（laboratory animal，LA）是指经人工培育，对其携带微生物和寄生虫实行控制，遗传背景明确或者来源清楚，用于科学研究、教学、生产、检定及其他科学实验的动物。

实验动物追溯其祖先，可来源于野生动物、经济动物（家畜、家禽）、警卫动物和观赏动物（宠物），却又有异于这些动物。

实验动物一般具有以下三大特点。

（1）遗传学要求。实验动物必须是人工培育、来源清楚、遗传背景明确的动物。即实验动物应是遗传限定，且经人工培育的动物。根据遗传特点的不同，常把实验动物划分为近交系（inbred strain）、封闭群或远交群（closed colony or outbred stock）、杂交群（hybrids）三大类群。

（2）微生物和寄生虫的监控要求。在实验动物繁育的全过程中，必须严格监控其所携带的微生物和寄生虫。目前，我国根据对微生物、寄生虫的控制程度将实验动物划分为3个等级，即普通级（conventional，CV）、无特定病原体级（specific pathogen free，SPF）、无菌级（germ free，GF）。对于SPF级动物和GF级动物，不仅要对其携带的微生物、寄生虫进行人工监控，而且其应是经剖腹产净化获得的。国际上较通用的分级法也是将实验动物分为普通级动物、SPF级动物和无菌级动物3个等级。

（3）应用要求。实验动物主要应用于科学实验。有学者称实验动物为“活的分析天平”。犹如理化实验需要精密仪器和高纯度化学试剂一样，生命科学研究和相关试验更要求实验动物对试验因素的敏感性强、反应一致，从而使研究结果具有可靠性、精确性、可比性、可重复性和科学性。

未经驯化的野生动物虽然也用于实验，但由于其遗传背景不清楚，健康状况有差异，机体反应性不一致，对试验物的敏感性也不同，因此实验结果的重复性较差，可信性较低，难以被国际学术界认同。只有通过驯化培育，才能获得遗传性稳定、纯合性好的实验动物，发现和保留具有不同生物学特性的品种、品系，培育和制作出有关疾病的动物模型。还可以在人工培育中控制环境条件和监控动物所携带的微生物、寄生虫，培育出无菌级动物或无特定病原体级动物，从而为生命科学及医药研究提供符合要求的标准化实验动物。

此外，某些动物如家禽、家畜等，由于它们对特定试验物敏感性较高，或实验操作较方便的缘故，亦被开发提供实验应用，但目前尚未完全达到实验动物的标准要求，称为实验用动物（animals for research）。实验用动物实际上是指一切可以用于实验的动物，包括野生动物、经济动物、警卫动物、观赏动物和实验动物。

三、实验动物学的分支学科

实验动物学吸收其他学科的知识、积累本学科的研究成果，至今已形成了较完整的理论体系，并派生出以下分支学科。

（一）实验动物遗传育种学

实验动物遗传育种学（laboratory animal genetic breeding science）是应用遗传调控原理，控制实验动物的遗传特性，培育新的实验动物品系和多种动物模型，以实现实验动物化的目标。

（二）实验动物微生物学与寄生虫学

实验动物微生物学与寄生虫学（laboratory animal microbiology and parasitology）是研究实验动物的微生物、寄生虫分类及其与实验动物和人类的相互关系，探讨与实验动物疾病做斗争的措施，实行对实验动物微生物与寄生虫的质量监控，以达到控制和消灭实验动物疾病的目的。

（三）实验动物环境生态学

实验动物通常是在人工控制的最适环境中生长发育并存活的，它们通过人工环境与自然环境进行物质及能量交换，从而构成与环境的统一。实验动物环境生态学（laboratory animal environmental ecology）就是研究实验动物与环境相互关系的分支学科，实际上主要研究气候因素（温度、湿度、气流、风速、气压等）、理化因素（光照、噪声、粉尘、有害气体等）、生物因素（病原体等）、栖居因素（动物密度等）对实验动物的影响。维持实验动物人工控制环境恒定的是实验动物设施，分为普通环境、屏障环境（SPF 级动物设施）和隔离环境。

（四）实验动物营养学

实验动物营养学（laboratory animal nutriology）是研究饲料（营养素）与实验动物机体生长、发育、繁殖、健康及实验结果关系的学科。

（五）实验动物医学

实验动物医学（laboratory animal medicine）是专门研究实验动物疾病的诊断、治疗、预防及其在生物医学领域中应用的分支学科。

（六）比较医学

比较医学（comparative medicine）是对实验动物与人类基本生命现象的异同进行比较研究。对在实验动物与人类都会发生的疾病，建立有关疾病的动物模型，以研究人类相应疾病的发生发展规律。对实验动物与人类发病的不同点进行研究，还有助于寻找治疗人类相应疾病的手段和方法。

（七）动物实验

动物实验（animal experiment）是应用标准的实验动物进行科学研究，观察实验过程中实验动物有关器官的组织形态改变、机能反应变化及其发生发展规律。

（八）实验动物饲养管理

实验动物饲养管理（laboratory animal husbandry）是研究实验动物的繁育和生产管理，并使管理标准化和规范化。

（九）中医实验动物学

中医实验动物学（laboratory animal science of traditional Chinese medicine，LAS of TCM）是以中医药理论为基础，运用实验动物学的理论和方法，进行中医药研究的实验学科。中医实验动物学将实验动物学与中医固有的实验研究融为一体，既要在内容上为现代医学有关的理论方法所包容，更要在具体的实验方法和思路上体现并忠实于中医的学术思想。

第二节　实验动物学发展简史

一、实验动物学的产生与发展概况

（一）古代国外的动物实验

实际上，古代各国对毒药的研究与使用都很普遍。古希腊帝王为谋取权位，往往用毒物杀人，因而重视毒物与解毒药的研究。史载米特拉达梯六世（Mithridates Ⅵ，公元前131—前62）酷嗜研究毒药与解毒药，其中许多毒药知识即来自动物实验。他研制的一个由50多种药物组成的解毒秘方，后来命名为“万应解毒方”（Mithridaticum），并在欧洲流传应用达数世纪之久。波斯人累塞斯（Rhazes，约860—932）研究汞软膏时曾试用于猴，发现纯汞并不十分危险，虽可引起剧烈腹痛，但汞可排出体外，服汞制剂后活动可加速其排出。这些动物实验为汞制剂的临床应用提供了重要依据。

在欧洲医学发展史上，动物实验推动医学发展的事例颇多，现今临床常用的输血疗法就是来源于同种动物及不同种动物的大量实验。而19世纪初，法国医药学家马让迪（Francois Magendie，1783—1855）则从箭毒研究入手，开创了近代实验药理学。

（二）实验动物学相关学科的创立与发展

实验动物学是与动物学、兽医学、畜牧学、解剖学、组织学、细胞学、生理学、微生物学、寄生虫学、免疫学、遗传学等相关学科的建立及发展密切相关，并逐步形成的一门新兴学科。

1. 动物学

动物学的研究始于古希腊学者亚里士多德（Aristotle，公元前384—前322）。他首次建立起动物分类系统并记述了454种动物。16世纪以后，许多动物学著作问世。在动物分类学方面，瑞典生物学家林奈（Carl Linnaeus，1707—1778）创立了动物分类系统，将动物划分为哺乳纲、鸟纲、两栖纲、鱼纲、昆虫纲和蠕虫纲6个纲，又将动、植物分为纲、目、属、种及变种5个分类阶元，并创立了动、植物命名法——双名法，为现代分类学奠定了基础。同时期，法国生物学家拉马克（Jean-Baptiste Lamarck，1744—1829）提出物种进化的思想，并且证明动、植物在生活条件影响下可以变化、发展和完善。法国学者居维叶（Georges Cuvier，1769—1832）认为有机体各个部分是相互关联的，确定了器官相关定律，在比较解剖学和古生物学方面做出了巨大贡献。19世纪中叶，德国学者施莱登（Matthias Jakob Schleiden，1804—1881）和西奥多·施旺（Theodeor Schwann，1810—1882）创立了细胞学，英国的达尔文（Charles Robert Darwin，1809—1882）提出了进化论，奥地利的孟德尔（Gregor Johann Mendel，1822—1884）和美国的摩尔根（Thomas Hunt Morgan，1866—1945）发现遗传学定律，这些发现有力地促进了动物学的发展。20世纪中叶，美国的沃森（James Dewey Watson，1828—）和英国的克里克（Francis Harry Compton Crick，1916—2004）发现了DNA双螺旋结构后，动物学的研究和发展进入了分子水平。

2. 兽医学

兽医学的萌芽可以追溯到几千年以前，在古埃及、古希腊和古代中国的书籍中都有记载。例如，在圣经《旧约全书》“出埃及记”中就有大批家畜发生瘟疫死亡的记载。古希腊诗人荷马在其著名的《荷马史诗》中记载了公元前1200年狂犬病的流行。我国春秋时期《左传》有关于鲁襄公十七年（公元556年）国人逐瘈狗（狂犬）的记载。北魏贾思勰所著的《齐民要术》中有关于“羊痘”的论述。在隋代已发现了马鼻疽，唐朝时就有了破伤风和马腺疫病因、病状和防治方法的详细记载。

19世纪中叶，随着病原微生物的发现，人们不断发现防治传染病的方法。例如，法国学者巴斯德（Louis Pasteur，1822—1895）研究发现了以致病力弱的病原微生物使动物获得免疫的方法，并创造了巴氏消毒法和高压蒸汽灭菌法。德国医生科赫（Robert Koch，1843—1910）发明了细菌涂片染色和培养方法，并发现了炭疽杆菌和结核杆菌，创立了传染病发生和传播学说。20世纪以来，随着电子显微镜的发明、鸡胚培养和细胞培养技术的应用，各种抗生素、生物制品和免疫血清的使用，兽医学在防治动物传染病方面有了长足进步。

3. 畜牧学

早在距今20—170万年以前，中国大陆旧石器时代的元谋人、蓝田人、北京人已经能够使用粗制的石器及木器从事渔猎。在内蒙古赤峰兴隆沟遗址中所发现的家犬的骨骼及少量具有早期家猪特征的骨骼标本，证明距今8 000年前，家犬已经被当地的先民所饲养，并可能已经开始饲养家猪。在公元前3 000多年的原始社会里，当时的劳动人民就知道养蚕和饲养家畜。到夏商时期，人们对马、牛、羊、鸡、犬、猪等家禽和家畜的饲养已相当有经验。人工养鱼在周朝已有明确的记载。《左传》有园圃中放牧各种走兽，饲养鱼鳖的记载。许多早期文献之中，也将养鱼称之为“水畜”。秦汉时期，随着许多马匹等优良品种的广泛培育和交换，畜牧业得到了进一步的发展。《齐民要术》一书内容广博，系统地总结了饲养家畜和家禽、养蚕、养鱼等技术经验。

美国是世界上畜牧业发展较快的国家。17世纪初，美国开始在国内进行家畜、家禽品种的改良、推广及饲料和饲养方法的改革，并成立了育种公司等专门机构。美国畜牧业主要以饲养牛和猪为主，牛的存栏数每年1亿头以上，猪的存栏数达5 000万～6 000万头。美国畜牧业的机械化程度在世界上居于领先地位。

4. 解剖学、组织学和细胞学

在古希腊时代，希波克拉底（Hippocrates，公元前460—前370）和亚里士多德首先对动物做解剖观察，并著书描述多种动物脏器的差别。据考证，伊雷西斯垂都斯（Erasistratus，公元前304—前250）可能是动物活体实验的创始人，他在猪的实验中确定了气管是吐纳空气的通道，而肺则是交换空气的器官。盖伦（Claudius Galenus，129—199）为古罗马著名的医师和解剖学家，他对猪、猴及其他动物做解剖观察，提出在血管内运行的是血液而不是空气，神经是按区分布的等重要观点，并编有解剖学专著《医经》。其后，由于宗教的严酷统治，禁止解剖人体，因而解剖学研究处于停滞状态。

随着15世纪欧洲文艺复兴的进行，各学科包括解剖学都有了较大的发展。当时最伟大的人体解剖学家维萨里（Andreas Vesalius，1514—1564），冒着受宗教迫害的危险，亲自解剖过许多人体，著成《人体构造》一书，共七卷，纠正了前人在解剖学上的许多错误，奠定了现代解剖学的基础。维萨里还用犬和猪进行公开的解剖学示范教学。马尔比基（Marcello Malpighi，1628—1694）研究了动、植物的微细结构，从而创建了组织学。德国动物学家施旺和德国植物学家施莱登分别对动、植物进行了显微镜观察，提出一切动、植物均由细胞组成，并由此创立了细胞学说。细胞的发现和细胞学说的建立被恩格斯称为19世纪的三大发现之一。

5. 生理学

西欧文艺复兴时期及其后，维萨里用犬和猪进行的“活体解剖实验”在阐明形态与功能的密切关系上具有重大意义。英国解剖学家哈维（William Harvey，1578—1657）潜心进行血液循环研究，并于1628年出版《心血运动论》一书，从而为创建生理学开辟了道路。此外，他还为开创近代胚胎学做出了努力。

6. 微生物学和免疫学

（1）微生物学。1676 年，荷兰人列文虎克（Antonie Philips van Leeuwenhoek，1632—1723）首次发现细菌的存在，并详细描述了细菌的形态。19 世纪中叶，工业生产的需要促进了微生物学的发展。法国著名学者巴斯德关于病原微生物的研究奠定了微生物学的基础。英国外科医生李斯特（Joseph Lister，1827—1912）根据巴斯德的防腐理论，创造了无菌外科手术，并为无菌技术奠定了基础。德国医生柯赫创建了一系列微生物学研究方法，他提出的确定微生物的“柯赫三原则”一直沿用至今。1892 年，俄国学者伊凡诺夫斯基（ивановский，1864—1920）首先发现烟草花叶病毒，这实际上是创立病毒学的前奏。

（2）免疫学。明朝隆庆年间（1567—1572），我国就有人用天花患者身上的痘痂接种在儿童鼻孔中，以预防天花的发生，这是免疫学知识应用的最早例证。1796 年，英国的爱德华·詹纳（Edward Jenner，1749—1823）进一步发明给人接种牛痘，以预防天花的方法。法国的巴斯德用降低细菌毒力的方法创制了鸡霍乱菌苗、炭疽病菌苗、狂犬病疫苗。上述工作大大推动了传染病特异性预防的进展。19 世纪末，俄国学者梅契尼科夫（Мечников и. и.，1845—1916）创立了细胞免疫学说，埃尔利希（Paul Ehrlich，1854—1915）创立了体液免疫学说，他们的研究及后来学者们的工作，使人们对免疫本质的认识不断深入。

7. 遗传学

遗传学发展的历史源远流长。从古代至 18 世纪，是遗传学的萌芽时期，人们在认识、利用和改造动、植物的过程中，逐渐了解了生物遗传和变异的特性。19 世纪则是遗传学的奠基时期。达尔文创立了进化论，对物种的起源做出了回答，并论证了物种的可变性。孟德尔于 1865 年发表了在遗传学上具有历史意义的文献《植物杂交试验》，文中提出遗传学的两大基本定律：分离定律和自由组合定律。而第三基本定律（基因互锁及互换定律）则是摩尔根在 1926 年出版的《基因论》中提出的。魏斯曼（August Weismann，1834—1914）提出了“种质学说”，强调种质连续，不承认获得性遗传，并且预言了染色体的减数分裂，被称为“新达尔文主义”。上述研究奠定了现代遗传学的基础。直至 20 世纪，遗传学才进入了建立和发展的时期。

上述学科都是在实验科学，特别是在动物实验研究的基础上形成和发展起来的，而这些学科的发展，亦为实验动物学的建立打下了基础。

（三）实验动物学发展简史

1. 实验动物机构的建立与实验动物学的发展

实验动物学被看作一门独立学科，仅是 20 世纪后半叶的事情。1944 年，美国科学院在纽约召开会议，首次把实验动物标准化问题提上了议事日程，人们通常将此事件看作实验动物学的起点。1956 年，联合国教育、科学、文化组织，国际医学组织联合会和国际生物科学联合会联合建立了国际实验动物科学理事会（International Council for Laboratory Animal Science，ICLAS），人们则以此为标志，将 20 世纪 50 年代中期作为实验动物学真正形成的时期。其后，世界各国相继成立实验动物机构。1952 年，日本成立了实验动物中央研究所。1957 年，西德成立中央实验动物研究所。1965 年，美国组建了美国实验动物管理认证委员会（American Association for Accreditation of Laboratory Animal Care，AAALAC），旨在通过该机构的评估和认证，提高对实验动物饲养管理和使用的水平，并促进动物福利的实施。1967 年，美国实验动物科学协会（American Association for Laboratory Animal Science，AALAS）成立。1968 年，加拿大建立了动物管理委员会（Canadian Council on Animal Care，CCAC）。经过 40 多年的发展，该机构逐步为国际上所公认，成为国际化的实验动物认证机构——国际实验动物管理评估及认证协会（Association for Assessment and Accreditation of Laboratory Animal Care International，AAALAC International，简称 AAALAC）。许多国家及地区实验动物有关研究机构都积极推行 AAALAC 认证过程。1996 年，美国国家研究委员会（National Research Council，NRC）制定了《实验动物管理和使用指南》（*Guide for the Care and Use of Laboratory Animals*），它不仅是各个国家提高使用动物质量和标准的通用指导原则，也是 AAALAC 结合各国情况制定的适合评价方案的重要依据，从而达到对实验动物质量、动物福利严格执行的目的，因此获得大众认可。AAALAC 发起的奖学金授予等活动，给予了实验动物管理者更多的信心和积极性。美国实验动物医学院明确规定，针对动物的教学和实验研究必须进行医学登记，参加的兽医人员必须获得 AAALAC 或其他国际组织的资格认证，以有效开展该程序的指导作用。2004 年，俄罗斯科学院生物组织化学研究所的 SPF 级动物饲养设施通过了 AAALAC 认证，充分证明了 AAALAC 在国际上的重要地位。目前，大约有 25 个国家的 670 多个机构和公司通过了 AAALAC 的评估与认证，其中包括 Charles River Laboratory International Inc. 等国际知名公司。近几年，随着我国实验动物科学和新药研发的迅猛发展，有 16 家机构（内地 10 家，香港 1 家，台湾 5 家）通过 AAALAC 认证。随着全球一体化和我国实验动物和医药产品不断进入国际市场，AAALAC 认证必将成为我国该领域必不可少的重要认证之一。

2. 实验动物与疾病动物模型的发展

（1）实验动物的微生物监控。纳托尔（Nuttal）和蒂尔菲尔德（Thierfelder）于 1885 年成功培育出无菌豚鼠，解决了动物在无菌条件下生存的理论问题。1915 年，雷尼尔（Reynier）等人成功研制出金属隔离器。1957 年，特雷勒（Treyler）又研制出塑料隔离器。隔离器的诞生改进了无菌技术，推动了无菌动物工作的发展。至今，已培育成功的无菌级动物有大鼠、小鼠、豚鼠、家兔、猫、犬、猴、鸡等。

此后又根据实验要求，给无菌级动物体内注入一种或几种特定的微生物，使其成为已知菌动物，即悉生动物。若将无菌级动物饲养在屏障环境内，仅控制特定病原体感染，则可得到无特定病原体级动物。

（2）实验动物的遗传特性研究。1909 年，利特尔（Little）在研究小鼠毛色基因时，采用近亲繁殖法培育出第一株近交系小鼠 DBA。近交系小鼠培育成功对实验动物学发展具有重大意义。至今，国际上公认的近交系小鼠已有 300 多个品系，近交系大鼠已有 100 多个品系，近交系地鼠已有 30 多个品系，近交系豚鼠已有 15 个品系，近交系兔已有 6 个品系。近年来，在近交系和突变系动物的基础上，培育出同源突变近交系（coisogenic inbred strain）、同源导入近交系（congenic inbred strain）、重组同类系（recombinant congenic strain）、重组近交系（recombinant inbred strain）动物。

实验动物培育的上述工作成果，大大推动了生命科学研究的发展。

1966 年，弗连纳根（Flanagan）培育出了突变系裸小鼠，之后又有人培育出裸大鼠。人们利用此类免疫缺陷动物，在免疫学、肿瘤学、药理学和组织移植等方面获得了许多突破性的研究成果。

近年来，随着基因工程研究的发展，转基因动物和克隆动物的研究和培育也成为实验动物学的热门课题。

（3）疾病动物模型。1914 年，日本山极胜三郎和市川厚一用沥青长期涂抹家兔耳朵成功诱发皮肤癌，并进一步研究发现沥青中的 3，4－苯并芘为化学致癌物，从而证实了化学物质可以致癌的理论。但人类疾病的动物模型作为专题进行开发研究则是在 20 世纪 60 年代初才真正开始的。1961 年 10 月，美国国立卫生研究院（National Institutes of Health，NIH）提出大力发展人类疾病的动物模型。此后，国际上多次召开关于实验动物模型的专题会议，促进了动物模型研制工作的发展。至 1980 年，亨格利伯格（Hegreberg）和李瑟斯（Leathers）在其编著的《动物模型》一书中记载的自发性疾病动物模型已有 1 289 种，而诱发性疾病动物模型则达 2 707 种。

二、古代中国有关动物实验的记载

（一）观察动物的治病本能

刘寄奴、蛇衔草等中药即由观察动物使用植物疗伤而得名。南朝刘敬叔在《异苑》中描述：“昔有田父耕地，值见伤蛇在焉，有一蛇衔草著疮上，经日，伤蛇走。田父取其余叶以治疮，皆验，本不知草名，因以蛇衔为名。”《抱朴子》有：“余数见人以蛇衔膏连已断之指，桑豆易鸡鸭之足，异物之益，不可诬也。”

《抱朴子》曰："张相国庄内有鼠狼穴，养四子为蛇所吞，鼠狼雌雄情切，将蛇当腰咬断而劈腹，衔出四子，尚有气，以大豆叶嚼而傅之，皆活，后人本于此而以豆汁治蛇咬。"《南史》传说："宋武帝刘寄奴见一蛇妖中箭后，寻草治伤，遂采此草治人伤亦效。"《本草衍义》载："蜈蚣畏蛞蝓，不敢过所行之路，触其身即死，故人取以治蜈蚣毒。"

（二）观察动物应用药物的效果

我国古代典籍中，通过观察药物对动物的作用而获取药物知识的事例比比皆是，其中有关药物毒性实验的记载尤为多见。如《山海经》里按功能划分的五类药物中，即有"毒药"与"解毒药"等记载，并称"无条（草类）可以毒鼠""焉酸（草类）治毒"，这显然是先民长期观察动物对草药的反应所得。关于毒药对人的影响，早在先秦时代已有毒药用于攻战与守备的记载。《墨子·守杂篇》中有："常令边县豫种畜芫、芸、乌喙、祩叶"，以备城池陷落后投毒于水源，杀伤敌人。宋初，官修《太平圣惠方》收载毒药46种，详述了药物中毒的症状及其轻重鉴别。明代倭寇侵扰沿海地区，大将胡宗宪将倭寇频犯地区列为"海市"，嘱用毒药渍米，以毒杀倭寇。后来倭寇为防中毒，逼令边民先行尝试，然后才敢下箸。明朝揭暄《揭子战书·饮食篇》卷十四如上记载。显然，人类对毒药的认识源于人误服毒药或给动物服食毒药的经验总结。

乌头被用于箭毒，中外均有其用于战争和狩猎的早期记录。《北史·勿吉传》载："常以七八月造毒药，傅矢以射禽兽，中者立死；煮毒药气，亦能杀人。"而确切将"酒调服草乌头"用于整骨，则首见于中唐的《仙授理伤续断秘方》。由介绍常用整骨药（方名）的文字中"如未觉""再添""俟了"及"用生葱嚼解"等记录看，唐代中期的骨伤医家已熟练掌握以草乌做全身麻醉的方法及量效关系，并知道解毒方法。宋朝僧赞宁在《物类相感志》中还提到："草乌切碎，同米做饭，喂雀儿，尽皆醉倒。"由上述史料可以推断，古代关于草乌作用的探索绝不止在捕捉小鸟，而会有许多较深入的动物实验。

元代《世医得效方》更发展了曼陀罗花麻醉法。为验证该药的效果，李时珍还进一步做了人体实验，认为："饮须半酣，更令人或笑或舞引之，乃验也。"（见于《本草纲目》卷一，"曼陀罗"条）。古代关于毒药和麻醉药的研究大大推动了中医外科和骨伤科的进步。

在中国古代文献中，还记载了许多由动物实验而发现的新药物、新疗法，其后进一步通过医疗实践总结经验。如《抱朴子》载"韩氏以地黄苗喂五十老马，生三驹，又一百三十乃死"，从而得出地黄苗的药物作用。又如《本草拾遗》记载："赤铜屑主折伤，能焊人骨，六畜有损者，细研酒服，直入骨损处，六畜死后，取骨视之，犹有焊痕，可验。"宋代《本草衍义》描述："有人以自然铜饲折翅胡雁，后遂飞去，今人用治打扑损。"而《朝野佥载·卷一》则有："定州人崔务坠马伤足，医令取铜末和酒服之，遂痊平。及亡后十余年改葬，视胫骨折处有铜末束之。"《外台秘要》卷二十九《救急疗骨折接令如故不限人畜方》载："取钴莽铜错取末仍寿，以绢筛，和少酒服之，亦可食物和服之，不过两方寸匕以来，任意斟酌之。"李唐以来，陈藏器、朱震亨、李时珍、寇宗等医家都说铜末有接骨作用，而江湖铃医治疗骨折秘方的枳马金钱散，也以铜末为主药。

（三）观察动物对其他人为因素的反应

前人还以动物实验结果判断讼案。如和凝《疑狱集》"张举烧猪"条中记载："张举，（三国时）吴人也，为句章令；有妻杀夫，因引火烧舍，乃诈称火烧夫死；夫家疑之，诣官诉妻；妻拒而不承，举乃取猪二口，一杀之，一活之，乃积薪烧之，察杀者口中无灰，活者口中有灰，因验夫口中果无灰，以此鞫之，妻乃伏罪。"

三、我国近代现代实验动物学的发展

（一）我国实验动物学发展简史

中华人民共和国成立以前，我国仅有很少的实验动物研究工作。1918 年，北平中央防疫处齐长庆首先饲养繁殖小鼠做实验，这是我国近代实验动物科学研究的开端。其后，陆续有学者从美国、日本、瑞士、印度等国带回小鼠、大鼠、豚鼠、兔和金黄地鼠等动物进行繁殖、饲养。但当时实验动物的饲养和使用仅局限在几个大城市的少数研究单位。

中华人民共和国成立后，随着科学事业的发展，实验动物工作也随之进步。20世纪50年代，我国政府为研制生产疫苗菌苗以预防传染病，在北京、上海、武汉、长春、成都、兰州建立了六大生物制品所，并建立了规模较大的实验动物饲养繁殖基地。其后，在各高等院校、医药研究所、药厂、药品检定所和卫生防疫站等机构，亦相继建立了实验动物饲养繁殖室。

党的十一届三中全会为我国的科学事业乃至实验动物工作的开展注入了生机和活力。1981年，根据全国人大的议案和全国政协的提案，国务院责成国家科学技术委员会就实验动物问题进行调查研究。1982年和1985年，国家科学技术委员会先后在西双版纳和北京召开全国实验动物科技工作会议，研究并制定我国实验动物科技发展战略。卫生部也在1983年、1988年、1992年和1999年召开4次医学实验动物工作会议，布置了医学实验动物工作。国家科学技术委员会还按照1982年第一次会议精神，着重抓了云南、上海、北京、天津4个国家级实验动物中心的建设。1988年，国家科学技术委员会颁布了《实验动物管理条例》，规定由国家科学技术委员会主管全国实验管理工作，标志着我国实验动物工作走上了行政法规管理的轨道。1997年，国家科学技术委员会发布了《科研条件发展“九五”计划和2010年远景目标纲要》，提出了实验动物、仪器、试剂、文献信息四大科研条件的发展规划。1998年，科技部组建成立国家实验动物种子中心和国家实验动物质量检测机构。1999年，科技部组织实验动物专题组起草了《实验动物发展“十五”计划和2015年远景目标纲要》，对实验动物工作发展进行了规划。科技部联合有关部委先后颁布了《实验动物质量管理办法》(1997)、《实验动物许可证管理办法（试行)》(2001)，从2002年起，在全国推行实验动物生产和使用许可证制度。

“十三五”时期，建立了资源较为丰富、质量合格稳定的实验动物生产、保种、共享、供应体系、显著提升了实验动物资源创新能力，突破了实验动物质量检测和动物模型分析关键共性技术，完善了实验动物科技创新和产业发展的政策环境，创新了实验动物科技发展的各项机制，提高了实验动物科技对国家科技发展与创新、推动社会经济发展和民生改善等的支撑能力和服务水平。针对具有重要应用潜质和我国优势资源的动物（野生动物、养殖动物），自主研发了多物种（陆生、水生、两栖等)、多层次（昆虫、鱼类、啮齿类到小型猪等）的实验动物新资源，极大地推进了我国实验动物资源多样性的发展。运用基因修饰等技术建立系统性稳定的基因编辑动物模型研发体系，以基因组功能、疾病机制与防治、新药创制与安全评价等研究的相关基因为突破点，创建了数百种乃至上千种能够体现人类多基因复杂系统疾病某些特征的基因修饰动物模型。

近年来，在国家科技计划、重大专项和基金，以及省部会商项目和各地方科技计划项目的支持下，持续加大对实验动物资源平台（库）建设工作的财政投入，初步形成了多渠道、多层次的实验动物资源能力建设局面，有效推进了新品种实验动物开发，以支撑人类重大疾病防治和新药研发为主的动物模型研究。目前，至少有6个国家实验动物资源库纳入国家科技资源共享服务平台，国家资源库承担着实验动物资源保藏与共享服务、管理与安全保障职能，同时拥有实验动物新资源和相关技术研究等能力，使实验动物资源使用效率和共享服务水平不断提高。

我国实验动物科学经过“九五”“十五”“十一五”“十二五”“十三五”期间的发展，实验动物管理工作已步入法制化管理轨道，建立了包括实验动物主要品种、品系的种质资源保存和开发利用基地，初步实现了国内资源的整合和共享，并在人类重大疾病动物模型的研究和应用方面取得一定成就。

“十二五”期间，按照《中长期科技规划纲要》和《科研条件发展“十二五”专项规划》（国科发计〔2012〕89号）的全面部署，加大了对实验动物科技投入，在实验动物资源的丰富、科学监管体系的创新、标准规范与质量评价技术的完善、专业队伍的建设等方面有了新突破，对科技发展与创新的支撑保障能力得到了提升。具体表现在：资源创新能力加速提升，资源共享水平稳步增强，科学监管作用日益显著，检测能力逐步得到提升，科技人员队伍得到加强，国际接轨步伐不断加快。同时，全球生物医药产业以年均30%左右的增幅呈现出跨越式的发展态势，成为全球增长最快的经济门类。生物医药产业的快速发展也为实验动物科技发展提供了机遇、创造了发展空间、提出了新的要求，从而助推实验动物科技与管理工作的进步。“十二五”期间，我国实验动物科技工作呈现出较快的发展速度，但与国际实验动物科技目前的水平存在差距，并出现了全国实验动物工作发展不平衡的现象。

目前，我国实验动物和动物实验的质量管理逐步走上正轨，组织机构体系、法规标准体系和质量保障体系不断完善，形成了具有我国特色的实验动物法制化、规范化管理体制和发展模式。

（二）基础设施建设及辅助用品生产

随着我国实验动物工作的不断深入发展，有关基础设施建设、辅助用品生产及投资经费逐年增加。据不完全统计，1980—1989年全国改建和新建的实验动物设施超过2万平方米，相当于前30年建筑面积总和的70%，投入资金近1亿元，超过前30年的总和。进入20世纪90年代，实验动物事业的发展更为迅速。“九五”期间的1997和1998两年，国家科技部和全国31个省（自治区、直辖市）及港、澳、台地区科学技术委员会投入实验动物设施建设的资金达7 457.56万元。另根据卫生部1998年的调查材料，1992—1998年，25个省（自治区、直辖市）195个医学单位新建和改建的动物基础设施达13.13万平方米，总投资24 775万元；其中清洁级以上设施占14.8%。在北京和上海，清洁级动物设施所占比例分别高达65%和76%。截至1998年，全国用于实验动物生产繁育的设施达51万平方米，其中普通级动物设施占52%，清洁级动物设施占33%，无特定病原体（specific pathogen free，SPF）级动物设施占15%，用于动物实验的设施达29万平方米。不同省（自治区、直辖市）的环境设施差别也比较大，北京、上海、广东等较为发达的地区，其建设水平走在前列，屏障环境达到70%左右，实验动物生产单位多数集中在这些地区，在一定程度上保障了实验动物质量。在这些地区，隔离环境设备，如独立通风笼具（individually ventilated cages，IVC）、废气排放笼具系统（exhaust ventilated closed-system cage rack，EVC）等不断增加，经^{60}Co照射的SPF动物专用饲料被越来越多的用户接受。2011年，全国用于实验动物生产繁育的设施超过70万平方米，其中普通环境约48万平方米、屏障环境约22万平方米、隔离环境约3 000平方米，SPF动物设施已超过总面积的30%，用于动物实验的设施超过30万平方米。

此外，全国还配套建立了一批饲料厂、笼具厂和空气净化装修公司等，能生产各类规格的实验动物用品。

（三）我国实验动物供应与使用的总体状况

有关法规的制定、人员素质的提高、基础设施条件的改善，以及有关科研工作的开展，大大促进了我国实验动物工作的发展。至今，我国已有9种实验动物完成SPF化、无菌化及悉生化；建立了数百种人类疾病的动物模型，包括数十种人癌裸鼠模型；并有几十种微生物学和遗传监测用试剂盒和SPF鸡蛋生产，以供有关单位应用。

目前国内约有300多家实验动物生产单位和1 800多家使用单位。中国实验动物生产量达1 900多万只，使用量1 600多万只，供需基本平衡。目前，我国实验动物（包括实验用动物）资源共有30种共计103个品系。生产量最大的是小鼠（54%）、地鼠（24%）、大鼠（13%）、家兔（5%）等实验动物。较常用的为小鼠（44%）、地鼠（32%）、大鼠（18%）、家兔（2%）、豚鼠（1%）等实验动物。常用小鼠11个品系，大鼠7个品系，地鼠、豚鼠、实验犬各2个品系，家兔以日本大耳白兔、新西兰兔为主，其他动物还有猴、猫、鸡、小型猪等。绝大多数的实验动物用于科研，其次为检定、相关产品生产和教学。

随着国家实验动物种质资源中心的建设，北京和上海两地成为实验动物生产使用规模最大的城市，也是小鼠和大鼠的主要产地。北京地区26个生产单位年产实验动物250万只，上海年产实验动物180万只，共占全国总量的23%。其中地鼠为药品、生物制品生产检定常用动物，主要分布在北京、吉林等几个生物制品研究所。非人灵长类实验动物的生产单位主要集中在广西、云南和广东等省、自治区。

上述资料表明，我国实验动物的学科建设已朝管理规范化、生产规模化、供应社会化和商品化的方向发展。

（四）实验动物科研

60%以上的生物医学的科研课题需用实验动物。“六五”期间（1981—1985）我国在生命科学研究课题中用于实验动物的经费总计480多万元。天津医学院实验动物科学工作者培育的近交新品系小鼠 TA_1、TA_2，以及中国医学科学院血液病研究所培育的615近交系小鼠，在1985年得到了国际小鼠标准化遗传命名委员会的注册。“七五”期间（1986—1990）有1 218项科研课题与实验动物有关，投入经费共计484万元。“九五”期间，国家加大了对实验动物的投入。1997年，一批实验动物科研课题首次获得了国家“九五”科技攻关计划专项资助；1999年，科技部委托中国实验动物学会承担“实验动物质量国家标准的修订及检测技术标准化研究”课题，组织专家学者，用1年时间完成了我国实验动物质量国家标准修订工作。从1998年开始，部分省（自治区、直辖市）科委设立了实验动物专项科研基金，以资助地方实验动物相关的科研。“九五”期间，科技部及各省（自治区、直辖市）共投入实验动物专项科研资金2 572.33万元，其中实验动物课题经费1 363.43万元，实验动物质量检测技术研究与设备资金1 208.90万元，建成了一批实验动物质量检测站，在北京和上海建立了实验动物国家种子中心。2001年，科技部投入1 500万元，资助南京大学建立了“国家遗传工程小鼠资源库”。“十二五”期间的数据尚在征集统计中。

“十五”和“十一五”期间，“973计划”和“863计划”有部分课题涉及实验动物，如发育、干细胞、疾病机制等与基因功能相关的基因修饰动物研制，以及建立人类疾病动物模型等。传染病重大专项和新药创制重大专项都设立了动物模型平台，主要研究内容是疾病动物模型的研制和模型分析技术资源的建设。

（五）人员培训

1992年，中国和日本政府签署协议，成立了中国实验动物人才培训中心，共开设了7项18期课程培训班，招收学员520多人，另派往日本学习15人。国家科学技术委员会、卫生部、农业部、国家中医药管理局、国家医药管理局、中国医学科学院及各地方的实验动物工作主管部门和单位，也举办了各种实验动物技术培训班。

目前，北京农业大学、扬州大学开设了实验动物学专业，招收本科生，许多医学和农牧院校开设了实验动物学课程，部分高等院校已经招收和培养了实验动物专业硕士研究生和博士研究生，甚至设立了博士后科研流动站。

目前，中国实验动物从业人员数量在10万人以上，其中15%分布在实验动物生产单位，85%分布在实验动物使用单位。就教育背景而言，具有中专以上学历的从业人员中实验动物专业占1%，畜牧兽医专业占7%，医学及相关专业占84%，生物专业占3%，其他专业占5%。

在国内的医学院校和生命科学院所，对非从事实验动物专业技术人员的实验动物科学教育，主要针对研究生展开。而对生命科学研究人员与实验动物有关的科技人员，国内有些省市出台了地方性法规，如北京市出台了《北京市实验动物从业人员培训考核管理办法（试行）》，规定了凡从事实验动物生产、供应、经营和动物实验的科技人员，专业管理人员和技术工作者都必须进行有关法律、法规及专业培训，并取得由北京市科学技术委员会颁发的“北京市实验动物从业人员岗位证书”方可上岗。为配合这一工作的开展，北京市科学技术委员会于1998年3月认定了7家培训机构，承担北京地区的实验动物从业人员的培训任务。培训机构经认证后积极开展工作，有计划地对北京地区的实验动物从业人员进行了培训，至今已培训并获得岗位证书人员9 600多人。国内其他省市也相继建立或委托建立了实验动物从业人员培训机构，开展了大量的人员培训工作，据估测，全国经培训并获得实验动物从业人员岗位证书者已超过50 000人。

（六）学术团体及专业书刊

1987年，本学科的全国性学术团体中国实验动物学会成立，并于同年加入国际实验动物科学理事会。各省（自治区、直辖市）的实验动物学会也相继成立，并定期举行学术年会，或不定期进行学术交流活动。我国的实验动物工作者在学会中进行的学术活动，促进了我国实验动物科学的发展和国际交流。

上海和北京地方学会等单位创办了《实验动物与比较医学》（1981 创刊，当时名为《上海畜牧兽医通讯：实验动物科学专辑》，1984 年更名为《上海实验动物科学》，2005 年再次更名）、《实验动物科学》（1984 年创刊，当时名为《实验动物科学杂志》，1988 年更名为《北京实验动物科学》，1994 年更名为《实验动物科学与管理》，2007 年再次更名）2 种期刊，中国实验动物学会创办了《中国比较医学杂志》（1991）、《中国实验动物学报》（1993）2 种期刊。出版了有关实验动物的图书 80 多本，动物实验及与动物实验有关的应用技术图书 100 多本。

1978 年以来中国期刊发表实验动物相关论文的数量趋势，基本可以反映中国实验动物发展情况。截至 2007 年年底，万方数据库收录文章中有 50 277 篇有关实验动物或动物实验的文章，其中 2007 年发表 8 596 篇。这些文章发表在 46 种期刊上，其中实验动物专业期刊 4 种，医药系统期刊 6 种，其余全是畜牧兽医类期刊。论文刊发量较大的期刊是《中国比较医学杂志》、《中国组织工程研究》（曾用名《中国组织工程研究与临床康复》）、《实验动物科学》、《中国实验动物学报》、《实验动物与比较医学》。

（七）我国中医药单位的实验动物工作状况

中医中药是中华民族的伟大宝库，对其进行整理、发掘和提高，既要保持中医药学的特色，又要吸收有关科技新成果，促进其发展。作为实验研究的基本前提，中医药科研亦离不开实验动物和实验动物标准化。

中医药单位实验动物工作的起步较晚，基础较差，但近年来的发展却较迅速。国家中医药管理局在 1994 年对全国 24 个省（自治区、直辖市）62 个中医药单位，以及 1998 年对 30 个省（自治区、直辖市）69 个中医药单位的调查结果表明：建立实验动物管理机构的中医药单位从 1994 年的 80.5% 增加到 1998 年的 100%；实验动物设施从 5 061 平方米发展到 16 559 平方米，其中清洁级和 SPF 级动物设施面积占 48.1%；投入实验动物经费从 1 364.5 万元增加到 4 800 万元；实验动物从业人员从 250 人增加到 1 400 人，其中研究生学历 36 人，本科生学历 121 人，学历层次有较大提高。国家中医药管理局举办了 2 期实验动物技术培训班，有 60 多人参加学习。此外，大部分实验动物从业人员参加了各种形式的实验动物技术培训班。中医药行业自身的实验动物技术人员队伍已初步形成。中医药单位领取的实验动物质量合格证从 10 个增加到 86 个，1998 年生产实验动物已达 8 个品种、品系，共 40.5 万只，使用量约达 60 万只。全国约有 20 家中医药单位拥有实验动物屏障环境设施，总建筑面积为 8 185 平方米，规模比较大的分别是上海中医药大学、广州中医药大学、浙江中医药大学等。2002 年 12 月，在广州召开了“首届中国中医药实验动物科技交流会”，交流论文 90 篇；2008 年 4 月，中国实验动物学会的二级学会——中医药实验动物专业委员会——在北京举行了隆重的成立大会。其后成功地举办了 12 届中国中医药实验动物科技交流会。这些充分显示了我国中医药实验动物科技的发展速度与水平。

第三节　我国实验动物学发展前景及“十四五”发展规划

一、发展现状与趋势

2021 年 3 月 11 日，第十三届全国人民代表大会第四次会议表决通过了关于国民经济和社会发展第十四个五年规划和 2035 年远景目标纲要的决议。3 月 12 日，《中华人民共和国国民经济和社会发展第十四个五年规划和 2035 年远景目标纲要》全文发布，共十九篇六十五章，主要阐明国家战略意图，明确政府工作重点，引导规范市场主体行为，是我国开启全面建设社会主义现代化国家新征程的宏伟蓝图，是全国各族人民共同的行动纲领。

《中华人民共和国国民经济和社会发展第十四个五年规划和2035年远景目标纲要》提出了坚持创新驱动发展，全面塑造发展新优势。坚持创新在我国现代化建设全局中的核心地位，把科技自立自强作为国家发展的战略支撑，面向世界科技前沿、面向经济主战场、面向国家重大需求、面向人民生命健康，深入实施科教兴国战略、人才强国战略、创新驱动发展战略，完善国家创新体系，加快建设科技强国。

《中华人民共和国国民经济和社会发展第十四个五年规划和2035年远景目标纲要》提出建立国家重大科技基础设施。建立转化医学研究设施，多模态跨尺度生物医学成像设施、模式动物表型与遗传研究设施等。

国家发展和改革委员会于2022年5月10日印发《“十四五”生物经济发展规划》是中国首部生物经济五年规划，明确了生物经济发展的具体任务。明确提出要着力做大做强生物经济，到2025年生物经济成为推动高质量发展的强劲动力。生物医药、生物农业、生物替代、生物安全4大重点发展领域以及生物医药技术惠民、现代种业提升等7项重大建设工程。

实验动物是支撑生命科学和生物医药等领域科技创新的重要基础科研条件之一。在我国科技创新呈现出新的发展形势下，明确实验动物资源的战略性地位，精准把握实验动物资源创制模式，营造实验动物资源发展的优良环境，进一步完善有利于实验动物资源创制发展的政策体系和运行机制，以及实验动物资源保藏与共享服务平台，对提升实验动物资源对国家科技创新发展的支撑服务能力具有重要意义。

在当前大科学和大数据时代，实验动物作为科技创新和经济社会发展的战略性资源，对破解生命科学基础研究和大健康事业发展等领域中重大科学问题起着重要的支撑作用。而全面掌握与深入挖掘实验动物资源及其数据也是很多领域研究取得突破和进展的基本保障。

欧美等发达地区和国家主要是通过政府部门立法、重大项目实施以及行业自律，实现对实验动物的管理，具体措施包括：实验动物资源建设与共享作为一项战略性和基础性工作，纳入国家科技创新和提高国家科技竞争力的发展规划；立项开展人类复杂系统疾病动物模型和人源化动物模型比较医学研究、转化医学和精准医学的研究；依据国际组织［ICLAS和欧洲实验动物科学联合会（Federation of European Laboratory Animal Science Associations，FELASA）］标准、行业标准［如美国药典（United States Pharmacopeia，USP）和欧洲药典（European Pharmacopoeia，EP）］和企业标准，有针对性控制实验动物质量；福利与替代研究；从业人员分类分级考核与管理；饲料、垫料生产和供应；设施设备的自动化和智能化；动物实验专用仪器研发配套发展。

同时，欧美主要发达国家在实验动物资源的持续积累和开发利用方面进行了战略发展部署，政府相关机构支持建立了多个国家实验动物资源库，长期开展实验动物资源研究、资源积累与共享服务。国外一些机构还加强对全球实验动物资源的建设布局和收集规划，以确保他们能在未来全球竞争中处于优势地位。

在我国生命科学研究和生物技术创新研发中，实验动物的核心支撑作用更加凸显，同时新技术应用与研究主体融合，提升了对实验动物资源量和质需求，并推动了实验动物资源增量建设和更高的质量要求；国家科技创新与国民健康事业的研究发展，推动了实验动物资源保藏和资源库建设以及共享服务平台的建设；科学研究的多学科多维度的跨专业纵横拓展创新，推动了实验动物资源多样性的发展进程；科技进步与国际的接轨，向实验动物质量控制提出了新的要求。

我们要把握科技创新发展的新形势和新要求，面向世界科技前沿和国家重大需求，将实验动物资源建设、研究积累和开放共享作为一项根本性工作放在国家科技发展战略的重要地位。并且强化顶层设计和科学规划，加快建设和不断完善我国实验动物资源体系，促进优质实验动物资源综合集成，提升实验动物资源利用效率和开放共享水平，是我国实施创新驱动发展战略和建设世界科技强国的必然要求。

二、发展目标

“十四五”期间将重点支持开展实验动物资源创新研究，丰富实验动物基因资源的多样性，着力解决重大科学问题和驱动科技发展亟需的实验动物新资源和动物模型“短板”问题，提升实验动物科技对国家科技创新发展、推动经济社会发展的支撑能力和服务水平。以加强我国基础科研条件保障能力为使命，着力提升实验动物资源自主研发与创新能力。

三、重点任务

实验动物资源创制与评价方面：实验动物新品种新品系开发与评价、药物研发与评价、动物模型创制与评价、“工具”动物模型创制与评价和实验动物资源服务能力提升关键技术研究等。

实验动物应用保障体系建设方面：实验动物质量检测关键技术和实验动物质量科学监管与评价技术等，对实验动物全生命周期的监管机制、可量化的福利伦理评价技术以及对高度依赖进口的高端智能化实验动物专用装备研究。

第四节　实验动物学的意义与作用

实验动物学作为一门学科，其产生和发展是实践需要与科学技术发展结合的必然结果，实验动物学的理论方法丰富了现代生物医学的理论方法。同时，实验动物学所研究的实验动物既是生命科学研究的对象，又作为“活的试剂与度量衡”在许多经济产业中被广泛应用。

一、实验动物学在生物医学研究中的意义

目前，“AEIR”是公认的进行生命科学实验研究所必需的四个基本条件。“A”即 animal（实验动物），“E”系 equipment（设备），“I”为 information（信息），“R”是 reagent（试剂）。当今，由于科学技术的发展，要获得高精尖的仪器设备、高纯度试剂及必要的信息并不困难。因而，研究适合需要而又合乎标准的实验动物，对生物医学研究具有重大意义。

探讨人类疾病发生、发展、转归机制和治疗方法是生物医学的主要任务。而发病机制及诊疗方法（包括药物、物理治疗与手术等）的研究，特别是烈性传染病、放射病的研究和致癌、致突变试验，都不应直接在人身上进行，而必须先在动物身上反复试验，然后才能在保证安全的情况下推及至人。动物实验的优点是可以根据实验目的和需要，随机安排采样时间、方式和样本量，随时处死实验动物。实验动物作为人类的“替难者”，已经并将继续为保障人类健康做出巨大牺牲与贡献。

二、实验动物学对中医药现代化的意义

（一）中医药现代化需要实验动物学

中医药是中华民族的传统瑰宝。要让祖国医学发扬光大，走向世界，就必须实现中医药现代化。实验动物作为现代科学技术的支撑条件之一，必将在中医药现代化进程中发挥重要作用。现今，高精尖的仪器设备、高纯度试剂、科技信息已成为中医药研究的重要组成部分，利用标准化实验动物和模型开展中医药研究是中医药现代化的有效途径。中药提取物青蒿素治疗疟疾取得的成就就是实验动物在中医药应用的佐证。

过去由于实验动物达不到质量标准造成的教训是沉痛的。例如，因动物不合格，致使我国生产的疫苗、中药制剂不符合出口要求；由于动物来源不清，许多科研论文在国际学术界得不到认可。因此，我国的生命科学研究包括中医药科研都必须十分重视实验动物学，并加强实验动物标准化工作。

（二）深刻揭示中医药治病机理，进一步提高疗效需要实验动物学

中医药学是人体生命科学的一个分支，是一门实践性很强的学科。在古代科学条件下建立的中医

药学，以“神农尝百草”的方式识别、评价了众多中草药，并以“临床试错法”不断总结中药方剂的治病经验，从而为中华民族及人类的健康事业做出了重大贡献。但是，中医药领域至今还有许多未知数，很多精华未得到充分发掘，有些模糊的问题尚待澄清。中医临床辨证应进一步客观化，中药的剂型有待改进，疗效有待提高。在科学高度发达的今天，必须利用现代科学理论与方法，包括借助实验动物学的手段，研究并更深刻地揭示中医药治病的机制。如将某些有待证实的假说，应用合适的实验动物模型进行研究，并与临床研究相结合，使经验进一步上升为科学理论。因此，现代中医药学与实验动物学相结合有利于科学化、客观化、定量化地阐明中医药理论，深化中医药实践。

（三）中药产业现代化国际化需要实验动物学

当今世界“回归大自然”的呼声越来越高，包括中药在内的植物药越来越受到国际市场的欢迎，中药产业正成为新的经济增长点。中药历经数千年成功的临床应用表明了其有效性与安全性。但是，要让中药及其制剂被国际社会特别是发达国家接受，仍需用客观、规范、国际认可的检测标准和评价指标加以验证。因此，建立中药安全性评价体系，按国际认可的合法规范评价中药的安全性，是中药现代化及中药走向世界的关键措施。目前，我国中药安全性评价的工作尚需加强。对包括实验动物在内的基础设施和仪器设备应加大投入，加速设施和条件建设，逐步达到国际标准。

中医药实验动物工作在近十几年中虽然有了较大发展，但仍然处于薄弱地位，尚不能完全适应中医药科研的需要。工作人员的专业水平亦有待提高。因此，必须从学科建设的高度来开展中医药实验动物工作。要围绕实验动物学学科发展，加强硬件建设，充实和完善中医药科研实验手段。要加强软件建设，开展具有中医药学特色的实验动物学教学和科研。要实现实验动物标准化，还要把中医药行业的实验动物工作发展成为“集实验动物供应、动物实验管理、教学和科研工作为一体的学科”，从而确立实验动物学在中医药科研中的地位，并使其更好地为中医药科研服务。中医药行业的实验动物工作亦只有在为中医药科研服务的过程中，才能不断地发展壮大，并形成服务—发展—再服务—再发展的良性循环。

三、实验动物在制药与化工工业的应用

新药、保健食品、化妆品甚至农药，在投产前必须通过安全性评价试验。其方法有体内、体外两类，且必须做整体动物试验。这些试验包括应用实验动物的一般毒性试验（急性、亚急性及长期毒性试验）、局部用药毒性试验、特殊毒性试验（如致畸、致突变、致癌试验）和药物依赖性试验等。新药及其他新产品须经大量动物试验确证对机体无毒性或安全可靠后，才能申请进行临床试验，否则会给人类造成不可挽回的损害。例如，1962 年西德某药厂生产的反应停，孕妇服用后引起近万名婴儿畸形。

生物制品（如疫苗、诊断用血清和免疫血清）的生产和安全性评价，也离不开实验动物。

四、实验动物在国防和军事科学的应用

在宇航科学试验中，实验动物为人类取得了许多有价值的数据。在军事科学和武器研制等研究领域亦少不了实验动物。各种武器的杀伤效果，化学、辐射、细菌、激光武器的效果和防护，都需要实验动物的参与。

第四章 实验动物遗传学

在生物医学研究中，人们为不同目的而设计有关刺激因素施予实验动物，并观察实验动物整体、器官、组织，以及神经、内分泌系统等对刺激的反应。实验动物的遗传背景与反应特性，是影响实验结果的重要因素；不同遗传背景与反应特性的实验动物，对同一刺激有相同或不同质和量的反应。因此，研究人员必须了解实验动物的遗传特性。

20 世纪 50 年代，罗歇尔（William Moy Stratton Russell）和布鲁克（Rex Leonard Burch）提出动物的遗传与环境之间的关系模式（图 4－1）。该模式认为，动物的基因型（染色体、基因、DNA 及构象）在发育环境（胚胎期和哺乳期）的作用下，产生某种表现型（酶、蛋白质、动物形态与新陈代谢特征），而这种表现型在周围环境（生活或实验环境）的作用下，导致产生不同的演出型（即生物反应现象），对实验刺激产生相应反应。换言之，现实生活着的动物实际上是遗传与环境相互作用的结果。

图 4－1 动物的基因型、表现型、演出型与环境之间的关系模式

人们所见的不同演出型，实际上是基于相应基因型“质”的特点，而又反映着环境对基因型所起的“量”的作用。要获得稳定的、可重复的演出型，应从两方面，即对动物自身（遗传、年龄、性别等）和环境（气候、理化、营养、微生物等）进行控制。人们根据罗歇尔理论，制定了实现实验动物标准化的遗传控制、微生物和寄生虫控制、营养控制和环境控制 4 项基本措施。

由此可见，遗传学是实验动物学的重要内容之一。目前，许多免疫反应和某些致病机制，已经可以从遗传基因水平进行解释，因而更彰显出遗传学研究对生物医学及实验动物学的发展具有重要意义。当今生命科学及医药学的发展对实验动物提出了更高的要求，而遗传学的发展，则能为培育生产标准的实验动物打下理论基础并提供可能。遗传学知识不仅能指导人们在特定的研究中选用遗传背景与反应特性适当的实验动物，还能指导实验动物的遗传监测，以保证实验动物的遗传品质和实验结果的正确性。

第一节 实验动物的分类

实验动物的分类包括动物学的分类和实验动物学的分类两部分。按动物学分类可分为界（Kingdom）、门（Phylum）、纲（Class）、目（Order）、科（Family）、属（Genus）、种（Species）；按实验动物学分类则分为品种（breed）和品系（strain）。品系包括近交系、封闭群和杂交群等。

种是动物学分类系统上的基本单位。同种动物能共同生活、交配、繁衍后代，异种动物之间存在生殖隔离。一般认为，不同种的动物是自然选择的产物。相近的种归并为属，相近的属归并为科，相似的科归并为目，目以上的等级为纲、门，最高为界。有时为了更准确地表明动物间的相似程度，还细分为亚门、亚纲、亚目、总科、亚科、亚属、亚种等。

从研究对象看，实验动物学是动物学的分支。实验动物的自然分类仍沿用动物学的上述分类方法，但有其特点。已知的150多万种动物分属30个门，最常见的有原生动物门、多孔动物门、刺胞动物门、栉水母门、扁形动物门、纽形动物门、假体腔动物门、环节动物门、软体动物门、节肢动物门、腕足动物门、棘皮动物门、毛颚动物门、半索动物门、脊索动物门等。实际上，绝大多数实验动物属脊索动物门、脊椎动物亚门。以家犬为例，其动物学分类为动物界、脊索动物门、脊椎动物亚门、哺乳纲、真兽亚纲、食肉目、犬科、犬属、家犬种。目前，常用的实验动物均为哺乳类，其分类从界至纲几乎完全相同，均为动物界、脊索动物门、脊椎动物亚门、哺乳纲，其下除单孔目（目前尚未培育出标准化实验动物）和有袋目（已培育出标准化实验动物袋鼠）为后兽亚纲以外，均为真兽亚纲；但目以下（含目）的分类则各不相同。

根据遗传特征将实验动物在种以下细分为品种和品系，有些品系还细分为亚系。品种是人们根据不同需要而对动物进行改良、选择，即定向培育，获得的具有某种特定外形和生物学特性的动物群体，其特性能较稳定地遗传。例如，已培育出的实验用兔有新西兰兔、青紫蓝兔和日本大耳白兔等品种；根据小鼠的毛色划分为白化小鼠（如BALB/c小鼠、NIH小鼠、昆明种小鼠等）和其他毛色小鼠（如野鼠色的C3H小鼠、淡棕色的DBA小鼠等）。

品系即“株”，为实验动物学的专用名词，指来源明确，并采用某种交配方法繁殖，而具有相似的外貌、独特的生物学特征和稳定的遗传特性，可用于不同实验目的的动物群体，如近交系、封闭群、杂交群等。以NIH小鼠为例，按动物学分类，为动物界、脊索动物门、脊椎动物亚门、哺乳纲、真兽亚纲、啮齿目、鼠科、小鼠属、小家鼠种；并按实验动物学分类，其品种为白化小鼠，其品系是NIH小鼠，远交群。

此外，作为实验用动物被应用于科学研究的动物还有：有甲目犰狳科犰狳属的犰狳，猬形目猬科猬属的刺猬，食虫目鼩鼱科鼩鼱属的鼩鼱，翼手目蝙蝠科蝙蝠属的蝙蝠，偶蹄目鼠海豚科江豚属的江豚，袋鼬目袋鼬科袋鼬属的袋鼬，奇蹄目马科马属的马和骡，马科马属的驴，偶蹄目牛科牛属的牛，鹿科鹿属的鹿等。目前还没有作为实验动物的是单孔目、长鼻目和海牛目。

第二节　近交系动物

近交系动物的育成是实验动物科学的一大进步，近交系动物的应用大大推动了遗传学、肿瘤学、免疫学等学科的发展。

一、近交与近交系

（一）近交和近交系的概念

1. 近交

有意识地从一个动物群体中选用血缘关系比较接近的雌雄个体，即有共同祖先的兄妹、母子、父女进行交配，此种近亲交配的方式称为近交（inbreeding）。

2. 近交系

在一个动物群体中，任何个体基因组中99%以上的等位位点为纯合时定义为近交系（inbred strain）。近交系经至少连续20代的全同胞兄妹交配或亲子交配培育而成。品系内所有个体都可追溯到起源于第20代或以后代数的1对共同祖先，如BALB/c小鼠、C57BL/6J小鼠等。

（二）近交系动物的命名

近交系动物一般以大写英文字母命名，亦可以用大写英文字母加阿拉伯数字命名，符号应尽量简短，如A系、TA1系等。还有些近交系在上述命名规定前已广为人知，故沿用至今，如“129”“615”等。

近交系的近交代数用大写英文字母F表示。例如，当1个近交系的近交代数为87代时，写成

（F87）。如果对以前的代数不清楚，仅知道近期的近交代数为25，可以表示为（F? +25）。

二、亚系和支系

（一）亚系和支系的概念

1. 亚系

一个近交系内各个分支的动物之间，因遗传分化而产生差异，称为近交系的亚系（substrain）。

2. 支系

经过技术处理的品系称为支系（subline）。饲养环境改变或进行技术处理，可能对动物的某些生物学特征产生影响。这些特征可能是遗传性或非遗传性的，因此有必要对这一类品系进行区分。将实验动物引种到另一个实验室，或经过某种技术处理，包括代乳（foster nursing，f）或人工代乳（foster on hand-rearing，fh），受精卵或胚胎移植（egg or embryo transplant，e）、卵巢移植（ovary transplant，o）、人工喂养（hand-rearing，h）和冷冻保存（freeze preservation，p）等，都可视为支系。

（二）亚系命名

亚系的命名方法是在原品系的名称后加一道斜线，斜线后标明亚系的符号。

亚系的符号可以是以下几种。

（1）培育或产生亚系的单位或个人的英文名称缩写，第一个字母用大写，以后的字母用小写。使用英文名称缩写应注意不要和已公布过的名称重复。如：A/He，表示A近交系的Heston亚系；CBA/J，表示由美国杰克逊研究所保持的CBA近交系的亚系。

（2）当一个保持者保持的一个近交系具有两个以上的亚系时，可在数字后再加保持者的英文名称缩写来表示亚系。如：C57BL/6J，C57BL/10J分别表示由美国杰克逊研究所保持的C57BL近交系的两个亚系。

（3）一个亚系在其他机构保种，形成了新的群体，在原亚系后加注机构缩写。例如：C3H/HeH是由Hanwell（H）保存的Heston（He）亚系。

（4）作为以上命名方法的例外情况是一些建立及命名较早并为人们所熟知的近交系，亚系名称可用小写英文字母表示，如BALB/c、C57BL/cd等。

下面是常见的亚系单位或个人的英文名称缩写：

An	美国国立肿瘤研究所 H. B. Andewont 博士
Bir	Birmingham 大学肿瘤研究所
Cd	比利时 Libre 大学 Albert Claude 博士
Crgl	美国加州伯克莱大学肿瘤研究所遗传实验室
CRJ	查尔斯河日本子公司（Charles River Japan Inc.）
Fo	美国密歇根州底特律大学生物系 P. Forsthoefel 博士
Gr	英国伦敦大学动物系 H. Grunebery 博士
Gro	荷兰 Groningen 大学遗传研究所
H	英国医学研究协会放射医学部门所在地 Harwell
Han	德国 Hannover Linden 大学 Versuchstierzueht 中心研究所
He	美国国立肿瘤研究所 W. E. Heston 博士
ICR	美国国立肿瘤研究所（Institute for Cancer Research）
ICRC	印度癌肿研究中心（India Cancer Research Centre）
J 或 Jax	美国杰克逊实验室（The Jackson Laboratory）
JCL	日本柯力亚（Clea）公司（株式会社）
JCR	日本国立肿瘤研究所（Japan National Institute for Cancer Research）
Jci	日本实验动物中央研究所（Japan Central Institute of Experimental Animals）

JMC	日本东京大学医学研究所 田鸠加雄
Ka	美国加州斯坦福大学医学院放射原系 H. S. Kaplan 博士
Ki	美国俄亥俄州立大学医学院 Kirschbaum 研究室
Lac	英国医学研究委员会（Medical Research Council，MRC）实验动物中心（Laboratory Animal Centre，LAC）
Mel	英国苏格兰爱丁堡动物遗传研究所 A. Melcren 博士
M. K	日本北海道大学理学部 牧野佐二郎
MS	日本国立遗传研究所 吉田俊秀
Ola	英国牛津实验动物场
Pi	美国犹他大学医学院的 H. I. Pilgrim 博士
Rap	苏联莫斯科医学院近交系实验动物实验室
Rd 或 Rol	法国巴黎 G. Rudali 博士
Re	美国杰克逊实验室 E. S. Russell 博士
Sc	美国塔夫茨大学心理系 J. P. Scott 博士
Se	意大利 Lucio Severt 教授
Sn	美国杰克逊实验室 Snell 博士
Umc	美国明尼苏达大学医学院生理系
Y	苏联 Yurlov 邮政实验动物研究所遗传室

其他常用英文名称缩写：

AAALAC	国际实验动物管理评估及认证协会（Association for Assessment and Accreditation of Laboratory Animal Care International）
AALAS	美国实验动物科学协会（American Association for Laboratory Animal Science）
ACLAM	美国实验动物医学院（American College of Laboratory Animal Medicine）
AVMA	美国兽医协会（American Veterinary Medical Association）
AWIC	动物福利信息中心（Animal Welfare Information Center）
ANZCCART	澳大利亚和新西兰研究与教育用动物管理委员会（Australian and New Zealand Council for the Care of Animals in Research and Teaching）
CALAM	加拿大实验动物医学协会（Canadian Association for Laboratory Animal Medicine）
CALAS	加拿大实验动物科学协会（Canadian Association for Laboratory Animal Science）
CCAC	加拿大实验动物管理委员会（Canadian Council on Animal Care）
JAEAT	日本实验动物技术者协会（Japanese Association for Experimental Animal Technologists）
KRIBB	韩国生命工学研究院（Korea Research Institute of Bioscience and Biotechnology）
ICLAS	国际实验动物科学委员会（International Council for Laboratory Animal Science）
WHO	世界卫生组织（World Health Organization）
NIH 或 N	美国国立卫生研究院（National Institutes of Health）
UFAW	动物福利大学联合会（Universities Federation for Animal Welfare）

（三）支系命名

支系的命名是在原品系后附加小写英文字母，表明处理方式。代乳后的品系，在原品系名称后加“f”（即 foster nursing），再写上代乳品系名称，如 C3HfC57BL 表示 C3H 品系由 C57BL 近交系代乳。受精卵移植（egg transfer，e）或卵巢移植（ovary transplant，o）后培育的品系，在原品系名称后加“e”或“o”，再写上接受受精卵或卵巢移植术的品系名称，如 AeB6 代表 A 系的受精卵输送到 C57BL/6J 母鼠子宫后孕育的品系。移植胚胎经冷冻保存的品系，在原品系名称后加“p”（freeze preservation，p），再加“e”，并写上接受胚胎移植术的品系名称，如 C57BL/6peCBA/H 表示 C57BL/

6 的胚胎经冷冻保存后移植到 CBA/H 母鼠子宫内孕育。

近交系、亚系和支系综合命名法实例如下。

（1）DBA/1fLACA/Lac。DBA 为小鼠近交系名称，1 表示亚系，f 表示代乳，LACA 为代乳母鼠的品系，Lac 代表培育单位英国实验动物中心。

（2）C57BL/6J。C 代表冷泉港实验室（Cold Spring Harbor Laboratory），57 为第 57 号雌鼠，BL 即 Black（黑色），6 为亚系，J 代表美国杰克逊实验室。

三、特殊类型的近交系动物

1. 重组近交系（recombinant inbred strain，RI）

由 2 个近交系杂交后，经连续 20 代以上兄妹交配育成的近交系，称为重组近交系。

重组近交系的命名方式是在 2 个亲代近交系的缩写名称中间加大写英文字母 X。相同双亲交配育成的 1 组近交系用阿拉伯数字予以区分，雌性亲代在前，雄性亲代在后。

示例：

由 BALB/c 与 C57BL 2 个近交系杂交育成的 1 组重组近交系，分别命名为 CXB1、CXB2……

如果雄性亲代缩写为数字，如 CX8，为区分不同 RI 组，则用连接符表示为 CX8-1、CX8-2……

常用近交系小鼠及缩写名称如下：

C57BL/6	B6
BALB/c	C
DBA/2	D2
C3H	C3
CBA	CB

2. 重组同类系（recombinant congenic strain，RC）

由 2 个近交系杂交后，子代与 2 个亲代近交系中的 1 个近交系进行数代回交（通常回交 2 代），再经不对特殊基因选择的连续兄妹交配（通常大于 14 代）而育成的近交系，称为重组同类系。

重组同类系的命名方式是在 2 个亲代近交系的缩写名称中间加小写英文字母 c，其中做回交的亲代近交系（称受体近交系）在前，供体近交系在后。相同双亲育成的一组重组同类系用阿拉伯数字予以区分。如 Ccs1，表示以 BALB/c（C）为亲代受体近交系，以 STS（S）品系为供体近交系，经 2 代回交育成的编号为 1 的重组同类系。

同样，如雄性亲代缩写为数字，如 Cc8，为区分不同 RC 组，则用连接符表示为 Cc8-1。

3. 同源突变近交系（coisogenic inbred strain）

除了 1 个特定位点等位基因不同外，其他遗传基因全部相同的 2 个近交系，称为同源突变近交系。

一般由近交系发生基因突变或者人工诱变（如基因敲除）形成。用近交代数表示出现突变的代数，如 F110 + F23，是近交系在 110 代出现突变后近交 23 代。

同源突变近交系的命名方式是在发生突变的近交系名称后加突变基因符号（用英文斜体印刷体），二者之间以连接号分开，如 DBA/Ha-D 表示 DBA/Ha 品系突变基因为 D 的同源突变近交系。当突变基因必须以杂合子形式保持时，用“+”号代表野生型基因，如 A/Fa-+/c。129S7/SvEvBrd-*Fyn*^{tm1Sor}表示用来源 129S7/SvEvBrd 品系的 AB1 ES 细胞株制作的 *Fyn* 基因变异的同源突变系。

4. 同源导入近交系（congenic inbred strain）

通过回交（backcross）方式形成的一个与原来的近交系只是在一个很小的染色体片段上有所不同的新的近交系，称为同源导入近交系，又称同类近交系。要求至少回交 10 个世代，供体品系的基因组占基因组总量在 0.01 以下。

同源导入近交系名称由以下几部分组成：①接受导入基因（或基因组片段）的近交系名称；②提供导入基因（或基因组片段）的近交系的缩写名称，并与 a 之间用英文句号分开；③导入基因

（或基因组片段）的符号（用英文斜体），与 b 之间以连字符分开；④经第 3 个品系导入基因（或基因组片段）时，用括号表示；⑤当染色体片段导入多个基因（或基因组片段）或位点，在括号内用最近和最远的标记表示出来。

5. 基因修饰动物（genetic modified animals）

基因修饰动物是用基因修饰等技术手段对特定基因改造所获得的动物，包括转基因动物、基因定点突变动物等，其命名见 GB 14923—2023 附录 A。

四、近交系动物的特点

1. 基因纯合性（homozygosity）

在近亲交配时，近交系数可由下式算得：

$$Fn = 1 - (1 - \Delta F)\ n$$

式中，Fn 为 n 代的近交系数；ΔF 为近交系数的代递增率，在同胞兄妹交配或回交情况下，ΔF 为 0.191；n 为近交代数。

按照国家标准要求，近交系的近交系数应大于 99%。在近交系培育过程中，在兄妹交配情况下，从第 4 代以后，每代近交系数上升 19.1%。而交配 20 代时，近交系数 F20 已达 98.6%。因而从理论上说，经过 20 代以上的兄妹交配，近交系动物的绝大多数基因位点都应为纯合子；这样的个体与同品系内任何 1 个个体交配所生的后代也是纯合子。即同一近交系动物的基因型一致，遗传组成和遗传特性亦相同。由于近交系动物具有这样的特征，因此采用这种品系动物进行实验时，因隐性基因暴露而影响实验结果一致性的可能性很小。

2. 遗传组成的同源性（isogenicity）

基因型或遗传型是一切遗传基础的总和，是生物的内在遗传本质。遗传组成的同源性指某近交系动物群体内所有个体在遗传上是同源的，即可追溯到一对共同的祖先。由于其基因高度纯合，基因型又相当稳定，因而各个个体极为相似。

3. 表现型的一致性（uniformity）

由于近交系动物的遗传是均质的，因此在相同环境因素的作用下，其演出型是一致的。在实验中可用较少量的近交系动物，获得具有统计意义的结果。

4. 对外界因素的敏感性（sensitivity）

由于高度近交，近交系动物某些生理功能的稳定性降低，因而对外界因素变化的反应更为敏感。该特征使近交系动物更容易被制备为疾病模型动物，供研究使用。

5. 遗传特征的可辨别性（identifiability）

近交系动物群体内几乎不存在遗传多态性，即每个位点只有一种基因型，而不会存在其他等位基因。通过对各位点进行遗传监测，可得知有关位点的基因型。此后采用相同的遗传监测方法，可以对动物品系进行辨认，以确定其遗传可靠性。

6. 遗传组成独特性（individuality）

每个近交系从物种的整个基因库中，只获得极少部分基因，它们构成了该品系基因的遗传组成。因而，每个近交系在遗传组成上都是独一无二的，具有独特的表现型。各近交系之间的差异或大或小，它们可作为相应模型动物而应用于形态学、生理学和行为学研究。

正是由于每个近交系动物只代表种属的某些特质，因此，采用某近交系所做实验的结果往往不直接代表整个种属的反应，而须在多个近交系做动物实验，以增加其代表性。

7. 背景资料可查性（accessibility）

目前，小鼠、大鼠、豚鼠等实验动物的近交系均有详细资料可查。这对实验设计和结果分析是非常重要的。

8. 国际分布广泛性（extensity）

由于近交系具有以上特性，因此各国实验室都可繁殖遗传特性几乎相同的近交系，以利于研究结果的交流。

五、近交系动物的应用

近交系动物的来源清楚，取材方便，是胚胎学、生理学研究及基因连锁分析的理想实验材料。而且，近交系动物个体间的均一性高，能消除杂合遗传背景对实验结果的影响，对刺激的反应一致，重复性好，因此，研究对照组和实验组所需的动物数目都较少。

近交系动物尚可应用于如下研究。

（1）组织移植。由于近交系动物个体间的组织相容性高，因此便于组织细胞或肿瘤移植研究。

（2）制作疾病动物模型。近交使隐性基因纯合性状得以暴露，可用于复制先天性畸形和先天性疾病的动物模型，如糖尿病、高血压等。某些近交系自发或诱发肿瘤的发病率较高。许多肿瘤细胞株尚可在某些近交系活体动物上传代。因而，这些品系是肿瘤病因学、肿瘤药理学研究的重要模型。

（3）比较遗传学研究。同时以多个近交系做对比研究时，可表明某实验结果具有普遍意义，或显示不同遗传组成对实验结果的影响。

第三节　封闭群和远交群动物

一、封闭群动物

封闭群（closed colony）动物，是指以非近亲交配方式进行繁殖生产的一个实验动物种群，在不从外部引入新个体的条件下，至少连续繁殖 4 代以上的群体，如昆明种小鼠、SD 大鼠等。

培育封闭群动物的关键是不从外部引进任何新的个体，而同时做随机交配，不让群体内的基因丢失，以保持封闭群一定的杂合性。在一个随机交配的群体中，如果没有突变、选择或迁移等因素的作用，则每代的基因频率和基因型频率都将保持不变。虽然群内的个体会因等位基因不同而各具遗传杂合性，但群体的遗传特性却因基因频率不变而保持相对稳定；因此该群体既保持一般的遗传特性，而各个体却又具有杂合性。

按来源和遗传背景不同，封闭群动物可分为二大类：一类是来源于近交系的繁殖群及其子代，但不用兄弟姐妹交配方式保种并生产；另一类来源于非近交系，不是以培养近交系为目的而生产的实验动物。封闭群动物个体之间的差异程度主要取决于其祖代的来源。若祖代来自非近交系，其个体差异较大；若祖代来自同一品系的近交系动物，则其个体差异较小。

封闭群的群内个体应满足“有效群体大小”的要求。“有效群体”是指一个自繁殖群体中所有具有生殖能力的雌雄个体，都可以自由参与繁殖。能够达到“有效群体”数量要求的封闭群，可以在为下一代留种时，实行随机留种、随机交配以繁殖后代。从而保持群体基因频率的稳定，防止近交系数上升太快。

已知近交系数上升率 $F1$ 与有效群体数目 Ne 之间的关系为：

$$F1 = 1/(2Ne)$$

由上述公式可知，如果有效群体数目过小，必然导致近交系数上升率加大。当 Ne 为 50 只时，$F1$ 为 1%。国际实验动物科学委员会规定封闭群动物每代近交系数增加不能超过 1%，因此 Ne 至少要达到 25 对（50 只）。

二、远交群动物

远交群（outbred stock）动物是指为维持群体的最大杂合度，以非近亲交配方式进行繁殖生产的实验动物种群。

三、封闭群和远交群动物的命名

封闭群的命名组成包含了品系、来源以及突变描述，再加上［cc］来表示封闭群，如：C57 BL/6Tac－BmP4^{tm1Blh}［cc］表示了 C57 BL/6Tac 近交系来源且携带 BmP4^{tm1Blh}突变的封闭群。

远交群由 2～4 个大写英文字母命名，种群名称前标明保持者的英文缩写名称，第 1 个字母须大写，后面的字母小写，一般不超过 4 个字母。保持者与种群名称之间用冒号分开。

示例如下。

N：NIH 表示由美国国立卫生研究院（N）保持的 NIH 封闭群小鼠。

Lac：LACA 表示由英国实验动物中心（Lac）保持的 LACA 封闭群小鼠。

某些命名较早，又广为人知的封闭群动物，名称与上述规则不一致时，仍可沿用其原来的名称，如 Wistar 大鼠封闭群、日本的 ddy 封闭群小鼠等。

把保持者的缩写名称放在种群名称的前面，而二者之间用冒号分开，是远交群动物与近交系命名中最显著的区别。除此之外，近交系命名中的规则及符号也适用于远交群动物的命名。

四、封闭群和远交群动物的特点及应用

（一）繁殖率高

封闭群动物和远交群动物为避免近交，保持了较大数量的个体，因而群体内的基因具有较大的杂合性，有利于防止近交衰退；其活力、生育力都强于近交系。因此，易饲养，抗病力强，繁殖率高，可大量生产。

（二）重复性差

封闭群动物就其整体而言没有引进新的个体，其遗传特性及反应性可保持相对稳定；但群内个体则具有杂合性，因而其反应性有差异。因此，封闭群动物实验的重复性和一致性不如近交系好。但是，封闭群在动物实验中却比近交系更接近自然种属的反应特点。远交群动物为了维持种群最大的杂合度，以非近亲方式繁殖，其重复性也较近交系差。

封闭群动物和远交群动物广泛应用于教学、预实验、一般实验、药物筛选和毒理安全试验等。此外，封闭群动物可能携带大量隐性有害突变基因，因此可用于遗传病研究。

第四节　杂交群动物

一、杂交群动物

由两个不同近交系杂交产生的后代群体称为杂交群动物。子一代简称 F1。

杂交群一般是在 2 个近交系动物之间进行交配所繁殖的第 1 代动物。杂交群动物个体的杂合性一致，即其遗传型与表现型都一致，但其后代一般不宜继续繁殖和培育近交系，因为在子二代（F2）会发生遗传上的性状分离。

二、杂交群动物的命名

杂交群应按以下方式命名：雌性亲代名称在前，雄性亲代名称居后，二者之间以大写英文字母“X”相连表示杂交。将以上部分用括号括起，再在其后标明杂交的代数（如 F1、F2 等）。

对品系或种群的名称常使用通用的缩写名称。

例如：（C57BL/6 X DBA/2）F1 = B6D2F1。B6D2F2 指 B6D2F1 同胞交配产生的 F2；B6（D2AKRF1）是以 B6 为母本，与（DBA/2 X AKR/J）的 F1 父本回交所得。

三、杂交群动物的特点

(1) 具有杂交优势，因而生命力强，适应性和抗病力强，繁殖旺盛。在很大程度上可克服近交系繁殖引起的各种近交衰退现象。

(2) 具有与近交系动物基本相似的遗传均质性。

(3) 采用杂交群动物所做的各种实验，其结果的重复性好。

(4) 具有亲代双亲的特点。

(5) 国际上分布广，广泛用于各类实验研究，其研究结果易于重复，便于国际交流。

四、杂交群动物在生物医学研究中的应用

(一) 干细胞研究

研究表明，来自 F1 代小鼠正常外周血的白细胞，能在受到致死性照射的亲代或非常接近的同种动物中种植和增殖，使动物存活并产生供体型淋巴细胞、粒细胞和红细胞；从而表明小鼠外周血中存在干细胞。因此，F1 代动物是研究外周血中干细胞的重要材料。

(二) 免疫学研究

例如，NZB × NZWF1，NZB 即 New Zealand Black，NZW 即 New Zealand White。该杂交群小鼠是研究自身免疫缺陷的动物模型。

(三) 细胞动力学研究

如可选用 BCF1 (C57BL/6 × CBA) 小鼠做小肠隐窝细胞增殖周期实验。

(四) 单克隆抗体研究

杂交瘤合成单克隆抗体是近年来生物医学中一项重大突破。采用的小鼠骨髓瘤细胞系一般来自 BALB/c 小鼠，由此获得的杂交瘤细胞注入该小鼠腹腔后，可生长肿瘤并产生含高效价抗体的腹腔积液。目前则多采用 BALB/c 和其他近交系杂交 F1 代小鼠做单克隆抗体研究，其脾脏较同日龄 BALB/c 小鼠脾脏大，效果较用 BALB/c 小鼠好。

第五节　实验动物繁殖育种基本方式及生产计划的制订

实验动物的繁殖生产是确保实验动物质量的重要环节，实验动物质量的优劣直接影响动物实验的结果。实验动物遗传学是指导实验动物繁育生产的理论基础，近交系动物、封闭群动物和杂交群动物各具不同的遗传特点，应分别选择相应的培育和繁殖方法。

一、近交系动物

(一) 培育方法

近交系动物是全同胞连续交配 20 代以上育成的品系，亲子交配具有同样的效果。培育一个新品系，首先确定培育目标，根据培育目标选择合适的选育指标（如选择对某些微生物敏感、选择自发高血压或高血脂等指标）进行逐代筛选，这是定向培育。还有不定向培育，在近交过程中对发现的某些有益性状的突变进行选育，培育成近交系。近交包括亲子、全同胞、半同胞、叔侄、祖孙交配等方式，对实验动物来说，亲子和全同胞交配是最有效的近交方式。采取全同胞交配培育近交系的基本方法有 3 种，这也是近交系保种的方法。亲子交配也可参照这三种方法。

1. 单线法

单线法是指从原种选出 3～5 对兄妹进行交配，从中选出生产能力最好的 1 对进行繁殖；从子代

中再选出3～5对进行繁殖，然后从中选出1对作为下一代双亲，依此类推。此法个体均一性好，缺点是选择范围太小，易发生断代的危险。

2. 平行线法

平行线法是指从原种选出3～5对兄妹进行交配，每对生产的子代中都要选留下一代种用动物，平行向下延续。此法优点是选择范围大，有利于种的维持。其缺点是个体不太均一，易发生分化，长期下去可使动物分成不同的亚系。

3. 优选法

这种方法既保留了单线法和平行线法的优点，又克服了上述两种方法的缺点，是最佳的保种育种方法。在繁殖过程中，每一代均保持6对，每对都选自同一双亲的子代同胎兄妹，当某对不怀孕或生产能力低时，则可以从另一对所产生的后代中选择优良者加以代替。

（二）谱系记录

近交系的培育和保种必须做好谱系记录，防止发生错误交配，出现遗传污染。在现实工作中发现许多因记录不完善导致近交系出现遗传污染的现象。近交系的培育和维持需要很长时间，有时需要追溯以前的情况，应该尽最大的可能保留详细的记录，并予以保存。至少应记录以下事项：①近交代数；②双亲的编号；③出生日期；④离乳日期；⑤将雌、雄分开的日期；⑥交配日期和时间；⑦分娩日期和产仔数；⑧幼仔的离乳日期和雌、雄的只数；⑨其他关于品系特性的指标；⑩淘汰的日期。将以上信息分成下面几个步骤进行记录较为方便：①谱系档案。记录品系名称、近交代数、个体号码、出生日期、双亲的编号，长期保存。②个体卡片。将个体号码、出生日期、交配日期、体重、分娩、离乳和特性检查情况、淘汰日期等所有与该个体有关的经历记录下来，不断更新，长期保存。③饲养笼标签。标签装在饲养笼具上，有的只记有品系名称及雌、雄的个体号码，也有的在此基础上增加分娩、离乳的情况等。注意标签应与动物同步，在换窝或转移时随动物一起移动，防止弄错。

（三）主要生产繁殖方法

近交系动物繁殖方法选择的原则是保持近交系动物的基因纯合性。

1. 引种

作为繁殖用原种的近交系动物必须遗传背景明确，来源清楚，有较完整的资料。引种动物应来自近交系的基础群。

2. 繁殖

继续保持兄妹交配方式。近交系动物的繁殖可设基础群、血缘扩大群和生产群。当近交系动物生产供应数量不是很大时，一般不设血缘扩大群，仅设基础群和生产群。

1）基础群。设基础群的目的，一是保持近交系自身的传代繁衍，二是为扩大繁殖提供种动物。

（1）基础群严格以全同胞兄妹交配方式进行繁殖。

（2）基础群应设动物个体记录卡（包括品系名称、近交代数、动物编号、出生日期、双亲编号、离乳日期、交配日期、生育记录等）和繁殖系谱。

（3）基础群动物不超过7代都应能追溯到一对共同的祖先。

2）血缘扩大群。血缘扩大群的种动物来自基础群。

（1）血缘扩大群以全同胞兄妹交配方式进行繁殖。

（2）血缘扩大群动物应设个体繁殖记录卡。

（3）血缘扩大群动物不超过7代都应能追溯到所在基础群的一对共同祖先。

3）生产群。设生产群的目的是生产供应实验用近交系动物，生产群种动物来自基础群或血缘扩大群。

（1）生产群动物一般以随机交配方式进行繁殖。

（2）生产群动物应设繁殖记录卡。

（3）生产群动物随机交配繁殖代数一般不应超过4代（即遵循“红绿灯”制度），交配繁殖第1

代挂白色记录卡，第2代挂绿色记录卡，第3代挂黄色记录卡，第4代挂红色记录卡，然后淘汰种动物。因此，要不断从基础群或血缘扩大群向生产群引入动物，确保基础群与生产群动物的血缘关系和遗传一致性。应注意生产的动物要全部作为实验用动物提供，不得留种，种子动物从血缘扩大群中引入。

关于基础群、血缘扩大群和生产群的相互关系及动物生产的流程，基础群原则上每一代需要有4～8只（雌、雄各2～4只）为下一代所用，剩余的动物直接供给血缘扩大群，经过血缘扩大群扩至一定规模，提供给生产群，用于动物的大量生产。

3. 基础群的选留

基础群的选留主要取决于2个方面的因素，一是动物的微生物、遗传等质量，二是动物繁殖性能。前者不必多言，这是实验动物质量控制的重点，在本章和其他章节均有叙述。繁殖性能主要是测定种群的平均繁殖能力，在这里介绍Festing设计的6代选择法，用于测定群体的平均生殖能力。

○代表雌、雄繁殖对；圈内数字为生殖能力系数；圈外的数字为编号，即每个雌性母种从交配到淘汰期间平均每周所产离乳仔动物数，计算公式为：

$$\text{生殖能力系数} = \frac{\text{总离乳数} \times 7}{\text{生产的总天数}}$$

生产的总天数从同居配种之日开始计算，根据留种需要选1～2胎，繁殖的代数以6代计，即每代上溯6代，从上溯的第6代的2～3个分支中选择1个分支向下传递，选择的方法是计算平均生殖能力系数，并根据此值进行判断。如图4－2中第2代有2个分支，即2号分支和4号分支，其生殖能力系数为：

$$\text{2号分支生殖能力系数} = \frac{0.9 + 0.85 + \cdots + 1.2}{15} = 0.73$$

$$\text{4号分支生殖能力系数} = \frac{1.00 + 0.72 + \cdots + 0.49}{10} = 0.62$$

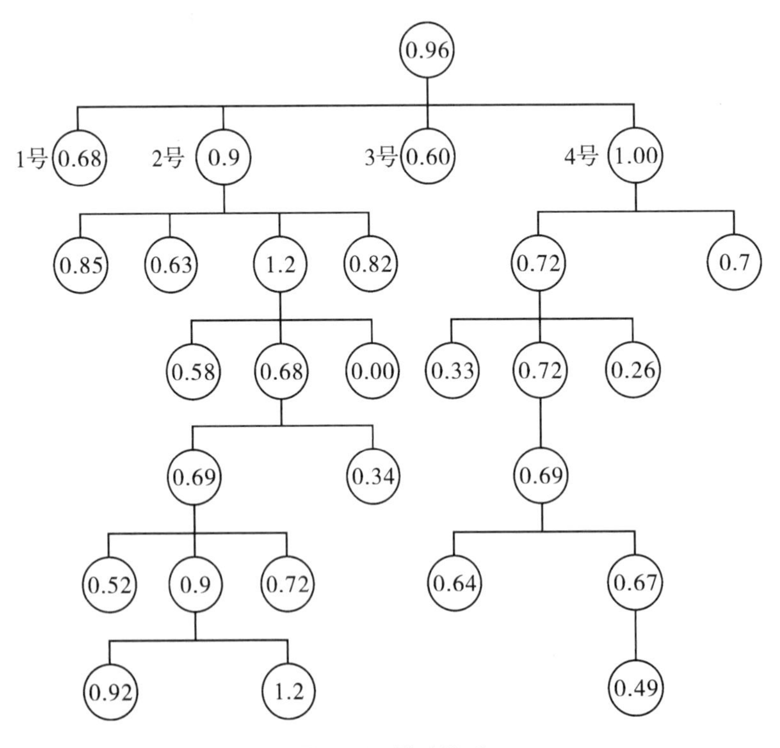

图4－2　繁殖谱系

很明显，2号分支的繁殖成绩优于4号分支，故选2号分支。需要注意的是，如果出现过高的繁育成绩，应采取怀疑态度，可能是基因污染后杂合子的活力较强所致。

（四）生产计划的制订及相关卡片表格的设计、填报

1. 生产计划

实验动物是一种特殊商品，生产不足会影响科研使用，生产过剩会造成大的浪费——既不能存放仓库，又难以向市场推销。因此，实验动物生产供应与使用的合理衔接，是实验动物生产管理的重要环节。同时，由于实验动物对生活环境的高度依赖，科研使用规格的严格要求，可供利用的时间较短，保持质量标准的特殊要求，决定了我们必须科学、有效地组织生产，及时合理地加以利用。因此，生产的组织安排显得尤其重要。

生产计划的制订原则：

（1）按动物种类、品种、品系分别制订生产计划。

（2）根据教学、科研、销售计划制订生产计划，在数量上应“以销定产”并留有余地。

（3）要保证种群的正常淘汰、更新和后备。

（4）要注意计划的衔接。

2. 生产计划的内容

（1）年生产及供应计划。按动物品种、品系分项，注明年初的存留数，逐月计划配种数、产仔数、离乳数、出栏数和年终存留数。统计各个品种、品系，及各级别的实验动物逐月（最好以10天为1个单元）的供应数。

（2）配种计划。按照逐月计划的出栏数、留种数，制订动物配种、离乳、选种、出栏的时间和数量。

（3）年动物种群周转计划。按动物品种、品系分项，各代、各级别种群数，种群年龄（月龄）结构，逐月选留数，淘汰更新时间表，有条件的单位还应考虑制订定期采用剖腹产、保姆动物代乳或人工哺乳重建核心种群的计划。

（4）实验动物质量控制计划。对实验动物房舍、设施、动物饲料和饮水定期抽样进行环境微生物、遗传、营养监测的计划及监测时间表。

（5）房屋、设施使用与周转计划。实验动物的饲养应采用全进全出制，定期对房屋设施进行彻底的消毒，制订实施这个计划的房屋设施使用与周转时间表。

3. 生产计划举例

以小鼠为例说明具体组织生产的过程。如确定了所需小鼠的体重规格及使用日期，就可以安排推算配种日期。

计划配种日期 = 使用日期 - 需要天数；

需要天数 = 基数 + 所要求动物体重的成长时间（与饲料及环境有关）；

基数 = 妊娠天数 + 性周期（如大、小鼠基数 =21 天 +5 天 =26 天）；

配种数（♀）= 计划使用数 ÷ 6（根据各单位动物繁殖性能来决定）。

例如：明年5月10日需要体重18～22 g的小鼠300只，假定种鼠充足的情况下，应在何时配种？配多少对？

设小鼠生长到18～22 g体重需要28天，则需要天数为28天 +26天（基数）=54天。

计划配种日由5月10日倒推54天，即3月17日。

计划配种数 =300 ÷ 6 =50 对，即至少交配50对。

还需要考虑种鼠的胎次，近交系一般繁殖2～3胎后繁殖能力下降。各种近交系的繁殖性能不同，应结合实际进行调整。

4. 相关卡片及报表

根据生产需要制定相关卡片及报表，如繁殖卡、种用动物卡、实验观察卡等，根据相关卡片可以汇总成每月的报表。此外，还有生长发育记录表、供应统计表。

5．生产指数

生产指数可从不同的角度反映一个单位的实验动物饲养管理水平及实验动物群体生产水平。常用生产指数如下：

受胎率＝妊娠雌性动物数/配种雌性动物数×100%；

群体产仔能力＝动物实际产仔平均数/标准窝产仔数×100%；

成活率＝离乳时成活仔数/标准窝产仔数×100%；

死亡率＝离乳后死亡数（到发出使用时为止）/离乳时成活数×100%；或

死亡率＝购进后动物死亡数（到发出使用时为止）/购进动物总数×100%；

使用率＝某待发群体实际使用数/某待发群体总数×100%；

每只动物日饲料消耗＝每天饲料消耗总量/饲养动物数；

每只动物的饲料成本＝平均饲养天数×每只动物日饲料消耗×饲料单位价格。

定期综合分析记录资料及生产指数，可为实验动物饲养管理者及动物实验者提供较为详尽可靠的基础资料及背景材料，从而有利于实验结果的分析和讨论。

6．生产数量与饲养密度

近交系动物采用“红绿灯”繁殖体系，尽管基础群是小的，但繁殖到第4代却能产生大量的近交系动物。例如，每周每母产0.4仔的不算高的繁殖成绩，基础群有10对种鼠，红标签群将能达到1 900个繁殖对；如果每周每母产0.6仔，基础群有10对种鼠，理论上能支撑13 000对的红标签群，每周能生产7 800只近交系动物。如果实际需要量大于这个数字，允许在红标签后增加1～2代，这似乎带有一些冒险性，但即使这样，所有的实验动物在10代以内都可以追溯到一对共同的祖先。

（五）保种方法

如何保持实验动物的遗传特性也是遗传质量控制的重要环节，近交系在保种时重点是使各个动物的多数基因型具有纯合性，并在品系内具有高度遗传同一性；如前所述，需要在理解各个品系培育特殊性的基础上，在不丢失品系的特性原则和前提下进行动物的保种与生产，才能保持动物的遗传特性，保证动物实验结果的可靠性。

近交系动物的一般保种方法包括单线法、平行线法和优选法，这部分和培育方法相同，不再赘述。

二、封闭群和远交群动物

（一）培育方法

封闭群培育的方法比较简单，只要不引进新品种，避免进行近交繁殖，封闭4代以上就符合要求。但长期保持封闭群就必须控制各种条件，采取有效措施，减少群体内遗传变异，使群体的性状、特征保持稳定不变，避免分化为小群体或出现严重近交现象。对培育的封闭群，最好能够了解群体特性，每年实施监测，采取措施使之保持稳定。

（二）主要生产繁殖方法

选择封闭群动物繁殖方法的原则是尽量保持封闭群动物的基因异质性及多态性，避免近交系数随繁殖代数增加而上升过快。因此，从开始引种一直到繁殖生产过程，不能忽视基因异质性。

1．引种

作为繁殖用原种的封闭群动物必须遗传背景明确，来源清楚，有较完整的资料。为保持封闭群动物的遗传异质性及基因多态性，引种动物数量要足够多，小型啮齿类封闭群动物引种数目一般不能少于25对。

2．繁殖

为保持封闭群动物的遗传基因的稳定，封闭群应该足够大，并尽量避免近亲交配。根据封闭群的大小，选用适当的方法进行繁殖。

（1）当封闭群中每代交配的雄种动物数目为 10 ～25 只时，一般采用最佳避免近交法，也可采用循环交配法。

（2）当封闭群中每代交配的雄种动物数目为 26 ～100 只时，一般采用循环交配法，也可采用最佳避免近交法。

（3）当封闭群中每代交配的雄种动物数目多于 100 只时，一般采用随选交配法，也可采用循环交配法。

3. 交配方法

1）最佳避免近交法。

（1）留种：分别从每只雄种动物和每只雌种动物的子代各留 1 只雄性动物和雌性动物，作为繁殖下一代的种动物。

（2）交配：动物交配时，尽量使亲缘关系较近的动物不配对繁殖，编排方法尽量简单易行。

某些动物品种（如小鼠、大鼠等），生殖周期较短，易于集中安排交配，可按下述方法编排配对进行繁殖：假设一个封闭群有 16 只动物，分别标以笼号 1、2、3…16，设 n 为繁殖代数（n 为自 1 开始的自然数）。

某些动物品种（如犬、猫、家兔等），生殖周期较长，难于按上述方式编排交配。只要保持种群规模不低于 10 只雄种、20 只雌种的水平，留种时每只雌、雄动物各留 1 只子代的雌、雄动物作种用，交配时尽量避免近亲交配，则可以把繁殖中每代近交系数的上升控制在较低的程度。

2）循环交配法（rotational mating system）。

（1）应用范围：循环交配法广泛适用于中等规模以上的实验动物封闭群。其优点：一是可以避免近亲交配，二是可以保证种用动物对整个封闭群有比较广泛的代表性。

（2）实施办法：①将封闭群划分成若干个组，每组包含有多个繁殖单位（一雄一雌单位、一雄二雌单位、一雄多雌单位等）；②安排各组之间以系统方法进行交配，可参照循环交配法进行组间交配编排。

3）随选交配法（chance mating system）。

（1）应用范围：当封闭群的动物数量非常多（繁殖种动物在 100 个繁殖单位以上），不易用循环交配法进行繁殖时，可用随选交配法。

（2）实施办法：从整个种群中随机选取种用动物，然后任选雌、雄种动物交配繁殖。

（三）生产计划的制订及相关卡片表格的设计、填报

需要制订与生产计划相关的卡片和表格（参照近交系动物），注重群体特性，尤其要突出反映生产性能的生产指数。

（四）保种育种方法

根据种群的大小，选用最佳避免近亲交配法、循环交配法和随选交配法，注意保持群体特性，避免近交。

维持封闭群的时候，需注意以下两点：

（1）群体内部分化成若干个小群，要防止其出现分化进行繁殖的可能。若出现分化，各小群独立进行繁殖，则各小群之间有生产出不同品质动物的危险，进一步会导致分化后各小群动物繁殖数目减少，对防止近亲交配不利。

（2）尽可能维持群体内遗传杂合性不发生变化，为此，须避免近亲交配。在此所述的近亲交配不仅仅是指兄妹交配，还包括血缘较近的个体之间的交配。

但是，不管怎样避免近亲交配，在数量有限并且无外部动物进入的封闭群内，随着代数的延续其群体整体的近交系数会上升。为防止近交系数上升，增大群体内繁殖个体数量是最为有效的办法。然而，不仅繁殖个体数量受到经济条件、设施面积等方面的限制，而且也不可能完全控制住近交系数的上升，因此，现在把封闭群的近交系数控制在每代 1% 以下。

设 ΔF 为近交系数的增长率，N_m 为雄性动物数，N_f 为雌性动物数，N_t 为动物总数。

1．循环交配

（1）当公母数不等时：

$$\Delta F = \frac{1}{16 \times N_m} + \frac{1}{16 \times N_f}$$

（2）当公母数相等时：

$$\Delta F = \frac{1}{4 \times N_t}$$

如已知每代核心群有种雄鼠 24 只，种雌鼠 24 只，采用循环交配法，求 ΔF，则：

$$\Delta F = \frac{1}{4 \times N_t} = \frac{1}{4 \times 48} = 0.005\ 2 = 0.52\%$$

2．随机交配

（1）当公母数不等时：

$$\Delta F = \frac{1}{8 \times N_m} + \frac{1}{8 \times N_f}$$

（2）当公母数相等时：

$$\Delta F = \frac{1}{2 \times N_t}$$

如已知随机交配的鼠群有 25 对种鼠，求 F，则：

$$\Delta F = \frac{1}{2 \times 50} = 1\%$$

另外，可以采用胚胎冷冻等方式进行保种。

（五）培育资料的管理

封闭群的培育应按照近交系动物的培育进行资料管理，繁殖卡片和谱系记录等基本信息资料均不可缺少。因封闭群动物较多，资料管理难度较大，应给予足够重视。

三、杂交群动物

（一）生产繁殖方法

杂交群动物的繁殖比较简单，只是将 2 个用于生产杂交一代的亲本品系或种群进行交配，所得子代即 F1 代动物。如前所述，在 F1 代动物生产中，2 个亲本的互交情况则表达所用品系的性别。因为虽然是用同样的两个近交系杂交，由于所用的雌、雄不同，则 F1 代动物因母体环境或性染色体的不同而出现差异。F1 代动物直接用于实验，不能留种。亲本规模大小可根据 F1 代动物的需要量来决定。

还需要说明的是，F1 代动物互交后的子代为 F2 代动物，在个别的科学研究中时有应用。F1 代动物与亲本之一交配称为回交，与其他品系交配称为三元杂交或四元杂交。

（二）生产计划的制订

一般按照订单来制订相应的生产计划，当然也可按照年度计划来安排。根据所需 F1 代动物的数量、规格、生长发育情况，以及怀孕和哺乳期来安排配种时间，具体可参照前述的近交系计划的制订过程，不再赘述。

四、生产用种群的交配方式

无论是近交系、封闭群还是杂交群的生产，其生产用种群进行交配的方式有以下几种。

（一）长期同居方式

长期让雌、雄动物按 1:1 或者 2:1 比例同居，雌性在与雄性同居的情况下进行分娩、哺育。优点：①无须将妊娠的雌性与雄性动物进行分离，减少了操作；②分娩后的雌性动物可产后妊娠，缩短分娩隔离。缺点：①不能调节交配日期，分娩日期分散，若交配的组数较少时则难于进行计划生产；②与雄性动物同居导致怀孕母体产仔的死亡率增高；③产后妊娠使妊娠与哺育同时进行，增加了雌性动物的负担；④在幼仔离乳前即开始下一次分娩；⑤因用于繁殖的雌、雄性动物数量相同，增加了管理的动物数量，增加了消耗。

（二）一雄多雌方式

一雄多雌方式即多只雌性按顺序与 1 只雄性同居一段时间，然后进行轮换的繁殖方式。这是生产用种群常采用的方法，也称倒种法。这种方法可以实现每周计划生产所需的动物数量。该方法的优点是可以实现有计划的批量生产，效率比较高；缺点是饲养管理的工作量比较大。

（三）种用动物的更新

为了持续稳定地生产，应在生产用种群内以一定的比例留有各种经产胎次的动物，为此在进行交配时应将前一次交配后不孕的动物、老龄动物（分娩 5 次以上的雌鼠）予以淘汰，补充新的动物。在正常生产时，所需补充的动物应占该周交配总数的 1/5 ～ 1/4。

五、实验动物生产供应计划的制订

实验动物生产计划的制订对保障实验动物保质保量和按时供应非常重要。

实验动物生产繁殖机构下设诸多部门，各部门每年都应制订工作计划，主要的工作计划有生产计划、物料采购计划、供应与销售计划、卫生防疫计划、财务计划、发展计划、人员教育与培训计划等。本节重点讨论生产计划的制订。

（一）生产计划

1. 制订原则

（1）以动物品种为顺序制订生产计划。

（2）应根据生产、科研对动物的实际需要量和可能制订生产计划，在数量上应“以销定产”并留有余地。

（3）要注意计划的衔接。

2. 生产计划的内容

（1）年生产计划：按动物品种品系分项，注明年初的存留数，逐月计划配种数、产仔数、离乳数、出栏数和年终存留数。

（2）年动物种群周转计划：按动物品种、品系分项，各代、各级别种群数，种群年龄（月龄）结构，逐月选留数，淘汰更新时间表，有条件的实验动物场还应考虑定期地采用剖腹产、保姆动物代乳或人工哺乳重建核心种群的计划。

（3）动物配种计划：按照逐月计划的出栏数、留种数，制订动物的配种、离乳、选种、出栏的时间、数量。

（4）实验动物质量控制计划：对实验动物房舍、设施、动物饲料、饮水定期抽样以制订对环境微生物、遗传、营养检测的计划及检测时间表。

（5）房屋、设施、使用与周转计划：实验动物的饲养应采用全进全出制，定期地对房屋设施进行彻底消毒，制定实施这个计划的房屋设施使用与周转的时间表。

（二）记录管理

实验动物场应建立详细的动物记录档案，作为指导与检查工作的根据。为了全面记录动物群的变化，实验动物场应印刷供班组、车间及总场使用的表格，如实验动物班组日报表、车间日报表、月报表、年报表等。记录管理的内容应包括以下 3 个部分。

1. 动物的记录

（1）动物的来源或提供者。

（2）定购日期、发运日期、收到日期。
（3）运输的方法。
（4）品种、品系的名称。
（5）亲代或祖代。
（6）年龄、出生日期。
（7）性别与特征。
（8）动物、房间、笼子的编号。
（9）医学处理记录、用途或模型。
（10）检疫记录。
（11）研究者。

2. 管理记录

（1）可提供的动物清单。
（2）动物库存清单。
（3）工作时刻表。
（4）动物和订货者的供货次序。
（5）工作人员记录。
（6）环境控制记录。
（7）有关事件的每日记录。

3. 繁殖记录

（1）种群周转记录。
（2）配种与留种记录。
（3）生产记录，如产仔日期、活仔数、离乳日期、存活仔数等。

第五章 实验动物微生物与寄生虫学

在动物的饲养环境及动物体表、黏膜和消化道中，存在着种类繁多的微生物与寄生虫。这些微生物对动物可以是致病性的、条件致病性的、非致病性的，有的还可能是人兽共患病的病原体。

如何控制微生物和寄生虫，是实验动物标准化的主要内容之一。目前，我国按微生物和寄生虫的控制程度，将实验动物划分为普通级动物、无特定病原体级动物和无菌级动物3个等级，后者包括悉生动物。无特定病原体级动物和无菌级动物不仅需要严格监控其携带的微生物和寄生虫，而且其种源是经剖腹产净化获得的。

第一节　实验动物微生物与寄生虫控制

一、实验动物传染病的危害

实验动物传染病一般有显性感染、隐性感染、病原携带状态、潜伏感染4种表现形式。其流行传播必须具备传染源、传播途径和易感动物3个基本条件。实验动物传染病可有如下危害。

（一）动物及实验损失

某些疾病如鼠痘、兔出血症、犬细小病毒病等的流行，可导致实验动物集体死亡或质量下降，可造成严重的经济损失，或使正常实验被迫中断。

（二）威胁人类健康

许多实验动物传染病为人兽共患病，这些传染病可在人与动物之间传播流行，因而也对饲养和研究人员的健康构成威胁，特别是动物感染后呈隐性感染或病原携带状态，如流行性出血热等。在这种情况下，隐性感染的动物症状并不明显，而与患病动物接触的人员却发生严重疾病。因此这类传染病潜伏着巨大的危害。

（三）影响实验结果

实验动物的微生物和寄生虫感染可不同程度地干扰实验结果，从而影响研究工作的准确性和可靠性，甚至得出错误的结论。如仙台病毒感染引起肺鳞状化生病变，鼠肝炎病毒感染引起血清谷草转氨酶、谷丙转氨酶增高等。

二、普通级动物

普通级（conventional，CV）动物是微生物和寄生虫控制级别最低的实验动物，要求不携带所规定的对动物和（或）人健康造成严重危害的人兽共患病病原和动物烈性传染病病原体，如沙门菌、结核分枝杆菌、狂犬病病毒和兔出血症病毒等。常见的普通级动物有豚鼠、地鼠、兔、犬和猴。2001版实验动物国家标准取消了普通级小鼠和大鼠等级标准，故不设普通级大鼠、小鼠等级。按《GB 14922—2022 实验动物　微生物、寄生虫学等级及监测》标准，普通级动物应排除的病毒、细菌、体外寄生虫的种类见表5-1至表5-9。如要求普通级豚鼠必须排除1种细菌、1种病毒、2类（种）寄生虫，普通级兔必须排除1种细菌、1种病毒、2类（种）寄生虫。

表5－1 小鼠、大鼠病毒检测项目

动物等级		病毒	动物种类	
			小鼠	大鼠
无菌动物	无特定病原体动物	汉坦病毒（Hanta Virus，HV）	○	●
		小鼠肝炎病毒（Mouse Hepatitis Virus，MHV）	●	—
		仙台病毒（Sendai Virus，SV）	●	●
		小鼠肺炎病毒（Pneumonia Virus of Mice，PVM）	●	●
		呼肠孤病毒Ⅲ型（Reovirus type Ⅲ，Reo-3）	●	●
		小鼠细小病毒（Minute Virus of Mice，MVM）	●	—
		大鼠细小病毒RV株和H-1株［Rat Parvovirus（KRV & H-1）］	—	●
		鼠痘病毒（Ectromelia Virus，Ect.）	○	—
		淋巴细胞脉络丛脑膜炎病毒（Lymphocytic Choriomeningitis Virus，LCMV）	○	—
		小鼠脑脊髓炎病毒（Theiler's Mouse Encephalomyelitis Virus，TMEV）	○	—
		多瘤病毒（Polyoma Virus，POLY）	○	—
		大鼠冠状病毒/大鼠涎泪腺炎病毒［Rat Coronavirus（RCV）/Sialodacryoadenitis Virus（SDAV）］	—	○
		小鼠诺如病毒（Murine Norovirus，MNV）	◎	—
		无任何可查到的病毒	●	●

注：●必检项目，要求阴性；○必要时检测项目，要求阴性；◎只检测免疫缺陷动物，要求阴性。

表5－2 豚鼠、地鼠、兔病毒检测项目

动物等级			病毒	动物种类		
				豚鼠	地鼠	兔
无菌动物	无特定病原体动物	普通级动物	淋巴细胞脉络丛脑膜炎病毒（Lymphocytic Choriomeningitis Virus，LCMV）	●	●	—
			兔出血症病毒（Rabbit Hemorrhagic Disease Virus，RHDV）	—	—	▲
			仙台病毒（Sendai Virus，SV）	●	●	—
			兔出血症病毒*（Rabbit Hemorrhagic Disease Virus，RHDV）	—	—	●
			小鼠肺炎病毒（Pneumonia Virus of Mice，PVM）	●	●	—
			呼肠孤病毒Ⅲ型（Reovirus type Ⅲ，Reo-3）	●	●	—
			轮状病毒（Rotavirus，RRV）	●	—	●
			无任何可检查到的病毒	●	●	●

注：●必检项目，要求阴性；▲必要时检测项目，可以免疫；＊不能免疫，要求阴性。

表5-3　犬、猴病毒检测项目

动物等级		病毒	动物种类	
			犬	猴
无特定病原体级动物	普通级动物	狂犬病病毒（rabies virus，RV）	▲	—
		犬细小病毒（canine parvovirus，CPV）	▲	—
		犬瘟热病毒（canine distemper virus，CDV）	▲	—
		传染性犬肝炎病毒（infectious canine hepatitis virus，ICHV）	▲	—
		猕猴疱疹病毒Ⅰ型（B病毒）（cercopithecine herpesvirus type Ⅰ，BV）	—	●
		猴逆转D型病毒（simian retrovirus D，SRV）	—	●
		猴免疫缺陷病毒（simian immunodeficiency virus，SIV）	—	●
		猴T细胞趋向性病毒Ⅰ型（simian T lymphotropic virus type Ⅰ，STLV-1）	—	●
		猴痘病毒（monkey pox virus，MPV）	—	○
		犬普通动物所列4种犬病毒不免疫	●	—

注：●必须检测项目，要求阴性；▲必须检测项目，要求免疫；○必要时检测项目，要求阴性。

表5-4　小鼠、大鼠病原菌检测项目

动物等级		病原菌	动物种类	
			小鼠	大鼠
无菌动物	无特定病原体动物	沙门菌（*Salmonella* spp.）	●	●
		支原体（*Mycoplasma* spp.）	●	●
		鼠棒状杆菌（*Corynebacterium kutscheri*）	●	●
		泰泽病原体（Tyzzer's organism）	●	●
		嗜肺巴斯德杆菌（*Pasteurella pneumotropica*）	●	●
		肺炎克雷伯菌（*Klebsiella pneumoniae*）	●	●
		绿脓杆菌（*Pseudomonas aeruginosa*）	●	●
		支气管鲍特杆菌（*Bordetella bronchiseptica*）	—	●
		念珠状链杆菌（*Streptobacillus moniliformis*）	○	○
		金黄色葡萄球菌（*Staphylococcus aureus*）	○	○
		肺炎链球菌（*Streptococcus pneumoniae*）	○	○
		乙型溶血性链球菌（*β-hemolyticstreptococcus*）	○	○
		啮齿柠檬酸杆菌（*Citrobacter rodentium*）	○	—
		肺孢子菌属（*Pneumocystis* spp.）	○	○
		牛棒状杆菌（*Corynebacterium bovis*）	◎	—
		无任何可查到细菌	●	●

注：●必检项目，要求阴性；○必要时检测项目，要求阴性；◎只检测免疫缺陷动物，要求阴性。

表 5 -5　豚鼠、地鼠、兔病原菌检测项目

<table>
<tr><th colspan="3" rowspan="2">动物等级</th><th rowspan="2">病原菌</th><th colspan="3">动物种类</th></tr>
<tr><th>豚鼠</th><th>地鼠</th><th>兔</th></tr>
<tr><td rowspan="14">无菌级动物</td><td rowspan="13">无特定病原体级动物</td><td rowspan="2">普通级动物</td><td>沙门菌（Salmonella spp.）</td><td>●</td><td>●</td><td>●</td></tr>
<tr><td>假结核耶尔森菌（Yersinia pseudotuberculosis）</td><td>○</td><td>○</td><td>○</td></tr>
<tr><td rowspan="11"></td><td>多杀巴斯德杆菌（Pasteurella multocida）</td><td>●</td><td>●</td><td>●</td></tr>
<tr><td>支气管鲍特杆菌（Bordetella bronchiseptica）</td><td>●</td><td>●</td><td>—</td></tr>
<tr><td>泰泽病原体（Tyzzer's organism）</td><td>●</td><td>●</td><td>●</td></tr>
<tr><td>嗜肺巴斯德杆菌（Pasteurella pneumotropica）</td><td>●</td><td>●</td><td>●</td></tr>
<tr><td>肺炎克雷伯杆菌（Klebsiella pneumoniae）</td><td>●</td><td>●</td><td>●</td></tr>
<tr><td>绿脓杆菌（Pseudomonas aeruginosa）</td><td>●</td><td>●</td><td>●</td></tr>
<tr><td>金黄色葡萄球菌（ Staphylococcus aureus）</td><td>○</td><td>○</td><td>○</td></tr>
<tr><td>肺炎链球菌（Streptococcus pneumoniae）</td><td>○</td><td>○</td><td>○</td></tr>
<tr><td>乙型溶血性链球菌（β-hemolyticstreptococcus）</td><td>○</td><td>○</td><td>○</td></tr>
<tr><td>肺孢子菌属（Pneumocystis spp.）</td><td>—</td><td>—</td><td>●</td></tr>
<tr><td colspan="2"></td><td>无任何可查到的细菌</td><td>●</td><td>●</td><td>●</td></tr>
</table>

注：●必须检测项目，要求阴性；○必要时检查项目，要求阴性。

表 5 -6　犬、猴病原菌检测项目

<table>
<tr><th colspan="2" rowspan="2">动物等级</th><th rowspan="2">病原菌</th><th colspan="2">动物种类</th></tr>
<tr><th>犬</th><th>猴</th></tr>
<tr><td rowspan="9">无特定病原体级动物</td><td rowspan="6">普通级动物</td><td>沙门菌（Salmonella spp.）</td><td>●</td><td>●</td></tr>
<tr><td>皮肤病原真菌（Pathogenic dermal fungi）</td><td>●</td><td>●</td></tr>
<tr><td>布鲁氏菌（Brucella spp.）</td><td>●</td><td>—</td></tr>
<tr><td>钩端螺旋体（Leptospira spp.）</td><td>△</td><td>—</td></tr>
<tr><td>志贺菌（Shigella spp.）</td><td>—</td><td>●</td></tr>
<tr><td>结核分枝杆菌（Mycobacterium tuberculosis）</td><td>—</td><td>●</td></tr>
<tr><td rowspan="3"></td><td>钩端螺旋体*（Leptospira spp.）</td><td>●</td><td>—</td></tr>
<tr><td>小肠结肠炎耶尔森菌（Yersinia enterocolitica）</td><td>○</td><td>○</td></tr>
<tr><td>空肠弯曲杆菌（Campylobaceter jejuni）</td><td>○</td><td>○</td></tr>
</table>

注：●必须检测项目，要求阴性；○必要时检测项目，要求阴性；△必要时检测项目，可以免疫；*不能免疫，要求阴性。

表 5－7　小鼠和大鼠寄生虫学检测项目

动物等级		应排除的寄生虫项目	动物种类	
			小鼠	大鼠
无菌级动物	无特定病原体级动物	体外寄生虫（节肢动物）(ectoparasites)	●	●
		弓形虫（toxoplasma gondii）	●	●
		全部蠕虫（all helminths）	●	●
		鞭毛虫（flagellates）	●	●
		纤毛虫（ciliates）	●	●
		无任何可检测到的寄生虫	●	●

注：●必须检测项目，要求阴性；○必要时检测项目，要求阴性。

表 5－8　豚鼠、地鼠和兔寄生虫学检测项目

动物等级			应排除的寄生虫项目	动物种类		
				豚鼠	地鼠	兔
无菌级动物	无特定病原体级动物	普通级动物	体外寄生虫（节肢动物）(ectoparasites)	●	●	●
			弓形虫（toxoplasma gondii）	●	●	●
			艾美尔球虫（Eimaria spp.）	—	○	○
			全部蠕虫（all helminths）	●	●	●
			鞭毛虫（flagellates）	●	●	●
			纤毛虫（ciliates）	●	—	—
			无任何可检测到的寄生虫	●	●	●

注：●必须检测项目，要求阴性；○必要时检测项目，要求阴性。

表 5－9　犬、猴寄生虫学检测项目

动物等级		应排除的寄生虫项目	动物种类	
			犬	猴
无特定病原体级动物	普通级动物	体外寄生虫（节肢动物）(ectoparasites)	●	●
		弓形虫（toxoplasma gondii）	●	●
		全部蠕虫（all helminths）	●	●
		溶组织内阿米巴（entamoeba spp.）	○	●
		疟原虫（plasmodium spp.）	—	●
		鞭毛虫（flagellates）	●	●

注：●必须检测项目，要求阴性；○必要时检测项目，要求阴性。

普通级动物饲养在普通环境中，对温度、湿度、换气次数、落下菌数、氨浓度、噪声和照明等实行控制，饲养管理上采取一定的防护措施，以预防人兽共患病及动物烈性传染病的发生。如建立严格的消毒防疫制度，保持环境卫生。房舍要有防野鼠、昆虫的设施，并定期进行环境和笼器具的消毒。应限制无关人员进入动物室；工作人员进出要遵守普通级动物室操作规范，如更衣、换鞋等。垫料要消毒，使用标准颗粒饲料，饮用水要符合城市卫生标准。要做好引种动物的检疫工作，淘汰和死亡的动物要严格处理等。

采用普通级动物做实验时，刺激因素可能诱发隐性感染动物发生显性感染，并出现有关组织器官的结构、生理、生化与免疫学改变，从而不同程度地影响实验结果，因此该等级动物仅供教学和科研预实验使用。

三、无特定病原体级动物

无特定病原体级（specific pathogen free，SPF）动物通常被称为SPF级动物，除普通级动物应排除的病原外，还要求不携带对动物健康危害大和（或）对科学实验干扰大的病原体（如绿脓杆菌和金黄色葡萄球菌等）的实验动物。SPF级动物的种群来源于无菌级动物或剖腹产净化动物，常见的SPF级动物有小鼠、大鼠、豚鼠、地鼠、兔、犬和猴。按标准，SPF级动物应排除病毒、细菌、寄生虫的种类见表5－1至表5－9。

SPF级动物饲养于屏障环境中，该环境严格控制人员、物品和环境空气的进出。该级动物健康，繁殖率高，自然死亡率低；在实验中可以安全可靠地排除动物所携带病原体及特定微生物的干扰，从而广泛应用于肿瘤免疫学、药物学、毒理学、血清和疫苗制造，以及生物学鉴定等方面，并在放射、烧伤研究等领域具有特殊应用价值。SPF级动物作为国际公认的标准实验动物，可适用于大多数科研实验。

四、无菌级动物

无菌级（germ free，GF）动物指动物体内无可检出任何生命体的实验动物。其来源是普通级动物经无菌剖腹产手术，幼仔在无菌隔离器中人工哺育或由其他无菌级动物代乳饲育而成。常见的无菌级动物有小鼠、大鼠、豚鼠、地鼠和兔。但应当明确，这里的“无菌”只是一个相对概念，仅仅指以目前的技术手段未能查出微生物。按标准，无菌级动物应排除病毒、细菌、寄生虫的种类见表5－1、表5－2、表5－4、表5－5、表5－7和表5－8。

如果在无菌级动物体内人为植入一种或数种微生物，称为悉生（gnotobiotic，GN）动物，又称已知菌动物或已知菌丛动物（animal with known bacterialu flora）。而依植入菌种数目的不同，其又分单菌、双菌、多菌动物。

无菌级动物的应用如下。

（1）动物模型研究。无菌级动物可用于建立具有人正常菌丛或致病菌丛的动物模型。

（2）老年病研究。观察发现无菌级大鼠较普通级大鼠寿命长1～2年，提示微生物的存在与机体衰老有关。因而无菌级动物可能在衰老机制的研究中发挥重要作用。

（3）心血管疾病研究。如果给悉生动物植入肠道微生物，与无菌级动物进行对比研究发现，肠道微生物能改变胆汁酸的化学结构，使胆汁酸在肠道中的吸收减少、排出增加，从而使胆固醇的形成减少，有助于血液胆固醇含量的控制。

（4）免疫学研究。无菌级动物血中无特异性抗体，因而适合有关免疫现象的研究。免疫抑制剂常以无菌级动物做研究。这是因为对普通级动物应用免疫抑制剂可降低其抵抗力，从而引起继发感染而死亡；应用悉生动物，可研究正常菌群在维持机体适当特异性和非特异性免疫反应方面所具有的刺激作用，以探讨自然抵抗力的机制，以及有关抗原作用后免疫力产生和发展的过程。无菌级动物和悉生动物的诞生大大加速了免疫学的研究进程。

（5）肿瘤研究。研究发现某些病毒可通过胎盘传播，并在小鼠诱发肿瘤。致白血病病毒能使悉生AKR小鼠发生活动性白血病。尚发现苏铁素在普通级动物体内，可被细菌分解产生致癌物质而引发肿瘤，但在无菌级动物体内则不会。由此可见，无菌级动物可在肿瘤发生与微生物的关系及致癌物质的致癌作用的研究中发挥重要作用。

（6）药理与毒理研究。观察发现普通级豚鼠对青霉素的敏感性高于无菌级豚鼠；普通级动物进食大豆易于中毒，而无菌级动物则不会。这提示某些物质的毒理作用常与肠道微生物代谢有关。无菌级动物适用于慢性毒性实验。

（7）其他。无菌级动物和悉生动物还可用于传染病学、放射生物学、微生物学、营养学、宇航医学等许多领域的研究。将培养无菌级动物的原理和技术应用于临床，能有效控制感染，从而明显降低病人死亡率，并保护医护人员的安全。

五、不同等级实验动物的微生物和寄生虫控制标准

根据《GB 14922—2022 实验动物　微生物、寄生虫学等级及监测》，不同等级实验动物要求排除的细菌、病毒、体外寄生虫的种类见表 5 – 1 至表 5 – 9。

六、不同等级实验动物的比较

不同微生物和寄生虫控制等级的实验动物具有各自的特点，应用不同级别动物做实验可直接影响结果的准确性和可靠性，因而它们在科研中担负不同的作用。(表 5 – 10)

表 5 – 10　不同等级实验动物的特点比较

评价项目	无菌级动物	SPF 级动物	普通级动物
传染病	无	无	有或可能有
寄生虫	无	少	有或可能有
实验结果	明确	明确	有疑问
应用动物数	少	少	多（或大量）
统计价值	很好	好	较差
长期实验	可能好	可能好	困难
自然病死率	很低	低	高
长期实验存活率	约 100%	约 90%	约 40%
实验的准确设计	可能	可能	不可能
实验结果讨论价值	很高	高	低

第二节　实验动物常见感染性疾病

一、实验动物感染性疾病概念

实验动物的常见病原体感染疾病包括人兽共患病、动物烈性传染病、一般性疾病和寄生虫疾病等，人兽共患病指人类也可感染发病的一类动物疾病。

（一）导致人兽共患病的主要病原体

1. 病毒

导致人兽共患病的病毒有淋巴细胞脉络丛脑膜炎病毒、狂犬病病毒、猕猴疱疹病毒Ⅰ型（B 病毒）、汉坦病毒（流行性出血热病毒）等。

2. 细菌

导致人兽共患病的细菌有沙门菌、布鲁氏菌、志贺菌、结核分枝杆菌、钩端螺旋体等。

3. 真菌

导致人兽共患病的真菌有皮肤病原真菌等。

4．寄生虫

导致人兽共患病的寄生虫有弓形虫等。

（二）实验动物主要烈性传染病病原体

实验动物主要烈性传染病病原体有鼠痘病毒（小鼠脱脚病病毒）、兔出血症（兔瘟）病毒、犬细小病毒、犬瘟热病毒、传染性犬肝炎病毒等。

（三）引起实验动物一般性疾病的病原体

1．病毒

引起实验动物一般性疾病的病毒有小鼠肝炎病毒、小鼠仙台病毒、猴逆转 D 型病毒等。

2．细菌

引起实验动物一般性疾病的细菌有多杀巴斯德杆菌、泰泽病原体、鼠棒状杆菌等。

3．寄生虫

有多种体内寄生虫可引起实验动物一般性疾病。

二、病毒性疾病

（一）淋巴细胞脉络丛脑膜炎

淋巴细胞脉络丛脑膜炎（lymphocytic choriomeningitis，LCM）是一种人兽共患病，由淋巴细胞脉络丛脑膜炎病毒（lymphocytic choriomeningitis virus，LCMV）诱发；在实验动物中多呈隐性感染，小鼠感染后可不出现症状，但可通过胎盘传给子代。感染该病毒的小鼠是研究病毒特异性免疫耐受性疾病的理想动物模型。

1．病原学

引发淋巴细胞脉络丛脑膜炎的病原体是淋巴细胞脉络丛脑膜炎病毒，属沙粒病毒，呈圆形或椭圆形，单链 RNA，有囊膜，可在鸡胚绒毛尿囊膜上增殖，但不产生可见痘斑，只有适应生长后才产生细胞病变。LCMV 对乙醚敏感，不耐热，56 ℃加热 1 小时、紫外线或 0.1% 甲醛都可将其灭活。

2．流行病学

（1）传染源：感染 LCMV 的野鼠或实验小鼠。

（2）传播途径：通过接触带病毒野鼠或实验小鼠的分泌物、排泄物传播，吸血昆虫传播，以及胎盘垂直传播等。

（3）易感者：小鼠、豚鼠、大鼠、地鼠、兔等，人亦易感。

3．症状

LCMV 在实验动物中多呈隐性感染，小鼠感染后可不出现症状。人感染后表现类流感样症状，严重者侵犯中枢神经引起脑膜炎等。

4．诊断

LCMV 通常呈无症状感染。怀疑本病时，可将患病动物的血清、脑脊液或病变组织接种在 SPF 小鼠脑内，该小鼠 4～5 天后死亡。亦可用血清学方法检测 LCMV 抗体。

5．预防与控制

严格防止野小鼠和感染小鼠等进入动物室与实验室。加强血清学监测，消灭带病毒小鼠。

（二）小鼠脱脚病

小鼠脱脚病（mouse ectromelia）又称鼠痘（mouse pox），由小鼠脱脚病病毒或鼠痘病毒引起的小鼠烈性传染病，患病动物往往未出现症状即死亡，死亡率高达 90% 以上。

1．病原学

鼠痘病毒属痘病毒科，双链 DNA 结构，包膜上有血球凝集素，可凝集鸡的红细胞。鼠痘病毒与其他痘病毒之间的抗原关系密切，血清学上有明显的交叉反应。鼠痘病毒对干燥、低温有较强的抵抗力，但可被 100 ℃以上高温及紫外线迅速杀死。

2. 流行病学

（1）传染源：感染鼠痘病毒的野小鼠和实验小鼠。

（2）传播途径：接触病鼠患处渗出液、分泌物及其污染物品。

（3）易感动物：小鼠，尤其是 A、C3H、DBA/2、BALB/c、CBA 等品系。

幼鼠和衰老小鼠对本病特别易感，且常呈致死性。但本病在野小鼠中较少发生。

3. 症状

小鼠肢体和尾巴严重水肿、溃疡，最后坏死脱落，故称小鼠脱脚病。

4. 诊断

根据流行病学、症状特征、病毒分离鉴定、血清学检查可做诊断。血清学检查方法主要有酶联免疫吸附试验（enzyme-lined immunoadsordent assay，ELISA）等。

5. 预防与控制

定期做血清学监测，防止将传染源引入动物种群和实验室，隔离可疑小鼠，扑灭感染鼠群。一切可能受污染的物品都要高压消毒，房间用福尔马林等消毒剂熏蒸。接种牛痘疫苗可预防此病。

（三）狂犬病

狂犬病（rabies）又称恐水症（hydrophobia），是一种由狂犬病病毒引起的、累及中枢神经系统的急性传染病，为人兽共患病。动物感染后一般有两种表现类型：狂暴型和麻痹型。人感染后出现高度兴奋、恐惧不安、畏风、流涎、恐水，以及由于咽喉肌和呼吸肌痉挛而发生的吞咽困难、呼吸困难等症状，严重者瘫痪甚至死亡。

1. 病原学

狂犬病病毒属于 RNA 型的弹状病毒科，病毒形似子弹，单链结构，表面有脂蛋白包膜。病毒对过氧化氢、高锰酸钾、新洁尔灭、来苏儿等消毒药敏感。病毒不耐湿热，100 ℃加热 2 分钟及紫外线照射均能将其灭活；耐低温，在 4 ℃下可存活数月到 1 年。

2. 流行病学

（1）传染源：主要是狂犬，其次是携带病原的猫、猪及牛、马等家畜和野兽等温血动物。自然界中，以野生动物（如狼、狐狸、吸血蝙蝠等）为主。近年国内报告外观健康家犬带毒率平均为 14.9%（8%～25%）。无症状和顿挫型感染的动物可长期通过唾液排毒，成为人畜的传染源。

（2）传播途径：主要通过咬伤传播，也可由带病毒的唾液经各种伤口和抓伤、舔伤的黏膜和皮肤而入侵。少数可通过对病犬宰杀、剥皮、切割等过程而感染。

（3）易感者：人和各种畜类对本病都有易感性，尤其是犬科和猫科的动物。

3. 症状

犬狂暴型表现为高度兴奋、冲撞、性欲亢进、攻击人畜、死亡；犬麻痹型表现为吞咽麻痹、伸颈、伸舌、流涎等，继而死亡。人感染后，临床表现为特有的恐水、怕风、恐惧不安、咽肌痉挛、进行性瘫痪，甚至死亡。

4. 诊断

如果患病动物出现典型的病程，则结合病史可做出初步诊断。当动物或人被可疑病犬咬伤后，应及早对可疑病犬做出确诊。尸检动物脑组织内基小体可确诊。

5. 预防与控制

人被犬或猫咬伤后，必须在 24 小时内注射狂犬疫苗。对可疑动物要隔离观察，病死动物应予焚毁或深埋处理。捕杀野犬，管理和免疫家犬和家畜（注射兽用狂犬病疫苗）有一定的预防作用。

（四）流行性出血热

流行性出血热（epidemic hemorrhagic fever，EHF）又称为肾综合征出血热，为人兽共患病；引起该病的汉坦病毒（流行性出血热病毒）主要存在于野生啮齿类动物，偶尔也会传播给实验大鼠和小鼠，继而传播给人。实验动物感染后，多呈隐性感染或持续带病毒状态，可无明显临床症状和病理改变，但传染给人则可引发疾病。

1. 病原学

引起本病的是汉坦病毒，又称为流行性出血热病毒，单链 RNA 结构，有囊膜，可凝集鹅的红细胞。该病毒能在多种细胞中生长，且细胞病变不明显。此病毒对环境和理化因素的抵抗力较差。

2. 流行病学

（1）传染源：该病的传染源主要是携带该病毒的野鼠，以黑线姬鼠和褐家鼠为代表，可在实验大鼠等啮齿类动物中流行。近年来发现该病毒可由实验大鼠传播给人。

（2）传播途径：该病的传播途径尚不十分明确，主要以螨等吸血昆虫为传播媒介。含有病毒的血、尿、分泌物等污染人的皮肤破损处，或病鼠咬伤人，使人患病。携带汉坦病毒的气溶胶（粉尘或水蒸气微粒）也可以传播疾病。

（3）易感者：主要是人，其次为大鼠、小鼠等实验动物。动物感染后可不发病，而人感染则发病。

3. 症状

人感染后出现头痛、眼眶痛、腰痛“三痛”症状，脸、脖子、胸部红肿“三红”体征，经过低血压期、少尿期甚至闭尿期，最后到多尿期。有发热、头痛等类似感冒症状，个别严重病例并发急性心力衰竭，可导致死亡。

4. 诊断

多数易感动物对该病毒表现为无症状感染，其诊断主要靠血清特异性抗体检测，也可在感染大鼠的肺组织中查出特异性病毒抗原。常用的方法有 ELISA 和免疫荧光抗体试验等。

5. 预防与控制

由于野鼠是本病的主要传染源和病毒携带者，因此消灭野鼠、防止野鼠进入动物饲养室和实验室是预防该病的关键措施。定期做血清学检查具有重要意义。无菌剖腹取胎术和屏障环境饲养可根除该病毒感染。

实验动物的其他常见病毒性疾病见表 5－11。

表 5－11　实验动物其他常见病毒性传染病

疾病	病原学	流行病学	症状	诊断	预防与控制
小鼠肝炎	病毒颗粒呈球形，有囊膜，对乙醚和甲醛敏感	病鼠和无症状带毒鼠* 消化道、呼吸道传播** 只感染小鼠***	多数无症状，急性感染表现为消瘦、腹腔积液、营养不良及神经系统症状	病理学、血清学检查，病毒分离	防野鼠，将小鼠饲养在屏障环境
仙台病毒病	病毒颗粒呈多形性，有囊膜，单链 RNA，血凝素能凝集多种动物红细胞，病毒抵抗力弱，不耐酸，不耐热	有症状和无症状的感染鼠* 呼吸道传播** 主要感染小鼠***	多不明显，特别是慢性感染，典型症状为弓背坐立，被毛竖起，眼球下陷，分泌物增多，体重剧减，呼吸困难等	本病毒仅有 1 个血清型，故血清学诊断较方便；病毒分离	经空气传播不易控制，需采取综合措施
犬细小病毒病	病毒呈球形，单链 RNA，无囊膜，血凝性强，抵抗力强，能在多种细胞内生长，但无明显细胞病变	病犬* 病毒随尿、唾液、呕吐物、粪排出** 幼犬***	出血性腹泻、呕吐、高热、脱水、心肌炎、白细胞减少	外周血白细胞计数减少，血凝抑制试验等	接种减毒活疫苗或灭活疫苗，病犬隔离，饲养室消毒

注：* 为传染源；** 为传播途径；*** 为易感动物。

三、细菌性疾病

各种实验动物对有关细菌性疾病的易感性不同，且存在种群、品系、性别、年龄的差异。其细菌性疾病具有不同程度的地域性、流行性、季节性和感染后免疫性。随病原菌的毒力、动物的健康状况及免疫力的不同，其流行性可表现为散发、暴发或大流行等形式。

引发实验动物感染性疾病的细菌大致可分为人兽共患病病原菌、动物致病菌和条件致病菌三大类。在动物实验中，条件致病菌对实验结果的影响最易被忽视，因而必须严格控制。

对实验动物的细菌性疾病一般不主张治疗，因为药物不能根除感染的病原菌，而使治愈动物成为新的传染源。此外，药物尚会改变动物的生理机能，从而影响实验结果。因此，预防才是保证动物质量的有效手段。

（一）沙门菌病

实验动物的沙门菌（salmonella）病为人兽共患病，主要由鼠伤寒沙门菌和肠炎沙门菌引起。

1. 病原学

沙门菌属革兰氏阴性短杆菌，无芽孢、有鞭毛、能运动。该菌不发酵乳糖和蔗糖，不凝固半乳糖，不液化明胶，不产生靛基质；在营养琼脂上生长良好。

2. 流行病学

（1）传染源：携带鼠伤寒沙门菌和肠炎沙门菌的野鼠、苍蝇、动物粪便及病鼠等。

（2）传播途径：粪便污染垫料、饲料、饮用水后，经消化道感染。

（3）易感者：大鼠、小鼠、豚鼠、兔。

3. 症状

主要表现为食少和腹泻，急性暴发型可导致动物迅速死亡。

4. 诊断

根据症状及细菌培养鉴定可诊断。如果能从动物体液、器官组织中分离出该菌，说明该菌已在动物体内广泛播散。

5. 预防与控制

严防野鼠，防止苍蝇、粪便污染，隔离和淘汰病鼠、病兔。

（二）支原体病

支原体（mycoplasma）又称菌形体、霉形体，是一群介于病毒和细菌之间的多形微生物。它可引起实验动物、家畜、家禽和人类发生相关疾病。危害实验动物的支原体有肺支原体、溶神经支原体、关节炎支原体等。

1. 病原学

支原体属革兰氏阴性，高度多态且大小不一，无细胞壁，而仅在细胞质表面有 3 层细胞膜；在合适的琼脂培养基上可以形成约 0.5 mm 直径的荷包蛋形菌落。

2. 流行病学

（1）传染源：携带病原体或已经患病的小鼠、大鼠。

（2）传播途径：带菌母鼠舔仔鼠，气溶胶传播，经污染笼具间接接触传播等。

（3）易感动物：小鼠、大鼠。

3. 症状

肺支原体可引起化脓性鼻炎和慢性肺炎等呼吸系统疾病；有时并发中耳炎、内耳炎引起实验动物“歪头病”，患鼠头斜于患侧转圈走，提起鼠尾使之倒立，患鼠身体迅速旋转；肺支原体感染生殖道可致死胎或不育。

溶神经支原体导致小鼠旋转病，可出现头部震颤、身体翻滚等症状。关节炎支原体主要侵袭大鼠，引起多发性关节炎。

4. 诊断

分离培养支原体，间接血凝试验、补体结合试验、ELISA 等血清学方法有助于确诊。

5. 预防与控制

淘汰病鼠群，使用屏障环境饲养动物。

（三）巴斯德杆菌病

对实验动物有致病作用的巴斯德杆菌（pasteurella）主要有多杀巴斯德杆菌和嗜肺巴斯德杆菌。

1. 病原学

巴斯德杆菌为革兰氏阴性短杆菌，无芽孢，无荚膜。可在血琼脂平皿上较好生长，而形成不溶血的菌落。

2. 流行病学

（1）传染源：病兔和带菌啮齿类动物，如豚鼠、小鼠、大鼠等。

（2）传播途径：直接接触患病动物，间接接触患病动物的分泌物和粪便污染的物品，或垂直传播给子代。

（3）易感动物：兔对该菌最敏感，其次为豚鼠、小鼠和大鼠。

3. 症状

多杀巴斯德杆菌使实验动物发生出血性败血症，嗜肺巴斯德杆菌可引起小鼠和大鼠肺炎、中耳炎、结膜炎、皮下溃疡，并可引起尿道、生殖道疾病。

4. 诊断

症状有助于诊断，细菌培养、鉴定可以确诊。

5. 预防和控制

扑灭病兔群，及时隔离、淘汰病兔，改善环境条件。

实验动物的其他常见细菌性疾病见表 5－12。

表 5－12　实验动物的其他常见细菌性疾病

疾病	病原体	易感动物	感染途径	临床表现	诊断	预防与控制
细菌性肺炎	肺炎双球菌、肺炎克雷伯菌、鼠丹毒杆菌、鼠棒状杆菌、巴氏杆菌、波氏杆菌	大鼠、小鼠、豚鼠、仓鼠、兔	呼吸道	呼吸困难，腹式呼吸，肺部啰音，口唇青紫，咳嗽（猴）	临床表现、病理检查、X 射线检查、细菌分离、培养鉴定	寒冷季节要注意保持适当室温，保持空气流通
泰泽氏病	毛发状芽孢杆菌	大鼠、小鼠、豚鼠、兔、猫	芽孢经消化道传染或胎盘垂直传播	多隐性感染或突然死亡或严重腹泻，粪便呈水样或黏液状	尸检、肝肠组织涂片镜检找病原体、血清学法	控制温湿度和饲养密度，剖腹取胎，屏障环境
李斯特菌病	单核细胞增多性李斯特菌	大鼠、小鼠、豚鼠、家兔	消化道，皮肤创口接触传染	急病死亡，亚急感染病鼠虚弱忧郁，流涎流泪，脑膜炎，败血症，惊厥	病原菌分离培养鉴定	灭野鼠，控制饲养密度，淘汰患病动物
结核病	结核分枝杆菌	猴、豚鼠、兔、猫	呼吸道接触	反复咳嗽，肺部啰音，低热消瘦，食欲减退	结核菌素试验、X 射线检查、细菌检查	定期检查，淘汰患病动物，建立健康种群

四、寄生虫疾病

实验动物寄生虫按寄生部位可分为体内寄生虫（原虫、蠕虫）和体外寄生虫（昆虫）两大类。动物寄生虫的种类繁多，感染较为普遍，且难以根除；既影响动物的质量，干扰实验结果，又威胁饲养人员和科研人员的健康。但寄生虫病不像细菌性或病毒性疾病可在短期内造成大批动物死亡，因此易被忽视。以下仅介绍弓形虫病。实验动物的其他常见寄生虫病见表5－13至表5－15。

表5－13　实验动物常见的蠕虫病

蠕虫	宿主寄生部位	感染途径	对宿主的影响	诊断	防治
四翼无刺线虫、管状线虫	小鼠的大肠，小鼠盲肠、大肠	经口	轻度感染无症状，严重感染可引起肠炎、直肠脱出、肠套叠、肠梗阻	粪便虫卵检查	哌嗪，或剖腹取胎术
短膜壳绦虫	人、鼠的肠道	经口	阻碍生长、体重下降、肠梗阻、肠炎	粪便虫卵检查	哌嗪，或剖腹取胎术
弓蛔虫	猫、犬的小肠	经口	食欲下降、呕吐	粪检虫卵及成虫	四咪唑，哌嗪
猴结节线虫	灵长类动物结肠	经口	腹泻、体重下降、腹腔积液	粪检虫卵及成虫	噻苯达唑

表5－14　实验动物常见的原虫病

原虫	宿主寄生部位	感染途径	对宿主的影响	诊断	防治
兔球虫	兔肠、肝	经口	厌食、体重下降、肝肿大、黄疸、死亡	粪便卵囊检查	氨丙啉，磺胺二甲基嘧啶
猴疟原虫	猴血液	蚊子叮咬	自然感染症状轻，人工感染与人恶性疟疾相似	血液涂片	磺胺嘧啶
溶组织内阿米巴原虫	猴肠	经口	无症状或水样腹泻	粪便包囊检查	盐酸依米丁、卡巴胂

表5－15　实验动物常见的体外寄生虫

寄生虫	宿主寄生部位	感染途径	对宿主的影响	诊断	防治
螨	皮肤、被毛	接触	瘙痒、脱毛、红斑、皮炎	皮屑、毛发镜检	0.3%敌百虫药浴，改善卫生条件
蚤	皮肤、被毛	接触	瘙痒、脱毛、红斑、皮炎	皮屑、毛发镜检	0.3%敌百虫药浴，改善卫生条件
虱	皮肤、被毛	接触	瘙痒、脱毛	皮屑、毛发镜检	1%敌百虫喷洒或药浴

注：螨、蚤、虱叮咬人，可传播流行性出血热和（或）鼠型斑疹伤寒。

弓形虫病又称毒浆原虫病，为人兽共患体内寄生虫病，由刚地弓形虫引起。

1. 病原学

刚地弓形虫的发育阶段有滋养体、包囊、裂殖体、配子体和卵囊。滋养体和包囊出现在中间宿主和终宿主猫的体内，而裂殖体、配子体和卵囊则只出现在终宿主猫的体内。

2. 生活史

猫吞食含弓形虫包囊的动物组织或成熟的卵囊后，包囊内的滋养体或卵囊内的子孢子即进入猫的消化道，并侵入肠上皮细胞进行繁殖，经裂殖子、配子体、配子、配子生殖等有性繁殖阶段后，产生卵囊。卵囊随粪便排出，在外界环境 2～4 天发育为成熟的感染性卵囊。部分弓形虫包囊内的滋养体随猫的淋巴、血液到达全身组织器官的有核细胞内，进行无性繁殖；由于宿主产生免疫力，部分滋养体在宿主组织器官内形成包囊。

3. 流行病学

（1）传染源：终末宿主（猫），中间宿主（小鼠、大鼠、家兔、豚鼠、地鼠、犬、猴、人）。

（2）传播途径：实验动物和人误食含弓形虫成熟卵囊的食物，或含弓形虫包囊的肉类和乳类，即可发病。

（3）易感者：猫、小鼠、大鼠、家兔、豚鼠、地鼠、犬、猴，以及人。

4. 症状

实验动物和人的主要病变是在肠道、眼、心、脑、肺、肌肉、肝、脾等组织器官，形成肉芽肿性炎症和坏死，并引起相应症状。病猫表现为稽留热、精神萎靡、食欲减退、便秘、呼吸困难、四肢和全身肌肉强直、腹股沟淋巴结肿大。

5. 诊断

检查弓形虫，间接血凝试验。

6. 预防和控制

消灭患病动物，每天更换消毒垫料和笼具。

第六章　实验动物环境生态学

实验动物环境生态学是研究实验动物与环境相互关系的分支学科，其广义研究范围包括实验动物的微生物学、营养学、饲养管理、环境设施等。前三方面内容在各相应章节介绍，本章仅介绍实验动物环境及设施，即狭义的实验动物环境生态学。实验动物环境及设施控制是实现实验动物标准化的关键措施之一，实验动物学工作者应予高度重视。

第一节　实验动物环境

一、实验动物环境

生物的环境泛指围绕生物体的一切事物，为生物赖以生存的外部条件。野生动物生活在大自然中，适者生存并繁衍后代，不适者淘汰灭绝。与野生动物不同，实验动物是为满足人类科研需要，按人的意愿培育的特殊动物，其生物学特点和遗传特性的获得与维持依靠人来掌握，所携带的微生物等受严格控制。某些品种品系的实验动物，如免疫缺陷动物的生存能力很低，在自然环境中几乎不可能生存，只能在严格控制的人工环境中生存。

这种人工控制的，供实验动物繁殖、生长的特定场所及相关条件，即围绕实验动物的所有事物的总和，称实验动物环境。而界定实验动物的生存空间、维持其需要的建筑物和设备等，则称实验动物设施。

实验动物环境可分为两类，包括外环境和内环境。

（一）实验动物外环境

实验动物外环境指实验动物和动物实验设施以外的环境，其质量高低可影响内环境。因而，有关国家标准亦对实验动物外环境提出具体要求。

（二）实验动物内环境

实验动物内环境指依科研要求和人们的意愿，将实验动物的生长、繁殖或活动限定在某种特定的人工场所内。内环境又分为小环境和大环境，前者指包围实验动物体的笼具或饲养盒内，对实验动物直接产生影响的各种理化因素，如温度、湿度、气流速度、氨浓度、光照周期、噪声等；后者则指放置实验动物笼架器具等辅助设施的饲养间和实验间的各种理化因素。本章主要讨论小环境和大环境。

二、实验动物环境监控的意义

实际上，没有人工严格监控的实验动物环境及设施，就不可能有实验动物科学的发展。这是由于以下原因。

（1）严格监控实验动物环境可保证实验动物健康和质量标准化。

（2）环境控制可保障实验研究获得正确的结果。

（3）合乎标准的环境可为实验动物及动物实验工作者提供适宜的条件，并保障人们身体健康，不受危害因素的伤害。

三、实验动物环境监控与动物实验结果的关系

正如第四章所述关于动物基因型、表现型、演出型与环境之间的关系模式，实验动物的性状实际

上是遗传和环境因素相互作用的结果。实验动物的基因型受胚胎期和哺乳期发育环境的影响，而形成表现型；而表现型又受培育和实验环境的影响，而形成演出型，从而有其具体性状表现和对实验刺激的反应。

从某种意义上说，动物实验实际上是控制实验动物的演出型，并对演出型动物做严格策划的处理。只有演出型稳定，实验结果才有良好的可重复性和高度的可信性。实际上，除了动物品系外，监控环境因子也是保证演出型稳定的关键之一。

实验结果与有关因素的关系可用下式表示：

$$R=(A+B+C)D\pm E$$

式中，R 为实验动物的总反应；

A 为实验动物种的共同反应；

B 为实验动物品种、品系的特有反应；

C 为实验动物的个体反应（个体差异）；

D 为环境影响；

E 为实验误差。

由上式可知，A、B、C 是与遗传有关的因素，D 与 R 呈正相关而起主要作用。在实验动物的遗传性状相对稳定的前提下，须尽量减少环境 D 变化的影响。如果环境条件控制不好，实验结果就难以稳定一致，甚至导致错误结论。

重视实验动物环境，须研究饲养与实验条件对动物健康及质量的影响，从而改善环境条件，并对环境设施实施严格的监控，以保证实验动物的健康和质量标准化，保障各品系动物具有稳定的表现型与演出型。环境的人工控制程度越高，生活在该环境中的实验动物就越具有一致性，即使时间、地点及人员不同，只要按相同的规范操作，均能获得一致的实验结果。在某些研究中，环境控制更具重要的意义。例如，致癌试验，其整个过程持续 2～3 年，如果没有适宜且恒定的环境条件，试验就不可能进行到底，即使勉强完成，结果也不可信。

第二节　影响实验动物的环境因素

影响实验动物的环境因素指对实验动物个体发育、生长、繁殖及生理生化平衡和有关反应性产生影响的一切外界条件。这些因素依来源、性质及对实验动物的影响，可分为气候因素、理化因素和生物因素等。气候因素包括温度、湿度、气流和风速，理化因素有光照、噪声、粉尘和有害气体，生物因素包括含空气落下菌数、社会因素和动物饲养密度等。它们可对实验动物造成“有利”或“有害”的影响。在进行实验动物环境控制研究时，要充分利用和创造对动物有利的因素，消除和防止有害的因素。

环境因素必须对实验动物具备接触机会（如频度）、接触方式（如呼吸道、消化道、皮肤等）、接触时间、接触强度或浓度等作用条件，才能对实验动物造成影响。有关因素对实验动物造成影响的性质与程度不同，因而其重要性亦不相同。某些环境因素对实验动物的影响不一定很快就表现出来，须有一定量的累积才能发生质的变化并显示其作用。许多化学因素属于这种情况。例如：氨气对实验动物的影响就表现为累积作用，短时间接触，允许的浓度可以稍高；而较长时间接触时，允许的浓度就较低。

通常，环境因素对实验动物的影响是多种因素联合作用的，如环境温度、湿度、气流都影响实验动物体温。而在湿度较低、气流较强时，即使温度稍高，实验动物仍可接受。因此，实验动物环境控制必须要综合考虑主要影响因素。

一、气候因素

影响实验动物的气候因素包括温度、湿度、气流和风速等。

（一）温度

不同动物适应的环境温度不同，如雏鸡的最适环境温度为35～37 ℃，马的最适环境温度为10～15 ℃，而啮齿类动物的最适环境温度则为18～29 ℃。目前广泛使用的实验动物大多数属哺乳类动物，且多为恒温动物，它们具有在一定的外界温度变化范围内保持体温相对稳定的能力。若环境温度偏离动物最适温度过多，即环境温度过高或过低时，动物都将不能适应，从而产生不良反应。这意味着，不同的温度可影响实验结果。温度对实验动物主要有如下影响。

1. 影响生长发育和繁殖

观察发现，温度影响兔子耳朵的生长，甚至影响动物内脏和内分泌腺的发育。如动物在低温环境下发育延迟，生长速度亦放慢，而高温环境则使大鼠尾巴长得更长。

气温过高或过低常导致雌性动物性周期紊乱，产仔率下降，死胎率增加，泌乳量减少。如环境温度过高或过低使雌性小鼠性成熟推迟、性周期延长。小鼠在21 ℃环境下每年能产仔5窝，而在－3 ℃环境下每年仅能产仔2窝。在超过30 ℃环境，雄性动物的生殖能力降低，如小鼠睾丸萎缩，精子产生能力下降；雌性动物泌乳力下降，甚至拒绝哺乳。

2. 影响代谢

温度明显影响动物的代谢水平。当环境温度低于正常体温一定范围内，实验动物的代谢增加，以补偿机体活动的需要。温度每降低1 ℃，动物的摄食量增加1%左右，以补充热量。随着温度的降低，小鼠的心跳和呼吸加快；而高温则引起相反的反应。由于啮齿类动物的体温调节能力较灵长类动物弱，因而啮齿类动物在高温情况下更易发生代谢障碍，甚至死亡。

3. 影响健康和抗感染能力

适宜温度下感染力和毒力不强的病原微生物只对动物造成隐性感染，而不引起临床症状。一旦环境温度过高或过低时，实验动物的抵抗力将明显下降，某些条件性致病菌将引发疾病，甚至导致传染病流行和动物大量死亡。如冬季较易暴发流行的小鼠脱脚病、小鼠仙台病毒病和小鼠肝炎与低温条件下动物抵抗力下降有密切关系。另有研究发现，在冬季，巴斯德杆菌可引起怀孕的金黄地鼠死亡，其主要诱因也是低温。因而，实验动物饲养室应有温度控制装置，通常控制在16～29 ℃，可满足大多数哺乳类实验动物对温度的要求。但是，不同种实验动物，甚至同种不同品系动物在不同等级环境内的最适温度可有差别，应予注意。

除温度高低外，环境温度短时间内发生急剧变化常对实验动物造成更为严重的影响。因此，还应规定温度变化的快慢。如我国的实验动物环境及设施标准即将日温差设定为3 ℃或4 ℃。

4. 激发应激反应

过高或过低的气温可激发实验动物产生应激反应，通过神经内分泌系统引起肾上腺皮质激素分泌增加。若长期处于过高或过低温度环境，动物脏器可发生实质性改变。

5. 影响实验结果

实验动物在不同温度处于不同状态。不适宜的环境温度可使动物处于应激状态，从而出现对物质的急性毒性反应发生改变。

例如，在不同环境气温（12～32 ℃）条件下，用雌性Wistar大鼠腹腔注射戊巴比妥钠95 mg/kg，以测定半数致死量（LD_{50}）。发现18～30 ℃时大鼠的死亡率较低，差别无统计学意义；而较低或较高温度时，大鼠死亡率都明显升高。（表6－1）

表6－1　不同环境温度时戊巴比妥钠（95 mg/kg）腹腔注射导致大鼠死亡率比较

环境温度/℃	给药动物数/只	死亡动物数/只	死亡率
12	20	20	100%
14	20	20	100%
16	20	20	100%

续表 6－1

环境温度/℃	给药动物数/只	死亡动物数/只	死亡率
18	20	10	50%
20	20	10	50%
22	20	10	50%
24	20	10	50%
26	20	7	35%
28	20	6	30%
30	20	11	55%
32	20	16	80%

另有资料表明，麻黄碱、盐酸脱氧麻黄碱、苯异丙胺 3 种药物在不同温度测得的 LD_{50} 亦不相同（表 6－2）。致癌、致畸、致突变及免疫实验的结果也受环境温度的影响。因而，严格控制环境温度对毒理试验和其他动物实验都非常重要。大多数哺乳类实验动物的环境温度控制在 16～29 ℃。

表 6－2　温度对 3 种药物 LD_{50} 的影响

药　　物	LD_{50}/（mg/kg）	
	15.5 ℃	27 ℃
苯异丙胺（amphetamine）	197.0	90.0
盐酸脱氧麻黄碱（methedrine）	111.0	33.2
麻黄碱（ephedrine）	477.1	565.0

（二）湿度

湿度指大气中的水分含量。每立方米空气中的实际含水量（g）称绝对湿度；而在特定温度情况下，空气中的实际含水量与该温度的饱和含水量的百分比值称为相对湿度。实验动物饲养室常用相对湿度为指标。

实际上，湿度与环境温度、气流速度共同影响动物体温。当环境温度接近体温时，实验动物主要靠蒸发方式散热。而在高温、高湿情况下，机体调节体温的主要方式蒸发散热受阻碍，而易于引起代谢紊乱及抵抗力下降，动物的发病率和死亡率亦明显增加。当环境温度达 30～35 ℃，接近动物体温时，若湿度亦增大，卵蛋白引起小鼠过敏性休克的死亡率也明显升高。此外，湿度为 85%～90% 的高湿环境还利于病原微生物的存活和传播，垫料、饲料亦易霉变，因而不利于动物的健康。

湿度过低时，室内干燥而灰尘飞扬，易引起实验动物呼吸系统疾病，亦对实验动物的健康不利。如温度 27 ℃、相对湿度低于 40% 时，大鼠体表的水分蒸发很快，尾巴失水过多，可导致血管收缩，而引起环尾症（ring tail）。在湿度过低时，某些母鼠拒绝哺乳，甚至咬吃仔鼠，仔鼠也发育不良。一般认为，大多数实验动物能适应 40%～70% 的相对湿度，并以 50% ±5% 为最佳。（表 6－3）

表 6－3　一些国家对实验动物设施内相对湿度的规定

动物	实验动物设施内规定的相对湿度			
	美国 ILAR	OECD	日本	中国
小鼠	40%～70%	30%～70%	45%～55%	30%～70%
大鼠	40%～70%	30%～70%	45%～55%	30%～70%

续表 6－3

动物	实验动物设施内规定的相对湿度			
	美国 ILAR	OECD	日本	中国
仓鼠	40%～70%	30%～70%	—	30%～70%
豚鼠	40%～70%	30%～70%	45%～55%	30%～70%
兔	40%～70%	30%～70%	—	30%～70%
猫	30%～70%	—	45%～55%	30%～70%
犬	30%～70%	—	45%～55%	30%～70%
猴	40%～60%	—	55%～65%	30%～70%

注：ILAR，Institute of Laboratory Animal Resources，实验动物资源研究所；OECD，Organization for Economic Cooperation and Development，经济合作与发展组织。

实际上，温度、湿度控制是整个环境控制的重点。当今，越来越多的动物实验结果要求附有实验时的温度与湿度。因而，先进的实验动物设施应配备包括温度、湿度的自动记录系统，并要求设施具有足够的调温、调湿能力，且能做全自动不间断的控制，从而在任何极端条件下都能把有关指标控制在标准范围之内。

（三）气流和风速

实验动物设施内的气流指空气的流动，而风速则是指气流的速度；室内的气流和风速来源于通风换气设备。研究发现，合理组织气流流向和风速能调节温度和湿度，又可降低室内粉尘及有害气体污染，甚至可以控制传染病的流行，因而有利于实验动物和工作人员的健康。

饲养室内的通风程度，一般以单位时间的换气次数（即旧空气被新空气完全置换的次数）为标志。室内换气次数实际上决定于风量、风速、送风口和排风口截面积、室内容积等因素。2023 年 11 月 27 日，国家市场监督管理总局、国家标准化管理委员会发布了新版国家标准《GB 14925—2023 实验动物环境及设施》（2024 年 6 月 1 日起实施），其中要求饲育室和动物实验室动物笼具处的气流速度小于或等于 0.2 m/s，屏障环境最小换气次数大于等于 15 次/小时，隔离环境最小换气次数大于等于 20 次/小时（表 6－4 和表 6－5）。此外，送风口和出风口的风速较快，其附近不宜摆放实验动物笼架。

新版国家实验动物环境及设施标准对影响实验动物的气候因素进行了重新规定（表 6－4 至表 6－7）。

表 6－4　普通环境指标

项目		指标		
		豚鼠、地鼠	犬、猴、猫、猪	兔
温度/℃		18～29	16～28	16～26
最大日温差/℃		4		
相对湿度/%		30～70		
最小换气次数/（次/小时）		≥8		
动物笼具周边处气流速度/（m/s）		≤0.2		
氨浓度/（mg/m²）		≤14		
噪声/dB（A）		≤60		
照度/lx	最低工作照度	≥150		
	动物照度	15～20	100～200	
昼夜明暗交替时间/h		昼 12～14/夜 10～12		

注：①氨浓度指标为有实验动物时的指标。②根据动物生物学特性，建议适当增加室外活动场地。

表 6－5　屏障环境指标

项目		指标			
		小鼠、大限、豚鼠、地鼠	犬、猴、猫、猪	兔	鸡
温度/℃		20～26		16～26	16～28
最大日温差/℃		≤4			
相对湿度/%		30～70			
最小换气次数/（次/小时）		≥15			
动物笼具周边处气流速度/（m/s）		≤0.2			
与相通房间的最小静压差/Pa		≥10			
空气洁净度/级		7			
沉降菌最大平均浓度/（CFU/0.5 h·ϕ90mm 平皿）		≤3			
氨浓度/（mg/m^3）		≤14			
噪声/dB（A）		≤60			
照度/lx	最低工作照度	150			
	动物照度	15～20	100～200	5～10	
昼夜明暗交替时间/h		昼 12～14/夜 10～12			

注：①氨浓度指标为有实验动物时的指标。②空气洁净度、沉降菌最大平均浓度为静态时的指标。③动物指成年动物，幼年动物和无毛动物建议根据需要提供环境温度。④SPF 猴包括在普通环境中经筛选获得的。

表 6－6　屏障环境设施的洁净辅助区主要环境指标

房间名称	洁净度级别*	最小换气次数/（次/小时）	与室外方向上相通房间的最小压差/Pa	温度/℃	相对湿度/%	噪声/dB（A）	最低照度/lx
洁物储存室	7	15	5	18～28	≤70	≤60	150
灭菌后室/区	7	15	5	18～28	≤70	≤60	150
洁净走廊	7	15	5	18～28	≤70	≤60	150
污物走廊	8	10	5	18～28	—	≤60	150
缓冲间	8	10	5	18～28	—	≤60	150
二更	7	15	5	18～28	≤70	≤60	150
清洗消毒室	—	4	—	18～28	—	≤60	150
一更	—	—	—	18～28	—	≤60	100

注：①正压屏障环境的单走廊设施应保证动物生产区、动物实验区压力最高。正压屏障环境的双走廊或多走廊设施应保证洁净走廊的压力高于动物生产区、动物实验区，动物生产区和动物实验区的压力高于污物走廊。②洁净区与非洁净区之间的最小压差为 10 Pa。③“—”表示不做要求。④辅助区包括洁净走廊、缓冲间、二更、清洗消毒室等。＊设施处于静态时的检测标准（指无动物时）。

表 6－7　隔离环境指标

项 目		指标			
		小鼠、大鼠、豚鼠、地鼠	犬、猴、猫、猪	兔	鸡
温度/℃		20～26		16～26	16～26
最大日温差/℃		≤4			
相对湿度/%		30～70			
最小换气次数/（次/小时）		≥20			
动物笼具周边处气流速度/(m/s)		≤0.2			
隔离设备内外的最小静压差 /Pa		≥50			
空气洁净度/级		5（正压）/7（负压）			
沉降菌最大平均浓度/（CFU/0.5h · ϕ90 mm 平皿）		无检出*			
氨浓度/(mg/m^3)		≤14			
噪声/dB（A）		≤60			
照度/lx	最低工作照度	150			
	动物照度	15～20	100～200	5～10	
昼夜明暗交替时间/h		昼 12～14/夜 10～12			

注：①氨浓度指标为有实验动物时的指标。* 设施处于静态时的检测标准（指无动物时）。

二、理化因素

影响实验动物的理化因素包括光照、噪声、粉尘、有害气体和杀虫剂、消毒剂等。

（一）光照

作为环境因素的光照，其照度、光线波长及光照时间或明暗交替时间 3 个次级因素，均对实验动物有影响。强光、光照时间过长或过短都对实验动物不利，特别是明暗周期不规律对动物的损害更严重。光照对实验动物的影响如下。

1. 影响视力

鸟类视觉细胞以视锥细胞为主，适应强光。而啮齿类动物视觉细胞则以视杆细胞为主，其辨色力差，不能分辨红色，且易受强光损害。强光会损害实验动物特别是啮齿类动物的视力，并使其辨色能力下降。研究发现，大鼠在 2 000 lx 照度下连续照射几小时，可出现视网膜障碍；若长时间（不少于 13 周）持续照射，即使照度低至 60 lx，也将使大鼠出现视网膜退行性变。

2. 影响生理及生殖机能

照明对实验动物的生理机能，尤其是生殖和行为有明显影响。光色即光线波长可影响动物的生殖机能，研究发现蓝光比红光更能促进大鼠的性成熟。尚发现在昼夜明暗交替时间为 12 小时：12 小时或 10 小时：14 小时的条件下，大鼠的性周期最为稳定。持续黑暗使大鼠卵巢和子宫的质量减轻，生殖过程受抑制。而持续光照则会过度刺激动物的生殖系统，可连续发情，但大鼠、小鼠可出现持久性阴道角化，并阻碍卵细胞成熟，多数卵泡达到排卵前期，而不能形成黄体。在实验条件下，可通过人工控制光照调节实验动物的生殖过程，包括发情、排卵、交配、妊娠、分娩、泌乳和育仔等。

对光照的控制，一般要求光源合理分布，尽量使饲养室和实验室各处获得均匀的光照。工作照度要求在离地 1 m 处，控制照度在 150～300 lx 较适宜，既符合动物需要，又方便工作人员观察和操作。

人工照明应特别注意光照周期要符合动物活动和休眠的规律，要使光周期稳定，避免人工控制的随意性。如采用 12 小时：12 小时或 10 小时：14 小时的明暗交替照明方式，最好是用自动控制装置实施渐明渐暗，模仿日出日落有利于动物健康，还可避免光照突然变化惊扰动物。具体光照指标见表6－4和表6－5。

（二）噪声

物体振动产生的声音，频率高、声压大、带有冲击性或复杂波形，可对人和动物的心理生理造成不利影响的声音称为噪声。影响实验动物的噪声主要来自外环境、饲养室和实验室内的空调设备、层流柜等。此外，人的活动，以及实验动物采食、走动和鸣叫等亦是噪声来源。要注意，实验动物的听觉音域比人宽，如小鼠可听到人类听不见的超声波，影响严重时甚至导致死亡，因此应十分重视噪声对动物的影响。噪声对实验动物的影响如下。

1. 影响神经及心血管等系统功能

噪声常引起实验动物烦躁不安、紧张、呼吸和心跳加快、血压升高、肾上腺皮质酮增高等。某些实验动物如DBA/2幼鼠，在持续高分贝噪声环境可发生听源性痉挛，甚至死亡。大鼠暴露在95 dB环境，将出现中枢神经损害，若暴露达4天，可致死。

2. 影响消化及内分泌系统功能

强噪声通常使动物摄食减少，并导致消化系统功能紊乱。而大鼠在噪声环境中，却表现为摄食量增加，体重反而下降。实验表明，噪声还影响动物的内分泌，如使小鼠的血糖水平改变。大鼠暴露在107～112 dB环境1.5 h/d，5天后发现肾上腺素分泌明显增加。

3. 影响实验动物繁殖及幼小动物生存

过强或持续不断的噪声可导致动物交配率降低，并妨碍受精卵着床，因而繁殖率下降，并使母鼠流产、拒绝哺乳，甚至吃仔。高频强烈噪声还可直接导致幼小动物死亡。

不同的动物适应噪声的水平不同。如犬生活在90 dB以上环境，可不表现异常。而大多数动物则较适应60 dB以下的环境。一般应将室内噪声控制在60 dB以下（表6－4和表6－5）。

（三）粉尘

粉尘是指空气中浮游的固体微粒。动物室的粉尘主要来自室外未经过滤的空气，及室内的动物皮毛、排泄物、饲料屑及垫料等。

粉尘对实验动物和工作人员的健康有极大影响。作为过敏原，粉尘可引起动物和人的呼吸系统疾病及过敏性皮炎等。粉尘还是病原微生物的载体，可促使微生物扩散，而引发多种传染病。因此要严格控制粉尘。

对屏障环境以上级别设施中的空气，必须进行有效过滤。目前常用三级过滤法，使空气净化后送入实验动物设施，再用抽风系统排出室内循环后的污浊空气，从而降低粉尘，并使之达到合格的洁净度。空气洁净度以空气中粉尘的浓度和粒径大小为指标，并以达到多少级来表示。根据《GB 14925—2023 实验动物　环境及设施》，屏障环境的空气洁净度要求达到7级，隔离环境的空气洁净度要求达到5或7级。（表6－4和表6－5）

1. 洁净度5级（cleanliness class 5）

空气中大于等于0.5 μm的尘粒数在352～3 520 pc/m^3（含3 520 pc/m^3），大于等于1 μm的尘粒数在83～832 pc/m^3（含832 pc/m^3）。

2. 洁净度7级（cleanliness class 7）

空气中大于等于0.5 μm的尘粒数在35 200～352 000 pc/m^3（含252 000 pc/m^3），大于等于5 μm的尘粒数在293～2 930 pc/m^3（含2 930 pc/m^3）。

《GB 14925—2023 实验动物　环境及设施》对屏障环境设施的辅助用房（无害化消毒室、污物走廊、出口缓冲间）主要技术指标，提出了洁净度8级（cleanliness class 8）的概念。

洁净度8级是指空气中大于等于0.5 μm的尘粒数在352 000～3 520 000 pc/m^3（含3 520 pc/m^3），大于等于5 μm的尘粒数在2 930～29 300 pc/m^3（含29 300 pc/m^3）。

（四）有害气体

实验动物室内的氨、硫化氢、硫醇等特殊气味有害气体，是由动物粪尿发酵分解产生的。其中，氨的浓度最高，因而常以其浓度作为判断有害气体污染程度的指标之一。氨等有害气体的浓度过高，可直接刺激实验动物和人的眼结膜、鼻及呼吸道的黏膜，导致流泪、咳嗽，并损害动物与人的健康。观察表明，大鼠接触氨浓度 140 mg/m^3，4～8 天后，其支气管上皮将出现轻度增厚，上皮纤毛脱落并出现广泛黏膜皱褶。这种病理变化将严重影响吸入毒物的研究结果。此外，氨会加重鼻炎、中耳炎、气管炎和肺炎等疾病。目前认为，如果在实验动物设施内的工作时间为每天 8 小时，每周 5 天，则其中的氨浓度必须低于 17.5 mg/m^3，才无损于人体健康；氨浓度低于 14 mg/m^3，才能保证实验动物的健康安全。而我国国家标准规定实验动物设施中的氨浓度应低于 14 mg/m^3（表 6－4 和表 6－5）。实际上，氨浓度升高与室内温度高、湿度大、通风不足，以及饲养密度高、动物排泄物和垫料清除不及时等有关，应注意改善有关条件，从而使氨浓度保持在正常范围。

三、生物因素

影响实验动物的生物因素包括空气中的微生物、社会因素和饲养密度等。

（一）空气中的微生物

空气的微生物洁净度是实验动物环境最为重要的监测指标之一。空气中的微生物有致病性和非致病性两类。通常，微生物不能游离于空气中存活，而是附着于粉尘成为气溶胶（悬浮于气体介质中的粒径一般为 0.001～100 μm 的固态或液态微小粒子形成的相对稳定分散体系）。在湿度很高时，环境气溶胶也成为微生物的载体和良好的生活环境，随着气流扩散，可在实验动物引发感染性疾病。

《GB 14925—2023 实验动物　环境及设施》对实验动物设施的空气沉降菌最大平均浓度有明确规定：普通环境不要求检测，屏障环境少于或等于 3 CFU/(0.5 h · ϕ 90 mm 平皿)，隔离环境无检出菌落（表 6－4 和表 6－5）。

（二）社会因素

实验动物的社会因素指在某个种属中，实验动物个体的优劣、社会地位等。不同种属实验动物的社会性各有特点。但动物个体的优劣，通常决定了它在社会中的地位。如在每群猕猴中，必有一只最强壮、最凶猛的雄猴为“猴王”，其他猴子都严格听从“猴王”的指挥。

（三）饲养密度

饲养密度可对实验动物的社会造成明显影响。若饲养密度过高，动物活动受限，容易发生激烈争斗而被咬伤；同时可导致温度、湿度升高，排泄物增加，有害气体增多，影响动物健康。但动物单独饲养，如犬在长期毒性实验时，也会引起生理和行为改变，因而应按动物种属和具体情况决定实验动物的饲养密度。

饲养动物群养时，笼具底板每平方米面积可收容的成年实验动物最大密度，大约是小鼠 100 只、大鼠 50 只、豚鼠 20 只、兔 4 只、犬 1 只、猴 1 只。（表 6－8）

表 6－8　常用实验动物所需居所最小空间

项目	小鼠			大鼠				豚鼠		
	<20 g	≥20 g	窝养	<200 g	200～400 g	>400 g	窝养	<350 g	≥350 g	窝养
底板面积/m^2	0.0067	0.0092	0.042	0.015	0.026	0.04	0.09	0.04	0.065	0.38

续表6-8

项目	小鼠			大鼠				豚鼠		
	<20 g	≥20 g	窝养	<200 g	200～400 g	>400 g	窝养	<350 g	≥350 g	窝养
笼内高度/m	0.13			0.18				0.21		

项目	地鼠			猫		猪				鸡		
	<100 g	≥100 g	窝养	<2 kg	≥2 kg	<25 kg	25～50 kg	50～100 kg	≥100 kg	<1 kg	1～2 kg	>2 kg
底板面积/m^2	0.01	0.012	0.09	0.28	0.37	0.96	1.2	1.5	1.8	0.07	0.12	0.15
笼内高度/m	0.18			0.76（栖木）		0.8	1.0		1.2	0.4		0.6

项目	兔				犬			猴		
	<2 kg	2～4 kg	>4 kg	窝养	<10 kg	10～20 kg	>20 kg	<4 kg	4～8 kg	>8 kg
底板面积/m^2	0.14	0.28	0.37	0.42	0.6	1	1.5	0.5	0.6	0.9
笼内高度/m	0.35	0.4			0.8	0.9	1.1	0.8	0.85	1.1

注：①动物单笼饲养时，每个动物需要的空间应比推荐值高。笼内高度为笼底到笼顶的高度，有栖木的笼具应增加相应高度。②窝养是指繁殖动物带仔时。③除窝养外，其他为群养时每只动物所需最小空间。

第三节　实验动物设施

实验动物设施是界定实验动物的生存空间、维持其需要的建筑物和设备等。

建造专用实验动物设施是为了实现实验动物环境条件控制目标。实验动物设施参照《GB 50073—2019 洁净厂房设计规范》进行形式各异而又能实现环境调控的设计，其规模小至某一动物实验室，大到动物中心或生产繁殖机构。

实验动物设施从其不同功能而言，可分为实验动物生产设施（breeding facility for laboratory animal）、实验动物实验设施（experiment facility for laboratory animal）和实验动物特殊实验设施（hazard experiment facility for laboratory animal）三类。实验动物生产设施是指用于实验动物生产的建筑物和设备的总和。实验动物实验设施是以研究，试验，教学，生物制品和药品及相关产品生产、检定等为目的而进行实验动物试验的建筑物和设备的总和。实验动物特殊实验设施包括感染动物实验设施（动物生物安全实验室）和应用放射性物质或有害化学物质等进行动物实验的设施。这三类设施虽然在环境指标控制上有相似之处，但仍以单独建设为好，至少应有明显的分隔措施。

实验动物设施一般由饲育室或动物实验室、检疫室、洗刷消毒室、废弃物处理设施、实验动物监测室、办公室、资料室、库房和机械设备室等房舍组成。其中饲育室或动物实验室、检疫室、洗刷消毒室和废弃物处理设施为实验动物设施必备结构。

实验动物设施选址时，其外环境的要求如下。

（1）实验动物繁育、生产及实验场所应避开自然疫源地。

（2）应选在通风、绿化、自然环境条件好，空气质量优良的区域。

（3）远离铁路、码头、飞机场、交通要道，避开散发大量粉尘和有害气体的工厂、贮仓、堆场等有严重空气污染、振动或噪声干扰的区域。

（4）实验动物繁育、生产及实验场所应与居民区保持一定的卫生防护距离。

实验动物设施按照微生物控制程度可分为普通环境、屏障环境和隔离环境三种类型，普通环境饲养普通级动物，屏障环境饲养 SPF 级动物，隔离环境饲养 SPF 级动物、无菌级动物和悉生动物。

一、普通环境

该环境设施符合实验动物居住的基本要求，控制人员和物品、动物出入，不能完全控制传染因子，适用于饲育普通级实验动物。通常为单走廊或双走廊专用房舍。装设空调机、送风、排风装置和初、中效过滤器，从而使室内温度、湿度和空气洁净度受一定程度的控制。应有防野鼠、昆虫设施，笼具和垫料要消毒，饲料应确保未经污染。工作人员进入时应采取一定的防疫措施。

普通环境通常分前区、控制区和后勤处理区三区。前区包括检疫室、库房、办公室、休息室等，控制区包括饲育室或动物实验室、清洁走廊、清洁物品储存室等，后勤处理区包括污物走廊、洗刷消毒室、污物处理设施等。人员、实验动物和物品原则上按前区到控制区，再到后勤处理区的路径流动。

二、屏障环境

该环境设施符合动物居住的要求，严格控制人员、物品和空气的进出，适用于饲育无特定病原体级实验动物。屏障环境可为正压屏障构造（单走廊/双走廊专用房舍）、负压屏障构造（生物安全屏障环境），以及层流架（正压/负压层流架）。亦常将隔离器用作屏障环境。

屏障环境用于饲养 SPF 级动物或实验。设计上要求基本与外界隔离，设清洁和污物走廊。空气要经过初效、中效和高效三级过滤器净化后才能进入室内。除特殊用途的生物安全屏障环境为负压外，该屏障环境内通常应保持正压，压力大于或等于 10 Pa；出风口应有防止空气倒流装置。其空气洁净度要达到 7 级。

进入该环境的笼具、饲料、饮水、垫料、器械、药品等一切物品须经严格消毒灭菌。进入的人员要淋浴，穿戴消毒的隔离衣、帽、鞋和口罩。进入的实验动物也须经消毒处理。环境内的空气、物品、人和实验动物采用单向流通路线。有呼吸道疾病及皮肤病者不能进入。

通常亦分三区，即清洁区、污物区和外部区。清洁区包括饲养室或实验室、清洁走廊、清洁准备室、清洁物品储存室、检疫室等，污物区包括污物走廊、洗刷消毒室等，外部区包括接受动物室、饲料加工室、库房、焚烧炉、更衣淋浴间、值班室、办公室、机械设备室等。屏障环境通常设双走廊。人、实验动物、物品和空气要经相应处理才能进入清洁区，以保证该区不受微生物侵入，其移动路向如下。

（1）人的移动路向：一更衣—淋浴—二更衣—清洁走廊—饲养室或动物实验室—污物走廊—洗刷消毒室—一更衣—外部区。

（2）物品的移动路向：物品—高压蒸汽灭菌器（包装好的消毒物品可经过传递窗，笼具经泡有消毒液的渡槽）—清洁准备室—清洁物品储存室—饲养室或动物实验室—污物经包装处理—污物走廊—外部区。

（3）实验动物的移动路向：外来实验动物—传递窗—检疫室（经验收、观察后）—清洁走廊—饲养室或动物实验室—实验动物（生产供应或实验处理后须移出屏障环境）—污物走廊（包装）—外部区。

（4）空气的流动路向：洁净空气—清洁走廊、清洁准备室、清洁物品储存室—饲养室或动物实验室—污物走廊—外部区。

三、隔离环境

该环境采用无菌隔离装置以保持无菌状态或无外源污染物。隔离装置内的空气、饲料、水、垫料和设备应无菌，动物和物料的动态传递须经特殊的传递系统，该系统既能保证与环境的绝对隔离，又能满足转运动物时保持与内环境一致。适用于饲育无特定病原体级实验动物、悉生动物及无菌级实验动物。

隔离器有正压和负压隔离器，可置于普通环境中运转，应严格控制环境温度和湿度。工作人员只能通过附于隔离器上的橡胶手套，对隔离器内的实验动物进行饲养和实验操作，而不可能直接接触实验动物。进入隔离器的物品须包装消毒后，通过灭菌渡舱或传递窗移入。进入隔离器的空气要经高效过滤，并维持正压。由此保证饲养空间的洁净度达5级或7级，用于饲养无菌级动物和免疫缺陷动物时，洁净度应达到5级。隔离器呈长方形箱状，安放于工作台上。实验动物饲养于隔离器内，空气由送风机经空气过滤器通向隔离器的空气入口，隔离器内的空气经空气出口排出。隔离器的一侧装有橡皮手套，供工作人员在隔离器内部操作使用；隔离器的另一侧有传递渡舱，供传入、传出物料及动物使用。有的隔离器还连有药液灭菌渡槽，供剖腹取胎使用。

第四节　生物安全与生物安全防护实验室

微生物是一类肉眼不能直接看见，而必须用显微镜或电子显微镜才能观察到的微小生物。绝大多数微生物对人类是有益的，少部分是有害的。

历史上，霍乱、天花、鼠疫等严重流行的烈性传染病，曾经给人类带来严重的灾难。如公元前6世纪鼠疫大流行，导致地球上1亿人丧生；14世纪第二次大流行又造成6 500万人死亡；19世纪末20世纪初，100万人死于鼠疫。我国在清朝乾隆年间也曾发生鼠疫，有《鼠死行》一诗记载："东死鼠，西死鼠，人见死鼠如见虎，鼠死不几日，人死如圻堵，昼死人莫问数，日色惨淡愁云护，三人行未十步多，忽见两人横截路……"

20世纪，细菌成了战争工具。例如，1941年，日本在我国浙江、湖南等地使用鼠疫杆菌、霍乱弧菌等病原体进行灭绝人性的细菌战；1952年，美国向朝鲜和我国东北空投染有炭疽杆菌的羽毛、昆虫、树叶等。

21世纪，病原微生物多次向人类发难，如高致病性禽流感、严重急性呼吸综合征（severe acute respiratory syndrome，SARS）、炭疽杆菌粉末事件等，给人类的生存造成了极大威胁。

上述烈性传染病的发生，使全世界都认识到人类正面临着生物安全领域方面的严峻形势。

基于防治疾病或细菌战的目的，许多国家建立了实验室，开展相关烈性传染病的检测和研究工作。实验室研究过程中，实验人员因实验室防护措施不足或操作失误等原因可造成新的感染。实验室感染成为烈性传染病传播的一个重要源头。

由此可见，进行烈性传染病的病原微生物实验研究，具有严重的潜在危险，必须对生物安全实验室进行严格的控制和管理。

一、全世界近年来发生的烈性传染病回顾

（一）高致病性禽流感

1878年，意大利鸡群中首次发生了家禽疫（禽瘟），这是有关禽流感的最早记载。1957年，一场由H2N2型禽流感病毒引起的禽流感在8个月内席卷亚洲。1997年，中国香港发生了H5N1型禽流感病毒引起的禽流感，鸡和人都有感染。这是历史上第一次由鸟类感染人类的禽流感疫情。在此次疫情中，18人感染，其中6人死亡，为了控制疫情，有关部门扑杀了近1 500万只鸡。1999年，香港2名儿童被确认感染了H9N2型禽流感病毒。1998—1999年，一些禽流感病例在中国内地被确认。2003年，香港一个家庭发生2例H5N1型禽流感病例，1名痊愈，1名死亡。同年，荷兰暴发H7N7型禽流感疫情，病毒感染800多家鸡场1 100万只鸡，83人感染，1名男子死亡。其后，禽流感疫情主要是H5N1型禽流感病毒感染，开始在世界许多国家传播，如在越南和泰国蔓延。柬埔寨、印度尼西亚、菲律宾、日本、朝鲜、中国内地及中国香港都出现禽流感感染鸟、禽类和人的案例，共有5 000万只禽类被宰杀，近2万只鸟死亡，近百人患病，80人死亡；俄罗斯、哈萨克斯坦、土耳其、罗马尼亚、克罗地亚、乌克兰、科威特、英国和美国等国家也发生禽流感疫情，大批鸟类和禽类死亡，少数人

患病。

据世界卫生组织报道，2007 年 5 月，在印度尼西亚出现了全球第 1 例由一个人传染给另一个人的禽流感病例。印尼的一个七口之家都感染了禽流感，经过化验发现，禽流感病毒是家庭成员之间相互传染的。专家们担心，禽流感病毒有可能出现新的变异，一旦发生人传人的疫情，将威胁数百万人的生命。

（二）炭疽杆菌粉末事件

2001 年以来，美国境内屡次发生炭疽杆菌感染的恐慌事件，几十人因接触带有炭疽杆菌粉末的信件而染病，数人死亡，美国白宫和国会先后成为被袭击的目标。有证据表明，该事件使用的炭疽杆菌粉末来自美国军队的生化实验室。

（三）严重急性呼吸综合征

严重急性呼吸综合征（SARS）是一种由 SARS 病毒引起的急性呼吸道传染病。

2002 年 11 月中旬，中国广东省出现第一例 SARS 病例。2003 年 2 月，SARS 在广东省暴发流行，305 人被感染，5 人死亡。2003 年 2 月，广东省 1 名被感染医生将 SARS 病毒带到了香港一宾馆，几天之后，宾馆的客人和来访者将病原散播到香港地区，以及越南、新加坡，继而 SARS 蔓延至更大范围，如加拿大等。

SARS 首先扎根于医院环境，医院工作人员不知道新的疾病已经出现，并且在奋力抢救患者生命，使自己毫无屏蔽防护地暴露在传染性病原体面前。所有这些首次的暴发随后都具有卫生保健环境外继发性传播链的特点。2003 年 5 月 17 日，全球 SARS 病例累计 7 761 例，623 例死亡，其中仅中国就有 5 209 个病例，282 例死亡。

为了防治 SARS，人类开始进行实验室研究，实验人员因实验室防护措施不足或操作失误等原因造成了新的感染。实验室感染成为 SARS 传播的又一个重要源头。下面是在新加坡、中国台湾和中国大陆发生的 3 起严重的实验室 SARS 病毒感染事件。

1. 新加坡实验室 SARS 病毒感染事件

2003 年 9 月，新加坡国立大学研究生在环境卫生研究院实验室感染 SARS 病毒。该研究生是因发热到新加坡中央医院就诊时被确认的，此前已与多人接触。

原因：①环境卫生研究院实验室不符合生物安全实验室标准。②实验室在同一时间处理多种活性病毒，因处理程序不当，SARS 病毒与这名研究生研究的西尼罗河病毒交叉感染该研究生。③科研人员生物安全意识薄弱。

事后新加坡关闭该实验室，销毁病毒样本，制定了符合国际生物安全的实验室标准。

2. 中国台湾地区实验室 SARS 病毒感染事件

位于台北县三峡山洞中的台湾“国防预防医学研究所”属台湾军方研究单位，拥有四级生物安全实验室，以两层阻绝设施与外界隔离，实验设备一流，有严格的规章制度，实验室人员接受过安全程序教育。

2003 年 12 月，该实验室某研究人员因未遵守实验室规章，单独工作时操作疏忽，感染 SARS。之后，该研究人员也未主动通报，还前往新加坡开会，出现发热症状后亦未第一时间通报。

世界卫生组织强调，至少应有 2 名科研人员一起在实验室工作，保证有足够的监督以确保他们真正遵守规章。事后台湾当局关闭了该生物安全实验室，并进行了 2 次完整的环境消毒，所有设备详细检验，所有人员均重新进行防护训练，且须考试认证，再经过外国专家查核符合相关要求后，该实验室才重新开放。

3. 中国大陆实验室 SARS 病毒感染事件

2004 年 4 月，安徽、北京先后发现新的 SARS 病例，经证实分别来自中国疾病预防控制所实验室受到 SARS 病毒感染的 2 名工作人员，导致北京、安徽 SARS 疫情的发生。

该事件发生的原因是中国疾病预防控制中心病毒病预防控制所腹泻病毒室跨专业从事 SARS 病毒

研究，采用未经论证和效果验证的 SARS 病毒灭活方法，在不符合防护要求的普通实验室内操作 SARS 病毒感染材料，发现人员健康异常情况未及时上报。这反映出实验室安全管理不善，执行规章制度不严，技术人员违规操作，安全防范措施不力等问题。

事后卫生部紧急封锁了该所，划出警戒线，防止其他人接近，并紧急撤离了病毒所内 200 名工作人员到小汤山进行全面隔离。召开全国卫生系统电视电话会议，向全国通报了两地疫情情况，要求各地立即恢复 SARS 零报告制度，加强发热病例的监测，全面上报近期不明原因肺炎病例，切实做好医务人员防护，严格实验室安全管理。

2004 年 7 月 1 日，卫生部召开中国疾病预防控制中心干部职工大会，中共中央政治局委员、国务院副总理吴仪在会上强调，要认真吸取教训，提高对生物安全重要性的认识，采取有效措施，切实加强实验室生物安全管理和疾病预防控制工作。

SARS 的暴发流行导致亚洲经济损失达 300 亿美元，引发群众的极大恐慌，某些受到严重打击地区的社会稳定受到破坏。新加坡还动用了军队帮助进行接触追踪和执行隔离检疫，限制了几千人的正常生活。

从以上几起事故中不难看出，从事专职微生物研究的人员比其他工作人员有更多接触病原微生物的机会。发生感染的一个共同原因是，工作人员存在主观的麻痹大意，没有遵守实验室的安全操作规则和程序，即使具有完善的设备和标准的操作程序也不能杜绝事故的发生，因而加强实验室的安全监督管理是防止此类事件发生的首要任务。

由于实验室感染有可能成为新的传染源，造成危害公众健康的严重后果，因此对此必须引起高度重视。

二、实验室生物安全术语

1. 生物安全

生物安全是指避免危险生物因子造成实验室人员暴露、向实验室外扩散并导致危害的综合措施。

2. 生物因子

生物因子包括一切微生物和生物活性物质。

3. 病原体

病原体是指可使人、动物或植物感染疾病的生物因子。

4. 危害

危害是指伤害发生的概率及其严重性的综合。

5. 危害废弃物

危害废弃物是指有潜在生物危险、可燃、易燃、有腐蚀性、有毒、放射和起破坏作用的对人、环境有害的一切废弃物。

6. 气溶胶

气溶胶是指悬浮于气体介质中的粒径一般为 0.001 ～100 μm 的固态或液态微小粒子形成的相对稳定的分散体系。

7. 高效空气过滤器

高效空气过滤器是指通常以滤除粒径大于等于 0.3 μm 的微粒为目的，滤除效率符合相关要求的过滤器。

8. 安全罩

安全罩是指置于实验室工作台或仪器设备上的负压排风罩，以减少实验室工作者的暴露危险，排风经高效过滤。

9. 缓冲间

缓冲间是指设置在清洁区、半污染区和污染区相邻两区之间的缓冲密闭室，具有通风系统，其 2 个门具有互锁功能，且不能同时处于开启状态。

10. 实验室分区

实验室分区是指按照生物因子污染概率的大小，实验室可进行合理的分区。三级生物安全实验室通常分为清洁区、半污染区和污染区3个区。

三、感染性实验室发生污染的来源

古今中外，在微生物学实验室中，大部分传染性和致病性较强的病原体都发生过实验室相关感染（表6－9至表6－11），下面对几类病原微生物的实验室感染传播途径做简要介绍。

表6－9　细菌的实验室感染途径

菌种	皮肤、黏膜	呼吸道	消化道	动物
炭疽杆菌	+	+	+	+
百日咳杆菌	+	+	−	−
布鲁氏菌	+	+	+	+
土拉杆菌	+	+	+	+
结核杆菌	+	+	+	?
类鼻疽伯克霍尔德菌	+*	+	−	+
伤寒杆菌	+	?	+	?
梅毒螺旋体	+	+	−	−
霍乱弧菌	+	−	+	−
鼠疫耶尔森菌	+	+	+	+

注：“+”表示感染途径；“−”表示非感染途径；“?”表示感染途径尚不确定，需要防范；“*”表示皮肤破损处可感染。

表6－10　病毒的实验室感染途径

病毒	皮肤、黏膜	呼吸道	消化道	动物
汉坦病毒	+	+	+	+
猕猴疱疹病毒	+	?	?	+
人类免疫缺陷病毒（HIV）	+	−	?	−
拉沙病毒	+	+	+	+
马尔堡病毒	+	+	−	+
埃博拉病毒	+	+	−	+
狂犬病毒	+	+	−	+
委内瑞拉马脑炎病毒	+	+	−	+

注：“+”表示感染途径；“−”表示非感染途径；“?”表示感染途径尚不确定，需要防范；“*”表示皮肤破损处可感染。

表6－11　真菌毒素的实验室感染途径

种类	皮肤、黏膜	呼吸道	消化道	动物
厌氧菌	+	+	?	+
细菌荚膜	+	+	−	−
细菌内毒素	+	+	+	−
葡萄球菌	+	+	+	−
锥虫	+	+	−	−

注：“+”表示感染途径；“−”表示非感染途径；“?”表示感染途径尚不确定，需要防范；“*”表示皮肤破损处可感染。

（一）含有感染原的气溶胶吸入

Pike（1965，1976，1978）对近4 000例实验室相关感染统计分析表明，实验室相关感染主要发生在研究实验室、临床诊断实验室、动物实验室，其中原因明确的（如针刺、鼠咬、食入）实验室感染只占全部感染的18%，不明原因的实验室感染却高达82%。后来得知，在这些不明原因的实验室感染中，大多数是因为在操作病原微生物时形成了感染性气溶胶并在实验室中扩散，工作人员和有关人员暴露后发生了空气传播感染。

实验室气溶胶分为两大类，即“液滴核”气溶胶和干粉（粉尘）气溶胶。

1．“液滴核”气溶胶

“液滴核”气溶胶是指由于外力作用于含有微生物的液体（如液体标本、培养液），形成颗粒进入空气，较大的颗粒很快沉积，较小的粒子水分很快蒸发形成“液滴核”，成为非常小的颗粒（2～4 μm），分散在空气之中，能够漂浮较长的时间和扩散较远的距离。

2．干粉（粉尘）气溶胶

由于外力作用于干燥的培养物或尘埃粒子，悬浮于空气之中，形成干粉（粉尘）气溶胶。

实验室中许多操作过程可以产生微生物气溶胶，并随空气扩散而污染实验室的空气，当工作人员吸入了污染的空气，便可以引起实验室相关感染。

能够产生微生物气溶胶的实验活动有：①接种：如微生物培养和划线培养、在培养介质中“冷却”带菌接种环、燃烧带菌接种环。②吸液：如用吸管吹打混合微生物悬液、吸液管中菌悬液落在固体表面。③注射：如排除注射器中的空气、从塞子中拔出针头、接种动物、针头从注射器上脱落并喷出毒液。④离心：如高速离心致离心管破裂。⑤解剖：如皮毛没有消毒或消毒不彻底、刀或锯等操作、血液喷发。⑥其他：如搅拌机/混合器/超声波仪和混合用的仪器、灌注和倒入液体、打开培养容器、感染性材料的溢出、真空冻干和过滤、接种鸡胚和培养物的收取。

资料表明，对276种操作进行了测试，其中239种操作可以产生微生物气溶胶，占全部操作的86.6%。按操作产生微生物气溶胶颗粒的多少，分为重度、中度和轻度三级。

要特别指出的是，有些工作需要反复多次操作，即使一次操作产生的气溶胶并不多，但由于多次操作，同样可以在短时间内产生大量的微生物气溶胶，对工作人员造成严重危害。

1961年，莫斯科一家研究所的实验人员从流行性出血热疫区捕捉到一些野鼠带回实验室，由于疏忽，这些野鼠被放在了室内暴露的场所。不久，实验室相继有63人出现发热症状，开始被误诊为流感，1周内又增加了30人，才开始怀疑是流行性出血热。本次事故被认为是野鼠身上带有的出血热病毒以气溶胶的形式污染了空气所致。

1956年，苏联的一个实验室曾有9支装有感染了委内瑞拉马脑炎病毒的鼠脑的安瓿被打破。由于没有采取必要措施，在几天内共造成24名工作人员感染。

前文提到，2004年，中国台湾地区某实验室研究人员在SARS病毒实验操作过程中，发现衔接运输舱里装有实验废弃物的塑料袋破裂，并有少量液体外流。在清理运输箱里的废弃物时，打开运输舱门，先喷撒了酒精进行消毒，10分钟后清理，但此研究人员于4天后出现发热症状。最初，他误以为是流行性感冒，后来由于高热不退，并出现呼吸困难和喘憋，才意识到可能感染了SARS而就医。

（二）带有感染原注射针等锐器造成伤口感染

此类属于事故性感染，由于实验人员操作过程中出现疏忽，导致微生物直接或间接感染实验人员。如苏联某细菌实验室曾经发生的工作人员误注射炭疽杆菌事件。事件中一名工作人员正在对小鼠尾静脉注射炭疽杆菌，另一名工作人员从该工作人员后方经过，无意中触碰了其手腕，导致炭疽杆菌被注射入该工作人员身体，致使其死亡。

（三）直接食入感染原

实验人员在实验过程中，有时需要用移液管吸取试剂或样本，但个别人员直接用口进行吸取，结果误食被病原体污染的试剂或病原体。

（四）动物源性感染

病原体被接种到动物体后，病原体致病力发生改变，或大量扩增，或产生大量含病原体气溶胶，或感染动物抓伤、咬伤实验人员，或因动物逃逸、排泄废物，进行动物解剖时操作不当导致病原体扩散和污染，引起实验人员的感染。例如，1998 年，我国西安某高校在使用大鼠进行实验时，有 2 名学生被大鼠咬伤；还有一些学生对实验鼠进行放血、解剖的过程中，未按照要求戴手套操作，造成 29 名实验人员中，有 9 人感染了流行性出血热。又如 2001 年，北京某单位发生学生使用大鼠进行实验后感染流行性出血热，导致 1 人死亡和数人感染的事件。

除上述因素以外，还有一种是人为破坏，如生物武器。抗日战争时期，日本 731 部队在中国使用细菌武器残杀中国人民；2001 年，美国境内屡次发生炭疽杆菌感染事件，导致几十人染病，数人死亡。

四、微生物和生物安全实验室分级

（一）病原微生物分级

中华人民共和国农业部于 2005 年 5 月 24 日颁布的第 53 号令《动物病原微生物分类名录》，将病原微生物区分为一至四类，其中一类病原微生物和二类病原微生物统称为高致病性病原微生物。

1. 一类病原微生物

一类病原微生物指能够引起人类或者动物非常严重疾病的微生物，以及我国尚未发现或者已经宣布消灭的微生物。具有高个体危害、高群体危害，基本上尚无有效治疗方法与药物。一类动物病原微生物有：马尔堡病毒、克里米亚－刚果出血热病毒、口蹄疫病毒、高致病性禽流感病毒、猪水疱病病毒、非洲猪瘟病毒、非洲马瘟病毒、牛瘟病毒、小反刍兽疫病毒、牛传染性胸膜肺炎丝状支原体、牛海绵状脑病病原、痒病病原。对其或感染的动物进行研究的生物安全实验室分级为 BSL-4 实验室或 ABSL-4 实验室。

2. 二类病原微生物

二类病原微生物指能够引起人类或者动物严重疾病，比较容易直接或者间接在人与人、动物与人、动物与动物间传播的微生物。具有高个体危害、中等群体危害。二类动物病原微生物有：结核分枝杆菌、圣路易脑炎病毒、伯纳特立克次体、猪瘟病毒、鸡新城疫病毒、狂犬病毒、绵羊痘/山羊痘病毒、蓝舌病病毒、兔病毒性出血症病毒、炭疽杆菌、布鲁氏菌。对其或感染的动物进行研究的生物安全实验室分级为 BSL-3 实验室或 ABSL-3 实验室。

3. 三类病原微生物

三类病原微生物指能够引起人类或者动物疾病，但一般情况下对人、动物或者环境不构成严重危害，传播风险有限，实验室感染后很少引起严重疾病，并且具备有效治疗和预防措施的微生物。具有中等个体危害、低群体危害。三类动物病原微生物有：乙肝病毒、沙门菌、弓形虫等。对其或感染的动物进行研究的生物安全实验室分级为 BSL-2 实验室或 ABSL-2 实验室。

4. 四类病原微生物

四类病原微生物指在通常情况下不会引起人类或者动物疾病的微生物，不会经常引发健康成人疾病，具有低个体危害、低群体危害。四类动物病原微生物有：犬肝炎病毒、枯草杆菌等。对其或感染的动物进行研究的生物安全实验室分级为 BSL-1 实验室或 ABSL-1 实验室。

（二）生物安全实验室分级

在本章第三节“实验动物设施”中提到，屏障环境分为正压屏障环境和负压屏障环境，负压屏障环境又称为生物安全防护实验室，主要用于感染性实验研究。

生物安全实验室根据生物安全防护水平（biosafety level，BSL；或 protect，P）分为四级：一级生物安全实验室（BSL-1 或 P1），二级生物安全实验室（BSL-2 或 P2），三级生物安全实验室（BSL-3 或 P3），四级生物安全实验室（BSL-4 或 P4）。一级生物安全防护实验室的防护能力最低，四级生物安全防护实验室的防护能力最高。

1．一级生物安全实验室

一级生物安全实验室简称 BSL-1 实验室或 P1 实验室。该实验室用于四类病原微生物的实验，该类病原微生物在通常情况下不会引起人类或者动物疾病，不会经常引发健康成人疾病，具有低个体危害、低群体危害的特点。一级生物安全实验室主要通过生物安全柜、防护服、手套、眼罩等来实现人与病原体的隔离。一级生物安全实验室有相应的管理制度。

2．二级生物安全实验室

二级生物安全实验室简称 BSL-2 实验室或 P2 实验室。该实验室用于三类病原微生物的实验，该类病原微生物能够引起人类或者动物疾病，但一般情况下对人、动物或者环境不构成严重危害，传播风险有限，实验室感染后很少引起严重疾病，并且具备有效治疗和预防措施，具有中等个体危害、低群体危害的特点。使用二级生物安全实验室的注意事项如下：①在处理危险度 2 级或更高危险度级别的微生物时，在实验室门上应标有国际通用的生物危害警告标志。②只有经批准的人员方可进入实验室工作区域。③实验室的门应保持关闭。④儿童不应被批准或允许进入实验室工作区域。⑤进入动物房应当经过特别批准。⑥与实验室工作无关的动物不得带入实验室。⑦二级生物安全实验室通过生物安全柜、负压隔离器、防护服、手套、眼罩等来实现人与病原体的隔离。⑧要有相应的管理规章制度。

3．三级生物安全实验室

三级生物安全实验室简称 BSL-3 实验室或 P3 实验室。该实验室用于二类病原微生物的实验，该类病原微生物能够引起人类或者动物严重疾病，比较容易直接或者间接在人与人、动物与人、动物与动物间传播，如炭疽杆菌等，具有高个体危害、中等群体危害的特征。

三级生物安全实验室应采用一级和二级生物安全水平的基础实验室的操作规范并做下列修改：①张贴在实验室入口门上的国际生物危害警告标志应注明生物安全级别及管理实验室出入的负责人姓名，并说明进入该区域的所有特殊条件，如免疫接种状况。②实验室防护服必须是正面不开口的或反背式的隔离衣、清洁服、连体服、带帽的隔离衣，必要时穿着鞋套或专用鞋。实验室防护服不能在实验室外穿着，且必须在清除污染后再清洗。当操作某些微生物因子（如农业或动物感染性因子）时，可以允许脱下日常服装换上专用的实验服。③开启各种潜在感染性物质的操作均必须在生物安全柜或其他基本防护设施中进行。④有些实验室操作，或在进行感染了某些病原体的动物操作时，必须配备呼吸防护装备。

4．四级生物安全实验室

四级生物安全实验室简称 BSL-4 实验室或 P4 实验室。该实验室用于一类病原微生物的实验，该类病原微生物能够引起人类或者动物非常严重的疾病，以及我国尚未发现或者已经宣布消灭的微生物，如马尔堡病毒、高致病性禽流感病毒等，具有高个体危害、高群体危害的特征。

四级生物安全防护实验室是生物安全水平的最高防护实验室，运作应在国家或其他有关的卫生主管机构的管理下进行。除采用三级生物安全防护实验室的操作规范以外，还应做到以下 4 点：①实行双人工作制，任何情况下严禁任何人单独在实验室内工作。②在进入实验室之前以及离开实验室时，要求更换全部衣服和鞋。③工作人员要接受人员受伤或疾病状态下紧急撤离程序的培训。④在四级生物安全水平的最高防护实验室中的工作人员与实验室外面的支持人员之间，必须建立常规情况和紧急情况下的联系方法。

因为四级生物安全水平实验室中工作的高度复杂性，应单独制定详细的工作手册，并在培训中进行检查。此外还应制定应急方案。在制定应急方案的准备过程中，应与国家和地方的卫生主管机构及消防、警察、定点收治医院等其他应急服务机构积极协作。

在国务院第 424 号令《病原微生物实验室生物安全管理条例》第三十条中规定：“需要在动物体上从事高致病性病原微生物相关实验活动的，应当在符合动物实验室生物安全国家标准的三级以上实验室进行。”可见，感染性动物实验必须在生物安全实验室中进行。

进行动物实验的生物安全实验室（animal biosafety level，ABSL）分为一级动物安全实验室（ABSL-1）、二级动物安全实验室（ABSL-2）、三级动物安全实验室（ABSL-3）和四级动物安全实验室

（ABSL-4），ABSL-1 的防护能力最低，ABSL-4 的防护能力最高。

五、生物安全柜

在生物安全动物实验室的各项防护设备中，为避免生物性样本、化学试剂等物质外逸造成人员健康危害或为确保操作样本的洁净，生物安全柜（biosafety cabinet）是进行生物性相关实验的重要防护设备，生物安全柜高效过滤器采用可滤除直径≥0.3 μm 的微粒，滤除效率符合相关要求的过滤器。以下就生物安全柜的分级、工作原理及与不同安全等级实验室的使用做一简介。

1. Ⅰ级生物安全柜

Ⅰ级生物安全柜（class Ⅰ biosafety cabinet）由前部操作窗口以最小风速0.38 m/s 采入的室内空气到达柜内工作台面，而后经管道排出柜外。这种定向气流可以防止工作台面产生的具有潜在污染的空气逸出柜外，从而保护操作者。柜内气体经一个高效过滤器可以直接排至室内，也可通过特定管道排至室外或直接排至室外。Ⅰ级生物安全柜由于设计简单，可以有效保护人员及环境，因此应用广泛。但由于其不能保证实验对象（实验试剂、样品等）不受污染，因此存在很大的局限性。

2. Ⅱ级生物安全柜

Ⅱ级生物安全柜（class Ⅱ biosafety cabinet）与Ⅰ级生物安全柜不同的是，进入Ⅱ级生物安全柜操作台面的室内空气需要预先经高效过滤器过滤。因此，Ⅱ级生物安全柜既提供对操作人员和环境的保护，也提供对实验对象（实验试剂、样品等）的保护。Ⅱ级生物安全柜分为 A1、A2、B1 和 B2 四种型号。二级生物安全柜可以用来处理二类、三类病原微生物，当穿着正压工作服时，甚至可以处理四类病原微生物。

3. Ⅲ级生物安全柜

Ⅲ级生物安全柜（class Ⅲ biosafety cabinet）提供了对人员的最高水平的保护，可以被用来处理四类病原微生物。其特点是全密闭负压型。供气经高效过滤器过滤，排气经双层高效过滤器过滤。气流方向由安置在柜外的一个远程风机控制，可保证柜内相对于外界为负压，压差达到大约124.5 Pa。操作窗口为密闭式手套型操作口，物品经双扉（双门）灭菌器或带高效过滤器的传递箱进出柜内。Ⅲ级生物安全柜适用于三级或四级生物安全实验室。

六、实验室生物安全保障体系

（一）屏障隔开

屏障隔开是指产生气溶胶或一旦气溶胶突破围场，防止气溶胶扩散所需的各种屏障。例如，生物安全实验室及其缓冲室或通道（第二层围场）能防止气溶胶进一步扩散。屏障隔开包括机械、缓冲和负压（气体）等方式。

（二）围场操作

围场操作是把微生物局限在一个空间内进行操作，使之不与人体直接接触，并与开放的空气隔离，如在生物安全柜内。生物安全柜可以把操作中产生的气溶胶局限在安全柜台内，避免人的暴露。实验室也是围场，是属于第二道防线，起到“双重保护”作用。围场操作的原则是围场越小越好。

（三）有效拦截

有效拦截是指在处理围场内空气时对外排的空气进行净化，用符合要求的高效过滤器处理，以保证不污染环境，保护公众健康。有效拦截的其他方法有：消毒液过滤、加热过滤、火烧过滤、静电过滤等。

（四）定向气流

定向气流是指控制实验室内可能被有害因子污染的空气的流动方向，即：①实验室区域外面的空气只能向实验室内流动；②清洁区域空气只能向污染区域流动；③污染轻的区域的空气只能向污染重的区域流动。

（五）空气消毒

空气消毒指对实验室局部空气的消毒，应使用有效消毒措施。使用紫外线照射较为方便，使用此种方法时，要经常测定紫外灯的照度，当照度降低后，应及时更换。平时（2～4 周）用酒精棉球擦拭灯管，以防灰尘等污垢阻碍紫外线穿透；也可使用喷雾消毒方法等进行空气消毒。

（六）防止个人暴露

即使病原微生物感染力和致病力再强，只要它不与人体接触（包括呼吸道），感染就不会发生。在操作中手接触生物因子的机会最多，因此用乳胶手套、防护服等作为屏障。对气溶胶的防护，以正压服、正压头盔、防护面具、口罩、防护眼镜等作为主要屏障，避免生物因子被人体吸入。

（七）个人防护装备

实验室任何个人必须加强个人防护。装备应符合国家有关标准的要求。在危害评估的基础上，按不同级别的防护要求选择适当的个人防护装备。实验室对个人防护装备的选择、使用、维护应有明确的书面规定、程序和使用指导。

各级实验室的个人防护采取“三级防护”原则。防护效果逐级提高。

1. 一级防护着装标准

一级防护着装为工作帽、16 层纱布口罩、隔离裤（或连体防护服）、工作服（或连体工作服）、工作鞋、乳胶手套。

一级防护适用范围：BSL-1（可适当简化）实验室、BSL-2 实验室。

2. 二级防护着装标准

二级防护着装为 N95 拱形防护口罩、护目镜、2 层防护服，外层也可穿正压防护服、一次性防护帽、外层一次性防水隔离衣、2 层乳胶手套、长筒袜和防护鞋加鞋套。

二级防护适用范围：BSL-3 实验室、发烧门诊医护人员、医院检验和接触样品的人员、传染病患者和尸体护送人员、污物处理人员、实验室维修人员。

3. 三级防护着装标准

三级防护着装为在二级防护基础上加有效防护面罩或正压头盔或正压服。

三级防护适用范围：BSL-4 和 ABSL-4 操作（BSL-3 实验室也可使用），SARS 患者的气管切开、气管插管、吸痰、尸体解剖等。

（八）废弃物处理

在实验室内，废弃物最终的处理方式与其污染被清除的情况是紧密相关的。废弃物处理的首要原则是所有感染性材料必须在实验室内清除污染、高压灭菌或焚烧。

丢弃废物前应考虑的主要问题：①是否已采取规定程序对这些物品进行有效地清除污染或消毒。②如果没有，它们是否以规定的方式包裹，以便运送到有焚烧设施的地方进行处理。③丢弃已清除污染的物品时，是否会对直接参与丢弃的人员，或在设施外可能接触到丢弃物的人员造成任何潜在的生物学或其他方面的危害。④锐器和高压灭菌后重复使用的污染（有潜在感染性）材料是否已按规定处理。

七、有关生物安全的法规和文件

（一）实验室生物安全通用要求

《GB 19489—2004 实验室　生物安全通用要求》于 2004 年 5 月 28 日颁布。

该标准由科技部和国家认证认可监督管理委员会提出，军事医学科学院负责起草，主要参考了 ISO 15190：2003（E）《医学实验室安全要求》和 WHO《实验室生物安全手册》［第二版（修订版），2003］。本标准不仅适用于医学实验室，而且适用于进行各个级别的生物因子操作的各类实验室。

2008 年 12 月 26 日，中华人民共和国国家质量监督检验检疫总局、中国国家标准化管理委员会发布新的标准《GB 19489—2008 实验室　生物安全通用要求》，代替 GB 19489—2004，2009 年 7 月 1 日实施。

标准规定了实验室建设和实验室生物安全管理的原则，内容包括：危害程度和生物安全分级、实验室设施和设备的配置要求、个人防护和实验室安全行为、动物实验室的生物安全等，对实验室的管理（如操作规程、水电、消防等）也作了特别要求。

（二）病原微生物实验室生物安全管理条例

2004 年 11 月 12 日，国务院总理温家宝签署国务院令（第 424 号），公布《病原微生物实验室生物安全管理条例》。

该条例规定，生物安全防护一级、二级实验室不得从事高致病性病原微生物实验活动。生物安全防护三级、四级实验室从事高致病性病原微生物实验活动。国务院卫生主管部门或者兽医主管部门依照各自职责对生物安全防护三级、四级实验室是否符合条件进行审查，对符合条件的，予发放从事高致病性病原微生物实验活动的资格证书。附则中提到：本条例施行前设立的实验室，应当自本条例施行之日起 6 个月内，依照本条例的规定，办理有关手续。

（三）生物安全实验室建筑技术规范

建设部 2004 年 8 月 3 日发布公告，《GB 50346—2004 生物安全实验室建筑技术规范》自 2004 年 9 月 1 日起开始实施。该规范的实施改变了长期以来我国在生物安全实验室建设、建筑技术方面缺乏统一标准的局面。

该规范内容包括生物安全实验室建筑平面、装修和结构的技术要求，实验室的基本技术指标要求，空气调节与空气净化、给水排水、气体供应、配电、自动控制和消防设施配置及施工、验收和检测的原则、方法等各个方面。它适用于微生物学、生物医学、动物实验、基因重组及生物制品等使用的新建、改建、扩建的生物安全实验室的设计、施工和验收，并明确生物安全实验室的建设应以生物安全为核心，确保实验人员的安全和实验室周围环境的安全，同时根据实验需要保护实验对象不被污染，在建筑上应以实用、经济为原则。

2011 年 12 月 5 日，中华人民共和国住房和城乡建设部、中华人民共和国国家质量监督检验检疫总局联合发布新的标准《GB 50346—2011 生物安全实验室建筑技术规范》，代替 GB 50346—2004，2012 年 5 月 1 日实施。

（四）兽医实验室生物安全管理规范

为加强兽医实验室生物安全工作，防止动物病原微生物扩散，确保动物疫病的控制和扑灭工作以及畜牧业生产安全，农业部根据《中华人民共和国动物防疫法》和《动物防疫条件审核管理办法》的有关规定，参照国际有关对实验室生物安全的要求，制定了《兽医实验室生物安全管理规范》，并于 2003 年 10 月 15 日颁布施行。

（五）微生物和生物医学实验室生物安全通用准则

2002 年 12 月 3 日，国家卫生部发布了卫生行业标准《WS233—2002 微生物和生物医学实验室生物安全通用准则》，该准则于 2003 年 8 月 1 日开始实施。但鉴于医疗机构微生物和生物医学实验室的实际状况及生物安全要求的特殊性，卫生部于 2003 年 8 月 19 日发布通告（卫通〔2003〕14 号），宣布医疗机构推迟 2 年执行该准则。在此期间，卫生部将组织有关专家，针对医疗机构微生物和生物安全实验室的特点对该准则进行适当的补充完善，另行下发。

（六）传染性非典型肺炎病毒研究实验室暂行管理办法

传染性非典型肺炎是一种严重的传染性疾病。为确保生物安全不受威胁，防止实验人员感染和环境受到污染，科技部组织制定了《传染性非典型肺炎病毒研究实验室暂行管理办法》，于 2003 年 5 月 6 日颁布施行。

该办法对从事传染性非典型肺炎病毒研究的实验室实行分级管理。实验室分为：传染性非典型肺炎病毒实验室、传染性非典型肺炎病毒感染小动物实验室、传染性非典型肺炎病毒感染大动物实验室。

该办法明确规定了实验室的组织管理、规章制度和健康医疗监督等管理要求。

（七）动物病原微生物分类名录

2005年5月24日，农业部发布第53号令《动物病原微生物分类名录》，根据第424号国务院令《病原微生物实验室生物安全管理条例》第七条、第八条的规定，对动物病原微生物进行了分类。如将口蹄疫病毒、高致病性禽流感病毒、猪水疱病病毒、非洲猪瘟病毒、非洲马瘟病毒、牛瘟病毒、小反刍兽疫病毒、牛传染性胸膜肺炎丝状支原体、牛海绵状脑病病原、痒病病原归为一类动物病原微生物；又如把猪瘟病毒、鸡新城疫病毒、狂犬病病毒、绵羊痘/山羊痘病毒、蓝舌病病毒、兔病毒性出血症病毒、炭疽杆菌、布鲁氏菌归为二类动物病原微生物。

（八）国际标准规范

WHO一直非常重视实验室生物安全问题。1983年，《实验室生物安全手册》第一版问世；2020年，《实验室生物安全手册》已推出第四版。

美国在实验室生物安全管理方面更是走在了世界的前面。NIH/CDC联合出版的《微生物和生物医学实验室生物安全》现已推出了第六版。

很多国家在制定本国的生物安全准则时，主要参考上述两个标准。

（九）《广东省实验动物管理条例》中有关生物安全的条文

《广东省实验动物管理条例》第四章第二十一条至第二十六条是有关生物安全的条文。其中第二十二条的描述如下："实验动物发生传染性疾病时，从事实验动物生产、使用的单位和个人应当及时采取隔离、预防控制措施，防止动物疫情扩散，同时报告当地畜牧兽医主管部门、动物防疫监督机构；当发生人畜共患病时，还应当立即报告当地疾病预防控制机构。"

第五节　实验动物饲养的辅助设施和设备

实验动物房舍设施是实验动物繁殖生产和进行动物实验的基本条件。而饲养辅助设施则指房舍设施内用作动物饲养的设备和材料，主要包括笼具、笼架、饮水设备、垫料等，尚有层流架、隔离器、独立通风笼具和运输笼。它们离实验动物最近，产生的影响最直接，必须重视。其中，层流架和隔离器等设备可独立于房舍设施使用。隔离器是用于无菌动物繁殖生产和实验的重要设备。

一、笼具、笼架

实验动物直接生活在笼具中，其小环境对动物非常重要。在笼具外的大环境达到标准的情况下，包围动物的小环境质量取决于笼具、笼架。

（一）笼具

笼具是实验动物的生活场所，并对动物的活动范围进行限制。目前常用的实验动物笼具有带金属面罩的塑料盒及不锈钢笼具等多种式样，可供不同动物在不同用途时选用。

1. 鞋盒式笼具

鞋盒式笼具适合小型啮齿类动物繁殖及实验使用。

鞋盒式笼具的盒体通常为长方形，可用透明或半透明塑料制作。透明笼盒用多聚碳酸盐塑料制成，可耐受高温高压消毒，且方便动物观察，适合喜光的品种、品系动物使用。半透明笼盒用聚苯乙烯和聚丙烯材料制作，耐高温能力不强，只能用消毒剂浸泡消毒，适合在黑暗或半黑暗环境繁殖的品种、品系动物。

盒盖通常用钻孔金属片或金属条编织制成。后者通风较好，可降低盒内有害气体浓度。此外，将盒体做得较宽、浅也有利于通风。盒盖上可安装饮水和投放饲料装置。

鞋盒式笼具的盒底密封，并使用垫料，因而保温性能好，动物还可在盒内建立自己的微环境。但其底面封闭，排泄物存在盒内，易引起交叉感染，则是其缺点。

2. 悬挂式金属网笼具

悬挂式金属网笼具多用不锈钢材料制作，有利于防止腐蚀和损坏。笼具下面常安装托盘，以收集排泄物。

该种笼具较鞋盒式笼具易清洗消毒，通风也较好，观察动物也很方便。但这种笼具不太适合繁殖饲养某些实验动物，例如，豚鼠在悬挂式笼具中通常不繁殖或繁殖率很低。

3. 前开口式笼具

前开口式笼具适用于犬、猫和灵长类动物等大动物。

这种笼具通常以不锈钢、普通钢和玻璃钢制作。在前方开口处底面具坚实板状构造，可供动物休息。专用于猫和灵长类动物时，可在笼内装几块不同高度的木板供动物休息和玩耍。用于灵长类动物实验者，应安装供保定动物用的挤压装置。

4. 其他笼具

其他笼具包括代谢笼、组合式笼具、活动笼具以及动物围栏等特殊笼具。

（二）笼架

笼架实际上是承托和悬挂笼具的支架，可增加单位体积内笼具的密度。笼架有多种式样，简单笼架可放置鞋盒式笼具。悬挂式笼具所用的笼架比较高级，设有清理粪便的自动冲水装置，有的还有自动饮水系统。

一般笼架可用普通金属制造，而自动冲水笼架则以不锈钢制造。笼架不宜过大或过小，要求牢固、稳定，并与笼具配套。笼架脚上可安装小轮，以便移动位置。笼架的层次和层数最好能够调整，以便放置不同实验动物的笼具。

除了上述普通笼架之外，还有层流式超净笼架和隔离式笼架，是把净化功能与笼架组合在一起的特殊笼架。

二、饮水设备和无菌水生产系统

（一）饮水设备

饮水设备包括饮水瓶、饮水盆和自动饮水装置等。大鼠、小鼠、兔等小型实验动物多使用不锈钢或无毒塑料制造的饮水瓶，规格有250 mL和500 mL两种。而犬、羊等大动物则多使用饮水盆。这些饮水器具应定期清洗消毒，因而要耐高温、高压消毒和药液浸泡。

自动饮水装置虽然具有节省劳力等优点，但易漏水，使室内湿度增大，还可造成动物之间的交叉感染，因此在国内应用不普遍。

（二）无菌水生产系统

大型实验动物设施耗用大量无菌水，须安装无菌水生产系统。这种系统通常先以超滤膜滤去0.5 μm以上的悬浮微粒，可滤去细菌和真菌，然后以紫外线照射、臭氧发生器输入臭氧等，进一步杀灭病原微生物。

实验动物的饮用水无须蒸馏、离子交换和反渗透，这样更有利于动物对微量元素的需求。

三、双扉压力蒸汽灭菌器、渡槽及传递窗

洁净动物设施使用的物料均应经过消毒灭菌。双扉压力蒸汽灭菌器就是安装在普通物品进入洁净区的通道内的一种设备。该设备的主体跨过屏障墙，并有双门，一侧门开启在非洁净空间内，物料由此门进入作蒸汽灭菌；另一侧门开启在洁净控制区内，灭菌后的物料可从中取出使用。一些大型的双

扉压力蒸汽灭菌器可对笼具甚至笼架做灭菌处理。而不耐高温、高压的物料，则可经渡槽或传递窗进入洁净区。

渡槽是内盛消毒药液的水槽，在非洁净区及洁净区各开一门，不耐高温高压的器械物品从非洁净区一侧放入，浸泡消毒后从洁净区取出使用。传递窗是内装紫外线灯，并跨非洁净区和洁净区的金属箱，开有两个互锁的门，不耐高温、高压，水浸泡的物品从非洁净区一侧放入，开启紫外线消毒灯消毒后，从洁净区内开门取用。无论是渡槽还是传递窗，其消毒作用是有限的，其作用大小与时间、浓度、操作人员密切相关，因此，传递物品应首选高压灭菌方法。

四、层流架

层流架是自身带空气净化和通风系统，可用作实验动物饲养和动物实验观察的专用设备。一般为四周封闭，前方开启的柜形构造，其侧边及背部安装空气净化系统，内部分层放置动物饲养盒。

在某些情况下，可将层流架置于普通房间内，用于动物的短时间饲养、实验操作和处理后观察。亦可将其安放在洁净房舍，用于屏障动物养殖和实验观察。在洁净房舍内的层流架，其内部物理洁净、生物洁净及通风状况可达 SPF 级环境控制标准，能直接作 SPF 级动物设施使用。在较多情况下，层流架内的空气压力高于外环境，为正压层流架。若进行感染动物实验研究，为避免污染环境、保持层流架内的气压低于外环境、这就是负压层流架。

层流架的构造简单，投资较少，适合于小规模和短时间实验动物的养殖和实验。但该设备本身仅能控制空气洁净和通风指标，而其他环境指标（如温度、湿度等）则只能在设施内控制。因此，层流架作为 SPF 级动物设施，尚有很大局限性。而且，该设备空间很小，开门操作时很易破坏其洁净指标，因此在操作时应严谨、仔细、规范。

五、隔离器

隔离器是保持内环境完全无菌的密封装置，为无菌实验动物饲养繁殖、实验操作和处理后观察的唯一设备。目前，其他实验动物设施设备都无法达到这种无菌标准。隔离器的出现使实验动物设备设施有了巨大进展。有了隔离器，才有无菌级实验动物。

通常，隔离器用塑料制作外包裹层，内以刚性材料作构架支撑，其造价较低。另有隔离器以不锈钢和玻璃作为外包裹层，可配置加热法空气灭菌送风系统，因为不锈钢外壳具有良好的散热性。

隔离器的核心控制指标是无菌，其他指标须在外环境调控。送入隔离器空气的净化有两种方式。较常用的方式是将空气经高效过滤，使其物理洁净级别达到 5 级或 7 级，塑料隔离器一般配用过滤除菌法处理空气；另一种方式不考虑空气的物理洁净，而用高温杀灭空气中的所有微生物，不锈钢隔离器可配高温灭菌法处理空气。良好的隔离器可保证其中的动物在 1 ～ 3 年处于无菌状态。一般来说，配置空气热灭菌系统的不锈钢隔离器具有更好的性能，可保持更长时间的无菌状态。目前我国基本没有无菌实验动物，高性能隔离器较少使用是其主要原因之一。

用于无菌级动物及实验用的隔离器都采用正压，即罩内空气压力高于外界，压差达 150 Pa，这有利于保持罩内无菌。若做烈性病原体感染研究或有毒挥发物实验，应采用负压隔离器，以保护外环境和人员安全。负压隔离器应采用不锈钢和玻璃制作的刚性外壳。

在我国，隔离器较常用于 SPF 级实验动物的饲养繁殖和动物实验，由于隔离器保持动物无菌有一定的时限，因而获取无菌动物种源是一个经常性的问题，必须在手术隔离器中完成。手术隔离器是适用于剖腹产操作的特殊隔离器，它的设计能保证剖腹产取得无菌幼仔。无菌幼仔剖取后经转移盒送入普通饲养隔离器。

六、独立通风笼具

独立通风笼具（individually ventilated cages，IVC）是采用先进水平的微型隔离技术，通过在笼盒内部输送经过高效过滤的空气以保障动物免受微生物感染，具有持续防护作用的预防屏障。IVC 不仅提高了标准的微环境，为啮齿类动物提供无菌环境和绝对可靠的分隔预防屏障，而且防止交叉感染，保障实验人员的健康和安全。

IVC 可提供统一标准的通风，通过笼架上配置的设备将动物饲养笼的气体以侧流形式排出饲养笼外，防止有害物质或被污染的气体在动物饲养笼之间传播、扩散；同时为动物提供高标准的低氨、低二氧化碳微环境和最适宜的湿度。由于独立的通气系统，各种动物可以分隔饲养，又可以在同一工作区内管理。即使在设备简陋的工作间，IVC 也可以满足科研、实验等工作需要。此外，还适用于进行饲养免疫缺陷动物和 SPF 级动物等方面的研究。

由于笼盒内采用高效终端空气过滤器，因此在移动状况下可确保笼内空气达到屏障环境设施标准，即使暂时停电，笼盒内也不会受到气流倒灌的污染。

七、运输笼

国际上常用的运输笼具有控温、控湿和空气过滤通风系统，其内部已基本达到屏障环境设施标准。其实际上是一间特殊的、能移动的实验动物饲养设施。通常是将卡车的车厢改造为洁净动物设施，其中具有控制各种环境指标的系统措施。

在我国，洁净动物普及后，保证动物运输过程的环境符合标准就成了需要解决的迫切问题。目前，我国多采用普通饲养盒外包无纺布的简易运输笼，具有粗过滤空气的作用，一定程度上可保护内装动物不受外界微生物感染，而温度、湿度及换气指标则无法控制。因而原来合格的洁净动物经运输后就可能不再合格了。由于简易运输笼内环境恶劣，空气交换困难，动物在运输过程中易死亡，或处于强烈应激状态，用此类包装运输的动物做实验，其结果的可靠性将明显降低。因此，研制合乎标准而又适合我国国情的运输笼为当务之急。

新国家标准关于实验动物运输的要求如下。

（1）运输活体动物的笼具结构应适应动物特点。

（2）运输活体动物的笼具材质应符合动物的健康和福利要求。

（3）运输活体动物应符合运输规范和要求。

（4）运输笼具必须足够坚固，能防止动物破坏、逃逸或接触外界，并能接受正常运输。

（5）运输笼具的大小和形状应适于被运输动物的生物特性。

（6）运输活体动物在符合运输要求的前提下，要使动物感觉舒适。

（7）运输笼具内部和边缘无伤害到动物的锐角或突起。

（8）运输笼具的外面应具有适合搬动的把手或能够握住的把柄，搬运者与笼具内的动物不能有身体接触。

（9）在紧急情况下，运输笼具要容易打开门，将活体动物移出。

（10）动物运输笼具应符合微生物控制的等级要求，并且在每次使用前进行清洗和消毒。

（11）可移动的动物笼具应在动物笼具顶部或侧面标上“活体动物”的字样，并用箭头或其他标志标明动物笼具正确立放的位置，运输笼具上应标明运输该动物的注意事项。

（12）实验动物运输工具能够保证有足够的新鲜空气维持动物的需要，并应避免运输时运输工具的废气进入。

（13）运输工具应配备空调等设备，使实验动物周围环境的温度符合相应等级的要求。

（14）如果实验动物运输时间超过 6 小时，宜配备符合要求的饲料和饮用水。

八、垫料

垫料能吸附水分，使笼内保持干燥，又可吸附动物排泄物，从而维持笼具和动物身体的清洁卫生。垫料还有保温作用，而且其材质柔软，动物可根据其需要在其中做窝，营造清洁舒适的微环境，有利于动物的健康。据报道，饲养在垫料上的小啮齿类动物寿命较长。

垫料的原料主要有锯末、木屑、电刨花、粉碎玉米芯、软木颗粒等。国外还有膨化系列垫料，吸附力很强。垫料应无刺激性且无害，亦不干扰动物实验。松木垫料有毒性，如松杉科原料的垫料，其化学成分对大鼠、小鼠肝脏微粒体酶有影响，应避免使用。垫料还应具有一定的柔软性，吸附性好，不被动物所吃，且便于清扫。垫料的原材料常常携有病原微生物、寄生虫和虫卵，使用前要经加工处理，以消毒灭菌及除虫。常用方法有高压蒸汽灭菌法、射线辐照法和化学熏蒸法等。此外，应及时清除被排泄物污染的垫料，一般每周更换垫料1～2次，有条件的最好每天更换。

20世纪80年代以前，世界各国包括发达国家均使用木材加工的下脚料、刨花及锯末作为垫料。随着实验动物科学的发展，人们发现某些垫料中含有影响动物正常生理，并干扰实验结果的化学物质。这些化学物质来源于材质本身或外源污染，如杀虫剂和杀菌剂等，它们通过挥发作用或与实验动物直接接触影响实验动物的生理行为甚至健康。20世纪80年代开始，欧美发达国家开始采用标准垫料。欧洲国家的垫料常用白杨木制成，而美国则多采用玉米芯垫料。这些国家较多考虑垫料的毒性因素和取材的难易，最终选取单一材料制做垫料。

目前，我国垫料尚未标准化，较多采用的是混合木屑，其成分和毒性都不确定，但我国已经开始研究适合国情的低毒性标准垫料。

九、实验动物设施的维护

实验动物设施的各项环境因素指标靠有关设备的运转来维持，并始终处于动态的变化之中。通过对环境指标的常规监测，可随时掌握机器设备的运行状况，并确定是否需要维修。

1. 空气过滤系统的维护

空气过滤系统有初效过滤、中效过滤和高效过滤三个级别。初效过滤材料可滤去空气中粒径大于5 μm的微粒；中效过滤材料的过滤对象是粒径大于1 μm的微粒；而高效过滤材料的过滤孔径有多种，实验动物设施常用的高效过滤材料对粒径在0.5 μm以上微粒的过滤效率可达到99.97%。

空气过滤系统在工作时不断有粉尘被阻拦在滤材上，可逐渐形成堵塞，而对多个环境因子造成不良影响，如进气量下降、换气次数减少，并导致氨浓度上升、梯度压差改变等。因此，过滤材料应及时更换。

初效过滤材料一般1～2周更换一次，更换频度取决于单位面积滤材的进气强度及外环境空气中的粉尘含量等因素。初效过滤材料换下后经水洗干燥可重复使用。

中效过滤材料3个月至半年更换一次。影响其更换周期的因素与初效过滤材料相似。中效过滤材料通常做成袋状，称中效袋，外包中效箱，更换时打开中效箱更换中效袋。换下的中效袋经洗涤干燥后也可重复使用。

高效过滤器装在送风系统末端，通常1～1.5年更换1次。准确判断空气过滤器更换标准的方法是，用阻力监测装置检测过滤器的"终阻力"（指被检测过滤器的阻力），当"终阻力"超过"初阻力"（指新过滤器的阻力）的2～4倍时，该过滤器要更换。当过滤器出现漏风时，也应及时更换。

2. 空调系统维护

空调系统的正常运行是温度、湿度两个重要指标得到有效控制的保证。因此必须充分重视实验动物设施中空调系统的维护。通常每年在机器较空闲的时候，应进行一次检修。

空调系统最常发生的问题是热交换部件被灰尘和纤维状物质覆盖，导致热交换率下降，使得夏天的高温不能降低，冬天的低温不能提高，此时应清洗热交换部件，还应在每次更换初效过滤材料时检查及清洗热交换部件。制冷剂泄漏使制冷能力下降的情况也较常见，若发现制冷能力下降，应考虑空调系统制冷剂不足。温度、湿度自动控制装置也可能发生故障，从而导致控制失灵或不准确，此时应予检修调校。

3. 灭菌系统维护

压力蒸汽灭菌器是实验动物设施中最重要的物料灭菌器械，应随时注意其灭菌效果。最好每次灭菌都加指示剂。一次灭菌失败即可导致微生物污染，从而导致严重后果。

水的灭菌系统也很重要，尤其在水源微生物控制不严格的情况下，要特别注意灭菌水系统的完好性。灭菌水系统常见的问题是超滤膜击穿而除菌失败，此外也有紫外光源损坏等，因而要经常检查、维护，可用微生物培养法检查。系统正常运行时，水中应无微生物检出。

除了上述3个重要系统要经常维护外，尚有许多其他维护工作要做，如传递渡槽中消毒液的检查和更换等。任何一个环节的故障都可能导致设施环境质量下降，造成实验动物不合格，从而引起巨大损失。

十、环境和设施的管理

严格监控实验动物环境可保证实验动物健康和质量标准化；环境控制可保障实验研究获得正确的结果；合乎标准的环境，为实验动物及动物实验工作者提供适宜的条件，并保障人们身体健康，不受危害因素的伤害。

环境和设施的使用维护对于实验动物的生产及动物实验的正常进行是必不可少的。对环境与设施进行科学规范的管理，尤其是对使用和操作者的管理也是极其重要的，即确保环境和设施完好并运行正常。管理者与操作者的一次疏忽或错误均可导致严重后果，尤其是对环境的微生物污染，一旦发生，极难净化，除非中断生产或实验，对环境与设施进行全面的消毒灭菌。因此，环境和设施的管理应是设施维护的重要组成部分。

第七章 实验动物营养学

新陈代谢是生物体生命现象得以维持的基础。生物体不断摄入环境中的物质（营养素）并加以转化、吸收和利用。营养素作为原料，在生物体的生长、发育和繁殖中参与有关组织结构的更新和修补；作为能量来源，经生物氧化作用放出能量，供应生命活动需要，而产生的废物则由排泄系统交回外环境，这个过程就是新陈代谢。因而，营养在生物体的生命活动中具有极其重要的作用。

实验动物作为生物体同样离不开营养。实验动物营养学是研究饮食物（营养素）与实验动物机体生长、发育、繁殖、健康及实验结果关系的科学。实验动物的食物称为饲料，它是实验动物摄入营养素的主要来源。只有良好的营养才能使实验动物保持良好的健康状态，而健康的实验动物才能确保动物实验的结果可靠。因而，研究实验动物的营养状况、加强饲料质量标准化管理，是实现实验动物标准化的重要环节。

第一节 饲料中的营养成分

实验动物饲料含蛋白质、碳水化合物、脂类、矿物质、维生素和水六大营养成分。

一、蛋白质

蛋白质为生命的基本物质，是构成实验动物肌肉、神经、内脏器官、皮肤、血液等一切组织、细胞的基本成分；酶、部分激素和抗体等也由蛋白质及其衍生物组成。动物体内的蛋白质通过新陈代谢不断更新，促进发育并修补有关组织结构的损伤。当饲料中的脂类和碳水化合物不足时，蛋白质可氧化释放能量作为补充。

组成蛋白质的基本单位是氨基酸。饲料中的蛋白质只有被消化分解为小分子的氨基酸，才能被动物吸收利用。因此，实验动物对蛋白质的需要实际上是对氨基酸的需要。其中，某些氨基酸可从代谢中转化而来，一般不会缺乏，称非必需氨基酸；而必须由饲料供给的，称必需氨基酸，包括赖氨酸、蛋氨酸、胱氨酸、精氨酸、组氨酸、色氨酸、苯丙氨酸、酪氨酸、苏氨酸、亮氨酸、异亮氨酸、缬氨酸等。如果饲料中蛋白质含量不足，缺少某种必需氨基酸或氨基酸比例不当，都会降低蛋白质、氨基酸的有效利用率，造成动物生长发育缓慢、抵抗力下降，甚至体重减轻并出现贫血、低蛋白血症等，长期缺乏可导致水肿并影响生殖。但长期给动物喂食蛋白质含量过高的饲料，则会引起代谢紊乱，严重者甚至出现酸中毒。因而，应供给实验动物含适量蛋白质的饲料。

一般而言，动物性饲料中的蛋白质含量较高，而植物性饲料则以豆类所含的蛋白质较高，可适当选用。此外，还可将氨基酸含量不同的几种饲料按比例混合，即氨基酸互补作用，以提高其营养价值。

二、碳水化合物（含纤维素）

碳水化合物由碳、氢、氧三种元素组成，通常分为无氮浸出物和粗纤维两大类。无氮浸出物（即糖类）包括淀粉和糖，是实验动物的主要能量来源。饲料中的糖类被动物采食后，在酶的作用下分解为葡萄糖等单糖而被吸收。在体内，大部分葡萄糖氧化分解产生热能，供机体利用；小部分葡萄糖在肝脏形成肝糖原储存，还可转化为脂肪。

粗纤维中的纤维素和半纤维素在草食性动物的消化道中，经纤维素分解菌作用酵解，部分转变为挥发性脂肪酸被吸收，部分转变成二氧化碳和甲烷排出体外。粗纤维还对胃肠运动起刺激作用，有助于排便并排出毒素。因此，粗纤维是某些草食性动物饲料中不可缺少的成分，如家兔和豚鼠饲料中的粗纤维含量要求在10%～15%。

三、脂类

脂类包括脂肪、脑磷脂、卵磷脂、胆固醇等，后三种类脂质是细胞膜和神经等组织结构的重要组成成分。脂肪被机体消化吸收后，可通过代谢产生热量供动物利用。多余的能量可转变为脂肪，并在皮下形成脂肪层。脂肪组织除了储备能量外，还有保温和缓冲外力的保护作用。脂肪还是脂溶性维生素A、D、E、K的溶剂，可促进其吸收和利用。

脂肪由脂肪酸和甘油组成。脂肪酸中的亚油酸、亚麻酸、花生四烯酸等在实验动物体内不能合成，只能从饲料中摄取，因此被称为必需脂肪酸。必需脂肪酸缺乏可引起严重的消化系统和中枢神经系统功能障碍，如可使动物患皮肤病、脱毛、尾坏死、生长发育停止、生殖力下降、泌乳量减少，甚至死亡。饲料中脂肪过多则使动物肥胖而影响健康，并且不利于实验研究。

四、矿物质

饲料分析中的粗灰分即矿物质，包括钙、磷、钾、钠、氯、镁等常量元素，以及铁、铜、锌、锰、碘等微量元素。前者占实验动物体重的0.01%以上，而后者则占其体重的0.01%以下。矿物质对实验动物机体的生理机能及生长、发育、繁殖起重要作用。

1. 钙和磷

在机体内，80%～90%的钙和磷是构成骨骼和牙齿的重要成分。钙还参与对血液和组织液的调节，并与维持神经肌肉的适当兴奋性以及血液凝固等生理过程有关。磷脂与蛋白质结合参与能量代谢过程。磷还参与形成ATP、DNA和RNA，并有助于维持体液酸碱平衡等。

由于饲料原料成分中往往磷多钙少，为使饲料中钙磷达到（1.2～1.4）∶1的最适合比例，须添加碳酸钙或骨粉。

2. 氯和钠

氯和钠两者以离子形式存在，参与维持血浆和体液的渗透压、pH及水盐代谢平衡，维持神经系统生理功能等。饲料中应含有0.5%～1.0%食盐。氯和钠缺乏会导致实验动物对蛋白质和碳水化合物的利用减少，发育迟缓，繁殖力下降。

3. 钾和镁

钾和镁参与糖及蛋白质的代谢。钾离子影响神经系统的活动，维持心、肾及肌肉的正常功能。镁离子为维持骨骼正常发育所必需。缺镁时，实验动物可出现神经过敏、肌肉痉挛、惊厥等症状。在植物性饲料和含钙高的饲料中，一般不缺乏钾和镁。但摄入过多的镁可引起实验动物腹泻。

4. 微量元素

各种微量元素的营养作用、缺乏症及来源见表7－1。

表7－1　微量元素的营养作用、缺乏症及来源

微量元素	营养作用	缺乏时的主要表现	来源
铁（Fe）	血红蛋白的重要成分，运输氧气，参与细胞内生物氧化过程	贫血、生长发育不良、精神萎靡、皮毛粗糙无光泽	奶、鱼粉、肉粉、硫酸亚铁
铜（Cu）	与造血过程、神经系统及骨骼正常发育有关，亦为多种酶的活化剂	腹泻、四肢无力、营养性贫血	豆饼、豆粕、硫酸铜
锌（Zn）	是许多酶的成分，以碳酸酐酶最重要	生长停止、进行性消瘦、脱毛、不孕、性周期紊乱、形态变异	动物性饲料、酵母粉，含锌应超过2 mg/kg

续表 7－1

微量元素	营养作用	缺乏时的主要表现	来源
锰（Mn）	参与造血、骨骼发育、脂肪代谢	生长发育不良、共济失调、骨节肥大	米糠、麸皮、硫酸锰
碘（I）	甲状腺素成分，与基础代谢有关	甲状腺肿、黏液性水肿	碘化食盐

五、维生素

维生素在体内主要作为代谢过程的激活剂，调节控制机体的代谢活动。实验动物对维生素的需要量虽然很少，维生素却为维护机体的健康、促进生长发育、调节生理功能所必需。通常按溶解性把维生素分为脂溶性和水溶性两大类。脂溶性维生素包括维生素 A、D、E、K，水溶性维生素包括 B 族维生素和维生素 C。一般饲料中容易缺乏的是维生素 A、C 和 E。豚鼠和猴体内不能合成维生素 C，须由饲料供给。

各种维生素的生理功能、缺乏症和来源见表 7－2。

表 7－2　维生素的生理功能、缺乏症和来源

维生素		生理功能	缺乏症	来源
脂溶性维生素	维生素 A	维持正常视觉，参与上皮细胞正常形成，促进生长发育	视觉损害、夜盲症、上皮粗糙、角化、骨发育不良，生长迟缓	肝、鱼肝油、蛋黄、牛奶
	维生素 D	促进钙吸收，与骨骼的形成有关	软骨病	鱼肝油、蛋、苜蓿干草
	维生素 E	与胚胎发育及繁殖有关，保持心血管系统结构功能的完整性	生殖系统损害（如睾丸萎缩）、肌肉麻痹、瘫痪、红细胞溶血	油脂（如花生油、玉米油）、绿色植物、蛋、鱼肝油
	维生素 K	促进肝脏合成凝血酶原，具有促进血液凝固的作用	低凝血酶原症、牙龈出血、尿血	苜蓿草、绿色蔬菜
水溶性维生素	维生素 B_1	参与糖代谢	多发性神经炎	谷类、豆类、酵母
	维生素 B_2	参与生物氧化、晶状体及角膜的呼吸过程，维护皮肤黏膜完整性	生长停止、脱毛、白内障、角膜血管新生	麦麸、豆粉、动物内脏
	维生素 C	参与糖、蛋白质代谢，参与胶原、齿质及骨细胞间质生成	坏血病	新鲜蔬菜、水果

六、水

任何生物都离不开水，水对实验动物的生存亦至关重要。水约占实验动物体重的 60%，是一切组织、细胞和体液的组成成分。水参与渗透压和 pH 变化、水盐代谢、体液调节、生化反应与排泄等活动。当实验动物体内水分减少 8% 时，就有失水表现，严重干渴、食欲丧失、黏膜干燥、抗病力下降、蛋白质和脂肪分解加强；水分减少 10% 时，会引起严重的代谢紊乱；水分减少 20%，将导致动

物死亡。因此，缺水比缺饲料对实验动物健康的危害更严重，一定要保证给实验动物供应充足的饮水。

第二节 实验动物的营养需要

一、实验动物的食性与营养需要

不同种动物摄取食物的习性各不相同，这种习性称为食性。通常依其食性，即摄取主食种类的不同，将动物分为三大类：草食性动物，如豚鼠、兔、羊等；肉食性动物，如犬、猫等；杂食性动物，如小鼠、大鼠、金黄地鼠、猴等。

由于生活环境和饮食习惯的差异，实验动物在进化过程中逐步形成了消化系统结构与功能的差异，因而对饲料的要求也各不相同。如肉食性动物犬、猫等对蛋白质的要求明显高于草食性动物兔和豚鼠。即使同种实验动物的不同品系，甚至同一品系动物的不同生长期，对营养的要求亦不相同。因此，必须充分了解营养成分和饲料种类，并依照不同实验动物的食性以及所属的品种、品系，制订适当的饲料配方和加工工艺，以满足处于不同生长期动物的营养需要。

通常，实验动物的基本营养需要是指其对蛋白质、碳水化合物、脂类、矿物质、维生素、纤维素、水等营养素的日平均需求量。而饲料标准则是依据某种动物的营养需要量所制定的有关营养素的数量与比例规定，是设计饲料配方、制作配合饲料、使用饲料营养添加剂、规定动物采食量的依据。营养的供给还应根据实验动物的实际需要来确定。

当今，随着实验动物科学的不断发展，实验动物的种类不断增加。因此，必须制定符合不同种类实验动物的营养标准并在实践中予以应用。以下介绍应用较多的实验动物的营养需要。

二、啮齿类实验动物的营养需要

1. 大鼠、小鼠

大鼠、小鼠饲料中的蛋白质含量要求在18%～20%，粗灰分占8%，粗纤维占5%，粗脂肪占4%。维生素A需求量为每千克饲料含7 000～14 000 IU，通常以加入1%的清鱼肝油来满足。应适当补充维生素E以提高受孕率，一般在每千克饲料中加入60～120 IU即可。由于大鼠、小鼠的肠道能自行合成维生素C，因而在饲料中对维生素C不做特殊要求。

2. 金黄地鼠

金黄地鼠饲料中的蛋白质含量要求达到21%～24%，动物性蛋白应占相当比例，否则将影响金黄地鼠的生殖机能。金黄地鼠饲料的动物性蛋白主要来源于鱼粉和鸡蛋，植物性蛋白主要来源于黄豆和豆粉。此外，应喂饲一些白菜、萝卜、黄瓜等青饲料。

3. 豚鼠

豚鼠饲料配方中的蛋白质应占17%～20%，对精氨酸的需要量尤其高。由于它的盲肠较发达，因而对纤维素亦有较高需要，粗纤维应占饲料总量的10%～15%，若粗纤维不足，可发生排粪较黏和脱毛现象。豚鼠体内不能合成维生素C，且对维生素C的缺乏特别敏感，缺乏时可引起坏血病、生殖机能下降、生长不良、抗病力降低，最后导致死亡，因此必须在饲料中添加维生素C。一般每千克饲料应含1 500 mg维生素C，妊娠豚鼠则需1 800 mg。实际喂养时，主要可喂饲苜蓿草粉、干草粉和（或）绿色蔬菜等。

三、兔的营养需要

新生家兔一般要哺乳1个月左右才能开始吃饲料。家兔饲料中蛋白质应占14%～17%，粗脂肪占3%，粗纤维占10%～15%。饲料中应含大量干草以补足家兔对粗纤维的基本需要量，从而防止家兔因粗纤维摄入不足而导致的腹泻。

四、犬和猴的营养需要

1. 犬

犬为肉食性动物，其饲料中应含 20%～24% 的蛋白质，4.5%～6.5% 的粗脂肪，3% 的粗纤维。应注意添加维生素 A、D、B_1、B_2，特别是维生素 E。

2. 猴

猴为杂食性动物，其饲料中的蛋白质应占 16%～21%，粗脂肪占 4%～5%。猴体内不能合成维生素 C，其需求量为每千克饲料含 1 700～2 000 mg，因而要注意补充。在人工喂养时，应以面粉、鸡蛋、食盐、骨粉制作的蛋糕或饼干为主食，此外还应有苹果、香蕉、蔬菜等为辅食。

第三节　实验动物饲料的质量标准

一、饲料的种类及营养特点

实验动物的饲料原料与其他动物的饲料相近。动物饲料按其来源可分为植物性饲料和动物性饲料两大类。按饲料的物理性状可分为粉状饲料、颗粒饲料、膨化饲料等。而依国际上关于其营养特性的分类原则，则可将饲料分为以下几种。

1. 粗饲料

粗饲料主要包括干苜蓿、干青草粉、稻草等。其特点是粗纤维含量高，钙、磷以及维生素 D 的含量亦较多。豆科植物饲料尚含较多粗蛋白。

2. 青绿饲料和青贮饲料

常用的青绿饲料和青贮饲料有天然牧草、树叶等。其特点是含水分多，蛋白质较多且品质好，还含多种维生素，钙、磷亦较多且比例适当。

3. 能量饲料

能量饲料指每 1 kg 饲料干物质中含消化能 2 500 kcal 以上、粗纤维小于 18%、粗蛋白小于 20% 的饲料，如玉米、高粱、大麦等。其特点是所含能量高，粗纤维少，易消化；但蛋白质含量则较低，矿物质含量亦较少且不平衡。

4. 蛋白质饲料

蛋白质饲料指每 1 kg 饲料干物质中含粗蛋白 20% 以上、粗纤维 18% 以下、消化能 2 500 kcal 以上的饲料，包括植物性和动物性蛋白饲料两大类。植物性蛋白饲料有大豆、黑豆等，而动物性蛋白饲料则有肉粉、鱼粉、骨粉等。其中动物性蛋白饲料的生物学营养价值较高，含 50%～80% 的蛋白质，必需氨基酸齐全，钙、磷丰富且比例合适，维生素 B_{12} 和维生素 D 也很丰富。

5. 矿物质饲料

矿物质饲料如食盐、石灰石、贝壳等。

6. 维生素饲料

维生素饲料指酵母、鱼肝油、各种人工合成或提纯的单一维生素、复合维生素制剂，但不包括某些维生素含量较多的天然饲料。

7. 添加剂

添加剂指防腐剂、抗氧化剂、着色剂、激素等非营养性添加剂。其主要作用是提高饲料的利用率，完善饲料营养的全价性，促进动物生长，减少贮存期间饲料养分的损失等。此类添加剂可在动物饲料中使用，但在实验动物的饲料中则被禁止使用。

8. 配合饲料

在实验动物行业，一般将动物所用的饲粮称为配合饲料，即指根据动物的饲养标准及所采用的每一种饲料原料的营养素含量，经科学的计算确定出各种原料的最佳的配合比例，然后按这种比例关系经一定的生产流程而规模化生产出来的饲料。

（1）全价配合饲料。全价配合饲料又叫全日粮配合饲料，该饲料含有的各种营养物质和能量均衡，能够完全满足动物的各种营养需要，不需要添加任何其他成分就可以直接饲喂，并能获得最大的经济效益。目前，大鼠、小鼠、家兔和豚鼠都采用全价配合饲料。全价配合饲料分成生长、繁殖饲料和维持饲料两类，生长、繁殖饲料适用于繁殖和生长发育中的动物，维持饲料适用于成年动物。

（2）混合饲料。混合饲料又叫基础饲料，是由能量饲料、蛋白质饲料等按一定的比例组成，它基本上可满足动物需要，但营养不全面，还需另外添加一定量的青、粗饲料，部分中、小单位用于饲养家兔、豚鼠等动物。

（3）代乳饲料。代乳饲料也叫人工乳，专门为各种哺乳期动物配制，可代替自然乳的全价配合饲料，如可用其代替保姆动物饲喂一些剖腹产动物。

二、饲料的质量要求

（1）原料来源要清楚，应不含化学药品，无虫害、细菌及霉菌污染，不发生变质，农药残留不应超过国家规定的标准《GB 14924. 3—2010 实验动物　配合饲料营养成分》。

（2）SPF 动物的饲料要求无菌，无菌动物和悉生动物的饲料更要求无菌。

（3）选择品质新鲜的原料进行加工。还应特别注意，鱼粉中常带沙门菌，配制前须灭菌；棉籽饼加工前应先除去有毒物质棉酚；大豆饼粕粉在加工中须经 100 ℃高温处理，以除去胰蛋白抑制因子、皂素等。

（4）在仓库中贮存花生麸、玉米时，需保持通风、低温、干燥，以防霉变产生黄曲霉素。脂肪含量较高的饲料可加抗氧化剂防止氧化。

（5）饲料经配制加工后，应严密包装，以防止蝇、鼠、昆虫、细菌污染；若含水分，应控制其在 10% 以下。包装饲料在低温、密闭条件可保存一段时间。

三、饲料的配方

1. 天然配方

根据动物的生理特点和对营养素的需要，参考其供给量标准，将不同原料中的营养成分互相搭配，组成基本满足动物需要的饲料。在配制饲料时，应注意配方中各种原料的蛋白质互补，粗纤维和维生素要充足，并有适口性。尽可能选用价格低廉，本地区较充足的原料。这类配方适用于一般繁殖动物、成年动物和幼年动物。

2. 人工合成配方

根据科研的需要，在饲料配方中人为地增加或减少某些营养素的比例，以观察其对动物生长发育及药物毒性等的影响。这种配方的人工合成原料包括高纯度的酪蛋白、纯淀粉、纯油脂、纯纤维素、多种维生素及达到分析级纯度的混合无机盐等。较著名的人工合成配方有美国的 AOAC 配方，英国的 Lac 配方等。

3. 混合配方

在天然配方中，某些营养素往往无法满足需要，须人为添加，如赖氨酸、蛋氨酸、锌、维生素等，从而使饲料更加完善合理。这类配方（表 7－3）目前应用较多。

表7-3　常用实验动物的饲料参考配方

单位:%

原料	大鼠	小鼠	地鼠	豚鼠	家兔
大麦粉（黄豆粉）	—	—	(12)	—	12
小麦粉	20	20	21	—	—
玉米粉	38	30	15	20	10
高粱粉	—	7.0	—	—	—
豆饼粉	20	25	13	25	12
麸皮	10	5.0	8.0	12	14
苜蓿草粉	—	—	—	35	30
脱水蔬菜	—	—	—	—	16
鱼粉（进口）	5.0	6.0	8.0	2.0	4.5
酵母粉	1.0	3.0	5.0	2.0	—
骨粉	1.0	2.0	5.0	2.5	1.0
食盐	1.0	1.0	1.0	0.5	0.5
鱼肝油	1.0	—	1.0	—	—
植物油（鸡蛋）	2.0	—	(11)	—	—
矿物质添加剂	1.0	0.8	—	0.8	—
维生素添加剂	0.1	0.2	—	0.2	—

第八章　常用实验动物

第一节　小　　鼠

小鼠（mouse，*Mus musculus*），属动物界（Animalia）、脊索动物门（Chordata）、脊椎动物亚门（Vertebrate）、哺乳纲（Mammalia）、啮齿目（Rodentia）、鼠科（Muridae）、小鼠属（*Mus*）、小家鼠种（*musculus*）动物，染色体数 $2n=40$。

一、生物学特性

（一）习性和行为

1. 胆小怕惊

小鼠性情温顺，容易捕捉，一般不会主动伤人。不过，一旦逃出笼外过夜则恢复野性，行动敏捷、难以捕捉。当饲养室内有人时，小鼠活动受到限制，甚至停止活动；受到惊吓时，小鼠尾巴会挺直并猛力甩动。

2. 昼伏夜动

小鼠习于昼伏夜动，以傍晚时和黎明前最为活跃，白天喜居较黑暗的安静环境，固定一处营巢睡眠。

3. 喜群居

与单笼饲养的小鼠相比，群居的小鼠对饲料消耗快，生长发育也快。但雄性小鼠群居时易发生斗殴，群体中处于优势的雄性小鼠常将处于劣势者的胡须拔光，自己保留胡须，被称为“理发师”。

4. 适应性差

小鼠体小娇嫩，不耐饥饿和缺水；对环境适应性差，不耐冷热，过冷、过热均会造成死亡；不耐强光和噪声；对疾病抵抗力差。

5. 喜欢啃咬

因为小鼠门齿终生都在生长，所以特别喜欢啃咬坚硬物品。

6. 寿命短

小鼠寿命一般为 2～3 年。

（二）主要解剖学特点

1. 外观

小鼠面部尖突，嘴脸前部有 19 根触须。耳耸立呈半圆形，小白鼠眼睛大而鲜红。尾长约与体长相等，尾部覆有短毛和环状角质鳞片。

2. 体型

小鼠在啮齿类实验动物中体型最小，出生时体重仅 1.5 g，体长 2 cm 左右，1～1.5 月龄达 18～22 g，可供实验使用。小鼠最重时可达 30～40 g，体长 11 cm 左右，尾长与体长通常相等。

3. 骨

由头骨、躯干骨（椎骨、胸骨、肋骨）和前后肢骨组成。其下颌骨的喙状突较小，髁状突发达，运用下颌骨形态分析技术，可进行近交系小鼠遗传质量的监测。

4. 牙齿

小鼠齿式为$\frac{|\ 1.0.0.3}{|\ 1.0.0.3}$。共有牙齿16个。每侧上、下颌各有门齿1个和臼齿3个。

5. 消化系统

食管细长，长度约2 cm，食管内壁有一层厚的角质化鳞状上皮，有利于灌胃操作。胃属单室胃，分为前胃和后胃，前胃壁薄，呈半透明状；后胃不透明，富含肌肉和腺体，伸缩性强。盲肠不发达。有胆囊。胰腺分散在十二指肠、胃底及脾门处，色淡红，不规则，似脂肪组织。

6. 呼吸系统

左肺为单叶；右肺分为4叶，即上叶、中叶、下叶、后叶。

7. 生殖系统

雌性小鼠为双子宫型，呈“Y”形；卵巢有系膜包绕，不与腹腔相通，故无宫外孕；乳腺发达，共有5对乳头，胸部3对，鼠蹊部2对。雄性小鼠阴囊明显，睾丸大，左右各1，幼鼠的睾丸藏于腹腔内，性成熟后则下降到阴囊；前列腺分背、腹两叶。仔鼠或幼鼠的性别则主要从外生殖器与肛门的距离判定，近者为雌性，远者为雄性。

8. 淋巴系统

小鼠的淋巴系统尤为发达，但腭或咽部无扁桃体，外界刺激可使淋巴系统增生，进而可导致淋巴系统疾病。脾脏有明显的造血功能，所含造血细胞包括巨核细胞、原始造血细胞等并组成造血灶；巨核细胞的核较大，有时易被误认为肿瘤细胞。

9. 骨髓

骨髓为红骨髓而无黄骨髓，终生造血。

10. 皮肤

小鼠皮肤无汗腺。

（三）主要生理学特点

1. 生长快

小鼠生长速度快；其体重增长的快慢因品种品系、母鼠健康状况、哺乳鼠多少、生产胎次、饲料营养和环境条件的不同而有所差异（表8－1）。

表8－1　不同周龄小鼠体重情况

（单位：g）

品系	性别	初生	1周	2周	3周	4周	5周	6周	7周	8周
KM	♂	2.01	5.82	8.35	14.80	22.60	33.25	39.25	39.90	40.05
	♀	1.95	5.54	7.90	13.55	21.35	27.90	32.80	34.07	34.80
BALB/c	♂	1.46	3.50	5.60	7.40	12.45	16.10	17.40	18.65	20.25
	♀	1.40	3.35	5.50	7.32	11.60	14.75	15.60	16.10	18.16
C57BL/6	♂	1.44	3.50	5.60	6.90	12.57	18.10	20.50	21.60	22.40
	♀	1.40	3.42	5.55	6.40	12.20	16.90	18.40	19.00	20.25
615	♂	1.58	4.64	7.96	9.83	19.00	22.58	25.96	27.96	28.83
	♀	1.58	4.64	7.96	9.83	15.75	20.75	21.88	23.12	24.16
C3H	♂	1.44	4.40	7.70	9.70	13.30	17.20	20.00	21.20	22.30
	♀	1.44	4.40	7.70	9.70	12.10	15.20	17.80	18.00	19.27

注：有下划线的数据表示达到（20±2）g体重，通过表格可了解相应日龄。

表8－1中，没有列举NIH小鼠的体重增长数据。根据初步观察，NIH小鼠出生时体重：雄性约为1.85 g，雌性1.80 g。要达到18～22 g体重，雄性约需4周龄，雌性4.5周龄。

2. 生殖生理

小鼠生长周期短、成熟早，雌性小鼠于35～50日龄、雄性小鼠于45～60日龄性发育成熟；雌性小鼠于65～75日龄、雄性小鼠于70～80日龄达到体成熟。小鼠性活动保持1年，繁殖力强；性周期（动情周期）4～5天，妊娠期19～21天，哺乳期20～22天，每胎产仔8～15只。小鼠有产后24小时内发情的特点，特别有利于繁殖生产。

雄性小鼠性成熟后开始产生精子及分泌雄性激素；雌性小鼠性成熟后，卵巢排卵并分泌雌性激素，出现明显的性周期。雌雄性小鼠交配后10～12小时，在雌性小鼠阴道口形成白色的阴道栓，有防止精液倒流、提高受孕率的作用。

成年雌性小鼠在动情周期的不同阶段，阴道黏膜均发生典型变化。采用阴道分泌物涂片和组织学检查，可观察阴道上皮细胞的变化，进而推测各个相应时期卵巢、子宫的状态和激素分泌的变化。雌性小鼠阴道分泌物涂片的细胞学变化特点见表8－2。

表8－2　雌性小鼠性周期阴道分泌物涂片变化

阶段	持续时间/小时	涂片可见	卵巢变化
动情前期	9～18	大量有核上皮细胞 少量角化上皮细胞	卵泡加速生长
动情期	6～12	满视野角化上皮细胞 少量有核上皮细胞	卵泡成熟、排卵
动情后期	30～48	角化上皮细胞及白细胞	黄体生成
动情间期	36～42	大量白细胞及少量黏液	黄体退化

3. 小鼠尾巴

小鼠尾巴是散热及维持平衡的主要器官。

4. 生理数据

一只成年小鼠的胃容量为1.0～1.5 mL，食料量为2.8～7.0 g/d，饮水量为4～7 mL/d，排粪量为1.4～2.8 g/d，排尿量为1～8 mL/d。

二、常用品种、品系

（一）近交系

近交系小鼠拥有BALB/c、C57BL、C3H、DBA、A系、AKR、CBA、TA1、TA2和615等品种、品系。

1. BALB/c

（1）来源：1913年，贝格（Bagg）从美国商人处购得白化小鼠原种，以群内方法繁殖。麦克·多威尔（MacDowell）在1923年开始做近交系培育，至1932年达26代，命名为BALB/c品系。安德尔文特（Andervont）等使BALB/c广为传播和应用。1985年，从美国国立卫生研究院（NIH）引进中国，为BALB/c第180代。

（2）毛色：白化。

（3）主要特性：①乳腺肿瘤自然发生率低，但用乳腺肿瘤病毒诱发时其发病率高；卵巢、肾上腺和肺的肿瘤在该小鼠有一定的发生率。②易患慢性肺炎。③对放射线甚为敏感。④与其他近交系相比，肝、脾与体重的比值较大。20月龄的雄性小鼠脾脏有淀粉样变。⑤有自发高血压症，老年鼠心脏有病变，雌雄性小鼠均有动脉硬化。⑥对鼠伤寒沙门菌补体敏感，对麻疹病毒中度敏感。对利什曼原虫、立克次氏体和百日咳组织胺易感因子敏感。

（4）主要用途：广泛地应用于肿瘤学、生理学、免疫学、核医学研究及单克隆抗体的制备等。

2．C57BL

（1）来源：1921年立特（Little）用艾比·拉特洛坡（Abby Lathrop）的小鼠株，雌性小鼠57号与雄性小鼠52号交配而得C57BL。1937年，从C57BL分离出C57BL/6和C57BL/10两个亚系。1985年从英国牛津实验动物场（Ola）引到中国。

（2）毛色：黑色。

（3）主要特性：①乳腺肿瘤自然发生率低，化学物质难以诱发乳腺和卵巢肿瘤。②12%有眼睛缺损，16.87%的雌性仔鼠和3%的雄性仔鼠为小眼或无眼。用可的松可诱发腭裂，其发生率达20%。③对放射性物质耐受力中等，补体活性高，较易诱发免疫耐受性。④对结核杆菌敏感。对鼠痘病毒有一定抵抗力。⑤干扰素产量较高。⑥嗜酒精性高，肾上腺素类脂质浓度低。对百日咳杆菌细胞壁蛋白中的组织胺易感因子敏感。⑦常被认作"标准"的近交系，为许多突变基因提供遗传背景。

（4）主要用途：C57BL是肿瘤学、生理学、免疫学、遗传学研究中常用的品系。

3．C3H

（1）来源：1920年，美国的斯特朗（Strong）用贝格（Bagg）白化雌性小鼠与乳腺肿瘤高发株DBA雄性小鼠杂交，再经近交培育而获得。C3H/He于1985年从Ola引到中国。

（2）毛色：野鼠色。

（3）主要特性：①乳腺癌发病率高，6～10月龄雌性小鼠乳腺癌自然发生率达85%～100%，乳腺癌通过乳汁而不是胎盘途径传播。14月龄雌性小鼠肝癌发生率为85%。②补体活性高，干扰素产量低。③仔鼠下痢症感染率高。④对狂犬病毒敏感。对炭疽杆菌有抵抗力。⑤血液中过氧化氢酶活性高。雄性小鼠对氨气、氯仿、松节油等甚为敏感，病死率高。⑥带有*mg*基因（mahogany，mg·2号染色体，隐性），故毛色较正常野鼠色偏红。

（4）主要用途：主要用于肿瘤学、生理学、核医学和免疫学的研究。

4．DBA

（1）来源：1909年由立特（Little）在毛色分离实验中建立，为最古老的近交系小鼠。1929—1930年，在亚系间进行杂交，建立了2个亚系：DBA/1（又称亚系12）、DBA/2（又称亚系212），目前常用的是DBA/2（DBA/2/Ola及DBA/2N）。DBA/1于1977年从英国实验动物中心（Lac）引进中国，DBA/2/Ola于1985年从Ola引到中国，DBA/2N在1986年从NIH引到中国。

（2）毛色：淡棕色。

（3）DBA/1主要特性：①抗DBA/2所生长的瘤株。②P_{1534}瘤株的生长率为50%。③雌性小鼠乳腺癌的发生率方面，1年龄以上繁殖鼠（经产母鼠）为75%。④对结核杆菌敏感，对鼠伤寒沙门菌补体抗性较强。⑤老龄雌性小鼠都有钙质沉着。⑥对疟原虫感染有抵抗力。

（4）DBA/2（DBA/2/Ola及DBA/2N）主要特性：①对大部分DBA/1的瘤株有抗性，但黑色素瘤S-91在两系小鼠中均能生长。②雌雄性小鼠均会自发产生淋巴瘤。③雌性小鼠乳腺肿瘤发生率，繁殖鼠（经产母鼠）为66%，处女鼠为3%。④白血病的发生率，DBA/2/Ola雌性小鼠为34%，雄性小鼠为18%；而DBA/2N雌性小鼠为6%，雄性小鼠为8%。⑤DBA/2N的肝癌发生率与饲料有关。⑥听源性癫痫发作，36日龄小鼠为100%，55日龄后为5%。⑦对鼠伤寒沙门菌补体有抗力，对疟原虫感染有一定的抗性。⑧对百日咳杆菌细胞壁蛋白中的组胺过敏因子敏感。⑨血压较低，心脏有钙质沉着；嗜酒精性低；红细胞计数高；肾上腺类脂质浓度低。雄性小鼠接触氯仿和乙二醇的氧化物，以及维生素K缺乏时，病死率高。

（5）主要用途：DBA/2常用于肿瘤学、遗传学和免疫学的研究。

5．A系

（1）来源：1921年美国的斯特朗（Strong）将冷泉港（Cold Spring Harbor）白化小鼠与贝格（Bagg）白化小鼠杂交而来。1988年引入中国。

（2）毛色：白化。

（3）主要特性：①雌性小鼠乳腺肿瘤发生率，繁殖鼠为30%，处女鼠低于5%。②6月龄雌性小鼠44%有红斑狼疮（LE）细胞或抗核抗体阳性。补体未检出。③未足月幼鼠进行胸腺切除术后，84% 出现矮小综合征。④与妊娠有关的齿槽结节性增生发生率高。⑤可的松易诱发唇裂和腭裂。初生仔鼠发生率为7.6%。⑥对麻疹病毒高度敏感。

（4）主要用途：一般用作肿瘤学、免疫学研究，是目前国际上常用的品系之一。

6. AKR

（1）来源：1928—1936年，佛司（Furth）用A系杂交培育出高发白血病株小鼠。之后，在美国洛克菲勒（Rockefeller）研究所做随机繁殖若干代后，由路迪斯（Rhoades）做近交繁殖至9代，再经Clara Lynch博士繁殖至21代，命名为AKR。1988年由美国杰克森（Jax）实验室引进我国。

（2）毛色：白化。

（3）主要特性：①为高发白血病株小鼠，雌雄性小鼠淋巴细胞白血病发生率可达68%～90%。带有*Thy-La*（*Thy*-1.1）基因（胸腺细胞抗原1）。②对Graff白血病因子敏感。③肾上腺类脂质（类固醇）浓度低。Oslo亚系有肾上腺类固醇基因缺失。④血液过氧化氢酶活性高。

（4）主要用途：用于白血病等研究。

7. CBA

（1）来源：1920年，斯特朗（Strong）用Bagg白化雌性小鼠与DBA雄性小鼠交配后，经近交培育而成。分为CBA/J/Ola和CBA/N等品系。于1985年和1987年分别从Ola及NIH引入中国。

（2）毛色：野鼠色。

（3）主要特性：①CBA/J/Ola雌性小鼠的乳腺肿瘤发生率为33%～65%；雄性小鼠肝细胞肿瘤发生率为25%～65%。②CBA/J/Ola对中等剂量放射线有抗性。对麻疹病毒高度敏感。③CBA/N携带性连锁隐性基因*xid*（X连锁免疫缺陷基因），该基因使小鼠脾脏B淋巴细胞数目减少并有缺陷，导致缺少成熟B淋巴细胞，从而对某些B淋巴细胞抗原缺乏免疫应答。

（4）主要用途：乳腺肿瘤、B淋巴细胞免疫功能等研究。

8. TA1（津白1号）和TA2（津白2号）

（1）来源：1955年，天津医学院将市售杂种白化小鼠经近交培育而成TA1；1963年，又将昆明种小鼠经近交培育而成TA2。1985年被国际小鼠遗传命名委员会承认。

（2）毛色：白化。

（3）主要特性：TA1为自发低乳腺癌系，TA2为自发高乳腺癌系，为乳腺癌MA_{737}的宿主。

（4）主要用途：乳腺肿瘤的研究。

9. 615

（1）来源：1961年5月，中国医学科学院血液病研究所用该所饲养的昆明种白化雌性小鼠与从苏联引进的C57BL雄性小鼠杂交，尔后又做近交培育而成615小鼠。1985年被国际小鼠遗传命名委员会承认。

（2）毛色：深褐色。

（3）主要特性：①8月龄后，开始出现衰老现象，其表现为肥胖、增重，最大体重在雄性小鼠为40 g以上，雌性小鼠可达38 g以上，被毛蓬松、脱落。②自发肿瘤发生率：低白血病、低乳腺癌、高肺腺癌。③对津638白血病病毒敏感。

（4）主要用途：用作白血病等研究。

（二）封闭群

封闭群小鼠拥有昆明种小鼠（Kunming，KM）、NIH、ICR和LACA等品种、品系。

1. KM

（1）来源：1926年，美国洛克菲勒（Rockefeller）研究所的Clara Lynch博士，从瑞士同事手中得到2只雄性、7只雌性白化小鼠，培育成功瑞士（Swiss）种小鼠。1944年3月17日，汤飞凡教授将 Swiss 小鼠由印度哈夫金（Haffkine）研究所引入云南昆明中央防疫处饲养，因该小鼠初引入地为昆明，故称为昆明种小鼠；1950 年由昆明空运引入北京生物制品所，1954 年推广到全国各地。

（2）毛色：白色。

（3）主要特性：①繁殖率和成活率高。②抗病力和适应性很强。③雌性小鼠乳腺肿瘤发生率为 25%。

（4）主要用途：广泛应用于药理、毒理、病毒和细菌学的研究以及生物制品、药品的检定。

2. NIH

（1）来源：由美国国立卫生研究院（NIH）培育而成。

（2）毛色：白色。

（3）主要特性：繁殖力强，产仔成活率高，雄性好斗，容易致残。

（4）主要用途：常用于药理、毒理研究和生物制品的检定。

3. ICR（又称 Swiss Hauschka）

（1）来源：为美国豪斯卡（Hauschka）研究所饲养的瑞士种小鼠。后由美国肿瘤研究协会分送各地，取名为 ICR。1973 年，由日本国立肿瘤研究所引进中国。

（2）毛色：白色。

（3）主要特性：繁殖力强。

4. LACA

（1）来源：1935 年由英国卡尔沃尔斯（Carworth）公司从美国洛克菲勒（Rockefeller）研究所引进，经 20 代近交培育后，采用随机交配繁殖，命名为 CFW。后又引入英国实验动物中心（Lac），改名为 LACA。1973 年由 Lac 引入中国。

（2）毛色：白色。

（三）杂交群

国际上常用的杂交群（F1 代）小鼠见表 8－3。

表 8－3　国际上常用的杂交群小鼠

F1 代小鼠名称	交配亲代名称	F1 代小鼠名称	交配亲代名称
AKD2F1	AKR × DBA/2	CBA-T6D2F1	CBA-T6 × DBA/2
BA2GF1	C57BL × A2G	CB6F1	BALB/c × C57BL/6
BCF1	C57BL × BALB/c	CCBA-T6F1	BALB/c × CBA-T6
BCBAF1	C57BL × CBA	CC3F1	BALB/c × C3H
BC3F1	C57BL × C3H	CD2F1	BALB/c × DBA/2
B6AF1	C57BL/6 × A	CBF1	BALB/c × C57BL
B6D1F1	C57BL/6 × DBA/1	C3BF1	C3H × C57BL
CAF1	BALB/c × A	C3D2F1	C3H × DBA/2
CAKF1	BALB/c × AKR	129B6F1-*dy*	129 × C57BL/6-*dy*
CBAAF1	CBA × A		

（四）突变系

突变系动物（mutant strain animal）是由于自然变异或人工致畸，正常染色体上的基因发生突变，而具有某种遗传缺陷或某种独特遗传特点的动物，如裸小鼠（nude mice）、重症联合免疫缺陷（severe combined immune deficiency，SCID）小鼠、快速老化模型小鼠（senescence accelerated mouse，SAM）等。

1. 裸小鼠

（1）来源：1962 年，英国格拉斯哥医院的克里斯特（Crist）在非近交系的小鼠中偶然发现有个别无毛小鼠，后来证实是由于基因突变造成的，并伴有先天性胸腺发育不良，称为裸小鼠（nude mice），用“*nu*”表示裸基因符号。1966 年，爱丁堡动物研究所的沸拉那根（Flanagan）又证实了这种无毛小鼠是由于染色体（11 号染色体）上等位基因突变引起的。1968 年，佩蒂路易斯（Pantelouris）发现裸小鼠已失去正常胸腺，在原胸腺残留结构中，部分上皮样细胞呈巢状排列而部分呈外分泌腺结构；淋巴结内胸腺依赖区的淋巴细胞消失，外周血中的淋巴细胞数目减少。1969 年，丹麦的里加尔德（Rygaard）首次将人结肠癌移植到裸小鼠并获得成功，为免疫缺陷动物的研究和应用开创了新局面。

（2）主要特性：①无毛、裸体、无胸腺。随着年龄增长，皮肤逐渐变薄、头颈部皮肤出现皱褶、生长发育迟缓。②由于无胸腺而仅有胸腺残迹或异常胸腺上皮（该上皮不能使 T 淋巴细胞正常分化），导致缺乏成熟的 T 淋巴细胞，因而细胞免疫功能低下。但 6～8 周龄裸小鼠的 NK 细胞活性高于一般小鼠。③B 淋巴细胞正常，但其免疫功能欠佳。表现在 B 淋巴细胞分泌的免疫球蛋白以 IgM 为主，仅含少量的 IgG。④抵抗力差，容易患病毒性肝炎和肺炎。因此必须饲养在屏障系统中。⑤为了提高繁殖率和存活率，一般采用纯合型雄性小鼠与杂合型雌性小鼠交配的繁殖方式，可以获得 1/2 纯合型仔鼠。⑥常用裸小鼠品系：BALB/c-*nu*、NIH-*nu*、NC-*nu*、Swiss-*nu*、C3H-*nu*、C57BL *nu* 等。

（3）主要用途：广泛应用于肿瘤学、免疫学、毒理学等基础医学和临床医学的实验研究。

2. 重症联合免疫缺陷（SCID）小鼠

（1）来源：SCID 小鼠于 1983 年由美国的波斯玛（M. J Bosma）首先从 C. B-17 近交系小鼠中发现，位于 16 号染色体，认为是 SCID 的单个隐性基因发生突变所致，SCID 小鼠是 C. B-17/IcrJ 的同源近交系。1988 年从美国 Jax 实验室引入中国。

（2）主要特性：①SCID 小鼠外观与普通小鼠无异，体重发育正常。但胸腺、脾、淋巴结的质量不足正常小鼠质量的 1/3。②胸腺、脾脏、淋巴结中的 T 淋巴细胞和 B 淋巴细胞大大减少，细胞免疫和体液免疫功能缺陷；但巨噬细胞和 NK 细胞功能未受影响。③骨髓结构正常，外周血中的白细胞和淋巴细胞减少。④容易死于感染性疾病，必须饲养在屏障环境中。⑤两性均可生育，每胎产仔 3～5 只，寿命达 1 年以上。

（3）主要用途：广泛应用于免疫细胞分化和功能的研究、异种免疫功能重建、单克隆抗体制备、人类自身免疫性疾病和免疫缺陷性疾病的研究、病毒学和肿瘤学研究等。

3. 快速老化模型小鼠（SAM）

（1）来源：日本京都大学胸部疾患研究所老化生物研究室竹田俊男教授，在美国引进的 AKR/J 小鼠（胸腺肿瘤模型小鼠）中发现突变小鼠，用 20 年时间精心培育成功快速老化模型小鼠（SAM）。目前已由天津中医学院（现天津中医药大学）老年病研究所引进和繁育。

（2）主要特性：SAM 系列中的一个品系在 4～6 月龄以前与普通小鼠的生长一样，4～6 月龄以后则迅速出现老化等特征，如脑、视器、心、肺、肾、皮肤等器官老化，血液、免疫和抗氧化等系统老化，出现骨质疏松和老化淀粉样变。

（3）主要用途：该小鼠是研究老年病的理想动物模型，也是研究老化肾虚的自发性动物模型。

常见的突变系小鼠还有肌萎缩症小鼠、肥胖症小鼠、侏儒症小鼠、糖尿病小鼠等。

三、生产繁殖

小鼠的繁殖饲养包括近交系、封闭群和杂交群小鼠的选留种、繁殖生产和饲养管理。小鼠的种子从国家实验动物种子中心引种。

（一）近交系小鼠的繁殖饲养

1. 引种

繁殖用原种小鼠必须遗传背景明确，来源清楚、有完整的谱系资料，包括品系名称、近交代数、遗传基因特点及主要生物学特征等。引种小鼠应来自近交系的基础群，以 2～5 对同窝个体为宜。

2．繁殖

小鼠近交系一旦育成，应按保种的有关规定，维持其特定的生物学特征的稳定，保持其基因一致性和基因纯合性。近交系小鼠的维持和生产包括 4 个群。生产过程一般是从基础群移出种子，经扩大群扩增后，建立生产群，由生产群繁殖仔鼠进入供应群。

（1）基础群：严格采用全同胞兄妹交配，用基础平行线系统保持品系的种源，为扩大群提供种鼠。在繁殖过程中一般保持 2～4 个平行谱系分支，在 4～7 代时进行一次修饰。每个谱系分支上，保留 7～12 个繁殖对，留种的同胞兄妹保持相应的数量及与原品系相同的特性。应保证小鼠不超过 7 代能追溯到一对共同祖先。

（2）血缘扩大群：种鼠来源于基础群，采用全同胞兄妹交配繁殖，用来扩大群体个体数量，为生产群提供种鼠。血缘扩大群应设个体繁殖记录卡，本群小鼠不应超过 7 代而能追溯到其在基础群的一对共同祖先。

（3）生产群：随机交配，用于生产供实验用的小鼠，经 4 个世代繁殖后即可淘汰。生产群种小鼠来自基础群或血缘扩大群。为了便于控制随机交配不超过 4 个世代，可采用“红绿灯”法挂指示牌的方法：从扩大群来的种鼠 F0 代挂白牌，F1 代挂绿牌，F2 代挂黄牌，F3 代挂红牌。红牌表示已繁殖到第四世代，需更换种鼠，从扩大群取来种鼠，继续生产。

（4）供应群：来源于上述生产群中每个世代繁殖的仔鼠，育成后供实验用。

为保证上述 4 个种群连续性，应做好配种计划。

注意在生产中从基础群到生产群必须控制在 15 代以内，即生产群的小鼠上溯 15 代可在基础群找到共同祖先。各群之间不能有小鼠逆向流动。当小鼠出现断代时，可从血缘扩大群中选谱系记录清楚的小鼠重新建立基础群。

（二）封闭群小鼠的繁殖饲养

1．引种

小鼠种鼠应从国家实验动物种子中心引种，引种的小鼠数量一般要求不能少于 25 对。

2．繁殖方式

小鼠繁殖中，小的种群采用“最大限度地避免近交”方式繁殖，中等的种群采用循环交配方式繁殖，大的种群则采用随机交配方式繁殖。

1）“最大限度地避免近交”繁殖方式。适合小的小鼠种群（雄鼠数目小于或等于 25 只）的繁殖。

（1）留种：雄种动物和雌种动物分别从子代各留 1 只。

（2）交配：将离乳后的小鼠编号，按随机数表组成配种对。

假设一个封闭群有 16 对种动物，分别标以笼号 1、2、3…16。设 n 为繁殖代数（n 为自 1 开始的自然数）。n 代所生动物与 $n+1$ 代交配编排见表 8－4。

表 8－4　最佳避免近交法的交配编排

$n+1$ 代笼号	雌种来自 n 代笼号	雄种来自 n 代笼号
1	1	2
2	3	4
3	5	6
…	…	…
8	15	16

续表 8－4

$n+1$ 代笼号	雌种来自 n 代笼号	雄种来自 n 代笼号
9	2	1
10	4	3
…	…	…
16	16	15

2）循环交配繁殖方式。适合中等的小鼠种群（雄鼠数目在 26～100 只之间）的繁殖。

（1）留种：将留种同窝雌雄个体分别编号，如雌雄鼠都编为 1 号。

（2）交配：在配种时，雄性编号不变，其与相邻编号的雌鼠（如 2 号）交配，2 号雄鼠与 3 号雌鼠交配，依此类推，n 号雄鼠与 1 号雌鼠交配，如此形成一个环状循环（图 8－1）。

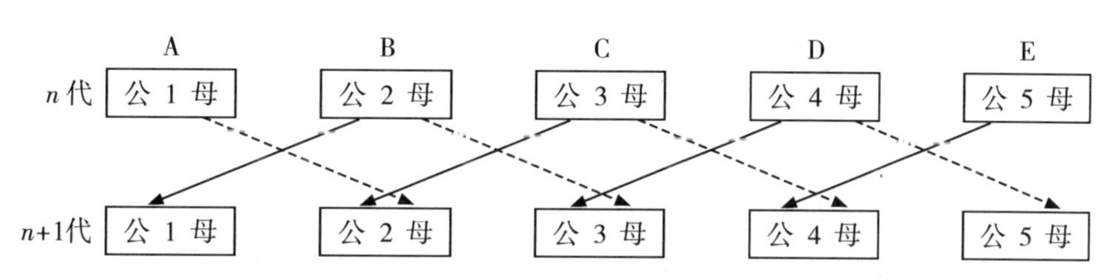

图 8－1　循环交配繁殖方式

例：一封闭群每代有 48 笼繁殖用种动物（一雄种一雌种，或一雄种多雌种）。先将其分成 8 个组，每组有 6 笼。各组内随机选留一定数量的种动物，然后在各组之间按表 8－5 中的排列方法进行交配。

表 8－5　循环交配法组间交配编排

新组编号	雄种动物原组编号	雌种动物原组编号
1	1	2
2	3	4
3	5	6
4	7	8
5	2	1
6	4	3
7	6	5
8	8	7

3）随机交配繁殖方式。适合大的小鼠种群（雄鼠数目大于 100 只）的繁殖。

（1）留种：配种前将雌雄个体或组分别编号，同一父母的留种鼠或同一生产单元的留种鼠编为同一号，每窝留单一性别。

（2）交配：配种时雌雄种鼠应按组别交叉配种，即 1×3、2×4，…，$(n-1)\times1$，$n\times2$。当 $n=4$ 时，$(n-1)\times1$ 即为 3×1，配对后组成 A、B、C、D 共 4 组。再将 A、B、C、D 共 4 组生下的小鼠分别按顺序定位 1、2、3、4 重复上面的循环（图 8－2）。

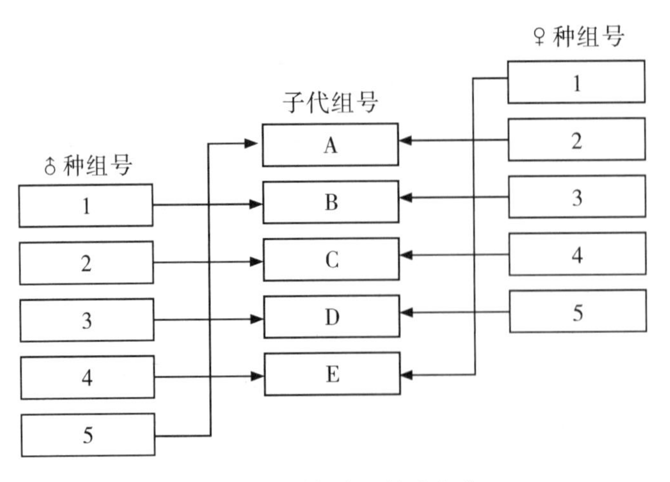

图8－2　随机交配繁殖方式

3. 繁殖生产方法

大批量繁殖生产封闭群小鼠时，可设立基础群和繁殖群。基础群来自保种群，繁殖群来自基础群。基础群按保种方法进行交配繁殖。繁殖群采用随机交配繁殖，所生子代供应给实验，绝不可返回基础群。繁殖群的繁殖生产方法包括长期同居法和定期同居法两种方式。

（1）长期同居法（频密繁殖法）：将1只雄鼠与1～3只雌鼠终生同居。由于产后发情，雌鼠在分娩后几小时内又可交配受孕。用这种方法，一般每只雌鼠每月可生1胎。

（2）定期同居法（非频密繁殖法）：将1只雄鼠与7只雌鼠组成一个繁殖单元，每周向雄鼠笼内放入1只雌鼠，第1周笼内1雄1雌，第2周笼内1雄2雌，从第3周开始，每周提出1只怀孕雌鼠并放入1只雌鼠，依此循环。每周提出的1只怀孕雌鼠单笼饲养，待其分娩、哺乳、仔鼠离乳，雌鼠休整数天后重新投入繁殖。

（三）杂交群小鼠的繁殖饲养

繁殖的目的是在一定时间内提供较大量的遗传均一的实验动物，因此最好采用循环交配或定期交配的交配方法进行生产。这种交配方法可使90%～95%的SPF小鼠在同居后第一个发情期怀孕，因此每胎生产日期比较集中，可成批提供数量较多、体重和年龄较为接近的F1代小鼠。

四、饲养管理

1. 饲料及喂养

颗粒饲料应为全价日粮，不得加入抗生素、防腐剂及激素等，并保持相对稳定。成年小鼠日采食量一般为2.8～7.0 g，应采取“少量勤添”饲喂方式，限量添加可减少小鼠啃咬颗粒干料磨牙造成的浪费。饲料应用专用的饲料桶（袋）盛装。放在凉爽干燥的地点存放，贮存期不得超过90天，以保证饲料中的营养成分。

2. 饮水

保持充足清洁饮水，每周换水2～3次，每只4～7 mL/d，应经常检查瓶塞，防止瓶塞漏水弄湿动物被毛而引发疾病。由于小鼠在吸水过程中，口内食物颗粒和唾液可倒流入水瓶，因此换水时应清洗饮水瓶和吸水管以避免微生物污染。严禁继续使用未经消毒的水瓶。

3. 外观观察

小鼠外观健康的标准是：①食欲旺盛。②眼睛有神，反应敏捷。③体毛光滑，肌肉丰满，活动有力。④身无伤痕，尾不弯曲，体表孔腔无分泌物，无畸形。⑤粪便黑色，呈麦粒状。

4. 性别鉴别

成年小鼠性别很易区分，雄性小鼠的阴囊明显，雌性小鼠可见阴道开口和5对乳头。仔鼠或幼鼠的性别则主要从外生殖器与肛门的距离判定，近者为雌性，远者为雄性。

5. 记录

科学管理必须有各种完好的工作记录，包括：①种群记录、谱系记录、品系记录和个体记录。②生产记录。③环境记录：温度、湿度记录，天气情况记录，消毒灭菌记录等。④动物健康记录。⑤实验处理及观察记录。

五、在生物医学研究中的应用

由于小鼠体型小、生长快、饲养管理方便、容易达到标准化，其在生物医学研究中得到广泛的应用，使用数量远远超过其他实验动物。有关资料表明，美国1982年使用小鼠8 000万只；日本1970年使用小鼠1 115万只；我国1984年、1985年、1998年分别使用小鼠227万只、244万只、437万只。

（一）药物研究

1. 药物安全性评价试验

小鼠常用于药物的急性、亚急性、慢性毒性试验及最大耐药量的测定等，“三致”（致畸、致癌、致突变）试验也常用小鼠进行。

2. 生物制品的检定

小鼠广泛地应用于血清、疫苗等生物制品的检定，各种药物的效价测定，以及放射性同位素照射剂量与生物效应等试验。

3. 药物筛选

小鼠价廉易得，常常用于各种药物的筛选，如抗肿瘤、结核、疟疾药物的筛选。

4. 药效学评价试验

小鼠常用于某些药物的药效学和不良反应的评价，如利用小鼠瞳孔放大作用测试药物对副交感神经和神经接头的影响；用声源性惊厥的小鼠评价抗痉挛药物；用小鼠热板技术引起的后爪运动或机械压尾评价止痛药的药效。

（二）肿瘤学研究

1. 自发肿瘤

许多小鼠品系能自发产生肿瘤。据统计，近交系小鼠中大约有244个品系或亚系都有其特定的自发性肿瘤，AKR小鼠白血病发病率为68%～90%，C3H小鼠的乳腺癌发病率高达90%～100%。从肿瘤发生学上来看，这些自发性肿瘤与人体肿瘤相近，因此常选用小鼠自发的各种肿瘤模型，进行肿瘤病因、发病、防治及抗癌药物筛选的研究。

2. 诱发性肿瘤

小鼠对致癌物敏感，可诱发各种肿瘤模型，如用甲基胆蒽诱发小鼠胃癌和宫颈癌，用二乙基亚硝胺诱发小鼠肺癌等。因此小鼠可用于肿瘤防治的实验研究。

3. 人癌细胞移植

胸腺严重缺陷的裸小鼠可接受人类各种肿瘤细胞的植入，成为活的癌细胞“试管”，是研究人类肿瘤生长发育、转移和治疗的最佳实验动物。

4. 肿瘤遗传学研究

在原病毒基因组学说和癌基因假说的研究中，小鼠是最常用的实验动物。

（三）遗传学研究

1. 遗传学分析

小鼠的毛色变化多种多样，其遗传学基础已经被研究得比较清楚，因而小鼠毛色常被用作遗传学分析中的遗传标记及品种品系鉴定的依据。

2. 基因研究

（1）重组近交系小鼠将双亲品系的基因自由组合和重组，产生一系列的子系，这些子系是小鼠遗传学分析的重要工具，主要用于研究基因定位及其连锁关系。

（2）同源突变近交系、同源导入近交系小鼠常用来研究多态性基因位点的效应和功能，以及发现新的等位基因。

（3）利用转基因小鼠可以进行基因功能、表达和调节方面的研究，探索疾病的分子遗传学基础和基因治疗的可能性。

3. 遗传性疾病动物模型

小鼠由于基因突变可能导致某些遗传性疾病的发生，如小鼠黑色素病、白化病、家族性肥胖、遗传性贫血等，均与人发病相似，可作为研究人类遗传性疾病的动物模型。

（四）病原体所致疾病的研究

1. 病毒性疾病

小鼠对淋巴细胞性脉络丛脑膜炎、脊髓灰质炎、流行性感冒、狂犬病、脑炎等疾病的病原体敏感，可用于上述疾病的研究。

2. 细菌性疾病

小鼠可用于沙门菌病、钩端螺旋体病等细菌性疾病的实验研究。

3. 寄生虫疾病

小鼠宜用于感染血吸虫、疟原虫、马锥虫等寄生虫疾病的研究。

4. 动物模型

小鼠对多种病原体敏感，可用于制作感染诱发的人类传染性疾病的动物模型。例如：将麻风分枝杆菌接种于免疫功能低下或缺陷小鼠的足垫或耳部，可造成此病的动物模型，用以研究麻风分枝杆菌的生物学性状和评价抗麻风药物的药效等。

（五）免疫学研究

1. 制备单克隆抗体

使用 BALB/c、AKR、C57BL 等小鼠免疫后的脾细胞与骨髓细胞融合，可进行单克隆抗体的制备和研究。

2. 动物模型

如利用无胸腺裸小鼠缺乏 T 淋巴细胞的免疫功能缺陷，将其用于研究 T 淋巴细胞功能及细胞免疫在免疫应答反应中的作用。SCID 小鼠是 T、B 淋巴细胞联合免疫缺陷动物，对 NK 细胞、LAK 细胞、巨噬细胞和粒细胞等“自然防御”细胞和免疫辅助细胞的分化和功能，及其与淋巴细胞和淋巴因子相互作用的研究非常有益。

3. 免疫功能

利用小鼠对病原体的敏感性进行病原体与宿主免疫系统相互作用等方面的研究。

（六）老年病研究

小鼠寿命短、个体差异小、价廉易得，在老年病实验研究中的使用仅次于大鼠，用于老年病的发病机制、表现及防治研究。快速老化模型小鼠（SAM）系列中的 1 个品系在 4～6 月龄以前与普通小鼠的生长一样，4～6 月龄以后则迅速出现老化等特征。该小鼠是研究老年病的理想动物模型，目前已由天津中医药大学老年病研究所引进并培育。

（七）其他疾病研究

1. 神经系统疾病

可用小鼠进行神经系统疾病（如亚急性坏死性脑脊髓病、癫痫）研究。

2. 呼吸系统疾病

小鼠在氢氧化铵喷雾剂刺激下有咳嗽反应，可利用此特性研究镇咳药物的效果。因而，小鼠是研究镇咳药的首选动物。

3. 消化系统疾病

中毒性肝炎、肝硬化和胰腺炎等也在小鼠身上复制成功，可进行研究。

4. 计划生育

雌性小鼠适合进行避孕药物的抗生育、抗着床、抗早孕、抗排卵等实验研究。

第二节　大　　鼠

大鼠［学名褐家鼠（大家鼠）］（rat，*Rattus norvegicus*），属动物界（Animalia）、脊索动物门（Chordata）、脊椎动物亚门（Vertebrate）、哺乳纲（Mammalia）、啮齿目（Rodentia）、鼠科（Muridae）、大鼠属（*Rattus*）、大家鼠种（*Rattus norvegicus*）动物，染色体数 $2n=42$。

大鼠是野生褐家鼠的变种，起源于北亚洲，于17世纪初期传到欧洲。18世纪后期开始人工饲养。19世纪，美国费城维斯塔尔（Wistar）研究所在开发大鼠作为实验动物方面做出了突出贡献，培育出Wistar大鼠，目前世界上使用的许多大鼠品系均起源于此。大鼠体型较小，遗传学较为一致，对实验条件反应较为近似，常被誉为精密的生物研究工具。

一、生物学特性

（一）习性和行为

1. 昼伏夜动

大鼠习惯于昼伏夜动，白天喜欢挤在一起休息，夜间和清晨比较活跃，采食、交配多在此时间进行。

2. 喜独居

大鼠喜欢单独生活在一个笼子，但是，当雄性大鼠合群饲养时，其斗殴倾向却明显少于小鼠。

3. 胆小怕惊

大鼠性格较温顺，行动迟缓，易于捉取。但当捕捉方法粗暴、缺乏维生素A，或受到其他同类尖叫声的影响时，则难于捕捉，甚至攻击人。尤其是处于怀孕和哺乳的母鼠，由于上述原因，常常会在饲养人员喂饲时主动咬饲养人员的手。

4. 喜啃咬

大鼠门齿较长，终生不断生长，因而喜啃咬。因此喂饲的颗粒饲料要求软硬适中，以符合其喜啃咬的习性。

5. 抗病力较强

大鼠对外环境的适应性强，成年大鼠很少患病。

6. 敏感性强

大鼠对外界刺激反应敏感，在高分贝噪声刺激下，常常发生母鼠吃仔现象。故饲养室内应尽量保持安静。

7. 寿命短

大鼠寿命一般为2.5～3年。最长寿命5年。

（二）主要解剖学特点

1. 外观与体型

大鼠外观与小鼠相似，但体型较大。成年雄性大鼠身体前部比后部大；雌性大鼠身体相对瘦长，后部比前部大，头部尖小。大鼠尾部被覆短毛和环状角质鳞片。新生仔鼠体重5.5～10 g，根据环境和营养状况的不同，1.5～2月龄达到180～220 g，其体长不小于18 cm，可供实验使用。雄性大鼠体重达300～800 g，雌性大鼠达250～400 g。

2. 骨

大鼠的骨由头骨、躯干骨（椎骨、胸骨、肋骨）和前后肢骨组成。

3. 牙齿

大鼠的齿式为$\frac{|\ 1.0.0.3}{|\ 1.0.0.3}$，共有16个牙齿，每侧上、下颌各有门齿1个，臼齿3个。

4. 消化系统

（1）口腔。大鼠上唇于中线处裂开，门齿外露，口腔后部因有硬腭和软腭存在，鼻后孔后移直接通向喉咽，空气与食物的通道在咽腔交叉。该解剖特点使大鼠在口腔充满食物时，仍可进行呼吸。

（2）胃。大鼠的胃属单室胃，分为前胃和后胃，前胃壁薄，呈半透明状；后胃不透明，富含肌肉和胃腺，伸缩性强。

（3）肠。大鼠的肠分为小肠和大肠。小肠分为十二指肠、空肠和回肠。大肠包括盲肠、结肠和直肠，终止于肛门。

（4）肝。大鼠肝分为6叶，即左叶、左副叶、右叶、右副叶、尾状叶及乳头叶。肝再生能力极强，被切除60%～70%后仍可再生。

（5）胆道。大鼠无胆囊，胆管直接与十二指肠相通。

（6）胰腺。把胃与脾之间的薄膜除去，可见到在其下方有如树枝状的肉色组织，就是胰腺。胰腺呈长条片状，分为左、右两叶，左叶在胃的后面与脾相连，右叶紧连十二指肠。胰腺与脂肪组织的区别是，胰腺颜色较暗，质地较坚硬。

5. 呼吸系统

大鼠有左肺和右肺，左肺单叶，右肺分为上叶、中叶、下叶和后叶4叶。

6. 泌尿系统

大鼠有左、右肾，均呈蚕豆形，右肾比左肾高。

7. 循环系统

大鼠的心脏有4个腔，即左心房、左心室、右心房和右心室。

8. 内分泌系统

大鼠的甲状腺位于颈部肌肉的深面，喉头的下方，气管两侧，为1对长椭圆形的器官，呈红褐色。肾上腺位于肾脏上端，芝麻大小，呈粉黄色。脑垂体较松弛地附于漏斗下部，易做去垂体模型。

9. 生殖系统

雌性大鼠的生殖器包括1对卵巢、1对输卵管、子宫、阴道和阴道孔。大鼠为双子宫，呈“Y”形排列。雌性大鼠共有6对乳头，胸部和鼠蹊部各有3对。雄性大鼠的生殖器由睾丸、附睾、输精管、储精囊、凝固腺、前列腺、尿道球腺和阴茎组成，阴茎有阴茎软骨。

10. 神经系统

大鼠的神经系统包括脑、脊髓、脑神经、脊神经和内脏神经等。

11. 汗腺

大鼠皮肤缺少汗腺，汗腺仅分布于爪垫上，主要通过尾巴散热。

（三）主要生理学特点

1. 生长速度

大鼠生长速度的快慢，与品系、母鼠体质、生产胎次、哺乳只数、饲料和环境条件等因素有关。SD大鼠及Wistar大鼠的生长速度见表8－6。

表 8-6　大鼠体重增长表

（单位：g）

品　系	性别	日龄/天							
		21	28	35	42	49	56	63	70
Wistar	♂	56	97	134	187	233	297	325	370
	♀	54	91	134	166	209	214	232	246
SD	♂	52	101	150	206	262	318	365	399
	♀	50	86	130	172	210	240	258	272

注：有下划线的数据表示达到 180～220 g 体重，通过表格可了解相应日龄。

2. 生殖生理

大鼠成熟快，繁殖力强，在 6～8 周龄时达到性成熟，约于 3 月龄时达到体成熟。雌性大鼠为全年多发情动物，其性周期为 4～5 天，分为动情前期、动情期、动情后期和动情间期。在性周期不同阶段，阴道黏膜可发生典型变化，通过做阴道涂片观察，可以推断雌性大鼠处于性周期的哪一阶段（表 8-7）。大鼠妊娠期为 19～23 天，平均 21 天，每窝产仔 6～12 只；产后 24 小时内出现 1 次发情；哺乳期为 21～28 天，一般情况下可在 21 天离乳。

表 8-7　大鼠性周期阴道分泌物涂片变化

阶段	持续时间/小时	涂片可见	卵巢变化
动情前期	17～21	大量有核上皮细胞，少量角化上皮细胞	卵泡加速生长
动情期	9～15	满视野角化上皮细胞，少量有核上皮细胞	卵泡成熟、排卵
动情后期	10～14	角化上皮细胞及白细胞	黄体生成
动情间期	60～70	大量白细胞及少量黏液	黄体退化

3. 无呕吐反射

大鼠的食管通过界限嵴的一个皱褶进入胃小弯，该皱褶阻止胃内容物反流到食管，因此大鼠不会呕吐，故不适宜做呕吐实验。

4. 血压

大鼠血压对药物的反应敏感。

5. 感觉器官

大鼠视觉灵敏，对光照较敏感，嗅觉灵敏，对噪音较敏感。适宜做条件反射实验。

6. 应激反应

大鼠垂体-肾上腺系统功能发达，应激反应灵敏。

7. 营养

大鼠对某些营养的缺乏非常敏感，尤其是蛋白质、维生素 A、维生素 E。

8. 血液成分呈动态性变化

大鼠一昼夜血液内激素和酶水平具有动态性变化，不同时间采血，不同的采血方法，粗暴虐待均能影响血液成分，造成实验结果的误差。

9. 对湿度要求高

空气中的湿度低于 40%，大鼠尾巴易发生环状坏死症（环尾病）。因此，室内相对湿度应保持在 40%～70%。

10．生理数据

成年大鼠的胃容量为4～7 mL。250 g大鼠的食料量为9.3～18.7 g/d，饮水量为20～45 mL/d，排粪量为7.1～14.2 g/d，排尿量为10～15 mL/d。

二、常用品种、品系

（一）近交系

近交系大鼠拥有F344/N、Lou/CN等品种、品系。

1．F344/N

（1）来源：1920年由哥伦比亚大学肿瘤研究所科尔提斯（Curtis）培育，我国从NIH引进。

（2）毛色：白化。

（3）主要特性：①寿命。10周龄时雄性大鼠体重达到190～280 g，雌性大鼠达160～190 g。平均寿命：雄性大鼠为31个月，雌性大鼠为29个月。②免疫学方面。原发性和继发性脾红细胞免疫反应性低，其NADPH－细胞色素C还原酶的诱发力较SD大鼠低。③生理学方面。旋转运动性低；血清胰岛素含量低；肝结节状增生的发生率为5%；雄性大鼠乙基吗啡和苯胺的肝代谢率高，可做苯丙酮尿症动物模型；对高血压蛋白质的产生有抵抗力；脑垂体较大；已烯雌酚吸收快且易引起死亡；戊巴比妥钠的LD_{50}低，为70 mg/kg；肾病发生率低；可做周边视网膜退化模型；对血吸虫的囊尾蚴易感。④肿瘤学性状。自发性肿瘤：大鼠自发性肿瘤的发生率，甲状腺癌为22%，单核细胞白血病为24%；乳腺癌发生率，雄性大鼠为23%、雌性大鼠为41%；脑垂体腺瘤发生率，雄性大鼠为24%，雌性大鼠为36%；雄性大鼠睾丸间质细胞瘤发生率为85%；雌性大鼠乳腺纤维腺瘤发生率为9%；雌性大鼠多发性子宫内膜肿瘤发生率为21%。移植性肿瘤：有肝癌（Dunning肝癌、LC-18肝癌、Novikoff肝癌）、乳腺肿瘤（HMC和乳腺癌R-3230、乳腺纤维瘤F-609）、垂体肿瘤（脑垂体瘤MtT和$MtTf_4$）、肉瘤（Walker癌肉瘤256、吉田肉瘤、肉瘤IRS-9802和R-13259、纤维肉瘤R-3244、淋巴肉瘤R-3251）、白血病（Dunning白血病，白血病HLF1、IRC-741、R-3149、R-3323、R-3330、R-3399和R-3432）和子宫肌瘤F-529等。

（4）主要用途：广泛用于毒理学、肿瘤学、生理学研究。

2．Lou/CN

（1）来源：Lou/CN是由贝辛（Bazin）和别科尔斯（Beckers）培育出的浆细胞瘤高发系，其同类系Lou/MN为浆细胞瘤低发系，两者组织相容性相同。1985年从美国NIH引入中国。

（2）毛色：白化。

（3）主要特性：Lou/CN大鼠免疫细胞瘤（免疫球蛋白分泌瘤）发病率，雄性大鼠为31%，雌性大鼠为16%，发病部位主要位于回盲部淋巴结。该肿瘤细胞的分化率极低，多在1个月内死亡。此肿瘤可移植到同系大鼠及其杂交的F1代，60%的免疫细胞瘤合成并分泌单克隆免疫球蛋白。免疫球蛋白的分泌量为IgM 2.9%、IgA 2.9%、IgD 0.9%、IgE 43.3%、IgG_1 37.9%、IgG_{2a} 6.1%、IgG_{2b} 0.7%、IgG_{2c} 4.5%。

（4）用途：常用于免疫学研究，特别是制备单克隆抗体。Lou/CN大鼠的腹腔积液量比BALB/c小鼠多几十倍，可大量生产单克隆抗体。

其他近交系大鼠有ACI、AGUS、BN、CAS、LEW、M520、WKY/Ola、WN/N等。

（二）封闭群

封闭群大鼠拥有Wistar、SD、Long-Evans等品种、品系。

1．Wistar大鼠

（1）来源：1907年，由美国维斯塔尔（Wistar）研究所育成，现已遍及世界各国的实验室。我国从日本及苏联引进，Wistar大鼠是引进最早、使用最广泛、数量最多的大鼠品系之一。

（2）毛色：白化。

（3）主要特性：①头部较宽、耳朵较长、尾的长度小于身长。②性周期稳定，繁殖力强，产仔多，平均每胎产仔10只左右，生长发育快。10周龄时雄性大鼠体重可达280～300 g，雌性大鼠达170～260 g。③性情温顺。④对传染病的抵抗力较强。⑤自发性肿瘤发生率低。⑥目前各地饲养的Wistar大鼠的遗传状况差异较大。

（4）主要用途：用途广泛。

2. SD（Sprague Dawley，SD）大鼠

（1）来源：1925年，美国斯泼累格·多雷（Sprague Dawley）农场用Wistar大鼠培育而成。

（2）毛色：白化。

（3）主要特性：①头部狭长、尾长接近于身长，产仔多，生长发育较Wistar为快。10周龄时雄性大鼠体重可达300～400 g，雌性大鼠达180～270 g。②性情比Wistar大鼠稍为凶猛。③对疾病的抵抗力较强，尤其对呼吸道疾病的抵抗力很强。④自发性肿瘤的发生率较低。⑤对性激素敏感性高。

（4）主要用途：用途广泛。

3. Long-Evans大鼠

该大鼠是1915年由朗格（Long）和伊文斯（Evans）用野生雄性褐家鼠与雌性白化大鼠杂交培育而成。体型比Wistar和SD大鼠为小，头颈部为黑色，背部有1条黑线，尾部为黑白色或黑色毛。应用广泛。

此外，常用的封闭群大鼠尚有Osborne-Mended、Sherman、August、Brown-Norway等。

（三）杂交群

大鼠F1代使用不如小鼠广泛，常用的有AS×AS2F1，LEW×BNF1，F344×WistarF1，Lou×RF1，WAG×BNF1等。

（四）突变系

突变系大鼠有SHR/Ola大鼠、癫痫大鼠、裸大鼠等品种、品系。

1. SHR/Ola大鼠

（1）来源：SHR（spontaneously hypertensive rat）大鼠是东京的冮本（Okamoto）在1963年用具有自发性高血压疾病的Wistar大鼠培育而成。

（2）毛色：白化。

（3）主要特性：①自发性高血压，且发生率高，无明显原发性肾或肾上腺损伤，在10周龄后雄性大鼠血压的收缩压为26.66～46.66 kPa，雌性大鼠为23.99～26.66 kPa。SHR大鼠的心血管疾病发生率高，可能是受3～4个基因控制，以其中1个为主。糖尿病能进一步使血压增高，动物对于抗高血压药物有反应，该品系为筛选抗高血压药物的理想动物模型。在幼年大鼠中，血浆去甲肾上腺素和多巴胺β-羟化酶水平增加，比对照大鼠高，但总儿茶酚胺无明显不同，肾上腺儿茶酚胺含量减少。循环血中的促肾上腺激素水平明显偏高。I^{131}代谢率较正常大鼠减少，甲状腺质量增加。②SHR大鼠的生育力及寿命无明显下降，可养13～14个月，繁殖时每代均应选择具有高血压的种鼠。

（4）主要用途：高血压疾病的实验研究。

能够自发性产生高血压的突变系大鼠，还有新西兰高血压大鼠（GHR）和米兰高血压大鼠（MHS）。

2. 癫痫大鼠

用铃声刺激癫痫大鼠可旋转数秒钟，然后向一侧倒地发作癫痫，与人的癫痫发作很相似，可用于癫痫病的实验研究。

3. 裸大鼠

（1）来源：裸大鼠（nude rat）由英国罗威特（Rowett）研究所在1953年首先发现，基因符号为*rnu*，但在普通环境下仅仅维持了15～16代。1975年再次发现纯合子裸大鼠（*rnu/rnu*），证实属常染色体隐性遗传。1977年英国医学研究委员会（Medical Research Council，MRC）实验动物中心建立了裸大鼠种子群。1978 年首次详细描述了裸大鼠，并报道了裸大鼠的人癌组织异种移植。1983 年引入中国。

（2）主要特性：①躯干部被毛稀少，头部、四肢和尾根部毛较多。2～6 周龄期间皮肤上有棕色鳞片状物，随后变得光滑。繁殖方法采用纯合型雄性大鼠与杂合型雌性大鼠交配，可获得 1/2 纯合型裸大鼠仔。仔鼠 4 周左右离乳，发育相对缓慢，体重约为正常大鼠的 70%，在 SPF 环境下可活 1～1.5 年。因免疫力低下易患呼吸道疾病。②免疫学特性为先天无胸腺、T 淋巴细胞功能缺陷，同种或异种皮肤移植生长期达 3 个月以上。对结核菌素无迟发性变态反应，血中未测出 IgM 及 IgG，淋巴细胞转化试验为阴性。B 淋巴细胞功能一般正常，NK 细胞活力增强，可能与干扰素水平有关。

（3）主要用途：裸大鼠主要用于多种肿瘤移植研究。

突变系大鼠还有糖尿病大鼠、肥胖症大鼠、尿崩症大鼠等。

三、生产繁殖

大鼠生产繁殖可参照本章第一节“小鼠”中的“生产繁殖”相关内容。

四、饲养管理

大鼠的饲养管理基本与小鼠相同，可参考本章第一节“小鼠”中的“饲养管理”相关内容。这里仅针对大鼠的特点，提出几点注意事项。

（1）饲养环境中相对湿度不得低于 40%，避免环尾病的发生。

（2）哺乳母鼠对噪声特别敏感，强烈噪声容易引起吃仔现象的发生。

（3）由于大鼠体型较大，排泄物多，产生的有害气体也多。因此必须控制大鼠的饲养密度，确保室内通风良好，勤换垫料。

（4）大鼠用的垫料除了要注意消毒外，还应注意控制它的物理性能，垫料携带的尘土容易引起异物性肺炎，软木刨花可引起幼龄大鼠的肠堵塞。

（5）大鼠体型较大，饲料和饮水的消耗量也大，要经常巡视观察，及时补充。

（6）妊娠母鼠容易缺乏维生素 A，要定期予以补充。

五、在生物医学研究中的应用

（一）内分泌研究

1. 内分泌学研究

大鼠的内分泌腺容易摘除，常用于研究各种腺体及激素对全身生理生化功能的调节作用；激素腺体和靶器官的相互作用；激素对生殖功能的影响，如发情、排卵、胚胎着床等的调控作用，以及计划生育。

2. 内分泌疾病模型

自发性或诱发性的尿崩症、糖尿病、甲状腺功能减退、甲状旁腺功能减退造成的新生儿强直性痉挛等疾病动物模型，常常用于内分泌功能失调所致疾病的研究。肥胖症大鼠可用于高脂血症的研究。大鼠垂体－肾上腺系统发达，应激反应灵敏，适用于制作应激性胃溃疡模型。

（二）营养、代谢性疾病研究

大鼠对营养物质缺乏敏感，可发生典型缺乏症状，是营养学研究使用最早、用量最多的实验动物。例如，对各种维生素缺乏症的研究，蛋白质、氨基酸和钙、磷等代谢的研究，营养不良、动脉粥样硬化等的研究。

（三）药物研究

1. 药物安全性评价试验

大鼠常用于药物急性毒性试验、亚急性毒性试验、慢性毒性试验、致畸试验和药物毒性作用机制的研究，以及某些药物副作用的研究。

2．药效学研究

（1）神经系统药物的评价。利血平和阿扑吗啡可诱导大鼠神经性异常行为。可利用迷宫或惩罚和奖励试验来测试大鼠的学习记忆能力，进而评价上述药物的药效。

（2）心血管系统药物的评价。大鼠血压和血管阻力对药物的反应很敏感，常用作研究心血管药物的药理和调压作用的动物模型，还用于心血管系统新药的筛选。

（3）抗炎药物的筛选和评价。例如，大鼠踝关节对炎症反应敏感，常用于筛选抗关节炎药物；大鼠也用于多发性、化脓性及变态反应性关节炎、中耳炎、迷路炎（内耳炎）、淋巴结炎等治疗药物的评价。

（四）行为学研究

大鼠行为表现多样，情绪反应敏感，具有一定的变化特征，常用于研究各种行为和高级神经活动的表现。

1．迷宫试验

利用迷宫试验测试大鼠的学习和记忆能力。

2．奖励和惩罚试验

采用跳台试验等方法，测试大鼠记忆判断和回避惩罚的能力。

3．成瘾性药物的行为学研究

大鼠适合于成瘾性药物的行为学研究，在一定时间内给大鼠喂饲一定剂量的酒精、咖啡因、鸦片后，大鼠对上述药物（物质）产生依赖，并有行为改变。例如：对酒精依赖的大鼠，当取消酒精饲喂后，可产生行为改变，甚至出现阵发性强直性肌肉痉挛乃至死亡。

4．高级神经活动研究

行为学研究中常用大鼠研究那些假定与神经反射异常有关的行为情景，如进行神经官能症、精神病性抑郁、脑发育不全或迟缓等疾病的行为学研究。

（五）老年病学研究

大鼠是进行老年病学研究常用的实验动物，使用大鼠可以进行衰老的机理（如衰老的生理变化、成活率与年龄相关曲线的关系、胶原老化、器官老化、饮食方式与寿命的关系等方面）的研究，还可以进行老年高发肿瘤和非肿瘤损伤所引发的老年性疾病研究。

（六）肿瘤研究

大鼠可用于自发性和诱发性肿瘤模型的研究。自发肿瘤动物模型有肾上腺髓质肿瘤、乳腺癌和粒细胞性白血病。诱发性肿瘤模型使用的化学物质有：二乙基亚硝胺和二甲基氨基偶氮苯诱发肝癌，甲基苄基亚硝胺诱发食道癌，3－甲基胆蒽诱发肺鳞癌及恶性胸膜间皮瘤、大肠癌等。

（七）感染性疾病研究

常用大鼠制作细菌性、病毒性和寄生虫性疾病动物模型，其中部分模型的发病经过与人相似。制作感染性疾病动物模型常用的病原体：①细菌，有沙门菌、大肠杆菌、巴斯德菌、念珠状链杆菌、各种厌氧菌、黄曲霉等；②病毒，有肝炎病毒、疱疹病毒、流行性感冒病毒等；③寄生虫，有旋毛虫、血吸虫、钩虫、疟原虫、马锥虫等。

（八）心血管疾病研究

常用大鼠制作心肌缺血、心律失常、高血压、动脉硬化、实验性动脉瘤、肺水肿、恶性贫血、血小板减少症等动物模型，进行上述疾病发病机理和治疗等方面的研究。

（九）中医药研究

研制中医证候动物模型最常使用的实验动物是大鼠。

第三节　豚　　鼠

豚鼠（guinea pig，*Cavia porcellus*），属动物界（Animalia）、脊索动物门（Chordata）、脊椎动物亚门（Vertebrate）、哺乳纲（Mammalia）、啮齿目（Rodentia）、豚鼠科（Caviidae）、豚鼠属（*Cavia*）、豚鼠种（*Cavia porcellus*）动物，又名海猪、天竺鼠、荷兰猪，染色体数 $2n=64$。

一、生物学特性

（一）习性和行为

1. 草食性

豚鼠属草食性动物，喜食纤维素较多的禾本科嫩草，特别是葡萄状茎的青草，而不喜欢食水分过多的水草，对粗纤维的需要量与家兔接近，饲料中必须有10%以上的粗纤维；喜欢日夜自由采食，在两餐之间有比较长的休息期；一般不吃苦、咸、辣、甜饲料，若进食了这类食物，容易造成减食、废食和流产等。

2. 喜群居

豚鼠喜群居，群体采取一雄多雌的方式，有利于群居的稳定。群居行为表现在集体采食、活动和休息等方面，如休息时喜欢紧挨着躺卧，活动时幼鼠跟随成年鼠。豚鼠喜爱干燥清洁而又宽敞的生活及活动环境，过于拥挤容易出现脱毛、皮肤损伤和皮炎等。

3. 性情温顺

豚鼠性情温顺，极少斗殴，很少伤人。但大群饲养时，如果同时放入2只以上的雄性豚鼠作配种用，会引起争斗，影响交配。

4. 胆小怕惊

豚鼠胆小，喜欢安静的环境，对外界突然产生的响声、震动或环境变化十分敏感，首先表现为呆滞、僵直、不动，耳朵竖起（普赖厄反射－听觉耳动反射），并发出“吱吱”的尖叫声，然后四散逃跑。

5. 独特的性行为

雌性豚鼠发情期间，雄性豚鼠接近、追逐雌性豚鼠并发出低鸣声，随后出现嗅、转圈、啃、舔及爬跨动作。雌性豚鼠交配时取脊柱前凸姿势，后半身抬高，交配完成后表现为舔毛，雄性豚鼠则迅速跑开。

6. 用叫声表达要求

饥饿时一旦听到饲养员的脚步声，豚鼠马上发出“吱吱”的叫声；在受到惊吓以及雄性豚鼠求偶时，也会以叫声来表示。

7. 寿命

豚鼠寿命一般为4～5年，最长可达7年。

（二）主要解剖学特点

1. 外形

豚鼠身形短粗，头大，身圆，耳朵和四肢短小，无尾巴，只遗留尾巴的残迹。前足有4趾，后足有3趾，每个趾都有突起的大趾甲，脚形似豚，故名豚鼠。新生豚鼠体重一般在50～150 g之间；成年豚鼠体长22.5～35.5 cm，体重450～700 g。雌性豚鼠最高体重可达800 g，雄性豚鼠达950 g左右。

2. 骨

豚鼠的骨由头骨、躯干骨（椎骨、肋骨、胸骨）、前后肢骨和阴茎骨组成。

3. 牙齿

豚鼠的齿式为 $\frac{|\ 1.0.1.3}{|\ 1.0.1.3}$，共有 20 个牙齿，每侧上、下颌各有门齿 1 个，前磨牙 1 个，磨牙 3 个。

4. 消化系统

豚鼠的上唇分裂，胃壁非常薄，黏膜呈皱襞状。肠管较长，约为体长的 10 倍，其中盲肠约占整个腹腔的 1/3，这是草食性动物的特征。

5. 生殖系统

雌、雄性豚鼠腹部均有 1 对乳头，但雌性豚鼠乳头比较细长，位于乳腺表面。雌性豚鼠具有无孔的阴道闭合膜，发情时张开，非发情期闭合。雄性豚鼠睾丸并不下降到阴囊，阴茎松弛时被会阴皮肤覆盖。

6. 循环系统

心脏位于胸腔前部中央。分为左、右心房和左、右心室 4 个腔，在心脏前端有出入心脏的大血管，和大鼠相似。豚鼠的淋巴系统较为发达。肺部淋巴结对刺激具有高度的反应性，在少量机械或细菌刺激时，很快发生淋巴结炎。

7. 神经系统

豚鼠的大脑半球没有明显的回纹，只有原始的深沟和神经，属于平滑脑组织，较其他同类动物发达。脑的发育在胚胎期 42～45 天就已经成熟，新生第 1 天的豚鼠有被毛、牙齿和视力，出生后 4 小时就能行走和进食，3～4 天后就能独立生活，属于胚胎发育完善动物。

（三）主要生理学特点

1. 生长发育

豚鼠 2 月龄达到性成熟，体重在 400 g 左右；5 月龄达到体成熟，此时雌性豚鼠重 700 g，雄性豚鼠重 750 g 左右。

2. 体温调节差

豚鼠自身体温调节能力较差，受外界温度变化影响较大。

3. 红细胞少

豚鼠红细胞数量、血红蛋白数量和血细胞比容比其他啮齿类实验动物低。

4. 不能合成维生素 C

豚鼠体内缺乏左旋葡萄糖内酯氧化酶，不能合成维生素 C。

5. 有速发型和迟发型超敏反应

豚鼠是研究抗原诱导速发型呼吸过敏反应的良好模型，过敏原引发豚鼠出现发绀、虚脱、支气管平滑肌痉挛，随即窒息死亡。

豚鼠迟发型超敏反应与皮内注射结核菌素有关，一般在注射后 24～48 小时内发生。

豚鼠对青霉素、四环素、红霉素等抗生素特别敏感，常在用药 48 小时后引起急性肠炎，甚至导致死亡。

6. 呼吸系统和消化系统抗病能力较差

豚鼠最易患细菌性肺炎和急性肠炎。豚鼠对麻醉药物也很敏感，故麻醉死亡率较高，患病豚鼠对麻醉药更为敏感。

7. 抗氧化能力强

豚鼠抗氧化能力是小鼠的 4 倍、大鼠的 2 倍。

8. 生殖生理

豚鼠有性早熟特征，雌性豚鼠 60 日龄开始排卵，性周期为 13～20 天（平均 16 天），动情期持续 1～18 小时，分为动情前期、动情期、动情后期和动情间期四个阶段。妊娠期 65～70 天，每窝产仔 1～7 只，多数为 3～4 只；分娩后出现 1 次产后发情；哺乳期 15～21 天，母鼠间有互相哺乳仔鼠的习惯。

9. 生理数据

成年豚鼠的胃容量为20～30 mL，食料量为14.2～28.4 g/d，饮水量为85～150 mL/d，排粪量为21.2～85.0 g/d，排尿量为15～75 mL/d。

二、常用品种、品系

（一）品种

豚鼠品种可以分为短毛、长毛和刚毛3种，短毛种豚鼠的毛色光亮而紧贴身体，生长迅速；长毛种豚鼠的被毛柔软，富有弹性，有光泽；刚毛种豚鼠的毛常为竖立的并有一定花纹，富有光泽。目前用作实验动物的是英国种短毛豚鼠，其毛色有单色、双色和三色：单色的颜色有白、黑、棕、灰、淡黄、巧克力色；双色的为白与黑色；三色为白、棕、黑色。

我国饲养的豚鼠，早在1919年就从日本引入我国东北。按其毛色特征鉴别，为英国种短毛豚鼠，属于封闭群。

（二）品系

根据1975年《国际实验动物索引》第三版，豚鼠近交系有8个品系，封闭群有30种。常用的是近交系2号和近交系13号豚鼠，均由美国培育，毛色均为黑、白、红三色。

近交系2号豚鼠体型较小，对结核杆菌抵抗力强，并具有纯合的GLP-AB. Ⅰ（豚鼠主要组织相容性复合体）抗原，血清中缺乏诱发的迟发型超敏反应因子。

近交系13号豚鼠除了体型较大，对结核杆菌抵抗力弱，繁殖能力比近交系2号差，其他特性与近交系2号比较接近。

三、生产繁殖

豚鼠属于胚胎发育完善动物，母鼠怀孕期较长，平均需要68天。胎儿在母体内发育较快，新生仔豚鼠全身被毛，眼睁开，耳竖立，并已具有恒齿。出生后1小时即能站立行走，数小时后可吃些软的饲料，2～3天后即可在母鼠的护理下一边吸奶，一边吃青饲料或混合饲料，迅速发育生长。

（一）性成熟

豚鼠性成熟较早，雌豚鼠一般在30～45日龄，体重略大于200 g，雄豚鼠一般在50～70日龄，体重略大于400 g时，就可达到性腺成熟和生殖器官发达的程度，但也因母豚鼠产仔多少及饲养条件的不同而有差别。在生产中一般要求雄豚鼠在6个月左右，体重达800 g以上，雌豚鼠5个月左右，体重在700 g以上时，才进行配种繁殖。在实际工作中，可根据具体情况灵活掌握，但雌、雄种豚鼠必须达到体成熟以后再行交配。

（二）选种

4～16月龄的豚鼠繁殖能力最强，平均生产年限为1.5年。每月要有一定比例的老龄种豚鼠被淘汰，同时补充相应数量的育成期新种到生产群中，从而保持生产种群的高繁育水平。

因此，豚鼠的选种育种工作尤为重要。

1. 对亲代的选择

亲代应具有较高的生殖能力，雄种豚鼠要身体健壮，性欲旺盛，每次与雌种豚鼠交配后，都有较高的受孕率。雌种豚鼠不仅要身体健壮，而且还要产仔率高，泌乳量大，母性及适应能力强，从其第2～4胎仔鼠中选择下一代的种鼠。

2. 对子代的选择

应从同窝仔鼠中选择发育正常，大小一致，健康无病，眼睛明亮而无分泌物，被毛浓密有光泽并紧贴身体，背宽阔平直，腹部收紧，四肢粗短，体态匀称，雌性幼豚鼠乳头明显，生长最快的作为下一代生产的种豚鼠。

（三）发情与交配

豚鼠的性周期一般为13～20天（平均16天），每次发情可维持1～18小时，每天从下午5点至次日早晨5点，发情结束后排卵，刚成年的豚鼠发情时个性变化较大，有的雌豚鼠会变得没有食欲、爱叫；产后2～3小时亦可发情排卵，此时交配妊娠率可达80%以上。雌雄性豚鼠交配后，雌豚鼠阴道口有橡胶样的栓塞和阴道分泌混合物，根据这种栓塞的有无，可以判断豚鼠是否交配成功。通过初步选择的幼种豚鼠，再经过5～6个月的生长发育，已达交配适龄期，从中选择一雄一雌或一雄多雌长期同居，实际生产繁殖多采用雌雄数量5∶1终生同居的频密繁殖法。

（四）妊娠与分娩

豚鼠的妊娠期为65～70天。怀孕期的长短，取决于产仔数的多少，产仔数多的怀孕期长，产仔数少的则怀孕期短。怀孕期的温度过高或过低，或某种因素的刺激使怀孕豚鼠受到惊吓，均易引起流产和死胎。豚鼠的产仔数为1～7只，以3～4只的最常见。仔鼠出生时的体重因母豚鼠的营养状况和产仔数的多少而有显著的差别。豚鼠分娩的时间多在夜间，分娩后母豚鼠自动吃掉胎盘，同时舐干仔鼠身上的被毛以及进行哺乳，若母豚鼠有病或初产管理不当，常出现流产、死胎。

（五）哺乳和离乳

豚鼠的泌乳能力很强，虽只有1对乳头，却能将产下的全部幼豚鼠带活。关在同一笼内的雌种鼠有互相哺乳幼仔的习惯，不排斥别的仔鼠，更不会咬伤别的仔鼠。幼豚鼠出生后已经发育得比较完全，因此只需哺乳2～3周，体重达180 g以上时即可离乳，离乳后雌、雄分开饲养。

四、饲养管理

豚鼠生长发育的快慢、质量的好坏，受各种因素的影响，例如：品种、品系，雌豚鼠的哺乳能力，生产胎次及哺乳只数、饲料营养以及环境条件等而有所差异，因此在饲养管理上应给予高度重视。

（1）豚鼠胆小怕惊、听觉敏锐，因此饲养和实验环境应保持安静；温度控制在18～29 ℃并保持恒定，相对湿度保持在40%～70%，夏季注意防潮，冬季注意防寒，保持室内温湿度的稳定。

（2）豚鼠饲养室要经常打扫并保持室内外的清洁卫生，定期喷雾消毒，减少空气中的浮游菌，在设施合适位置安装防野鼠和灭蚊装置，杜绝野鼠进入室内，消灭进入饲养区的蚊虫，防止病菌的传播。

（3）笼具设备。以前我国饲养豚鼠普遍使用地池或木制笼子，食具多为陶瓷罐。国外饲喂豚鼠多采用笼架饲养，目前我国也正广泛使用。一种是2～3层的笼架，每层装设斜坡式的塑料、玻璃钢或铝铁板的屉子，动物粪便流下，可垫刨花或用水冲洗。另一种是3～4层的笼架，每层安装铝铁皮，表面铺锯末，动物直接生活于其上。由于豚鼠活动性强，因此笼具空间要大一些。采用经过消毒且不具机械损伤的软刨花作为垫料，垫料要每周更换2次。豚鼠所用的食具和饲养笼具也要经常保持清洁，定期消毒。

（4）饲料。豚鼠常因干草不足，互相吃毛，导致掉毛，因此豚鼠饲料中应经常补充干草，确保饲料中纤维素的数量。豚鼠饲养时一般有混合料、青饲料和水。混合料的配制要求为粗蛋白质16%～18%、粗脂肪2%～4%、糖类40%～50%、钙磷比为2∶1，以及含适当的微量元素，另外尚需要在混合料中添加维生素C 15～20 mg/kg，目前已有不少单位将混合料压成颗粒料饲喂。可以通过饲喂新鲜多汁的绿色蔬菜或在饮用水中添加维生素C进行补充，喂饲的新鲜蔬菜应经过彻底清洗、消毒、晾干表面水分后，方可喂食，如果经常饲喂青饲料也可不加维生素C。

五、在生物医学研究中的应用

（一）免疫学研究

1. 过敏反应

豚鼠是进行过敏性休克和变态反应研究的理想动物模型，特别是其迟发型超敏反应性与人相似，最适合进行这方面的研究。实验动物对致敏原的敏感程度，从高到低依次为：豚鼠＞家兔＞犬＞小

鼠 > 猫。

2. 提取补体

免疫学实验所用的补体多数用豚鼠血清制备，豚鼠血清中补体含量最丰富。

3. 皮肤刺激试验

豚鼠皮肤对毒物刺激反应灵敏，其反应近似人类，常用作局部皮肤毒物作用的试验，如研究化妆品和外用药品对局部皮肤的刺激反应。

（二）药物研究

1. 平喘药研究

组胺能诱发豚鼠支气管痉挛性哮喘模型，因此豚鼠可用于评价平喘药和抗组胺药的作用。

2. 镇咳药研究

吸入氨气、二氧化硫、柠檬酸能引起豚鼠咳嗽，因此豚鼠常用于对镇咳药的评价。

3. 局部麻醉药研究

豚鼠常用于对局部麻醉药的药效评价。

（三）传染病学研究

豚鼠对结核杆菌、白喉杆菌、鼠疫杆菌、钩端螺旋体、霍乱弧菌、布鲁氏菌和沙门菌等病原体十分敏感，尤其对结核杆菌高度敏感，感染后的病变与人的病变类似。研究支原体感染后的病理及细胞免疫变化常用幼龄豚鼠。

（四）耳科学研究

（1）豚鼠是耳科疾病研究中最常使用的实验动物，用于制作中耳炎、前庭器损伤、迷路炎、耳聋等中耳和内耳疾病模型。

（2）豚鼠听力特别敏锐，尤其对 700～2 000 Hz/s 音频更敏感，常用于噪声对听力影响的研究。

（3）豚鼠耳郭大，易于进入中耳和内耳，耳蜗和血管伸至中耳腔，便于进行内耳微循环的观察。

（五）其他研究

（1）切断豚鼠迷走神经引起肺水肿的实验结果比其他实验动物的实验结果更佳。

（2）豚鼠的血管反应敏感，在观察出血性炎症和血管通透性实验时也常应用。

（3）豚鼠是研究维生素 C 生理功能的重要动物模型。

（4）豚鼠对缺氧耐受力强，适合做缺氧耐受性和测量耗氧量的实验。

（5）豚鼠的被毛致密，皮厚，很难找到浅静脉和进行血管注射，故急性实验极少使用豚鼠。

第四节　家　　兔

家兔（rabbit，*Oryctolagus cuniculus*），属动物界（Animalia）、脊索动物门（Chorolata）、脊椎动物亚门（Vertebrate）、哺乳纲（Mammalia）、兔形目（Lagomorpha）、兔科（Leporidae）动物，作为实验动物的兔主要为穴兔属（*Oryctolagus*）、家兔种（*cuniculus*）。兔属或林兔属的一些种也作为实验用动物（如野兔）。家兔染色体数 $2n=44$，野兔 $2n=48$。

在分类学上，家兔曾经被列为啮齿目，也有人列之为复齿目，后又被列为兔形目。原因是一般啮齿目有 4 个门齿，而兔却有 6 个，其中 1 对为较小的切齿，与啮齿目门齿数目不同，因此归为兔形目。

一、生物学特性

（一）习性和行为

1. 昼伏夜动

兔原是夜间活动的动物，成为实验动物后习性依旧，夜间十分活跃，白天活动少，除进食外常处于假眠或闭目休息状态。

2. 胆小怕惊

家兔异常胆小，如受惊过度往往乱奔乱窜，甚至冲出笼门。被陌生人接近或捕捉时，常用后肢拍击踏板，甚至咬人，或因挣扎而抓伤捕捉者。

3. 群居性差

家兔性情温顺，但群居性差，群养的同性别成年兔往往发生斗殴。

4. 食粪癖

家兔有从肛门直接食粪的癖好，哺乳期仔兔也有吃雌兔粪的习惯，以吃夜间排出的软粪为主。吃粪可使软粪中丰富的粗蛋白、粗纤维素和 B 族维生素得到重新利用。

5. 怕潮湿

家兔耐干燥不耐潮湿，在潮湿环境中容易患肠道疾病。家兔还具有耐寒不耐热，排粪、尿固定在笼具一角的特性。

6. 喜啃咬

家兔具有啮齿类动物的习性，喜欢磨牙和啃咬木头，损坏木制品。

7. 草食性

家兔属草食性动物，其消化道结构利于粗纤维和粗饲料的消化吸收。

8. 喜穴居

散养的家兔保留穴居习性，喜欢在泥土地上挖洞穴。

9. 寿命

家兔的寿命为 8 ～15 年。

（二）主要解剖学特点

1. 外观和体型

在众多实验动物中，兔的体型属中等，毛色主要有白、黑、红、灰蓝色，还有咖啡色、灰色、麻色，耳朵大、眼睛大、腰臀丰满、四肢粗壮有力，某些品种雌兔颈下有肉髯。

新生仔兔体重约 50 g；成年家兔体重有的为 1.5 ～2.5 kg，有的为 4 ～5 kg，因品种而异。

2. 骨

家兔的骨由头骨、躯干骨（椎骨、肋骨、胸骨）和前后肢骨组成。

3. 牙齿

家兔的齿式为$\frac{|\ 2.0.3.3}{|\ 1.0.2.3}$，共 28 个牙齿，上颌比啮齿目动物多了 1 对小切齿。

4. 消化系统

家兔上唇纵裂，形成豁嘴，门齿外露。家兔属草食性动物，其肠管长达体长的 10 倍左右；盲肠特别大，占据腹腔的 1/3 以上；盲肠末端连有蚓突，长约 10 cm，蚓突壁较厚，富含淋巴组织；回盲部膨大形成一壁厚的圆囊，称为圆小囊，为兔所特有，囊内充满淋巴组织，其黏膜可分泌碱性液体，中和盲肠中微生物分解纤维素所产生的各种有机酸，有利于消化吸收。肝分为左外侧叶、左内侧叶、右叶、中央叶、尾状叶和乳突叶 6 叶。

5. 呼吸系统、循环系统

家兔的胸腔构造特别，由纵隔将胸腔分为左右两部分，互不相通，肺被肋胸膜和肺胸膜隔开，心脏又被心包膜隔开。开胸打开心包膜进行心脏实验操作时，只要不弄破由膈胸膜和纵隔胸膜组成的纵隔膜，就不会破坏胸膜腔，也就不需要进行人工呼吸。家兔左肺分为上、下两叶，右肺分上、中、下叶和中间叶。兔后肢膝关节腘窝部有卵圆形淋巴结，在体外极易触摸和固定，适于作淋巴结内注射。

6. 生殖系统

雄性家兔的腹股沟管宽短，睾丸可自由地下降到阴囊或缩回腹腔。雌性家兔有 2 个完全分离的子宫，属双子宫类型，2 个子宫颈分别开口于单一的阴道。雌性家兔有 3 ～6 对乳头。

7. 感觉器

家兔耳郭大，血管清晰，便于血管注射和采血。家兔眼球大，虹膜内有色素细胞，并由此决定眼睛的颜色；白兔眼睛的虹膜完全缺乏色素，由于眼球内血管的血液颜色透露，看起来是红色的。

8. 内分泌系统

家兔的甲状旁腺分布比较分散，位置不固定，因此不宜做甲状旁腺切除术。

9. 神经系统

家兔颈部有降压神经的独立分支。颈神经血管束有3根神经，最粗的为迷走神经，较细的是交感神经，最细者为降压神经。家兔的脑与鸟类相似，表面光滑。

（三）主要生理学特点

1. 感觉器官灵敏

家兔的听觉和嗅觉灵敏。

2. 对射线敏感

家兔对射线敏感，照射后常发生特有的休克样反应或死亡，其休克发生率和死亡率与照射剂量呈一定的线性关系。

3. 生殖生理

家兔的性成熟期因品种而异，小型、中型、大型品种的性成熟期分别为3～4月龄、4～5月龄、5～6月龄；体成熟时间比性成熟时间晚1个月。

家兔属于刺激性排卵的多胎动物，必须通过雄兔的交配动作刺激才能排卵。雌性家兔性周期一般为8～15天，无明显的发情期，但性周期期间有3～4天表现出性欲活跃，行为方面表现出爬跨同笼雌性家兔，做出类似雄性家兔交配的动作；器官变化方面，外阴呈现出淡粉红色、粉红色、紫红色的变化过程。外阴粉红色，家兔处于动情期，此时交配受孕的成功率最高。利用刺激性排卵的特性，能够准确地掌握家兔的排卵怀孕时间。

家兔的妊娠期为30～35天，平均31天；每胎产仔数1～13只，哺乳期为40～50天，一般为45天，因品种而异。

4. 血型

家兔有α′、β′、α′β′、O型4个血清型。

5. 体温调节

家兔主要利用呼吸散热维持体温平衡，气温在5～30 ℃时，家兔可进行体温调节；高于30 ℃的气温可导致家兔呼吸过于急促，从而对机体造成损害。

家兔体温变化十分灵敏，最容易产生发热反应，而且发热过程典型、恒定。

6. 换毛

家兔皮肤长满被毛，家兔一生中经常换毛，分大换毛和小换毛。大换毛有2次，分别在出生后100天换乳毛和出生后130～190天大换毛。大换毛后已进入成年，每年在春秋两季各有1次小换毛。

7. 生理数据

成年家兔的胃容量为80～150 mL，食料量为28.4～85.1 g/d，饮水量为60～140 mL/d，排粪量为14.2～56.7 g/d，排尿量为40～100 mL/（kg·d）。

二、常用品种、品系

家兔按照体型大小可分为大型、中型和小型三种类型：大型家兔有新西兰兔、日本大耳白兔等，体重4.0～6.5 kg；中型兔有喜马拉雅兔等，体重2.2～4.0 kg；小型兔有波兰兔、荷兰兔、中国本兔等，体重1.2～2.2 kg。青紫蓝兔本身具有大、中、小三型。世界上的实验用兔多达数十种，我国常用的有日本大耳白兔、新西兰白兔、青紫蓝兔、中国本兔4个品种，均属于封闭群动物。

1. 日本大耳白兔

日本大耳白兔原产于日本，以中国白兔与日本兔杂交培育而成，属皮肉兼用型。毛色纯白，头型方长、粗大，眼睛红，嘴稍钝，两耳长大高举，耳根细，耳端尖，形同柳叶，雌兔颌下有肉髯，被毛浓密。生长发育快，四肢粗壮，体长而匀称；母性好，繁殖力较强，产仔多，每胎约8只；成年体重可达4～8 kg，但抗病力较差。由于耳大，血管清晰便于注射和取血，是一种较理想的实验用兔。

2. 新西兰白兔

新西兰白兔是由美国加利福尼亚州培育的品种，有白兔、红兔两种。新西兰白兔毛色纯白，皮肤有光泽，体格健壮，头部圆粗且短，耳较厚、竖立；繁殖力强，每胎7～8只；生长迅速，3月龄可达2.5 kg，成年体重可达4～5 kg；性情温和，容易管理。其广泛用于皮肤刺激试验、热原试验、致畸试验、毒性试验、胰岛素检定、妊娠诊断、人工受孕试验、计划生育研究和制造诊断血清等。

3. 青紫蓝兔（山羊青、金基拉）

青紫蓝兔是法国育成，为一种优良的皮肉兼用兔。每根毛分为3段颜色，毛根灰色，中段灰白，毛尖黑色，耳尖、尾、面部黑色，眼圈、尾底及腹部呈白色。耳一竖一垂，雌兔颌下有肉髯。分小型、中型、大型3个品系，成年体重分别为2.5～3.0 kg、4.5～5.0 kg、6.0～6.5 kg。青紫蓝兔体质健壮，耐寒，适应性强，生长快，每胎产仔7～8只，3月龄可达2 kg以上。

4. 中国本兔（中国白兔、中国兔、菜兔）

中国本兔是我国常用的一种皮肉兼用兔，为世界上较为古老的品种之一。头型清秀，嘴较尖，体型偏小而结构紧凑，毛色纯白、短而紧密，皮板厚实，耳短小直立；眼红色，也有呈现为黑色、棕色的。其优点为抗病力强，耐粗饲料，易饲养，繁殖力强。每胎产仔8～9只，生长较慢，成年体重为1.5～2.5 kg。

三、生产繁殖

（一）性成熟和初配年龄

仔兔生长发育到一定月龄时，雄兔产生成熟的精子，雌兔产生卵子，表现出发情象征和性行为，称为性成熟。家兔的性成熟时间受品种、营养水平、性别的影响。家兔的体型不一，性成熟期也有差异，一般而言，小型兔的性成熟期为3～4月龄，中型兔的为4～5月龄，大型兔的为5～6月龄。

家兔达到性成熟时其体重仅有成年体重的1/3～2/3，若配种过早会影响家兔的发育并使后代生活力降低，因此家兔的繁殖必须在雌雄兔体成熟后进行。家兔的初配年龄：大型兔7～8月龄，体重4～4.5 kg；中型兔6～7月龄，体重3.5～4 kg；小型兔5～6月龄，体重3～3.5 kg。

（二）发情表现与发情周期

雌兔达到性成熟后，每隔一段时间卵巢内成熟10～20个卵泡，成熟的卵泡产生动情素，引起雌兔的行为和生殖道发生一系列变化，发生性兴奋。雌兔发情时表现为食欲减退，兴奋不安，在笼中跳跃、刨地板，雌兔的外阴潮湿红肿、分泌的黏液较多。随着发情时间的延长，外阴由粉红色变至红色、大红色，最后为紫红色，休情期外阴为苍白色。雌兔的发情周期指上次发情开始至下次发情开始的间隔时间。雌兔发情的持续时间称发情持续期。雌兔的发情周期为8～15天，发情期持续3～5天。

（三）配种与妊娠

配种时将雌兔放入雄兔笼中，雄兔追逐雌兔，几分钟后雌兔安静下来，雄兔爬在雌兔背上，雌兔抬高后肢迎合雄兔，雄兔阴茎插入雌兔阴道后，背腰强力弯曲而射精，射精后向侧面倒下并发出“咕咕”叫声，交配结束。家兔配种法有自由交配、人工辅助交配两种。

雌兔经交配后，精子和卵子在输卵管的上1/3处结合成受精卵。精子获能后才有受精能力，获能时间约需6小时。卵子在排出后也要一段时间才能受精，排卵发生于刺激后10～12小时，排卵后2小时受精力最高，当雌兔阴户变为粉红色时配种，受精率最高。

受精卵在输卵管经72～75小时发育到桑椹胚阶段进入子宫，经过一系列复杂的生理变化最后形成胎儿。从受精卵发育到胎儿的整个时期称为妊娠期。家兔的妊娠期为31天，变动范围为29～34

天，提前 2 ～ 3 天分娩产生的仔兔成活率低，延迟 2 ～ 3 天出生的仔兔能正常生活。

雌兔交配后 10 ～ 12 天可检胎，判断是否怀孕。检胎时，将雌兔放于平地，头向检胎者，检胎者的一只手的拇指和食指做“八”字状，沿着腹部两侧由前向后摸，若摸到拇指大小能滑动的球状物表明雌兔已受孕，否则为空怀。在雌兔怀孕 15 天后，要分笼单独饲养。

（四）分娩与护理

家兔通过 31 天左右的怀孕时间后即将分娩，分娩前 3 ～ 5 天，雌兔的乳房肿胀，可挤出少量白色乳汁，食欲减退，外阴红肿，此时要多喂青饲料，减少精饲料，以免发生便秘和乳腺炎；分娩前 1 ～ 2 天衔草筑窝，临产前 10 ～ 12 小时，衔草扯毛的次数增加；产前 2 ～ 4 小时，频繁出入于产仔箱。据观察，做窝早、扯毛多的雌兔母性好，泌乳力也强。产前不扯毛的雌兔可进行人工辅助扯毛，扯下胸腹部乳房四周的部分被毛铺于产仔箱中，有利于仔兔保温。

雌兔分娩时间多集中于夜间和凌晨，产前要将消过毒的产箱放入兔笼，让雌兔熟悉环境，分娩时，要保持安静，并在笼门挂上黑布，使笼内光线稍暗。雌兔分娩时多弓背努责，呈蹲坐姿态，一边产出仔兔，一边将胎衣吃掉并扯断脐带，舐干仔兔身上的黏液。雌兔分娩时间短，产完一窝仅 20 ～ 30 分钟，个别雌兔产完一批仔兔后间隔数小时再产第二批。雌兔分娩时失水较多，分娩后口渴，跳出产仔箱寻水喝，若找不到水就会跳回产仔箱吃掉仔兔。因此，雌兔分娩时应备足饮水。

（五）提高家兔繁殖率的技术措施

1. 选择体格强健的公雌兔作种

作为种用的公雌兔要求体格健壮，健康无病，体况不能过肥也不能过瘦，雄兔性欲强，雌兔发情要正常。

2. 加强饲养

配种前 2 周起加强饲养，供给充足的能量和蛋白质，同时供给微量元素和维生素，使公雌兔体况中等偏上。

3. 适时配种

为了获得较多数量的受精卵，适时配种，在雌兔发情的中后期，当阴户变为粉红色时配种，夏季早晚配种，冬季中午配种，此时，气候较适宜，兔子精神较好。

4. 复配

复配有两种方式。一是用同一只雄兔在第一次配种后间隔 6 ～ 8 小时配第二次。因为雌兔在交配刺激后 10 小时左右排卵。二是第一次配种后间隔 10 ～ 20 分钟，待第一只雄兔的气味消失后将雄兔放入第二只雄兔笼中配种。因为卵子在受精过程中有一定的选择性，不同的精子可增加卵子的选择性。

5.“频密”配种

“频密”配种又称配“血窝”，即雌兔分娩后 3 天内配种，年可产仔 8 ～ 10 胎。这种方式中，妊娠与哺乳同时进行，雌兔负担较重，应加强饲养，供给充足养分，防止雌兔失重较多。生产上采用变通的“频密”配种法，即在雌兔分娩后 2 周左右配种，这种方式年产仔 6 ～ 8 胎，同时可减轻雌兔负担。采用“频密”法繁殖，定期对雌兔进行称重，当体重明显下降时，停止一次血配。采用“频密”法繁殖的雌兔利用年限不超过 2 年。

6. 做好保胎工作，预防流产和死胎

老龄兔生活力下降，近亲交配可使隐性有害基因纯合的概率增加，导致死胎和畸形增加。因此，配种时老龄兔不配，近亲不配，病兔不配。管理上，怀孕兔不喂霉烂变质、酸性强的饲料，严禁管理粗暴和惊吓，防止流产。

四、饲养管理

（一）采用全价营养颗粒饲料

饲料配方应符合有关规定标准并保持相对稳定，投料应定时定量，防止过食或不足。以下介绍家兔饲料及其营养需要。

1. 饲料原料

饲料包括青饲料、干草、精饲料、矿物质饲料和饲料添加剂等。

（1）青绿饲料。青绿饲料主要包括野草（如艾蒿、禾本科野草、野豌豆）、蔬菜类（如大白菜、胡萝卜）、树叶类（如槐树叶、桑叶）、水生饲料（如水花生、水葫芦）、栽培牧草（如黑麦草、紫云菜）等。青绿饲料中的艾蒿、桑树叶、茄子叶等可以预防腹泻，含水分高的青绿饲料（如包心菜、青菜叶和豆科牧草）要控制喂量，以免腹泻。青绿饲料饲喂家兔时应保持新鲜、清洁，堆积过久、发黄、霉烂、变质、沾露水、霜打、喷洒农药后的青绿饲料不能用于饲喂家兔。投喂青绿饲料时须放在草架上，不能直接投于笼地板上以免污染；青绿饲料应与禾本科、豆科饲草搭配饲喂，以弥补青绿饲料中维生素 D 和磷含量的不足。

（2）干草。干草包括野青草、栽培牧草晒制而成的青干草，秸秆类如稻草、甘薯藤、秕壳等。干草因制作的原料不同，营养价值差异较大。干草使用主要是增加饲料中的纤维含量，以满足家兔的生理需要。青干草既可直接投喂，也可打成草粉。秸秆类一般制成草粉，草粉主要用于配制配合饲料，用量占 60%～70%。

（3）精饲料。能量类饲料主要指谷实类及加工副产物，如玉米、小麦、大麦、麸皮、米糠等；植物蛋白类饲料主要包括豆类和饼粕类，如大豆、豌豆、豆粕、油枯、棉籽饼；动物性蛋白如血粉、蚕蛹、鱼粉等。玉米胚芽易引起腹泻，棉籽饼、油枯含有有毒、有害物质，使用量在 8% 以下。对于兔来说适口性好的饲料有小麦、大麦、玉米、稻谷、大豆、豆粕。

（4）矿物质饲料。用于补充兔对矿物元素，主要是对钙、磷、钠、氯等的需要，以满足正常的生长、繁殖、产肉。常用的矿物饲料有磷酸氢钙、碳酸钙、食盐、骨粉、贝壳粉等。

（5）饲料添加剂。添加剂主要用于补充饲料中某些微量成分的不足及对兔的保健作用。添加剂的使用可以提高饲料的利用率和兔的生活力。添加剂主要包括微量元素添加剂、氨基酸添加剂、维生素添加剂等。

2. 营养需要

家兔的营养需要包括能量、粗纤维、脂肪、蛋白质、矿物质、维生素和水等。

（1）能量的需要。能量需要是家兔的第一需要，组织器官的发育、体温的维持和机体的生命活动都需要消耗能量，能量主要来源于碳水化合物，如淀粉、糖类、粗纤维。家兔能量需要量，雌兔的日粮中消化能为 10.45～12.12 MJ/kg，生长兔为 10.45 MJ/kg。

（2）粗纤维的需要。家兔对粗纤维的消化力较其他动物低，但粗纤维对家兔必不可少，它可提供一定能量，预防毛球病，尤其是消化道疾病。兔饲料中粗纤维含量低会使家兔肠道蠕动减弱，引起消化紊乱，产生腹泻病；但粗纤维含量过高，如高于 20%，会降低总消化率。家兔日粮中适宜的粗纤维量为 13%～15%，不同年龄兔对粗纤维的需要略有差异，幼兔为 10%～12%，成年兔为 14%～17%。

（3）脂肪的需要。兔饲料中适宜的脂肪可提高适口性，增加采食量，促进生长，但脂肪过高会引起腹泻，日粮中适宜的脂肪含量为 2%～5%。

（4）蛋白质的需要量。蛋白质在家兔的生产和生命活动过程中必不可少，它是构成和修补机体组织的物质，参与新陈代谢的调节作用，供给家兔能量。蛋白质由氨基酸构成，蛋白质的品质决定于构成蛋白质的各种氨基酸的种类、数量和相互间的比例。家兔易缺乏的氨基酸有赖氨酸、蛋氨酸、精氨酸。家兔日粮中粗蛋白的含量一般为 15%～16%，不同生理阶段的兔略有差异，生长兔为 16%，妊娠兔为 15%，泌乳兔为 17%，空怀兔和雄兔为 14%。

（5）矿物质的需要。矿物质是构成家兔机体组织和细胞尤其是骨骼的重要组成部分，是保证家兔健康、生长、繁殖、生产必不可少的物质。家兔体内含量在 0.01% 以上的矿物质称为常量元素，含量在 0.01% 以下的称为微量元素。常量元素有钙、磷、钠、氯、钾、镁、硫等，微量元素有铁、铜、锰、锌、硒、碘、钴。不同年龄和生理阶段的家兔对矿物质的需要有差异。

（6）维生素。维生素可调节家兔的各种生理机能，参与体内各种物质代谢，缺乏会导致家兔生长缓慢、生产力下降。家兔肠道中的微生物能合成 B 族维生素，对家兔来说易缺乏的维生素是脂溶性维生素。

（7）水。水是家兔机体的重要组成部分，若饲水不足，会造成消化功能紊乱、食欲减退，出现肾炎等。每只家兔每天需水 300～400 mL。

3. 一般饲养管理技术

俗话说“三分喂养，七分管理”，饲养与管理相结合才能保证家兔的健康，使其生产性能表现出来。

1）饲养方式。实验用兔的饲养推荐采用笼养方式，这样可以减少疾病的传染，有利于防病治病，以保证实验用兔的品质，管理上便于定量供给饲料，按实验要求控制生长、繁殖、选配，缺点是造价高。

2）饲养管理原则。

（1）青粗饲料为主，精料为辅。青粗饲料含有丰富的粗纤维、维生素和矿物质及未知生长因子，有利于兔的生长。青粗饲料的营养价值随季节变化而发生变化。春季青饲料水分和蛋白质含量高，夏季干物质含量高，秋季青饲料变老、品质下降。根据青粗饲料品质，日粮中青粗饲料占的比例为40%～70%，成年兔昼夜采食青粗饲料 500～700 g。青粗饲料不能满足兔生理的全部需要，不足部分由精料补充。家兔干物质采食量占体重的3%～5%，生长兔的日粮中精粗饲料比例为 1∶1，育肥兔和哺乳兔的为（5～6）∶（5～4），雄兔和空怀兔的为 3∶7。

（2）饲料的调制。调制兔饲料时力求原料多样化，以便达到营养成分互补，尤其是氨基酸的互补，精粗饲料组成至少 3 种。变换饲料的种类时至少有一周的过渡时间，使家兔的消化道适应新的饲料，否则会引起消化功能紊乱。兔喜欢采食颗粒饲料，饲喂家兔的饲料要清洁、新鲜，霉烂变质、冰冻饲料不能用于喂养家兔。饲喂时剔除饲料中的有毒有害草料、带刺植物、铁屑、玻璃碴等，块根块茎饲料应洗净后切丝，露水草、雨水草晾干后饲喂，含水量高的青饲料应晒蔫后饲喂。

3）一般饲养管理技术。

（1）饲养方法。可分为三种，一是自由采食，将全价饲料或精料补充料、青草、饮水全部备入饲槽中，任兔采食，料草槽中保持不断。二是定时供给，将各种饲料按时按次序供给，先粗后精，先干后湿，先喂后饮。成年兔、青年兔每天饲喂 3～4 次，幼兔 4～5 次，仔兔 5～6 次。三是混合法，精饲料定时分次供给，青饲料、粗饲料任其自由采食。采用全价饲料或劳动力紧张时用第一种方法饲喂；定时饲喂法较烦琐，增加了劳动力强度，但易于观察了解兔群情况，幼兔和仔兔宜采用此法；生产上通常采用混合法。无论采用何种方式饲喂，夜间都要投喂草或料。

（2）保持清洁卫生。每天打扫卫生，清除粪便，保持圈舍、兔笼的清洁、干燥，以免粪便污染饲草饲料。

（3）保持安静的环境。家兔胆小易受惊，当受到惊吓时，引起食欲减退，精神紧张不安，安静的环境可促进兔的生长发育。

（4）注意观察，防治疾病。家兔个体小，体质脆弱，易受饲料或环境条件的影响，如细菌、霉变饲料、露水草、高温、惊吓等都可导致家兔发病。每天注意观察兔群状况，注意兔子的精神、食欲、粪便和尿液状况，发现异常时分析原因，及时采取对策，做到有病早治。

4）建立防疫制度。家兔体质弱，易感染各种疾病，平时应做好预防工作，定期消毒圈舍，每月至少 1 次。建立免疫程序，防止传染病的发生和蔓延，定期注射各种疫苗，如兔瘟疫苗、兔巴氏杆菌疫苗、魏氏梭菌 A 型疫苗。

5）在饲养室内转群或购买实验用兔，必须注意安全运输及合理分群，避免造成意外伤害或外逃。新引进的种兔必须经过隔离检疫，发现病兔要及时淘汰。

五、在生物医学研究中的应用

1. 发热及热原实验

家兔容易产生发热且反应典型、恒定，常用于感染性和非感染性发热试验。给家兔皮下注射灭活的大肠杆菌、乙型副伤寒杆菌液、伤寒－副伤寒四联菌苗等，均可引起感染性发热。而给家兔注射某些化学药品或异体蛋白，如皮下注射二硝基酚溶液、松节油、肌注蛋白胨等，则可引起非感染性发热。

检查药品生物制品中是否存在致热原，即进行热原试验。选用的实验动物均为家兔。

2. 皮肤刺激试验

家兔皮肤对刺激反应敏感，观察各种毒物和药物对皮肤的刺激性，往往选用家兔。

3. 制作动脉粥样硬化症模型

通过饲喂高胆固醇、高脂肪饮食一段时间，家兔形成动脉粥样硬化症模型。其造模时间仅为3个月，比用犬、猴制作同类模型所需时间（分别为4个月、6个月以上）短。

4. 计划生育研究

兔属刺激性排卵动物，利用雄性家兔的交配动作，或者静脉注射绒毛膜促性腺激素，均可诱发排卵，可以准确判断其排卵时间，同期胚胎材料容易取得。而注射孕酮及某些药物却可抑制排卵。故常常使用家兔进行计划生育方面的研究，以及生殖生理研究。

5. 免疫学研究

大多数高效价和特异性强的免疫血清都用家兔研制。如鉴定多种细菌、病毒、立克次氏体的病原体免疫血清，又如兔抗人球蛋白血清、羊抗兔免疫血清等间接免疫血清，再如兔抗大鼠肝组织血清、兔抗大鼠肝铁蛋白等抗组织免疫血清，以及兔抗豚鼠球蛋白等抗补体抗体免疫血清。

6. 心血管疾病研究

结扎左冠状动脉前降支制作心肌缺血动物模型是一种常用的造模方式，由于家兔胸腔结构的特殊性，造模过程不需要采用人工呼吸，减少了人为损伤导致实验失败的概率，因而家兔是制作心肌缺血常用的模型动物。

制作心律失常动物模型、肺心病动物模型和肺水肿动物模型也经常使用家兔。还可采用兔耳灌流、离体兔心、主动脉条等方法研究药物对心血管的作用。

7. 微生物学研究

家兔对许多病毒和致病菌非常敏感，故常用于建立天花、脑炎、狂犬病、细菌性心内膜炎、沙门菌感染、溶血性链球菌感染、血吸虫感染、弓形体感染等感染性动物模型。

8. 眼科学研究

家兔眼球大，便于手术和观察，可以制作角膜瘢痕模型、眼球前房内组织移植模型，并可观察药物对上述模型的作用。

9. 急性实验

常用家兔进行生理学、药理学和病理学等学科的急性实验，如失血性休克实验、感染性休克实验、阻塞性黄疸实验、微血管缝合实验、眼球结膜和肠系膜微循环观察、离体肠段和子宫的药理实验，观察颈动脉压、中心静脉压、冠状动脉流量、每搏输出量、肺动脉和主动脉血流量，卵巢和胰岛等内分泌实验等。

10. 遗传学研究

用家兔可以开展软骨发育不全、低淀粉酶血症、脑小症、药物致畸等遗传学疾病的研究。

11. 口腔科学研究

家兔可作为口腔黏膜病、牙周病及整形材料毒性试验的对象。还可用于唇裂、腭裂等口腔畸形的研究。

第五节 地　　鼠

地鼠（又名仓鼠）（hamster，*Cricetidae*），属动物界（Animalia）、脊索动物门（Chordata）、脊椎动物亚门（Vertebrate）、哺乳纲（Mammalia）、啮齿目（Rodentia）、鼠科（Muridae）、仓鼠亚科

(Cricetinae)、仓鼠属（*Cricetidae*)、仓鼠种（*Cricetidae*）动物。它是由野生动物驯养后培育成实验动物的，主要有金黄地鼠和中国地鼠两种，金黄地鼠染色体数为 $2n=44$，中国地鼠（又名黑线仓鼠）染色体数为 $2n=22$。

一、生物学特性

（一）习性和行为

1. 杂食性

地鼠善营巢，为杂食性动物，食性广泛，有贮食习性，可将食物贮存于颊囊内。

2. 夜行性

地鼠是昼伏夜行动物，一般在夜晚 8～11 时最为活跃，运动时腹部着地，行动不敏捷。

3. 嗜睡和冬眠

地鼠有嗜睡和冬眠习性，睡眠时全身肌肉松弛，如死亡状，且不易弄醒。室温低时出现冬眠，一般于 8～9 ℃时冬眠，此时体温、心率、呼吸频率、基础代谢率均降低。室温低于 13 ℃时则幼仔易冻死。饲养时室温最好保持在 20～25 ℃，相对湿度以 40%～70% 为宜。

4. 好斗性

地鼠好斗，难于成群饲养。雌鼠比雄鼠大而且凶猛，性成熟后除发情期外，雌鼠不与雄鼠同居，且雄鼠易被雌鼠咬伤。初产的金黄地鼠有食仔的恶习。

5. 寿命

地鼠的平均寿命为 2～3 年。

（二）主要解剖学特点

1. 头部

地鼠头部较长。口腔内两侧各有 1 个颊囊，深为 3.5～4.5 cm，直径 2～3 cm，一直延伸到耳后颈部，由 1 层薄而透明的肌膜构成，容量可达 10 cm^3。颊囊缺少腺体和完整的淋巴通路，因此对外来组织不产生免疫排斥反应，是进行组织培养、人类肿瘤移植和观察微循环改变的良好区域。

2. 骨骼

地鼠共有脊椎骨 43～44 块，其中颈椎 7 块、胸椎 13 块、腰椎 6 块、荐椎 4 块、尾椎 13～14 块。

3. 牙齿

地鼠牙齿十分坚硬，可咬断细铁丝，受惊时会咬人。兴奋时发出强烈的金属性音响。门齿小，臼齿呈三棱形，门齿能终生生长。齿式为 $\frac{|\ 1.0.0.3}{|\ 1.0.0.3}$，共 16 个牙齿。

4. 呼吸系统

地鼠的肺有 5 叶，右肺 4 叶，左肺 1 叶。

5. 消化系统

地鼠的肝分 7 叶，左右各 3 叶，中间有一很小的中间叶。胃分前胃和腺胃，胃小弯极小。十二指肠和空肠较长，回肠较短，盲肠较大，而结肠长。

6. 泌尿系统

地鼠的肾的肾乳头很长，一直延伸到输尿管内，因此可从活体的单一收集管内获得尿液标本。

7. 生殖系统

雄鼠的睾丸较大，为体重的 1/7～1/6，上端有两个积液囊。雌鼠有乳头 6～7 对。

8. 免疫系统

地鼠全身有 15 个淋巴中心，35～40 个淋巴结。

雄性动物具有发育良好的臀腺，呈暗黑色色素斑。该部位的皮肤粗糙，腹侧区被毛的颜色也暗淡。色素的深度标志着性激素活性的强弱。当雄鼠处于性兴奋状态时，臀腺表面的被毛变湿，并搔抓和摩擦臀腺区。而雌鼠臀腺发育不良，很难分辨。

中国地鼠与金黄地鼠解剖生理特点基本相似，但也存在一些差异，如中国地鼠的二倍体细胞 $2n=22$，染色体少而大，大多数能相互鉴别，定位明确，尤其Y染色体在形态上是独特的，极易识别。中国地鼠无胆囊，大肠长度是金黄地鼠的1/2，但脑和睾丸均比金黄地鼠重近1倍。

（三）主要生理学特点

1. 生殖生理

地鼠生殖周期短，繁殖能力强，生长发育快。成熟后除发情期以外，雌鼠不许雄鼠靠近。雌鼠1月龄左右已性成熟，1.5月龄即可配种；雄鼠2.5月龄即可交配。雌鼠性周期为4～5天，且较准。妊娠期为14～17天，是妊娠期最短的哺乳类实验动物。每年每只雌鼠可产7～8胎，每胎产仔5～10只。幼仔生长发育很快，出生后3～4天耳壳开始突出体外，并逐渐张开，4天时开始长毛，6～12天时可自行觅食，14天睁眼，一边觅食一边靠母鼠乳汁哺育，哺乳期为20～25天。

2. 体温

地鼠体温的高低与季节有关，夏天一般为（38.7±0.3）℃。1天内也有变化，晚上9～11时体温最高，中午到傍晚体温较低，凌晨3～5时和上午10时体温升高。颊囊内的温度为（37±1）℃，雄鼠直肠温度和颊囊温度大体一致，雌鼠直肠温度比颊囊低1～2℃。

3. 生理数据

雄鼠成熟时体重为100 g左右，雌鼠为120 g左右。金黄地鼠心率为400次/分，呼吸频率为73.6（33～127）次/分，呼吸量为60（33.3～82.8）mL/分。颈动脉血压，8～12周龄时为78.7～101.3 mmHg，12～17月龄为64.3～88.3 mmHg，17～24月龄为65.5～92.5 mmHg，24月龄以上为62.0～91.8 mmHg。红细胞总数为（5.9～8.3）$\times 10^6/mm^3$，血红蛋白为14.85～16.20 g/100 mL，白细胞总数为7.200～8.480/mm^3。成年地鼠血液总量为体重的5%。

二、常用品种、品系

地鼠在世界上共有4属66个变种或亚属，常用的地鼠有金黄地鼠、中国地鼠和欧洲地鼠。

1. 金黄地鼠

金黄地鼠（golden hamster，*Mesocricetus auratus*）在医学科研工作中用途广泛，约占地鼠使用量的90%。金黄地鼠系仓鼠属、叙利亚亚种，又称叙利亚地鼠，金黄色，雄鼠成年体重为85～100 g，雌鼠为95～120 g。金黄地鼠实验动物化的历史较短，全部品系的来源都是1930年Aharoni从叙利亚A-leppo地区的田野里捕捉的1只野生成年雌鼠及其8只仔鼠，其中的3只（1雄2雌）在人工饲养下繁殖，以后逐渐扩散到世界各地。1975年，《国际实验动物索引》所公布的金黄地鼠近交系有38个，突变系17个，封闭群38个。我国饲养的金黄地鼠最早由兰春霖教授于1947年从美国引入上海。

金黄地鼠2月龄的体重为80～100 g，体长约16 cm，尾粗短，耳色深，眼小而亮，被毛柔软。常见金黄地鼠脊背为鲜明的淡金红色，腹部与头侧部为白色。由于突变毛色呈多样，可有野生色、褐色、奶酪色、白色等。近交系金黄地鼠无原发性肺肿瘤，常用于诱发性支气管性肺肿瘤的研究。

2. 中国地鼠

中国地鼠（Chinese hamster，*Cricetulus griseus*）系仓鼠属、中国种，又称黑线仓鼠或条背地鼠。灰色，体形小，体重约40 g。体长约10 cm，背部从头顶直至尾基部有一黑色条纹。我国最早由学者谢恩增于1919年引入实验室，用于肺炎球菌的检定。张昌颖等1938年最早进行人工繁殖，用激素调整其发情周期，在2年内繁殖了5代。1948年，美国Schwentker从中国带走10对野生地鼠原种，采用笼养、人工昼夜逆转等办法繁殖成功。数年后，其后代便遍及欧洲国家及美、日等国的主要实验室。1952年，中国地鼠开始用于糖尿病研究。现已培育成4个近交品系，并已被引入欧洲国家及美、日等国的主要实验室。中国地鼠在近亲交配至第2～7代后，有50%自发产生糖尿病，但各品系的发病率不一致。病鼠血浆胰岛素的变化不一致，糖耐量曲线与人类患者的类似。病鼠临床症状变化较大，血糖最高可达正常地鼠血糖值的500%，严重者出现尿糖阳性和弥漫性肾小球硬化。该模型类似于人类Ⅱ型糖尿病。从遗传系谱分析，中国地鼠的糖尿病属于多基因遗传方式的遗传病。中国地鼠使用量约占全世界实验地鼠使用量的10%。目前，我国也有地鼠近交系和白化突变系育成的报道。近交系中国地鼠易发生自发性遗传性糖尿病，用于Ⅰ型糖尿病研究很有价值。

三、生产繁殖

（一）繁殖适龄期

金黄地鼠的雌鼠于8周龄，雄鼠于9～10周龄即可配种投产。有人报道金黄地鼠于出生之后的27日龄即可配种；但由于雌鼠不十分成熟，哺乳能力差，体力消耗大，会造成仔鼠的生长发育不好。中国地鼠于出生之后的12周龄可配种生产。欧洲黑腹地鼠于出生之后43日即可配种投产。

地鼠排卵在发情期的末期，排卵受光线的影响，一般是在人工控制的光源转暗之后2～3个小时进行排卵，每只雌鼠每次排卵3～17个，平均10个。

发情期多在晚上，若当晚发情则第二天早上可见阴户流出黏液；若在星期一早上看到地鼠阴户流出白色乳酪状的液体则说明动情期结束，则第二个动情期就在星期四。雌鼠动情期时阴道口扩张，潮红润滑，人用手指容易分开，运动活泼，亲近雄鼠并举尾相迎接受配种。发情期后期，阴户肿胀消失，雌鼠尾稍下垂，阴户闭锁，阴户周围干燥呈鳞状，颜色苍白，雌鼠不亲近雄鼠，并与雄鼠相斗。

（二）配种方法

地鼠的配种一般在夜晚8～10时进行，受孕率比较高。配种时将雄鼠放入雌鼠的笼内，如雌鼠在发情期，接受配种时亲近雄鼠，并匍匐于笼中，四肢略弯曲不动，尾稍上翘。配种之后或次日早晨应将雄鼠从雌鼠笼中取出。

一般雌鼠在不发情时往往追咬雄鼠，雌鼠妊娠期也有此现象，此时不要配种。但也有在妊娠期间进行交配产生双重妊娠的个别现象。

另外，地鼠配种时，雌雄地鼠的年龄、体重不能相差太大，尤其当雄鼠较雌鼠太小时，雄鼠常常在遭受雌鼠的攻击后会产生恐惧心理，影响配种生产。

地鼠的配种也有采用雄雌同居7～10天的方法。采用这种方法要注意不应将雌鼠放入雄鼠笼内，而应将雄鼠放入雌鼠笼内。若雌鼠不喜欢雄鼠，可能会产生咬架，这时可将另一雄鼠换入，直到它们配种，雌鼠怀孕后再将它们分开。据观察，采用雌雄短期同居的方法受孕率可达60%。

（三）妊娠时间

金黄地鼠的妊娠时间为16天，在普通实验动物中是最短的。中国地鼠妊娠时间为20～21日。欧洲黑腹地鼠妊娠时间为20天。

（四）分娩前、后的注意事项

配种以后，应将雌鼠和雄鼠分开，各自饲养。在配种之后的妊娠期间要注意补充饲料。实践证明，地鼠生产繁殖力较强，故蛋白质的供应很重要，脂肪或脂肪酸、B族维生素（维生素B_1、维生素B_{12}、维生素B_6、泛酸）及维生素A、维生素P、维生素E对于地鼠也是必需的，为此，对生产种鼠可以每周加2次黄豆、2次麦芽、2次含10%鸡蛋的软料。

妊娠雌鼠所使用的笼具，一定要经过消毒灭菌，并垫铺清洁的刨花、锯末等，以及给予地鼠自制巢穴的材料，如稻草、纸屑等。

在雌鼠配种后第9天可见腹部隆起，第10天起加稻草等物，让雌鼠制作产窝。

在雌鼠妊娠的后半期及仔鼠出生之后1～2周之内，一定要保持安静，以防止流产、死胎或雌鼠吃食仔鼠。

（五）哺乳仔鼠的发育

金黄地鼠产仔一般为6～7只，最多12只。也有报道为13～16只，平均为9只。中国地鼠产仔数为1～9只，平均为5.5只。欧洲黑腹地鼠产仔数为14～18只。

金黄地鼠产的仔鼠体重为1.3～3 g，体长为1.9～3 cm；同一窝产仔数多的仔鼠体重比产仔数少的要小一些。仔鼠体重每天可增加1～2 g，21日龄离乳时体重可达20～35 g。仔鼠出生之后，4日龄长毛，14日龄睁眼，耳壳于出生之后3～4日突出，6日龄开始会觅食蔬菜、肉类等柔软的饲料，8日龄可出窝。

金黄地鼠哺乳期为20～25日，夏季为18日。由于哺乳期间雌鼠负担较重，会使雌鼠消瘦衰弱，因此不能连续配种生产。至少要有1周的休养期，才能继续配种生产。

（六）离乳之后仔鼠的成长

仔鼠离乳之后，在30日龄之内，每天可增重0.5～2.0 g，2月龄的成年地鼠体重达80～110 g以后，雌鼠比雄鼠生长得快一些，60日龄到90日龄雌雄体重可以相差10 g。金黄地鼠同小鼠一样，可以存活2～3年。

（七）繁殖用种鼠使用寿命

种雌鼠可繁殖使用11～13个月，种雄鼠可繁殖使用12～18个月。

在繁殖期间，要防止种鼠的脂肪过多，可增加其运动量以保持雄鼠性欲的旺盛，同时要补充维生素A、维生素B、维生素C、维生素E等。

（八）选种和育种

一般健康的金黄地鼠体型椭圆，四肢有力，肌肉发达，反应灵敏，行动活泼，毛色有光泽，肌肉皮肤有弹性，眼睛鲜明有精神，呼吸正常。选种时应选择具有以上条件的种雌鼠。亲代每胎产仔6只以上，发育良好的第2～4胎的幼仔，作为选留的幼种，其亲代应具有较高的生殖能力与优异的体质。于种雌鼠分娩后第二周选留幼种，要求哺乳30～35日，体重达50 g以上。选留的幼种于离乳之后，雌雄分开饲养，每个笼具中可饲养4～5只。在育种期间要加强管理，防止发育不良或过肥影响配种。

四、饲养管理

（一）饲料的营养成分和饲料配方

一般在饲养育成鼠、实验用鼠时，地鼠使用与小鼠和大鼠一样的块料即可，其营养成分如下：粗蛋白质21.3%，粗脂肪6.5%，粗灰分6.5%，粗纤维4.8%，碳水化合物55.2%。

在繁殖时则需要另外补充适量的肉类等蛋白饲料和蔬菜，以供给充足的维生素A和维生素E。

饲料配方（同小鼠及大鼠的饲料配方）：面粉25%，玉米面20%，高粱面15%，豆饼面10%，麸皮18%，鱼粉4%，骨肉粉2%，酵母粉1%，骨粉3%，鱼肝油1%，盐1%。

（二）房舍和笼具

地鼠在室内饲养，与其他动物相比，要求温度较高、湿度大，一般认为温度22～28 ℃，相对湿度60%～70%比较合适。并要保持室内安静，空气新鲜。为了增加室内的湿度可以采用往地上洒水或喷水的方法。

有报道称，如果室内温度低于20 ℃，就影响金黄地鼠正常的繁殖，并且会发生仔鼠冻僵或雌鼠吃仔的现象。同时，如果雌鼠产仔时受到惊扰，也会发生吃仔的现象。

饲养金黄地鼠所使用的笼具要求用金属制作，并且盒盖或笼门也一定要严密，防止金黄地鼠将笼具啃咬坏或将笼门顶开逃跑。一般使用铁皮及铁丝制作笼具，有的使用饲养小鼠育种鼠的小铁皮盒饲养，盒内铺锯末；另一种铁盒的底是用铁丝、钢片制成，地鼠的粪尿漏到铁盒下面的盛粪板上，可用水冲洗，在铁盒内再增添一个小盒作为产仔用的巢穴。

（三）饲养管理

金黄地鼠每日每只喂饲料块10～15 g，在夏天阴雨季节，块料每天喂饲1次，并把金黄地鼠在巢穴内贮存的饲料清理出来，以防由于块料潮湿发霉引起地鼠的肠炎。在春秋冬季则可每2～3天加

1 次块料，以保证器具内有充足的块料为原则。

有的单位饲养金黄地鼠用饮水瓶喂水，每天每只金黄地鼠饮水 15 ～ 20 mL；有的饲养金黄地鼠则从来不喂水，但每天保证喂 2 次新鲜蔬菜，如大白菜、油菜、黄瓜、胡萝卜等。

喂饲金黄地鼠的蔬菜一定要新鲜，经消毒处理，绝不能喂饲腐烂变质及冰冻的蔬菜。每天喂菜时一定要把前一天金黄地鼠吃剩下的蔬菜取出，以防地鼠由于吃食腐烂变质的蔬菜而引起肠炎。

在管理方面，每周换窝 2 次。垫料最好是用小刨花，如果使用锯末，一定要干燥。换窝时不能用手去拿哺乳的仔鼠，否则仔鼠会被哺乳母鼠咬死，一定要用一个铁皮制作的小簸箕或大的铁铲，连同地鼠用草制的巢穴把仔鼠铲起放在一边，等换完锯末之后再放回铁盒里。在换窝时不动巢穴，只换刨花或锯末也可以。

饲养用的笼具，要定时消毒。

房舍笼架至少每年春秋季要彻底大消毒 2 次。当饲养的地鼠发生疾病时，最好要进行消毒。消毒时尽量采用对动物刺激比较小的消毒药物，如房舍消毒可采用过氧乙酸，消毒完毕，待房舍通风半小时之后再将地鼠搬入房间之内。笼具则可采用煮沸或高压蒸汽消毒灭菌的方法进行消毒。

另外，饲养地鼠用的稻草、刨花或锯末最好也要消毒之后再用。

在存放饲料、稻草、刨花、锯末的地方，以及饲养地鼠的房舍内一定要消灭野鼠，以防野鼠传播疾病；夏季也要消灭蚊蝇、蟑螂等传染疾病的媒介动物。

（四）管理的几项技术措施

1．抓取地鼠的方法

（1）抓取地鼠时动作一定要轻快，用手掌按住地鼠，待地鼠安静时，用拇指和食指抓住地鼠颈部的皮肤，其他三指抓住背部的皮肤，一定要抓紧，防止咬伤。

（2）用大镊子迅速、准确、轻快地夹住地鼠颈部的皮肤。

（3）对于幼龄地鼠可采用“一把抓”的方法，就是用手抓住它的全身。在抓取中国地鼠时，也可用这种方法。

2．性别的鉴定

（1）通过看外生殖器鉴别。

雄鼠从阴茎到肛门之间的距离比雌鼠外阴部到肛门之间的距离大。对于出生后的性别鉴定，雄鼠的阴茎突起比雌鼠的阴核突起大，并且到肛门之间的距离也长。

在体成熟之后，则看有无睾丸及阴茎即可判定雌雄（中国地鼠）。

（2）从形态上看：对幼龄地鼠鉴别比较困难，待体成熟之后雌鼠的腰部比雄鼠明显地膨胀。另外，雌鼠的体长及体重大于雄鼠。

五、在生物医学研究中的应用

1．肿瘤学研究

地鼠是肿瘤学研究中最常用的动物。地鼠对可诱发肿瘤的病毒很易感，还能成功地接受某些同源正常组织细胞或肿瘤组织细胞的移植。肿瘤组织接种于地鼠颊囊中易生长，可利用颊囊观察其对致癌物的反应。金黄地鼠对移植瘤接受性强，肿瘤易生长，被广泛应用于肿瘤增殖、致癌、抗癌、移植、药物筛选、X 射线治疗等研究。

2．生殖生理学研究

地鼠性成熟早，妊娠期短，性周期准确，繁殖传代快，便于进行生殖生理的研究。人类精子可穿过地鼠卵子的透明带，完成受精过程，便于计划生育的研究。

3．遗传学研究

中国地鼠被细胞遗传学、辐射遗传学等学科广泛应用，它的地理分布、生活习性和生殖特点也成为进化遗传学的研究对象。并且中国地鼠染色体大，数量少，易于相互鉴别，是研究染色体畸变和复制机制的极好的动物模型。

4．微生物学研究

地鼠对各种血清型的钩端螺旋体感受性强，病变典型，适宜复制钩端螺旋体病理模型和进行病原分离等研究。地鼠对病毒和细菌敏感，适宜复制病毒、细菌性疾病模型，进行传染性疾病的研究。地鼠还可作为风湿病和病毒性胚胎病的模型。地鼠肾细胞可供脑炎、流感、腺病毒、立克次氏体、原虫等分离使用，也是制作狂犬疫苗和脑炎疫苗的原材料。

5．组织移植研究

地鼠对皮肤移植的免疫反应特别强。许多情况下，非近交系的封闭群个体之间皮肤相互移植后均可长期存活，而不同种群动物之间皮肤相互移植后则不能存活。这一特点有利于皮肤移植的研究。另外，地鼠还可用于胎儿心肌、胰腺等移植的研究。

6．组织培养的研究

在对各种鼠组织的体外培养中，不仅容易建立保持染色体在二倍体水平的细胞株，而且自发性和内源性病毒感染发生率低，在抗药性、抗病毒性、温度敏感性和营养需要的选择中，建立了许多突变型细胞株。

7．微循环、冬眠、龋齿、内分泌和营养等研究

常选用地鼠颊囊黏膜观察淋巴细胞和血小板变化及血管反应性变化。诱发地鼠冬眠可研究冬眠时的代谢特点，适宜做微循环、冬眠生理、药物致畸、免疫学等研究。地鼠龋齿的产生与饲料的成分及口腔内微生物的种类、数量密切相关，可用于牙科研究，适宜建立龋齿动物模型。地鼠可用于内分泌如肾上腺、脑垂体、甲状腺等的研究。近交系中国地鼠易发生自发性遗传性糖尿病，是研究真性糖尿病的良好动物模型。地鼠对维生素 A、维生素 B 及维生素 E 缺乏敏感，适宜于营养学研究。

第六节　猫

猫（cat，*Felis catus*），属动物界（Animalia）、脊索动物门（Chordate）、脊椎动物亚门（Vertebrate）、哺乳纲（Mammalia）、哺乳纲（Mammalia）、食肉目（Carnivora）、猫科（Felidae）、猫属（*Felis*）、猫种（*Felis catus*）动物，染色体数 $2n=38$。

一、生物学特性

（一）习性和行为

1．神经质

猫是天生的神经质，其行动谨慎，对陌生人或环境十分多疑，因而在环境变化的情况下，应使猫有足够的时间适应，方可进行实验。正常情况下，猫对人非常温顺和亲切，成为主人的宠物。遇到威胁时会弓背。

2．爱孤独

猫喜孤独和自由生活，不喜群居。除发情和交配与配偶一起以外，一般喜欢独来独往，豢养的家猫喜欢离家出走。猫没有永久的居住地，哪里有好食物和适宜的生活环境就在哪里定居。这种习性给繁殖、饲养和管理造成一定困难。

3．有洁癖

猫特别爱干净，大、小便后立即用土掩埋。尤其喜爱干燥、明亮的环境。

4．肉食性

猫属于肉食性动物，利用能伸缩的爪捕食其他动物，常窥视和迅速捕捉鼠类、鸟类、爬行类、鱼类、昆虫类动物，以此为食。

5．寿命

猫的寿命为 12～30 年。

（二）主要解剖学特点

1. 体型

在实验动物中，猫属于中等体型。猫出生时体重为 90～120 g；成年雄性猫体重为 2～4 kg，雌性猫为 2～3 kg，成年猫体长为 40～45 cm。

2. 骨

猫骨由头骨、躯干骨（椎骨、肋骨、胸骨）、前后肢骨和阴茎骨组成。

3. 牙齿

齿式为 $\frac{|\ 3.1.3.1}{|\ 3.1.2.1}$，共 30 个牙齿。

4. 舌

猫舌的结构是猫科动物所特有的，舌上面布满无数丝状乳头，该乳头被有较厚的角质层，呈倒钩状，便于舔食骨头上的肉。

5. 循环系统

猫的血压稳定，血管壁较坚韧，对强心苷较敏感。

6. 生殖系统

雄性猫阴茎有阴茎骨。雌性猫为双角子宫，有 4 对乳头。

7. 神经系统

猫的大脑和小脑发达，其头盖骨和脑的形态特征固定，对去脑实验和其他外科手术耐受力较强。此外，猫的平衡感觉和反射功能发达，角膜反应敏锐。

8. 皮毛

猫全身有被毛，成年猫每年在春夏和秋冬交替的季节各换毛 1 次。

（三）主要生理学特点

1. 刺激性排卵

猫属典型的刺激性排卵动物，交配后 25～27 小时才排卵。猫又是季节性多次发情动物，每年只有春季和秋季 2 次交配期，性周期 14 天，怀孕期 63 天（60～68 天），哺乳期 60 天。

2. 视力好

猫的瞳孔能按照光线强弱灵敏地进行调节，光线强时瞳孔收缩成线状。猫晚上视力极好，善于在黑暗中捕食鼠类。

3. 对某些刺激或药物的反应

（1）猫在正常条件下很少咳嗽，但受到机械刺激或化学刺激后易诱发咳嗽。猫的呼吸道黏膜对气体或蒸汽反应很敏感。

（2）猫对所有酚类都敏感。

（3）猫对吗啡的反应和一般动物相反，犬、兔、大鼠、猴等主要表现为中枢抑制，而猫却表现为中枢兴奋。

4. 呕吐反射

猫的呕吐反射敏感，适宜进行呕吐反射方面的实验。

5. 红细胞折射体

猫的红细胞大小不均匀，细胞边缘有一环状灰白结构，称为红细胞折射体。正常情况下，10% 的红细胞中有红细胞折射体。

6. 血型

猫的血型有 A、B、AB 三种血型。

7. 生理数据

成年猫的胃容量约为 340 mL，食料量为 113～227 g/d，饮水量为 100～200 mL/d，排粪量为

56.7～227 g/d，排尿量为20～30 mL/（kg·d）。

二、常用品种、品系

一般分为家猫和品种猫两大类。

（1）家猫：是家庭眷养猫的统称，一般是随机交配的产物。

（2）品种猫：经选育而成，每个品种猫都具有特定的遗传特征。目前，全世界有35个以上的品种，分为长毛种和短毛种两类。

目前，我国用作实验的猫主要来自家猫，有黑猫、白猫、花猫、麻猫等，实验用猫应选用短毛猫，不宜选用长毛猫，因为长毛猫易污染实验环境、操作不便，且体质较弱，实验耐受性差。我国华北制药厂（现华北制药集团有限责任公司）已经培育出虎皮猫，虎皮猫具有较稳定的遗传背景，是比较理想的实验用猫。

三、生产繁殖

（一）猫的繁殖参数

猫的繁殖参数详见表8－8。

表8－8　猫的繁殖参数

项目	参数	项目	参数
雌猫性成熟年龄	6～8月龄	雄猫性成熟年龄	7～8月龄
雌猫适合繁殖年龄	10～12月龄	雄猫适合繁殖年龄	12月龄
雌猫繁殖年限	7～8年	雄猫繁殖年限	6～7年
雌猫发情周期	14～21天	雌猫发情持续时间	3～6天
雌猫排卵时间	交配后24小时	雌猫妊娠期	58～71天（63天）
雌猫平均产仔数	3～4只/胎	雌猫哺乳期	7周
幼猫离乳期	4～5周	雌猫繁殖适宜季节	2月、6月、10月
幼猫产后初次发情	泌乳后第4周	—	—

（二）发情

雌猫是季节性多次发情动物，在冬季（1月）和秋季（9月）有2～3个发情期。将休情期母猫与正常发情的母猫圈养在一起或应用各种外源性促性腺激素可诱导发情。延长光照时间，一昼夜光照14～18小时可提高发情母猫的百分率。

雌猫发情时，性情温顺，喜欢在主人两腿间磨蹭。有时高举尾巴，愿意接触雄猫，见到雄猫后发出“嗷嗷”的叫声，并表现与雄猫特殊的亲昵感，或与雄猫玩耍、追逐、主动高举尾巴，让雄猫交配。如果发情雌猫关在室内，当听到雄猫叫声时，会狂暴地抓挠门窗，急于出去。用手抚摸或按压雌猫背部，雌猫会安静不动，并出现踏足举尾动作。有的雌猫发情时，特别敏感，眼睛明亮，不愿吃食，到处乱逛。发情雌猫的外阴肿胀及阴道分泌物不明显。可用阴道细胞学检查来判断发情高潮，一般发情前期以大而有核的细胞为主；发情期出现大量角质化细胞；发情后期以中性白细胞为主；发情间期以许多有核上皮细胞和少数中性白细胞为主。

（三）交配

雌猫发情后，应选品种优良的雄猫进行交配，但严禁近亲繁殖。一般初配雌猫与配过种的雄猫交配，或初配雄猫与产过仔的雌猫交配，易配种成功。

配种适宜时间是在雌猫发情后的第二天晚上，一般一次即可配上。为了保险起见，第二天可再交配一次。猫交配时，不愿让人看，不喜欢灯光，因此最好在夜间进行，为了观察是否交配成功，饲养员可躲在暗处，或站在室外通过门窗玻璃观看，不要走动，也不要发出声响。

配种时应将雌猫放到雄猫的住处（或笼子里），如果雌雄猫从未见过面，应将雌猫关在笼子里，再放到雄猫住处或笼子附近，让雄猫与其亲近，当彼此熟悉后，再将雌猫从笼子里放出来，雄猫受到雌猫的刺激便会很快进行交配。如果雄猫不理雌猫，或雌猫不愿接近雄猫，千万不要放在一起，否则容易引起两只猫发生争斗，造成伤害。可再找第二只雄猫试试，如果仍不行，则可能是雌猫发情不充分或假发情。

发情雌猫接受交配时，雄猫一边发出尖锐的叫声，一边接近雌猫，雌猫则蹲伏下来接受雄猫爬跨。雄猫射精后松开雌猫或雌猫通过打滚将雄猫抛下来。交配后雄猫常迅速跳开躲到一边，雌猫舔舐其阴部并梳理被毛。

（四）妊娠

猫属于刺激性排卵动物，交配后24小时卵巢排卵，卵子在输卵管与精子相遇，完成受精过程。雌猫怀孕后，其发情表现还可持续3～6天，然后消失。交配后20天左右才能见到怀孕表现：不再发情；乳头逐渐变成粉红色，乳房增大；食量逐渐增加；活动量减少，行动小心谨慎，不愿与人玩耍，睡觉时间长，喜欢伸直身子躺着睡；外阴部肥大，颜色变红；排尿频繁。

怀孕后1个月左右的雌猫，腹部明显增大，轻压后腹部能触摸到胎儿的活动。乳房明显膨胀，食欲旺盛，体重继续增加。因体内激素分泌增多，毛色变得光亮、美丽。

（五）分娩

猫的妊娠期约63天。分娩前应将雌猫移至安静、通风干燥、冬暖夏凉、光线较暗的优良环境，并用淡盐水将雌猫乳头洗净、擦干，以保证产仔后哺乳过程的卫生。并供给产仔箱，其大小以猫的四肢能伸直并有一定间隙为宜。

临产猫精神紧张，易攻击其他动物或人，因此，分娩前应禁止经常观看孕猫，更不允许触摸它，禁止喧闹。雌猫分娩时最好不要有陌生人走动，熟人走动也越少越好。

雌猫分娩一般持续1～3小时，各仔猫产出的间隔时间为0.5～1小时，但由于发情周期的长短和重复配种的做法不同，仔猫也可能在几天内分几次产出。因此仔猫延缓产出并不意味着难产。

多数雌猫完全可以处理分娩过程中的一切事宜。分娩雌猫侧身而卧，不断努责，以加速分娩过程。先见阴门鼓出，然后是一层白色薄膜，薄膜内裹着胎儿，常见先产出头部，胎儿爪子放在头的两侧，然后产出身子和尾部。产出的仔猫裹在胎衣内，雌猫将胎衣囊撕开，咬断脐带，并把胎衣和胎盘吃掉，以舌舔干净仔猫身上的羊水，并从仔猫身边挪开，以免压着或伤害已产出的仔猫。

但有些名贵品种的猫，因长期人工饲养，野性很小，不会处理产下的仔猫，饲养员应先让雌猫透过羊膜看看仔猫，雌猫看到仔猫很可能会自己咬破羊膜，舔仔猫身上黏液；如果雌猫仍无行动，饲养员应洗手并消毒后，用指甲或剪刀弄破羊膜，取出仔猫，洗净鼻子附近的羊水，用指甲轻轻掐断脐带，压1～2分钟，以不出血为佳。

雌猫分娩时会有少量出血。如果分娩结束后，阴门内有鲜红色排泄物流出，预示产道有大出血的危险，可用脱脂棉塞住阴道，迅速送动物医院治疗。如果孕猫已破水15～24小时仍不见胎儿产出，或者见胎儿已露出阴门5分钟还不能全部产出，则说明雌猫发生难产，应进行助产或剖腹产。

有些雌猫分娩过程中过于疲劳或阵痛减弱，要给雌猫饮用牛奶或加少量糖的温开水。

（六）人工授精

采用猫的人工授精技术，不仅有利于提高优良品种雄猫的精液利用率，促进猫的品种改良，还有利于防止疾病的传播。

1. 采精

性情合适的雄猫，当有试情猫存在时，很容易训练雄猫把精液射入假阴道内。假阴道可自己制作，取一根直径2 mm的橡皮球吸管，在球的末端剪断，并将橡皮管套在一根3 mm × 14 mm的试管上，再将此装置插入装有52 ℃热水的60 mm聚乙烯瓶内。橡皮管的开口端翻转过来，套在聚乙烯瓶口上而将瓶封好，在开口的橡皮管内涂以适量凡士林或其他无刺激性的润滑油。采精时，当雄猫爬跨试情猫时，操作者迅速把采精器的开口端对准雄猫阴茎，并紧贴其皮肤，但不要用力过大，以免引起雄猫不适的感觉。这时雄猫即会把阴茎插入假阴道内，在采精器内合适的温度、压力和润滑度的刺激下，雄猫会发生射精，精液自动流入试管内。每只雄猫的平均射精量一次为0.04 mL，含精子数约57 000万个，用生理盐水将其稀释到1 mL备用，每只雄猫每隔3周采精1次较适宜。

2. 输精

猫的排卵属刺激性排卵，输精前先应对发情雌猫注射动物的丘脑下部组织浸出物或肌注50 IU的人绒毛膜促性腺激素，或让结扎了输精管的雄猫与准备输精的发情雌猫进行交配，以诱发其超数排卵。将经上述刺激后的发情雌猫保定，用顶端为球状的9 cm的20号注射针头，接上消毒好的小注射器，抽取上述备好的精液稀释液，小心谨慎地插入雌猫阴道内，并以感觉到达子宫颈前部为止，每次输精量为0.1 mL。也可在第一次输精后24小时，再注射10 IU的人绒毛膜促性腺激素后，进行再次输精，以提高雌猫的受胎率。

四、饲养管理

猫可笼养或舍养，无论哪种方式都应有活动余地和位于底面之上的休息处。实验用猫最好笼养。

（一）猫的日常管理

1. 保持适宜的温度和湿度

猫是一种怕热、喜暖的动物，对寒冷有一定抵抗力，是因为猫体表缺乏汗腺，体热不易排出，长毛猫尤其如此。猫一般在气温18～29 ℃、相对湿度40%～70%的条件下正常生活，但最适气温为20～26 ℃，最适相对湿度为50%。气温超过36 ℃可影响猫的食欲，体质下降，容易诱发疾病。为此，夏季猫舍应采取通风降温措施，冬季采取保暖措施，做到猫舍冬暖夏凉。

2. 清洁卫生

猫舍应清洁卫生，保持猫舍干燥。猫室内放上吸湿性强的垫料，垫料要勤换。并设置排便器，训练猫在排便器内大、小便。排便器要经常清洗，保持清洁和无臭味，以防止猫感到排便器脏而更换便溺地点。

3. 猫舍及用具定期消毒

猫舍、猫室、食具、排便器应经常清洗、定期消毒，既有利于清洁卫生，又可预防疾病。但猫对有刺激气味的消毒剂（如来苏儿）敏感，不宜使用。消毒时可用刺激性小、杀菌力强的0.1%过氧乙酸喷洒在猫室及其周围环境，能杀死大多数病原菌。用0.1%新洁尔灭液浸泡食具、排便器5～10分钟，或用3%～4%的热碱水浸泡。洗刷后再用清水冲洗干净。

4. 喂食

猫是肉食性动物，喜腥食，有偏食习性。饲料配方中，动物性饲料应占30%～40%。猫不能用β-胡萝卜素作为维生素A的来源，因此，可经常喂食猪肝以补充维生素A和维生素B_1。猫科动物最必需的氨基酸是牛磺酸和精氨酸，应在饲料中添加。

实验用猫以喂全价配合饲料为宜。喂猫时，应把食物放在经过洗刷、消毒的盘内，盘下垫一张比盘大的纸，以防食物弄脏猫室。喂猫要定时定量，这样既可使猫吃饱，不会浪费饲料，还有利于胃肠的正常生理活动，增强对食物的消化吸收。一般情况下，猫一天喂2～3次，以早晚各喂一次比较合适，晚上给食量应多于早晨。怀孕或哺乳的雌猫分早、中、晚3次给食为宜。小猫的饲喂次数应多一些，仔猫1周内，每天喂8～11次；2～3周时，每天喂6～8次；4～8周时，每天喂5～6次；2～10个月时，每天喂3～4次；10个月后，每天喂2～3次。

喂猫的地点和用具要固定，环境要安静。猫不喜欢在嘈杂声中和强光的地方吃食。猫对食具和环境的变换很敏感，有时因换了喂食的地方或食盘而引起拒食。猫采食时有用爪钩取食物或把食物叼到外边吃的习惯，发现这种情况，要立即制止。经过数次后，就能使猫改变这种不良习惯。

5．饮水

成年猫体内含有近60%的水分，当猫体内水分丢失10%时就会引起严重后果，失水20%时可导致猫死亡。猫的饮水量与食物中的含水量密切相关，按一般规律而言，每天猫的饮水量与干物质进食量的比例为3∶1，猫的年龄越大，需要的水分越少，幼猫的需水量稍大于成年猫。

喂水的方法是，将清洁水盛入专用的饮水器中，置于食盘旁边，猫渴了会自行饮水。每天喂水1次，每次300 mL左右。喂水时，应将上一次未饮尽的水倒掉，把饮水器清洗干净，重新盛入清洁水。

6．心理

猫因不易成群饲养，发情期有心理变态，饲养中涉及动物心理学问题，繁殖较为困难。

五、在生物医学研究中的应用

猫主要用于神经学、生理学、药理学等方面的研究。

1．神经系统的研究

常用猫做去大脑僵直模型，用猫脑室灌流研究药物作用部位、血脑屏障的作用等。

采用辣根过氧化物酶法进行神经传导通路，周围神经形态，中枢神经系统之间、周围神经与中枢神经之间联系等的研究。

猫可用于姿势反射实验，以及观察刺激交感神经时角膜及虹膜的反应实验。

2．药理学研究

观察药物对猫心血管系统、呼吸系统的作用及药物的代谢过程。常用猫进行冠状窦血流量的测定，观察药物对血压的影响，以及进行阿托品对毛果芸香碱的拮抗作用等药理实验。

3．心血管系统实验

猫的血压恒定，能描绘出完好的血压曲线，血管对药物反应灵敏，且反应与人相似，适合做血压方面的实验。猫的血管壁坚韧，手术操作不易撕裂，便于进行血管插管操作。猫可反复应用于药物筛选实验。猫特别适合于药物对循环系统作用机制的分析，因为猫不仅有角膜反射，便于分析药物对交感神经节及其节后纤维的影响，而且易于制备脊髓猫模型，以排除脊髓以上中枢神经系统对血压的影响。

4．其他研究应用

猫可用于炭疽病的诊断及阿米巴痢疾的研究、针刺麻醉原理的研究，生理学上利用电极刺激神经观察脑部各功能区的反应，用于白血病和恶病质者血液的研究。猫可用于制作白化病、耳聋、先天性心脏病、脊柱裂、卟啉病等的动物模型。

第七节　犬

犬（dog，*Canis lupus familiaris*），属动物界（Animalia）、脊索动物门（Chordata）、脊椎动物亚门（Vertebrate）、哺乳纲（Mammalia）、食肉目（Carnivora）、犬科（Canidae）、犬属（*Canis*）、灰狼种（*Canis lupus*）、家犬亚种（*Canis lupus familiaris*）动物，染色体数$2n=78$。

一、生物学特性

（一）习性和行为

1．与人为伴

犬喜欢接近人，经驯养可与人为伴，能理解人的简单意图，服从主人的命令。犬喜欢主人轻轻拍打、抚摸其头颈部，但臀、尾部忌摸。犬的归家性很强。

2. 适应性强

犬对外环境的适应能力较强，能适应比较热和比较冷的气候。

3. 合群欺弱

雄性犬性成熟后爱撕咬，并有合群欺弱的特点。

4. 爱活动

犬习惯不停地活动，必须提供足够的活动场所。

5. 性情凶猛

粗暴对待及不合理饲养可使犬恢复野性，性情凶猛，使人难以接近，甚至咬伤人。

6. 肉食性

犬是肉食性动物，经过长期饲养，也可杂食或素食，但要保证饲料中含有一定数量的蛋白质和脂肪。

7. 寿命

犬的寿命为 10～20 年。

（二）主要解剖学特点

1. 体型

犬属于大型实验动物，根据其体重的差异，又分为大型犬（>30 kg）、中型犬（11～30 kg）和小型犬（10 kg 以下）。

2. 骨

犬的骨由头骨、躯干骨（椎骨、肋骨、胸骨）、前后肢骨和阴茎骨组成。锁骨不易找到，是三角形的薄骨片或软骨片，或完全退化。

3. 牙齿

犬的恒齿齿式为$\frac{|\ 3.1.4.2}{|\ 3.1.4.3}$，共 42 个牙齿。牙齿中的犬齿、臼齿发达，撕咬力强，但咀嚼力差，是食肉目动物牙齿的特征，犬齿可估计年龄。犬出生后 10 多天开始出乳牙，2 个月后开始换恒牙，8～10 个月恒牙出齐。

4. 内脏构造

犬的内脏构造及其比例与人相似。

5. 消化系统

犬的食道肌层均为横纹肌；胃较小，容易做胃导管手术；肠道短，仅为体长的 3 倍；肝脏较大；胰腺小，易摘除。

6. 呼吸系统

犬的鼻黏膜上布满嗅神经；左肺分尖叶、心叶和膈叶 3 叶，右肺分为尖叶、心叶、膈叶和中间叶 4 叶。

7. 泌尿系统

犬的肾比较大，两肾位置高低不一。

8. 循环系统

犬的循环系统比较发达，与人相似；心脏较大，占体重的 0.1%～0.5%；脾是最大的储血器官。

9. 感觉器

犬的视网膜上无黄斑，即无最清晰的视觉点。

10. 生殖系统

雌性犬为双角子宫；乳头 4～5 对，分列腹中线两侧。雄性犬无精囊和尿道球腺，附睾很大，前列腺极发达，有特殊的阴茎骨。

11. 神经系统

犬的神经系统发达，大脑特别发达，与人脑有许多相似之处。

12．皮肤

皮肤汗腺极不发达，仅趾垫有少许汗腺。

（三）主要生理学特点

1．神经类型

犬有四种神经类型，即多血质（活泼的）、黏液质（安静的）、胆汁质（兴奋占优势、不可抑制的）和抑郁质（兴奋和抑制不发达的、衰弱的），这对一些慢性实验，特别是研究高级神经活动的实验很有帮助。

2．服从命令

犬的大脑发达，通过有目的地加以调教训练，能很好地配合实验并承受巨大的痛苦，直至死亡前都能尽量服从实验者的命令。

3．感觉灵敏

犬感觉器官的灵敏程度，可以通俗地用“鼻好、耳好、眼不行”来形容。

“鼻好”指犬的鼻黏膜上布满嗅神经，嗅脑、嗅神经发达，其嗅觉超过人类嗅觉 1 000 倍，非常灵敏。“耳好”是指犬的听觉很灵敏，可听范围在 50～55 000 Hz。“眼不好”指犬的视力差，具体表现在以下三个方面：其一，视网膜上无黄斑，视程仅 20～30 m，视力较差；其二，每只眼有单独视野，视角低于 25°，正面近距离看不见，只对移动着的物体感觉较灵敏；其三，犬是红绿色盲，不宜以红绿色作为刺激来进行条件反射实验。

4．生殖生理

犬属春秋季单发情动物，发情后 1～2 天排卵。性周期 180 天（126～240 天），妊娠期 60 天（58～63 天），每胎产仔 2～8 只，哺乳期 60 天。雄性犬的适合配种年龄为 1.5～2 岁，雌性犬为 1～1.5 岁。

5．血型

犬的血型有 A、B、C、D、E 5 种，只有 A 型血有抗原性，可引起输血反应。

6．散热

犬的汗腺不发达，体内散热主要通过增加呼吸频率、舌头伸出口外做喘式呼吸来实现。

7．生理数据

中型犬的胃容量约为 2 500 mL，食料量为 300～500 g/d，饮水量为 250～350 mL/d，排粪量为 113～340 g/d，排尿量为 65～400 mL/d。

二、常用品种、品系

1．比格犬（Beagle）

比格犬又称米格鲁猎兔犬，是猎犬中较小的一种，原产于英国，后引入美国。比格犬具有如下优点：体型小（成年犬体重 8～13 kg，体长 30～40 cm）、短毛、性成熟早、产仔多、性情温顺、易于驯服和抓捕、抗病能力强、遗传性能稳定、反应一致等，目前已成为实验用犬中的标准动物。比格犬已被广泛用于基础医学研究、药品和农药的各种安全性实验，以及慢性实验研究。我国广东、上海、北京等地已引入比格犬种犬，并成功地进行饲养繁育。

2．四系杂交犬

四系杂交犬由 4 种品系的犬杂交而成，兼有每种犬的优点，专门用于实验外科手术。

3．纽芬兰犬

纽芬兰犬专用于实验外科手术。

4．墨西哥无毛犬

墨西哥无毛犬可用于黑头粉刺病的研究。

5．Boxer 犬

Boxer 犬可用于淋巴肉瘤、红斑狼疮的研究。

6. 黑白花斑点短毛犬

黑白花斑点短毛犬可做嘌呤代谢动物模型。

我国繁殖饲养的犬品种繁多，主要有：①华北犬，耳朵小，后肢较小，颈部较长；②西北犬，形态上正好和华北犬相反。两种犬各部体表面积的百分比有一定差异，都适合做烧伤、放射损伤等研究。此外，还有中国猎犬、西藏牧羊犬等不同品种。

三、生产繁殖

1. 繁殖参数

犬的繁殖参数见表8－9。

表8－9　犬的繁殖参数

项目	参数	项目	参数
犬性成熟年龄	7～9月龄	雌犬适合繁殖年龄	1.8岁
雄犬适合繁殖年龄	1.5～2岁	雌犬发情次数	2次/年
雌犬发情周期	约6个月	雌犬发情时间	3～5月和9～11月
雌犬发情前期持续时间	7～9天	雌犬发情期持续时间	9天（6～10天）
雌犬排卵时间	发情期后1～2天	雌犬妊娠期	60天（58～63天）
雌犬哺乳期	60天	雌犬产仔数	2～8只/胎

2. 雌犬的发情与鉴定

性成熟的正常雌犬，每年发情2次，大多在每年春季的3～5月和秋季的9～11月各发情1次。发情周期约6个月，每个周期分成发情前期、发情期、发情后期和休情期。

发情前期的雌犬表现兴奋不安，性情焦躁反常，对于平时立即服从的命令不起反应，不爱进食，饮水量增加，屡屡狂叫。外生殖器官肿胀、潮红、湿润，阴道充血，自阴道流出血样排出物，青年雌犬乳房增大。阴道分泌物涂片，含有很多具有固缩核的角质化上皮细胞、红细胞和白细胞。当遇雄犬时，开闭外阴部，频频排尿，以吸引雄犬，但拒绝交配。此期持续7～9天。年龄较大的雌犬，此期不明显。

发情前期结束即进入发情期。雌犬表现非常兴奋、敏感、易激动，食欲明显下降。外阴继续肿大、变软，阴道分泌物增多，初为淡黄色，数日后呈浓稠的深红色，出血程度在开始发情的第9～10天达到顶点，以后分泌物逐渐减少，14日后停止流出黏液。阴道涂片中有很多角质化上皮细胞，但红细胞减少，无白细胞。更主要的特征是出现交配欲，喜欢接近雄犬，并且站立不动，把尾巴伸向一侧，此期持续6～10天，平均9天。

最适交配时间的确定：从发情前期雌犬阴部流出第1滴血之日起算，以出血后的第10～13天为最适交配时间。也可以当试情雄犬存在时，雌犬愿意接受交配的第2～4天为最适交配时间。

在发情中应注意安静发情、发情不出血、频繁发情、假发情等异常情况。

为了提高优良雌犬的产仔数，除采取重复配种措施外，可在雌犬发情周期内注射促性腺激素，促使卵巢中较多的卵泡发育成熟，达到超数排卵的目的。

3. 犬的配种

1）自然交配。根据犬的不同饲养方式，可采取下列自然交配方法。

（1）分群交配。适于雌雄犬分群饲养方式时的配种。在配种季节，将一只或数只经过选育的雄犬放入一定数量雌犬群中，合群饲养，任其自由交配。此法省时，可提高配种成功率和受胎率，但需雄犬数较多。

（2）围栏交配。适于雌雄犬平时分栏隔离饲养的配种。围栏交配是将刚发情的雌犬迁入选定的雄犬栏，让其配对生活一定时间而互相交配。

2）人工辅助交配。适于雌雄犬平时严格隔离饲养，且雄犬种用价值高，提高其利用率时进行的配种。人工辅助交配是在雌犬发情后的最适交配时间，选出优良的雄犬，在人工辅助下进行交配，交配完毕立即分开的配种方式。交配场所最好在雌犬舍内，以免受陌生环境影响。当雌犬交配时慌乱、蹦跳并咬雄犬，或雄犬缺乏经验，或雌雄犬体型悬殊较大时，有关人员应辅助雄犬将阴茎插入雌犬阴道。由于雄犬阴茎结构特殊，交配时间一般需持续 10 ～ 50 分钟，绝不可强行使它们分开，而应等雄犬自行解脱，同时要防止雌犬在交配过程中倒下而使雄犬阴茎受伤。

为了提高雌犬受精率和受胎率，常需在第一次交配后 24 ～ 48 小时，用同一雄犬或另一雄犬重复交配 1 ～ 2 次。

4. 种雄犬的使用原则

种雄犬在 1.5 ～ 2 岁时开始用其配种为宜。每日配 1 次，不能超过 2 次，每只种雄犬可轮流交配 6 ～ 7 只雌犬。天热时宜早、晚交配，天冷时宜中午交配。食后 2 小时内不宜交配。每只雄犬 1 年内交配不能超过 40 次，特别好的雄犬也不宜超过 60 次。最好上、下半年的交配次数各占 50%。若人工采精，采精后至少要间隔 2 天再采。

5. 雌犬妊娠及分娩

雌犬交配后 3 周，表现食欲减退，并有呕吐现象，属妊娠反应，表明已怀孕。从最后一次配种日期起算，至胎儿正常分娩日的妊娠期约 60 天（58 ～ 63 天）。一般小型犬的妊娠期较大型犬短，胎数多的较胎数少的短。

雌犬妊娠后期（约第 50 天）即需放入产房或产箱单独饲养。要注意保暖，可加垫草。雌犬分娩前外阴和乳房肿胀，体温下降 0.5 ～ 1 ℃，躁动不安。分娩过程常持续 4 ～ 12 小时。超过 6 小时需注意难产。应注意人工撕破胎衣，清除胎儿口、鼻黏液，以防止窒息。

四、饲养管理

（一）日常管理

（1）犬既可散养也可笼养。一般生产群，待用犬可散养，需要向阳、有运动场的房舍，每厩不超过 10 只。仔犬和实验用犬可笼养。

（2）防吠。犬吠声大，需单独养在一个独立区域。为了排除吠声对环境的干扰，在不影响实验的条件下，可采用除吠手术，能大大减少吠叫的程度。

（3）饲料及饮水供应。犬的饲料多样，可用颗粒全价饲料，也可喂煮熟的米饭、窝头等，但应注意全价营养。喂量视体重而定，颗粒料按体重 4% 供给，每日喂 2 次。饮水保持充足，自由饮用，大约每千克体重犬每日需水 100 ～ 150 mL。

（4）做好清洁卫生，保持冬暖夏凉。应每天打扫粪便，冲洗地面，刷洗食盒和水盆。经常刷、梳犬身，除去浮毛和污物。夏天可给犬洗澡。

（5）做好防疫检疫工作。新购入的犬需有检疫和注射狂犬病疫苗证明，隔离饲养 3 ～ 4 周，此期间做临床观察和血液检查，并驱虫，注射狂犬病疫苗。新生犬 1 月龄驱虫 1 次，60 日龄和 90 日龄各注射 1 次三联苗（预防犬瘟热、犬肝炎、犬细小病毒性肠炎），并按规定注射狂犬病疫苗。

（二）仔犬的饲养管理

仔犬是指从出生至 45 日龄左右离乳的犬。此期饲养管理应注意以下几点。

（1）吃好初乳。一只雌犬一般有 4 ～ 5 对乳头，后 3 对乳头产乳较多。一只雌犬的泌乳量可满足 6 只 10 日龄内仔犬的需要。仔犬产出后，虽未睁眼，但会立即向雌犬乳头探去，一触乳头，即卷舌吮吸。若发现瘦弱的仔犬未能吃上初乳，应人工辅助其找到乳量较多的乳头吃奶。

（2）保暖防压。犬窝应垫以柔软保暖的垫料，有的仔犬靠不到雌犬身边而受冻，应及时送到雌犬身边。有时雌犬会压住仔犬，应及时将仔犬取出。

（3）及时补乳和补饲。即使每窝只有 6 只仔犬，10 天后雌犬乳量仍不能满足需要，应人工补乳，可用奶瓶喂给消毒的新鲜牛乳，奶温 27 ～30 ℃。10 ～15 日龄，每只每天 50 mL；15 ～20 日龄，每只每天 100 mL；20 日龄后每只每天 200 mL，每天喂 3 ～4 次。也可在仔犬睁眼后将牛乳倒入小盘，让仔犬自己舔食。20 日龄后，牛乳中可加少许米汤或稀粥，25 日龄后加一些浓肉汤，加入量由 30 ～50 g 逐渐增加到 200 ～250 g，每天分 3 ～4 次喂给。30 日龄后应加入切碎的熟肉，分早晚 2 次补给，每次 15 ～25 g。

如果初产雌犬产仔数超过 6 只，经产雌犬超过 8 只，多余的仔犬应进行人工哺乳或由保姆犬哺乳。当仔犬经雌犬哺乳至 5 ～8 天时，将多余仔犬分出，或由同期产仔的保姆犬哺乳，或由人工哺乳。人工哺乳方法同上述补乳和补饲，只是未继续吃犬乳。供给的乳量及哺喂次数均应增加，一般在开始的 10 天内，每只每天 100 mL 牛乳，白天每隔 2 小时，夜间每隔 3 ～6 小时哺乳 1 次；15 ～20 日龄，每只每天 200 mL，每天喂 9 次；20 日龄后每只每天 300 mL，每天喂 9 次；30 日龄后可改为每天喂 6 次。

（4）离乳。仔犬在 45 日龄左右即可离乳。离乳前应教会仔犬从盘中吃喝，做到逐渐离乳。

（三）哺乳母犬的饲养管理

雌犬分娩后最初 6 小时内不愿吃东西，一般可不喂食，只需供给清洁充足的温水。最初几天，应给雌犬营养丰富、易消化的牛奶、稀饭、肉汤等，每天多喂几次，每次量要少，以利母犬内脏器官机能恢复。以后逐渐增加饲料量，每天早、中、晚喂 3 次，且适量增加瘦肉、蛋、乳、蔬菜、鱼肝油、钙、磷等，以保证雌犬及仔犬的双重营养需要。搞好产房卫生，每天清扫并翻动和更换垫草，产床每周晒 1 次，每月消毒 1 次。每天放雌犬到舍外散步 3 次以上，时间从半小时逐渐增加到 1 小时。保持产房安静，让雌犬休息好。

五、在生物医学研究中的应用

1. 实验外科学

实验外科学常使用犬进行实验，通过实验以取得经验和技巧，并用于临床，如心血管外科、脑外科、断肢再植、器官和组织移植等。

2. 基础医学研究

犬常用于基础医学研究尤其是生理学和病理生理学的研究。犬的神经系统、循环系统发达，适合做失血性休克、弥漫性血管内凝血、脂质在动脉中的沉积、急性心肌梗死、心律失常、急性肺动脉高压、肾性高血压、脊髓传导、大脑皮层定位、条件反射、内分泌腺摘除、各种消化道和消化腺瘘管（食管瘘、胃瘘、肠瘘、胆囊瘘、唾液腺瘘、胰腺管瘘）等的实验研究。

3. 药理、毒理学实验

犬在药理、毒理学实验中，常用于药物临床前的各种药理实验研究，如药理实验、药物代谢实验、毒性试验等。

4. 非传染性疾病研究

犬可用于非传染性疾病研究。例如，蛋白质营养不良、高胆固醇血症、动脉粥样硬化、糖原缺乏综合征、先天性白内障、遗传性耳聋、血友病、先天性心脏病、先天性淋巴水肿、家族性骨质疏松、视网膜发育不全、淋巴肉瘤、红斑狼疮、中性粒细胞减少症、肾盂肾炎、青光眼等疾病的研究。

5. 传染病学研究

犬可用于传染病学研究，例如，利用犬制作病毒性疾病（病毒性肝炎、狂犬病等）动物模型，细菌性疾病（链球菌性心内膜炎）动物模型，寄生虫病（犬恶丝虫病、十二指肠钩虫病、日本血吸虫病等）动物模型。

6. 肿瘤学研究

犬可用于肿瘤学研究，如制作淋巴肉瘤、甲状腺肿瘤、血管肿瘤等动物模型。

第八节　猴

猕猴（又名恒河猴）（rhesus monkey，*Macaca mulatta*），属动物界（Animalia）、脊索动物门（Chordata）、脊椎动物亚门（Vertebrate）、哺乳纲（Mammalia）、灵长目（Primates）、猴科（Cercopithecidae）、猕猴属（*Macaca*）、猕猴种（*Macaca mulatta*）动物，染色体数 $2n=42$。

非人灵长类包括分布在南美洲的新大陆猴和分布在亚欧的旧大陆猴。

新大陆猴以绢毛猴、卷尾猴、蜘蛛猴和吼猴为代表。新大陆猴又称为阔鼻类猴，其特点是鼻子宽阔，坐骨结节部位的皮肤上没有角质化的胼胝。新大陆猴缺乏紫外线照射时需要从饲料中补充维生素 D_3，昆虫是其天然饲料的一部分。

旧大陆猴以猕猴类、叶猴类、长臂猿类、猩猩类、狒狒类为代表。旧大陆猴又称为狭鼻类猴，其特点是有狭窄的鼻中隔，在坐骨结节部位的皮肤上有角质化的胼胝，有相对的拇指和其他手指，后肢比前肢长，雌性猴的性周期与人类相似，有月经。属于旧大陆猴的长臂猿和猩猩没有尾巴及颊囊。

一、生物学特性

（一）习性和行为

1. 昼行性

猕猴属昼行性动物，其活动与觅食均在白天进行。野外情况下，拂晓猴群觅食，夜晚则回到树上或岩石上休息。

2. 喜群居

猕猴喜群居，猴群活动范围固定，群体之间从不相互跨越。群体中有一定的社会等级关系，由直线型社会组成。群猴领袖即“猴王”，是最凶猛、强壮的雄性猕猴，进食时“猴王”先吃，并担负本猴群的警戒和调解职责。“猴王”地位短暂，4～5 年更换 1 次。猴群过大则分群，并产生新的“猴王”。

3. 聪明伶俐

猕猴大脑较发达，故聪明伶俐，动作敏捷，好奇心与模仿力很强，能用手操纵工具，善攀登、跳跃，会游泳。

4. 栖息地

猕猴属于热带、亚热带野生群居动物，一般生活在接近水源的丛林和草原，栖息在树木和岩石坡面上。

5. 杂食性

猕猴是杂食性动物，以植物果实、嫩叶、根茎为主，觅食时找一点、吃一点，细嚼慢咽，并特别喜欢甜食。

6. 难驯养

猕猴难于驯养，有毁坏东西的特性，常龇牙、咧嘴、暴露野性；通常怕人，不容易接近；捕捉时必须小心谨慎，否则会被猕猴抓伤和咬伤。猕猴之间经常打架，打斗时或受惊吓时发出叫声。

7. 母子之间行为

幼猴不需雌猴协助即能以手指抓住雌猴腹部或背部皮肤，在雌猴携带下生活，雌猴活动、跳跃时，幼猴均不会掉落。

8. 寿命

猕猴寿命为 10～30 年。

（二）主要解剖学特点

1. 外观和体型

猕猴属于大型实验动物，而在猴类中，其体型属中等且匀称；背毛棕黄色，至臀部逐渐变为深黄色，胸腹部浅灰色，脸部和耳部呈肉色，臀部的胼胝为粉红色；四肢粗短，眉骨高，眼窝深。新生猕猴体重为0.4～0.55 kg。成年雄性猕猴体重为6～12 kg，成年雌性猕猴体重为4～8 kg。成年猕猴体长为50～60 cm，尾长约为体长的1/2。

2. 骨

猕猴骨由头骨、躯干骨（锁骨、椎骨、胸骨、肋骨）和前后肢骨组成。前后肢的爪具有5指（趾），拇指（足母趾）与其他4指（趾）分开，能做对掌动作，指（趾）甲为扁形。

3. 牙齿

猕猴牙齿在大体结构、显微解剖、发育次序和数目等方面与人类牙齿有许多共同之处。猕猴一生中有2副牙齿，即乳牙与恒牙。恒牙齿式为$\frac{|\ 2.1.2.3}{|\ 2.1.2.3}$，共32个牙齿。

4. 消化系统

猕猴的口腔的两颊有颊囊，可贮存食物；胃单室，呈梨形；盲肠发达，无阑尾；肝分6叶，胆囊位于肝的右中央叶。

5. 呼吸系统

猕猴的左肺分上叶、中叶、下叶3叶，右肺分上叶、中叶、下叶和奇叶4叶。

6. 生殖系统

雄性猕猴阴茎下垂，睾丸在阴囊内。雌性猕猴为单子宫，有1对乳房和乳头，有胎盘。

7. 感觉器

猕猴的视网膜有黄斑和中央凹，视觉较人类敏感，立体感强，能辨别物体的形状和空间位置，并有双目视力。视网膜黄斑的视锥细胞与人类的相似，故能辨别各种颜色。

8. 神经系统

猕猴的大脑发达，有大量的脑回和脑沟，但嗅脑不发达，因此嗅觉不灵敏。

（三）主要生理学特点

1. 进化程度高

猕猴脑的进化程度接近人类，具有与人类相似的生理代谢特性、代谢方式及相同的药物代谢酶等。

2. 不能合成维生素C

猕猴体内缺乏左旋葡萄糖内酯氧化酶，不能在体内合成维生素C，只能通过食物补充。如果缺乏维生素C则内脏发生肿大、出血和功能不全。

3. 生殖生理

猕猴的性成熟时间，雄性约4.5岁，雌性3～3.5岁。猕猴的性周期为28天（21～35天），月经期为2～3天（变化范围为1～5天），月经开始后12～13天排卵，月经开始之前会出现乳腺肿大，月经时最明显，月经后开始消退。妊娠期为165天左右，每胎产仔1只，极少2只，年产1胎，分娩时雌性猕猴用手帮助胎猴娩出，舐仔，并吃胎盘。哺乳期为7～14个月。

"性皮肤"是猕猴属的生殖生理特征之一，雌性猕猴的生殖器附近及整个臀部的皮肤，甚至前额和脸部皮肤，在性活动期都出现明显肿胀、发红，在排卵期特别明显，月经来临之前消退。

4. 感觉功能

猕猴的听觉、触觉和味觉都比较敏感。

5. 血型

猕猴的血型有A、B、O型和Lewis型、MN型、Rh型、Hr型等，但以B型为主。

6. 生理数据

成年猕猴的食料量为 113 ～ 907 g/d，饮水量为 200 ～ 950 mL/d，排粪量为 110 ～ 300 g/d，排尿量为 110 ～ 550 mL/d。

二、常用品种、品系

猕猴属共 12 个种 46 个亚种，分布于我国的有 5 个种，其中恒河猴分布最广，数量最多，用量最大。猕猴属中作为实验动物的主要品种如下。

1. 恒河猴（*Macaca mulatta*）

恒河猴最初被发现于孟加拉国的恒河河畔，故得名（也称孟加拉猴）。我国广西分布最多，又称为广西猴；我国西南、华南、东南、华北也有分布。恒河猴身上大部分毛为黄棕色，体前部色较浅，腹部呈淡灰色，面部呈肉红色，尾长约为体长的 1/2。雄性恒河猴体重为 5.5 ～ 10.9 kg，雌性恒河猴为 4.3 ～ 10.7 kg。

2. 食蟹猴（*Macaca fascicularis*）

食蟹猴又称爪哇猴。被毛淡黄褐至深褐色，腹面的毛颜色较淡。冠毛从额部直接向后，有时在中线形成一条短嵴。颊毛在脸周围形成须，眼睑周围形成苍白的三角区。尾长等于或大于体长。雄性食蟹猴体重约 8 kg，雌性食蟹猴约 5 kg。

3. 熊猴（*Macaca assamensis*）

熊猴又称阿萨密猴、蓉猴，产于缅甸北部阿萨密及我国云南、广西，形态和恒河猴相似。体型较大，毛棕褐色，缺少腰背部橙黄色光泽，毛粗。

4. 红面猴（*Macaca arctoides*）

红面猴被毛蓬松，深褐色，冠毛较长，自中间向两侧披开。面部红色，越老面部颜色越深。尾很短。分布于中国、印度、缅甸。

5. 平顶猴（*Macaca nemestrina*）

平顶猴主要产于东南亚各国，猴尾圆粗，在日本又称为猪尾猴，其 4 岁达性成熟。妊娠期为 162 ～ 168 天，哺乳期为 8 ～ 10 个月。雌性平顶猴体重为 4.5 ～ 10 kg，雄性平顶猴为 10 ～ 14 kg。

此外还有台湾岩栖猕猴（*Macaca cyclopis*）、日本猴（*Macaca fuscata*）、狮尾猴（*Macaca silenus*）等。

三、生产繁殖

（一）性周期及排卵

1. 性成熟

雄性猕猴性成熟在 4 ～ 5 岁，体成熟在 6 岁左右，配种应在 6 岁以后进行。雌性猕猴在 2.5 岁开始第一次月经，体成熟则更晚一些，首次配种最好在 3.5 岁以后进行。

2. 性周期

雌猴的性周期平均为 28 天，变动范围在 21 ～ 35 天。月经期多数为 2 ～ 3 天。大多数雌猴在夏季（5—9 月）没有月经现象，这段时间称为乏情期。

3. 性皮肤及排卵

在性周期的增殖期，雌猴的生殖器周围及臀部附近的皮肤由于性激素的作用出现明显的肿胀和发红。在饲养繁殖过程中，可以把性皮肤的变化作为雌猴性周期变化的一种外部标志。性皮肤肿胀最显著的时间（性周期的第 11 天）与排卵时间一致，猴在性皮肤肿胀最显著的 2 ～ 5 天交配最易受孕（性周期的第 13 至第 17 天）。

4. 交配

猕猴的交配季节为 9 月到翌年的 3 月，少数在 4—5 月。交配最频繁的时期是 11 月至翌年的 2

月。猕猴的自然排卵期多数在性周期的第 11 至第 13 天，也就是在雌猴的性皮肤肿胀最为明显的时间内。最适交配时间为 11 天。雌猴在幼猴离乳后应休息 2 个月。流产后应休息 3～4 个月。

5. 出生期

猕猴大多数在 4—7 月出生，2—3 月和 8—11 月出生较少。

（二）妊娠、分娩和授乳

1. 妊娠

猕猴妊娠期为 140～180 天，平均为 165 天。

妊娠诊断：雌猴在交配后，不再出现月经，这是非常重要的诊断方法，同时也比较容易观察，但是应该注意，有 35% 以上的猴在受孕后有一次正常的出血。妊娠诊断还可用直肠子宫触诊、诊断液等多种方法进行诊断。

2. 分娩

孕猴在产前步态改变，食欲骤减是临产的重要征兆。猴分娩大多数在夜间，白天的光线对猴的分娩起抑制作用。猴的产程需 10～75 分钟。每胎一仔，双胞胎极少。幼猴产下后，雌猴会咬断脐带，吃掉胎盘。有时也会残留很长的脐带（20～30 cm），干瘪的脐带把幼猴的腿紧紧绕住。这时，应将幼猴提出进行人工结扎和剪脐。幼猴出生时体重为 300～600 g。

3. 哺乳

幼猴出生后，雌猴会很好地抚养和照顾自己的幼猴，把幼猴抱在怀里哺乳，幼猴逐渐想离开雌猴，自己学着活动并慢慢地学着吃饲料。幼猴 2～3 个月就逐渐吃成年猴的饲料，食量也逐渐增大。猴的哺乳期为 5～6 个月。

（三）幼猴的人工喂养

1. 离乳后的护理

幼猴一般在 3～4 个月离乳，离乳后的幼猴人工喂养，必须精心护理。幼猴经不起饥饿，每日要多喂几次，但每次不能喂得过多，否则会因消化不良而引起腹泻。幼猴的体温调节能力较弱，要注意保暖。要给幼猴足够的阳光和运动，为了预防佝偻病，饲料内要补充钙质和维生素 A、维生素 D。

2. 离乳后的幼猴饲料

应根据猴的生长发育需要，采用不同的配方。幼猴饲料主要成分有白糖、奶粉、米粉、麦粉、玉米粉、食盐、生长素、微量元素、钙片、九维他等。饲喂次数由每天 7 次逐渐减少到每天 3 次，9～15 月龄即可完全吃成年猴饲料。

（四）繁殖方式

1. 半自然繁殖

利用自然岛、人工岛和陆地（自然屏障或建立人工围墙）设立养殖场，在保证水源和补充饲料的条件下自由繁殖。

2. 群体繁殖

1 只雄猴与 8～10 只雌猴同居在一个繁殖笼内繁殖。

3. 配对笼养繁殖

一雄一雌关养在同一笼中。

4. 个体笼养繁殖

雄猴单独养在笼中，繁殖时将一定比例的雌猴放入，4 周后将全部雌猴移出，换入另一组雌猴。

四、饲养管理

1. 设施和笼具

饲养猕猴的方法主要有笼养和舍养两种。检疫驯化群、隔离群、急性实验群用笼养，繁殖群和慢性实验群可舍养。饲养笼要配有锁或门闩固定系统，笼底下设废物盆，并使动物不能碰到。合理安置料斗和饮水器，饲养房舍多样，内室供休息、避风雨、防寒，外室供活动，外室采用露天封闭铁栏杆或网眼结构。有些饲养场设在孤岛或用高墙围起来，也是一种很适合的方法。隔离检疫用房要远离健康猴群。多数饲养场设有病猴房。配备转移笼和挤压笼，以转移动物和进行检查及注射。所有笼、舍门应向内开。活动场也可设能攀登的架空金属杆，以利于活动。

大群繁殖时，应将被雄猴遗弃的雌猴及时调整到合适的笼舍内，每一群里只饲养1只繁殖能力强的雄猴。对体弱的猴子给予特殊的饲养管理。

2. 饲料及喂养

营养是猕猴能否生存和发展的重要因素之一，饲料的好坏直接关系猴的健康。猕猴是杂食动物，以素食为主，在饲料的配制上要多样化，注意适口性。以各种粮食的精饲料为主，按全价营养料的要求，同时添加各种微量元素及生长素，配制成主食，辅以经消毒的水果、蔬菜等青饲料，既要保证蛋白质和能量的需要，又要利于猴的生长、发育和繁殖。在制定饲料配方时，必须注意饲料搭配的多样性和饲料的营养，饲料应保持相对稳定。其中由于猴体内不能合成维生素C，饲喂时要有充足的富含维生素C食物供给。猕猴的饲喂要实行定时定量，使其生活规律。

在平时饲喂时，可以根据猴的大小和食欲适当增减。猴胃容量小，一次吃得不多，不能维持全天的需要。每天须饲喂3次，上午8:00—9:00颗粒料，中午11:30—12:00水果蔬菜，下午5:00—5:30蒸糕。对哺乳雌猴和幼猴要特别注意饲料质量和加强饲养。离乳后的幼猴，每天应喂5～6次，每天喂食时间要固定，没有特殊原因不要轻易变动。

饮水必须全日满足，可采用自动饮水器保证供水充足，无自动饮水设备的，更要注意保持水质清洁，每日更换。成年猴平均饮水量为200～950 mL/d。

3. 环境

最适环境温度为20～25 ℃，但猕猴对环境的适应性较强，可有一定变动范围；相对湿度为40%～70%；环境要保持冬暖夏凉，并有一定遮阴装置；保持环境清洁卫生，定期消毒。

4. 护理

注意关门上锁。勤观察，随时挑出老、弱、病猴，调整猴群，驯养群可从齿序变化和体重变化估计年龄。捕捉猴时，可用捕猴网、挤压笼，捕捉过程要小心谨慎，防止被猴咬伤和抓伤。工作时要佩戴必需的防护用品。

幼猴要建立完善的档案，记录详细的遗传背景。为了提高繁殖雌猴的受孕率，可采取及时隔离幼猴（3月龄离乳）进行人工抚育的方法，使雌猴有一段身体恢复期（休整期），便于下一次交配怀孕。

对猴做定期体检非常重要，体检可以及时发现问题，如某些传染病、寄生虫病等。定期体检每年最少进行一次。检查内容：体重测量、牙齿生长情况检查（用来判定年龄）、外观检查、粪便细菌检查、体内寄生虫检查、病毒检查、结核菌素皮内试验等。若发现传染性疾病，对患病的猴应隔离或及时处置，并对房屋、笼具进行严格消毒。

工作人员必须身体健康，无传染性疾病，工作人员的工作服要经常洗涤和消毒。

有专人负责动物的饲养管理，禁止非工作人员进入猴房，工作人员进入猴房必须更换工作服，经消毒液脚浴，每日观察记录动物的活动状况和食欲、粪便情况等，若发现异常现象，及时向兽医人员或技术人员反映，对动物采取适当的防治措施。对患病猴子应及时隔离治疗，而因疾病死亡的猴应进行病理解剖查明死因，便于对某些疾病尤其是暴发性传染病采取相应的防治措施。

5. 检疫

猕猴在自然栖息地会感染各种各样的疾病，有些疾病是人猴间共患的，如结核病、细菌性痢疾、沙门氏菌病、病毒病、麻疹、马尔堡病、传染性肝炎，以及一些由寄生虫、原虫所引起的疾病等。而野外猴从自然栖息地转为家养的情况下，它们的生活环境发生了巨大变化，在人工条件下猴子能否正常地生长发育和繁殖，主要看是否有适宜的饲养条件及一套完整的、严格的和科学的猴群管理制度，并在工作中认真贯彻执行。在实际工作中，为了管理的方便，常把猴群分为四类：检疫猴群或新引进猴群、基本猴群或贮备猴群、实验猴群或出售猴群、繁殖猴群。

隔离检疫对新引进猴群是必须的。在完全隔离情况下进行检疫，检疫包括以下环节。

（1）检疫。新进猴必须进行检疫，检疫期间，猴一律单笼饲养，经过1～3个月时间的检疫、适应和驯化，证明其健康方可并入猴群。

（2）检疫项目：①建立档案，记录猴的来源、产地、品种、性别、齿式、年龄、体重及特征描述；②编号；③粪便细菌培养；④体内外寄生虫检查和驱虫；⑤驱虱；⑥结核菌素试验。尤其重视检查人猴共患传染病的病原体，如结核菌、沙门菌、志贺菌及猴病毒。

（3）对检出病的动物立即隔离观察治疗，必要时处死焚烧。对病猴住的房间、笼子及各种用具严格消毒。消毒液可用0.5%过氧乙酸、3%来苏儿。

五、在生物医学研究中的应用

（一）传染病学研究

1. 病毒性疾病

猕猴是研究脊髓灰质炎、麻疹、疱疹、病毒性肝炎、病毒性腹泻、病毒性流感、B病毒感染、艾滋病等病毒性传染病的动物模型。

2. 细菌性疾病

猕猴对人的痢疾杆菌和结核分枝菌易感。用猕猴可以制作链球菌病、葡萄球菌病、肺炎球菌性肺炎、鼠伤寒沙门菌病、立克次体病等细菌性疾病的动物模型。

3. 寄生虫病

寄生虫病可用人疟原虫感染猕猴动物模型来筛选抗疟药。猕猴也是研究阿米巴性脑膜炎、丝虫病、弓形虫病等寄生虫疾病的动物模型。

（二）营养和代谢性疾病研究

1. 动脉粥样硬化动物模型

用添加胆固醇的饲料喂饲猕猴，可发生严重而广泛的动脉粥样硬化，出现冠状动脉、脑动脉、肾动脉及股动脉的粥样硬化，还会产生心肌梗死。

2. 营养性疾病动物模型

猕猴可用于制作胆固醇代谢、脂肪沉积、肝硬化、铁质沉着症、肝损伤、维生素A和维生素B_{12}缺乏症、镁离子缺乏伴随低血钙、葡萄糖利用降低等的动物模型。

（三）老年病研究

用猕猴可以进行老年性白内障、慢性支气管炎、肺气肿、老年性耳聋、口腔疾病（如牙龈炎）等老年性疾病的研究，还可以用电解损伤的方法制作猴震颤麻痹动物模型。

（四）生殖生理研究

1. 计划生育研究

猕猴的生殖生理与人类非常接近，可用于类固醇型避孕药、非类固醇型避孕药、子宫内节育器的研究，也用于性周期及性行为、受精卵着床过程和卵子发育的研究。

2. 其他

猕猴用于宫颈发育不良、雌性激素评价、子宫内膜生理学、淋病、妇科病理学、妊娠肾盂积水、妊娠毒血症、胎儿发育迟滞、胎粪吸引术、孪生、子宫肿瘤等妇产科问题的研究，以及前列腺发育、输精管切除术、淋病等男科问题的研究。

（五）环境保护方面研究

（1）制作一氧化碳、二氧化碳、臭氧、硅肺病的动物模型，进行大气污染研究。

（2）使用猕猴作为动物模型，开展重金属、农药、微生物的环境污染研究。

（六）药理学和毒理学研究

（1）猕猴对麻醉药和毒品的依赖性表现与人类接近，戒断症状比较明显且易于观察，已成为新型麻醉剂和具有成瘾性新药进入临床前试验使用的动物。

（2）猕猴也是研究致畸的良好动物。

（七）器官移植的研究

猕猴组织相容性白细胞抗原（rhesus monkey histocompatibility leukocyte antigen，RhLA）是灵长类动物中研究主要组织相容性复合体基因区域的重要对象之一。同人类白细胞抗原（human leukocyte antigen，HLA）相似，RhLA 也具有高度的多态性。RhLA 的基因位点排列同人类有相似性。

（八）肿瘤学研究

猕猴自发性肿瘤很常见，如上皮肿瘤和恶性淋巴瘤等。这些肿瘤在转移、侵袭、致死性、致突变性及肿瘤病因学研究方面与人类有相似之处，是研究人类肿瘤的良好动物模型。

（九）生理学研究

猕猴可用于脑功能、血液循环、血型、呼吸、内分泌、神经等生理学研究，以及行为学和老年学研究。

第九节　小　型　猪

一、实验小型猪的生物学特性

小型猪（minipig，*Sus scorfa domestica*），属动物界（Animalia）、脊索动物门（Chordata）、脊椎动物亚门（Vertebrate）、哺乳纲（Mammalia）、偶蹄目（Artiodactyla）、猪科（Suidae）、猪属（*Sus*）、猪种（*Sus scorfa*）动物，染色体数 $2n=38$。实验小型猪与农场猪的主要区别在于生长速度和成年猪的体重。猪与人类在结构和功能上有很多相似之处，包括器官大小、饮食结构、胃肠道系统、消化道酶学、内分泌系统、免疫系统、皮肤、肾脏结构和功能、肺脏血管结构、冠状动脉分布、呼吸频率、潮气量和社会行为等。

（一）行为和习性

1．采食行为

实验小型猪是杂食性动物，吃得多，消化快，喜爱甜食。在多数情况下，饮水与采食同时进行。拱土觅食是猪在自然状态下采食行为的典型特征，放养小型猪易从土壤中感染寄生虫和其他疾病。

2．排泄行为

实验小型猪能保持其睡窝清洁，能在猪栏内定点排粪、排尿。

3．群居行为

实验小型猪有合群性，但是群内存在以大欺小、以强欺弱和欺生好斗特性。

4．争斗行为

争斗行为包括进攻、防御和躲避等活动。实验小型猪常见的争斗行为一般是因争夺饲料和地盘所引起。

5．性行为

实验小型猪性行为包括发情、求偶和交配行为，雌猪在发情期可以见到特异的求偶表现，外阴潮红，分泌物增多，接受雄猪的爬跨。雄猪一旦接触雌猪，会追逐，嗅其体侧肋部和外阴部。管理人员按压发情雌猪背部时，雌猪会出现静立反射，这种静立反射是衡量雌猪发情的一个重要标志。

6．活动与睡眠

猪的行为有明显的昼夜节律，活动大多在白昼。在温暖季节如夏天，夜间也有活动和采食。泌乳雌猪睡卧时间表现出随着哺乳天数的增加，睡卧时间逐渐减少，走动次数由少到多，时间由短到长，这是泌乳雌猪特有的行为表现。

7. 寿命

实验小型猪的寿命报道不一，一般为14～18年。

（二）主要解剖及生理学特点

1. 体型

实验小型猪体型矮小，性情温顺，通常12月龄成年实验小型猪体重约为30～40 kg。

2. 椎骨

实验小型猪颈椎7块，胸椎13～16块，腰椎5～6块，荐椎4块，尾椎21～24块。

3. 牙齿

门齿和犬齿发达，齿冠尖锐突出；臼齿也较发达，既便于食肉，又便于食草。实验小型猪的齿式为$\frac{|\ 3.1.4.3}{|\ 3.1.4.3}$，共44个。

4. 皮肤结构

猪和人的皮肤组织结构接近，上皮修复再生、皮下脂肪层和烧伤后内分泌与代谢的改变与人相似。通过实验证明，2～3月龄小型猪的皮肤解剖生理特点最接近于人，见表8－10。

表8－10 人与3月龄小型猪皮肤结构厚度的比较

（单位：mm）

皮肤结构	人	小型猪
皮肤	2.0（0.5～3.0）	1.3～1.5
表皮	0.07～0.17	0.06～0.07
真皮	1.7～2.0	0.93～1.7
基底细胞层所处的深度	0.07	0.03～0.07
表皮和真皮厚度的比例	1∶24	1∶24

5. 血液生理与生化特点

小型猪的血液学、血液化学各种常数也和人近似。例如，西藏小型猪的全血黏度（whole blood viscosity，WBV）、血浆黏度（plasma viscosity，PV）、血细胞比容（hematocrit，HCT）、血细胞沉降率（erythrocyte sedimentation rate，ESR）及纤维蛋白原（fibrinogen，Fi）5项血液流变学指标中，除了HCT值和Fi含量与人类的相比存在差异外，其余指标均与人类比较接近。

6. 胎盘类型及特点

猪的胎盘属上皮绒毛膜型，没有母源抗体（不能通过胎盘屏障）。灵长目动物中，IgG易通过胎盘屏障，IgM、IgA和IgE则不能。家兔IgG和IgM容易通过胎盘屏障。猪初乳中含多量的IgG和IgA、IgM，常乳中含有多量的IgA。

7. 脏器重量特点

猪的脏器质量与人近似，以50 kg猪和70 kg人做比较，两者各脏器系数的比值分别为：脾脏0.15∶0.21，胰脏0.12∶0.10，睾丸0.65∶0.45，眼0.27∶0.43。

8. 内脏器官及系统结构特点

猪的心血管系统、消化系统、皮肤、营养需要、骨骼发育及矿物质代谢等都与人的情况极其相似，猪的体型大小和驯服习性适于进行反复采样和进行各种外科手术。

9. 繁殖生理特点

实验小型猪性成熟时间：雌猪为4月龄，雄猪为5月龄。小型猪为全年性多发情动物，雌猪的发情周期为18～23天，发情持续时间平均为2.4天（2～4天）；排卵时间在发情开始后25～35小时，最适交配期在发情开始后10～25小时，妊娠期114（109～120）天；经产雌猪产仔数2～10头。一般雄猪适宜的初配年龄为7月龄以上，雌猪适合的初配年龄为6月龄以上。实验小型猪行卵巢切除术的合适时机是2月龄。实验小型猪分娩后3～9天会出现发情期。

10. 正常生理常数

猪的正常体温为39 ℃（38～40 ℃），心率为55～60次/分，血容量占体重的4.6%（3.5%～5.6%），心输出量3.1 L/min，收缩压169 mmHg（144～185 mmHg），舒张压108 mmHg（98～120 mmHg），呼吸频率12～18次/分，通气率37 L/min，血液pH 7.57（7.36～7.79），红细胞$6.4\times10^6/mm^3$，血红蛋白13.7 g/100 mL（13.2～14.2 g/100 mL），白细胞（7.53～16.82）$\times10^3/mm^3$，血小板$2.4\times10^5/mm^3$，尿比重1.018～1.022，尿pH 6.5～7.8。

二、实验小型猪国内外常用品种（系）及其研究概况

（一）国内常用实验小型猪品种（系）

我国小型猪的培育工作起步晚，20世纪80年代初才开始对小型猪资源进行调查和实验动物化研究，与国外先进国家相比落后了几十年。但我国具有独特的优质小型猪资源，具备培养小型猪得天独厚的资源和条件。由于我国小型猪均产于偏远山区，当地人习惯采取对猪进行亲子交配、兄妹交配等高度近交的自繁自养方式，外来猪种极难与之杂交，由此形成了封闭的小型猪群体，因而它具有遗传、表型更加稳定，繁殖性能强，生长慢，体型矮小，性成熟早，抗逆性强，性情温顺等生物学特性，是理想的生物学研究模型。目前，我国的小型猪品系主要有：西藏小型猪、广西巴马小型猪、五指山小型猪、版纳微型猪、贵州小型香猪等。

1. 西藏小型猪

西藏小型猪（Tibet minipig）来源于藏猪，藏猪产于我国青藏高原，是典型的高原型猪种。其主要分布在西藏自治区及毗邻的四川省甘孜藏族自治州、阿坝藏族羌族自治州和云南省迪庆藏族自治州、甘肃省甘南藏族自治州及青海省等地。能适应恶劣的高寒气候和以放牧为主的低劣饲养条件，是世界分布海拔最高的地区猪种，也是我国目前已知实验小型猪品种中体重最轻的品种之一。据中国猪品种志记载，藏猪成年雌猪体重30.96 kg，体长80.31 cm，体高48.81 cm，胸围71.74 cm；成年雄猪体重38.30 kg，体长82.58 cm，体高49.83 cm，胸围77.00 cm。

藏猪的体型特征突出表现在：体型小，嘴筒长、直，呈锥形，额面窄，额部皱纹少，耳小直立，或向两侧平伸，转动灵活。体躯较短，胸较狭窄，背腰平直或微弓，腹线较平，后躯较前躯高，臀部倾斜。四肢结实紧凑，蹄质坚实、直立。被毛多为黑色，少数棕色，鬃毛粗长而密，一般延伸到荐部，长度12～18 cm，冬季鬃毛下密生绒毛。西藏小型猪的适应性突出表现在：采食性能好，耐粗饲，食谱广，食量小，喜吃多种青绿饲料，对外界环境的变化适应性强，有很强的耐高寒和抗病能力。西藏小型猪肉质细嫩，香味浓郁，有18种氨基酸含量高于其他猪种肉品，钙含量高于其他猪品种119%，且具有高钙低脂、营养丰富等特征，是典型的瘦肉型猪品种。

南方医科大学于2004年把藏猪从西藏林芝市引进到广州亚热带地区进行风土驯化，并进行实验动物化培育，并将其命名为西藏小型猪。西藏小型猪红细胞数和血红蛋白偏高，总胆固醇和甘油三酯指标较低；在所测西藏小型猪的18个生化指标项目中，有9个指标项目在人类指标的正常范围内。根据西藏小型猪mtDNA控制区串联重复区的长度和重复片段存在异质性，可将西藏小型猪分成两种类型，结合5′端的3个碱基特异性转换位点：305、500、691，可以联合组建西藏小型猪的遗传标记。

2. 广西巴马小型猪

广西巴马小型猪（Guangxi Bama minipig）主要产于广西巴马瑶族自治县。其毛色独特，头臀黑色，其余白色，即“两头乌，中间白”，白毛部分占体表面积92%以上，适用于有关皮肤移植、药品毒性试验等医学生物学实验。成年猪12月龄重约40 kg，24月龄重约50 kg，性成熟早、多产（经产雌猪产仔数5～10头）。雄猪性成熟早，有报道3月龄出现爬跨动作。

3. 五指山小型猪

五指山小型猪（Wuzhishan minipig）原产于海南岛中部山区，俗称“老鼠猪”。其体型小，头部尖长，臀部不发达，外观呈两头尖，被毛分为黑背白腹两部分，头带白星，鬃毛较长，耳小直立，四肢细而长，嘴尖、嘴筒微弯。五指山小型猪有纯黑色和纯白色变异种，纯白色可作为实验用猪，在皮肤烧伤实验、过敏性试验、刺激性试验、化妆品毒性检测中应用前景广阔。据调查，10 月龄猪体重 30～35 kg，乳头5～6 对，雄猪 3 个月出现性行为，经产猪窝产仔数 6～8 头。

4. 版纳微型猪

版纳微型猪（Banna minipig）主要产于云南西双版纳境内山区。其体型矮小，被毛黑色，头轻，额平无皱纹，耳小直立，嘴筒直，背腰平直，后腿丰满，四肢短细坚实有力，腹部不下垂，乳头 5 对。成年猪体重 36～40 kg，性成熟早，4～6 月龄即可配种繁殖，窝产仔 6～8 头；初生仔猪约 0. 4 kg，2 月龄重 5 kg。

5. 贵州小型猪

贵州小型猪（Guizhou minipig）分布于贵州黔东南苗族侗族自治州的从江、榕江、雷山、丹寨等县的 10 多个乡镇，以及黔南布依族苗族自治州部分乡村和广西环江毛南族自治县的一些村寨。贵州小型猪体型矮小，头较直，额部皱纹浅而少。被毛黑色，稀疏有光泽，亦有少量尾端、蹄、额心为白色。耳小而薄，背腰宽凹，腹大而圆、触地，后躯较丰满，四肢短细，前肢正直，后肢多卧系。乳头多为 5 对。6 月龄雄猪体重 13. 2 kg，6 月龄雌猪体重 21. 7 kg。12 月龄成年雄猪体重 35 kg，12 月龄成年雌猪超过 50 kg。雄猪 4 月龄性成熟，7 月龄即可配种；雌猪 6 月龄即可配种，平均每窝产仔 7 头左右。育肥猪 10 月龄重 38. 01 kg。屠宰率为 65%，瘦肉率为 45%～50%，肉质细嫩。

（二）国外实验小型猪主要品种（系）

国外培育小型猪多采用从世界各地引进多种小型猪种、野猪等作为亲本进行杂交选育，遗传背景繁杂，所以培育出的小型猪体型大，毛色不一［哥廷根（Gottingen）小型猪为纯白色］，遗传及表型不稳定。但国外采用多学科联合研究，缩短了基础研究，因而较快进入了产业化、商业化阶段，经济上的良性循环推动了小型猪研究的稳定、持续发展，许多品系小型猪的应用范围较普遍。

近年来，实验小型猪被开发成用途日趋广泛的研究用动物，在国外均已培育成多个不同的品种，哥廷根（Gottingen）小型猪是应用最为广泛的实验小型猪品种。在国外用作生物医学研究用的猪品种主要有：辛克莱（Sinclair）小型猪（血液中胆固醇含量高，只需用球导管在动脉内制造一处伤疤，就会出现典型的粥样硬化病变）、汉福德（Hanford）小型猪、皮特曼－摩尔（Pitman-Moor）小型猪、冯·温里布莱（von Willbromd）小型猪（先天患血友病，可用于研究血友病）、尤卡坦（Yucatan）小型猪（系墨西哥无毛猪，先天患糖尿病）、内布拉斯加（Nebraska）小型猪、明尼苏达霍麦尔（Minnesota Hormel）小型猪、德国的哥廷根（Gottingen）小型猪、欧米尼（Oh-mini）小型猪（日本用我国东北的小体型黑猪培育而成）等。

1. 美国小型猪品种

（1）明尼苏达霍麦尔系（Minnesota Hormel）：美国首个小型猪品种。其是美国明尼苏达州州立大学的 L. M. Winsters 教授等人在 Hormel 研究所中历经十余年，先以几内亚野猪、皮纳森林野猪、卡塔利那岛野猪杂交组成基础群，然后加入关岛野猪，4 种猪杂交，做出具有丰富遗传变异的基础群，经多世代连续选育小型个体，最后近交固定性状培育而成的小型猪。

（2）皮特曼－摩尔系（Pitman-Moor）：美国皮特曼－摩尔制药公司育成的实验用小型猪。其是以佛罗里达半岛上的野猪作为原始基础群进行选育而成的品系。日本生物科学研究所已引进该品系进行繁殖，除应用于日本脑炎、猪瘟、猪萎缩性鼻炎等研究、检定外，部分还供给药理试验用。

（3）汉福德系（Hanford）：美国俄亥俄州汉福德研究所育成的用于皮肤研究的实验用小型猪。皮特曼－摩尔系小型猪和白色派洛斯猪（Palouse pig）交配后，再用原产于墨西哥的拉布哥猪（Labco pig）进行杂交改良。所育成的小型猪皮肤白色，被毛稀薄，作为化妆品的检定用实验猪而备受青睐。

（4）埃塞克斯系（Essex）：美国得克萨斯州西部遗留的埃塞克斯种猪育成的小型猪，已培育出无特定病原体猪，即 SPF 猪。

（5）尤卡坦系（Yucatan）：美国科罗拉多州立大学育成。其是以南墨西哥的尤卡坦半岛的野猪和美国中部的野猪作为原始基础群育成的，主要应用于糖尿病研究的小型猪。

（6）汉福额德系和霍梅尔的杂交系（Hanford × Hormel）：依照美国农业部和保健、教育、福利部的特别计划，汉福额德系小型猪和霍梅尔系小型猪杂交后育成的小型猪。

（7）内布拉斯加系（Nebraska）：美国内布拉斯加大学育成。其是将皮特曼 – 摩尔系小型猪和拉美的洪都拉斯的矮小型猪杂交选育的小型猪。

2. 德国小型猪品种

哥廷根系（Gottingen）：德国哥廷根大学的斯密德博士采用从缅甸的 Viernamese 引入的小型野猪与明尼苏达霍麦尔系小型猪杂交育成的更小型化的小型猪，后又导入了德国改良系兰德瑞斯（Landrace），育成的小型猪简称 G 品系小型猪，该品系猪具备德国兰德瑞斯猪的繁殖性能好、性格温和、白皮肤等特性。1976 年，日本实验动物中央研究所引入了哥根廷大学的白色 G 品系小型猪。经研究认为，其可应用于致畸性试验，各种药物代谢、脏器移植、皮肤移植试验等广泛领域。

3. 日本小型猪品种

（1）欧米尼系（Oh mini）：日本家畜研究所的近江弘育成。以 1942 年从中国东北引入的小型民猪的后代作为原始基础群，从所产仔猪中选择体型小的反复交配，经过 10 多年选育而成的小型猪，也就是日本原种小型猪。该品系繁殖性能好，育成率高，作为原种猪封闭繁殖，只有杂交种或原种去势猪才作为实验用。美国宇航局曾经在人造卫星中装载的实验猪，就是从日本引进的含有 50% 和 75% 的这种小型猪血缘的杂交种。

（2）克劳恩米尼（Clawn mini）猪：日本配合饲料中央研究所育成。利用欧米尼小型猪、大约克夏猪、兰德瑞斯猪和哥廷根 G 品系小型猪杂交选育的小型猪。

（3）会津种（Huei-Jin）：在名古屋大学畜产学研究室富田教授的指导下，日本文化厚生财团的成人病研究所，将从中国台湾引进的兰屿猪作为原始基础群，育成体型比哥廷根 G 品系小型猪更小的小耳猪。

4. 法国小型猪品种

科西嘉系（Corsica）：法国原子能所育成。其是以地中海科西嘉岛上的半野生猪作为原始基础群育成的小型猪，成年体重 45 kg，主要用于放射性研究。

三、实验小型猪的繁殖、饲养管理

（一）实验小型猪的繁殖

1. 小型猪雄猪的繁殖生理

（1）雄猪的生殖器官主要由输精管、睾丸、附睾、副性腺、尿生殖道及阴茎等组成。

（2）小型猪雄猪的交配。

小型猪雄猪性成熟比较早，性成熟时间通常为 5 ～ 6 月龄。小型猪雄猪性成熟时虽然能够交配繁殖，但过早配种不但影响雄猪个体发育、繁殖能力和使用年限，而且还会影响胎儿生长和发育。通过观察体重、睾丸发育及性反应等指标判断雄性实验小型猪是否达到体成熟，一般以 7 月龄为体成熟及适宜配种的年龄。

繁殖用的公雌猪需分开饲养，每只雄猪可配 5 ～ 7 只雌猪。在雌猪进入发情期第二天，让雄猪与雌猪同栏配种。人工授精是猪繁殖中常用的手段，通过利用器械人工采集雄猪的精液，然后再用器械把精液注入发情雌猪的生殖道内，从而使雌猪受精怀孕。

2. 小型猪雌猪的繁殖生理

1）小型猪雌猪的生殖器官主要由卵巢、输卵管和子宫等组成。

2）小型猪雌猪的受精与妊娠。

（1）受精：是成熟的精子和卵子相遇并结合，精子主动向卵子内部转入并产生一个新的合子的过程。猪属于子宫射精型动物，交配时，雄猪的阴茎可进入子宫颈，并将精液射入。

（2）妊娠：又称“怀孕”，是指从受精开始一直到胎儿娩出的过程。妊娠期包括受精卵卵裂、胚泡生长以及在子宫内附植、发育成胎儿和胎儿成熟至分娩前的过程。小型猪的妊娠期一般为109～120天，平均为114天。

（3）分娩：猪临产前腹大下垂，阴户红肿，乳房肿胀可挤出乳汁，衔草作窝，行动不安，尿频。分娩时努责，从阴户流出黏性羊水。分娩持续1～4小时，仔猪正常分娩间歇15分钟。

（二）实验小型猪的饲养管理

1. 仔猪的饲养管理

做好仔猪的饲养管理是提高猪成活率的关键。实验小型猪新生仔猪出生后7天内，要固定好雌猪的乳头，让仔猪吃好初乳，并加强保温（新生仔猪适宜环境温度范围应为30～34 ℃，随后每日下降0.5 ℃）。实验小型猪哺乳期饲养管理主要控制好乳食、开食、旺食（即仔猪35日龄左右便会出现贪食、抢食的现象，这种旺盛的采食现象，称为“旺食”）阶段。实验小型猪仔猪易患蛋白质、铁、铜、维生素A缺乏症等，被广泛应用于营养和婴儿食谱的研究。仔猪出生后14～25天，生长发育迅速，所需营养逐渐增加，而雌猪泌乳量在20天左右达到高峰，以后逐渐下降，此时单靠母乳已不能满足仔猪的营养需要，要给予补充饲料，并逐渐过渡到离乳，如果不及时补充饲料，容易造成仔猪瘦弱或死亡。仔猪一般在40～60日离乳，此时为了使仔猪逐渐适应成年猪的饲料类型，应加强这一时期的饲料补充。选择香甜适口的饲料，多样化配合，保证营养丰富。饲料补充次数要多，一般要求每天补充饲料4～6次。

2. 成年小型猪的饲养管理

（1）制定饲养管理操作规程。应根据不同猪群的要求，制定相应的饲养管理和卫生防疫管理等操作规程，并严格执行，保证猪群的健康和正常生长发育，满足科研实验的需要。

（2）日常的饲养管理。成年小型猪的饲养管理应该根据实验小型猪的品种、年龄、生育状况及研究需求来决定。正常情况下，每天进行1～2次饲喂。每日饲喂量约为小型猪体重的2%～3%，喂料时应选择一个干净的容器，或放在食盆或食槽中。群养时必须保证猪群足够的空间，以确保每头猪均能获得营养所需的饲料。使用食槽时，应保证体重在10～40 kg的猪的食槽长度至少为30～50 cm。

3. 猪群的分栏和分群管理

做好猪群的饲养管理工作对于猪群的生长非常重要，应根据猪群不同生长时期、生理阶段，以及猪群不同品种、性别、年龄、体重、强弱和吃食快慢等情况对猪群进行分群、分栏饲养。除成年雄猪和妊娠后期雌猪单独分栏饲养外，其他各类猪可合群饲养。但每栏饲养猪群的数量应根据猪舍条件、猪只大小等确定。分群后，经过一段时间，群内还会出现体重和体况不匀的情况，应及时调整。分群时把较弱小的猪留在原栏不动，较强壮的猪并出去；或头数少的猪群留在原栏、头数多的并出去。并群应在夜间进行，有条件的应给并群猪栏喷洒来苏儿药液进行消毒。并群后最初几天应加强看护，防止打架和发生意外。

4. 制定合理的饲料配方

根据小型猪的不同生长发育和不同的生理阶段，按饲养标准分别制定合理的营养标准及饲料配方，确保猪群的营养水平。

四、实验小型猪疾病防控

小型猪饲养要点：①饲养密度合理；②猪舍通风换气良好；③充足、干净的卫生饮水；④良好的防暑、保温设施；⑤饲喂干湿度（料水比1∶1）合理的优质饲料；⑥稳定的日粮和饲养水平；⑦干净卫生的圈舍环境；⑧合理免疫（表8－11），定期消毒，驱虫。其中疾病防控尤为重要。

表 8 - 11　小型猪推荐免疫程序（以当地实际情况而异）

疫苗种类	一免时间	二免时间	后备公雌猪	种雌猪	种雄猪
猪蓝耳病疫苗	14 日龄	35 日龄	配种前 1 次	产后 14 天	6 个月 1 次
猪瘟疫苗	21 日龄	65 日龄	配种前 1 次	产后 21 天	6 个月 1 次
猪口蹄疫疫苗	42 日龄	75 日龄	配种前 1 次	离乳时 1 次	4 个月 1 次
猪圆环病毒疫苗	—	—	—	普免 2 次	普免 2 次
伪狂犬病疫苗	7 日龄	—	—	普免 3 次	普免 3 次
猪喘气病疫苗	28 日龄	—	—	—	—
猪肺疫疫苗	—	—	—	1 年 2 次	—

小型猪推荐驱虫程序：雌雄猪 1 年 2 次体内外驱虫，仔猪在育仔房下床前驱虫 1 次，后备雌猪 6 月龄驱虫 1 次，基础雌猪下床时进行 1 次体内驱虫。

小型猪猪舍消毒：产仔圈每天消毒 1 次，成年猪圈每周消毒 1 次，圈舍周围每月消毒 1 次（与场区人员和车辆流动性有关，如果流动性偏大，次数要相应增加）；加强进场人员管理，对非生产人员及车辆应禁止入内，消毒室消毒水应每天专人更换，进场人员应严格消毒方可入内。

小型猪仔猪护理：饲喂好仔猪是提高猪成活率的关键。小型猪新生仔猪出生后应剪断脐带（2 ～ 3 cm 为宜），并用 3%～5% 的碘酊处理；3 天内应注射牲血素；7 天内要固定好雌猪的乳头；让仔猪吃好初乳；加强保温，新生仔猪适宜环境温度范围应为 30 ～ 34 ℃；半个月后，及时按免疫程序（表 8 - 11）注射疫苗。

五、实验小型猪饲养环境设施

1. 房舍要求

应选择地势干燥、背风向阳、平整的地方建造猪舍，猪舍单列式、双列式均可，但必须用砖石砌墙，水泥抹面，以便冲洗打扫，实验小型猪的猪舍应比一般猪舍建造高一些。根据经验，每头小型猪应占地 0. 35 ～0. 8 m^2，每个圈养 8 ～ 10 头为宜。猪舍外应设排粪场，排粪场面积应比猪舍大一些，按每头猪 1. 5 m^2 计算，即 10 头猪应建 15 m^2 的排粪场。猪舍应有良好的通风换气和控温设备，这是饲养好实验小型猪的一个重要条件。猪的蹄子较小但其体型较大，如果地板是光滑的或笼底空隙过大，它们可能会受伤并出现应激性溃疡。猪围栏应用混凝土混合材料和镀锌钢或不锈钢材料建造。实验用猪最好用高床或笼架饲养，必要时单笼饲养，并带有自动饮水装置。粪便和尿液可通过密闭管道输送到化粪池内，经无害化处理后排入市政污水管道。

2. 环境

良好的居住环境（温度、湿度、气候、饲养密度），有利于提高生产性能。猪的居住环境主要是猪舍，猪舍冬季防寒保温，夏季避免阳光直射，通风防暑。

实验小型猪环境参数按照国家标准的要求，对环境温度、相对湿度、通风换气、照明和微生物水平进行必要的控制。单独饲养的猪，环境温度应根据猪身体的大小而设定，普通级成年猪环境温度适宜范围为 16 ～28 ℃，仔猪温度范围为 22 ～34 ℃。相对湿度控制在 40%～70% 最为理想。通过自然或机械的方式通风可以维持动物的健康以防止动物不适。通风系统可提供空气流，降低热载荷，稀释气体和颗粒污染物，调节湿度。每小时换气次数不低于 8 次。猪对空气质量十分敏感，成年猪的居住环境气流速度不应超过 0. 2 m/s，仔猪的不应超过 0. 1 m/s。空气污染物氨气的浓度不应超过 14 mg/m^3。应有足够强度的光照（100 ～200 lx）以保证常规的检查和清理，同时保护动物免受过度照明的伤害。明暗交替时间为 12 小时：12 小时或 10 小时：14 小时。猪的自然的社会结构是母系群，因此雌猪和其后代一起饲养，而成年雄猪通常是单独饲养的。SPF 级实验小型猪应饲养在屏障环境设施内，并定期进行微生物鉴定。为减少猪群受微生物的侵袭，一般情况下，猪圈至少每周要消毒1次。

六、实验小型猪检疫及运输要求

（一）小型猪的检疫

1. 新引进的小型猪的检疫内容

必须检查实验动物质量合格证明，隔离检疫观察14天，确认无异常后，方可移入饲养区和实验区，若有异常，则应淘汰。

2. 小型猪检疫内容

1）外观观察。

（1）皮毛：有无光泽、竖毛、出血、污物、脱毛，皮肤有无创伤、结痂、丘疹、水泡、溃疡、脱水皱缩，体表有无寄生虫等。

（2）眼：有无渗出物、眼屎、流泪、白内障、角膜损伤、结膜炎等。

（3）口腔和鼻：有无流涎、出血、张口困难等，鼻孔有无渗出物阻塞、喷嚏、呼吸困难。

（4）耳：有无外伤、耳壳曲折、中耳炎等。

（5）四肢：有无外伤、弯曲、脱臼、肿胀、关节炎等。

（6）肛门及尾部：有无腹泻、血便、脱肛等，尾部有无肿胀、溃疡、坏疽、无毛瘢痕。

（7）精神和食欲：有无萎靡不振、倦怠、动作不活跃、食欲不振、拒食、敏感性增高等。

（8）营养状况：有无消瘦、过度肥胖、成长异常。

（9）姿势和步态：有无姿势异常、行走和站立困难、运动失调、跛行等。

（10）头部、颈部、背部：有无外伤、肿块等。

2）触诊。

（1）外部触诊：脉搏触诊，观察淋巴结、骨骼等体表变化。

（2）内部触诊：行口腔内黏膜、牙齿、牙周组织、舌等的口腔检查。

（3）触觉：了解弹性、硬度、肿胀和疼痛等。

3）实验室检查：发现异常则进一步做实验室检查，如病理检验、细菌学检查、病毒学检验、寄生虫检验等，一般对皮肤、体液或排泄物等进行检查，如血液、粪便等。

（1）普通级小型猪应排除的细菌和病毒：非洲猪瘟病毒、猪链球菌2型、肺炎支原体、钩端螺旋体、伪狂犬病病毒、猪戊型肝炎病毒、猪圆环病毒2型、猪传染性胃肠炎病毒、猪胸膜肺炎放线菌、多杀巴氏杆菌、沙门氏菌、猪流感病毒。

（2）SPF级小型猪应排除的细菌和病毒：除了普通级小型猪应排除的病原外，还需要排除猪细小病毒、猪水泡病毒、副猪嗜血杆菌、猪附红细胞体。

3. 采食和饮水观察

每天观察动物采食饮水状况，发现异常报告兽医。

4. 观察记录

对动物进行观察检查后，认真填写记录表，做出相应评价。

（二）实验小型猪的运输

实验小型猪运输时，必须有专业兽医提供的健康证明书。根据所去的国家或者地区，对一些相关疾病也要提供证明，如狂犬病、布鲁氏菌病等。实验小型猪的运输到达目的地后须经兽医对所有实验小型猪进行体检并隔离观察，必要时进行实验室诊断，确保实验小型猪健康状况符合实验要求。

对于国际运输，动物必须接受授权的出口国的兽医检查，并由其出具动物健康的合格证明。在运输过程中雌雄应分开装运，同时应补充食物及水分，饲养密度不能太大，要保持适宜的温湿度。国际运输的欧洲标准，则要求提供运输笼具的长度、空间，运输过程中的喂养和饮水间隔。

七、实验小型猪在生物医学研究中的应用

实验小型猪和人的各器官系统不仅在形态上相似而且生理学功能也基本相同，特别是皮肤、心血管系统、胃肠道和泌尿系统，因此在生物医学的研究领域，小型猪越来越多地被用来替代犬、猴等非啮齿类动物。现已积累的数据表明，在多数情况下小型猪比犬、猴更适合做毒理实验。与家猪相比，小型猪的优势主要体现在以下几个方面：①成熟时体型较小；②在研究中生长比较缓慢；③易于操作管理；④遗传控制较严格；⑤易于控制所携带的微生物种类。使用小型猪比传统的非啮齿类动物有优势，因为在实验中使用传统的非啮齿类动物（猴、犬）受到越来越多的伦理关注。（表 8－12）

表 8－12　小型猪与人结构和功能的比较

系统	小型猪与人结构和功能的比较	小型猪适宜模型
心血管系统	在心血管系统的解剖、生理和对致动脉粥样硬化食物的反应方面与人类高度一致	心脏移植、心脏瓣膜生物假体、心肌梗死等
消化系统	和人一样杂食性，胃细胞类型、绒毛及分泌物类似于人的，小肠 pH 变化和循环时间也类似于人的，大肠和结肠呈系列盘绕，消化生理过程却与人类的十分相似	胃溃疡、肠移植、全肠外营养研究、肠道对初乳的反应等
泌尿系统	泌尿系统与人类在很多方面相似，尤其在肾脏的解剖和功能方面，比其他所有动物都更近似人类的。多小叶肾，大小、叶数和结构与人的类似	肾性高血压、泌尿系统发育和儿科泌尿学、肾脏药理学等
内分泌	胰腺发育和形态结构与人类的相似，在糖的吸收、转运和利用方面类似于人类的，猪的胰岛素与人类的胰岛素仅差 1 个氨基酸残基	糖尿病模型
皮肤	皮肤与人类的一样为固定皮肤，被毛稀少，在经皮吸收研究方面与灵长类具有等同作用。在组织、生理、生化及营养代谢等方面，尤其是皮肤及皮下的血管分布、血液供应方面，比其他实验动物更近似于人类	创伤愈合、烧伤愈合、皮瓣、整形外科、经皮给药的毒理学模型、皮肤恶性黑色素瘤等
器官/组织/细胞移植	小型猪肝脏、胰腺、肾脏和心脏在大小、解剖和功能上与人类的相似，已成为异种器官移植手术供体器官最有希望的来源	肝细胞移植治疗急性肝衰竭，产多巴胺的脑细胞治疗帕金森病，心脏瓣膜缺损修复等
生长发育	猪是儿科研究的良好模型，出生时的发育程度与人类的相似，出生后的生长发育也与新生儿的类似	新生儿蛋白和氨基酸代谢、缺铁性贫血、先天性卟啉症等
药理毒理学	与人类有着相似的细胞色素氧化酶 P450 系统（除了缺乏 CYP2C19 和 CYP2D6），是药理毒理学研究中非啮齿类动物的又一个选择；体格大小与人类似，适于测定人类药物剂量	环境污染物急性和慢性毒性评价，心血管系统药物、经皮给药、非消化系统用药方面

（一）皮肤烧伤及毒理学研究

烧伤和烫伤是临床上常见的疾病，由于小型猪的皮肤在体表毛发的疏密、表皮厚薄、表皮具有的

脂肪层、表皮形态学和增生动力学（猪30天，人21天）、烧伤皮肤的体液和代谢变化机制等方面与人的非常相似，故小型猪是进行实验烧伤研究的较理想动物，小型猪皮用于烧伤后创面敷盖，比常用的液体石蜡纱布要好，使用小型猪皮使患者的愈合速度比使用液体纱布快近1倍（分别为13天和25天），既能减少患者的疼痛和感染，又有利于促进皮肤的生长修复和愈合。

药物毒理研究的给药途径需要与临床应用尽可能一致，经皮给药的药物毒理实验不但要考虑吸收后对全身器官系统的影响，还要考虑对皮肤局部的影响。在经皮给药的毒理实验中，对非啮齿类动物的选择比较复杂。兔在这方面的应用历史最长，但是由于兔的生理学特性与人差异较大，使之应用范围受到限制。而比格犬的皮肤被毛浓密且有色素沉着，不利于实验观察。

小型猪表皮厚度、细胞组成和血液循环、免疫反应和激素诱导反应与人类相似，因此在皮肤药品的安全性评价方面，小型猪是首选的实验动物。与啮齿动物不同，小型猪体格较大，能耐受长时间局部应用强效药，从而避免全身吸收引起的并发症。另外，小型猪皮肤血管的解剖特点（如数量、粗细、分布）与人的十分相似。

化学药品在浓密毛发的动物皮肤中有高度的经皮穿透性，而小型猪皮肤毛发相对稀少，经皮穿透性较低。皮肤消毒剂六氯酚的透皮研究表明，给药后这种化合物在人与猪血液中的浓度是接近的，但在人与大鼠和猴血液中的浓度不同。因此，小型猪可以作为体外皮肤穿透性研究的理想模型。

（二）肿瘤研究

小型猪可以作为研究肿瘤无可比拟的、资源丰富的模型。经过选育后的美洲辛克莱小型猪，有80%可发生自发性皮肤黑色素瘤。其特点是皮肤恶性黑色素瘤发病率很高，有典型的皮肤自发性退行性病变，与人黑色素瘤病变和传播方式具有完全相同的特点，从良性到恶性的临床变化过程与人的黑色素瘤相似，故辛克莱实验小型猪可作为研究人类黑色素瘤的良好模型。

（三）免疫学研究

猪的母源抗体通过初乳传递给仔猪。刚出生的仔猪，体液内γ-球蛋白和其他免疫球蛋白含量极少，但可从雌猪的初乳中得到γ-球蛋白。用剖宫产手术所得的仔猪，在几周内，体内γ-球蛋白和其他免疫球蛋白仍极少，因此其血清对抗原的抗体反应非常低。无菌猪体内没有任何抗体，在生活后一经接触抗原，就能产生极好的免疫反应，可利用这些特点进行免疫学研究。

（四）心血管研究

实验小型猪在老年病的冠状动脉病研究中特别有用，其冠状动脉循环在解剖学、血流动力学方面与人类很相似；幼猪和成年猪可以自然发生动脉粥样硬化，其粥样病变前期可与人相似；猪和人对高胆固醇饮食的反应是一样的。某些品种的老龄猪在饲喂以人的残羹剩饭后能产生动脉、冠状动脉和脑血管粥样硬化病变，与人的特点非常相似。与人类比较，50 kg猪的心脏大小相当于70 kg人的心脏。饲料中加入10%乳脂即可在2个月左右得到动脉粥样硬化的典型病灶，如加入探针刺伤动脉壁可在2～3周内出现病灶。因此小型猪是研究动脉粥样硬化理想的模型动物。

小型猪除了左奇静脉进入冠状静脉窦外，心血管系统在解剖学上接近于人类。幼猪的心脏和大血管的发育与儿童差不多。小型猪的血液学和血流生化指标、血液动力学、心脏功能等与人类相似。

小型猪可自发或诱发动脉粥样硬化，其脂蛋白代谢机制与人类相似。如果让小型猪随着年龄的增长自然地形成动脉粥样硬化病变，则动脉粥样硬化斑块的分布与人类相似，斑块的组织结构和发病机制也类似人类的情况。有文献研究结果指出，给五指山小型猪饲喂高胆固醇、高脂饲料8个月，小型猪临床表现除动脉病变外，无明显异常，对其他脏器的检查也未发现显著病理改变，表明小型猪能够耐受致动脉粥样硬化饮食，明显优于目前广泛应用的家兔食饵性动脉粥样硬化模型，后者常常出现全身性广泛的脂质沉积，动物体质衰弱，甚至发生死亡。

（五）糖尿病研究

尤卡坦小型猪（墨西哥无毛猪）是糖尿病研究中的一个很好的动物模型。只需一次静脉注射水合四氧嘧啶（阿脲，200 mg/kg体重）就可以在这种动物中产生典型的急性糖尿病，其临床体征包括高血糖症、口渴、多尿和酮尿。

由于啮齿类动物进化程度低，其基因表达调控和糖代谢机制与人类有较大差距。研究发现，猪胰岛素与人胰岛素仅相差1个氨基酸残基，即β链的最后一个氨基酸残基，人的为苏氨酸，猪的则为丙氨酸。伴随着猪胰岛素在临床上的推广，其各种副作用也随之减轻。1982年，诺和诺德公司成功地以猪胰岛素为原料，经氨基酸置换反应后将其改造为人胰岛素，这种胰岛素经历多次纯化，活性高、副作用也很小。

研究者在动物试验的基础上，于1992年在国内率先进行了3例5次猪胰岛细胞移植治疗1型糖尿病的临床尝试。结果显示，5次移植中仅有1次出现轻微的不良反应，经治疗后缓解，另4次经过平稳。移植后3～5天均出现低血糖反应，产生疗效。胰岛素用量平均减少45.2%，血糖控制良好，其中1例完全停用了胰岛素。由此可认为，人体移植猪胰岛细胞能对1型糖尿病患者产生良好的疗效。

（六）畸形学和产期生物学等研究

产期仔猪和幼猪的呼吸系统、泌尿系统和血液系统与新生婴儿很相似，由于雌猪泌乳期长短适中，一年多胎、每胎多仔，易管理和便于操作，仔猪的胚胎发育和肠道菌群也很清楚，因此仔猪成为极易获得、很有用处的畸形学、毒理学、免疫学和儿科学动物模型。新生或用剖宫产分娩的仔猪，体内γ-球蛋白和其他免疫球蛋白含量极少，由于猪的母源抗体不能通过胎盘屏障，主要靠吃母体初乳获得。

（七）遗传性和营养性疾病研究

小型猪可用于遗传性疾病（如先天性红细胞病、卟啉病、先天性肌肉痉挛、先天性小眼病、先天性淋巴水肿等）、营养代谢病（如卟啉病）、食物源性肝坏死等疾病的研究。像婴儿一样，仔猪易患营养不良症，如蛋白质、铁、铜和维生素A缺乏症等，因此仔猪被广泛应用于营养和婴儿食谱的研究。

（八）其他疾病研究

小型猪的病毒性疾病如病毒性胃肠炎，可作为婴儿病毒性腹泻模型。猪的霉形体关节炎可做人的关节炎模型。双白蛋白血症，只见于猪和人，血清白蛋白电泳可见2个白蛋白峰或带。已培育成的冯·温里布莱小型猪专供血友病研究。小型猪还可进行十二指肠溃疡、胰腺炎等疾病的研究。猪的自发性人畜共患疾病有几十种，可作为人或其他动物的疾病研究模型。

（九）悉生猪和猪心脏瓣膜的应用

悉生猪和无菌猪可用于研究各种细菌、病毒、寄生虫引起的疾病，以及血液病、代谢性疾病等。利用猪的心脏瓣膜修补人的心脏瓣膜缺损或其他疾患，目前国外已普遍推广，每年可达数十万例，我国临床上也已开始应用。

（十）牙科研究

猪牙齿的解剖结构与人类相似，给予致龋食物可复制出龋齿动物模型。应用实验小型猪可进行牙齿形态学、口腔咬合关系、牙齿填补材料的生物安全性、牙周韧带等方面的研究。

（十一）异种器官移植

全世界器官衰竭患者已达数百万人，器官移植已成为拯救器官衰竭患者生命的主要措施。但是，人供体器官严重短缺，很多患者在没有等到合适的器官前就死亡。异种器官移植为最终解决供体器官严重短缺问题提供了新的思路。于是，如何从动物身上寻求患者需要的器官，实现异种器官移植，成为当今生物医学领域的国际性难题和研究热点。

非人灵长类动物（猴）曾一度被认为是与人类基因最接近的可作为异种器官移植供体的动物，但基于伦理和安全性考虑及解剖结构大小的差异，非人灵长类不是理想的异种移植的器官供体动物。小型猪在体重、体温、心率、肾脏结构、心脏结构等方面均与人体相似。有学者研究发现，西藏小型猪肾脏和人肾脏除外形略有差异以外，其余结构无明显区别；西藏小型猪冠状动脉分为左、右冠状动脉，其起始、行程及其分支与人冠状动脉结构相近，而其他实验动物或实验用动物的心脏血管走行等均与人的心脏血管结构相差甚远。此外，小型猪还有其他优点，如数量多、易繁殖、费用相对较低，可在无病原体条件下培育。小型猪不是灵长目动物，引起的伦理道德安全性等问题少于黑猩猩和狒狒等非人灵长类动物，是最理想的异种移植器官的供体动物。

目前，异种器官移植的主要障碍是人体对植入外源器官的免疫反应。最初的和主要的反应是超急性排斥反应，发生于移植手术完成数分钟之内，超急性排斥反应可破坏移植器官。补体激活是发生超急性排斥反应的关键，天然抗体与移植体血管内皮细胞相结合可引发补体的激活。这些天然抗体存在于所有人的循环系统中且主要识别 α－1，3－半乳糖成分，α－1，3－半乳糖抗原与猪源细胞表面的糖脂和糖蛋白相连。这些抗原表位是由 α－1，3－半乳糖基转移酶组成且被认为是免疫排斥中主要的异种抗原表位。人类、猿类和猴类不能合成上述复合糖，但猪这样的哺乳动物则能合成。去除 α－1，3－半乳糖基转移酶是猪源器官移植的技术关键之一。2002 年，赖良学等利用体细胞基因打靶技术与体细胞克隆技术，获得了世界上第一头基因敲除 α－1，3－半乳糖转移酶克隆猪，克服了猪器官移植到人体内所引起的超急性排斥反应问题，使异种器官移植成为可能。基因敲除 α－1，3－半乳糖基转移酶克隆猪的心或肾移植到已免疫抑制的狒狒体内，分别成活 179 天和 83 天，克服了超急性排斥反应。由此可见，小型猪心脏、肾脏作为人类器官移植供体具有可行性。

第九章 基因工程动物

第一节 基因工程动物简介

一、基因工程动物的定义

人为地运用转基因技术、基因敲除技术、转基因体细胞核移植技术和 N－乙基－N－亚硝基脲（N-ethyl-N-nitrosourea，ENU）大规模诱变技术等，有目的地在基因水平改造动物的遗传物质组成，导致动物新性状的出现，并使其能有效地遗传下去，形成新的可供生命科学研究和其他目的所用的动物模型，这类动物被称为基因工程动物（genetically-engineered animals，GEAs）。

二、基因工程动物发展史

目前，转基因动物技术包括显微注射法、逆转录病毒载体法、慢病毒载体法、精子载体法、胚胎干细胞法及人工酵母染色体法等。虽然，基于显微注射法制作转基因动物的方法成熟于 20 世纪 80 年代，但早期工作可以追溯至 70 年代。美国科学家 Jaenisch 等在 1974 年最早把猿猴空泡病毒 40（simian vacuolating virus 40，SV40）的 DNA 显微注射到小鼠胚胎，在子代小鼠基因组中检测到 SV40 基因。进入 80 年代后，有学者开始利用受精卵原核显微注射法进行转基因研究。1980 年，Gordon 等把 SV40 DNA 显微注射到小鼠受精卵的原核中，获得了 2 只转基因小鼠，成功创建了显微注射转基因方法。1981 年，Martin Evans 和 Gail Martin 分别建立了小鼠胚胎干细胞系（ES 细胞）。1982 年，Palmiter 等将大鼠的生长激素基因显微注射到小鼠受精卵原核中，获得了携带大鼠生长激素基因的转基因小鼠——“超级鼠”（super mice），其体重是对照组小鼠的 2 倍多，首次证明外源转基因可在受体中表达，且表达产物具有生理活性。“超级鼠”的问世震惊世界，这一结果发表后，哺乳动物的转基因技术引起生物学界的广泛重视并得到迅速发展。转基因家兔、绵羊、猪（Hammer 等，1985）、鱼（朱作言等，1986）、牛（Bondioli 等，1988）、大鼠（Hochi 等，1990）、山羊（Ebert 等，1991）等相继问世。

三、基因工程动物在生物医学研究中的用途

（一）应用基因工程动物开展基因功能研究

后基因组时代的待解之谜，人类基因组计划（Human Genome Project，HGP）涉及的研究内容大致包括两大部分：结构基因组学和功能基因组学。结构基因组学代表基因组分析的早期阶段，以建立生物体高分辨遗传、物理和转录图谱为主。功能基因组学代表基因分析的新阶段，其任务是进行基因组注释（genome annotation），揭示基因组中每个基因的功能及其相互作用，认识基因与疾病的关系，了解基因产物及其在生命活动中的作用与其作用的确切机制。目前，基因组学研究已从结构基因组学过渡到功能基因组学。人类基因是如何指导一个个单细胞受精卵发育成一个个人类个体，又是怎样影响人类的生、老、病、死，怎样决定不同的人对环境因素反应的差异和对药效的差异？以上这些都是后基因组时代或者功能基因组学时代的待解之谜。真正理解人类基因组中各个基因的功能及其相互作用，以及人的生、老、病、死的奥秘，或许是整个 21 世纪乃至下个世纪的任务。

经全球科学界的共同努力，人类和许多模式生物（如大肠杆菌、酵母、线虫、果蝇、小鼠、斑

马鱼、猪、猴等）的基因组测序计划已完成，即一本关于人类和模式生物遗传信息的“生命天书”已被写就。读懂这部“生命天书”将是后基因组时代的研究重点。

人类和许多模式生物基因组 DNA 测序计划的完成为基因功能的解析铺平了道路，而基因功能研究旨在了解基因决定生命系统运行的过程与规律，这将是一项长期和非常繁重的工作。例如，科学家正在探索 DNA 信息是如何转化成功能性分子的，这些分子又是如何形成活细胞的；对细胞间的信息传递及其相互作用，细胞如何形成组织和器官并最终形成整个生命有机体的研究也在进行之中。

识别基因功能的最有效方法是观察基因功能缺失或基因过表达后，细胞和机体所产生的表型变化。在基因功能研究攻坚战中，如何了解一个个基因的功能？如何了解一个个基因与各种病症的对应关系？利用转基因（transgene）和基因敲除（gene knockout）等技术产生的基因工程动物是最具研究价值的工具之一。利用基因工程微生物（genetically engineered microorganisms，GEMs）可在活体水平研究相关基因功能，并观察实验动物整体综合效应，由动物整体结构、功能与生理病理状态改变推测相应基因功能；GEMs 发育过程中引入了时间和空间因素，因而它又是一个多维研究体系，能将分子、细胞和整体水平研究有机地统一起来，是重要的人体模拟系统，具有体外研究方法无可比拟的优点。

遗传学研究手段：双向选择的传统遗传学研究手段大致可以分为正向遗传学（forward genetics）和反向遗传学（reverse genetics）两类。正向遗传学是指通过生物个体或细胞基因组自发突变或人工诱变，筛查相关表型或性状改变，然后从这些特定性状改变的个体或细胞中找到对应突变基因。反向遗传学则是直接从生物的遗传物质入手来阐述生命现象的本质，即首先改变某个特定基因或蛋白质，然后再去筛查相应的表型变化，并揭示该特定基因或蛋白质的功能，与之相关的研究技术称为反向遗传学技术。简言之，正向遗传学的策略是功能（表型或性状）— 突变体 — 基因，最后获得具有相关功能的基因，并揭示特定生命现象发生发展的规律，经典遗传学多采用该方法；反向遗传学的策略则是基因 — 突变体 — 功能，最后得到未知基因的功能，现代遗传学多采用该方法。

基因功能解析的策略：解析基因未知功能的策略与途径大致可分为基因功能缺失（loss of gene function）和基因功能获得（gain of gene function）两类。

基因功能缺失是指直接从遗传物质入手来阐述生命现象的本质，对靶基因进行删除操作或关闭/抑制其表达，目的在于了解该基因的反向效应，而识别基因功能最有效的方法之一是观察基因表达被阻断后在细胞和整体动物水平上所产生的表型变化。实现基因功能缺失的主要策略与技术包括（条件性）基因敲除、（条件性）RNA 干涉（RNAi）、显性负效突变（dominant negative mutant）技术和反义技术等。

实现基因功能获得的主要策略与技术有目的基因（条件性）过表达等。具体地说，将目的基因通过一定转基因方式转导入某一离体细胞或活体组织中，达到靶基因（条件性）过量表达，以实现基因功能获得性分析，并进而通过观察细胞或活体生物学表型的改变来认识基因功能，是目前应用最多和技术最为成熟的基因功能研究策略与方法。

（二）应用基因工程技术创制人类疾病动物模型

通过转基因技术和基因敲除技术，可以对实验动物的遗传信息按预期方式进行活体修饰和改造后观察实验动物的生理病理变化，以便揭示相关基因的真正功能或者疾病的发病规律。许多情况下，通过转基因和/或基因敲除技术等获得的基因工程动物的表型与某种人类疾病的临床症状类似，使这些基因工程动物可能成为人类疾病的理想模型。通过转基因和基因敲除获得的基因工程动物的疾病表型能在近交系中保持高度稳定，与改变营养条件、药物作用或手术途径制备的模型相比，这些基因工程动物模型具有更好的一致性和稳定性，能够更加真实地反映疾病的病理过程和分子改变。无数事实已经证明，许多基因工程动物（主要是基因工程小鼠）已成为研究人类重大疾病［包括新生和重现传染病（如 SARS、艾滋病、流感和病毒性肝炎等）、肿瘤（如肝癌、肺癌、胃肠癌和鼻咽癌等）、心血管疾病（如动脉粥样硬化和心肌梗死等）、代谢性疾病（如糖尿病和肥胖等）、老年性疾病、精神性疾病及遗传病等］理想的疾病动物模型。对它们进行分析研究，对了解人类疾病的致病机制和病因学、动物和人类行为、生物与环境相互作用，解答特定人群对某种疾病的易感性机制，以及研发新型特效预防和治疗药物均有重要推动作用。

人类几乎所有的疾病都与基因有关，基因工程动物模型的建立，为研究人类疾病提供了一个崭新的体内研究体系，尤其是遗传性疾病。例如，眼白化症Ⅰ型（ocular albinism type Ⅰ，OA1）是一种基因紊乱遗传性疾病，能引起视力严重下降及斜视、光恐怖、眼球震颤。Incerti 通过基因敲除法去除小鼠 OA1 基因，雌鼠能够繁殖，眼科检查显示眼球底部黑色素不足，症状表现与人的临床相似，可用来研究 OA1 的发病机理。又如，低密度脂蛋白（low density lipoprotein，LDL）受体基因缺失会导致人易发心脏病，血浆中 LDL 和胆固醇的含量升高，当 Patel 敲除小鼠 LDL 受体基因后，引起与人临床相似的症状。*Apo*E 基因敲除小鼠可以用来研究人的动脉硬化发病机理和病变，而另一研究用此小鼠模型研究 *Apo*E 基因在动脉硬化症中发生炎症反应和免疫应答的作用，在基因敲除小鼠中，动脉硬化部位发现特异性的抗原决定基因被氧化，这一结果不仅证实了 *Apo*E 基因在动脉硬化中氧化的作用，同时也说明了这一动物模型可以用来对许多抗氧化剂的作用进行评估。

总之，转基因或基因敲除等动物模型是在整体动物水平研究发育、解析基因功能或疾病相关基因功能、研究疾病发病机制、识别药物靶点、新药筛选、疗效判定和新药临床前评价的有效手段。

（三）基因工程动物——异种器官移植的新供体

器官移植指通过外科手段，将他人的具有活力的器官移植给病人以代替其病损器官的手术。目前，器官移植术还存在两大难题：一是供移植用器官的来源困难，二是器官移植后的排斥反应。基因工程技术和异种器官移植可能有助于这些问题的解决。目前，基于伦理学、动物生理及解剖学等方面的考虑，猪被认为是异种器官移植最理想的供体。

异种器官移植（xenotransplantation）是解决器官移植供体不足的途径之一。但由于异种抗原的存在，免疫排斥反应成为移植成功的主要障碍。近年来，应用基因工程技术对免疫排斥反应相关的基因进行修饰，可以大大降低排斥反应的程度，提高异种器官移植的成活率，基因工程动物作为异种器官移植的新型供体应用前景已逐渐明朗。

美国密苏里－哥伦比亚大学和英国 PPL 公司分别独自培育出 *GGTA*1 基因（α－1，3－半乳糖基转移酶基因，GGTA1 导致的是急性排异反应）被敲除的转基因克隆猪，这给人类异种器官移植带来了一线曙光。

宿主对异种移植物的超急性排斥反应是影响移植物存活率的主要因素。研究表明，内皮细胞相关的补体调节蛋白可限制补体激活，控制免疫排斥反应的强弱。如移植受体的这类蛋白在供体血管内皮细胞中得到表达，便可能降低异种移植的超急性排斥反应的程度，而转基因动物技术可导致动物体内表达外源基因。近几年，集中进行了 CD59、有丝分裂调控蛋白、人衰变加速因子（human decay accelerating factor，hDAF）等几个补体调节蛋白基因的转基因猪的建立和移植免疫研究，并取得了可喜的成绩。用上述转基因猪的器官进行异种移植时，各项免疫排斥反应的指标均提示超急性排斥反应程度明显降低，移植物成活时间延长。最近，有人尝试用基因打靶的方法将动物内源的补体调节蛋白基因敲除，或用人的相应基因替换猪的内源基因，以期更进一步降低排斥反应。

（四）应用基因工程动物生产生物活性物质

用基因工程手段生产药用蛋白是现代生物高技术产业的主流。现常用的是大肠杆菌、酵母及培养细胞等体系。但还存在以下几个难以克服的问题：① 活性物质分离纯化困难；② 产量低；③ 有些要经过复杂的翻译后修饰过程才得到有活性的蛋白，难以得到高活性的蛋白。

将具有重要应用价值的生物活性蛋白的基因导入家畜或家禽受精卵，然后从转基因动物的体液（如血液、乳、尿和腹腔积液）中收获基因表达产物，这就是所谓的“动物生物反应器”。如果以转基因动物模型为生物反应器（bioreactor），一个转基因动物就是一个“生产车间”，建立分子农场来生产药用蛋白，则可有以下优点：① 通过上述途径便于收集蛋白产物；② 建立的转基因动物品系可以建系传代，降低成本；③ 在活体的代谢环境下表达的蛋白产物将会得到完全的修饰，与天然的状态相似，有利于保持活性；④ 没有环境污染问题。这方面的研究和开发应用在许多发达国家受到了相当大的重视，并已初见成效。用转基因奶牛和转基因猪等生产的胰岛素、干扰素，已取得了较好的经济效益和社会效益。

药用单克隆抗体的一个主要缺点是鼠源抗体的抗原性。现在利用转基因动物技术，定向修饰鼠基因组中的免疫球蛋白基因，获得能产生人源抗体的转基因小鼠，具体方法有两种：其一，利用人免疫球蛋白（immunoglobulin，Ig）重链恒定区替换小鼠相应区，使其人源化；其二，用酵母载体导入人免疫球蛋白全部基因，并敲除鼠免疫球蛋白基因后，用目标抗原免疫获得的转基因小鼠，产生人的特异性抗体，纯化后可直接用于治疗。

转基因动物作为生物反应器，能像工厂的机器一样，依据工程设计，生产人、兽用蛋白类药物。目前，用于动物乳腺定位的表达调控元件有酪蛋白基因调控序列，如牛、兔、大鼠啮齿类动物的乳清酸蛋白（WAP）基因、乳清蛋白、β－乳球蛋白调控元件。目前，应用乳腺表达的药用蛋白见表9－1。

表9－1　利用转基因动物乳腺表达药物用蛋白

药用蛋白	转基因动物	生物活性
人蛋白C（hPC）	转基因猪	调节止血、抗血栓
组织型纤溶酶原激活剂	转基因山羊	抗血栓治心肌梗死
人α1－抗胰蛋白酶（hAAT）	转基因绵羊	治疗遗传肺气肿
人铁乳蛋白（LF）	转基因牛、鼠	生产人化乳汁
人凝血因子Ⅱ	转基因绵羊	抗血友病
人血清白蛋白	转基因牛	补充白蛋白
人超氧化物歧化酶（hSOD）	转基因羊	抗氧化
人胰岛素	转基因牛、羊	治疗糖尿病
人干扰素	转基因牛、羊	抗肿瘤、抗病毒

（五）应用基因工程技术改良和培育动物新品种

传统的改良育种只能在同种或亲缘关系很近的物种之间进行，且以自然突变作为选种的前提，而自然界自然突变的发生概率相当低。转基因技术则可以克服上述问题，创造新突变或打破物种间基因交流限制，加快动物改良进程。目前，转基因技术已经成功地应用在提高动物个体的生长速度、改良家畜的生产品质和增强抗逆、抵御疾病的能力等方面。例如，1998年，美国农业部的研究人员成功获得了促生长转基因猪，促生长基因（胰岛素样生长因子）的导入，显著改变了猪的产肉性能，猪肉脂肪含量减少10%，瘦肉含量增加6%～8%，显著提高了猪的经济性能。再如，2008年，中国农业科学院北京畜牧兽医研究所等单位通过克隆和基因重组技术，成功制备了转基因猪，该转基因猪与普通猪相比，肌肉和脂肪中不饱和脂肪酸的含量显著提高；而不饱和脂肪酸是对人类健康有益的脂肪酸，能使胆固醇酯化，降低血中胆固醇和甘油三酯，降低血液黏度，改善血液微循环，提高脑细胞的活性，增强记忆力和思维能力。此外，转基因技术在羊毛产量的提高、牛奶营养成分的改善及动物抗病性的提高等方面也有很好的表现。

第二节　转基因动物的制备

运用转基因技术将外源基因导入动物的基因组中，并稳定整合在基因组中，进而稳定表达外源基因，导致动物新性状的出现，并使其能有效地遗传下去，这类动物叫作转基因动物（transgenic animals）。由于制备转基因动物时，外源基因可能只整合入动物的部分组织细胞的基因组，也可能整合进所有组织细胞的基因组中。我们把只有部分组织细胞的基因组中整合有外源基因的动物称为嵌合体动物。这类动物只有当外源基因整合入的部分组织细胞恰为生殖细胞时，才能将其携带的外源基因遗传给子代，否则，外源基因将不能传给子代。如果动物所有的细胞均整合有外源基因，则具有将外源基因遗传给子代的能力，通常把这类动物称为转基因动物。转基因体系打破了自然情况下的种系隔离，使基因能在不同种系间流动，既可加快家畜品种的改良力度、提高畜产品品质，又可生产珍稀药用蛋白。转基因技术的出现是生物学领域发展史上的里程碑。

制备转基因动物的方法主要有：原核显微注射法、慢病毒载体法、胚胎干细胞（ES 细胞）法、精子载体法、转基因体细胞核移植法等。原核显微注射法为目前制备转基因小鼠最经典和最成熟的方法，利用显微注射技术也已成功制备了转基因兔、猪、绵羊、山羊及牛，但是显微注射制备转基因动物效率低（尤其是大型家畜），而且制备一个转基因动物需要大量的胚胎，从而导致转基因动物制作成本高，在实际应用中受到很大限制。转基因体细胞核移植法是目前制备转基因猪的最常用技术。慢病毒载体法是目前制备转基因猴最成功的方法。胚胎干细胞（ES 细胞）法和精子载体法实际应用得非常少。本节主要介绍原核显微注射法和慢病毒载体法，而转基因体细胞核移植法将在其他节介绍。

利用转基因技术制作转基因动物包括以下步骤：转基因载体构建（上游），基因转移（中游）和胚胎移植，转基因动物筛选与鉴定、建系和保种（下游）。

（1）上游工作主要涉及转基因载体构建。外源基因包含启动子序列、转基因片段（其含有起始密码子和终止密码子）和转录终止信号序列。为方便转基因动物的筛选与鉴定，构建转基因载体时可考虑插入一个报告基因，报告基因的使用让我们更为清晰准确地监测外源基因的时空表达。目前，常用的报告基因主要包括绿色或红色荧光蛋白基因、荧光素酶基因和半乳糖苷酶基因（*lac Z*）等。

（2）中游工作包括基因转移和胚胎移植。目的基因的导入是将已构建好的携带外源基因的转基因载体通过物理、化学或生物的方法导入细胞。受体细胞及胚胎移植是转基因动物的重要环节，决定细胞水平筛选和外源基因的传递。将受体细胞（一般指早期的胚胎细胞）移植到受体动物的输卵管或子宫，使其发育成新的个体。

（3）下游工作涉及转基因动物筛选与鉴定、建系和保种。转基因动物外源基因整合与表达检测包括染色体水平、基因水平、RNA 水平、蛋白水平等。① DNA 水平。外源导入的 DNA 片段只有很少一部分能整合到宿主基因组中，可采用 DNA 印迹法（Southern blotting）、原位杂交和 PCR 等方法检测外源基因是否整合入宿主基因组中。② RNA 水平。可采用 RNA 印迹法（Northern blotting）印迹杂交、RT-PCR 和荧光定量 PCR 检测转基因表达。③ 蛋白水平。可用蛋白质印迹法（Western blotting）和免疫组化等检测转基因表达。

一、原核显微注射法制备转基因小鼠的流程

原核显微注射法是目前制备转基因小鼠最常用且成功率较高的方法，包括构建转基因构件和受精卵原核显微注射技术。原核显微注射法借助显微操作仪完成。原核显微注射法制备转基因小鼠的具体技术环节如下。

1. 同期发情和超数排卵

实验开始的第 1 天，给供体（donor）雌鼠注射马绒毛膜促性腺激素［也称孕马血清促性腺激素（pregnant mare serum gonadotropin，PMSG）］诱导供体雌鼠同期发情。间隔 46～48 小时后，也就是注射 PMSG 后的第 3 天，给供体雌鼠注射人绒毛膜促性腺激素（human chorinoic gonadotrophin，hCG）诱发超数排卵。hCG 注射后于当天下午将供体鼠与雄鼠合笼。

2. 假孕雌鼠/受体鼠准备

挑选处于发情期的雌鼠于供体雌鼠注射 PMSG 后的第 3 天下午和事先准备好的结扎雄鼠合笼，制备胚胎移植用的假孕雌鼠/受体鼠。一般提前准备结扎雄鼠，雄鼠结扎后至少有 2 次不能使雌鼠受孕

才能用于假孕雌鼠的制备。

3. 受精卵收集

实验第4天早晨检查供体鼠和受体鼠阴道栓，有阴道栓的为阳性。处死阳性供体雌鼠，打开腹腔，取出输卵管和小部分子宫；在显微镜下找到输卵管膨大部，然后剪开，可见卵团自动溢出来；用透明质酸酶消化处理后，将形态正常受精卵收集在一起，在37 ℃、5% 二氧化碳条件下用改良 M_{16} 培养基培养，直至用于显微注射。

4. 显微注射

将外源基因注射到雌鼠受精卵的过程，是在200倍放大镜下进行的，需用到带有机械臂的倒置微分干涉相差显微镜。操作时用固定针吸住受精卵，将吸入注射针内的外源 DNA 溶液注入雄原核中。注射后的受精卵再移到改良 M_{16} 培养基中，37 ℃、5%二氧化碳条件下稍培养后，挑选形态完好的受精卵进行输卵管移植。

5. 胚胎移植

麻醉假孕受体鼠，在其背部输卵管部位切一小口，找出卵巢和输卵管。将输卵管拉出体外，可用小的血管夹夹住输卵管周围脂肪以固定。用吸管吸15～20个已注射外源 DNA 的受精卵，在解剖显微镜下将其移植到受体鼠的输卵管内。将输卵管送回体腔，缝合切口。以相同方法移植至另一侧。制备转基因小鼠时，假孕雌鼠作为显微注射后受精卵的受体及仔鼠的养母，一般采用远交系，如 ICR 或昆明种小鼠等，因其母性好，善带仔鼠。

6. 转基因小鼠的筛选与鉴定

仔鼠出生3周后，取尾组织，提取基因组 DNA。用 PCR 或 DNA 印迹法检测仔鼠基因组中是否整合了外源基因。

7. 转基因表达的检测

（1）RNA 水平。可采用 RNA 印迹法、RT-PCR 和荧光定量 PCR 检测转基因表达。

（2）蛋白水平。可用蛋白印迹法、免疫组化或免疫荧光、酶联免疫法等检测外源基因表达。

8. 转基因动物的建系和保种

第一代转基因动物是杂合子转基因动物，因为外源基因仅在一条染色体上稳定整合。只有通过选种选配，将两个杂合子转基因动物成功交配，才能得到纯合子转基因动物，建立转基因动物家系，外源 DNA 才能在后代中稳定遗传。

二、应用慢病毒介导的转基因方法制备转基因动物（包括小鼠、猴和猪）

（一）应用慢病毒载体法制备转基因小鼠

（1）慢病毒介导的外源基因投递系统的特点和优势。慢病毒属于逆转录病毒的一种，可以高效感染分裂和非分裂的细胞，借助慢病毒可将其携带的外源基因高效整合进宿主基因组中，同时外源基因可在宿主体内长期稳定表达。

（2）基于慢病毒介导的转基因方法制备转基因动物的现状。迄今，利用慢病毒载体法已成功制备了转基因小鼠、大鼠、猪、猴、牛和鸡等，效率较以往的方法高许多；慢病毒载体法已被证明是普遍适用于从哺乳类动物到禽类的转基因动物制作方法（邓继先等，2004；黄黎珍等，2007）。

1976年，Jaenish 等首次利用逆转录病毒感染胚胎，成功将外源基因导入小鼠基因组，但整合阳性的仔鼠却呈现转基因表达沉默。2002年，Pfeifer 等用携带报告基因 *GFP* 的慢病毒感染小鼠 ES 细胞和桑椹胚，发现小鼠早期胚胎和出生后的仔鼠均能稳定表达绿色荧光蛋白（green fluorescent protein，GFP），克服了以往利用逆转录病毒法制备的转基因动物存在转基因表达沉默的不足。同年，Lois 等利用慢病毒载体法成功制备了转基因小鼠和大鼠，同时，转基因能够正常高水平表达。将慢病毒（10～100 pL）注射入单细胞的受精卵的卵周隙，注射后的胚胎移植入假孕母鼠体内，所产的仔鼠86%携带1个以上的 *GFP* 转基因拷贝，其中90%高表达。据统计，慢病毒载体法注射胚胎的转基因整合率比原核显微注射法约提高8倍，出生仔鼠的转基因整合率提高约4倍。同时，Lois 等改变感染途径，采用慢病毒感染去透明带的受精卵，并体外培养至桑椹胚，再移植入假孕母鼠体内，出生的小鼠也呈现 GFP 高表达，但由于胚胎体外操作时间较长，受孕率有所下降；将首建转基因鼠进行传代，所获 F1 代转基因小鼠全身表达 GFP，表明外源基因可稳定遗传。2002 年，Lois 等采用慢病毒卵周隙注射法成功建立了 *GFP* 转基因大鼠，获得仔鼠 *GFP* 基因整合率达 59.1%，其中 40.9% 高表达。2004 年，van den Brandt 等也用同样方法成功建立转基因大鼠，46% 的仔鼠基因组中整合有外源基因，其中 90% 白细胞表达荧光蛋白，转基因效率与 Lois 等的相似，且转基因能够稳定遗传。分别对 F0 和 F1 代小鼠的白细胞进行流式细胞分析发现，前者只有部分白细胞为 GFP 阳性，而后者几乎 100% 的白细胞表达 GFP。

（3）慢病毒介导的转基因方法制备转基因小鼠的流程。慢病毒载体法因其高的转基因效率和转基因的高表达，成为转基因动物方法学上的一个新突破。近年来，随着越来越多慢病毒载体的开发和应用，慢病毒介导的转基因动物（如小鼠、大鼠、猪和鸡等）制作方法逐渐受到人们的青睐。目前，慢病毒法制备转基因动物有慢病毒卵周隙注射法和慢病毒感染去透明带的受精卵法两种，其中最常用的是慢病毒卵周隙注射法。

（4）慢病毒介导的转基因制备转基因小鼠的优点。与原核显微注射法相比，慢病毒介导的方法有如下优点：①行原核显微注射时注射针必须插入核膜清晰的核内，因不同品系小鼠原核大小和核膜清晰度差异显著，致转基因效率受到所选小鼠品系的影响；而行慢病毒卵周隙注射时，注射针无须插入核内，因而不受这一限制，并且操作较原核显微注射法简单得多。②慢病毒卵周隙注射法对细胞膜和核膜均无损伤，因而胚胎存活率高。③慢病毒介导的转基因方法的转基因效率远远高于传统的显微注射法。

（二）基于慢病毒介导的转基因方法制备转基因猴和小型猪的现状

在利用慢病毒载体法成功制备转基因小鼠、大鼠、猫和鸡等之后，人们也开始采用同样的方法在大动物（如猪、牛和猴等）上开展转基因研究。自转基因动物技术诞生以来，众多研究者从事利用转基因猪、牛、羊及猴等大动物作为生物反应器、人类器官移植供体和建立人类疾病动物模型等的研究，这一领域的诱人前景一直被业内看好。但是昂贵的转基因动物制作成本曾一度使许多人望而却步。慢病毒载体法的出现给这一领域的研究带来了新的曙光。

迄今为止，制备转基因猴的最佳方法是慢病毒载体法。2001 年，Chan 等首次利用将携带 *GFP* 基因的逆转录病毒载体注射到恒河猴成熟卵母细胞透明带下的方法成功制备了转基因猴，但是，首建猴携带的外源转基因 *GFP* 无法向下一代传递。2009 年，日本的 Sasaki 等利用慢病毒介导的转基因方法成功制备了携带 *GFP* 基因的转基因狨猴，且首建猴携带的外源基因 *GFP* 可传递至第二代，并且能够正常表达。2008 年，Yang 等也借助慢病毒载体法制备了亨廷顿舞蹈症非人灵长类疾病模型，这些工作为应用慢病毒载体法制备转基因猴奠定了坚实的基础。

2003 年，Hofmann 等利用慢病毒载体法首次成功制备绿色荧光蛋白转基因猪，其将病毒液进行透明带下注射，移植后所产仔猪 74% 整合有 *GFP* 基因，其中表达率为 94%，而原核显微注射法制备转基因猪阳性率仅有约 9.2%，可见慢病毒载体法的转基因效率较原核显微注射法有显著提高。

制备转基因猪的常用方法有转基因体细胞核移植法和慢病毒载体法两种。目前，转基因体细胞核移植法已成为制备转基因体细胞克隆猪最成熟的方法，被广泛应用。基于此方法，赖良学等成功制备了 α－1，3－半乳糖苷酶基因敲除猪和表达 ω-3 脂肪酸的转基因克隆猪，Rogers 等成功制备了 *CFTR* 基因敲除的囊性纤维症克隆猪，Klymiuk 等通过细菌人工染色体载体亦成功制备了 *CFTR* 基因敲除的囊性纤维症克隆猪，Luo 等成功制备了 *BRCA*1 基因敲除猪，并基于其建立乳腺癌动物模型，Jensen 等基于 *ApoE* 4 基因敲除猪建立了动脉粥样硬化动物模型，杨东山等成功制备了亨廷顿舞蹈症模型猪和 *PPARγ* 单等位基因敲除猪。

转基因体细胞核移植技术制备转基因体细胞克隆猪的技术路线为：①对体细胞进行遗传修饰；②将经遗传修饰的体细胞的核移植到去核卵母细胞内，经电融合获得携带外源转基因的重构胚胎；③将胚胎移植入代孕雌猪，最终获得转基因克隆猪。

利用慢病毒载体法制作转基因猪和猴，需要将浓缩的慢病毒注射入猪或猴受精卵的透明带下。此方法操作简便，转基因效率较高，只要解决单细胞受精卵的获得问题，就可被广泛应用。

第三节　基因敲除动物的制备

基因功能缺失的策略与方法是直接从遗传物质入手，阐述生命现象的本质，对靶基因进行删除操作或关闭/抑制其表达，以了解该基因的反向效应；而识别基因功能最有效的方法之一是观察基因表达被阻断后在细胞和整体动物水平上所产生的表型变化。实现基因功能缺失的主要策略与技术包括：（条件性）基因敲除、（条件性）RNA 干涉（RNAi）、显性负性突变体（dominant negative mutant）技术等。

目前，既可以基于同源重组的基因敲除技术建立特定基因敲除的动物（包括小鼠、大鼠和猪），也可以基于 ZFNs、TALEN 或 CRISPR/Cas9 技术制备基因敲除动物（包括小鼠、大鼠、兔和猪等）。本节主要介绍制备基因敲除动物的常用技术。

一、应用同源重组技术制备基因敲除动物

（一）基于同源重组技术的基因敲除

基于同源重组技术的基因敲除（gene knockout），是指外源 DNA 与受体细胞染色体上的 DNA 靶序列之间发生序列依赖的同源重组，替代靶序列并整合在预定的特异位点，从而改变细胞遗传特性的遗传操作方法。最初应用于酵母系统，20 世纪 80 年代中期应用于培养的哺乳动物细胞，到 1988 年，此技术渐趋成熟。马丁・埃文斯（Martin Evans）、马里奥・卡佩奇（Mario Capecehi）和奥利弗・史密斯（Oliver Smithies）三位科学家因在小鼠上建立基因靶向技术而荣获 2007 年诺贝尔生理学或医学奖。

基因敲除是反向遗传学的基础工具之一。现在，研究者不仅可以通过简单的基因敲除改变活体的遗传信息，继而通过表型分析研究该基因所编码特异蛋白的功能；也可以精确地在小鼠染色体组中引入点突变，甚至可以删除大至几个分摩的染色体组片段或制造特异的染色体移位。目前，通过基因敲除可以对小鼠染色体组进行特异性遗传修饰的策略主要包括：完全基因敲除、大规模随机基因敲除——基因捕获（gene trapping）、精确突变的引入、时空上可调节或条件性的基因敲除。

自 20 世纪 80 年代早期小鼠 ES 细胞技术建立及第一例基因敲除小鼠诞生以来，对小鼠进行基因打靶的工作进展迅速，给现代生物医学研究带来了革命性的变化。ES 细胞是从早期胚胎的内细胞团中分离出来的多潜能细胞，经体外培养和遗传修饰后，仍然具有发育分化的全能性。在体外对 ES 细胞进行遗传操作后，将它重新植回正常小鼠的囊胚期胚胎中，并发育成包括生殖系在内的各种组织，从而形成嵌合体小鼠，通过杂交就能获得含该突变基因的杂合子和纯合子小鼠，这种技术称为基因敲除技术，所得到的小鼠则为基因敲除小鼠。Smithies 最早于 1985 年在哺乳动物细胞中实现了同源重组。他和 Capecchi 研究小组 2 年后在 ES 细胞中分别实现了基因定位敲除。目前，在 ES 细胞上进行同源重组已经成为一种对小鼠染色体组上任意位点进行遗传修饰的常规技术，人们可以方便地将各种突变引入小鼠基因组中，获得各种小鼠突变体。迄今为止，通过基因敲除获得的突变小鼠已有几千种，且正以每年数百种的速度增加，使研究者得以从生物整体水平上研究高等真核生物基因表达、调控及其生理功能。通过对这些突变小鼠表型的分析，许多与人类疾病相关的基因功能已被阐明。目前，人类和小鼠基因组序列测序已完成，功能基因组学研究正在开展，基因靶向技术已成为后基因组时代解析基因功能最直接和最有效的手段之一。

（二）基于同源重组技术的基因敲除小鼠制备

1. 基于同源重组技术的基因敲除必备条件

（1）胚胎干细胞（ES 细胞）。ES 细胞是取自小鼠胚胎早期的内细胞团，即小鼠受精卵发育第

3.5 天的胚泡细胞。ES 细胞的特点是能在体外培养，并保留发育的全能性。ES 细胞体外贴壁生长时的形态特征是核大、胞浆少，细胞排列繁密，呈集落样生长。ES 细胞处于低分化状态时，许多功能基因并不表达，只是一些参与维持细胞增殖和控制分化的基因表达，但在体外培养增殖过程中，ES 细胞有向多种组织类型分化的趋势。

ES 细胞体外培养要解决的关键问题是维持细胞的分裂增殖及正常的核型，同时抑制细胞的分化。将 ES 细胞进行体外遗传操作后，重新植回小鼠胚胎，可发育成胚胎的各种组织，最后形成嵌合体小鼠（chimeric mouse）。如果这种 ES 细胞能发育成小鼠的生殖细胞，通过交配就可得到基因敲除小鼠。

（2）打靶载体。打靶载体含有两种筛选标志：新霉素（*neo*）阳性筛选标志和单纯疱疹病毒胸苷激酶（*HSV-tk*）阴性筛选标志。通过这两种筛选标志可以将发生了同源重组的细胞筛选出来。

neo 阳性筛选标志：将 *neo* 基因插入用于打靶的外源 DNA 中。当外源 DNA 与细胞染色体上的同源序列发生同源重组时，*neo* 基因也被插入染色体，因此，发生同源重组的 ES 细胞能在含 G418 的培养基中生长。

HSV-tk 阴性筛选标志：*HSV-tk* 是来源于单纯疱疹病毒（herpes simplex virus）的胸腺嘧啶核苷激酶（thymidine kinase）基因，此基因产物可以分解单核苷酸类似物而产生毒性代谢产物。将 *HSV-tk* 基因插入外源基因外侧的载体序列中。当外源 DNA 与细胞染色体上的同源序列发生同源重组时，载体部分（含 *HSV-tk* 基因）是不能被整合到染色体中的。如果细胞能在含单核苷酸类似物（mononucleotide analogue，MNA）的培养基上生长，说明载体部分亦重组到染色体中；相反，如果 ES 细胞在此种培养基中被杀死，说明载体部分没有插入基因组。

2. 基因敲除的基本步骤

通过 DNA 同源重组，ES 细胞特定的内源基因被破坏而造成其功能丧失，然后通过 ES 细胞介导得到该基因敲除的小鼠模型。

基因敲除的基本程序包括构建打靶载体、ES 细胞的体外培养、重组载体转染 ES 细胞、中靶 ES 细胞的筛选与鉴定、ES 细胞胚胎移植和嵌合体杂交育种。

（1）打靶载体的构建。DNA 间发生同源重组的频率是很低的（10^{-7}～10^{-3}），因此在设计基因打靶策略时，提高同源重组发生频率及引进选择系统是实验成功的关键因素。应用同源基因 DNA 片段构建载体，可以将同源重组频率提高 20 倍；随着同源臂长度的增加，重组频率也增加。一般来说，当每条同源臂的同源顺序长度在 250 bp 以上时，重组效率较高。因此，构建载体时，首先要获得与 ES 细胞相同品系的基因片段作为同源片段插入载体，并在载体上插入筛选标记基因。

构建打靶载体的基本过程为：① 获得目的基因（待敲除基因）的同源片段，将此 DNA 片段克隆到一般的质粒载体中；② 从重组质粒中切除目的基因的大部分同源 DNA 序列，只留部分序列在线性质粒载体的两端；③ 将基因克隆到带有目的基因同源顺序的线性质粒中，使之位于残留目的基因同源顺序的中间；④ 在目的基因同源顺序的外侧线性化重组质粒载体，将 *HSV-tk* 基因克隆到此线性载体中。这种由部分残留的待敲除基因的同源片段、位于其内部的 *neo* 基因和位于其外侧的 *HSV-tk* 基因共同构成的载体即打靶载体。

（2）打靶载体导入 ES 细胞。将打靶载体导入 ES 细胞，通过打靶载体上目的基因的同源顺序与染色体上的待敲除基因发生重组置换，以载体上的 *neo* 基因置换 ES 细胞基因组的目的基因，从而得到丧失了目的基因的 ES 细胞（基因敲除细胞）。

（3）基因敲除 ES 细胞移植入小鼠囊胚。将特定基因敲除的 ES 细胞移植入囊胚，使其与原胚泡中的细胞共同组成胚泡的内细胞团。

（4）囊胚植入假孕小鼠的子宫中。将含有特定基因敲除的 ES 细胞的囊胚移植进假孕小鼠的子宫腔中，使 ES 细胞有机会发育成小鼠或某种组织。这种囊胚中既含有基因敲除 ES 细胞，又含有胚泡原有的正常 ES 细胞，因此，这种胚泡发育所产生的后代中有源于基因敲除 ES 细胞的组织，也有源于正常 ES 细胞的组织，一般可以从出生的后代中获得嵌合体小鼠。

（5）嵌合体小鼠按照规定的技术路线通过几轮交配，可获得杂合子小鼠和纯合子小鼠。

二、基于 ZFNs、TALEN 或 CRISPR/Cas9 技术制备基因敲除动物

基因定点修饰是进行基因组改造和研究基因功能的重要手段之一，早期仅基于同源重组的基因敲除技术效率极低，因此其应用受到极大限制。迄今，基于同源重组的基因敲除技术仅在小鼠、大鼠和猪上成功建立了相应的基因敲除动物（直至 2010 年，利用该技术才建立了基因敲除大鼠）。

近期发展的人工核酸内切酶可以识别特定的 DNA 序列，并切割这一序列制造 DNA 的双链断裂（double stand break，DSB）；在此基础上可以对各种复杂基因组进行靶向遗传修饰，已成为分子生物学研究的热点。从锌指核酸酶（zinc finger nucleuses，ZFNs）到转录激活样效应因子核酸酶（transcription activator-like effector nuclease，TALEN）再到现在的 CRISR/Cas9（clustered regularly interspaced short palindromic repeats）技术，正在以惊人的速度渗入生物医学科学的研究工作中。

ZFN 是第一代人工核酸内切酶。锌指是一类能够结合 DNA 的蛋白质，人类细胞的转录因子中大约有一半含有锌指结构，将锌指蛋白与核酸内切酶 *Fok* I 融合形成核酸内切酶，利用它可以在各种复杂基因组的特定位置制造 DNA 的双链切口。到目前为止，ZFN 已经成功应用于人类诱导多能干细胞（iPS 细胞）、大鼠、小鼠、猪、兔、牛、黑长尾猴、斑马鱼、中国仓鼠、果蝇、海胆、家蚕、拟南芥、烟草、玉米等。2009 年，基于 ZFN 技术简便而高效地建立了基因敲除大鼠；2011 年，借助 ZFN 技术建立了基因敲除兔和基因敲除猪（与体细胞核移植技术相结合）。但是，ZFN 制备复杂，制作成本昂贵，而且其技术专利被少数几家商业公司控制。很快，第二代人工核酸酶 TALEN 的出现在很大程度上替代了 ZFN。

2009 年，科学家将一种水稻的致病菌编码的类转录激活因子效应物（transcription activator-like effector，TALE）与 DNA 的碱基对应关系解密。2010 年首次报道 TALEN 蛋白在酵母中应用成功。之后，在植物、人类细胞、小鼠、斑马鱼、猪、牛中得到迅速的应用；在 2012 年，基于 TALEN 技术简便而高效地建立了基因敲除牛和猪；接着，2013 年，借助该技术建立了基因敲除兔。TALEN 可以和 ZFN 一样对复杂的基因组进行精细的修饰，且其构建较为简单，特异性更高。2012 年，TALEN 被《科学》（*Science*）杂志评为十大科学突破之一。无论是 ZFN 还是 TALEN，这两种人工核酸酶的原理是一样的，都是将 DNA 结合蛋白与核酸内切酶 *Fok* I 融合。

2013 年初，CRISPR/Cas9 系统被成功改造为全新的第三代人工核酸内切酶。与 ZFN 和 TALEN 一样，CRISPR/Cas9 也可用于各种复杂基因组的编辑。目前，该技术已成功应用于人类细胞、斑马鱼和小鼠及细菌的基因组精确修饰，修饰类型包括基因定点 InDel 突变、基因定点敲入、2 个位点同时突变和小片段缺失。2013 年，基于 CRISPR/Cas9 技术简便而高效地建立了特定基因敲除的基因敲除小鼠、大鼠和斑马鱼，同时利用该技术在小鼠上实现了同时敲除 5 个基因，借助该技术在小鼠上亦实现了基因的条件性敲除。目前也有研究小组正在研究利用 CRISPR/Cas9 系统对猪的基因组进行定点修饰，即建立基因敲除猪。由于 CRISPR/Cas9 具有突变效率高、制作简单及成本低的特点，被认为是一种具有广阔应用前景的基因组定点改造分子工具。

CRISPR/Cas9 作为第三代人工核酸酶成为目前研究的热点，相对于 ZFN 和 TALEN 有其独特的优势：①构建简单方便快捷；②用于基因组的点突变编辑优于 ZFN 或 TALEN；③CRISPR/Cas9 精确的切口酶活性使其用于基因治疗的安全性高于 ZFN 或 TALEN。可以预见，第三代人工核酸内切酶 CRISPR/Cas9 会在很大程度上替代 ZFN 和 TALEN。

第四节　利用体细胞核移植技术制备转基因动物和基因敲除动物

一、体细胞克隆动物

“克隆”是英文单词 clone 的音译，指生物体通过体细胞进行的无性生殖（也称无性繁殖），以及

由无性生殖形成的基因型几乎完全相同的后代个体组成的种群。世界卫生组织在关于克隆的非正式声明中将其定义为：遗传上同一的机体或细胞系（株）的无性生殖。那么，什么是无性生殖呢？

（一）研究历史回顾与现状

克隆技术在现代生物学中被称为“生物放大技术”。它已经历了三个发展时期。第一个时期是微生物克隆，即由一个细菌很快复制出成千上万个和它一模一样的细菌而变成一个细菌群；第二个时期是生物技术克隆，比如DNA克隆；第三个时期就是动物克隆，即由一个细胞克隆成一个动物。动物克隆是指由一个动物经无性繁殖而产生出的一群遗传构成完全相同的动物。

自然界早已存在着天然的植物、动物和微生物克隆。人的同卵双胞胎实际上也是一种克隆。然而，由于天然哺乳动物克隆的发生率极低、成员数目太少（一般为2个）和缺乏目的性，故很少能够被用来为人类造福。于是，人们一直探索用人工的方法克隆高等动物。英国罗斯林研究所的科学家在维尔穆特（Wilmut）和坎贝尔（Keith Campbell）的领导下，成功地由一头母羊的体细胞复制出一只小羊，使用的就是动物克隆技术。据*Nature*杂志报道，克隆绵羊多利诞生的简要过程是：从一只6岁的母羊的乳腺中提取一个普通细胞，在特殊条件下培养6天，使这些细胞的细胞核进入休眠期；通过显微操作的方法将一个未受精的卵子的遗传物质去除；通过细胞融合将乳腺细胞的细胞核导入去除细胞核的卵子中，形成重组胚；将重组胚移植到合适的受体绵羊的输卵管中，经过几天的体内发育，从输卵管中取出发育良好的胚胎，再移植到合适的受体母羊的子宫中。这样，世界上第一只用无性繁殖技术，由成年动物体细胞复制出的哺乳动物就诞生了。

早在1938年，德国学者Spemann就提出用成年动物的细胞核植入卵子的方法克隆哺乳动物的设想。1952年，Briggs等将蛙胚细胞核移入核失活后的受精卵中并发育成个体，首次在脊椎动物上获得成功，后来有人将青蛙肠黏膜上皮细胞的细胞核成功地发育成个体。1960年和1962年，英国牛津大学的科学家先后用一种非洲有爪的蟾蜍（非洲蟾蜍）进行克隆实验。他们用紫外光照射爪蟾的卵细胞，破坏其中的细胞核，然后用显微技术从爪蟾蝌蚪的肠上皮细胞、肝细胞、肾细胞中取出细胞核并放入被紫外线破坏了核的卵细胞内。在这些移核卵中，有一部分发育成了爪蟾。

两栖类动物克隆成功后，科学家们开始了克隆哺乳动物的实验研究。美国和瑞典的科学家率先从灰色小鼠的胚胎细胞中取出细胞核，取代黑色小鼠受精卵细胞核，在试管中培养4天，再植入白色小鼠的子宫内，经过几百次实验，最终白色小鼠生下3只灰色小鼠。

1984年，斯蒂恩·威拉德森（Steen Willadsen）用胚胎细胞克隆出了一只羊，这是第一例得到证实的克隆哺乳动物。1996年，第一例用成年哺乳动物体细胞克隆出的哺乳动物个体——克隆羊多利——出世，开创了体细胞繁殖哺乳动物的成功先例。

其后，各国科学家成功地用体细胞克隆出了绵羊、小鼠、大鼠、牛、兔子和猪等哺乳动物。2003年5月28日，世界上第一例真正的自体克隆动物（克隆马）——不用代孕母亲，母体自身繁育自己的体细胞克隆体的克隆动物诞生，这匹健康克隆马是世界上首例哺乳动物生下自己的克隆体。

（二）体细胞克隆动物的方法

动物的克隆主要包括如下步骤。

1. 供体核的分离技术

（1）胚胎细胞。用0.2%链霉蛋白酶预处理胚胎，然后用机械法剥离透明带，钝头玻璃吸管反复吹吸以分离成单个卵裂球。与此相关的研究领域有两大重要进展：① 胚胎干细胞系的建立——发育阶段上类似于内细胞团细胞，是早期胚胎经体外分化抑制培养建立的多能性细胞系，可以传代增殖（细胞克隆），通过核移植有望获得无数个遗传上完全一致的动物。现仅在小鼠获得成功，在猪、牛、绵羊等家畜只分离到类胚胎干细胞，为今后一个重要的研究方向。② 绵羊TNT4细胞系的建立——显微分离胚盘细胞并在体外进行缺血饥饿传代培养，诱使细胞处于“静止”状态以便调整染色质结构，有助于核的重组与发育。细胞在形态上类似于胚胎干细胞，但更扁平、上皮化。该方法系苏格兰学者Campbell等创立的，曾被评为1996年世界十大科技新闻之一。

（2）体细胞。Wilmut 等将绵羊乳腺细胞在特定的实验条件下增殖培养 6 天，诱使细胞处于静止状态，以便染色质结构调整和对细胞核进行重组，为哺乳动物体细胞核移植（克隆）奠定了基础。

2. 受体细胞的去核技术

已排出卵为受体卵。现一般均采用超数排卵回收的卵母细胞或体外培养成熟的卵母细胞，并将其置于含细胞松弛素 B 和秋水仙碱的培养液中，一端用固定吸管固定，另一端用一尖头吸管（Φ 30 μm）穿透透明带进入卵周隙，或用一细长玻璃针刺破并切开一部分透明带，再用呈直角的去核吸管经切口抵住细胞膜，操纵去核吸管，从第一极体外吸除第一极体及处于分裂中期的染色体和周围的部分细胞质。

3. 核卵重组技术

在显微操作仪操控下，用去核吸管吸取一枚分离出的完整体细胞核，注入去除核的受体卵母细胞的卵周隙中。

4. 重组胚的融合技术

由于微吸管破坏了卵膜及一部分细胞质，若直接移植则成功率很低，故需对重组胚进行融合，有下列两种方法。

（1）仙台病毒法。McGrath 和 Solter 于 1983 年在小鼠上首先采用，将仙台病毒与供体核一起注入受体卵中，能促进细胞融合。成功率高，发育良好，但由于实验室很难同时保持该病毒高的融合力与低的毒性，故现已很少采用。

（2）电融合法。将重组胚置于融合小室内，使核 - 质集结面与电极相平行，在一定的电场强度下，给予一定时间的矩形直流电脉冲促使其融合。此方法现最常用。

5. 核移植胚的培养与移植或重复克隆技术

融合后的胚胎在体外培养或经过中间受体培养至桑椹胚或囊胚，然后移入与胚龄同期的受体动物子宫角内，可望获得克隆后代。获得的早期胚也可作为供体核重新克隆。

二、转基因体细胞克隆动物和基因敲除体细胞克隆动物的制备

转基因体细胞克隆动物和基因敲除体细胞克隆动物是随着动物体细胞核移植技术的发展而建立起来的，是体细胞核移植技术与转基因技术及基因敲除技术相结合的产物。体细胞核移植法是目前制备转基因猪和基因敲除猪的最常用技术。

体细胞核移植法制备转基因体细胞克隆猪或基因敲除体细胞克隆猪的技术路线为：①对猪的体细胞——胚胎成纤维细胞（PEFs）——进行遗传修饰，即利用常规转基因方法（包括化学的、物理的或生物的方法）将外源基因导入 PEFs，或利用基因敲除技术在 PEFs 上敲除特定基因，从而获得经遗传修饰的 PEFs；②将经遗传修饰的 PEFs 的核移植到去核猪卵母细胞内，经电融合获得携带外源转基因的重构胚胎或特定基因敲除的重构胚胎；③将重构胚胎移植入代孕雌猪，最终获得转基因体细胞克隆猪或基因敲除体细胞克隆猪。

目前，体细胞核移植法已成为制备转基因体细胞克隆猪和基因敲除体细胞克隆猪最成熟的方法，被广泛应用。

第五节　ENU 大规模诱变技术诱导点突变动物

随着人类和模式生物基因组测定计划的完成，人类开始进入一个大规模、系统地解析基因功能和揭示人类基因组中各个基因的功能及其相互作用，以及人的生、老、病、死的奥秘的后基因组时代。利用模式生物体系鉴定随机突变和进行诱发突变研究，研究基因定位失活或者基因定点突变动物的表型，极大地促进了人类对基因功能的了解。小鼠因其与人类相似的基因组序列、发育和生化途径、生理特点而成为研究人类疾病发病机理的理想模式生物体系。

用放射线导致缺失和突变，以及用各种化学诱变剂诱导点突变等许多经典的遗传学研究属于表型驱动的研究。此类研究的出发点不是任何特定的基因，而是从大量的随机突变中通过表型筛选研究感兴趣的表型及分子机制。这种表型驱动研究的优点是显而易见的。采用随机诱变的方法可以在短时间内产生数量惊人的突变动物，可通过表型筛选获得与人类疾病临床症状相似的模型动物。随着基因组研究的迅速进展和基因打靶技术的发展，将基因驱动的研究与表型驱动的研究结合起来，可以将随机突变定位于特定的基因组区域。此外，大量序列数据库及正在发展的高通量基因型鉴定方法，使得快速鉴定突变基因成为可能。因此，一些传统的化学诱变剂如 ENU，在后基因组时代的大规模基因功能研究中可大显身手。

一、ENU 诱变的机制

ENU 是一种人工合成的能导致多种生物随机突变、单碱基突变的化合物。ENU 可不依赖于任何代谢过程而通过烷化反应将其乙烷基转移到 DNA 碱基的氧原子或氮原子上，导致碱基错配或碱基置换。碱基上容易作用的位点包括腺嘌呤上的 N1、N3 和 N7，鸟嘌呤上的 O6、N3 和 N7，胸腺嘧啶上的 O2、O4 和 N3，以及胞嘧啶上的 O2 和 N3。这种由 ENU 转移来的乙烷基并不直接形成突变，但这种加入了乙烷基的碱基在复制中会被细胞复制系统错误地鉴定进而导致错配。经过两轮的复制，就形成了不能被细胞修复系统有效识别的单碱基突变。

二、ENU 诱导的突变类型和诱变效率

ENU 在各种组织器官中均有致突变作用，其效率因 ENU 剂量、细胞类型和检测系统而不同。这是因为具有不同组织特异性代谢途径的细胞拥有不同的内环境，而且不同细胞也拥有效率不同的 DNA 修复系统。ENU 诱变效率在雄性小鼠减数分裂前的精原干细胞中达到最高。单位点的突变频率可达 1.5×10^{-3}～6.0×10^{-3}，相当于对于任何特定的位点筛选 175～655 个配子便有可能得到一个携带点突变的配子。用 ENU 处理的雌性小鼠产生突变的概率比雄性小鼠低得多。

对 ENU 诱变产生的 62 个经生殖系遗传的突变进行的分析表明，ENU 在小鼠中主要引起 A/T 到 T/A 的颠换（44%），A/T 到 G/C 的转换（38%），G/C 到 C/G 颠换（3%），A/T 到 C/G 的转换（5%）和 G/C 到 C/G 的颠换（2%）。这些突变在蛋白质水平上导致 64% 的错义突变、10% 的无义突变和 26% 的拼接错误。由于这种诱导点突变的特性，ENU 可用于诱变产生各种类型的突变基因，如完全失去功能的无义突变、部分功能丧失的亚等位基因、功能获得的显性突变等。

不同小鼠对 ENU 耐受能力不同。高剂量的 ENU 对小鼠是有毒的，可以直接导致小鼠死亡。此外，ENU 也是一种潜在的致癌剂，一些品系的小鼠在 ENU 处理后会很快死于肿瘤。由于 ENU 是一种作用于干细胞的诱变剂，小鼠的造血干细胞通常也会受影响，因此，ENU 处理过的小鼠常常由于免疫抑制而容易被病原微生物感染。

研究显示，ENU 在 75～150 mg/kg 剂量范围内导致的突变率呈线性增长。已知最高的突变率是因给杂交（101 × C3H）F1 代小鼠连续 4 周每周注射 100 mg/kg ENU 后获得的。但是，许多近交系小鼠和一些远交系小鼠品系用同样的剂量处理后会绝育或者死亡。远交系小鼠对于 ENU 耐受能力比近交系强，大多数杂交 F1 代小鼠可以耐受 250 mg/kg 的剂量，而 C57BL/6J 用同样的剂量处理后却存活不长。大多数品系的小鼠可以耐受 200 mg/kg 的 ENU，其中有些品系如 BTBM/tf 在此剂量下也获得了高突变率。FVB/N 品系的小鼠只能耐受更低剂量的 ENU，对于其他品系来说，常用的剂量会导致该品系小鼠死亡或绝育。有实验证实，150 mg/kg 或者 50 mg/kg 剂量的 ENU 处理 FVB/N 雄性小鼠，突变率可达到 1.0×10^{-3}～1.1×10^{-3}。

ENU 处理过的雄性小鼠要经过一段不育期才能重新获得生育能力。不育期的长短也可以作为衡量突变剂处理效果的指标。这是因为 ENU 处理会引起精原细胞大量死亡，不育期的长短反映了所剩下的精原干细胞的数目。精原干细胞越少，重建睾丸细胞所需要的时间越长。不育期太长或者太短都不利于突变的筛选。

三、ENU 诱导突变的策略

（一）大规模 ENU 诱变实验

大规模的筛选是指研究不仅仅局限于某个特定基因或者特定的信号通路和代谢途径，而是以大规模地研制突变小鼠作为遗传资源库、规模化地研究基因功能为目的。

数以百计的 10 周龄雄性小鼠用 ENU 处理，以保证每周有数以百计的子代鼠用于表型分析。通过对 F1 代小鼠进行形态学、行为学、血液学、生理生化等指标的检测筛选基因的显性突变。对于基因隐性突变的筛选，通常是将 F1 代的雄性小鼠与野生型雌性小鼠交配，再将 F2 代雌性小鼠与 F1 代雄性小鼠回交，获得的 F3 代小鼠用于大规模筛选。之所以不用 F1 代与 F0 代雄性小鼠回交，主要是因为注射过 ENU 的雄性小鼠的生育能力十分有限。

De Angelis 等对 14 000 只小鼠进行了临床相关指标的检测，获得了 182 只具有各种表型的突变小鼠。其中包括 9 种 IgE 水平高于或者低于正常小鼠的突变小鼠，可能作为 IgE 介导过敏反应异常的模型小鼠。Nolan 等报道，从 26 000 只子代小鼠中分离到 500 种显性突变小鼠。

（二）小规模 ENU 诱变实验

与大规模的 ENU 诱变实验相比，小规模的 ENU 诱变筛选通常只局限于特定的靶基因或者特定的代谢途径。如将 F0 代 ENU 诱变小鼠或者 F1 代雄性小鼠与携带某种纯合致死突变（m）的杂合子雌鼠交配，获得的子代小鼠基因型是（$+/m$）或者是（$*/m$）。* 代表 ENU 诱导的点突变，无论是显性突变或是隐性突变，由于等位基因 m 功能完全丧失，* 突变导致基因功能代偿不足所引起的表型在第一代子代小鼠就能显示出来。此外，用敏感性高的方法在子一代小鼠筛选影响单一信号通路或者代谢途径的显性突变也不失为一种小规模筛选的策略。

四、ENU 诱导突变表型的筛选

（一）形态异常表型的筛选

对形态异常小鼠的筛选通常在小鼠出生后和分窝时进行。表 9－2 是英国小鼠基因组中心大规模形态学筛选所观察的一些指标。

表 9－2　ENU 诱变后大规模形态学筛选的指标

分类	出生时观察指标	分窝前观察指标	分窝时观察指标
体型	大/小	大/小	大/小
感觉器官	眼睛的大小和颜色， 耳朵的大小和位置	—	眼睛的大小和颜色， 耳朵的大小和位置
皮肤和被毛	贫血， 皮肤的颜色和肌理， 皮肤斑点， 卷曲的胡须	条纹， 皮肤颜色， 皮肤光滑程度	皮肤的颜色和肌理， 皮肤松弛程度， 皮肤光滑程度， 卷曲的被毛和胡须， 皮肤的厚度， 黑脚垫
行为	活动能力	活动能力， 震颤和痉挛， 转圈， 头部晃动， 运动共济失调/步态	活动能力， 震颤和痉挛， 转圈， 头部晃动， 运动共济失调/步态

续表 9－2

分类	出生时观察指标	分窝前观察指标	分窝时观察指标
骨骼	小颌， 无颌， 短头， 脊柱侧凸	—	小颌， 无颌， 短头/宽头， 脊柱侧凸/裂颚
尾部和手足	短的/卷曲的尾部， 多指或并指， 四肢， 短的/弯曲的四肢	—	短的/卷曲的尾部， 多指或并指， 四肢， 短的/弯曲的四肢
颜色和白化斑点	—	腹部斑点	腹部斑点
其他	出血， 浮肿， 露脑， 水肿， 脊椎双线， 乳糜腹腔积液	浮肿	浮肿

（二）行为和神经功能异常筛选

SHIRPA 是 Rogers 等设计的一个检测小鼠行为及神经功能指标的程序。整个过程可在简单的测试场地内完成，SHIRPA 包括大约 40 个简单的测试，每只小鼠约需 10 分钟。该程序用来发现通过外观无法发现的表型，包括肌肉缺陷和运动神经元功能低下、感官缺陷、精神、小脑平衡、自律行为方面的缺陷等。有表型的小鼠将通过更复杂的测试，如探险运动、食物摄取、学习和记忆、焦虑、神经心理学等方面的测试等。

（三）血液学和临床生化指标筛选

血液学测试在小鼠 6～10 周时进行。检测指标包括：反映造血系统功能的白细胞计数、白细胞分类计数、红细胞计数、血红蛋白检测、血小板计数；反映肝脏功能的丙氨酸转氨酶、天冬氨酸转氨酶、血清总蛋白、白蛋白；反映肾脏功能指标的钠、钾、氯离子含量，肌酐，尿素氮等；反映脂肪代谢的总胆固醇、高密度脂蛋白胆固醇、甘油三酯；与骨骼发育相关的指标骨碱性磷酸酶、钙和无机磷含量，以及与糖代谢相关的指标葡萄糖和碳酸盐含量等。

（四）老年症状筛选

随机挑选无表型的小鼠饲养 1 年以上再进行表型测试，主要观察是否具有老年相关疾病的表型，包括体重增加、动脉硬化、骨质疏松、心血管异常、感知功能和行为异常等。

五、ENU 诱导点突变的鉴定

ENU 诱变实验这种大规模表型驱动的研究，最终目的是鉴定导致表型发生变化的突变基因。通过快速扩大的小鼠突变体遗传资源，发现新的基因和新的代谢途径，促进人类对哺乳类动物基因功能的了解。现行最有效的鉴定突变基因的方法，首推位置候选基因法（positional candidate gene approaches）。此方法中，要先获得足够的回交小鼠进行连锁分析。通常对 50 只小鼠的分析可将突变大致地定位在 10～20 cM 的范围内。而分析 500 只回交小鼠可将突变定位在 1 cM 的范围内。用染色体组大片段缺失突变体小鼠和具有平衡染色体的小鼠进行的 ENU 诱变研究获得的突变，已被定位在特定的染色体组区域内，因而不用再进行连锁分析。在突变基因被粗略地定位后，结合突变小鼠的表型进行候选基因的预测。候选基因的线索可从多方面的分析中获得，如小鼠表型是否与某种已知突变基因的人类疾病相似，小鼠的表型与候选范围内某些基因的表达模式具有相关性，候选范围内某些基因的功能与小鼠表型可能相关等。

例如，研究者在 ENU 诱变实验中，筛选到两种新的外周髓磷脂蛋白 22（*Pmp22*）基因突变体，正是通过这种候选基因法获得的。研究者通过快速回交实验获得大量的回交动物，并采用高通量基因型鉴定的方法将不同小鼠的 DNA 汇集在一起进行基因组筛选。两种突变均被定位在第 11 号染色体的特定区域，对该区域进行检索发现外周髓磷脂蛋白 22 定位在该区，而且该基因的突变（H12R）导致人类外周神经疾病德热里纳 - 索塔斯（Dejerine Sottas）综合征。对两种突变小鼠进行序列分析发现，一种小鼠具有与人类疾病相同的突变，另一种突变导致外周髓磷脂蛋白 22 末端 7 个氨基酸的缺失突变。Graw 等报道的一种白内障小鼠也是用这种候选基因法鉴定的。他们首先通过连锁分析将突变基因定位在第 11 号染色体的两个标记 D11 Mit242 和 D11 Mit36 之间。通过数据检索，查找这一区段中在眼晶状体中表达的基因，进一步确定晶状体蛋白编码基因 *Crybal* 是一个理想的候选基因。从突变小鼠晶状体 mRNA 中扩增 *Crybal* 基因并进行序列测定，发现该基因第 6 外显子的第 2 个碱基有一个从 T 到 A 的颠换。该突变影响 βA3/Al 晶状体蛋白的主要功能域的形成，并导致从第 3 外显子到第 6 外显子的异常拼接。

第六节　基因工程小鼠饲养管理及引种

一、基因工程小鼠的饲养管理

（一）基因工程小鼠饲养过程中的特别注意事项

基因工程小鼠的饲养原则与非基因工程小鼠的饲养原则基本相同，在转移小鼠笼时一定要特别小心，鼠笼标记信息和笼内小鼠一起转移。不同种系的基因工程小鼠在表型上可能相同，因此在更换小鼠笼或将离乳小鼠移入单性别鼠群中时如果不加小心，就很可能造成混淆。如果鼠源有不清楚的地方，这时需要重新进行基因型鉴定。

饲养、使用基因工程小鼠的风险在于转入病毒全基因组的动物，病毒可能在动物体内复制，组装成完整的病毒颗粒，这类基因工程动物可能与接种病毒的小鼠有类似的逸散、传播方式和感染途径。除能复制完整病毒的转基因动物外，其他基因工程小鼠的风险在于，如果动物逃离实验室，在自然界中可能无法生存，也可能旺盛地繁育，甚至改变自然界的生态平衡，改变生物的多样性和破坏生态环境。因此，饲养基因工程小鼠时的防逃逸设施至关重要。

（二）基因工程小鼠的饲养管理

1. 基因工程小鼠抓取

转移：将小鼠从一个笼子转移到另一个笼子时，轻轻捏住其尾巴，提起，转移到另外一个笼中即可。

双手抓取：右手捏住小鼠尾巴提起，轻放于一个较粗糙表面使其向前爬行，左手拇指、食指捏住其头颈部皮肤使其头部无法转动，翻转左手，右手拉住小鼠尾巴使其身体伸直，将小鼠身体置于左手手心中，用左手无名指和小指夹住小鼠尾根部，松开右手。

单手抓取：用左手拇指和食指轻轻捏住小鼠尾巴，提起，轻放于一粗糙表面使其向前爬行，左手无名指和小指夹住其尾巴根部，拇指和食指松开尾巴，捏住头颈部皮肤，使其头部无法转动，翻转左手，使小鼠腹面朝上。

2. 基因工程小鼠剪尾和编号

为避免在实际操作过程中，将不同品系的基因工程小鼠搞混，必须对基因工程小鼠进行编号，以便于区分。编号方法和步骤如下：小鼠剪尾、编号需在小鼠出生 10 天内进行，用酒精棉球擦拭眼科剪，用眼科剪剪取不超过 0.3 cm 的小鼠尾巴到一个已编号的 EP 管中，又剪取相应的小鼠脚趾编号。在剪下一个小鼠尾巴前用酒精棉球擦拭眼科剪。

3. 基因工程小鼠分笼

分笼在 19～22 天时进行，不能超过此时间，否则会造成基因工程小鼠不育。

4. 基因工程小鼠的安乐死

通二氧化碳 60 秒后，继续闭合盒盖，让其再窒息 10 分钟，观察动物彻底死亡后，投入冰柜中。

5. 基因工程小鼠动物福利的相关规定

（1）饲养密度及照料。每笼内饲养小鼠数量不超过 5 只；体重大于 35 g/只的小鼠，不能饲养超过 4 只；有怀孕将要生仔的雌小鼠，其旁边不能有其他雌小鼠在，但雄小鼠可以陪伴；将要生仔的雌小鼠，要在笼内放入卷纸让其做窝。

（2）动物的社会性需求。离乳后的小鼠尽量让其群居，尽量不要单笼饲养小鼠。

二、引进基因工程小鼠的隔离检疫和净化流程

动物抵达之前，必须提供详尽的最近 3 个月的健康报告给兽医，经兽医审查通过，并安排好接收人员及隔离室后方能接收。

除 The Jackson Lab 以外的其他所有国内外高校或研究机构全部根据引进小鼠的健康级别安排在隔离检疫室，或独立通风笼具（individual ventilated cages，IVC）或小鼠待发室隔离饲养，只有通过生物净化方可进入动物房。携带危险病毒的小鼠进口后进入小鼠待发室隔离饲养，其他病原体感染的小鼠进入 IVC Ⅰ隔离饲养；兽医可根据具体情况确定进口小鼠所进房间。

接收人员负责检查运输箱是否损坏，动物是否有生病或死亡现象发生。若有病、死动物应移出运输箱，并尽快通知兽医。

不同批次进隔离检疫室的动物要相互隔离，不同种的动物之间也要相互隔离。隔离检疫室和其他动物房之间的人员、用具、废弃物要保证隔离，以免交叉污染。

生物净化方法：剖宫产或体外受精（in vitro fertilization，IVF）联合胚胎移植。净化途径：动物由小鼠待发室通过生物净化至IVC Ⅰ，再通过第二次生物净化，通过传递窗进入 IVCⅡ，或者动物从 IVCⅠ经过生物净化，通过传递窗进入 IVCⅡ。所有进入 IVCⅡ中的动物必须饲养至少 4 周后采样检测，合格后通过传递窗转移至生产动物房。

进口后的小鼠的净化规程：为保证体外受精联合胚胎移植成功率，取 2 只雄性小鼠于休息 2～3 天后与雌鼠进行一次交配形成假孕，第 6 天进行胚胎移植，4 周时小鼠生仔，6 周时剪尾进行基因鉴定，7 周时分笼转移入生产动物房。进入生产动物房后，需再等 9～11 周才有下一代的小鼠提供。胚胎移植的同时，留 1 只雄性小鼠与背景雌性小鼠自然繁殖，在 IVF 成功取得阳性后代鼠时，将此雄鼠处死。具体流程见图 9－1。

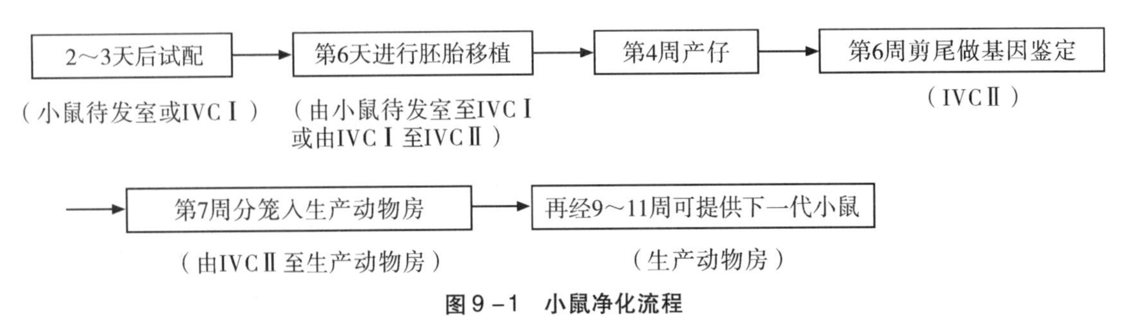

图 9－1　小鼠净化流程

第七节　基因工程动物数据库

一、基因工程动物数据库和网站

1. 人类疾病模型中心——基因诱捕中心(Centre for Modeling Human Dlisease — The Gene Trap Core)

Samuel Lunenfeld研究所的基因诱捕中心研究室的目标是，同时产生和筛查一个含有50 000个克隆的胚胎干细胞基因诱捕文库，这些克隆在造血、内皮、心肌细胞和神经谱系表达的基因及生理刺激包括电离放射、维A酸和低氧压诱导的基因中插入。准确地说，基因诱捕是用RI胚胎干细胞系来开始进行的。详细说明每个克隆表达和可通过表达形式、顺序和表型搜索的资料库现在正在构建。全世界的研究人员均可利用这些克隆。此外，进行基因诱捕筛查的共同研究者将能转储相应的资料和有用的克隆。

2. Cre转基因小鼠和条件性基因敲除小鼠数据库（Cre Transgenic and Floxed Gene Data Base）

*Cre*转基因和侧接*loxP*位点基因的资料库集中在使用Cre/loxP重组系统在小鼠中产生有条件的基因组变化（条件性的基因敲除），并提供大量的只限于特异的组织或时间过程发生改变的基因小鼠谱系的资料。已发表的转基因系直接通过Medline与文摘链接或通过期刊网点与论文全文链接。

3. 基因敲除数据库（Database of Gene Knockouts）

该数据库将小鼠中的定点突变以字母顺序排列列出，每种基因敲除小鼠条目都与其表型和原始参考文献链接。此外，还根据基因敲除小鼠的生存能力的状态（如有生存能力的，产前、围产期或产后导致死亡的），以及按突变所影响的器官或系统来进行分类。请注意原来通过基因名称或符号与全部TBASE档案的链接已不复运行。

4. 国际小鼠品系资源库（International Mouse Strain Resources，IMSR）

IMSR网点提供环球网入口存取有关遗传修饰的标准和普通小鼠品系的供应、地点和状态（活种鼠、冻存胚胎或配子）方面的资讯。最近这种协作尝试包括享用杰克逊实验室（The Jackson Laboratory，TJL）和英国医学研究理事会的哺乳动物遗传学部（the Mammalian Genetics Unit at Medical Research Council Harwell，UK）主办的所有小鼠品系或种鼠的信息。这种合作最近拓展到科研用的独特小鼠资源的其他供给者。

5. JAX Mice

TJL销售的实验室小鼠品系超过2 500种，包括标准的近交系和专门研究用的突变品系。作为实验室小鼠模型的国际贮藏库，TJL开发、引进、繁殖、鉴定、冻存和供应的一系列称为遗传工程和突变小鼠（Genetically Engineered & Mutant Mice TM，JAX GEMMTM品系）的研究专用品系及大量的近交系、重组的近交系和同类系等品系（http://jaxmice. Jax. org/html/pricelist/jaxgemmstrains. shtml）。这些品系包括转基因小鼠和自发突变、化学诱变和定点突变的小鼠。最近，提供的品系目录可通过JAX Mice网点获得。这些网点除了能做各种链接外，还具有全部产品的价目表和JAX Mice的选择、定购、使用指南。品系可通过品系名称、等位基因名称或突变类型（自发的、转基因的、基因打靶的或化学诱变的）进行搜索。可利用某种途径搜索JAX Mice资料库和作为人类疾病有效模型的有关小鼠的资料库。品系供应信息伴随有种鼠号、转基因或基因敲除品系的正式命名、遗传背景、标准来源及定价和性别或遗传分型的详细说明。

6. 小鼠基因组数据库（Mouse Genome Database，MGD）

MGD起着实验室小鼠基因组作图、同源性和表型资料的综合性贮藏库的作用。它包含小鼠基因与遗传标记、分子节段、等位基因、表型、比较图谱资料、实验作图资料、遗传、物理和细胞遗传学图谱的图解显示、多态性、近交系特征及相应的参考文献等大量的资料。通过该网访问，可检索相应的表格、正文、图解和原始资料。MGD还链接到许多外部资料库，包括GenBank、EMBL、SWISS-

PROT、Medline 和 OMIM，以及 Pig-Base、SheepBase 和 RAT-MAP 等其他物种的资料库。此外，在 http://informatics. Jax. org/mgihome/nomen/allmut－form. shtml 中还有为投稿到 MGD 而设的 Allele and New Mutant Submission Form。此投稿表格包括已知基因的转基因和打靶等位基因的等位基因名称的栏目以及品系背景、表型、说明和参考文献的栏目。

二、基因工程小鼠的命名原则

（一）符号

一个转基因符号由三部分组成，均以罗马字体表示。

以 TgX（YYYYYY）#####Zzz 为例，各部分符号的含意为：TgX 为方式（mode）；（YYYYYY）为插入片段标示（insert designation）；#####为实验室指定序号（laboratory-assigned number）；Zzz 为实验室指定序号或实验室注册代号（laboratory code）。

以上各部分具体含意及表示如下：

1）方式。转基因符号通常冠以 Tg 字头，代表转基因（transgene）。随后的一个字母（X）表示 DNA 插入的方式：H 代表同源重组，R 代表经过逆转录病毒载体感染插入，N 代表非同源插入。

2）插入片段标示。插入片段标示是由研究者确定的表明插入基因显著特征的符号。通常由放在圆括号内的字符组成：可以是字母（大写或小写），也可由字母与数字组合而成，不用斜体字、上标、下标、空格及使用标点。研究者在确定插入标示时，应注意以下几点：

（1）标示应简短，一般不超过 6 个字符。

（2）如果插入序列源于已经命名的基因，应尽量在插入标示中使用基因的标准命名或缩写，但基因符号中的连字符应省去。

（3）确定插入片段标示时，推荐使用一些标准的命名缩写，目前包括：An 匿名序列、Ge 基因组、Im 插入突变、Nc 非编码序列、Rp 报告基因、Sn 合成序列、Et 增强子捕获装置、Pt 启动子捕获装置。

插入片段标示只表示插入的序列，并不表明其插入的位置或表型。

3）实验室指定序号或实验室注册代号。实验室指定序号是由实验室对已成功建立的基因工程小鼠系给予的特定编号，最多不超过 5 位数字，插入片段标示的字符与实验室指定序号的数字位数之和不能超过 11。实验室注册代号是对从事基因工程动物研究生产的实验室给予的特定符号。

（二）举例

C57BL/6J-TgN（CD8Ge）23Jwg：来源于美国杰克逊研究所（J）的 C57BL/6 品系小鼠被转入人的 CD8 基因组（Ge）；转基因在 JonW. Gordon（Jwg）实验室完成，获取于一系列显微注射后得到的序号为 23 的小鼠。

TgN（GPDHIm）1Bir：以人的甘油磷酸脱氢酶基因（GPDH）插入（C57BL/6J × SJL/J）F1 代雌鼠的受精卵中，并引起插入突变（Im），这是 Edward H. Birkenmeier（Bir）实验室命名的第一只转基因小鼠。

根据转基因动物命名的原则，如果转基因动物的遗传背景是由不同的近交系或远交群之间混合而成，则该转基因符号应不使用动物品系或种群的名称。

（三）转基因符号的缩写

转基因符号可以缩写，即去掉插入片段标示部分。例如，TgN（GPDHIm）1Bir 可缩写为 TgN 1Bir。一般在文章中第一次出现时使用全称，以后再出现时可使用缩写名称。

第十章　SPF 鸡及鸡蛋

鸡（chicken，*Gallus domestiaus*），属动物界（Animalia）、脊索动物门（Chordata）、脊椎动物亚门（Vertebrate）、鸟纲（Aves），鸡形目（Galliformes），雉科（Phasianidae），原鸡属（*Gallus gallus*），家鸡亚种（*Gallus gallus domestiaus*）动物，染色体数 $2n = 78$。

第一节　鸡的生物学特性和品种、品系

一、生物学特性

（一）习性和行为

1. 喜啼鸣

雄鸡喜啼鸣，特别是在黎明前夕。

2. 四处觅食

鸡习惯于四处觅食，不停地活动，食性广泛，有食砂粒帮助消化的特性。

3. 喜群居

鸡是群居性动物，喜欢大群生活在一起，并能和谐相处。但当一只陌生鸡加入鸡群时则会受到鸡群的攻击，几天后才会相安无事。

4. 沙浴性和栖高性

鸡在地面平养时会表现出喜欢沙浴的习性，在沙土地面上刨坑，然后窝在坑里将疏松的沙土揉到羽毛下，一会儿再抖动羽毛将沙土抖下。鸡有较弱的飞行能力，条件允许的情况下，鸡具有在夜间飞到较高的栖架或树枝上栖息的习性。

5. 繁殖习性

鸡属于卵生动物。鸡产蛋没有季节性，只要营养充足，环境良好，不就巢，可以一年四季产蛋。雌鸡保持就巢习性。就巢雌鸡采食和饮水减少，停止产蛋，待在鸡窝内卧在鸡蛋上进行孵化。

6. 易惊恐

鸡胆小，易受惊吓。鸡具有神经质的特点。闪烁的光照、异常的声响、明暗阴影的变化及气压的突变都会使鸡乱飞、不停地鸣叫和挤成一团，在屏障环境或隔离器中饲养时，应予以注意。环境不佳和管理不善时易产生异食癖。

7. 换羽

鸡体表羽毛丰满，出壳后全身长满绒毛，4 日龄前后绒毛开始脱落并长出青年羽，7 周龄时青年鸡开始长出成年羽，换羽过程大约在 17 周龄完成。舍养成年鸡在经历一个产蛋年度后，随着产蛋率的降低逐渐开始换羽。

8. 耐寒怕热

鸡的体表大部分被羽毛覆盖，羽毛具有良好的隔热性能，故鸡具有耐寒的习性。但是鸡怕热，高温时采食减少，饮水增加，粪便变稀，生长缓慢，产蛋减少，疾病增多。

9. 寿命

根据鸡的不同生长阶段，鸡分为雏鸡、青年鸡和成年鸡。鸡的寿命平均为 7～8 年，饲养环境下一般最长存活 13 年。

（二）主要解剖学特点

1. 体型

鸡外形像鸟，分为头部、颈部、体躯与翅膀、尾部和腿5部分，头部有喙、鸡冠，躯干部有1双翅膀，靠双脚站立。鸡全身被绒毛和羽毛覆盖，有白色、黑色、黄色、褐色等颜色，翅膀和尾部的羽毛较明显。

2. 消化系统

鸡的消化系统由消化道和消化腺组成，消化道包括鸡喙、口腔、咽、食道、嗉囊、腺胃、小肠（十二指肠、空肠、回肠）、盲肠、直肠、泄殖腔、肛门；消化腺有唾液腺、胃腺、肝脏和胆管、胆囊、胰腺。鸡喙角质化，无牙齿，食管的中部扩张为嗉囊，具有储存食物和软化食物的作用。胃分腺胃和肌胃，腺胃消化性差，肌胃内含一定数量的砂粒有助于其节律性地收缩，主要靠肌胃和砂粒磨碎食物。小肠长，直肠短，有1对消化少量粗纤维的管状盲肠。

3. 呼吸、泌尿系统

鸡的呼吸系统由鼻腔、喉、气管、肺、气囊五大部分组成。肺分为左右叶，为海绵状，紧贴于肋骨上，无肺胸膜及横膈，肺上有许多小支气管直接通气囊；气囊共有9个，其中胸部气囊7个，腹部气囊2个。气囊的主要功能是贮存空气，全部气囊能贮存的气体比肺容纳的气体多5～7倍，气囊的作用如同风箱，将空气吸入、推出。肾脏位于腹腔脊柱两侧，左右各1个，各分为3叶，无肾盂、膀胱，尿液经输尿管排入泄殖腔。

4. 循环系统

鸡的循环系统包括血液循环器官、淋巴器官和造血器官。

血液循环器官：包括心脏、动脉和静脉。鸡的心脏较大，相当于体重的4%～8%，在胸腔偏左部位，夹于两肺叶中间，正对第5—11肋。右心房与右心室之间不像哺乳动物有三尖瓣，而是由一个特殊膜代替三尖瓣。鸡在胚胎时（出壳前）有主动脉左右2条；出壳后左侧主动脉慢慢萎缩，成年只剩右主动脉。

淋巴和造血器官：鸡的淋巴主要存在于消化道壁上，如小米状。法氏囊为禽类特有的免疫器官，位于泄殖腔背侧，壁厚，黏膜皱襞多，含大量淋巴小结，其在性成熟后开始退化。脾为最大的免疫器官，同时又是青年鸡的造血器官，成年鸡的贮血器官，位于腺胃、肌胃交界的右侧，圆形红褐色。胸腺位于气管两侧，长圆形，数目很多，也是免疫器官。

红骨髓主要位于长骨中央，是主要造血器官，含有不同阶段的发育红细胞、白细胞、凝血细胞。

鸡同样有大循环（体循环）、小循环（肺循环）和微循环。通过这三大循环将营养供应全身各个部位，以完成机体生长发育和生产的需要。废物通过循环系统经肾脏、输尿管排至泄殖腔。

5. 生殖系统

雄鸡生殖器由1对睾丸、1对输精管组成。睾丸位于腹腔脊柱两侧，在肾前叶的下方，输出管由睾丸内缘通出，形成的扁平的隆起为附睾，向后延续为输精管，沿输尿管外侧后行，开口于泄殖腔。雄鸡无阴茎，交配时与雌鸡泄殖腔紧贴，精液射入雌鸡泄殖腔。

雌鸡生殖器由卵巢和输卵管组成，右侧输卵管呈囊状残迹，只有左侧发育正常。卵巢位于腹腔背部、肾的前下方，表面有许多大小不等、发育不同的卵泡；输卵管可分为伞部、卵白分泌部、峡部。

（三）主要生理学特点

1. 体温高

鸡的正常体温高，一般为41.6～41.8 ℃（41.7 ℃左右），比哺乳动物高出5 ℃左右。鸡没有汗腺，不能通过出汗散热，当气温高至26.6 ℃时通过张口呼出水蒸气散热，当体温高至42～42.5 ℃时容易出现中暑，甚至死亡。夏季环境温度最好控制在25～28 ℃，冬季最好在14～20 ℃。

2. 心率和呼吸频率快

鸡心率快，成年鸡心率达160～200次/分，雏鸡和雌鸡心率更快。鸡的呼吸频率快，成年鸡为

25～100次/分，雏鸡呼吸频率比成年鸡更快。

3. 排泄

鸡每天排尿很少，呈白色，为尿酸及不溶解的尿酸盐，与粪一起排出；粪便呈粥状，表面多附有白色尿酸盐，与少量的尿一起通过泄殖腔排出体外。

4. 对环境的适应能力

鸡体内水的来源有代谢水、饲料中的水分、饮水三种途径。产蛋鸡在一般情况下每只鸡每天需水量：冬季110 mL左右，夏季280 mL左右，春秋季200 mL左右。冬季天气寒冷，气温低，最好给鸡饮温水，鸡爱喝温水，也能减少体热损失，增强抗寒能力，对鸡的健康和产蛋都有利。

鸡对咸味无鉴别作用，容易食盐中毒。鸡有适应环境变化并做出反应的能力，如改变体温、新陈代谢，增加或减少饲料消耗量和活动量等，这些改变可能会影响动物实验的结果。

5. 听觉和视觉

鸡的听觉灵敏，白天视力敏锐，黑夜视力极差。鸡对色彩敏感，鲜红色对其形成的刺激可造成严重的损伤。

6. 生殖生理

鸡为卵生动物，4～6月龄时性成熟，雌鸡交配后12天仍有60%的可产受精蛋，30天仍能保持受精力。雌鸡产第一枚受精蛋的最短时间为受精后25.33小时，最长139小时。产蛋鸡最适温度为18～21 ℃，温度的任何变化均可使产蛋量迅速下降。光照对产蛋也很重要，每天需要14～16小时的光照，才能使产量达到最高。

受精鸡蛋21天孵化。新生雏鸡一般体重为37～40 g，生长发育特别快，2周龄时体重可达出生时的2倍。

7. 抗病力低

鸡的抗病力较低，这与鸡的解剖学结构有关：没有淋巴结导致免疫功能受影响；没有横膈膜分隔胸腔和腹腔，腹腔感染容易蔓延到胸腔；气囊分布在颈部、胸部和腹部，病原体一旦感染气囊就会造成大范围的扩散；泄殖腔为生殖和消化道的共同开口，容易造成交叉感染。

8. 生理数据

鸡的体温41.7 ℃（41.6～41.8 ℃），呼吸频率12～21次/分，潮气量4.5 mL，心跳频率120～140次/分，血压（颈动脉压）150 mmHg。总血量占体重的8.5%；红细胞$3.35\times10^6/mm^3$ [$(3.06\sim3.44)\times10^6/mm^3$]，白细胞$3.2\times10^4/mm^3$，血小板$(1.3\sim2.3)\times10^5/mm^3$，血红蛋白10.3 g/100 mL（7.3～12.9 g/100 mL），红细胞比重1.090，血浆比重1.029～1.034，血液pH 7.42。鸡红细胞呈椭圆形，细胞核较大，染色后细胞质为红色，细胞核为深紫色。

二、常用品种、品系

1. 白来航鸡

白来航鸡是世界著名的蛋用型鸡种，原产于意大利，现已遍布全世界。根据冠型和毛色不同，来航鸡有12个变种。白来航鸡的外貌特征是体型小而清秀，全身羽毛洁白而紧贴，冠较大，鲜红色，雄鸡冠较厚，高而直立，雌鸡冠较薄，多倒向一侧，喙、胫和皮肤为黄色，耳叶白色。本品种鸡成熟早，产蛋多、耗料少，年产蛋量200枚以上，高产者可达300枚左右，平均蛋重55～60 g，蛋壳白色。体重较轻，成年雄鸡为2.0～2.5 kg，雌鸡为1.5～2.0 kg。日本航鸡性情活泼好动，觅食力强，神经敏感，一般无就巢性，适应性强。

2. 洛克鸡

洛克鸡原产于美国，属肉蛋兼用型洛克品种，现已普及至世界各地。洛克鸡按毛色区分为7个变种，早年以横斑芦花羽最普遍，近年来以白羽洛克鸡为主，浅黄、银纹、蓝色少见。白洛克鸡体型大，呈椭圆形，全身羽毛白色，喙、胫、皮肤为黄色，单冠，冠肉垂、耳叶呈红色。本品种早期生长快，胸腿肌肉发达，饲料利用率高，多作为肉用鸡的母系。雄鸡体重为4.0～4.5 kg，雌鸡为3.0～

3.5 kg，年产蛋量150枚左右，高产者可达180枚，平均蛋重55～60 g，蛋壳褐色。

3. 考尼什鸡

考尼什鸡属肉用型，原产于英国康沃尔，有深色（红色）、白羽、红羽白边和浅黄色4个变种，现在饲养的白考尼什鸡是美国近年来用深色考尼什鸡引进白色马来斗鸡的显性白色基因后培育而成的。目前，各国多用白考尼什鸡作为父系，与别的品种杂交生产肉用仔鸡。本品种鸡体躯坚实，胸宽而深，胸腿肌肉发达，似斗鸡体型，头部较小，豆冠，全身羽毛白色，喙、脚、皮肤为黄色，其肉用性能好。缺点是成熟晚，产蛋少，有就巢性。成鸡体重：雄鸡为4.5～5.0 kg，雌鸡为3.5～4.0 kg。平均产蛋120枚，平均蛋重54～57 g，蛋壳呈浅褐色。

4. 洛岛红鸡

洛岛红鸡属兼用型，育成于美国罗得岛州，有单冠和玫瑰冠两个变种。我国引入的是单冠的变种，本品种鸡羽毛深红色，尾羽黑色，喙黄褐色，脚黄色（或黄红色），皮肤黄色，冠、耳叶、肉垂呈鲜红色，背宽平，体躯近长方形，体躯各部分肌肉发育良好，体质健壮，适应力强，成熟期平均180天。年产蛋量160～170枚，高产者可达200枚以上，蛋重60～65 g，蛋壳褐色，深浅不一。成鸡体重：雄鸡为3.5～3.8 kg，雌鸡为2.2～3.0 kg。现代各育种公司推出褐壳蛋配套系的父本通常是洛岛红鸡。

5. 新汉夏鸡

新汉夏鸡属兼用型，原产于美国的新罕布什尔州。本品种鸡的羽毛比洛岛红鸡稍浅，用洛岛红鸡改良而育成；全身橙红色，尾羽有黑色镶边，单冠红色，喙、皮肤黄色，外貌与洛岛红鸡相似。特点是早熟，适应力强，耐粗饲，蛋大，体形丰满。年产蛋量180～200枚，平均蛋重56～60 g，蛋壳深褐色。雄鸡体重为3.5～4.0 kg，雌鸡为2.5～3.0 kg。

6. 芦花洛克鸡

芦花洛克鸡属兼用型品种，经多品种杂交后育成于美国，该鸡种体形椭圆，个体大部分发育良好，全身羽毛黑白相间，单冠，耳叶红色，喙、胫及皮肤为黄色。该品种鸡性情温顺，肉质优良，易肥育。年产蛋170～180枚，蛋重约56 g，经选育高产品系可产蛋250枚左右，蛋壳褐色。成鸡体重：雄鸡为4.0～4.5 kg，雌鸡为3.0～3.5 kg。

7. 澳洲黑鸡

澳洲黑鸡育成于澳洲，羽毛紧密，体躯深广，胸部丰满，全身羽毛黑色，有光泽，喙、眼、脚呈黑色（脚底白色），单冠红色，冠肉垂、耳叶红色，皮肤白色。本品种鸡适应范围广，抗病力强，产蛋性能好，年产蛋量160枚左右，平均蛋重60～65 g，蛋壳褐色。成鸡体重：雄鸡为3.75 kg，雌鸡为2.5～3 kg。

第二节　SPF鸡及鸡蛋的生产与管理

SPF鸡是我国得到最广泛应用的SPF级实验动物，目前我国已有从美国、澳大利亚、英国、德国等地引入的近10个品系，每年提供大量SPF鸡胚和SPF鸡供生产及研究应用。

SPF鸡通常指生长在符合《GB 14925—2023 实验动物　环境及设施》规定的屏障环境或隔离环境的饲养条件下，机体内无特定的微生物和寄生虫存在的鸡。SPF鸡群具有良好的生长和繁殖性能。

SPF鸡的饲养能否成功关键在于合格的实验动物环境设施、训练有素的管理和技术人员、严格的管理制度和微生物控制等。

下面就环境设施、SPF鸡和鸡蛋的生产、饲养管理和动物福利（饲料和营养）、人员素质、微生物控制等方面进行介绍。

一、屏障环境设施建设及使用要求

(一) 屏障环境鸡舍建筑总体要求

屏障环境鸡舍又称 SPF 鸡舍，是由高度密封的建筑物、初效中效高效过滤、严格层流的通风系统、带有气锁的洗澡间、通道式高压双扉蒸汽灭菌器、传递窗与传递渡槽组成的结构屏障。SPF 鸡舍内的一切连接结构均用圆角，没有墙裙、台阶和死角，墙壁、天花板都很光滑，不易积尘，使用能耐水冲洗、不会虫蛀的材料制成。

SPF 鸡舍分 4 个区域：2 个产蛋鸡舍、1 个育成育雏鸡舍、1 个辅助区域（空调机房等）。其具备屏障环境，有隔离、消毒设施和卫生防疫制度。

SPF 鸡群的饲养采用全进全出、全封闭人工环境的饲养方式，即从种蛋进鸡舍进行孵化、育雏、成长、产蛋直到全群淘汰均在一个鸡舍中完成。

按照 GB 14925—2023 实验动物　环境及设施的要求，SPF 鸡舍空气洁净度应达到 5 级或 7 级。建筑工程包括装修工程、空调通风系统工程、管道系统工程、电气系统工程、设备安装系统工程。

(二) SPF 鸡的屏障环境实验间环境技术指标

1. SPF 鸡的屏障环境实验间环境技术指标

适宜饲养 SPF 鸡的环境为屏障环境和隔离环境。温度 16 ～ 28 ℃，最大日温差不超过 4 ℃，相对湿度 40% ～ 70%，气流速度 0.20 m/s，隔离环境静压差大于等于 50 Pa，空气洁净度 5 级或 7 级，沉降菌最大平均浓度小于等于 3（CFU/0.5 h · ϕ90 mm 平皿），氨浓度小于等于 14 mg/m^3，噪声小于等于 60 dB（A），最低工作照度大于等于 200 lx，动物照度 5 ～ 10 lx，昼夜明暗交替时间 12 小时：12 小时或 10 小时：14 小时，饮用水检测要求为 0 CFU/mL。

2. SPF 鸡的净化区

SPF 鸡的净化区指实验动物 SPF 鸡设施内空气悬浮粒子（包括生物粒子）浓度受控的限定空间。它的建造和使用应减少空间内诱入、产生和滞留粒子。空间内的其他参数如温度、湿度、压力及室内氨气、硫化氢、二氧化碳浓度等须按要求进行控制。SPF 鸡场的消毒应注重人员进入、物品进入、饮水消毒、鸡舍和舍外消毒管理、通风系统和机房的管理。

3. 隔离器在转入 SPF 雏鸡前的准备工作

在转入 SPF 鸡前一天，需要在隔离器内传入经过消毒灭菌的垫料，打开隔离器的保温装置，预热到雏鸡所需要的温度，并检查隔离器上的风机、照明系统、饮水系统等仪器仪表运作是否稳定、安全。

(三) 屏障环境鸡舍的空气、人、物料、动物的走向

一切进入 SPF 屏障鸡舍的人、鸡、饲料、水、空气、铺垫物、各种用品均须经过严格的微生物控制。进入的空气须过滤，过滤按屏障系统防止污染的要求不同而略有差别。屏障系统内设有供清洁物品和非清洁物品流通的清洁走廊与污物走廊。

空气、人、物料、动物的走向，采用单向流通路线。利用空调送风系统形成清洁走廊、动物房、污物走廊、室外的静压梯度，以防止空气逆向造成的污染。屏障内人和动物尽量减少接触，工作时应戴消毒手套，穿着灭菌工作服等防护用品。

二、SPF 鸡的生产和饲养管理

建立 SPF 鸡群，选择好 SPF 种鸡蛋是关键。国内已有广东温氏大华农生物科技有限公司、山东省农业科学院家禽研究所、中国农业科学院哈尔滨兽医研究所等常年提供优质 SPF 种鸡蛋，可用于建立 SPF 鸡群；也可在每天收集鸡蛋一次后，把蛋用细砂纸或刀片清理干净，注明收蛋日期，然后集中进行熏蒸灭菌，灭菌后的 SPF 蛋放进 12 ～ 15 ℃ 的贮藏柜里保存。灭菌后的 SPF 蛋可保存 11 ～ 12 天，时间不宜过长，应根据生产情况联系用户及时安排销售，包装 SPF 蛋一定要用灭菌的容器进

行包装、密封、灭菌、消毒，以防止运输中受到污染。

SPF 鸡生产环节、饲养管理基本上分为孵化、出雏、育雏和成年鸡管理几个阶段。SPF 鸡的孵化期通常为 21 天；鸡从出壳至 6 周龄被称为苗鸡，此阶段在饲养上也称为育雏期；从 7 周龄至 20 周龄开产前的鸡被称为青年鸡，此阶段在饲养上也称为育成期；21 周以后的鸡称产蛋鸡，此阶段在饲养上也称为产蛋期。鸡的饲养管理应注意环境温度、营养要求、卫生防疫及空气新鲜等。

（一）SPF 鸡蛋的孵化和出雏

SPF 鸡的孵化是从种蛋到雏鸡的复杂的生理过程，是其一生生命活动的基础。孵化质量的好坏关系到鸡群的体质，进而影响到 SPF 鸡以后的生产性能。入孵前一周，必须检查设备状况并试运行。种蛋在孵化室进行孵化过程中，要求 24 小时有人值班，随时检查温度、湿度变化及鸡胚发育情况。种蛋用 2.5% 新洁尔灭溶液浸泡 8 分钟除去种蛋表面污物，晾干后，再熏蒸消毒 24 小时，通风至干方可使用；孵化的 3 周内，保持温度 37.8 ℃，湿度 85%。SPF 鸡蛋适合变温孵化法，用温原则是前高后低，后期尽量利用胚胎自温，例如，在室温 23 ～26 ℃时，孵化第 1 至第 6 天为 38.0 ℃，第 7 至第 12 天为 37.8 ℃，第 13 至第 18 天为 37.6 ℃，第 19 至第 21 天为 37 ℃。孵化用湿原则是两头高中间低，通常孵化第 1 至第 12 天时，设定湿度为 60%，第 13 至第 15 天为 50%，第 16 至第 18 天为 60%，第 19 至第 21 天为 65%。选择制造疫苗的 SPF 鸡胚时要注意蛋壳颜色、质量及表面清洁度。

SPF 鸡机械孵化模拟禽类自然孵化的条件进行孵化，主要是温度、湿度、通风和翻蛋条件适宜，还有生物安全工作必须万无一失，孵化效果才能理想。机械孵化有自动翻蛋装置，翻蛋角度两侧每侧为 45°，1 小时翻 1 次，每天翻蛋 24 次。翻蛋的目的在于改变胚胎的位置，防止胚胎与卵壳膜粘连，促使羊膜运动，改善羊膜血液循环，增强胚胎生命力。另外，翻蛋可使箱内各部分的胚蛋受热均匀，有利于孵化。

种蛋孵化过程要严格地执行种蛋孵化的操作规程，注意防感染、防脱水、防寒、防暑，提高孵化质量，降低负荷成本，提高出雏率和健雏率。因此，孵化过程中有两个关键时期必须把握好，即孵化过程中的 1 ～7 日胚龄和 18 ～21 日胚龄。第一关键时期注意保温，第二关键时期注意通风。

1. 第一关键时期（1 ～7 日胚龄）注意事项

（1）种蛋的蛋龄超过 10 天必须预热，方法是将种蛋放入 22 ～25 ℃环境中 4 ～9 小时，最长不超过 18 小时，或是 38 ℃环境中 1 ～5 小时。

（2）用甲醛 + 高锰酸钾消毒时，应在蛋壳表面凝水干燥后进行。一定避开 24 ～96 小时胚龄的胚蛋。

（3）7 日龄前不照蛋，照蛋时一定将小头朝上的蛋更正过来。

（4）提高孵化室的温度。

（5）若停电，应尽早使用发电机。

2. 第二关键时期（18 ～21 日胚龄）注意事项

（1）必须在 18 日胚龄落盘，不可提前在 16 ～17 日胚龄或在 19 日胚龄落盘。

（2）啄壳出雏时提高湿度，同时要适当地降低温度。防止高温、高湿，19 ～21 日胚龄时一般控制温度在37 ℃，湿度在 65%。

（3）注意通风换气，必要时要加大通风量，用新鲜空气中的氧气进行气体交换，在设计中使用全新风。

（4）停电、发电机没有启动时要打开孵化机门。

（5）一般在 60%～70% 雏鸡出壳，绒毛干时第一次捡雏。在此之前应捡出蛋壳，不捡出就会影响出壳，将没出来的胚蛋集中到出雏器顶部。

（6）观察窗的遮光，遮光有利于雏鸡的安静，更有利于没出壳的雏鸡出壳。

（7）防止雏鸡脱水。

21 天出雏后，出雏的小鸡在破壳后 1 天内转入育雏室。

（二）SPF 鸡的育雏

雏鸡是指出生至 6 周龄的小鸡。SPF 鸡育雏期间，温度是一个重要参数。出生雏鸡的御寒能力弱，育雏笼温度要与孵化时的出雏温度相衔接，避免雏鸡产生温度应激，尤其是 1 周龄以内保持较高的温度能很好地促进雏鸡体内卵黄的吸收。建议的合理温度设置应为：第 1 周龄 32 ～ 33 ℃，以后每周下降 3 ℃，直到它们能适应洁净室温度，即 SPF 鸡舍净化空调提供温度为 16 ～ 28 ℃。1 周龄以内的初生雏鸡，温度掌握最为关键，温度过高如 38 ℃以上有热死的可能；温度过低，雏鸡体内卵黄不易吸收，同样极易造成雏鸡死亡。足够的光照可以促使雏鸡饮水和饮食，增加雏鸡活动量，促进骨骼发育。1 ～ 3 天的雏鸡需要每天 24 小时光照时间，以后每天减少 0. 5 小时。

育雏时，雏鸡应保持环境温度为 32 ～ 33 ℃，然后每周降 3 ℃，直到 5 周龄降到 18 ℃之后保持不变。笼养育雏时，从保温角度考虑，如果是 3 层笼养，育雏期将雏鸡饲养在最上方第 1、第 2 层，育成期平均分散到各层。光照随日龄改变进行阶段性调节，第 1 周光照 16 小时，第 2 周光照 14 小时，第 3 周以后保持光照 12 小时。小鸡破壳后 48 小时内开始饲喂，育雏期间根据不同发育阶段给不同的饲料，并及时补充水溶性维生素。0 ～ 6 周龄饲喂小雏饲料，6 ～ 10 周龄饲喂中雏饲料，10 ～ 18 周饲喂大雏饲料，18 周龄后饲喂成鸡饲料。第 1 周每 3 小时喂料 1 次，包括夜间；7 ～ 15 日龄，从 6 时到 22 时，每天喂 6 次，夜间不必再喂；15 日龄以后每天喂 5 次；30 日龄以后每天喂 4 次。

啄肛癖是鸡的天性，SPF 鸡也不例外，因此必须断喙。除此之外，断喙还可以防止鸡啄羽、啄趾、啄翅等。视雏鸡发育情况，在 8 ～ 10 日龄断喙，一般需要断去喙端至鼻孔段的 2/3。由于多数 SPF 鸡冠比较发达，因此种雄鸡还要进行断冠，多在 25 ～ 28 日龄断冠。断喙和断冠时要注意适量增补维生素 K。

SPF 鸡饮用水采用盐酸酸化处理的方法进行消毒。盐酸与水的比例为 1 ∶ 1 000，pH 为 2. 0 左右为宜。

随着雏鸡的生长发育，要及时调整和疏群。笼育雏鸡每只应占面积 100 ～ 150 cm^2。

（三）成年 SPF 鸡的饲养管理

成年鸡包括青年鸡（育成鸡）和产蛋鸡。SPF 鸡舍采用“单一饲养”和“全进全出”制度，即品种单一。每批鸡结束后，对鸡舍进行彻底终末消毒清理，同时遵循“能拆就拆”的原则清洗鸡舍和饲养设备；用消毒剂浸泡设备和喷雾鸡舍进行清洗和消毒；组装设备和熏蒸鸡舍；试运行设备并补充鸡舍设备等用品；再熏蒸鸡舍后，种蛋进孵化间孵化生产。

7 周龄至开产前（7 ～ 20 周龄）的鸡称为青年鸡或育成鸡，其中 7 ～ 13 周龄为育成前期，14 ～ 20 周龄为育成后期。SPF 鸡群一般养至 65 ～ 70 周龄需更换新的鸡群。为减少 SPF 鸡群转群时产生的应激反应，通常会采取增加电解质的措施。青年鸡可以采取笼养或网上平养的方式饲养。在育成前期要对断喙效果不佳者进行补充断喙。要注意做好转群工作。要控制好光照时间和强度，7 ～ 13 周龄每天光照 10 小时，14 ～ 20 周龄每天光照 8 小时，在 18 周龄以后需要增加光照为产蛋做准备，光照时间为 12 ～ 16 小时；光照强度不得超过 30 lx。要做好环境温度和湿度的控制，环境温度控制在 16 ～ 28 ℃（最适温度为 18 ～ 25 ℃），湿度控制在 40% ～ 70%（最适湿度为 50% ～ 60%），有利于育成鸡的生长发育。要进行合理的喂养，育成前期喂饲育成前期饲料，每天喂饲 2 ～ 3 次；育成后期喂饲育成后期饲料，每天喂饲 1 ～ 2 次。

健康鸡群表现为鸡群活泼，反应灵敏。部分鸡精神沉郁，离群，闭目呆立、羽毛蓬乱不洁，翅膀下垂、呼吸有声等，是发病的前兆或处于发病初期。部分鸡精神委顿，说明有严重疫病出现，应尽快予以诊治。

（四）SPF 种雄鸡的选育

SPF 种雄鸡的育成非常重要，种雄鸡的质量关系到 SPF 雌鸡一生的受精率，可以提高雌鸡的利用价值和提供高质量 SPF 种蛋。雄鸡比雌鸡更富于神经质、争斗性强，恃强欺弱现象十分严重，所以性成熟之后要单笼饲养。

（1）选种周龄。第一次选种周龄为 6 ～ 8 周龄，在父系鸡群中选留雄性体征明显、体型大、体重较大的雄鸡，按人工授精留种比例，每 20 ～ 25 只雌鸡留 1 只种雄鸡，第一次选留需要多一些。第二次选种周龄为 18 ～ 20 周龄，每 25 ～ 30 只雌鸡留 1 只种雄鸡。

（2）称体重选种。根据留种的数量，对每只雄鸡称量体重，以决定最低的留种重量，淘汰体重较轻的雄鸡。留用的雄鸡，根据体重不同范围分别装入种雄鸡笼。

（3）体型外貌选种。选择体质健壮、肌肉发达、羽毛鲜艳、外形发育匀称、胫骨粗壮、鸡冠肉垂鲜红、性行为强烈的雄鸡留种，剔除体形矮小、神态不佳、胸骨狭小、羽毛不整、雄性特征不强的雄鸡。

（4）精液质量检测。雄鸡 16 ～ 18 周龄性成熟，采用个体采精选择法，即对每只留种雄鸡进行采精，并检测精液活力、密度、射精量等指标。选择易于采精、精液量大、密度大、活力强的雄鸡留种。既要保证种雄鸡数量充足，又要保证其质量优越，才能保证雌鸡群的受精率高且稳定，才能提供优良的 SPF 种蛋。最后留种数量按每 35 只雌鸡留 1 只种雄鸡。

（五）SPF 鸡产蛋期的饲养

在鸡群见蛋的 18 周龄开始，将育成鸡转入种鸡舍，并注射鸡新城疫、传染性支气管炎、减蛋综合征三联疫苗，要注意预防经蛋垂直传播疾病、沙门菌感染及白血病等。产蛋鸡喂饲蛋鸡饲料，自由采食或每天喂饲 3 次，产蛋后期适当控制饲料的喂饲。要保证充足的光照和清洁饮水。气温超过 29 ℃ 时，温度越高，SPF 鸡所受的热应激越大，产蛋越少；产蛋鸡最适温度为 18 ～ 25 ℃，在这个温度范围内能最大限度发挥其生产潜能，饲料报酬率最高。进入秋季后，气温逐渐降低，日照减少，产蛋鸡经产 1 年后，开始进入休产换羽期。产蛋鸡的自然换羽需要 6 个月才能完成。通过对产蛋鸡使用全饥饿法，断水、停料或添加 2% 硫酸锌可以进行强制换羽。

（六）SPF 鸡种鸡的交配繁殖

对需要利用鸡胚做究的和进行鸡群繁殖的，应该进行 SPF 鸡的交配繁殖。繁殖时可采取公母比为 1 :（10 ～ 16）的比例自然交配，或采取人工授精方式进行繁殖。人工光照能满足生殖要求。

（七）SPF 鸡产蛋及种蛋的存放

一般高产 SPF 鸡都要求 16 小时的光照。产蛋鸡光照强度 20 lx。

SPF 胚蛋一般经熏蒸、喷雾或浸泡等方法进行消毒。每天生产的 SPF 种蛋，经福尔马林或过氧乙酸处理后，送到种蛋贮藏室进行挑选。种蛋表面附着污物比较轻的，应用细砂纸轻轻擦拭，除去少量污物后还可利用。装箱用的蛋盘、纸箱，用前均需经过福尔马林熏蒸消毒。

SPF 种蛋库温度维持在 18 ℃，相对湿度 70% ～ 80%，贮存时间不超过 7 天，否则会影响种蛋的孵化率。售出的 SPF 种蛋，按双方购销合同要求填写售出装箱单，并附本批 SPF 蛋的质量标准、血清学检验报告单等。

三、SPF 鸡饲料和营养

SPF 鸡生长迅速，因此必须保证供给营养丰富而平衡的全价饲料。鸡的饲料成分应包括谷类、骨粉、鱼粉、豆粉、维生素及矿物质等。营养标准的制定主要依据鸡的营养需要的研究试验成果并考虑使用上方便，将蛋白质、能量、矿物质和维生素按维持需要量和生产需要量而确定下来，前者是鸡在维持正常生命活动时的营养需要量，后者是除维持需要再加上产蛋、生长发育的营养需要量，以最大限度地促进鸡的生长、产蛋，然而又不致影响蛋的品质为基础而确定的。标准规定的各种营养需要量为最少需要量加上安全量。

SPF 鸡的营养要素应包括蛋白质、脂类、碳水化合物、水分、矿物质、维生素和纤维素七大类。除特殊要求外，SPF 鸡饲料中不添加任何促生长剂、抗生素、防腐剂及其他药品。SPF 鸡饲料营养配比时主要考虑生长（雏鸡料）、维持（育成料）、繁殖（产蛋料）三种状态下的营养需求。SPF 鸡饲料按营养成分和用途，一般可分为添加剂饲料、浓缩饲料、全价配合饲料和精料混合料。SPF 鸡饲料按形状分为颗粒料、粉料、碎粒料，最常用的主要是颗粒料，一般把饲料用袋包装抽成真空后再进行^{60}Co照射灭菌。灭菌后饲料经细菌学检测，阴性者可供给 SPF 鸡饲用。雏鸡料适用于 7 周龄内的 SPF 鸡，育成料适用于 7～18 周龄的 SPF 鸡，产蛋料适用于 18 周龄以上的 SPF 鸡。每批饲料要求出具细菌检验报告。

SPF 鸡用的饲料、饮用水等物品须从清洁储藏室分配至各饲养室。

四、工作人员的素质和技术工作

SPF 鸡场工作人员主要由环境控制人员和饲养技术人员组成，工作人员的数量取决于鸡舍的规模及饲养 SPF 鸡的数量，采取“少而精”“一人多用”的原则。

（一）工作人员的素质

1. 工作人员基本条件

（1）身体健康，无传染病（尤其是人畜共患病）。

（2）遵守 SPF 鸡饲养管理的各项制度，熟悉、掌握动物实验基本操作技能。

（3）自家不养任何动物，尤其是鸡、观赏鸟等禽类动物。

（4）工作细心，认真负责，讲究卫生。

（5）热爱本专业，性格沉稳，具有合作精神。

（6）爱护饲养的 SPF 鸡，不得戏弄或虐待 SPF 鸡。

（7）加强培训，强化防疫观念，学习 SPF 鸡养殖技术，提高业务水平。

（8）了解有关实验动物和动物实验的管理法规和政策。

（9）具备实验动物从业人员上岗资质：自学实验动物学知识或参加实验动物从业人员技术培训，通过实验动物从业人员上岗资质考试。

2. 从事生产活动的单位和个人应具备的基本条件

（1）生产的实验动物及环境应符合相关标准。

（2）应当对实验动物遗传学、微生物学、营养和饲养环境等指标不定期进行质量监测。

（3）对各项操作过程和监测数据应当有完整、准确的记录和统计报告。

（4）应当按照生产许可证范围，生产并提供合格的实验动物及相关产品。

3. 工作人员应承担的责任

自觉遵守与实验动物有关的法律、法规，自觉遵守生产及实验要求。按相应标准和规范对实验动物饲料、饮水、设施、环境质量进行有效的调控，对动物的行为、表现、反应进行细致的观察，并按要求做好记录。

（二）SPF 鸡饲养技术员的工作内容

每天按要求完成给料、加水、卫生消毒、除粪等日常工作。观察雏鸡的生长发育状态、采食量、精神状态、粪便情况、站立姿势、运动状态、对外界声音的反应程度等。对淘汰的雏鸡要用消毒塑料袋装好，注明系号、笼位号、淘汰原因，通过物流通道传出。饲养技术员每天填写育雏饲养记录。

1. 育雏舍

育雏人员必须吃、住在 SPF 鸡场院内，不能接触外来人员，不得随意外出。育雏人员休息室也要随时保持清洁，定期消毒。做好育雏器具及场地的消毒：育雏前首先调试育雏育成一体笼，然后将育雏室、高压蒸汽灭菌室、更衣室、淋浴室、走廊和缓冲间的地面、墙壁和顶棚及室内的笼具冲洗干净，把一定数量的饮水器、开食盘及育雏育成期常用工具清洗干净后放进育雏育成室，立即用甲醛+高锰酸钾气体熏蒸密闭 48 小时。消毒剂用量，要求甲醛≥40 mL/m^3，高锰酸钾≥20 g/m^3。从孵化室到育雏育成室搬移雏鸡的时候，一般要经过洁净走廊，因此，一定要把孵化室、洁净走廊和育雏室用浓度为 0.4% 的过氧乙酸喷雾消毒以后才可移鸡。如果孵化室和育雏育成室相邻，则可以直接转移雏鸡并上笼。做好育雏育成一体笼预热。由于初生雏鸡需要较高的育雏温度，因此，在搬移雏鸡之前，应将 SPF 鸡舍的空调的温度逐渐提升，使笼具预热，并检查空调机组工作性能是否正常，控温性能是否稳定、安全，防止育雏育成室内温度波动，对雏鸡造成应激刺激。

2. 育成舍

在雌鸡达到性成熟前，鸡群体型发育良好，均匀度良好，即体重达标，骨骼发育良好，鸡体成熟和性成熟同步，鸡群适时开产。做好体重管理，体重是育成鸡发育好坏的最重要标志。为此，应该每周末称重一次，称重鸡的数量是全群鸡数量的 5%，一般不应少于 100 只。因为数量过少很难代表一般鸡群的发育情况，每次称重的时间要一致，一般在下午 3—4 时称重为宜。对称重的鸡，不可人为挑大的或挑小的，要随机抓取。分层笼育时，除将鸡舍均匀地划分为若干小区外还要分别称上、中、下三层鸡笼的鸡，每个小笼的鸡要全部都称。每周称重后与标准体重进行对照，如果有 80% 的鸡在标准体重线上下各 10% 的范围内即认为是发育适度。如果超过标准体重，则应采取相应的限饲方法，控制鸡的体重；如果多数鸡达不到标准体重，则应加强饲养管理使其体重迅速赶上来。鸡群生长发育不整齐，最常见的原因有拥挤、应激、断喙不良、饲料营养不均衡等。如果鸡群体重过于不整齐，应将体重过小的鸡挑出来单独饲养，切忌将大小悬殊的鸡放在一个笼内。体弱的鸡可集中到鸡舍门口附近的笼子里，因为饲养员来往出入都要经过这里，增加了对其观察照顾的机会。

同时，应做好光照管理。光照是控制 SPF 种鸡性成熟的主要方式。SPF 种鸡饲养管理的前 8 周，光照时间和强度对鸡性成熟影响较小，但 8 ～ 18 周龄时会因光照过多或过少而导致性成熟提早或延迟。因而好的饲养管理，需要再配合正确的光照程序，才能得到最佳的产蛋效果。光照程序必须依循下列 2 个基本原则：①育成期要实施恒定的光照程序，不能延长；②点灯刺激进入产蛋期后，光照时间不能缩短。在整个育成鸡的饲养阶段，过长或过强的光照会使鸡在各器官系统未发育成熟的情况下，生殖器官过早地发育，从而导致鸡过早性成熟。由于身体未发育成熟，特别是骨骼和肌肉系统未得到充分发育就过早开始产蛋，体内积累的无机盐和蛋白质不充分，饲料中的钙磷和蛋白质水平又跟不上产蛋的需要，于是，雌鸡出现早产、早衰的现象，甚至部分雌鸡在产蛋期间就出现过早停产换羽的现象。为防止育成鸡过早性成熟，育成期每天的光照时长为 8 ～ 9 小时，光照强度为每平方米 5 lx。SPF 鸡舍是密闭式饲养育成鸡，由于光照时间和强度均可人工控制，因此鸡群比较安静，啄癖也较少。

另外，做好密度调整。要想使鸡群个体发育均匀，必须遵循鸡舍的容纳标准，切忌拥挤。在笼养条件下，应保证每只鸡有 270 ～ 280 cm^2 的笼位。饲养密度过大，鸡的活动空间少，没有活动的余地，容易发生啄癖，鸡体躯羽毛残缺不全，秃头、秃尾、光背等现象较普遍。由于密度过大，每只鸡所占食槽和水槽的位置不足，鸡不能同时进食，于是出现生长强弱的差别。在高密度下饲养育成鸡弊多利少。SPF 鸡舍空气达到万级净化标准，正压通风，没有死角。确保鸡舍有新鲜的空气和适当的活动空间，这对于锻炼和加强育成鸡的心肺功能，促进其肌肉和骨骼系统的发育十分重要。健壮、整齐度高的鸡群是高产的前提条件，同时也保证了较好的经济效益。

SPF 鸡场消毒是一项细致的工作，并不是使用了消毒剂就能彻底达到杀灭病原微生物的目的，必须认真做好消毒效果的检查和验收工作。消毒应注重的环节：人员进入、物品进入、饮水消毒、鸡舍消毒管理、SPF 鸡舍外消毒管理、通风系统和机房。对于消毒池内的消毒液，应该定期检查是否具有消毒效果，及时更换消毒液。消毒池内药液的更换以是否具有杀菌力为准则。

五、SPF 鸡的伦理和福利

SPF 鸡的伦理和福利包括 SPF 鸡的伦理、福利、安死术等内容，以及不允许实验人员和工作人员戏弄、虐待 SPF 鸡，不准在动物饲养室内处死 SPF 鸡等。

1. 实验动物 SPF 鸡的伦理

实验动物 SPF 鸡的伦理是指在实验动物 SPF 鸡的生产、使用活动中，人对实验动物的伦理态度和伦理行为规范，主要包括尊重 SPF 鸡的生命价值、权利、福利，在动物实验中审慎考虑，平衡实验目的、公众利益和实验动物生命价值权利。

2. 实验动物 SPF 鸡的福利

实验动物 SPF 鸡的福利是指善待实验动物 SPF 鸡，即在饲养管理和使用实验动物 SPF 鸡活动中，采取有效措施，保证 SPF 鸡能够受到良好的管理与照料，为其提供清洁、舒适的生活环境，提供保证健康所需的充足食物、饮水和空间，使 SPF 鸡减少或避免不必要的伤害、饥渴、不适、惊恐、疾病和疼痛。

3. 安死术

安死术即安乐死术，是指用人道的方法处死实验动物 SPF 鸡。在处死动物过程中尽量减少 SPF 鸡的惊恐或焦虑，使其安静、无痛苦地死亡。

六、SPF 鸡的微生物控制和生物安全

（一）SPF 鸡的微生物控制

1. 微生物学检验的基本任务

（1）研究标本的采集、运送和保存的方法，以及标本的处理方法对提高检出率的关系。

（2）各种感染性疾病的病原体的检测方法，最佳方法的选择，各种病原微生物的鉴定程序及质量控制。

（3）各种病原微生物的快速诊断方法。

（4）结果分析、实验方法的评价及临床意义，抗菌药物的敏感试验。

（5）检验结果的微机处理，定期向有关部门报告所分离的菌株及其抗菌药物的抗菌谱，为临床合理用药提供依据。

（6）对环境的微生物学进行调查。

2. SPF 鸡的微生物检测

（1）SPF 鸡指机体内无特定的微生物和寄生虫存在的鸡，需排除 19 种病原微生物。

（2）遵循 GB/T 17999.1—2008 SPF 鸡　微生物学监测总则，首次监测从 8～10 周龄开始。常规监测时，每隔 4～8 周，监测该标准中规定的所有项目。有特定病原微生物感染危险时，随时进行相关项目的检测。

（3）SPF 鸡的微生物检测项目可以分为必须检测项目、必要时检测项目两类。必须检测项目常用于 SPF 鸡的质量评价；必要时检测项目常用于引进 SPF 种鸡（蛋），或怀疑有某病流行，或申请实验动物（SPF 鸡）生产/使用许可证，或申请实验动物（SPF 鸡）质量合格证时的检测。

（4）SPF 鸡（蛋）检测样品包括鸡血清、抗凝血、鸡蛋、羽髓、咽拭子或泄殖腔拭子等。

（5）SPF 鸡微生物检测多采用血清学方法进行，最常用的微生物检测方法有：琼脂扩散试验（agar diffution test）、酶联免疫吸附试验（enzyme linked immunosorbent assay，ELISA）、血清中和（serum neutralization，SN）试验、红细胞凝集抑制（hemagglutination inhibition，HI）试验、血清平板凝集（serum plate agglutination，SPA）试验等。

（6）SPF 鸡取样或送检应编号标识、冰盒包装并附送检单、样品名称、检测要求及样品数量等。

（7）利用鸡胚敏感性试验对开产鸡进行禽脑脊髓炎病毒监测时，每个饲养单元送检鸡蛋的个数应占雌鸡数的 10%；采集鸡蛋对开产鸡进行淋巴白血病病毒感染监测时，每个饲养单元送检鸡蛋的个数应占雌鸡数的 30%。

（二）SPF 鸡的生物安全

通过焚毁、高压蒸汽灭菌等方法将病害动物尸体和病害动物产品或附属物进行处理，以彻底消灭其所携带的病原体，达到消除病害因素、保障人畜健康安全的目的。

针对 SPF 鸡的生产运行中产生的污水、废弃物及动物尸体的处理主要有以下几个方面：

（1）设置相对独立的污水初级处理设备或化粪池，来自 SPF 鸡的粪尿、笼器具洗刷用水、废弃的消毒液、实验中废弃的试液等污水应处理并达到 GB 8978—1996 污水综合排放标准中的二类一级标

准要求后排放。

（2）感染动物实验室的SPF鸡尸体和废水，必须经过高压蒸汽灭菌，再进行其他无害化处理。

（3）实验动物废垫料应集中做无害化处理。一次性工作服、口罩、帽子、手套及实验废弃物等，应按医疗污物处理规定进行无害化处理。注射针头、刀片等锐利物品应收集到利器盒中统一处理。感染动物实验所产生的废弃物须先行高压蒸汽灭菌后再做处理。放射性动物实验所产生放射性污染废弃物应按《GB 18871—2002 电离辐射防护与辐射源安全基本标准》的要求处理。

（4）发现有死亡SPF鸡时，应立即取出SPF鸡尸体，用塑料袋包装，在标签牌上记录动物死亡数、日期。相关人员及时沟通，分析死亡原因。SPF鸡尸体及组织应装入专用尸体袋中存放于尸体冷藏柜（间）或冰柜内，集中做无害化处理。运送SPF鸡尸体和病害动物产品应采用密闭、不渗水的容器，装前卸后必须要消毒。感染动物实验的SPF鸡尸体及组织须经高压蒸汽灭菌器灭菌后传出实验室再做相应处理。

第三节　SPF鸡在生物医学研究中的应用

（一）在生物医学研究中的应用

1. 疫苗生产与检定

鸡胚是生物制品生产的重要材料。鸡胚是生产小儿麻疹疫苗、狂犬病疫苗和黄热病疫苗的主要材料。鸡和鸡胚还是研究生产和检验鸡新城疫Ⅰ系疫苗、Ⅱ系疫苗、F系疫苗、L系疫苗，鸡马立克疫苗，鸡传染性法氏囊病疫苗、山羊传染性胸膜肺炎疫苗的主要材料。通过鸡胚传代可使某些病毒毒力减弱，鸡胚常用于病毒疫苗的生产检定和病毒学研究。

2. 药物研究

利用1～7日龄雏鸡的膝关节和交叉神经反射，可评价脊髓镇静药的药效。6～14日龄雏鸡可用于评价药物对血管功能的影响。鸡的离体器官也用于某些药物评价实验，如离体嗉囊可用于评价药物对副交感神经肌肉连接的影响，离体心脏可用于评价药物对心脏的作用，离体直肠可用于评价药物对血清素的影响等。

3. 肿瘤学研究

鸡马立克病是疱疹病毒引起的肿瘤，用疫苗可以防治。因此鸡可用于病毒致肿瘤的研究，建立人类肿瘤动物模型。一般选用第5～9天的活鸡胚进行肿瘤实验研究。另外，鸡还可用于研究病毒性的白血病。

4. 传染病研究

鸡可用于研究支原体感染引起的肺炎和关节炎，并用于研究链球菌感染、细菌性心内膜炎等。

5. 内分泌学研究

将雄鸡睾丸手术摘除，可进行雄性激素的研究。这时可见雄鸡雄性性征退化，冠、肉髯不发达、颜色干白，翼毛光亮消失，性情温顺安静，不再斗架，很少啼鸣，腿长缩短等。还可研究因切除睾丸而导致的甲状腺功能减退、垂体前叶囊肿等内分泌疾病。

6. 营养学研究

鸡适用于研究维生素B_{12}和维生素D缺乏症；因鸡代谢率高，适用于研究钙、磷代谢和嘌呤代谢的调节，还可用于碘缺乏症的研究。

7. 老年学研究

鸡的生殖功能随着年龄的增长而衰退，其产蛋状态可作为研究老龄化的一个客观指标。

8. 环境污染研究

有机磷化合物对鸡的脱髓鞘作用可用于监测环境的有机磷水平。鸡易通过空气感染疾病，可由此监测空气中微生物的污染水平。

9. 其他

鸡还可作为研究高脂血症、动脉粥样硬化的动物模型，并适用于遗传学、关节炎、痛风等的研究。

（1）为禽病研究提供优良的实验动物。用 SPF 鸡作为实验动物，可排除非研究病原体的干扰作用。用于实验感染研究，有利于对疾病发生、变化进行分析。实验结果可为防治措施的制定提供可靠科学依据。

（2）繁殖种毒、病毒学研究。进行鸡胚培养、提供细胞制备原材料、用于种毒传代、制备高免血清。可保持毒种纯净、血清的特异性和高效价。

（3）人、畜、禽多种活疫苗的制造和疫苗质量鉴定。应用 SPF 鸡胚制苗能提高产品纯度及效价。应用 SPF 鸡胚制苗，可以杜绝母源抗体的干扰，有助于研究人员从本质上认识病毒的复制规律。WHO 规定，人用活疫苗的生产必须使用 SPF 鸡胚。日本、美国、荷兰等国已把利用 SPF 种蛋制备疫苗列入生产规程并制定了法律，必须严格遵守。用 SPF 鸡胚生产兽用弱毒活苗是我国兽药生产质量管理规范（Good Manufacturing Pratice，GMP）标准中的重要要求，是达到 GMP 认证标准的重要条件。

（4）SPF 种蛋的安全性能及营养价值极高。SPF 种蛋也可供应高档餐饮渠道，更可作为婴儿蛋白粉原料及成人蛋白补充。其适合领域随着人们知识水平的提升将得到更大的扩展。

（二）SPF 鸡的采血技术

快速准确采血可减少鸡的应激，避免造成鸡只不必要的死亡。根据采血目的、血样数量及鸡只日龄，采血方法不同。若需采血量少，刺破鸡冠取血即可；需采中量血，可采用翼下静脉穿刺采血，有时也用颈动脉采血的方式；需采大量血，可采用心脏采血。

（1）SPF 鸡采血场所光线要充足，室温要适宜，夏季最好在 25～28 ℃，冬季为 16～20 ℃。

（2）操作人员进行操作时，必须换鞋或戴鞋套，戴一次性医用手套和口罩，使用一次性注射器或采血设备，并对采血部位进行严格消毒。

（3）每只鸡采血后，要求操作人员对鸡编号（或笼位号）、日期、采血量等进行详细而准确的记录。

（4）操作人员在采血时，不能使用暴力和非正确的保定方法。采血时要保定好 SPF 鸡并等其平静后再实施采血工作，注意防止鸡挣扎而把翅膀弄断或抓伤实验者的双手。

（5）采血时抽血速度要缓慢。静脉血管回血流速较慢，避免内压突然降低致使血管壁接触而阻塞针头，影响采血。反复多次采血时应自远离心脏端开始，以免发生栓塞而影响继续采血。

第四节　鸡胚的接种技术

（一）概况

1911 年，Rous 和 Murphy 首先应用鸡胚培养研究肉瘤病毒［劳斯（Rous）肉瘤病毒］的繁殖。1938 年，Goodpasture 和 Burnet 等应用鸡胚繁殖病毒，Cox 应用卵黄囊培养立克次氏体。

近年来，由于组织培养技术和分子生物学技术的发展，鸡胚培养技术在某些方面已被其他技术所取代，但是其在痘类病毒、黏液病毒和疱疹病毒的分离、鉴定、制备抗原、疫苗生产及病毒性质等方面的研究上仍然是很重要的。

1. 鸡胚培养法的优点

（1）鸡胚的组织分化程度低，可选择适当途径接种，病毒易复制，感染病毒的膜和液体含大量病毒。

（2）鸡胚具有整体性，有神经血管的分布及脏器的构造。

（3）来源充足，操作简单，通常是无菌的，对接种的病毒不产生抗体。

2. 鸡胚培养法的缺点

（1）一般的病毒通常不使鸡胚产生特异性的感染指征。

（2）卵黄中常含有抗家禽病原体的母体抗体。

（3）某些细菌、衣原体和病毒能够从感染的雌鸡传递到鸡胚。

（4）鸡胚常含有白血病病毒。

（5）在鸡食物中加入抗生素，雌鸡吃后会传递给鸡胚，鸡胚就会产生对立克次体和衣原体感染的抵抗。

鸡胚培养与动物接种及细胞培养技术的比较见表 10－1。

表 10－1　鸡胚培养与动物接种及细胞培养技术的比较

方法	应用价值	存在问题
鸡胚培养	来源客观，易于管理，带病毒机会少，多途径接种	敏感病毒谱窄
动物接种	应用最早， 方法简便， 结果易于观察	自身带病毒， 有的接种后不敏感， 动物饲养问题
细胞培养	应用广泛，敏感病毒谱广	设备技术要求条件高

（二）鸡胚的结构与生理

鸡胚由 3 个胚层发育而来，即外胚层、中胚层和内胚层。它们构成胚胎的组织与器官。

（三）鸡胚的管理

1. 鸡胚的选择

首选健康来航鸡受精卵，其壳洁白易于观察胚胎，其他受精卵也可使用。接种病毒的受精鸡卵应未感染已知病毒或其他微生物（如新城疫病毒或支原体等），最好来自 SPF 鸡群，接种立克次体的受精鸡卵应来自未食用高浓度抗生素的鸡群。

2. 鸡胚的孵育

受精鸡卵孵育时不要擦洗，以免受细菌污染。最好用能自动调节温度、湿度、气流以及翻卵的孵卵箱孵育。若没有，也可用普通恒温箱，但要在恒温箱中放一盛满水的方盘，以保持适当的湿度。孵育应在 37～39 ℃、40%～70% 的相对湿度下进行。湿度太高会使气室发育过度，而湿度过低又会导致气室发育不良，甚至造成鸡胚死亡。通气也很重要，如果空气不流通，也可造成鸡胚死亡。为了避免胚胎膜粘连和胚胎发育不均匀，应每隔一段时间转动一次受精鸡卵。

3. 检卵

在发育的早期，鸡胚不易辨认，要到 4～5 天后才容易看见。因此，检卵要在孵育 4～5 天后进行。活的鸡胚绒毛尿囊膜界线较明显，上面的血管清晰可见、呈网状，可看到明显的胚胎自主运动。如果胚胎活动呆滞或不能自主运动，血管模糊、变细、折断脱落，绒毛尿囊膜界线模糊，说明鸡胚已濒临死亡或已经死亡。

接种前后都要检卵。接种前检卵是要了解鸡胚的存活情况，标记气室边界和胚胎位置；接种后检卵是为了观察接种后胚胎的状况。

4. 发育正常胚与异常胚的辨别

（1）正常胚。头照可见眼点明显，血管色鲜红，呈放射状；二照可见整个蛋除气室外均布满鲜红血管（合拢）；三照时蛋的小头看不到发亮部分（封门），气室界线边缘血管鲜红。

（2）弱胚蛋。头照胚体小，呈低阶段纤细血管，眼点不明显；二照可见小头有 0.5 cm^2 以上区域无血管分布；三照时小头发亮，气室界线边缘的血管面较大。

（3）死胚蛋。头照可见血点、血线或血环紧贴内壳面，血管色因氧化而比活胚深，有时散黄或有灰白色凝块；中期死胚特征是气室界线模糊，胚胎呈黑团状，常与壳粘连、不动，当手摇胚蛋时，胚胎随之转动，停止摇晃时也随之停止，而活胚时刻在活动；三照死胚的小头发亮，血管色深，气室界线模糊，蛋体发凉；对尚未出壳的也可用温水来判断，将蛋放入 40 ℃温水中，凡是在水中轻微晃动的为活胚，反之则为死胚。

（四）接种技术

1．活胚检查

（1）血管：活胚可见清晰的血管，有时可见血管搏动，死胚血管模糊成淤血带或淤血块。

（2）胎动：活胚可见明显的自然运动，尤其在转动胚胎时，死胚见不到任何胎动，胚胎发红呈出血样，有的呈现黑块。

（3）血管网是否丰满：发育好的鸡胚可见密布丰满的血管网，也就是绒毛尿囊膜，死胚则见不到这一现象。

2．接种途径

（1）尿囊腔接种：该途径一般用于流感病毒、新城疫病毒和腮腺炎病毒的适应和传代。

（2）羊膜腔接种：这途径主要用于临床材料（如患者的鼻洗液及咽漱液）分离病毒。

（3）卵黄囊接种：该接种途径主要用于分离和繁殖立克次体等病原体。

（4）绒毛尿囊膜 - 壳块培养法：该法可用于流感病毒滴定、中和试验和药物实验。

3．尿囊腔接种

尿囊腔接种常用于流感病毒、新城疫病毒和腮腺炎病毒的适应和传代。进入尿囊腔的这些病毒，能够在尿囊的内胚层细胞中大量繁殖，随后释放到尿囊液中。由于这一接种途径可获得大量的病毒，也常被用于大量制备抗原、疫苗等。

（1）接种方法：选 9 ～ 11 日龄鸡胚照检后，标出气室边界和胚胎位置。在胚胎面气室上方靠近边界 2 ～ 3 mm 处，避开血管做一标记，用碘酒消毒标记处的卵壳，在标记处钻一个孔，再次用碘酒消毒钻孔区，将注射器针头经孔刺入尿囊腔，注入 0.1 ～ 0.2 mL 接种物，将蜡熔化封孔，将鸡胚置于 33 ～ 35 ℃孵育 48 ～ 72 小时。每日照检，24 小时内死亡的应弃去。

（2）收获：收获前先将鸡卵置 4 ℃冷冻 6 ～ 18 小时，若急于收获，也可将鸡胚置 -20 ℃中 1 小时左右。冷冻后的鸡卵钝端向上置于卵杯上，将气室上方的卵壳用碘酒或 70% 的酒精消毒后去除，暴露壳膜，用无菌镊子小心地将壳膜从绒毛尿囊膜上撕下，不要损伤绒毛尿囊膜。用注射器或吸管经绒毛尿囊膜刺入尿囊腔，吸出尿囊液，置于低温保存，同时做无菌培养。

4．羊膜腔接种

羊膜腔接种主要用于从临床或现场材料（如患者咽漱液等）中分离病毒。接种到羊膜腔中的接种物能够被胚胎吞咽和进入呼吸管，可遍及各种组织和细胞，使具有特定细胞亲嗜性的病毒被充分利用，从而提高病毒繁殖的可能性。由于可收获的羊膜组织或羊水较少，为了使病毒适应在尿囊内胚层生长，从而获得大量的病毒，可将经羊膜腔接种分离到的病毒再经尿囊腔传代。

（1）接种方法：选 10 ～ 12 日龄鸡胚检卵后，标出气室边界和胚胎位置。用碘酒消毒鸡卵钝端（气室上方）的蛋壳，在气室上方靠近胚胎侧的卵壳上钻一孔，钻孔区再次用碘酒消毒。用无菌眼科剪沿钻孔周围剪去少许，开一个小窗，勿损伤内层壳膜，经小窗向气室内滴入 1 滴无菌液体石蜡。将卵置照卵灯上，可清楚地看到胚胎的位置。将注射器瞄准胚胎的腭下胸前处，刺入后注入 0.1 ～ 0.2 mL 接种物。用沾有碘酒、通过火焰的小块胶布将窗口封上。接种后的受精卵根据接种的病毒在 33 ℃、35 ℃或 37 ℃的条件下孵育 48 ～ 72 小时。

（2）收获：收获前先将鸡卵置于 4 ℃冷冻 6 ～ 18 小时，时间不能过长，过长会引起散黄。冷冻后的鸡卵钝端向上置于卵杯上，将气室上方的卵壳用碘酒或 75% 的酒精消毒后去除，暴露壳膜，用无菌镊子小心地去除壳膜，使其与绒毛尿囊膜分开，不要损伤绒毛尿囊膜。用注射器或吸管经绒毛尿囊膜刺入尿囊腔，吸出尿囊液。然后，一只手持镊子将羊膜轻轻提起，另一只手持注射器或吸管刺入羊膜腔吸取羊水，置于低温保存，同时做无菌培养。

5. 绒毛尿囊膜接种

绒毛尿囊膜接种常用于分离和繁殖在绒毛尿囊膜上产生斑和痘的病毒，如牛痘病毒、天花病毒、单纯疱疹病毒和鸟痘病毒。可在绒毛尿囊膜上滴定这些病毒，因为感染性病毒颗粒的量可以通过产生的斑和痘的数目来计算。还可用于抗体滴定试验，因为斑和痘的个数减少的程度与抗体浓度相关。

（1）定位：将胎盘部分及自然气室部分用铅笔画出，在胎盘与蛋白交界处（无血管区）画一直径约1 cm的等边三角形。

（2）取卵壳：消毒后取下所画三角形区域的卵壳，注意卵膜不要碰破，于卵膜中央刺一小口(不要伤及绒毛尿囊膜)。

（3）造人工气室：在自然气室部分用大注射器针头钻一孔，用橡皮头自气室端小孔将气室中空气吸出，使绒毛尿囊膜下陷形成一人工气室。

（4）接种：去除卵膜，于绒毛尿囊膜上滴上病毒0.1～0.2 mL。

（5）封口：用胶布封口，胶布事先用碘酒消毒，并通过火焰烧去余碘。

（6）培养：放入温箱培育4天，然后收获病毒。

（7）收获：收获前检卵，看人工气室是否仍然存在，如果不存在，轻轻地吸气室上的孔。用碘酒消毒人工气室上的卵壳，去掉壳和壳膜至人工气室的边缘，尽量最大范围地暴露绒毛尿囊膜，用无菌剪子沿人工气室的边缘将接种病毒的绒毛尿囊膜剪下，低温保存。同时做无菌培养。

6. 卵黄囊接种

卵黄囊接种常用于分离和繁殖立克次体，也可用于分离和传代衣原体。这些大的病原微生物易于在沿卵黄排列的内胚层细胞中生长。

（1）接种方法：选用5～6日龄鸡胚，因为卵黄囊在这个阶段比较大，易于接种，并为病毒的繁殖提供了比较大的表面。检卵后，用碘酒消毒气室端卵壳，在气室中心的卵壳上钻一孔，再次用碘酒消毒钻孔处，将注射器的针头经钻孔沿卵的纵轴刺入3 cm左右，进入卵黄囊中，通常注入0.5～1 mL接种物。用蜡熔化封口，35～37 ℃孵育3～8天，视接种的病毒或立克次体而定。

（2）收获：先将鸡胚冷冻，去除气室上方卵壳，用无菌镊子揭去壳膜，撕开绒毛尿囊膜后，将鸡胚内容物倒入无菌培养皿中，注意要避免内容物沿卵壳流下而发生污染。将鸡胚从卵黄囊上剪下，若收获鸡胚，则去双眼、爪和嘴，置于无菌瓶中低温保存。倒出卵黄囊中的卵黄，用生理盐水将卵黄囊洗净，置于无菌培养皿或烧瓶中低温保存，并取一块做无菌试验。

（3）注意事项：鸡胚为活的有机体，因此要严格无菌操作，同时动作要仔细，以免造成物理损伤性死亡。接种后24小时内的死亡应不计入结果。

第五节　鸡胚接种技术的应用

（一）人类与动物病毒的培养、分离与鉴定

1. 流感病毒的分离和鉴定

采集流感患者发病初期（一般为前3天）鼻咽洗液或含漱液，加青霉素和链霉素杀菌后，接种于鸡胚羊膜腔内及尿囊腔中，35 ℃孵育2～4天后，取羊水、尿囊液做血凝试验，检查有无病毒增殖。若试验为阴性，需在鸡胚中盲目传代3次后再试验。若血凝试验为阳性，可用已知流感病毒各型特异性抗体与新分离病毒进行红细胞凝集抑制试验鉴定型别。

2. 禽流感病毒的分离和鉴定

由于所有的禽流感病毒毒株都能在鸡胚中增殖，因此用其分离培养禽流感病毒及进行其他研究最

为常见。

3. 其他病毒的分离和鉴定

7 种病毒在鸡胚中的繁殖情况，见表 10－2。

表 10－2　7 种病毒的分离和鉴定

病毒	胚龄/日	适宜接种途径	孵育时间	孵育温度/℃	表现	收获材料
流行性感冒病毒	9～12	尿囊腔、羊膜腔	36～48 小时	33～35	血凝	尿囊液、羊水
水痘病毒	10～13	绒毛尿囊膜	3～5 天	37	痘疱	绒毛尿囊膜
牛痘病毒	10～12	绒毛尿囊膜	2～3 天	37	死亡、痘疱	绒毛尿囊膜
天花病毒	10～12	绒毛尿囊膜	3 天	37	死亡、痘疱	绒毛尿囊膜
流行性腮腺炎病毒	9～12	尿囊腔、羊膜腔	5～7 天	35	血凝	尿囊液、羊水
流行性乙型脑炎病毒	6～8	卵黄囊	3 天	37	死亡	绒毛尿囊膜
新城疫病毒	9～11	绒毛尿囊、羊膜腔	4 天	32	死亡、血凝	绒毛尿囊膜

（二）疫苗的研制

流感疫苗是将流感病毒接种到鸡胚里，大量繁殖后经减毒或杀灭以后制成的。有减毒活疫苗和灭活疫苗两种。减毒活疫苗是用活的流感病毒经减毒处理以后制成的疫苗，灭活疫苗是把大量流感病毒杀灭后制成的。

第六节　SPF 鸡及鸡蛋生产相关的管理法规和标准

（一）相关管理法规和标准

（1）1997 年，国家科学技术委员会、国家技术监督局颁布了《实验动物质量管理办法》。

（2）1988 年，国家科学技术委员会颁布了《实验动物管理条例》。

（3）2001 年，科技部等七大部委颁布了《实验动物许可证管理办法（试行）》。

（4）2006 年，科技部颁布了《关于善待实验动物的指导性意见》。

（5）2007 年，中国兽医药品监察所颁布了《SPF 鸡场验收评定标准》，该标准共 73 条，全面系统地规范了 SPF 鸡的饲养管理。

（6）2010 年，广东省人大颁布了《广东省实验动物管理条例》。

（7）2010—2023 年，国家质量监督检验检疫总局和国家标准化管理委员会发布了第三版实验动物相关国家标准：

《GB 14923—2022 实验动物　实验动物的遗传质量控制》，2022 年 12 月 29 日发布，2023 年 7 月 1 日实施。

《GB 14923.3—2010 实验动物　配合饲料营养成分》，2010 年 12 月 23 日发布，2011 年 10 月 1 日实施。

《GB 14925—2023 实验动物　环境及设施》，2010 年 12 月 23 日发布，2011 年 10 月 1 日实施。

《GB 14922—2022 实验动物　微生物、寄生虫等级及监测》，2022 年 12 月 29 日发布，2023 年 7 月 1 日实施。

（二）与 SPF 鸡生产和使用相关法规条文

申请国家实验动物种子中心的单位必须具备以下基本条件。

（1）长期从事实验动物保种工作。

（2）有较强的实验动物研究技术力量和基础条件。

（3）有合格的实验动物繁育设施和检测仪器。

（4）有突出的实验动物保种技术和研究成果。

国家实验动物种子中心的申请、审批程序如下。

（1）科技部组织实验动物方面的专家按上述各项条件，推荐国家实验动物种子中心候选单位。

（2）凡经多数专家推荐的候选单位，均可提出申请，填写国家实验动物种子中心申请书并附相关资料，由各省（自治区、直辖市）科技主管部门或行业主管部门报科技部。

（3）科技部接受申请后，组织专家组对申请单位进行考察、评审，必要时可进行答辩。

（4）科技部批准。

国家禽类实验动物种子中心挂靠在中国农业科学院哈尔滨兽医研究所，国家实验动物数据资源中心挂靠在广东省实验动物监测所。

第十一章 水生实验动物

实验动物作为生物医学、药学和生命科学的重要研究基础和支撑条件，受到世界各国政府和科学家的重视和广泛关注。水生实验动物作为实验动物的一个重要组成部分，在各研究和应用领域发挥着越来越重要的作用。

第一节 水生实验动物概述

水生实验动物终生生活在水中，绝大部分种类具有体外受精、体外发育、材料易得等特点，是环境毒理学、生态学、发育生物学、遗传学、生理学、生态学、内分泌学、药理学等研究领域常用的实验材料。由于操作便利与经济，水生实验动物的应用范围越来越广。

水生实验动物在环境毒理领域广泛应用，特别是在水环境监测中具有不可替代性。近年来，石油、重金属、农药、有机物、固体废弃物、热污染、放射性污染等对水环境的污染日趋严重，水生实验动物常年生活在水中，是水环境毒性的最直接指示生物，有着陆生实验动物无法替代的优点，因此，水生实验动物常作为水环境污染的“监测器”。

水生实验动物作为模型动物，应用于水生经济动物的生理、生化、遗传等方面研究，促进水产养殖的发展。我国是水产养殖大国，涉及的水生经济动物种类众多。目前，我国养殖产量一万吨以上的水产养殖动物多达几十种，但在水产养殖动物的生理、生化、遗传等方面的研究都不够深入，尤其是病害防控、生长等重要经济性状基础研究进展缓慢，主要原因就是缺乏合适的模式动物来对其进行生理、生化、遗传等方面的研究。丰富水生模式动物种类和品系，对推动我国水生经济动物特定的生理功能研究具有现实意义，是我国成为养殖强国的重要技术基础。

水生实验动物在比较医学领域应用前景广阔。首先，鱼类属于低等脊椎动物，在内分泌、神经、皮肤、血液循环等方面都已具有脊椎动物的基本模式。虽然其结构相对简单，但其组织结构和生物学性状与高等脊椎动物具有一定的可比性，因此，鱼类动物模型可以应用于相应的高等脊椎动物的科学研究。其次，鱼类属变温动物，可以通过改变环境温度控制体温，在进行炎症反应、免疫功能及膜生理学的相关研究时，可以利用体温调节反应速度，对整个过程的生理、生化等的变化进行深入研究。另外，鱼类的某些疾病也与人体健康相关联，如大规模暴发流行的主要养殖鱼类败血症病原嗜水气单胞菌是人畜共患病的病原菌，鱼类实验动物对流行病学研究也有应用价值。最后，鱼类在比较营养生理学、比较肿瘤学、环境可疑致癌物探索等研究中具有重要价值，特别是鱼类胚胎具有体外发育且透明等优点，可以通过各种方法建立适合特定目标的动物模型，在基础生物学及功能基因组的研究中起着关键作用。

我国水生实验动物的开发研究起步较晚，过去主要利用四大家鱼、鲤等作为水生生物实验材料，但由于四大家鱼性成熟时间长，鱼种阶段生长快，且受饲养装置和饲养条件的限制，难以成为理想的鱼类实验动物，试验也受季节限制。经过 20 多年的努力，我国在剑尾鱼、稀有鮈鲫、红鲫和诸氏鲻虾虎鱼的实验动物化研究方面取得了一定成绩，其中剑尾鱼和稀有鮈鲫近交超过 20 代。国外已育成虹鳉、亚马逊鳉、新月鱼、青鳉、斑马鱼和剑尾鱼等鱼类的纯系和多种品系。例如，国际斑马鱼资源中心（Zebrafish International Resource Center，ZIRC）保存有野生型斑马鱼品系近 20 个（AB，AB/Tuebingen，C32，Cologne，Nadia，SJD，Singapore，Tuebingen，Tuebingen long fin，WIK，WIK/AB 等）。其中，Tuebingen、AB、WIK 等品系较为常用，保存有突变品系近 3 000 个，转基因品系 100 多个；

剑尾鱼基因种质中心（Xiphophorus Genetic Stock Center）保存了世界上最多的剑尾鱼属品系（包括26个种和57个品系），并利用这些实验材料开展了大量工作，在遗传学、生理学、内分泌学、药理学等方面都取得了许多可喜的成果。

虽然我国在水生实验动物培育、研究和应用上积累了有益经验，但与国外的研究相比还有一定的差距，存在许多问题：①实验动物化的水生动物品种少；②国家科研投入少，水生实验动物相关学科发展困难；③缺乏有效的共享体系，水生实验动物资源开发研究与应用脱节；④基础研究亟待加强，缺乏合理运作的水生实验动物研究与开发研究体系框架；⑤资质认可工作缺乏等。目前，作为实验材料使用的水生实验动物普遍存在遗传背景不清楚、养殖过程和条件不均一等问题，实验结果的准确性和稳定性差，严重制约了该领域的发展。

在生命科学和环境科学快速发展的背景下，我国水生实验动物领域在面临问题的同时，也存在巨大的发展机遇。水生实验动物的需求不断扩大，每年递增20%以上。特色的水生实验动物资源库（中心）建设势在必行。发达国家已将实验动物作为战略资源进行大规模投入，我国现有的水生实验动物品种少，资源分散，共享效率极低，远远不能满足研究的需要。建立独具特色和影响力的水生实验动物资源中心，保存重要的水生实验动物资源，在此基础上建立由水生实验动物资源库和水生实验动物资源数据库构成的全国水生实验动物种质资源共享服务体系，实现资源共享平台社会化服务、运行显得尤为必要。水生实验动物质量更受关注，水生实验动物研究起步较晚，且由于生活于水中，环境影响因素不易控制，营养、设施、微生物控制等与陆生动物有所差异，一定程度影响了动物的质量。相应实验动物化研究将在发展中得到逐步完善，以满足不同行业对水生实验动物质量的要求。目前，水生实验动物模型成为研究热点，以斑马鱼、青鳉为代表的鱼类实验动物已经完成全基因组测序工作，随着基因修饰技术的成熟及更多水生动物基因组的测定，基因修饰的水生实验动物模型将更有利于相应的基因功能研究，为不同领域提供更合适的模型材料。

第二节　常见水生实验动物

一、斑马鱼

斑马鱼（*Danio rerio*），属动物界（Animalia）、脊索动物门（Chordata）、脊椎动物亚门（Vertebrate）、硬骨鱼纲（Osteichthyes）、鲤形目（Cypriniformes）、鲤科（Cyprinidae）、短担尼鱼属（*Danio*）动物，原产于南亚，是一种典型的热带鱼。斑马鱼具有体型小、生长快、体外受精、体外发育、胚体透明、繁殖周期短、繁殖能力强等特点，是国际标准化组织认可的5种鱼类实验动物之一，已成为最受重视的脊椎动物发育生物学模型之一，是研究胚胎发育、基因调控与功能的优良材料，也是遗传学、发育生物学、毒理学、基因组学等研究重要的模式生物。

（一）生物学特性

1. 外形特征

斑马鱼体型呈纺锤形，体色一般为橄榄色，身体细长、尾部稍侧扁，头微尖，臀鳍较长，尾鳍呈叉型。斑马鱼眼眶虹膜呈黄色，泛红光。体侧有像斑马一样的纵向条纹，体长为4～6 cm。雌雄鉴别较容易。雌鱼的蓝色条纹偏蓝而鲜艳，间以银灰色条纹，身体比雄鱼丰满粗壮，性成熟时腹部膨大，胸鳍略呈扇形，各鳍均比雄鱼短小；雄鱼的蓝色条纹偏黄，间以柠檬色条纹，胸鳍略呈三角形，体长与体高之比大于雌鱼的体长与体高之比。

2. 生长繁殖特性

斑马鱼发育快速、性成熟期短、繁殖力强。繁殖水温以28.5 ℃为宜，繁殖周期约7天，每年可繁殖6～8次。每尾雌鱼每次产卵100～300粒，体型较大者有时可以产卵上千粒；可通过调控光周期或控制雌雄鱼的接触而控制产卵时间。斑马鱼胚胎在28.5 ℃培养条件下受精后约40分钟完成第一次有丝分裂，大约每间隔 15 分钟分裂 1 次；24 小时后主要的组织器官已形成，各个脑室、眼睛、耳、体节等均清楚可见，发育程度相当于 28 天的人类胚胎。大约 2 天后仔鱼卵黄囊消失，可游动摄食。幼鱼约 2 个月后可辨雌雄，3 个月可达性成熟。

斑马鱼的基因组中含有约 30 000 个基因，染色体 25 对。

3. 主要品种、品系

斑马鱼品系资源丰富，自然野生品系约有 20 个。目前研究中常用的斑马鱼野生型品系纯系主要为 Tuebingen 品系（简称 TU，起源于 Streisinger Lab）、AB 品系、WIK 品系（起源于 Haffter Lab），其中，斑马鱼基因组计划所用品系为 Tuebingen 品系。此外，经过 30 多年的研究应用和系统发展，现保存有 3 000 多个突变品系和 100 多个转基因品系。

（二）水环境因子要求

斑马鱼对水质要求不高，易于饲养，符合我国饮用水标准的自来水经曝气处理便可维持成鱼的生长。斑马鱼属热带鱼类，不耐低温，11 ℃时就会出现死亡，在低于 14 ℃的水温 1 周以上易患水霉病，在我国大部分地区无法自然越冬，冬季必须采取保温措施。对斑马鱼影响较大的水质因子有水温、溶解氧、非离子氨、亚硝酸氮、pH 等，适宜范围见表 11－1。

表 11－1　斑马鱼培育的主要水质因子适宜范围

水质因子	温度	pH	非离子氨	亚硝酸盐	溶氧量
适宜范围	24～30 ℃	6.8～7.5	<0.02 mg/L	<0.2 mg/L	>6.0 mg/L

斑马鱼的繁殖对水质要求相对较高，温度过高或过低都可影响其胚胎发育，最好能将温度控制在 28 ℃左右。过高的硬度和离子强度等对斑马鱼的性成熟、受精、发育有较大的影响。斑马鱼应在光亮、黑暗交替环境下生存，正常光照宜在 200 lx 左右，光照可以刺激鱼体色素细胞，也是斑马鱼不同发育阶段所必需。

斑马鱼一般在较小的水体环境养殖，每升水可养殖成鱼 5～10 尾。目前，国内外已经发展了多种斑马鱼养殖设备，国内已建成自动化控温控光和水循环处理的斑马鱼专用养殖系统，并建立了较为完善的相关研究技术平台。

（三）主要应用领域

1. 发育生物学和遗传学

斑马鱼由于发育前期细胞分裂快、胚体透明、特定的细胞类型易于识别等有利因素，成为脊椎动物中最适于开展发育生物学和遗传学研究的模式生物，是研究胚胎发育分子机制的优良资源，被誉为“脊椎动物中的果蝇”。利用斑马鱼开展的胚胎发育研究主要包括以下方面：母体产生的因子（如蛋白质和 mRNA）对启动胚胎发育的影响、体轴的形成机制、胚层的诱导与分化、胚胎中细胞的运动机制、神经系统发育、器官的形成、左右不对称发育、原始生殖细胞的起源和迁移等。

2. 在比较医学中的应用

斑马鱼和人类基因有着高度同源性（87%），其应用正逐渐拓展和深入到人类的多种系统（如神经系统、免疫系统、心血管系统、生殖系统等）的发育、功能和疾病（如神经退行性疾病、遗传性心血管疾病、糖尿病等）研究中，并已应用于小分子化合物的大规模新药筛选。斑马鱼在基因和蛋白质的结构和功能上也表现很高的保守性，人类的绝大部分疾病是由于基因异常引起的，目前已鉴定出多个斑马鱼突变体，其表型类似于人类疾病，如遗传性铁粒幼细胞贫血、红细胞生成性卟啉病、肌无力等，为相关研究提供材料基础。斑马鱼的一些突变品系及转基因品系也是某些肿瘤研究的重要模型，如白血病、血管瘤等。Thomas 等利用转基因技术，在斑马鱼中构建表达小鼠原癌基因 *Myc* 的转基因品系，得到了 T 细胞的白血病模型，对于人类癌症研究有很高的科学价值。

3. 在环境毒理学研究中的应用

国际标准化组织在20世纪80年代推荐斑马鱼为毒性试验的标准实验用鱼。斑马鱼急性毒性试验操作方便，特别是对耗时长的慢性毒性、多代生殖毒性、致突变等试验，是检测工业废水和生活污水的重要手段之一。

随着转基因技术的发展，已有实验室通过针对不同污染物作用的不同启动子，用于启动表达荧光蛋白的基因，培育出在特定条件下显示绿色或红色荧光的转基因斑马鱼，对污染物进行直观的监测。如新加坡国立大学，利用甾类激素诱导启动控制表达荧光蛋白的转基因斑马鱼，监测水环境中甾类激素及其类似物；利用重金属诱导启动控制表达荧光蛋白的转基因斑马鱼，检测水环境中的重金属锌、铜、镉和汞。

二、剑尾鱼

剑尾鱼（*Xiphophorus hellerii*），属动物界（Animalia）、脊索动物门（Chordata）、脊椎动物亚门（Vertebrate）、硬骨鱼纲（Osteichthyes）、鳉形目（Cyprinodontiformes）、胎鳉科（Poeciliidae）、剑尾鱼属（*Xiphophorus*）动物，原产地为墨西哥及危地马拉。剑尾鱼体细胞染色体数目 $2n=48$。剑尾鱼具有体型小、繁殖周期短、易于在实验室饲养等特点，且对多种农药、重金属等毒物和某些鱼类病原体敏感性强，适合作为动物模型。

（一）生物学特性

1. 外形特征

剑尾鱼体型小，头较尖，吻尖突，口上位，上额微突出，体被圆鳞。胸鳍末端可达腹鳍基部，腹鳍末端超过臀鳍基部，尾鳍较大，背鳍12～15，臀鳍5～6，腹鳍6～7，成鱼体长3～7cm。雌、雄鱼体形相差较大，雌鱼腹部圆大，怀卵时尤为明显，而雄鱼体形细长侧扁，尾鳍最下方的5～6根鳍条合并向后延伸，呈剑状。雌鱼共有3条侧线，其中近腹部2条不完整，鳃盖骨前有若干凹孔。剑尾鱼肠道较长，雌鱼的肠道约为体全长4倍，雄鱼的为体全长2倍左右。

2. 生长繁殖特性

剑尾鱼繁殖方式为卵胎生，条件适宜时，剑尾鱼5～6月即可达到性成熟。雄鱼具生殖器以完成授精行为，雌鱼自受精之日至产出仔鱼为30天左右，间隔30～40天可再产1胎。每次产仔数为20～200尾。仔鱼自母体产出后便可自由活动，1日龄体长1 cm左右，4日龄体长2 cm，70日龄体长3～4 cm，出现雄性特征，约150～180日龄性成熟。繁殖期水温宜在22～29 ℃之间。

3. 主要品种、品系

中国水产科学研究院珠江水产研究所培育出3个不同体征剑尾鱼近交系（群）：RR-B系（红眼红体）、RW-H（红眼白体）、BY-F（黑眼橘红体）。其中，RR-B系为我国首个通过审定的鱼类实验动物品系。剑尾鱼基因种质中心（Xiphophorus Genetic Stock Center）保存了世界上最多的剑尾鱼属品系（包括26个种和57个品系）。

（二）水环境因子要求

剑尾鱼为热带鱼类，对高温有较好的适应性，对低水温短期（24小时）忍受极限值约为7 ℃，在12 ℃处理1周，几乎都会因冻伤而患水霉病死亡，因此，冬季饲养必须采取保温措施。剑尾鱼对常规水质指标有较好的适应性，其主要水质因子的适宜范围和致死范围见表11－2和表11－3。

表11－2 不同水质因子对剑尾鱼的致死适宜范围

水质因子	温度	pH	非离子氨	亚硝酸氮	溶氧量
致死范围	<9 ℃或>36 ℃	<4或>9.7	>1.5 mg/L	>5.50 mg/L	<0.89 mg/L

表 11－3　剑尾鱼培育的主要水质因子适宜范围

水质因子	温度	pH	非离子氨	亚硝酸盐	溶氧量
适宜范围	22～29 ℃	6.8～8.3	<0.02 mg/L	<0.2 mg/L	>6.0 mg/L

（三）主要应用领域

1. 在环境毒理学研究中的应用

剑尾鱼对有机磷农药、多氯联苯、对壬基苯酚等有机污染物和汞、镉、铬等重金属有较好的敏感性，试验重现性好，是理想的试验鱼类。在持久性污染物的生态效应和早期预警方面具有较好的应用效果。

2. 在比较医学中的应用

鱼类自然发生肿瘤的病例很多，且与其他纲目的脊椎动物（包括人类）的肿瘤在临床过程、一般生物学特征和形态学上有很大的相似性，剑尾鱼的黑色素瘤等模型已应用于人类肿瘤的比较学研究。BY-F 近交剑尾鱼易发生白内障，在白内障模型的构建上有体型小、易于实验室内饲养、繁殖周期短、节省时间的优势，且经过多年近交培育，遗传均一性好。年龄相关性白内障的原因比较复杂，与营养、环境等因素有关，从营养（如维生素 C、维生素 E 缺乏、脂肪过量等）、环境（紫外线、污染物等）等角度进行剑尾鱼的白内障研究，有较好的应用前景。

3. 在水产病害研究中的应用

剑尾鱼作为实验动物已应用于鱼类主要病原菌毒力检验和疫苗效果评价。与非选育剑尾鱼比较，近交剑尾鱼个体之间对病原菌反应较为一致，感染后死亡时间相对集中，更适用于鱼类病原菌毒力的评价和疾病模型的构建。

4. 在水产药物安全评价中的应用

与其他鱼类相比，对多种体外杀虫抗菌药的敏感性比较研究表明，剑尾鱼作为水产药物安全性评价的实验鱼具有较好代表性。

三、稀有鮈鲫

稀有鮈鲫（*Gobiocypris rarus*）（Yue，1998），属动物界（Animalia）、脊索动物门（Chordata）、脊椎动物亚门（Vertebrate）、辐鳍鱼纲（Actinopterygii）、鲤形目（Cypriniformes）、鲤科（Cyprinidae）、鮈鲫属（*Gobiocypris*）动物，是我国特有的小型鱼类，俗称金白娘、墨线鱼，分布于长江上游四川省境内的河沟、溪流等水体。稀有鮈鲫染色体数目 $2n=50$。稀有鮈鲫具有易饲养、生长周期短及胚胎发育温度适应范围广等特点，目前已逐渐成为新型实验模式生物。

（一）生物学特性

1. 外形特征

稀有鮈鲫体小，细长，稍侧扁，腹部圆，口端位，弧形，唇薄，无须。侧线不完全，后端呈断续状，最长可超过腹鳍基部。背鳍短，无硬刺，起点略近尾基。体背灰色，腹部白色，体侧具浅黄色纵纹 1 条，尾鳍基有较明显的黑斑。成鱼体长 38～85 mm；幼鱼体半透明，内脏病变易观察。雌雄个体有一定差异，一般雌鱼腹部饱满，个体明显大于雄鱼。胸鳍与腹鳍的长度差异是雌雄最重要的特征之一，雌鱼胸鳍和腹鳍短，胸鳍末端距腹鳍起点距离大，一般为 3～5 枚鳞片距离；腹鳍末端距泄殖孔远，一般为 1～3 枚鳞片距离。雄鱼胸鳍和腹鳍长，胸鳍末端距腹鳍起点仅差 1～2 枚鳞片；腹鳍末端可达 1/2 枚鳞片或达到泄殖孔。

2. 生长繁殖特性

在饲养条件下，稀有鮈鲫孵出后 4 个月时部分个体性腺成熟。繁殖水温适应范围较广，14～30 ℃可自然产卵，胚胎发育正常，在实验室控温条件下可以实现终年繁殖，属于连续产卵类型的鱼类，同一尾鱼每隔4天左右产卵1次，每次200～300粒卵。卵黏性，卵膜径1.25～1.70 mm，较斑马鱼、青鳉卵大。卵膜透明，可清楚地观察胚胎发育，也便于核移植等实验操作。

3. 主要品种、品系

中国科学院水生生物研究所已获得全兄妹近交21代以上的稀有鮈鲫近交系。

（二）水环境因子要求

稀有鮈鲫是一种广温性鱼类，成鱼的温度适应范围为0～35 ℃，产卵的温度范围则为14～29.6 ℃。对环境的耐受力较强，可耐受134 mg/L的二氧化碳，大大超过家鱼等饲养鱼类的耐受能力。对低溶氧也有很强的耐受性，在25 ℃的水温条件下，其急性溶氧窒息点变动在0.398～0.646 mg/L，平均为0.500 mg/L。

（三）主要应用领域

1. 在环境毒理学研究中应用

稀有鮈鲫作为受试生物被列入《水和废水监测分析方法》(第四版）和《化学品测试方法》中。中国科学院水生生物研究所对稀有鮈鲫急性毒性方法的灵敏性、稳定性、可靠性进行了研究，并建立了稀有鮈鲫的7天和5天亚慢性毒性试验模型。其胚胎－卵黄囊吸收阶段毒性试验方法与7天亚慢性毒性试验方法灵敏性相近，是一种有效的亚慢性毒性试验方法，也可用于沉积物毒理学研究。

稀有鮈鲫对重金属、农药、化学品敏感，是进行化学品毒性测试和环境水样毒性试验的理想材料，对二噁英等持久性有机污染物（persistent organic pollution，POP）极其敏感，在低浓度暴露下即可观察到致畸、致死、肝细胞受损等效应，且在长期低剂量暴露条件下，稀有鮈鲫的一些生理生化指标均可作为毒性效应的观测指标，如7－乙氧基异吩噁唑酮脱乙基酶（ethoxyresorufin-o-deethylase，EROD）活性、卵黄蛋白原诱导等。

2. 在水生动物的病毒性疾病中的应用

研究发现，稀有鮈鲫对草鱼出血病病毒敏感，且能从稀有鮈鲫出血病病鱼中分离出特异的出血病病毒颗粒。稀有鮈鲫作为草鱼抗出血病病毒育种研究的模型，克服了采用草鱼时个体大、世代周期长、繁殖期短、饲养与取材难等困难，从而大大加速了草鱼抗出血病病毒育种研究的进程。

3. 在发育生物学中应用

已建立稀有鮈鲫人工雌核发育等单性发育技术，进行了稀有鮈鲫的异种核移植等研究，一些实验室正在开展发育过程中一些基因的表达及其与形态、生理功能的关系的研究。

四、红鲫

红鲫（*Carassius auratus red variety*），属动物界（Animalia）、脊索动物门（Chordata）、脊椎动物亚门（Vertebrate）、硬骨鱼纲（Osteichthyes）、鲤形目（Cypriniformes）、鲤科（Cyprinidae）、鲫属（*Carassius*）动物，为鲫鱼［*Carassius auratus*（*Linnaeus*）］的变种，在我国分布甚广，是长江流域常见的小型淡水鱼类，其食用、观赏价值较高。红鲫染色体数目$2n=100$，我国久负盛名的“金鱼”就是由红鲫演变出来的。红鲫作为实验动物具有生活能力强、性成熟早、繁殖能力强、体型适当、杂食性、体外受精、体外发育等特点，被广泛应用于胚胎学、遗传学、发育生物学、毒理学、药理学、行为学、比较病理学、环境科学等实验研究领域，特别是用于急性毒理实验、水环境重金属污染和农药杀虫剂污染的监测。

（一）生物学特性

1. 外形特征

红鲫体色全红，身体侧扁，全鳞，口端位，无须，单尾，形似鲫。红色体色为红鲫具有的隐性遗传标记，基因型为aa，只有当隐性a纯合时体色才表现红色。3月龄以下的红鲫体色为青灰色，3月龄以上的红鲫体色均已变红。红鲫1龄鱼，平均体长65.35 mm，平均体重11.6 g；2龄鱼，平均体长112.48 mm，平均体重33.73 g。

2. 生长繁殖特性

红鲫为卵生，发育类型为体外受精，体外发育。1～2 日龄鱼便可性成熟，怀卵量在 1.5 万～8.0 万粒，且一年多次自然产卵。

3. 主要品种、品系

自 20 世纪 90 年代起，南华大学实验动物学部采用雌雄发育技术建立了红鲫近交系。

（二）主要应用领域

1. 在环境毒理和农药污染监测中的应用

红鲫主要应用于化学品环境测试、水环境重金属污染和农药杀虫剂污染的监测。如常用的一种除草剂——乐草隆——对红鲫染毒 24 小时，单细胞凝胶电泳实验发现红鲫淋巴细胞 DNA 有不同程度的损伤。

2. 在肿瘤学研究中的应用

饲料中掺入黄曲霉毒素投喂红鲫，6 个月可复制出肝脏肿瘤，可用于比较肿瘤学研究。

3. 在鱼类寄生虫学研究中的应用

红鲫投放于含有洞庭湖外睾吸虫尾蚴钉螺的去氯自来水中自然感染，分阶段解剖观察其感染率为 100%，并且洞庭湖外睾吸虫尾蚴发育成成熟的囊蚴。

4. 在鱼类育种学研究中的应用

用红鲫作为亲本，培育出“湘云鲫”“湘云鲤”等优良养殖新品种。

五、青鳉

青鳉（*Oryzias latipes*），属动物界（Animalia）、脊索动物门（Chordata）、脊椎动物亚门（Vertebrate）、硬骨鱼纲（Osteichthyes）、鳉形目（Cyprinodotiformes）、青鳉科（Oryziatidae）、青鳉属（*Oryzias*）动物，主要分布在中国、日本和南亚国家，染色体数 $2n=48$。青鳉是一种小型鱼类，生长快，繁殖力强，对于水中溶氧、温度和盐度的变化适应力较强，易于饲养。

（一）生物学特性

1. 外形特征

青鳉身体长形，稍侧扁，背部平直，腹部圆突；头中大，较宽，前端平扁；吻宽短，侧位；口小，上位，横裂，能伸缩；上颌较下颌短，下颌向上突出；体被较大圆鳞，头部被鳞，无侧线；体背侧淡灰色，体侧及腹面银白色；头、体多小黑点；体背部正中线具一褐色纵带，自颈部延至尾鳍基；体侧中央具一纵行黑线，始于鳃盖上角或胸鳍末端处，后延至尾鳍基；背鳍 6；臀鳍 15～17；胸鳍 9～10；腹鳍 6；纵裂鳞 30～33。青鳉体型一般不超过 4 cm，有红色、橙色、黄褐色、银灰色等不同体色，身体透明；寿命为 3～4 年。

2. 生长繁殖特性

青鳉一年四季都可繁殖，体外受精。鱼卵体积较大，颜色透明且不易破损，软而黏，直径 1～2 cm，且绒毛清晰可见。每天产卵 20～30 粒，孵化期为 10 天左右。仔鱼孵化出来长约 0.3 cm，1 周可达 0.5 cm。雄鱼发情时腹鳍明显变黑，头顶两眼中有一明显黑线，会占地盘，未怀卵雌鱼或其他雄鱼进入会立即上前驱赶，怀卵之雌鱼进入会立即上前交配。

（二）水环境因子要求

凡符合我国饮用水标准的自来水经曝气处理便可维持成鱼的生长，青鳉对水中溶氧量及温度的变化适应力较强。

1. 盐度

青鳉对盐度的适应范围非常广，可在 0～3.5% 的盐度范围内生存。

2．水温

青鳉对水温的适应范围较广，经驯化后可在 0 ～ 37 ℃生存，最适温度为 20 ～ 25 ℃，饲养时不要有急剧的水温变化，尽量避免 5 ℃以上的水温差，最适产卵温度为 25 ～ 28 ℃。

3．光照

室内饲养人工光照和自然光照都可以，产卵时需要 12.5 小时的光照。

（三）主要应用领域

1．毒理学研究中的应用

目前，青鳉已鉴定一批器官特异性表达分子标记物（涉及脑部、眼部、心脏、胸鳍、胰腺、肝脏、肌肉和神经等组织、器官和系统），这些标志物用于指示特异器官的发育状况，其表达异常可指示污染物的器官发育毒性。除器官发育特异基因外，一些功能调节基因也已获得解析，包含缺氧相关的基因、心血管发育相关基因及 2 个铁调素基因，环境激素诱导的相关基因在环境激素类污染下的表达模式已有报道，这些敏感基因可作为环境胁迫的指示因子。

青鳉对水体中的毒性物质敏感，国际标准化组织在 20 世纪 80 年代推荐青鳉为毒性试验标准材料。实验数据表明，硝基芳烃化合物对青鳉鱼鳃 ATP 酶活力的抑制效应十分明显，并且青鳉对硝基苯的敏感度随着化合物浓度的增加和时间的延长而增强，这对工业污水排放的监测具有重要意义。日本青鳉胚胎、幼鱼阶段生长、形态学改变和雌雄比例变化的指标体系可以评价排水的毒性和内分泌干扰效应。

2．遗传学分析研究中的应用

青鳉个体小，繁殖快，突变体多，表现型可以通过激素处理发生改变，通过激素诱导、雌核发育等方法可以获得单性种群。青鳉存在突变个体，青鳉是最早被用于遗传学分析工作的研究材料。青鳉 Y 染色体上发现特异的性别决定基因 *DMY*，有助于研究动物性别机制的进化。对 *DMY* 基因作用机制的研究，不但可以加深人们对鱼类性别决定机制的了解，还对哺乳动物特别是人类性别决定机制的研究具有一定的借鉴作用。

3．在基因工程研究中的应用

在基因信息方面，日本青鳉全基因组序列已经解析，科学研究者先后克隆了青鳉 *p*53 基因、同源框（homeobox）基因等，建立了青鳉胚胎干细胞系并通过细胞移植获得了嵌合体青鳉，建立了长期培养的青鳉正常精原细胞系，并发现该精原细胞系能在培养皿里形成可游动的精子。这些精原细胞在培养液里既能不断地生长繁殖又能形成可动的精子，为鱼类乃至其他动物的基因工程开辟了新的途径。

六、诸氏鲻虾虎鱼

诸氏鲻虾虎鱼（*Mugilogobius chulae*），属动物界（Animalia）、脊索动物门（Chordata）、脊椎动物亚门（Vertebrate）、辐鳍鱼纲（Actinopterygii）、鲈形目（Perciformes）、虾虎鱼亚目（Gobioidei）、虾虎鱼科（Gobiidae）、鲻虾虎鱼属（*Mugilogobius*）动物，是一种暖水性底层小型海水鱼类，主要分布于中国香港、日本、菲律宾、泰国及西太平洋海域，喜栖息于沿海、河口及潮流可达的内陆河流等的浅水区域。诸氏鲻虾虎鱼的染色体数目 $2n = 44$，其具有分布广、个体小、耐低氧、广温、广盐、性成熟早、繁殖力强、控温条件下全年多次产卵等特点，具备良好鱼类实验动物开发潜力。

（一）生物学特性

1．外形特征

诸氏鲻虾虎鱼身体亚圆筒形，头稍扁平，眼较小，无眼睑，体被圆鳞，黑褐色，体侧正中具较小暗色斑点 4 ～ 5 个，无侧线，成体体长 30 ～ 40 mm。第二背鳍有 1 根鳍棘和 6 ～ 8 根软条（典型 7 根）；臀鳍有 1 根鳍棘和 6 ～ 7 根软条（典型 7 根）；胸鳍有 13 ～ 15 根软条（典型 14 根）；第一背鳍第 2 至第 4 根鳍棘通常延长呈丝状，第 2 至第 3 根鳍棘最长；鳞列：纵列鳞 28 ～ 30（典型 29）枚，背鳍前鳞 11～14（典型 12～13）枚；第一背鳍下的颈背部有斜行的带状条纹，尾鳍基部垂直排列 2 个圆形或椭圆形斑点。

2. 生长繁殖特性

诸氏鲻虾虎鱼产黏性卵，孵出后 80～100 天，体长 18～22 mm，可初次性成熟。实验室控温 24～26 ℃，全年均可繁殖，每隔 15～40 天产卵 1 次，每次产卵 1 000～3 000 粒。受精卵一般 3 天后开始孵出鱼苗，至 6～7 天孵化率可达 85%，饲养 30 天成活率为 60%～70%，寿命 3～4 年。

雌雄鉴别：诸氏鲻虾虎鱼第一背鳍第 2 至第 4 根鳍棘末端延长呈丝状，以第 2 和第 3 鳍棘最长，平放时，雄鱼可伸达至第二背鳍第五鳍条基部，雌鱼仅伸达至第二背鳍第一鳍条基部。

3. 主要品种、品系

广东省实验动物监测所于 20 世纪 90 年代末开始诸氏鲻虾虎鱼的室内饲养试验及其实验动物化研究，目前封闭群培育至第 19 代，近交系培育至第 13 代。

（二）水环境因子要求

1. 温度

自然水域，诸氏鲻虾虎鱼分布纬度跨度较大，表明其适温范围较广。饲养试验表明，15～32 ℃下可正常生长、繁殖。

2. 盐度

10 日龄以上的诸氏鲻虾虎鱼仔鱼可在 0～5% 盐度条件下正常存活和生长，也能耐受盐度的瞬间突变；诸氏鲻虾虎鱼性腺成熟、产卵、孵化和生长的最适盐度为 1%～2%，纯淡水或盐度超过 4% 时，雌鱼产卵率降低。

3. 溶氧

耐低氧能力极强，在 1.0 mg/L 以上的溶氧环境可正常存活。

4. pH

对 pH 的适应范围较广，8 日龄以上仔鱼在 pH 5.0～9.0 可正常存活，适宜 pH 范围为 6.5～8.5。

自然水域中，诸氏鲻虾虎鱼主要摄食有机碎屑、藻类、微型动物及其遗骸；饲养前期（30 日龄前）可投喂轮虫、卤虫无节幼体、蒙古裸腹溞等动物性饵料，稍大后摄食配合饲料。

（三）主要应用领域

诸氏鲻虾虎鱼对重金属、海洋石油污染等环境污染物有较高的敏感性，广泛应用于海洋污染物生物毒性评价等领域。

七、其他资源

（一）大型溞

大型溞（*Daphnia magna*），属动物界（Animalia）、节肢动物门（Arthropoda）、甲壳纲（Crustacea）、鳃足亚纲（Branchiopoda）、双甲目（Diplostraca）、枝角亚目（Cladocera）、溞科（Daphnidae）、溞属（Daphnia）、栉溞亚属（Ctenodaphnia）动物，是国际公认的标准试验生物。自从美国环保署（United States Environment Protection Agency，EPA）在 1978 年将大型溞定为毒性试验的必测项目，建立了大型溞的毒性试验的标准方法后，日本和许多欧洲国家也相继制定标准方法，我国于 1991 年制定了大型溞急性毒性测定方法。

试验溞可以从其他实验室已有的纯培养中挑取、引种，也可以从野外采集，野外采集的溞要经分离、纯化。通常情况下，大型溞采取单性孤雌生殖方式，当培养液中大型溞的密度太大的时候会造成大型溞停止孤雌生殖而进行有性生殖。溞类喜食藻类、细菌、酵母及有机碎屑等，我国依据国标方法推荐，使用实验室培养的栅藻作为大型溞的饵料。

大型溞的培养条件：

水质：淡水，有一定的硬度要求。

水温：生存温度范围为 9～30 ℃，最适温度 15～20 ℃。

pH：生存范围为 pH 6～10，最适 pH 范围为 6.5～8.7，pH 波动幅度不宜太大。

光线：室内自然采光，不宜阳光直射。

氧气：水中溶解氧保持在 2 mg/L 以上。

溞密度：每升水 20～30 个较好，一般不超过 50 个。

水深：一般不宜超过 50 cm。

（二）蒙古裸腹溞

蒙古裸腹溞（*Monia mongolica*），属动物界（Animalia）、节肢动物门（Arthropoda）、甲壳纲（Crustacea）、鳃足亚纲（Branchiopoda）、双甲目（Diplostraca）、枝角亚目（Cladocera）、裸腹溞科（Moinidae）、裸腹溞属（*Moina*）动物。雌性体长 1.0～1.4 mm，长卵圆形，侧扁，头宽圆，头长小于体长的 1/3。眼上凹不明显或仅留痕迹。颈沟十分发达，壳弧和盲囊也发达。复眼小，无单眼。壳面无发毛；壳瓣背缘近平直，后背角呈一平滑突起；腹缘突出。蒙古裸腹溞的生活史包括两个相互交替的世代，即孤雌生殖世代（parthenogenetic generation）和有性生殖世代（sexual generation）。在正常的生活环境（温度适宜、食物充足等）条件下，蒙古裸腹溞行孤雌生殖（又称单性生殖、非混交生殖）；当环境恶化（如水温降低、饵料不足、种群密度过高等）时，蒙古裸腹溞便行有性生殖（又称两性生殖、混交生殖）。蒙古裸腹溞染色体数目 $2n=24$。

蒙古裸腹溞的培养条件：

水温：蒙古裸腹溞可以生活在 0～38 ℃的水体中，其最适温度为 25～28 ℃。

盐度：蒙古裸腹溞可以生活在盐度为 0.2‰～74.5‰的水体中，最适盐度为 10‰。

溶解氧：最适溶解氧范围为 6～8 mg/L。

光照：光照条件是决定种群密度和单产高低的主要因子之一。

pH：大多数枝角类动物在 pH 为 6.5～8.5 之间均可生活，一般对碱性水更能适应，而对于酸性水则较敏感。

蒙古裸腹溞主要应用于环境污染物的毒性检测，可作为某些重金属（如 Hg^{2+}、Cu^{2+}、Cd^{2+}）污染和海洋油污染的监测生物，但不适宜作为氨的监测生物。

（三）褶皱臂尾轮虫

褶皱臂尾轮虫（*Brachionus plicatilis*），属动物界（Animalia）、轮虫门（Rotifera）、轮虫纲（Rotatoria）、单巢目（Monogononta）、臂尾轮虫科（Brachionidae）、臂尾轮虫属（*Brachionus*）动物，广泛分布于淡水、半咸水及沿海咸水。褶皱臂尾轮虫繁殖方式有单性生殖和两性生殖两种，交替进行。褶皱臂尾轮虫在水生生态系统中占有非常重要的位置，在生态毒理、环境监测领域有广泛的应用。

褶皱臂尾轮虫为雌雄异体，一般常见的是雌性，当环境因子变化时会出现雄性个体。一般雌性褶皱臂尾轮虫身体的前端具有一发达的头盘，亦称头冠。其头盘上有纤毛环，并具 3 个棒状突起，其末端具有许多粗大的纤毛，称刚毛束。褶皱臂尾轮虫分 L 型和 S 型两个亚种。

褶皱臂尾轮虫培养条件：

水温：褶皱臂尾轮虫培养的温度通常为 20～30 ℃。L 型在 25 ℃ 时繁殖速度最快，26 ℃以上时，其繁殖速度减慢甚至停滞，10 ℃ 时还能大量繁殖；S 型种的繁殖速度随着温度的升高而加快，30～34 ℃时最快，水温降到 15 ℃ 以下时几乎不繁殖。两种轮虫混合培养时，水温 20 ℃ 以下时 L 型种占优势，20 ℃ 以上时 S 型种占优势。

盐度：对盐度的适应能力很强，但对盐度的变化耐力较低。最适的盐度范围在 1.5%～2.5%。

褶皱臂尾轮虫摄食细菌、浮游藻类、小型的原生动物和有机碎屑，饵料颗粒大小一般在 25 μm 以下较为合适。

（四）卤虫

卤虫（*Artemia*），属动物界（Animalia）、节肢动物门（Arthropoda）、甲壳亚门（Crustacea）、鳃

足纲（Branchiopoda）、无甲目（Anostaca）、卤虫科（Artemidae）、卤虫属（*Artemia*）动物。卤虫作为基础研究材料已被广泛应用于水生生物学、发育生物学、遗传学、生理学、毒理学、放射生物学和分子生物学的研究。

卤虫体长 1.0～1.3 cm，大者可达 1.5 cm，雌大雄小，游泳时腹部朝上，身体的颜色可随水体盐度发生变化。卤虫既有两性生殖，又有孤雌生殖。卤虫生活于高盐水体中，主要分布于内陆盐湖和海岸盐田中，最适盐度为 5%～10%，生长发育最适温度为 25～30 ℃。

（五）非洲爪蟾

非洲爪蟾（South African clawed toad，*Xenopuslaevis*），属动物界（Animalia）、脊索动物门（Chordata）、两栖纲（Amphibia）、无尾目（Salientia）、负子蟾科（Pipidae）、爪蟾属（*Xenopus*）动物。非洲爪蟾终生生活在水中，具有易于饲养管理、常年可以排卵孵化、体外受精和体外发育等特点，多年来已作为模型动物广泛用于生物学的研究。

非洲爪蟾作为一种生物学研究模式生物，在功能基因组、发育生物学、细胞生物学、蛋白质组学和神经生物学研究中占有较重要的地位，在脊椎生物的早期发育研究中扮演着非常重要的角色。在生物医学研究领域，非洲爪蟾在医学基础及临床研究和药物筛选等研究领域中占有非常重要的地位。非洲爪蟾的胚胎和幼体直接暴露在水中，对环境污染物比较敏感，其性别分化和性器官发育对性激素和具性激素活性的内分泌干扰物十分敏感，其变态发育对甲状腺激素和具甲状腺干扰活性的内分泌干扰物十分敏感，可用于内分泌干扰物的性激素干扰作用和生殖毒性的研究，以及环境物质对甲状腺干扰作用的研究。

第三节 水生实验动物相关概念及标准

一、水生实验动物相关概念

（一）水生实验动物学的相关概念

水生实验动物（aquatic laboratory animals）：经人工饲养、繁育，对其携带的病原微生物及寄生虫实行控制，遗传背景明确或者来源清楚，用于科学研究、教学、生产、检定及其他科学实验的水生动物。

实验动物化（standardizing of laboratory animals）：将动物进行驯化、定向培育，使其具有明确的生物学特性和遗传背景，经微生物控制，可用于生物科学实验的培育过程。

实验动物替代（alternatives to animal testing）：是指使用没有知觉的实验材料代替活体动物，或使用低等动物替代高等动物进行实验，并获得相同实验效果的科学方法。

比较医学（comparative medicine）：是对动物与人类健康和疾病状态进行类比研究的科学。它是以动物的自发性和诱发性疾病作模式，建立各种人类疾病的动物模型及模型系统，深入研究人类疾病发生、发展规律，寻求预防、诊断、治疗疾病的正确途径，达到控制人类的疾病的目的。

（二）水生实验动物的相关概念

水生毒理学（aquatic toxicology）：研究污染物与水生生物和环境因素之间相互作用的科学。

普通级实验鱼［conventional（CV）laboratory fish］：不携带所规定的人鱼共患病病原体和鱼的烈性传染病病原体的实验鱼。

无特定病原体级实验鱼［specific pathogen free（SPF）laboratory fish］：除了普通级应排除的病原体外，不携带主要潜在感染或条件致病和对科学实验干扰大的病原的实验鱼。

水环境（water environment）：实验鱼赖以生活的水质条件，包括物理、化学和生物指标的总和。

生物监测（biological monitoring）：又称生物测定，是指利用生物对环境中污染物质的反应，即在各种污染环境下所发出的各种信息，来判断环境污染状况的一种手段，用以补充物理、化学分析方法的不足。

静水式生物毒性试验（static biological toxicity test）：试验期间内不更换试验溶液，进行观察、测定生物异常或死亡效应的试验。

急性毒性（acute toxicity）：毒性物质与生物体短期接触可对生物体产生危害的固有属性。

无可见影响浓度（no observed effect concentration，NOEC）：实验生物暴露在一组不同浓度的试验溶液一定时间后，通过观察实验生物的不良影响，并比较试验组与对照组统计分析结果，判定出对实验生物无显著影响的最大浓度。

最低可观察效应浓度（lowest observed effect concentration，LOEC）：与对照相比，观察到显著效应（$P \leqslant 0.05$）时受试物的最低浓度。

半数致死浓度（half lethal concentration，LC_{50}）：在一定观察期内，造成50%的受试生物死亡的毒物浓度。

半数有效浓度（half effective concentration，EC_{50}）：在一定观察期内，引起50%受试生物产生某一特定效应，或者是实验生物的某效应指标被抑制一半时的毒物浓度，以EC_{50}表示。

卵生（oviparity）：胚胎发育在体外进行，胚胎发育过程中完全依靠卵内的营养物质。

卵胎生（ovoviviparity）：受精卵在母体内发育，其营养主要依靠卵黄的一种生殖方式。

胎生（viviparity）：卵在母体内受精发育，胚胎发育所需的营养不仅靠本身的卵黄，而且也依靠母体来供给。

变温（poikilotherm）动物：又称冷血动物，即体温随着环境温度的改变而改变的动物，体内没有自身调节体温的机制，仅能靠自身行为来调节体热的散发或从外界环境中吸收热量来提高自身的体温。

二、水生实验动物相关标准

（一）实验用鱼质量控制标准

北京市质量技术监督局2013年12月20日发布下述6个地方标准，于2014年4月1日实施：《DB11/T 1053.1—2013 实验用鱼 第1部分：微生物学等级及监测》《DB11/T 1053.2—2013 实验用鱼 第2部分：寄生虫学等级及监测》《DB11/T 1053.3—2013 实验用鱼 第3部分：遗传质量控制》《DB11/T 1053.4—2013 实验用鱼 第4部分：病理学诊断规范》《DB11/T 1053.5—2013 实验用鱼 第5部分：配合饲料技术要求》《DB11/T 1053.6—2013 实验用鱼 第6部分：环境条件》。

（二）《GB/T 18420.2—2009 海洋石油勘探开发污染物生物毒性 第2部分：检验方法》

本部分规定了海洋石油勘探开发作业中使用或生成后并排入海洋的部分污染物在生物毒性检验中采用的试验方法，以及试验方法中有关样品的处理、实验生物、试验程序、结果判定、质量控制等要求。本标准适用于海洋石油勘探开发作业中使用或生成后并排入海洋的钻井液、基液、钻屑和生产水的生物毒性检验，本部分限定外的污染物的生物毒性检验可参照使用。

推荐的实验生物：中国明对虾（*Fenneropenaeus chinensis*）、斑节对虾（*Penaeus monodon*）、长毛明对虾（*Fenneropenaeus penicillatus*）、脊尾白虾（*Palaemon carincauda*）、凡纳滨对虾（*Litopenaeus vannamei*）五种虾的仔虾，卤虫（*Artemia*），蒙古裸腹溞（*Moina mongolica*），裸项栉虾虎鱼（*Ctenogobius gymnauchen*）。

质量控制：每批次试验必须同时进行标准毒物的24小时生物毒性试验，通过比较半数致死浓度（LC_{50}）评价实验生物质量的稳定性。

保证试验过程试验环境因子的稳定性，即试验期间的水温变化不应超过2 ℃，盐度变化不宜超过2‰，pH变化范围不应超过0.4，溶解氧饱和度应大于60%。

（三）《GB/T 21281—2007 危险化学品鱼类急性毒性分级试验方法》

本标准规定了危险化学品鱼类急性毒性分级试验的试验样品、试验动物、试验步骤和试验结果。

本标准适用于对危险化学品进行鱼类急性毒性的试验测定。

实验动物要求：实验用鱼选用无病、健康，其外观行动活泼、体色发亮、鱼鳍完整舒展、逆水性强，食欲强，对毒物敏感的鱼。试验开始前，在与试验条件相似的环境（水温、水质等）下驯养1周或10天以上，试验前4天最好不发生死亡现象，且正式试验前1天停止喂食。

试验环境要求：

水温保持在一定的范围：温水性鱼类为20～28 ℃，冷水性鱼类为12～18 ℃，一般变动范围不超过4 ℃。

溶解氧含量：温水性鱼类不得小于4 mg/L，冷水性鱼类不得小于5 mg/L。每个试验浓度组若放10尾以上的鱼，应采用流水式试验装置，连续更换试验槽内的水，每天换水6～10次。

静水式试验方法：试验质量浓度，每1 L淡水水体保持1 g以下，海水水体保持0.3 g以下，至少24小时换水1次。

鱼类急性毒性分级标准根据96小时LC_{50}分为剧毒、高毒、中毒、低毒、微毒。

（四）《GB/T 13267—1991 水质　物质对淡水鱼（斑马鱼）急性毒性测定方法》

本标准规定了在确定的试验条件下测定水溶性物质引起斑马鱼急性致死毒性大致范围的方法——静水法、换水法和流水法。本标准适用于水中单一化学物质的毒性测定。推荐采用斑马鱼，并不排除使用其他品种，但对试验条件需做相应的改变，如稀释水性质及温度。

本标准使用重铬酸钾（$K_2Cr_2O_7$）为参考毒物。在24小时试验期间，重铬酸钾的LC_{50}必须处于200～400 mg/L。

（五）《GB/T 21854—2008 化学品　鱼类早期生活阶段毒性试验》

本标准规定了化学品鱼类早期生活阶段毒性试验的方法概述、试验准备、试验程序、质量保证与质量控制、数据与报告。本标准适用于确定化学品对受试生物在早期生活阶段的致死和亚致死效应，以评价对其他鱼种的慢性致死效应和亚致死效应。

推荐的实验生物包括斑马鱼、稀有鮈鲫、虹鳟鱼、青鳉、黑头软口鲦、月银汉鱼、半岛银汉鱼等。

（六）《GB/T 21805—2008 化学品　藻类生长抑制试验》

本标准规定了化学品藻类生长抑制试验的方法概述、试验准备、试验程序、质量保证与质量控制、数据与报告。本标准适用于测试试验条件下溶于水的化学品。如果要测试挥发性、强吸附性、有颜色、不溶或难溶于水的化学品，以及可能影响培养基中营养物质有效利用的化学品，需要对所述试验程序进行修改（如采用密闭系统、适当的试验容器）。

试验原理：受试物的浓度不同，会对藻类生长产生不同程度的抑制效应。将处于指数生长期的藻类暴露于含有不同浓度受试物的水溶液中，试验周期为72小时，测定并记录24、48和72小时藻类的生物量，计算抑制率（与对照组相比），得出EC_{50}值。虽然试验周期相对较短，但是通过藻类若干代的繁殖可以评价其效应。

推荐的实验生物为羊角月牙藻、普通小球藻、栅藻、舟形藻、水华鱼腥藻、聚球藻等。

（七）《DB34/T 243—2002 鱼类鱼病防治技术规范》

1．鱼类疾病的种类

1）按病因划分。鱼类疾病有病毒病、细菌病、真菌病、原虫病、蠕虫病、甲壳动物病、立克次体感染、饵料中毒、重金属化学性中毒、机械损伤、理化刺激引起的疾病、环境和水质变化引起的疾病、营养缺乏等。

2）按症状划分。

（1）局部性疾病：病理变化主要局限于鱼体的某一部分者，常见的有皮肤病、鳍病、鳃病、胃肠病、肝病、肾病、脾病、鳔病、性腺病、心脏病、脑神经病、胆囊病等。

（2）全身性疾病：疾病影响到整个鱼体，常见的有中毒、营养不良等。

2．病鱼和健康鱼的鉴别

病鱼和健康鱼无论在外表表现或内部生理上都有明显的差别，依靠检测手段来加以确诊，有些则凭临诊征象便可判断。

1）活动。病鱼游动缓慢，反应迟钝，或作不规则的狂游、打转，平衡失调或离群独游。

2）体色、体形。病鱼体色变黑或褪色，失去光泽，或有白色或红色斑点、斑块，或鳞片脱落、长“毛”，或鳍条缺损，或黏液增多、体表呈白色层块状，或鱼体消瘦、腹部膨大或肛门红肿等。

3）摄食。正常鱼类食欲旺盛，投饵后即见抢食；病鱼则食欲减退，缓游不摄食或接触鱼饵也不抢食。

3．病鱼的检查、诊断

病鱼检查，采取肉眼检查（目检）和显微镜检查（镜检）相结合的方法，目检和镜检可同时进行。

1）取材。应选择症状明显的病鱼做材料，为了有代表性，一般应检查3～5尾。死亡或已腐败的病鱼不宜作为检查材料，未检查到的材料鱼，应在原池水中蓄养，以保持鲜活状态。

2）检查的顺序。检查要按一定顺序进行，原则上是从外到内，由表及里，先检查鱼体体表，然后检查鱼体血液和脏器、组织。体表、鳃、肠道为必须检查部位。

（1）体表。目检头部吻、口腔、眼和眼眶周围、鳃盖、躯干、鳞片、鳍、肛门、尾部等部位有无异常，各部位是否有充血、发炎、溃疡、脓肿、瘢痕、鳞片松弛、脱落、竖鳞、鳍缺损等征象。刮取体表、鳍等部位的黏液，加1滴清水，做成湿片镜检，观察是否有致病性原虫、蠕虫等寄生虫。

（2）血液。从心脏或尾动脉取出血液，滴1滴在载玻片上，或将吸取的血液全部注入培养皿中，再取与血清交界处的血液滴1滴在载玻片上，盖上盖玻片镜检，观察是否有细菌，异常血球，寄生原虫、蠕虫等。

（3）鳃。目检鳃瓣是否完整，颜色有无异常，有无寄生虫。剪下病变鳃丝放在载玻片上，用镊子或解剖针把鳃丝逐一分开，镜检，观察是否有细菌、真菌、原虫、蠕虫和甲壳类寄生虫等病原体。

（4）内部器官。从肛门沿腹线和侧线剪开，除去一侧腹壁，露出整个内脏。解剖时勿剪破胆囊，记录有无腹腔液及其浊度、颜色，有无寄生虫。观察各组织器官的体积大小、颜色深浅。从咽喉和靠肛门处剪断消化道，取出整个内脏，在解剖盘中小心分开各器官，剥离内脏器官周围的脂肪。按下列顺序镜检：心脏、膀胱、胆囊、肝脏、胰脏、脾脏、肾脏、肠系膜、胃肠道、性腺、气鳔、脂肪组织、脑、脊髓、肌肉等；也可重点检查其中若干个部位。胃肠道可从胃、前肠向后剪开，检查前中后三段，注意胃肠内食物充盈情况，胃肠壁有无发炎、溃疡。刮取肠内黏液少许，放在加有0.7%生理盐水的玻片上镜检。其他脏器可用压片法检查。

3）诊断。病鱼的诊断是较复杂的环节。有的鱼病单凭目检可做出诊断，而大多数鱼病须镜检，才能做出诊断。有些鱼病还要与细菌学或病毒学检测、生化或组织病理等检测手段结合才能得出结论。

病原的分析，要将病原的毒性、侵袭力、数量及外界环境等因素结合起来进行分析。

（八）《GB/T 27638—2011 活鱼运输技术规范》

1．基本要求

（1）在活鱼运输、暂养的流通过程中，严禁使用未经国家和有关部门批准取得生产许可证、批准文号和生产执行标准的任何内服、外用注射的渔药和渔用消毒剂、杀菌剂及渔用麻醉剂产品。禁止使用《中华人民共和国农业部公告第193号》规定的禁用药和对人体具有直接或潜在危害的其他物质。

（2）使用的渔用药物应以不危害人体健康和不破坏生态环境为基本原则，选用自然降解较快、高效低毒、低残留的渔药和渔用消毒剂。

（3）待运活鱼应选择无污染、大小均匀、体质健壮、无病、无伤、活力好的鱼，其品质应符合《GB 2733—2015 鲜、冻动物性水产品卫生标准》的要求，药物残留量应符合《动物性食品中兽药最高残留限量》（中华人民共和国农业部公告第235号）的规定要求。

（4）活鱼在装运前应经停喂暂养1～2天，可采用网箱、水池或池塘暂养，密度视不同的品种而定，一般为20～45 kg/m^{3}水体。暂养过程应注意水温、盐度、溶氧量、pH等水质变化、鱼的体质和暂养密度等情况，并剔除体质较弱或受伤较重的个体。

（5）每批收购、发运的活鱼应由专职质量检验人员进行验收，记录品种、数量、养殖（捕捞）地点、日期、养殖（捕捞）者的姓名，并进行编号和签名。

（6）运输和暂养过程用水水质应符合《GB 11607—1989 渔业水质标准》的规定，用冰应符合《SC/T 9001—1984 人造冰》的规定。

2. 运输管理

（1）充氧水运输方式可分为封闭式充氧运输和敞开式充氧运输两大类型，适用于大、中、小各种规模的活鱼运输，可车运也可船运。

（2）运输前应制订周密的运输计划，包括起运和到达目的地时间，途中补水、换水、洒水、换袋及补氧等管理措施。

（3）装运容器在装运前应检查容器是否有破损并清洗干净，必要时进行灭菌消毒。装鱼前，装载容器应先加入新水，并将水温调控至与暂养池相同的温度。

（4）装运海鱼时，应加入与养殖场海水盐度相同的海水；若采用加冰降温，则应按所加冰块质量加入相应的海盐，使盐度保持稳定。

（5）运输过程应根据鱼的种类调节适合的水温，冷水性鱼类水温宜控制在6～8 ℃，暖水性鱼类水温宜控制在10～12 ℃。起运前若水温过高，应采用加冰降温或制冷机缓慢降温，降温梯度每小时不应超过5 ℃。

（6）采用敞开式或封闭式充气运输装置装运时，在运输过程中应保持连续充气增氧，使水中的溶氧量达到8 mg/L以上。

（7）采用塑料薄膜袋加水充氧封闭式装运时，装鱼前应先检查塑料袋是否漏气，然后注入约1/3空间的新鲜水，再放入活鱼，接着充入纯氧，扎紧袋放进纸板箱或泡沫塑料箱中进行运输。用于航空运输时，充氧袋不应过分充气。

（8）应根据不同的鱼类选择合适的运输时间，一般控制在40小时内为佳。

第十二章 无菌动物

第一节 无菌动物概述

无菌（germ-free，GF）动物是指动物体内外不可检出一切生命体的动物，即用现有的检测技术在动物体内外的任何部位均检不出任何微生物和寄生虫。无菌动物的产生和发展经历了探索、失败，再探索，直至成功的近百年历程，许多学者对植物、动物的无菌状态和生存繁衍进行了反复研究。19世纪后期，1885—1886年，学者们确定动物体内没有微生物也能生存。Dudeaux（1885年）将豌豆栽培在无菌条件下，发现无菌植物不能吸收和利用供给的营养物质。Pasteur也得出类似的结果，认为在没有肠道细菌参与条件下动物不能生存。而Neucki（1886）的看法则相反，认为细菌对于动物的生存不是必需的。为此，一场关于无菌动物培育的争论和探索就此拉开序幕。1895年，Kijanizin在无菌代谢试验笼内饲养兔，给予无菌空气、饲料和水，兔的体重逐渐下降，并因负氮平衡而死亡。同年，Nuttall和Thierfelder经剖腹产获得豚鼠，并饲养于隔离玻璃罩内，提供无菌牛奶和饲料1次/天，动物外观生长健康，动物于第8天处死，其肠内容物没有检出细菌。1914年，Cohendy也曾饲养过无菌豚鼠，但是没有获得成功。1932年Glimstedt终于把无菌豚鼠养活2个月，取得了初步进展。至1959年，Teah在美国印第安纳州的圣母大学已能使无菌豚鼠繁殖。

1897年，Schottelius最早发现鸡胚胎是无菌的，开始无菌鸡的培育，成功获得无菌雏鸡，但没有存活。Cohendy于1908年育成了无菌鸡，且生长情况良好。1935年，Kimura、Naito和Kobayashi在日本京都大学饲养了无菌鸡。1948年，美国Lobund团队成功培育了无菌鸡，产卵孵化出下一代，从此完成了无菌鸡饲养繁殖的全过程。

证实无菌动物对B族维生素的需要，推动了无菌动物培养工作的发展。Baeot和Harden于1922年进行了无菌蝇蛆的研究，发现必须饲喂B族维生素才能保证无菌蝇蛆的正常生长，进而发现了无菌动物对B族维生素的需要，从而找到了饲养无菌动物失败的原因，即无菌动物肠内没有细菌存在，就没有肠道益生菌为动物自身合成提供B族维生素 。随后，Balzam在1937年通过无菌鸡的维生素B族缺乏症及在鸡体内能否合成B族维生素的研究，再次证明了Baeot和Harden的发现。无菌动物对B族维生素需要的发现使无菌动物培育走向成功。

1951年，美国Lobund团队培育了第一个无菌大鼠群。1956年，Gustafsson在瑞典培育第二个无菌大鼠群。1959年，Reyniers在坦帕大学（University of Tempa）建立无菌动物实验室。1959年，印度大学医学中心培育了无菌动物群。

随着无菌动物研究的成功和发展，无菌动物的饲养装置不断地被改进，简单的玻璃无菌罩等已经不能满足动物种群繁殖需求。德国的科斯特在1915年首次创造无菌动物培育隔离器。1928年，美国圣母大学细菌学实验室的Reyniers使用不锈钢制材料制作了大型无菌动物隔离器。至此，无菌动物的系统实验得以开展。1930年，Gustafsson改进了隔离器设计，设计了第二型不锈钢隔离器。日本于1946年开始培育无菌动物，1959年，宫川进一步改革隔离器，增加了小的玻璃观察窗和灵敏的机械手，隔离器的主体部分仍然是不锈钢，满足了研究者对无菌动物观察的需求。然而不锈钢隔离器笨重且造价昂贵，限制了不锈钢隔离器的使用和无菌动物工作的开展。20世纪50年代，人们发现过氧乙酸消毒剂可以杀灭物体体表细菌，促进了隔离器的再次改革。1957年，P. C. Trexler在美国圣母大学Lobund研究室里创造了塑料膜隔离器，隔离器的主体部分为无毒聚氯乙烯薄膜。因其轻便、实用、成本低，灭菌方法简便，得到了广泛应用，进一步促进了无菌动物研究的发展。

目前，美国有48个无菌动物研究单位，仅国立卫生研究院的5个研究所就设有无菌动物研究室。日本现有24个单位从事无菌动物研究工作，在东京就有9个无菌动物研究单位。

我国于1978年获赠一套Trexler隔离器，是来华讲学的Morris Pollard博士赠送的。后期，他传授隔离器使用方法和无菌动物饲养繁殖技术，促进了我国无菌动物研究的发展。目前，我国已经可以生产无菌动物隔离器。现在北京、上海、广州等地已有几个单位在研究无菌动物。

欧洲国家如英国、法国、俄罗斯、德国等，也建立了无菌动物实验室或实验动物机构。

随着生物学的进步和技术的发展，各种动物得到了无菌化。无菌动物的品种中，中小动物有小鼠、大鼠、豚鼠和家兔等，大动物有猴、猪、山羊、绵羊和牛等，还有鸡、火鸡、鹌鹑、青蛙、蛇、蚕、苍蝇、白蚁等。无菌动物的出现进一步促进了生命、医药等学科的发展。

第二节　无菌动物的特点及应用

在无菌环境中应用符合营养需求的无菌饲料饲养，无菌动物能正常发育生长，外观和普通动物相同，但是其机能、结构与普通动物有差异，主要受两个因素影响，即微生物和因饲养比较聚集而致的肾上腺增大。无菌动物的特征主要反映在以下几方面。

一、形态学改变

（一）消化系统

1. 肝脏变化

无菌动物的肝脏质量下降，结构没有明显改变。主要变化在于肝细胞容积变大，细胞质丰富，肝维生素B_1、组织胺等含量低，球蛋白合成功能低下。

2. 胃肠道变化

胃壁薄，有节律的运动降低；肠黏膜绒毛增多，肠道肌层变薄，肠蠕动减缓，肠道容易套叠、粘连；盲肠肥大，比普通动物要大5～6倍。无菌条件对豚鼠及兔的盲肠产生的影响最大。Sabourdy曾称量过无菌豚鼠的盲肠（连同肠内容物），发现盲肠质量相当于豚鼠体重的1/3，其因肠壁薄、张力低而增大，而盲肠膨大、肠壁菲薄常易导致盲肠扭转或肠壁破裂，从而致动物死亡。关于无菌豚鼠和兔盲肠增大的原因，目前尚无明确的研究结果。正常情况下饲料中的毒性物质可被动物的肠道菌分解，无菌动物不能分解饲料中的毒性物质，肠道中的毒性物质刺激盲肠使其增大，如给无菌动物注入梭状芽孢杆菌则可缩小盲肠体积。

（二）循环系统

无菌动物的心脏的体积较非无菌动物的小。

（三）血液系统

无菌动物白细胞增加，且数值恒定，普通动物白细胞总数波动范围大。

（四）网状内皮系统

无菌动物的脾脏、淋巴滤泡周边发育差，生发中心几乎不可见，红髓巨噬细胞非常少，网状内皮细胞功能降低。

二、生理学改变

（一）免疫功能

无菌动物网状内皮系统、淋巴组织发育不良，淋巴小结内缺乏生发中心；白细胞、巨噬细胞的趋化作用及吞噬能力明显降低，肠黏膜内淋巴细胞和血中免疫球蛋白抗体明显减少，导致无菌动物对微生物感染异常敏感。

（二）代谢系统

无菌动物的代谢周期要比普通动物长，肠管对水的吸收率低，血中含氮量少。

（三）生长率

豚鼠和兔为草食性动物，需要充足的蔬菜等纤维素丰富的食物，并依靠肠道细菌的消化获得养分；而无菌豚鼠和兔因肠内无菌，不能帮助消化纤维素以提供机体所需要的营养，导致其生长比普通动物缓慢。无菌大鼠、小鼠与普通鼠的生长速度没有较大区别。无菌鸟类生长率高于同种的普通鸟类。

（四）生殖

无菌大鼠和小鼠因机体没有感染，生殖能力较好；无菌豚鼠、兔较普通豚鼠、兔繁殖力低下，可能是因盲肠过大导致。无菌豚鼠和无菌兔在切除盲肠后，其生殖率增加。

（五）营养

无菌环境中生长的动物因品种不同，受到的影响有所不同。无菌动物肠道上皮细胞更新代谢率比一般动物低，肠壁的物质交换缓慢。各种动物通过胆汁排泄代谢产物的速率均降低；如切除无菌动物的盲肠，则无菌动物与普通动物的差异缩小。

（六）寿命

无菌大鼠和小鼠比普通大鼠、小鼠长寿。

三、无菌动物的应用

人工培育的无菌动物适应了无菌生活，所以在形态、生理、代谢及机体防御等方面都具有一定的特点。无菌动物因排除了各种微生物的干扰，有利于对生命基础规律的研究分析或单因素刺激的研究。例如，将单一已知微生物接种到无菌动物体内，可以研究机体和单一微生物的相互关系，这种动物称为悉生动物。无菌动物在生物医学研究中因具有独特作用，因此，在医学科学研究的很多方面已被广泛应用。

（一）在微生物学研究中的应用

1. 研究某单一病原微生物的致病作用

可在无菌动物体内接种某一种已知菌，称为感染已知菌动物模型。也可用于研究单一病原体的致病作用与机体的内关系，如猫瘟病毒，正常猫易感染，无菌猫则不易受感，说明感染受肠道微生物的影响。

2. 研究微生物间的拮抗作用

生物屏障原理为生物间的拮抗作用，生物屏障可能比物理屏障更有效，菌群之间的拮抗作用是生物屏障的一种。例如，分别给无菌动物喂以大肠埃希菌、乳酸杆菌、链球菌、白色葡萄球菌、梭状芽孢杆菌5种菌群，研究这些菌群间的拮抗作用。又如利用无菌动物来研究哪种菌可拮抗假单胞菌，这对放射研究十分重要，因经放射治疗的患者容易感染假单胞菌。

3. 研究病毒性疾病

无菌动物是研究病毒性疾病、病毒性质、纯病毒、安全疫苗和单一特异性抗血清的重要有机工具。

4. 研究细菌学

应用于肠道正常菌丛的相互拮抗性及细菌和宿主间关系的研究。

（二）在免疫学研究中的应用

无菌动物的血液中无特异性抗体，很适合免疫学的研究。

1. 研究免疫系统功能与机体受感染后感受性改变的关系

由于无菌动物生存在无菌环境，机体没有受到细菌刺激时并不能产生相应抗体，导致无菌动物对感染的感受性增加。例如，将无菌豚鼠从无菌系统中移到普通动物饲养区，其常在几天内死亡，病因经常是梭状芽孢杆菌的感染。

2. 研究细胞介导免疫和其对癌瘤的预防作用

当研究细胞介导免疫及其在癌瘤预防上的作用时，就更需要测定微生物菌群在刺激体液和细胞介导免疫反应中的作用及在自身免疫反应中的可能作用。

3. 研究丙种球蛋白和特异性抗体

无菌动物血清中丙种球蛋白含量下降。球蛋白来源于消化道中死亡菌的刺激。用无抗原性饲料喂无菌动物，如给无菌小鼠喂以水溶性低分子化学饲料时，小鼠血清中就可以完全缺乏丙种球蛋白。在无菌小型猪中用无抗原性或有限抗原性的饲料时，其血清里可完全没有丙种球蛋白和特异性抗体。

（三）在放射医学研究中的应用

用无菌动物研究放射的生物学效应，能区分放射所引起的症状与因感染发生的症状。无菌动物能耐受较大剂量的 X 线照射。例如，受到致死剂量照射后，无菌动物的存活时间要长于非无菌动物；在放射导致的黏膜损伤方面，无菌动物比普通对照动物要轻。

（四）在营养、代谢研究中的应用

1. 营养学研究

很多营养成分是靠细菌降解，正常动物的肠道可合成维生素 B 和维生素 K，应用无菌动物可研究哪些菌可合成维生素 B 或维生素 K。

2. 代谢研究

可用于研究胆固醇代谢和微生物的关系。通过对已知菌动物研究发现肠道微生物能促使胆汁酸起化学变化，从而减少其再吸收，而增加其排泄。有些特殊的微生物种类与这种胆汁酸的代谢有关，这就为血清胆固醇含量的控制及心血管疾病的研究提出了新的课题。

（五）在老年病学研究中的应用

无菌小鼠的寿命比普通小鼠长，雄性无菌小鼠的寿命与雌性小鼠相似或更长些。对 2 ～ 3 年龄无菌大鼠的检查结果表明，在肾、心脏和肺里实际上没有与年龄相关的病变。这些研究说明，微生物因素和机体的老化有关，使人类重新认识衰老不仅仅起源于内因或完全与饮食有关。通过用已知菌动物发生这些变化的直接原因进行研究，对合理地控制衰老有一定帮助。

（六）在毒理学研究中的应用

药物或其他物质的毒理作用常常与肠道细菌代谢产物有关。如正常豚鼠对青霉素敏感，而无菌动物则无此反应，说明其青霉素过敏是肠道细菌代谢过程引起的过敏。用大豆喂养普通动物，发现有中毒现象，但用同样食物喂无菌动物则无影响。将鹌鹑感染大肠埃希菌后再喂其豆类可引起中毒。

（七）在肿瘤研究中的应用

在诱发肿瘤的诸多因素中，微生物诱发肿瘤受到关注，而非无菌动物内外复杂的微生物种类给肿瘤的实验研究带来种种干扰和困难；无菌动物可以根据研究目的制作已知菌的悉生动物，适用于微生物及其代谢产物与肿瘤关系的研究。另外，抗肿瘤药物如免疫抑制药物的研究要用无菌动物进行实验，因普通动物应用免疫抑制药可引起免疫力下降，致其继发感染而死亡。

（八）在寄生虫学研究中的应用

长膜壳绦虫为大鼠的寄生虫，这种寄生虫感染无菌大鼠时则不能寄生，这可能与无菌大鼠缺乏维生素有关。溶组织内阿米巴对无菌豚鼠不引起肠道黏膜的损伤，而普通豚鼠则出现肠黏膜病变。无菌大鼠不发生龋齿，而从普通大鼠的肠道里曾分离出一种链球菌，证明其有致龋齿作用。

无菌鼠饲养繁育体系要求极其严苛，一点点的失误便会造成整个无菌体系全军覆没。因此，保障设备系统和环境控制与稳定，加强人员培训和细节管理是关键。

第三节　无菌动物饲育设备

无菌动物必须饲育在可以有效保证其正常生活且密闭无菌的环境中，因此需要用到隔离装置。

一、无菌动物设备的必备条件

（一）容器密闭

容器必须密闭，可以阻隔一切微生物和寄生虫，其内部空间和内容物能接受高压蒸汽或化学药品灭菌处理。空气通过可以有效过滤阻截微生物的送排风系统，保持隔离器内部无菌空气和适度的高气压。

隔离器配件应无缝连接，操作手套、物品传递通道等基本配置应方便操作，不宜破损。

（二）易操作和观察

隔离器内部应随时在视野下从外部操作和观察，但不破坏内部的无菌环境。

（三）无菌传递通道

隔离器必须装置一个可以连接内外的双扉无菌传递通道，动物和饲料及配套物质可以实现消毒灭菌，实现无菌传入或传出隔离器，且不破坏隔离器的无菌环境。

（四）送排风系统

隔离器的送风必须经过过滤系统，达到空气无菌；排气系统必须安装止回阀，防止空气倒流。送排风系统应维持隔离器的正压，压差大于等于 50 Pa。

二、无菌动物饲养设备的分类

目前市面使用的无菌鼠饲养设备主要有两大类，分别是软包隔离器和硬质隔离器。

（一）软包隔离器

软包隔离器使用广泛，因为造价更低、占地面积少、饲养利用率高、设备款式多且方便定制，更容易适配各生产和使用设施原有的设计。但有些 SPF 级使用的软包隔离器的设计和生产存在有消毒死角、密闭性差、无菌维持周期短等问题，且软包还因材料特性问题容易破损，因此用于无菌动物饲养的软包隔离器在选型、材料、操作等方面都有较高的要求。

（二）硬质隔离器

硬质隔离器成本高、一般占地面积大、饲养利用率较软包隔离器低，但是其密闭性好、刚性强不易坏、使用寿命长。硬质隔离器分为传统一体式的隔离器和多个独立饲养单元隔离器，传统一体式隔离器与软包隔离器类似。目前，有类似于 IVC 系统的正压隔离笼，单个笼盒取出后能保持一段时间的正压，可用于近距离、短时间的传递或运输。

三、无菌动物饲育设备的启用

无菌动物设备的启用消毒是关系到隔离器环境是否符合无菌的重要因素。

（一）设备安装前的初步清洁消毒

用消毒剂对隔离器配件进行擦拭消毒、熏蒸消毒传递，对安装环境提前喷雾消毒或熏蒸消毒。

（二）设备安装的环境要求

对安装的环境彻底喷雾消毒，尽可能降低环境菌数量，隔离器在屏障设施内安装。

（三）设备安装后的测试

1. 气密性测试

测试方法：主要通过在无菌隔离器全静态封闭状态下压力维持的性能判断其密闭性是否符合要

求。需要进行气密性测试的主要包括隔离器的传递窗、舱体。

安装完毕，关闭环境所有门窗和隔离阀门，减少人员进出以及其他设备的影响。启动隔离器空调和送排风系统，进入压力测试界面，选择“压力测试”，将隔离器内仓压力升到60 Pa以上，当压力缓缓下降至60 Pa时开始计时，压力下降至42 Pa计时停止，共测试3次，计算测试1小时体积泄漏率：

$$Q/V = 60(Ps - Pt)/(Pt \times t)$$

式中：Q/V 为小时体积泄漏率；

Ps 为起始压力；

Pt 为结束压力；

t 为压力下降均值（min）。

判定标准：1小时泄漏率 $Q/V \leqslant 0.5\%$。3次泄漏率均小于0.5%说明该无菌隔离器密闭性能良好，可防止外界微生物的进入。

2. 高效过滤器完整性测试

高效过滤器是隔离器的重要防护屏障之一，其在过滤膜完整没有破损的情况下才能发挥作用。高效过滤器的检测方法有扫描检测法、效率检测法。

扫描检测法是将采样探头置于距过滤器2～3 cm处，测试局部有效过滤率，移动范围是整个过滤器的平面，包括边框周边，移动速度3～5 cm/s。

（四）隔离器的消毒

应选择广谱、杀菌力强的高效消毒剂，并适当延长消毒时间（48～72小时），消毒方式采用喷雾消毒或汽化熏蒸消毒等。消毒后需要把残留的消毒液彻底清洁、排除，或待消毒效力失去后再进行采样检测，避免消毒物品残留导致的检测结果不准确。

（五）环境检测

消毒完成后，启动送排风，维持正常运行，采样检测微生物和寄生虫，检测结果为阴性方能继续运行并接受动物。其他参数必须符合《GB 14925—2023 实验动物　环境及设施标准》。

第四节　无菌动物的饲育和管理

无菌动物的饲育管理必须在物品的消毒、传递等环节注重无菌操作，维持饲养无菌动物隔离器内环境的无菌是保障无菌动物质量的前提条件。

一、无菌动物的来源

无菌动物的来源主要有两个途径。

（一）直接从国外或国内有无菌鼠的单位引进

外部的引入存在运输传递过程中如何保持无菌的问题，无论是从国内或国外引进的无菌鼠，其在运输和检疫期间的无菌维持是需要去解决的问题。

（二）净化获得

从国家种子中心引种SPF种源后，进行体外受精联合胚胎移植或剖腹产净化，进行无菌动物种群的建立，该方法生产的无菌动物种子背景来源可溯源。这种方法对无菌动物的净化、饲养繁育体系的建立和运行管理有较高的技术要求，生产单位必须具备自主无菌鼠种群净化能力、饲养繁育体系运行稳定的能力，这是最关键的。

剖宫产净化这种方法需要准确地确定孕鼠的受精时间，于孕19～20天在无菌环境下剖取子宫，并迅速传递至无菌通道，在无菌环境中取出胎儿，进行人工哺乳饲养。

大量使用抗生素也可以暂时获得净化后的无菌动物，抗生素可使普通级动物和SPF级动物达到无菌，但通常仅能短时间维持，残存微生物的增殖或原生态环境造成的影响不会消除，而且有特异性抗体的存在以及某些组织或器官存在已有的病理变化等，因此，不能称为真正的无菌动物。

当然，无论是哪种方式，最后都需要对无菌鼠的遗传、微生物、寄生虫等质量把控项做好监督和检测，以确保无菌鼠的品质。

二、无菌动物的营养与饲料

无菌动物的饲料必须符合下列要求：①没有活的微生物和寄生虫或虫卵。②必须补充因高压灭菌而破坏的营养成分。③无菌动物没有肠道正常菌丛，饲料中还须补充这些细菌合成的营养成分。④饲料的组成、形态和气味等应尽可能适合动物的习性和嗜好。

三、无菌动物的饲育管理

（一）设施设备的配备

选择密闭性能好、物品传递衔接优化的隔离器。送排风设置首选可以独立送排风的隔离器，房间独立送风排风次之，房间内送排风再次之。

（二）设备提前准备、消毒

无菌隔离器在重启用前进行全面的消毒，并进行无菌检测，合格后方能投入使用。

（三）保持设施设备的稳定性

运行期间务必确保屏障设施的稳定，屏障设施是无菌隔离器的第一道关键屏障，屏障环境的质量决定隔离器污染风险的高低。同时，保持隔离器运行的稳定性，无论是屏障设施还是隔离器，必须配备应急电源以及应急处理其他突发事件的值班人员，确保设施稳定、正常运行。

（四）健全的管理制度、标准操作规程和训练有素的人员

管理制度和标准操作规程体系的建立及人员培训是保障设施设备、动物质量的关键要素。严格明确物品灭菌、物品传递、人员隔离器内原始工作记录等标准操作规程，所有操作应有记录，这有利于污染溯源和防控污染。

（五）繁育计划

繁育的动物应根据品系特点做好种群建立管理、种群替换计划、生产计划规划，不可在同一个饲养单元（隔离器）内饲养繁育不同品系动物。

（六）配套物品的无菌质量

灭菌设备以及消毒化学试剂必须定期进行灭菌效果验证、灭菌载荷量验证；同时，在隔离器的操作和物品传递中，无菌操作的理念和规程必须融入每个环节，这对保证动物长久无菌非常重要。

（七）动物质量监测

定期对动物微生物、遗传质量进行自检和第三方检测，及时发现潜在污染隐患并迅速清除非常重要。同时，平衡动物的无菌与动物福利伦理要求。饲养管理的核心要求就是尽可能清除所有污染源，在可控条件下预防、降低所有污染的风险，在此基础上满足动物伦理福利的要求。

第五节　无菌动物的质量控制与监测

一、控制设备和环境稳定

（一）设施设备维护管理

定期对设施、设备进行维护、保养和检修，提前发现问题，消除故障隐患，维持设施、设备运行

稳定；同时应装监控系统和报警装置；无菌隔离器具备断电重启功能，并能迅速恢复正压进入正常运行状态。

（二）减少物品传递频次

隔离器内部物品需要通过隔离器传递窗传递，提前规划所需物品，统筹合理安排，控制隔离器的传递窗开启次数，减少不必要的隔离器传递窗开启次数。

（三）消毒灭菌效果稳定可靠

物品灭菌务必达标且稳定，因此灭菌设备的灭菌方式要选择正确且提前做好验证。

（四）操作的注意事项

操作要严谨、细心，避免操作导致的污染或包体破裂。

（五）消毒液交替使用

为避免病原微生物对消毒剂产生耐药性，不同的消毒液应交替使用，并进行杀菌效力验证。

（六）动物来源的控制

动物引进时也是隔离器面临污染的重要阶段，因此，必须做好动物进入隔离器前的检测检疫；同时，应选择有资质、符合要求的种源引进或自主无菌化，减少隔离器的污染。

二、设备环境和动物质量的监测

监测主要考虑两大要素：一是监测设施设备运行情况，二是动物日常饲养的观察反馈以及动物质量的定期检测。

（一）保障配套物质无菌的监测

高压灭菌器是隔离器配套物质的主要消毒灭菌设备，定期进行灭菌效果验证测试是保证无菌动物饲养配套物质无菌的关键。可以根据设备的型号、运行情况、使用年限等，每半年或一年进行一次灭菌效果验证。消毒液的使用是监测的另一个环节，除交替使用外，也必须常规性进行灭菌效果验证。

（二）动物质量检测

根据检测项目的完善程度、检测频率的高低以及检测方法的不同，制订检测计划。结合动物日常饲养观察中发现动物外表的变化和客观症状做出预判，并决定是否临时增加动物检测频次，动物病原微生物检测是最关键也是决定性的一环。

无菌动物的质量、阳性污染发现的时效性很关键。PCR 法、培养法、革兰氏染色镜检三种无菌检测方法中，灵敏度最高的是 PCR 法，出结果时间短，但高灵敏度也意味着易出现假阳性结果，需要去摸索稳定适用的体系，包括最低检出限、试剂选择、引物设计、循环数等。培养法出结果的时间较长，尤其是厌氧菌的培养，但培养法的优点是只要是阳性结果，其重复性高且准确，理论上无菌动物污染后微生物浓度会增高，培养法的检出率就更高更明显。镜检法所需时间最短，操作最简单，但容易因死菌的干扰导致假阳性。因此，目前主流的无菌动物检测方法是 PCR + 培养法，在动物疑似出现阳性时结合镜检法综合判断。

我国国标要求的已经明确的病原菌、病毒、寄生虫的检测项目、检测频率和检测方法还是以 SPF 级动物为主。我国无菌动物的发展相对较晚，近些年随着微生态研究的发展逐渐被人重视和应用。关于无菌动物的检测项目和检测频率，应结合国内外标准以及单位规模、质控要求，适当增加检测项目、检测频率，使用合适的检测方法，以达到准确、快速鉴定动物质量的目的。无菌动物病原微生物检测见表 12 - 1。

表 12－1　无菌动物病原微生物检测

类别	国标要求检测频率	参考国标检测方法
无菌检测项目（环境样本＋粪便样本）	2～4 周/次（培养法）	GB/T 14926. 41—2001
病毒（16 项）	1 次/年	—
小鼠细小病毒（MVM）		GB/T 14926. 28—2001
小鼠脑脊髓炎病毒（TMEV）		GB/T 14926. 26—2001
小鼠肝炎病毒（MHV）		GB/T 14926. 22—2001
鼠科诺如病毒（MNV）		T/CALAS 22—2017
小鼠细小病毒（MPV）		T/CALAS 27—2017
小鼠轮状病毒（RRV）		GDLAMI/W51—008/17
小鼠肺炎病毒（PVM）		GB/T 14926. 24—2001
汉坦病毒（HV）		GB/T 14926. 19—2001
淋巴细胞脉络丛脑膜炎病毒（LCMV）		GB/T 14926. 18—2001
小鼠腺病毒Ⅰ和Ⅱ（FL 和 K87）（Mad）		GB/T 14926. 27—2001
小鼠巨细胞病毒（MCMV）		GDLAMI/W51—008/18
多瘤病毒（POLY）		GB/T 14926. 29—2001
呼肠孤病毒Ⅲ型（Reo3）		GB/T 14926. 25—2001
仙台病毒（SV）		GB/T 14926. 23—2001
乳酸脱氢酶升高病毒（LDV）		GDLAMI/W51—008/26
鼠痘病毒（Ect.）		GB/T 14926. 20—2001
细菌、支原体、真菌（19 项）	1 次/年	—
啮齿类柠檬酸杆菌		GDLAMI/W51—009/06
牛棒状杆菌		T/CALAS 20—2017
螺杆菌		T/CALAS 24—2017
肺炎克雷伯菌		GB/T 14926. 13—2001
支原体		GB/T 14926. 8—2001
嗜肺巴斯德杆菌		GB/T 14926. 12—2001
铜绿假单胞菌		GB/T 14926. 17—2001
沙门氏菌属		GB/T 14926. 1—2001
金黄色葡萄球菌		GB/T 14926. 14—2001
肺炎链球菌		GB/T 14926. 15—2001
念珠菌链杆菌		GB/T 14926. 44—2001
假结核耶尔森菌		GB/T 14926. 3—2001
小肠结肠炎耶尔森菌		GB/T 14926. 3—2001
皮肤病原真菌		GB/T 14926. 4—2001
鼠棒状杆菌		GB/T 14926. 9—2001
泰泽病原体		GB/T 14926. 10—2001
大肠埃希菌 0115a，c：K（B）		GB/T 14926. 11—2001
乙型溶血性链球菌		GB/T 14926. 16—2001
鼠放线杆菌		DB44/T 2337—2021

续表 12-1

类别	国标要求检测频率	参考国标检测方法
寄生虫（7项）	1次/年	—
体外寄生虫（节肢动物）		GB/T 18448.1—2001
弓形虫		GB/T 18448.2—2001
兔脑原虫		GB/T 18448.3—2001
卡式肺孢子虫		GB/T 18448.4—2001
全部蠕虫		GB/T 18448.6—2001
鞭毛虫		GB/T 18448.10—2001
纤毛虫		GB/T 18448.10—2001
遗传	1次/年	GB 14923—2010

第十三章 人类疾病动物模型

第一节 人类疾病动物模型的概念

为阐明人类疾病的发生机制或建立治疗方法而制作的、具有人类疾病模拟表现的实验动物，称人类疾病动物模型（animal models of human diseases）。

在生命科学和医药学研究中，许多实验不能在人体直接进行，因而需要借助实验动物，在严格控制有关条件的情况下，进行生命的反应特征、疾病发生发展规律及药物作用机制等基础实验研究，然后进一步做临床观察，以寻找预防、治疗疾病的有效措施。应用动物模型间接研究人类疾病，既可克服某些疾病临床研究的困难，解决以人作为实验对象在伦理道德和方法学上的诸多问题，又可避免临床经验的局限性。这是生命科学和医药学发展史上极其重要的进步。动物模型已经成为现代医学科学及中医药学深入发展不可缺少的工具，且有良好的发展前景和很高的实用价值。人类疾病动物模型具有以下意义。

1．人类的替难者

对危害生命和健康的因素如外伤、中毒、肿瘤等的研究，都不能直接在人体进行试验。而实验动物作为人的替难者，人类在严格控制的条件下对其进行实验研究，并允许有目的地使用损伤动物的组织器官甚至处死动物等不能应用于人类的实验方法。

2．可按需要取得实验样品

人类的疾病除传染病外，一般很难获得大量的定性材料。作为人类疾病“缩影”的动物模型，可复制常见病及非常见病模型，在样本量上易达到要求，也可较方便地采集所需样品，有必要时甚至可处死动物收集标本，以了解疾病的全过程。在实验中还可投服药物或移植肿瘤，以取得符合研究目的且条件一致的模型材料。

3．缩短研究周期

人类的某些疾病如急性白血病、肿瘤、慢性支气管炎、动脉粥样硬化，遗传性疾病等，潜伏期长，病程亦长，有的长达几年甚至几十年，因此这些疾病研究的困难较大。而某些实验动物的生命周期比较短，人们可在较短时间内对相关的自发性疾病动物模型进行世代观察，从而大大缩短研究周期。

4．可比性强

许多疾病在临床上都十分复杂，并受患者的年龄、性别、体质、遗传、社会等因素影响。而在复制单因素疾病动物模型时，则可选择品种、品系、性别、年龄、体重、健康状况等都同一标准的实验动物，并严格控制微生物和环境条件，因此可以排除其他因素对疾病发生发展及研究过程的影响。另外，人们还可以在动物实验中设置多种因素，研究它们在疾病发生发展中的相互作用和机理。不管是单因素或多因素的疾病动物模型，其病因及其他因素都是可控的，因此，实验结果的可比性强、重复性好。这是临床研究难以实现的。

5．有助于认识疾病本质

实验动物疾病模型的应用极大地丰富了医学理论。例如，某些病原体不仅引起人类疾病，也可导致实验动物感染，即引起人兽共患病。通过人兽共患病，可观察比较同一病原体在人与动物的不同机体内引起的损害，有助于全面地认识疾病的本质。

6. 药效临床前研究

对人类疾病动物模型用药，观察其药效，是筛选药物、药效临床前研究的有效方法。

7. 为教学服务

应用人类疾病动物模型做医学教育，使教材和教育方法从抽象转变为直观生动，能进一步提高教学效果。

人类疾病动物模型发展至今已具有比较完善的理论和方法。根据发生的原因不同，可分为诱发性疾病动物模型、自发性疾病动物模型、抗疾病动物模型和生物医学动物模型四大类。

一个好的疾病动物模型应具有以下特点：①重现性好，应可再现所要研究的人类疾病，动物疾病表现应与人类疾病相似；②动物背景资料完整，生命周期满足实验需要；③复制率高；④专一性好，即一种方法只能复制出一种模型。应该指出，任何一种动物模型都不能全部复制出人类疾病的所有表现，实验动物毕竟不是人体，动物模型实验只是一种间接性研究，只可能在一个局部或一个方面与人类疾病相似。因此，动物模型实验结论的正确性是相对的，最终还必须在人体上得到验证。复制过程中一旦发现与人类疾病不同的现象，必须分析差异的性质和程度，找出异同点，以正确评估。

第二节　诱发性疾病动物模型

通过人为方式使实验动物受到物理、化学、生物等致病因素的作用，而发生类似某种人类疾病的动物模型，称诱发性疾病动物模型（experimental animal models）。研究发现，机械损伤、气压和温湿度变化、噪音等物理因素可诱发疾病，放射线、某些化学物品和病毒可诱发动物肿瘤，某些细菌和病毒可诱发人兽共患病，这些诱发性疾病动物模型是研究发病机制和防治措施的优良工具。

这类动物模型的制作方法简便，实验条件可人工控制，且重复性好，从而可在短期内获得大量疾病模型样品。诱发性疾病动物模型主要应用于传染性疾病、免疫学、肿瘤学研究，以及药物筛选和毒理学等研究。

但是必须指出，这类模型与自发的动物疾病及人类疾病本身仍存在某些差异。因此，在讨论与应用有关实验结果时，应对这种差异予以充分注意。另外，尚有不少人类疾病至今未能用人工方法复制，而需进一步研究。

一、运动系统疾病动物模型

（一）骨质疏松

1. 维A酸致骨质疏松

给雄性成年Wistar大鼠灌服维A酸70 mg/(kg·d)，连续2周，停止给药2周后出现骨质疏松。

2. 糖皮质激素致骨质疏松

3月龄雄性SD大鼠，体重为345～347 g，每次用醋酸泼尼松415 mg/kg灌胃，每周2次，连续3个月可形成骨质疏松。

3. 卵巢切除致骨质疏松

6月龄体重为300 g的雌性Wistar大鼠或SD大鼠，3%戊巴比妥钠（40 mg/kg）腹腔麻醉，俯卧位固定，在背部中1/3处剪毛，自腰椎沿背部中线向下做一长2～3 cm的纵向切口，沿肩胛线分别于两侧肋下剪开腰肌，可见位于肾外下方的卵巢及与其相连的子宫角，结扎并切断子宫角，切除卵巢，切口涂青霉素后缝合。术后3个月出现骨质疏松改变，随着时间延长，这一过程逐渐变慢，最终达到稳定。

4. 睾丸摘除致骨质疏松

6月龄体重为300～500 g的雄性SD大鼠，乙醚吸入麻醉，仰卧固定，纵行切开阴囊皮肤，剪开睾丸鞘膜，将睾丸与附睾分离，结扎睾丸上端，切除睾丸，阴囊皮肤切口涂布青霉素后缝合。术后3

个月出现骨质疏松。

（二）股骨头坏死

体重为 4～5 kg 的新西兰兔，按每次 8 mg/kg 的剂量，每周 2 次肌内注射醋酸泼尼松龙。为防止感染，每周注射青霉素 1 次。使用激素 3 个月至半年后出现股骨头坏死。

（三）类风湿关节炎

体重为 180 g 的 Wistar 大鼠右后肢足底皮下注射弗氏（Freund）完全佐剂（含灭活卡介苗）0.1 mL。造模后 3 天局部关节明显肿胀，病变与人的类风湿关节炎相似。弗氏完全佐剂的配制：取灭活卡介苗 200 mg 加入 7 mL 液体石蜡中搅拌均匀，加热至 46 ℃后再加入羊毛脂 0.7 mL，混合均匀后置 4 ℃冰箱保存。

二、消化系统疾病动物模型

（一）幽门螺杆菌感染致慢性胃炎

一定剂量的幽门螺杆菌（helicobacter pylori，HP）经口感染悉生仔猪、悉生仔犬或 SPF 小鼠（CD1、BALB/c），可诱发慢性胃炎。模型动物的胃黏膜可检到 HP，镜检可发现胃腺体消失、上皮细胞脱落、溃疡形成、黏膜固有层炎症细胞浸润等。

（二）急性胃溃疡

1. 应激法

体重为 200～250 g 的成年大鼠，禁食 24 小时，将其四肢固定于木板上，垂直浸入（23 ± 0.5）℃水浴至剑突水平。24 小时后取出处死，打开腹腔，结扎胃的幽门，从贲门向胃内注入 1% 福尔马林溶液 8 mL 后再结扎贲门，摘下全胃浸泡于福尔马林溶液 30 分钟后，沿大弯将胃剖开检查溃疡。

2. 药物法

吲哚美辛法：7 周龄 SD 大鼠，禁食 24 小时，自由饮水，喂饲料 2～5 g 后 30 分钟，用吲哚美辛 2 mL/kg（吲哚美辛用 0.5% 甲基纤维素配成混悬液）做皮下注射或灌胃。投药后 10 小时溃疡最严重，胃体部几乎不产生溃疡，幽门部和小肠均产生溃疡。组织学检查，溃疡贯穿黏膜肌层深部。

应激法和药物法均可使胃黏膜出现多发的浅表性溃疡，可伴出血。

（三）慢性胃溃疡

醋酸法：体重为 210 g 的 Wistar 大鼠或 SD 大鼠，禁食 24 小时，乙醚麻醉后，在胃体与幽门交界血管最少处，用微量注射器向浆膜下注入 20% 醋酸 0.05 mL，关闭腹腔。一般可形成 8～12 mm 的溃疡，并常为穿透性溃疡，甚至穿孔。

（四）溃疡性结肠炎

醋酸法：体重为 300～350 g 的雄性 SD 大鼠，禁食 16 小时，经导管向结肠内灌注 8% 醋酸 2 mL，20 秒后再注入 5 mL 生理盐水冲洗，可造成结肠溃疡。

（五）肠粘连

大鼠禁食 8～12 小时，麻醉下开腹，自幽门向下，每隔 1 cm 用有齿镊夹伤 0.5 cm 长的肠管，以局部渗血为度，连夹 3 处，送回肠管后关腹。术后第 1 周损伤局部出现充血、水肿，肠管与邻近器官开始出现粘连；第 2、3 周时充血和水肿消退，粘连较显著；第 4 周及以后形成更牢固的粘连。

（六）肝炎

鸭乙型肝炎：用携带鸭乙型肝炎病毒的麻鸭血清接种于 1 日龄麻鸭雏鸭腿静脉，每只剂量 0.2 mL。可用斑点杂交（dot blot hybridization）和酶联免疫斑点试验（enzyme-linked immunospot assay，ELISPOT assay）检测雏鸭血中是否携带鸭乙型肝炎病毒。

（七）肝癌

1. 二乙基亚硝胺诱发大鼠肝癌

取体重为250 g左右的封闭群大鼠，雌雄不拘。按性别分笼饲养。除给普通食物外，饲以致癌物，即用0.25%二乙基亚硝胺（DEN）水溶液灌胃，剂量为10 mg/kg，每周1次，其余6天用0.025% DEN水溶液放入水瓶中，任其自由饮用。共约4个月可诱发肝癌。或单用0.005% DEN掺入饮水中饮服8个月诱发肝癌。

2. 亚胺基偶氮甲苯诱发小鼠肝癌

用1%亚胺基偶氮甲苯（OAAT）溶液（每0.1 mL约含1 mg OAAT）涂在动物的两肩胛间皮肤上，隔日1次，每次2～3滴，一般涂100次。实验后7～8周出现第1个肝肿瘤，7个月以上小鼠肝肿瘤发生率约55%。

还可以把人原发肝癌组织植入裸鼠肝组织，建立人原发肝癌原位移植瘤模型。

（八）胆道感染

兔模型：3～4月龄的体重为3.0～3.5 kg日本大耳白兔，在无菌操作下剖腹做胆总管插管，经插管向胆总管内注入$O_{157}K_{88}$大肠杆菌液1×10^5 CFU/mL，注射细菌后6～48小时发病。家兔出现高热或体温低于基础体温，并可出现血压下降或休克。

（九）胆石症

致石日粮诱发胆结石：250～300 g豚鼠，雌雄不拘。喂饲致石日粮2个月可诱发以胆红素为主的混合结石。常用致石日粮有如下两种。

（1）高脂肪日粮：标准饲料加1%酪蛋白、1.5%蔗糖、1%猪脂肪、1%纤维素、0.05%胆固醇、0.02%胆酸。成石率91%。

（2）胆固醇结石日粮：标准饲料中加0.5%胆固醇。成石率50%。

（十）胰腺炎

结扎胰管致急性胰腺炎。体重为15 kg以上的雄犬，禁食12小时后，无菌操作下开腹，分离结扎主胰管。若在结扎胰管的同时饲以高蛋白、高脂肪食物，或注射促胰液素使胰液分泌增加，则可诱发一过性胰腺水肿。若在结扎胰管前，向胰管内加压33.3 kPa（250 mmHg）注入十二指肠液10 mL（或注胆汁、胃液、细菌、毒素、橄榄油、胰蛋白酶）后再结扎胰管，可诱发出血性胰腺炎。该模型关键在于注射压力，低于2.7 kPa不易成功；另外，注射后要结扎胰管造成完全性梗阻。此外，病变的性质尚因注入胰管物质不同而有差异。

三、呼吸系统疾病动物模型

（一）慢性支气管炎

许多刺激物，如化学物质（二氧化硫、氯、氨）、烟雾（生烟叶、稻草烟、刨花烟、混合烟）、细菌及多种复合性刺激（细菌加烟雾、细菌加寒冷等）都可诱发产生慢性支气管炎。

1. 小鼠

小鼠吸入2%二氧化硫，10 s/d，14～18天即出现支气管炎病变，27天后出现重型支气管炎病变。此外，还可吸入氯气、氨气造模。

2. 大鼠

在27 m^3的烟室内，大鼠吸入150～200 mg/m^3混合烟（200 g锯末、15～20 g烟叶、6～7 g辣椒及1 g硫黄混合，20～30分钟内烧化，颗粒直径在0.5 μm以上），每周6次，44天即可形成慢性支气管炎病变。也可用多种细菌混合液滴鼻造模。

（二）过敏性支气管痉挛、哮喘

体重为150～200 g的豚鼠，以4%鸡卵白蛋白生理盐水溶液0.1 mL作为致敏原，后腿肌内注射致敏，同时腹腔注射百日咳疫苗 2×10^{10} 菌体（佐剂），13～14 天后做诱发过敏试验，将致敏豚鼠置于 4 L 密闭玻璃罩中，用恒压 53.4 kPa（400 mmHg）喷入 5% 鸡卵白蛋白溶液 30 秒，动物可发生咳嗽、呼吸困难，甚至休克跌倒。反应级数：Ⅰ级呼吸加速，Ⅱ级呼吸困难，Ⅲ级抽搐，Ⅳ级跌倒。

若用组织胺喷雾则不必致敏就能引起豚鼠支气管痉挛，其用量依雾室大小而定，通常为 1:1 000 组织胺 0.5～1.0 mL。

（三）肺气肿模型

给兔等动物气管内或静脉内注射一定量木瓜蛋白酶、菠萝蛋白酶、败血酶、胰蛋白酶、致热溶解酶，以及由脓性痰和白细胞分离出来的蛋白溶解酶等，可复制成实验性肺气肿。以木瓜蛋白酶形成的实验性肺气肿病变明显而且典型，或在木瓜蛋白酶基础上再加用气管狭窄方法复制成肺气肿和肺心病模型，其优点是病因病变更接近于人。猴每天吸入一定深度的二氧化硫和烟雾（烟草丝 50 g 烧化，持续 2.5 小时），1 年后可出现不同程度的肺气肿。这种模型比较符合人的临床发病规律，有利于进行肺气肿的病理生理及药物治疗研究。

（四）肺水肿模型

氧化氮吸入可造成大鼠和小鼠中毒性肺水肿，或气管内注入 50% 葡萄糖溶液（家兔及犬分别为 1 mL及 10 mL）引起渗透性肺气肿。麻醉下用 37～38 ℃生理盐水注入兔颈外静脉或股静脉使血液总量增加 0.6～1.0 倍（血液总量相当于体重的 1/12），可形成稀血性多血症肺水肿。切断豚鼠、家兔、大鼠颈部两侧迷走神经可引起肺水肿。家兔（1.5～2.0 kg）耳静脉注入 1∶1 000 肾上腺素 0.54～0.6 mg，可使动物发生肺水肿并在 5～15 分钟死亡，肺系数自 4.1～5.0 g/kg 增至 6.3～12.5 g/kg。

四、泌尿系统疾病动物模型

肾炎

鸡卵白蛋白诱发肾炎。体重为 2.0～2.5 kg 家兔，耳缘静脉注射不稀释的鸡卵白蛋白 1～6 mL，间隔 4～5 天，共注射 4～5 次，末次致敏注射后 6～12 天做手术。在无菌条件下，打开腹腔分离出肾动脉，经由套在注射器上特殊玻璃小管，向一侧或两侧肾动脉注入不稀释的鸡卵白蛋白 1～3 mL。在注入鸡卵白蛋白后，用手指压迫或用线结扎肾动脉 5～6 分钟。术后检查尿液，以出现蛋白尿作为造模成功标志。若在致敏前 2 周将肾脏去神经，则在通常情况下不引起反应的蛋白剂量也能成功造成肾炎。

五、生殖系统疾病动物模型

子宫内膜异位症

使用 Wistar 或 SD 大鼠制作模型。成熟雌性 Wistar 或 SD 大鼠做连续阴道涂片镜检，选择动情周期为 4～5 天并连续有 2 个动情周期表现正常者，在其第 3 个性周期的动情期，实施手术造模。

3% 戊巴比妥钠按 1.5 mL/kg 腹腔注射麻醉，在无菌操作下剖腹，切口长约 1.5 cm，切取左侧子宫角组织 1 块，在洛氏营养液中做子宫内膜剥离术，切取 2 块约 25 mm^2 的子宫内膜组织片段，并将其分别缝合在腹膜上、卵巢或子宫上段附近，子宫内膜面朝向腹腔，关腹。

六、循环系统疾病动物模型

（一）高血脂及动脉粥样硬化

给新西兰兔、大鼠、小鼠、鸡、鸽、鹌鹑等喂饲高胆固醇、高脂肪饲料，可造成高血脂即动脉粥样硬化症模型。猕猴、小型猪、犬等实验动物也可用于制作高血脂及动脉粥样硬化模型。

1. 高胆固醇、高脂肪饲料喂养法

体重为 2 kg 的新西兰兔，喂服胆固醇 0.3 g/d，连续 4 个月后，肉眼可见主动脉粥样硬化斑块；

若胆固醇量增至0.5 g/d，3个月后可出现斑块；若增至1.0 g/d，可缩短为2个月。在饲料中加入15%蛋黄粉、0.5%胆固醇和5%猪油，3周后，将饲料中的胆固醇减去，再喂3周，主动脉斑块发生率达100%，血清胆固醇可升高至20 g/L。

家兔经济易得，便于饲养管理，短期内可成功复制动脉粥样硬化模型。但兔属草食性动物，其胆固醇代谢与人不完全相同，而且病变主要在心脏小动脉，而人的则主要发生在冠状动脉的大分支，因此用兔制作模型并不理想。大鼠、小鼠和犬较难在动脉形成粥样硬化斑块；若在饲料中增加蛋黄、胆酸、猪油、甲硫氧嘧啶、卡比马唑、苯丙胺、维生素D、烟碱或蔗糖等，则有增进作用。用猕猴造模，更接近于人类疾病的病理变化，但费用昂贵。小型猪是一种很好的制作动脉粥样硬化模型的动物，给小型猪喂饲高脂肪、高胆固醇饲料诱发动脉粥样硬化病变，其解剖部位、病理特点均与人类相似，有时还伴心肌梗死，但饲养管理比较麻烦。

2. 免疫学方法

将大鼠主动脉匀浆给家兔注射，可引起血胆固醇、β-脂蛋白及甘油三酯升高。给家兔注射马血清，每次10 mL/kg，共4次，每次间隔17天，动脉内膜损伤率为88%，冠状动脉亦有粥样硬化的病变；同时给予高胆固醇饲料，病变更加明显。兔喂饲含1%胆固醇的饲料，静脉注射牛血清白蛋白250 mg/kg，可加速高胆固醇饲料引起的动脉内膜病变形成。

3. 注射儿茶酚胺类药物法

给家兔静脉滴注去甲肾上腺素1 mg/d，时间为30分钟。一种方法是先点滴15分钟，休息5分钟后再滴15分钟；另一方法是每次点滴5分钟和休息5分钟，反复6次。以上两种方法持续2周，均可引起主动脉病变，呈现血管壁中层弹性纤维拉长、劈裂或断裂，病变中出现坏死及钙化。

其他方法有：注入同型半胱氨酸法、注射表面活化剂法、胆固醇-脂肪乳剂静脉注射法等。动物脑部缺血、电刺激中枢神经系统、高度应激状态、鸟类应用大剂量雌激素和暴露于一氧化碳环境、气囊导管损伤动脉壁内皮细胞等因素也可诱发高脂血症及动脉粥样硬化症。

（二）肾动脉狭窄性高血压

肾动脉狭窄可造成肾缺血，肾素形成，使血液中血管紧张素含量增加，导致血压升高。犬、兔、大鼠等实验动物都可用于制作肾性高血压模型。

1. 犬和家兔模型

将犬或家兔麻醉后，俯卧位固定。腹下垫一个长枕使腰部凸起，从脊柱旁1.5～2.0 cm处开始，右侧顺肋骨缘，左侧在离肋骨缘约两指宽的地方做4 cm长皮肤切口，分离皮下组织和腰背筋膜，切开内斜肌筋膜，推开背长肌，暴露盖在肾周围间隙上的腹横肌肌腱。顺肌纤维切开肌肉，并将肌肉分离。用手指通过手术区摸到肾脏，在肾内侧缘与主动脉之间找到强力搏动的肾动脉。按所需长度小心钝性分离出一段肾动脉，选用一定直径的银夹或银环（6～8 kg犬所用银环直径0.8～1.2 mm，家兔所用银环直径0.5～0.8 mm）套在肾动脉上造成肾动脉狭窄。如果是单侧肾动脉狭窄，术后10～12天再将另一侧肾脏摘除。

术后几天血压开始升高，1～3个月后达到高峰，并可长期维持。如家兔术前血压平均值为13.3 kPa，术后2周上升到16.4 kPa，1个月后上升到18 kPa，2个月后可上升达18.7～25.9 kPa。

2. 大鼠模型

选用SD大鼠，雌雄不拘，体重180～220 g；测量并记录血压。腹腔注射2%～3%戊巴比妥钠麻醉，沿腹正中线做1～2 cm切口，用手指伸入腹腔触摸肾脏，在肾切迹与主动脉之间找到强力搏动的肾动脉。按所需要长度用玻璃棒钝性分离出一段肾动脉，选用直径为0.2～0.3 mm的银夹或银环套在肾动脉上造成肾动脉狭窄。如果是单侧肾动脉狭窄，12天后将另一侧肾脏摘除。

亦可用丝线结扎肾动脉造模。分2次手术，先结扎一侧肾动脉，暴露分离肾动脉后，于动脉下方穿一条横线，并依肾动脉粗细，选用不同号码的细线或0.2～0.3 mm针灸针，按血管走向放于该动脉之上，以横线“8”字结扎肾动脉，其后抽出细线或针灸针，关腹。间隔1周再结扎另一侧肾动脉。

术后连续1个月每天测量大鼠血压。造模成功的大鼠1周后血压超过17 kPa（130 mmHg），并较术前上升4 kPa（30 mmHg）以上。

（三）心肌梗死与心肌缺血

1. 家兔模型

健康雄性青紫蓝兔，体重2.5 kg左右，耳缘静脉注射25%乌拉坦4 mL/kg或3%戊巴比妥钠30 mg/kg麻醉。仰卧固定于手术台上，静卧10分钟，记录心电图Ⅱ导联、aVF导联。分离左颈总动脉测血压。沿胸骨中线切开皮肤至剑突上，沿胸骨左缘剪开第2至第4肋软骨，用开胸器轻轻撑开胸腔，轻提并小心剪开心包，将其缝于胸壁切口及周围组织，做一心包床固定心脏，于左心耳下约0.5 cm处用0号线结扎冠状动脉左室支，造成左室侧、后壁急性心肌缺血损伤，关闭胸腔。动态观察结扎后5分钟、10分钟、20分钟、30分钟、40分钟、50分钟、60分钟心电图及血压改变，每次心电图取连续10个波测其Ⅱ导联、aVF导联的ST电位值。结扎冠状动脉后10分钟，家兔心电图ST段明显升高，部分心电图出现病理性Q波，少数出现心律失常。

电刺激法：是近年建立的一种造成动物实验性心肌缺血的较新方法。实验一般用成年雄性家兔，麻醉后用定向仪插入2支涂绝缘漆的不锈钢针，以弱刺激（0.8～1.6 mA电流）及强刺激（4～8 mA电流）交替刺激右侧下丘脑背内侧核，每次刺激5分钟，间隔1～3分钟。

2. 犬模型

戊巴比妥钠30 mg/kg静脉麻醉下，气管插管给氧。仰卧位固定犬，从胸骨左侧第4肋间开胸，于距离膈神经前约1 cm处切开心包，边缘固定，充分暴露心脏左侧壁，然后结扎左冠状动脉左旋支的钝缘支，包括与之相连的各侧支和吻合支，以及左冠状动脉前降支的第1至第4分支。为避免结扎过程动物因心律失常而死亡，可采用2步结扎法。即先在钝缘支的近端套两根4号线，在近端线中先绑1个5号半针头，再进行结扎。10秒内拔去针头使该区血管缩窄致针头粗细的口径。过30分钟后，以远端线进行第2次结扎。随后分别结扎小侧支、前降支各分支及吻合支。

此法可成功复制左心室前壁心肌梗死，动物心电图示ST段抬高，Q波出现并加深，T波倒置；血清天冬氨酸转氨酶、磷酸肌酸酶升高。

3. 大鼠模型

常用药物法造模。最常使用的造模药物为4%异丙基肾上腺素，给大鼠皮下注射50 mg/kg体重；或将药物加入500 mL生理盐水，从家兔耳静脉匀速（4小时）滴入，每千克体重可分别给药10、20、30 mg，或直接将药物注入腹腔均可。

（四）心律失常模型

1. 心房扑动和心房颤动性心律失常

选用犬、猫等动物，麻醉后开胸，暴露心脏，在人工呼吸下进行实验。可用高频电直接刺激心房壁，使每次刺激落在心房肌复极时R波或S波间隔；用乌头碱溶液涂抹心房外面局部；挤压动物上下腔静脉间的部位，同时给予电刺激；窦房结动脉内注入乙酰胆碱或甲状腺素制剂。或采用动物整体闭胸条件下，阻塞呼吸道或吸入低氧气体。也可采用离体心房组织块做实验，将含有窦房结的哺乳动物的离体心房组织块浸放于低钾溶液内。

2. 室性心动过速和心室颤动性心律失常

多选用犬、猫或家兔、大鼠等整体心脏（开胸或闭胸）进行实验。常使用的造模药物为乌头碱、洋地黄及肾上腺素。一般使用乌头碱缓慢静脉注射造模，剂量为家兔100～150 μg/kg，大鼠30～50 μg/kg，小鼠5 μg/kg。也可使用中毒剂量的洋地黄类药物造模。

3. 房室传导阻滞和房室交接区传导异常性心律失常

多选用犬、猫、家兔，在麻醉开胸暴露心脏的情况下，于距犬心尖部1.5～2.0 cm处的左室心肌内注入热生理盐水（80～90 ℃）或95%酒精、25%硫酸10～15 mL（猫和家兔注入4～7 mL），引起心肌大片的局部坏死性心律失常。也可在犬的房室交接部（即在左心房下部，心房、下腔静脉和前房室沟三者交汇点的前上方约0.5 cm处），用注射针头垂直刺入房间隔下部房室结区，缓缓注入95%或无水酒精2～5 mL，造成该处组织坏死。还可采用豚鼠，自左心耳向左房内注射腺苷5 μg，注后1秒左右，即出现典型的Ⅱ度或Ⅱ度以上的传导阻滞，较严重时，房室完全停搏，停搏时间与剂量呈平行关系，心率和心律仅在数秒或十几秒即可恢复。此模型重复性好，但传导阻滞持续时间短，不易用其进行药物观察，如果注射腺苷剂量大，则传导阻滞不易复原。除豚鼠外，腺苷对其他动物一般不引起传导阻滞。

4. 窦房结心律失常

用雄性家兔，将细钢丝做成直径约0.8 cm的半环，缠绕少许棉花。以40%甲醛浸润后，把此环放在上腔静脉根部与右心房交界处1分钟，动物迅速出现心电图改变，心率减慢50%左右，6～8分钟后减至最低水平；P波多在1～2分钟内消失，形成交界性心律；在3～10分钟内发生ST段偏移（抬高、下降或先升后降）；在心电图改变的同时，伴有动脉压下降，在第8分钟降至最低水平。此方法造模的成功率高，持续时间长（可达5小时），重复性好，模型较稳定，发病机制及心电图表现与临床相似。

七、内分泌系统疾病动物模型

主要介绍糖尿病造模方法。糖尿病造模可采用化学物质破坏胰岛β细胞、手术切除胰腺及使用致高血糖因子等方法。

1. 化学物质诱发模型

常用于诱发糖尿病的化学物包括链脲佐菌素、四氧嘧啶、二苯基硫代卡巴腙，以及环丙庚哌、天门冬素酶、6-氨基烟酰胺、2-脱氧葡萄糖、甘露庚酮糖等。

（1）链脲佐菌素模型。采用腹腔注射法。体重为200～280 g的SD大鼠，雌雄各半，造模前禁食18～24小时，按60 mg/kg腹腔内注射链脲佐菌素（溶于0.1 mol/L柠檬酸缓冲液，pH为4.4），大鼠在造模3天后发生糖尿病。造模后72小时监测随机血糖，连续3次随机血糖值大于16.7 mmol/L，且表现为多饮、多尿、多食，说明造模成功。

（2）四氧嘧啶模型。按30～150 mg/kg剂量给大鼠或犬1次静脉或腹腔注射四氧嘧啶，数天后出现糖尿病。

注射链脲佐菌素和四氧嘧啶后，血糖出现3个时相变化：早期（1～4小时）出现短暂高血糖（应用链脲佐菌素者延迟45～60分钟才出现高血糖）；中期（持续48小时）出现低血糖，可导致实验动物死亡；后期（48小时后）形成长期高血糖。实验动物表现多食、多尿、多饮、消瘦、高血糖、尿糖、高血脂、酮尿及酸中毒。

2. 胰腺部分切除模型

体重为45～75 g的大鼠，3%戊巴比妥钠麻醉后沿腹中线从剑突向下切一短切口，暴露十二指肠，用眼科蚊式弯止血钳从十二指肠环肠系膜上仔细分离胰腺，将十二指肠拉向相反方向，使胃、脾和结肠充分暴露，继续剥离胰腺，使其与脾、胃的幽门部及横结肠分离，切除胰腺的75%～90%。缝合腹膜和切口。

手术后用毛巾包裹实验动物以保温，并将该动物放在笼外至麻醉完全苏醒后，再放进干燥鼠笼内。术后5天之内给予动物生理盐水饮料，第7天拆线。

3. 全胰切除模型

体重为10～15 kg的家犬，予3%戊巴比妥钠肌内注射麻醉，同时做气管插管，一侧股动脉、股静脉分别予插管测动脉压和采血样。麻醉后静脉滴注林格氏液，开腹后暴露、分离胰腺，首先解剖由脾动脉和胰十二指肠上、下动脉在胰腺上缘形成的吻合弓，在血管弓下缘逐一结扎、切断发至胰腺的细小血管。分离胰腺，在胰体分离出胰管，切断后结扎其远端，切断脾动脉和胰十二指肠上、下动脉到胰腺的分支，最后切除胰腺。术后定期采血测定血糖。

部分或全胰切除后，大鼠和犬均表现糖尿病症状，多食、多尿、体重下降、高血糖、尿糖、高血脂、酮尿及酸中毒。

八、感觉器疾病动物模型

（一）角膜炎

选用体重为2 kg的日本大耳白兔，雌雄不拘，在0.5%丁卡因局部麻醉下，用4号针头将0.1 mL金黄色葡萄球菌标准菌株（2.5×10^9/mL）或0.1 mL铜绿假单胞菌（绿脓杆菌）标准菌株(3.0×10^9/mL)注入双眼角膜近中央处的实质层，可诱发细菌性角膜炎。接种细菌24小时后，眼部将出现明显炎症反应，表现结膜充血、眼前房积脓、角膜水肿增厚呈乳白色混浊，并出现大面积溃疡。

（二）白内障

5～6周龄、体重为50～60 g的大鼠，雌雄不拘，喂饲含50%半乳糖的全价营养标准饲料。4天后大鼠晶状体发生病理改变，14～19天出现白内障。但停喂半乳糖30天后，白内障开始恢复，45～60天白内障将完全消失。

（三）中耳炎

选用家兔，以注射器穿破鼓膜，并向鼓室注入10%～20%阿拉伯树胶松节油乳剂0.25 mL，10～20小时后发生急性中耳炎。或选用豚鼠，以玻璃微管刺穿其鼓膜，并将b型流感嗜血杆菌菌液经玻璃微管注入鼓室，可诱发急性细菌性中耳炎。

九、神经系统疾病动物模型

（一）脑缺血

阻断动物大脑中动脉可引起局灶性脑缺血，而出现中风症状。选用体重250～300 g的成年SD大鼠，雌雄均可，以6%水合氯醛麻醉后，右侧卧位固定，在左眼外眦到左外耳道连线的中点做垂直于连线的皮肤切口，长约2 cm，沿颧弓下缘依次切断咬肌和颞肌，将这些肌肉推向前上，注意不要损伤面神经和动脉；分离切除下颌骨冠状突，用撑开器将颧弓和下颌骨的距离撑大，暴露鳞状骨的大部分，用牙科钻在颧骨和鳞状骨前联合的前内侧2 mm处钻孔开颅。在手术显微镜下切开硬脑膜，暴露大脑中动脉，用电压为12 V的双电极电灼损毁Willis动脉环（大脑动脉环）起始至嗅沟段的大脑中动脉，使其阻塞，血流中断。创面放置一小块明胶海绵后，缝合肌肉、皮肤。

术后24小时进行行为学检测和脑组织形态学检查。正常大鼠在提尾垂吊时双前肢能伸直触地。造模大鼠在提尾垂吊时，可有不同程度的右前肢向对侧偏斜或屈曲回缩，不能伸向地面；平衡功能亦发生障碍，行走时向右侧旋转。用墨汁灌注法检查脑缺血区范围和血管分布情况，可见脑梗死区大小与中风阳性体征呈正比，并且可见大量神经胶质细胞和变性坏死的神经元。

（二）脑出血

向动物尾状核注入自体血，可造成脑出血模型。大鼠麻醉后，俯卧固定于脑立体定位仪，并做股动脉插管。沿大鼠头皮中线切开头皮，分离骨膜，暴露前囟和冠状缝，按大鼠脑立体定位图谱所示尾状核中心坐标，在距前囟前方0.5 mm，中线旁开3 mm处做颅骨钻孔，从颅骨表面垂直穿刺约6 mm，抵达尾状核区域，把从股动脉抽取的50～60 μL血液注入尾状核，骨腊封闭颅骨孔。

脑出血后的实验大鼠在提尾垂吊时，出现出血灶对侧肢体瘫痪，其表现与脑缺血的症状体征相似。

（三）脑出血血肿清除术

先制作大鼠双侧肾动脉狭窄性高血压模型。其后60天，将50 μL的微气囊置于25号针内，定向刺入大鼠尾状核中心，在平均动脉压条件下充胀微气囊，造成脑出血占位性效应，24小时后将微气囊放气，模拟血肿清除术。

（四）脑水肿

动物注射伤寒内毒素可导致脑水肿。选用体重为1.4～3.0 kg的家兔，雌雄均可。不用麻醉，将兔仰卧位固定，在颈部正中线做一切口，长4～5 cm，暴露右颈总动脉，分离颈内动脉，分别结扎其不进入颅内的侧支。按1 mL/kg剂量从右耳静脉注射2.5%的伊文思蓝生理盐水，用动脉夹夹住右侧颈外动脉起始处，取4.5号针头向右颈内动脉顺血流方向分别给实验兔及对照兔注入伤寒内毒素或生理盐水，10～20秒内注完；注药完毕即松开动脉夹。伤寒内毒素的剂量为4.008 mg/kg（即0.6 mL/kg）。

术后进行脑组织水分、钾、钠含量测定，以及伊文思蓝染色观察，并做病理及电镜检查。造模后可见家兔的瞳孔不等大，瞳孔对光反射迟钝或消失，部分发生眼球突出和震颤，体温下降，心率下降，呼吸减慢。造模6小时后取大脑组织检测，可发现造模动物的大脑体积增大，右侧大脑皮质含水量和钠、钾含量明显高于对照组动物，右侧大脑半球的伊文思蓝染色范围较大，光镜和电镜所见符合脑水肿改变。

十、老年病动物模型

（一）衰老模型

1. 自然衰老

大鼠或小鼠在标准环境设施中正常饲养，待其自然进入衰老期才用于实验。大鼠衰老早期在21～26月龄，衰老晚期为30～32月龄。小鼠进入12～24月龄属老年期。

2. D－半乳糖致亚急性衰老

选20 g小鼠，每天注射D－半乳糖1次，连续30～60天，可诱发亚急性糖代谢衰老。D－半乳糖可颈部皮下注射，每次用5% D－半乳糖生理盐水0.5 mL；或D－半乳糖眼球后注射，剂量为每次12 mg/kg。采血测定血中超氧化物歧化酶（SOD）活性，若SOD活性显著降低，则造模成功。

（二）老年性痴呆

1. 一侧海马伞切断致老年性痴呆

取24月龄以上、体重为700～800 g的老年雄性Wistar大鼠，或24月龄以上的老年雌性SD大鼠。可直接复制老年性痴呆模型，或先制作衰老模型，进而复制老年性痴呆模型；不足24月龄大鼠往往采用后一种方法。

先颈部皮下注射D－半乳糖，连续42天后，采血测定血中SOD活性，若SOD活性显著下降，表明复制亚急性衰老模型成功。然后以2%戊巴比妥钠腹腔注射麻醉，俯卧位固定于脑立体定位仪上，常规消毒，从脑背侧面正中线剪开头皮直达耳后，暴露并切开颅骨，将左侧大脑半球的皮质连同髓质一并切除，即露出深部的尾壳核、隔区、海马、海马伞等，用脑立体定位仪确定左侧海马伞的位置，将其切断，最后缝合伤口，术后护理1周，注意防止感染。

可用跳台和水迷宫法测定动物术前术后学习、记忆能力的变化，并于术后15天和30天断头取脑隔区和海马组织，用放射免疫化学法测定胆碱乙酰转移酶（choline acetyltransferase，ChAT）活性。海马伞切断15天，损害侧海马ChAT活性可下降70%，隔区下降35%，对侧未受损害海马的ChAT活性无显著变化。乙酰胆碱酯酶组织化学染色显示，切口远端海马伞缺乏酶染色纤维。这些结果表明，隔区细胞（胆碱能）经海马伞到达海马的轴突已被切断。

2. 阻断颈总动脉致血管性痴呆

体重为250～300 g的Wistar大鼠，麻醉固定后，暴露翼小孔，烧灼椎动脉，分离两侧颈总动脉后穿线备用，第2天用无损伤血管夹间断阻断双侧颈总动脉3次，每次5分钟，2次之间间隔1小时，造成全脑反复缺血再灌流的状况。术中以脑电图和翻正反射检测双侧椎动脉和颈总动脉是否完全被阻断。

以水迷宫和跳台试验检测大鼠造模前后学习与记忆能力的变化，并镜检海马、皮质、丘脑和纹状体等脑组织的病理改变。阻断血流后1～2分钟内脑电活动和翻正反射消失；术后10天进行水迷宫试验，可发现大鼠游泳时间延长，跳台试验的错误次数增加，表明术后发生记忆障碍；光镜可见以海马为主的脑组织严重损伤。

十一、血液系统疾病动物模型

白血病

用津638病毒诱发的昆明种小鼠白血病组织的提取液，给新生615小鼠皮下注射。经过81天潜伏期，取1只患白血病小鼠的脾脏，用生理盐水制成25%的脾细胞悬液，皮下注射到成年615小鼠体内，均发生白血病，平均存活时间为29.7天。以患白血病的615小鼠的脾脏为瘤源，在615小鼠中连续移植传代，100%发生白血病，且存活时间逐渐缩短，达30代后建成稳定的白血病模型，称L615白血病，为T淋巴细胞白血病。

十二、免疫系统疾病动物模型

（一）猴SAIDS模型

1969年，美国加利福尼亚、华盛顿、俄勒冈州和英国的新英格兰等地的灵长类研究中心相继在猴群中发现猴获得性免疫缺陷综合征（simian acquired immunodeficiency syndrome，SAIDS）。本病与人类获得性免疫缺陷综合征（AIDS，艾滋病）相似。其临床表现为全身淋巴腺病、贫血、反复腹泻、消瘦；免疫学表现为体液免疫和细胞免疫功能降低，淋巴细胞减少，循环性T淋巴细胞中T4（辅助/诱导性细胞）和T8（抑制/细胞毒性细胞）比例明显低于正常。

用D型逆转录病毒SRV-1或SRV-2人工感染猴，可诱发猴SAIDS。用猴免疫缺陷病毒（simian immunodeficiency virus，SIV）人工感染恒河猴，亦能迅速发生SAIDS。

（二）诱发性系统性红斑狼疮模型

诱发性系统性红斑狼疮模型可用同种异体淋巴细胞诱发。将C57BL/10小鼠与CBA/2小鼠杂交所生F1代小鼠，在无菌操作下取亲代CBA/2小鼠的脾、胸腺、淋巴结，在尼龙薄膜上轻轻挤压，制备含单个脾细胞、胸腺细胞、淋巴结细胞悬液。将上述悬液按脾细胞（或胸腺细胞）：淋巴结细胞=2:1的比例混合，并以每只鼠1.0×10^7个淋巴细胞的剂量给F1代小鼠做静脉注射，第7天重复注射1次，同时注射50 IU肝素。第3周可形成自身抗体，第4周出现系统性红斑狼疮病变。

十三、传染病寄生虫疾病动物模型

疟疾动物模型有人疟、猴疟和鼠疟三种。

1. 人疟动物模型

将人疟原虫（恶性疟、间日疟）通过含一定量红细胞内期疟原虫的血液静脉注射给易感的猴，如夜猴、松鼠猴、狨等；或用带有子孢子的按蚊叮咬易感猴，均可制作出人疟感染模型。

2. 猴疟动物模型

用食蟹猴疟原虫感染斯氏按蚊或大劣按蚊，再由按蚊感染恒河猴。

3. 鼠疟动物模型

将伯氏疟原虫接种到昆明种小鼠等小鼠血液中，并用感染小鼠血液接种传代。但每过3～5代必须经斯氏按蚊传代1次才能保持疟原虫的活力。

第三节　自发性疾病动物模型

自发性疾病动物模型（spontaneous animal models）主要是由突变系动物经定向培育而稳定遗传的实验动物。突变系动物（mutant strain animal）是因自然变异或人工致畸，使正常染色体上的基因发生突变，而具有某种遗传缺陷或某种遗传特点的动物，如裸鼠、糖尿病大鼠等。

实验动物的突变可分为两类。其一为细胞学上可见的染色体数目和（或）结构改变，也称染色体畸变；其二是细胞学上不可见的基因突变。但习惯上，突变是指细胞学上不可见的基因突变，染色体改变称为染色体变异。对生物医学研究而言，实验动物的突变有如下四类：①可见突变。可用肉眼观察的突变，如无毛并胸腺发育不全的裸小鼠、裸大鼠。②生化突变。突变使动物的某一特定生化功能丧失，用肉眼无法观察，而必须用某种检验手段检出。如 SCID 小鼠。③致死性突变。有显性致死突变和隐性致死突变两种。显性致死基因在杂合态就有致死效应；隐性致死，其隐性基因必须纯合才具有致死效应。如镰刀状红细胞贫血就是隐性致死性突变。④条件致死性突变。即在某种条件下能存活，而在另一种条件下则致死的突变。

突变系动物经定向培育，成为自发性疾病动物模型，目前已有600多种自发性疾病动物模型。可用于遗传病、免疫缺陷病、肿瘤等疾病的实验研究。该模型减少了人为因素，因此更接近于自然发生的人类疾病，其应用价值较高。但目前所发现的动物疾病模型种类仍较少，疾病动物的饲养条件要求高、耗费时间多、专业性强，因而应用尚不普遍。

自发性疾病动物模型包括自发性肿瘤动物模型、免疫缺陷动物模型、内分泌及其他自发性疾病动物模型等。

一、自发性肿瘤动物模型

某些近交系动物在某个年龄阶段有一定比例的某种自发性肿瘤发生。目前已培育出多种小鼠自发性肿瘤，大鼠自发性肿瘤的发生率较低，而其他实验动物的自发性肿瘤则更少。

从肿瘤发生学上看，动物自发肿瘤与人类肿瘤更相似，因而较适合进行肿瘤病因学和药效学研究。但自发性肿瘤的生长速度慢，同一时间很难获得满足实验需要的动物数量，因此很少用于药物筛选。

（一）小鼠自发性肿瘤

1. 乳腺肿瘤

生育期雌性小鼠乳腺肿瘤的发病率较高，未生育者较低。不同品系生育期雌性小鼠自发性乳腺肿瘤的发病率从高到低依次为 C3H 系（99%～100%）、A 系（60%～80%）、CBA/J 系（60%～65%），TA2 亦为乳腺癌高发品系。生育期雌性小鼠乳腺肿瘤的主要类型为乳腺腺瘤、乳腺癌（乳头状囊腺癌、单纯癌、导管内癌）、纤维瘤（乳腺纤维瘤和乳腺纤维腺瘤）。

2. 肺肿瘤

肺肿瘤主要发生在 18 月龄以上的小鼠。A 系（90%）、SWR 系（80%）、PBA 系（77%）均为肺肿瘤的高发病率品系。肺肿瘤的主要类型是腺瘤和腺癌。

3. 肝肿瘤

小鼠的自发性肝肿瘤多发生在 14 月龄以上，雄性小鼠的发病率高于雌性小鼠。高发病率品系为 C3H 系（72%～90%）、CBA 系（65%）等。其肝肿瘤主要为腺瘤和肝癌。

4. 淋巴细胞性白血病

C58 系（95%～97%）、AKR 系（76%～90%）等小鼠品系的淋巴细胞性白血病发病率较高。

5. 卵巢肿瘤

卵巢肿瘤多见于 19 月龄以上的生育雌性小鼠，C3H 系（64%）、CE 系（33%）的发病率较高。

6. 胃肠道肿瘤

A 系小鼠胃肿瘤的自发率很高（100%）；NZO 系则可自发十二指肠肿瘤，但发生率较低（15%～20%）。

7. 垂体肿瘤

C57BL 系老年生育雌性小鼠可发生垂体肿瘤，其发生率为 33%。

此外，小鼠还自发肾上腺皮质瘤（CE 系、NIH 系）、先天性睾丸畸形瘤（TER/SV 亚系）、血管内皮瘤（HR系）、皮肤乳头状瘤（HR/De）、骨髓上皮瘤（A系、BALB/c）、淋巴肉瘤（PBA系、C3H系），以及网状细胞肉瘤（SJL系、RF系、FB/Ki亚系、C57BL）等。

（二）大鼠自发性肿瘤

1. 乳腺肿瘤

乳腺肿瘤可在F344（50%）、ACI（11%）等品系的大鼠发生，主要发生在生育期雌性大鼠。以乳腺纤维腺瘤多见，而纤维瘤和腺瘤则较少见。此外，封闭群Wistar大鼠、SD大鼠也可自发乳腺纤维腺瘤。

2. 睾丸肿瘤

雄性大鼠睾丸肿瘤的发生率在ACI为46%，F344为35%。

3. 垂体肿瘤

雌性大鼠垂体肿瘤的发生率高于雄性大鼠，F344雌性大鼠的垂体肿瘤发生率为36%、雄性大鼠为24%，ACI雌性大鼠为21%、雄性大鼠5%。

4. 子宫肿瘤

F344雌性大鼠子宫肿瘤的发生率为21%、ACI雌性大鼠为13%。

5. 浆细胞瘤

LOU/CN大鼠为浆细胞瘤高发系，LOU/MN大鼠为浆细胞瘤低发系。

6. 肾上腺肿瘤

ACI雄性大鼠肾上腺肿瘤的发生率为16%，雌性大鼠为6%。

二、免疫缺陷动物模型

20世纪初以来，人们一直试图建立人类肿瘤动物模型。最初，将人类肿瘤直接接种于动物体内，由于排斥反应而未获成功。进而又将肿瘤组织移植到动物某些免疫反应较弱的器官，如眼球前房或脑组织、仓鼠颊囊以及鸡胚等。其中一些移植肿瘤存活下来，但是，由于瘤体生长缓慢、瘤块较小、不能传代或传代的肿瘤失去原有肿瘤的生物学特征，因而不能广泛应用。其后又采用免疫抑制剂或全身射线照射等方法抑制动物的免疫功能，再进行肿瘤移植；但控制免疫抑制剂的剂量是一个棘手的问题，剂量过大会危害动物，剂量过小则移植物会受排斥。

后来的免疫学研究发现，对异种移植物起排斥作用的是T淋巴细胞的活性。因而切除新生动物的胸腺、脾，以选择性破坏对同种或异种肿瘤移植物的排斥，提高了肿瘤移植的成功率。但这种方法的手术复杂，动物的生命周期短。

免疫缺陷动物的发现，为建立人类肿瘤移植动物模型开辟了新路径。在过去的40年中，已成功地将*nu*基因（裸基因）导入不同近交系动物，形成了系列动物模型，仅小鼠就建立了20余种近交系裸鼠模型。尚发现和培育了以B淋巴细胞功能缺陷为特征的CBN/N小鼠，杀伤细胞功能缺陷的Beige小鼠，以及T、B淋巴细胞功能联合缺陷的SCID小鼠等各类免疫缺陷动物模型。近年来，利用基因导入育种技术，又可依研究所需而将不同类型免疫异常基因整合在一个动物上。这些具有不同遗传背景和不同免疫缺陷的动物模型成为近代生物医学的宝贵试验材料，并大大推动了肿瘤学和免疫学等学科的发展。免疫缺陷动物模型的建立与发展，是继近交系动物的诞生、悉生动物的出现之后的又一重大突破。

（一）免疫缺陷动物分类

（1）T淋巴细胞功能缺陷动物：裸小鼠、裸大鼠、裸豚鼠、裸牛等。

（2）B淋巴细胞功能缺陷动物：CBA/N小鼠、雄性种马和1/4杂种马等马属动物、免疫球蛋白异常血症动物等。

（3）自然杀伤细胞（NK细胞）功能缺陷动物：Beige小鼠等。

（4）联合免疫缺陷动物：SCID小鼠、Motheaten小鼠等。

（5）获得性免疫缺陷动物模型：小鼠 AIDS 模型、猴 AIDS 模型、家兔恶性纤维瘤综合征模型等。

（二）T 淋巴细胞功能缺陷的动物模型

裸小鼠和裸大鼠，见第八章第一节“小鼠”和第二节“大鼠”相关内容。

（三）B 淋巴细胞功能异常动物

CBA/N 小鼠，又称性连锁免疫缺陷（X-linked immune deficiency mouse，XID）小鼠，起源于 CBA/H 品系。其 T 细胞功能没有缺陷，而 B 淋巴细胞功能有缺陷，为 X－链隐性突变系，基因符号为 *xid*。纯合子雌性小鼠（*xid/xid*）和杂合子雄性小鼠（*xid*/Y）对非胸腺依赖性Ⅱ型抗原（如葡聚糖、肺炎球菌脂多糖及双链 DNA 等）没有体液免疫反应，血清 IgG、IgM 含量低。如果移植正常鼠的骨髓到 XID 宿主，B 淋巴细胞缺损可得到恢复。相反，把 XID 小鼠的骨髓移植给受放射线照射的同系正常宿主，受体动物仍然表现为不正常的表型。

该模型的病理改变与人类 Bruton 丙种球蛋白缺乏症及威－奥（Wiskott-Aidsch）综合征相似，是研究 B 淋巴细胞的发生、功能与异质性的理想实验材料。

（四）NK 细胞功能缺陷的动物模型

Beige 小鼠，为 NK 细胞功能缺陷的突变系小鼠。*bg* 是隐性突变基因，位于第 13 号染色体上。基因纯合的 Beige 小鼠（*bg/bg*）毛色变浅，耳朵和尾巴色素减少，尤其是出生时眼睛色淡。这种小鼠的表型特征与人的白细胞异常色素减退综合征（Chediak-Higashi syndrome）相似。其免疫学特点为内源性 NK 细胞功能缺乏，中性粒细胞对细菌的趋化性和杀伤作用降低，巨噬细胞抗肿瘤杀伤作用出现较晚，缺乏 T 细胞的细胞毒功能，对同种、异种肿瘤细胞的体液免疫功能减弱，亚细胞结构可见异常肿大的溶酶体颗粒和溶酶体膜缺损。由于溶酶体功能缺陷，Beige 小鼠对化脓性细菌感染及各种病原体都较敏感，因此必须在 SPF 环境中才能较好地生存。Beige 小鼠的繁殖是在纯合子之间进行的。

（五）联合免疫缺陷的动物模型

重症联合免疫缺陷（SCID）小鼠于 1983 年由美国波士玛（Bosma）从近交系 C. B-17 小鼠中首先发现。这是由位于 16 号染色体上称作 *Scid* 的单个隐性基因所致。SCID 基因纯合小鼠（*Scid/Scid*）的 T 淋巴细胞和 B 淋巴细胞数量大大减少，体液免疫和细胞免疫功能均缺陷，但 SCID 小鼠的巨噬细胞和 NK 细胞活性不受 SCID 突变的影响。

SCID 小鼠是研究人类 SCID 疾病的优良模型，可用于观察免疫缺陷与疾病临床表现之间的关系。它还能接受移植并维持异种及同种异体的组织器官，尤其异种和同种的杂交瘤均能以腹腔积液瘤的形式在 SCID 小鼠体内很好地生长，并产出较大量的单克隆抗体。

SCID 小鼠因免疫缺陷而易于感染死亡。在屏障环境下饲养，寿命约 1 年。SCID 小鼠两性均能生育，但胎仔较少，每窝仅 3～5 只。

三、内分泌及其他自发性疾病动物模型

（一）糖尿病小鼠/大鼠/地鼠

1985 年，WHO 将糖尿病分为胰岛素依赖型糖尿病（insulin-dependent diabetes mellitus，IDDM）和非胰岛素依赖型糖尿病（noninsulin-dependent diabetes mellitus，NIDDM）。目前已培育出上述 2 种类型糖尿病的动物模型。

1. 小鼠

KK 糖尿病小鼠，是于 1941 年由 K. 坎德（K. Kondo）用购自日本的 Kasukabe 小鼠培育而成，其糖尿病发病率高，属 NIDDM 模型。该小鼠对胰岛素不敏感，对葡萄糖耐受性小。

2. 大鼠

（1）BB Wistar 大鼠，由加拿大渥太华生物培育实验室于 1977 年发现并培育而成，属自发性 IDDM 模型。1990 年，上海华山医院糖尿病研究室从加拿大引种。BB Wistar 大鼠经随机交配生产的子

代，其糖尿病发生率达 90%；多于 58～123 日龄发病；可能与细胞介导的自身免疫反应有关。其表现为多饮、多食、糖尿等。

（2）肥胖性糖尿病 Wistar 大鼠（obese Wistar fatty rats），属自发性 NIDDM 模型，主要表现为肥胖、高血糖［（22.5 ±1.4）mmol/L］、高甘油三酯［（4.39 ±0.54）mmol/L］、高血胰岛素［(7 488 ± 954）pmol/L］，肝输出极低密度脂蛋白－甘油三酯（VLDL-TG）的含量增加［（16.2 ±0.1）mmol/L］。食入果糖后血糖及血胰岛素水平不改变，但甘油三酯上升至（8.74 ±1.15）mmol/L，VLDL-TG 也上升至（27.5 ±1.2）mmol/L。该模型的主要发生机制可能是 VLDL 不易移去 TG，从而 TG 及 VLDL-TG 代谢障碍，果糖可进一步促使肝脏产生甘油三酯。

3. 地鼠

糖尿病地鼠由山西医学院（现山西医科大学）于 1985 年培育成功，属自发性 NIDDM 模型。中国地鼠糖尿病发病率为 25%，近亲繁殖 2～6 代，特别是全同胞兄妹交配繁殖的后代，发病率达 90%，雌性发病率高于雄性。除遗传因素外，其糖尿病的发病率还受环境等非遗传因素的影响。

（二）肥胖症大鼠

肥胖症大鼠 3 周龄时，食量较正常大鼠多，且肥胖；5 周龄时更为明显，40 周龄时的体重几乎为同龄正常大鼠的 2 倍，雌鼠达 500 g，雄鼠可达 800 g。血脂肪酸含量增加 10 倍，胆固醇和磷脂含量也升高。其雌大鼠不育，雄大鼠偶有能繁殖后代的。

（三）白内障小鼠

自发性白内障小鼠由中国人民解放军陆军第八十一集团军医院从 BALB/c 近交系小鼠中发现并培育而成，发病率 100%。该品系小鼠出生时无白内障，但在 25～40 日龄，其双眼晶状体逐渐形成白内障。病理检查可见晶状体无纤维、肿胀成泡状，晶状体囊膜下可见移行细胞和马氏小体，后囊膜下有纤维细胞增生，晶状体纤维透明变性，赤道部囊膜下组织嗜碱性变性，纤维板层分房，眼球晶状体均有变性。

（四）自发性高血压（SHR/Ola）和癫痫大鼠

见第八章第二节“大鼠”相关内容。

第十四章　动物实验质量监控

临床观察和实验研究是现代医学及中医药学研究的两条重要途径。而动物实验又属于实验研究的重要组成部分，它具有独特的优越性。例如，可以将高温、缺氧、放射、致癌物质、烈性传染病等不能施加于人体的有害因素，在动物身上进行研究；可以依据课题设计和安排采样时间、方式和数量，甚至处死动物，进行分层次研究；可以严格控制实验条件和影响因素，进行多学科、多指标综合研究，从而使有关过程显现出来；可以进行反复观察研究，从而发现规律，认识疾病本质，找到解决办法。由此可见，动物实验为临床实践和研究提供了重要依据和补充。动物实验的内容包括实验对象、处理因素和实验效应三个基本要素，在设计动物实验、选择实验动物和评价实验结果时，都要对上述内容进行监控，才能确保动物实验获得成功。

第一节　动物实验设计

一、动物实验设计应具备的条件

实验设计是实验研究必不可少的重要环节。没有严谨的设计，实验的效果将明显降低，甚至得不到准确可靠的结果。而良好的实验设计，应保证实验研究的先进性、实用性及结论的可重复性，并尽可能节约资源。

动物实验设计首先必须掌握相关学科的专业知识。例如，开展胃、十二指肠溃疡的动物实验研究，就必须熟悉溃疡病的发病机理、临床症状体征、治疗用药、疾病转归及有关检查指标等，才有可能提出合理的实验研究方案。其次，动物实验设计的内容还包括实验对象、处理因素和实验效应等。实验对象主要指实验动物，选择实验动物时需要考虑的因素颇多，如品种、品系、动物等级、年龄、性别、价格等。处理因素方面，除了施加的实验因素和统计学处理以外，还包括对实验环境、微生物、营养等实验条件的质量控制，其中统计学处理应贯穿整个动物实验的始终。实验效应是指实验结果和对实验结果的科学分析。例如，研究某个终止早孕药物的作用，实验对象应选择早孕大鼠，处理因素是指该终止妊娠药物的使用、统计学处理及实验条件的质量控制，而实验效应则为早孕终止及相关的科学分析。

二、动物实验设计应遵循的伦理原则

现代伦理学认为，实验动物也有欢乐与痛苦的感受，所以部分极端人士反对进行动物实验。而理性思维人士则认为动物实验可以进行，但必须权衡动物承受的痛苦与实验结果的价值间的利弊，不可滥用实验动物。目前认为，应优先考虑实验动物承受的痛苦。如果造成的痛苦动物可以耐受，同时能获取重要或比较重要的结果，那么实验应当进行。动物实验的设计方案应交由专门的伦理委员会评估该实验是否值得进行。为使动物权益得到保护，动物实验设计应遵循“3R”原则。

美国政府每年拿出 1/4～1/2 的科研经费用于动物替代的研究项目。目前，这类非动物的研究模型大致包括：物理化学技术、计算机和数学模型、微生物系统和细胞组织培养，要求每个科研工作者尽可能地用这些开发成熟的模型来替代实验过程中应用的动物。“3R”反映了实验动物科学由技术上的严格要求转向人道主义管理，提倡实验动物福利与动物保护。

三、动物实验设计的基本类型

（一）完全随机化设计

将动物随机分配至处理组及对照组做实验观察，先将动物按顺序编号，再用随机化工具，如随机数字表等，将动物分组。

本设计方法简便、灵活，处理数及重复数都不受限制。统计分析也比较简单，抗数据缺失能力较强。若某个实验动物发生意外，信息损失小于其他设计，对数据处理的影响也不大。其缺点是对非实验因素缺乏有效控制，只能依靠随机化方法平衡有关因素的影响，因而精确度较低，误差往往偏高。适用于实验对象同质性较好的实验设计。

（二）随机区组设计

该类设计创始于农业试验。农学家在小麦试验时发现，不仅小麦品种（处理因素）影响产量，不同地块（区组）也影响产量。随机区组设计不但可以确定处理因素的效果，还可以明辨“区组”的影响。

同样地，动物实验时，可将一窝小鼠或大鼠归为一个区组；数个区组确定后，再按区组随机化原则，将各区组的动物随机分配到处理组和对照组中。注意每个区组的动物数量须与处理组要求的实验动物数量相等。若一窝仔数少于处理组数则不可采用，且不能用别窝动物补充；若一窝仔数大于处理组数，则应将多余动物舍弃，而不能放入其他区组。

由于同窝动物在遗传、营养、微生物携带上的一致性都较高，而各区组内每只动物接受何种处理是随机的，因此随机区组设计的均衡性好，可减少误差，提高实验效率，统计分析也较简易。其缺点是抗数据缺失性低，若一个区组的某个动物发生意外，那么整个区组都须放弃，或不得不采取缺项估计。

在我国，啮齿类实验动物一般采取繁殖室和育成室结合的饲养方式，动物在成年前已离乳并窝，同窝秩序被打乱，构建区组的关键条件已不存在。采用这种方式繁育的动物做实验不宜应用随机区组设计。

（三）配对设计

实验动物个体之间的差异较大时，可采用配对设计。即将个体差异较小的实验动物配成对子，每对中的两个对象随机分配给处理组和对照组。这样可使非实验因素对两组的影响较为接近，从而减少实验误差。

配对设计要运用专业知识。实验动物方面应考虑种属、品系、性别、体重、年龄、同父母、同胎次出生等因素对实验结果的影响。

SPF 级动物和无菌级动物，其微生物、寄生虫控制严格；近交系动物遗传一致性好。采用这些实验动物做实验时，可应用完全随机化设计。小型动物和一胎多仔动物，可采用随机区组设计。而普通级动物，特别是封闭群大型实验动物，因其个体差异较大，更不易获得较大数量的相似个体，则应采用配对设计或随机区组设计；若采用完全随机化设计，需耗用较多动物，既不符合“3R”原则，也不经济。

四、动物实验的样本含量

现介绍一种动物实验样本含量的计算公式：

$$n=\frac{2\sigma^2\ (t_\alpha+t_\beta)^2}{\delta^2}$$

式中，σ 为标准差；

t_α 为显著性 $\alpha=0.05$ 时的 t 分布值，$t_{0.05}=1.96$；

t_β 为无显著性的 t 分布值；

$1-\beta$ 为实验检验能力，动物实验一般取 $1-\beta=0.80$，$t_{0.20}=0.842$；

δ 为处理组与对照组均值之间的差异，δ 值可从预实验或文献资料中获得。

由以上参数可计算正式实验所需样品含量。

例如：给某种实验动物喂饲一种新型饲料，预实验中每月体重增长较原饲料增加（30 ± 15）g，设显著水平为95%，检验能力80%，则正式实验所需样品含量（n）为：

$$n=\frac{2\times 15^2\times(1.96+0.842)^2}{30^2}=3.93$$

即每组仅需4只实验动物。

由以上公式及有关计算可知，通过优化实验操作，可以使获得的数据波动（即标准差）变小，实验结果的一致性更好，从而要求的样本含量也相应减少；而处理组与对照组实验结果间的差异（即 δ 值）越大，所需样本含量亦越少，从而有利于减少动物用量。样本含量多少尚与统计显著性要求相关，若提高显著性水平和检验能力的要求，则所需动物数量就增多。

第二节　实验动物选择

在实验设计中，选择恰当的实验动物非常重要，这关系到课题的水平、研究方法的繁简、实验的成败、结果的正确性及费用多少等，应予认真对待。

一、实验动物的选择原则

实验动物的选择原则包括相似性原则、差异性原则、易化原则、相容或相匹配原则、可获性原则、重现性和均一性原则六项。

（一）相似性原则

在动物实验中，实验动物的选择通常依据对其试验品的敏感程度，或试验品在体内的代谢转归与人体的相似性来确定。

1. 结构、功能及代谢与人相似

实验设计应该选择结构、功能及代谢等都符合研究目标的实验动物。一般而言，动物的进化程度越高，其结构、机能及代谢就越接近人类。如非人灵长类动物与人很接近，为最佳实验材料。对其他非灵长类实验动物，应了解它们有哪些器官的结构、功能和代谢比较接近人类，并以此作为选择的依据。常用实验动物的结构功能特点已在本书第八章中介绍。

2. 年龄近似

不同种属实验动物的寿命长短不一，但大多比人的寿命短。选择实验动物时要了解有关动物的寿命，并安排与人的某年龄时期相对应的动物进行课题研究（表14－1、表14－2、图14－1）。如老年病研究，选择寿命较短的实验动物就较方便。大鼠的寿命为2.5～3.0年，24月龄以上相当于人的衰老早期。

表14－1　犬与人的年龄对应

犬龄/年	1	2	3	4	5	6	7	8	9	10	11	12	13	14	15	16
人龄/年	15	24	28	34	36	40	44	48	52	56	60	64	68	72	76	80

表 14－2　常用实验动物的寿命

实验动物种类	最长寿命/年	平均寿命/年
猩猩	37	20
狒狒	24	15
猴	30	10
犬	20	10
猫	30	12
家兔	15	8
豚鼠	7	5
大鼠	5	3
小鼠	3	2
猪	27	16
山羊	18	9

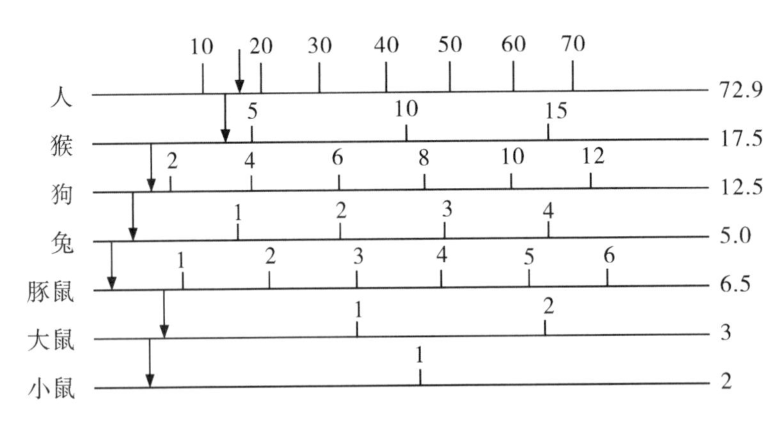

图 14－1　人和各种实验动物的年龄对应（单位：年）

3．群体分布相似性

以群体为对象的研究课题，要选择群体基因型、表现型分布与人相似的实验动物。如做药物筛选时，应考虑人类与实验动物群体在代谢类型上的差异。通常以封闭群模拟自然群体基因型。

4．生态或健康状况的近似性

在人的生命过程研究中，寻找与人类生态情况相似的替代模型非常重要。在实验动物的遗传背景、营养及环境背景标准化后，其微生态和健康状况对实验的影响就显得至关重要。现有的无菌级动物、SPF 级动物和普通级动物分别代表着不同的微生态模式，具有不同特点，适用于不同的研究目的。

如 SPF 级动物属健康无病模型，采用该级别动物做实验，能排除疾病或病原体的干扰。无菌级动物属超常生态模型，既能排除微生物的干扰，又减少了对免疫功能的影响。而普通级动物则应用最多，除价廉和易获得外，对设施的要求较简便，管理亦相对容易。但由于它们携带某些微生物，因而实验过程难于避免微生物的干扰。在选择时应结合课题目标、研究方法、设施条件及经费等进行综合考虑，然后做出选择。

5．疾病特点的相似性

许多自发性或诱发性疾病动物模型，能不同程度模拟人类的有关疾病过程。其疾病特点，有的经过培育可在子代中稳定遗传，有的可在实验动物中诱发复制。可根据课题目的，选择合适的疾病动物模型进行实验研究。

6. 操作实感的相似性

为临床操作打基础的动物实验，应选用与临床操作较接近的动物。例如，模拟人类心脏移植、练习手术操作的动物实验，可选择猪作为材料，因为猪心脏的形态大小与人的很接近。

（二）差异性原则

实验动物对某些刺激的敏感性与人有差异，在实验中应予注意，或加以利用。如人对阿托品高度敏感，而黑色或灰色家兔却不敏感，因而做阿托品试验绝对不能使用这些品种的家兔。又如百白破三联疫苗的制作，就是利用马对白喉、百日咳、破伤风病原菌敏感性低的特性，将病原菌给马注射，经过几次传代使病原菌毒性减弱，再用马血清制成弱毒疫苗，给人接种以预防疾病。

（三）易化原则

选择进化程度高或结构机能复杂的实验动物做模型，有时会使实验条件控制和实验结果获得变得相当困难。鉴于此，在确保实现研究目标的前提下，可选择结构、功能较简单的实验动物。如利用果蝇寿命短（37 天）、染色体少（4 对）等特点，成功地进行了遗传学研究，并确定了染色体的连锁互换定律。易化原则与“3R”原则相一致。

（四）相容或相匹配原则

该原则指实验条件应与实验动物等级相匹配。要避免高精尖仪器设备与低等级实验动物相匹配，或低性能测试手段与高等级实验动物相匹配，由此可避免资源浪费。

（五）可获性原则

在不影响实验质量的前提下，选择最易获得、最经济、最易饲养管理的实验动物进行课题研究。开题前应做好调查，以免在准备实施计划时才发现无法获得所需实验动物，造成延误。

（六）重现性和均一性原则

重现性和均一性是实验结果可靠、稳定的重要保证，为此要选择基因型一致或相似的实验动物。一般而言，近交系动物、杂交群动物个体间的遗传型和表现型较一致，其实验结果的可靠性和稳定性通常优于封闭群动物。

除了动物的遗传特性，实验条件也是影响实验结果的重要原因，有关问题已在本书第六章中论述。

二、实验动物选择的具体问题

（一）年龄、体重

选择实验动物时，应注意动物与人的年龄对应。若无特殊要求，一般采用成年实验动物。常用成年实验动物的体重一般为：小鼠 18 ～ 22 g，大鼠 180 ～ 220 g，豚鼠 350 ～ 650 g，兔 2 ～ 3 kg，猫 1.5 ～2.5 kg，犬 6 ～ 15 kg。慢性实验应选择未成年实验动物为主，其体重一般为：小鼠 15 ～ 18 g，大鼠 80 ～100 g，豚鼠 150 ～200 g，兔 1.5 ～ 1.8 kg，猫 1.0 ～ 1.5 kg，犬 6 ～ 8 kg（成年）。按体重推算年龄时，应注意动物体重除与年龄相关外，还与实验动物品系、性别、营养状况、饲养管理等有关。此外，同批实验的动物年龄应尽可能一致，体重应大致相近，一般相差不应超过 10%。

（二）性别

性别亦影响实验结果。若给大鼠皮下注射 30% 乙醇 0.1 ～ 0.2 mL，雄性大鼠死亡率为 84%，而雌性大鼠仅为 30%。通常雌性大鼠对急性毒性试验较雄性大鼠敏感，而雄性大鼠对慢性毒性试验则较雌性大鼠敏感。一般而言，由性别引起的毒性差异较动物种系及个体引起的差异要小。因而，在实验研究中若无特殊要求，一般宜选用雌雄各半，以避免由性别差异造成的误差。

（三）生理状态与健康情况

动物的特殊生理状态（如怀孕、哺乳等）对实验结果影响很大。若非专门研究妊娠、哺乳等实验，应去除特殊生理状态的动物，以减少个体差异对结果的影响。

健康动物对刺激的耐受性较患病动物高。健康动物一般发育正常，体型丰满，被毛浓密有光泽且紧贴身体，眼睛明亮活泼，行动迅速，反应灵敏，食欲良好。外购的实验动物，应观察检疫 3 ～ 7 天或以上，证实其身体健康后才开始实验。

（四）品系、等级

品系代表实验动物的遗传基因型条件。研究发现，从大多数白化实验动物取得的数据，在推及人类时更接近于白人，而与有色人种的差异较大。有实验证实，这些动物缺乏酪氨酸酶（tyrosinase），从而色素合成减少。故白化实验动物用于尼古丁、链霉素、多巴胺、氯喹及儿茶酚胺类等药物研究时，可出现不同于人类及其他酪氨酸酶正常动物的药代动力学和药效动力学反应，这是上述药物的分布及代谢过程不尽相同的缘故。因而，在选择实验动物或应用实验结果时，要考虑到遗传或种属差异。

等级是实验动物的微生物标准化程度。已经标准化的等级实验动物（无菌级动物、SPF 级动物等）亦可因各种原因重新污染。如果外购的 SPF 级或无菌级动物本身有质量问题，或在运输、检疫、实验等环节中发生污染，都会给研究工作带来损失。因而，实验人员不应盲目相信动物的背景记录（如供货方提供的记录）。

（五）实验动物选择的基本意见

鉴于种属品系差异和个体差异给实验研究带来的影响，有学者对选择实验动物提出以下建议，供实验设计时参考。

（1）以呕吐为主的研究宜选用犬和猫，而不宜选用草食性动物和大鼠，因为草食性动物不易产生呕吐反应，大鼠不会出现呕吐。

（2）过敏反应或变态反应研究宜选用豚鼠，因为豚鼠易于致敏。实验动物接受致敏物质出现反应的程度，从高到低依次为豚鼠 > 家兔 > 犬 > 小鼠 > 猫 > 青蛙。

（3）外界环境因素导致机体发热反应的研究宜选用家兔，因家兔的体温变化较灵敏，其次是猫和大鼠。不宜选用小鼠和犬。

（4）药物致癌作用研究最常用大鼠和小鼠。但须注意不同品种品系动物的肿瘤自发率不同。

（5）研究气体、蒸气对黏膜的刺激最好选用猫。研究吸入性粉尘对机体的影响最常用大鼠。

（6）研究药物对皮肤的局部作用常选用家兔或豚鼠。因为其皮肤对刺激物的反应近似于人。目前认为，猪的皮肤结构及功能与人更近似，因而也适合皮肤对刺激物的反应研究及烧伤研究。

（7）研究毒性物质对实质性器官的损害，最好选用小鼠。

（8）研究药物的迟发性神经毒作用，常选用来航鸡。

（9）研究药物的细胞遗传效应时，常选用小鼠或大鼠。

（10）研究血压变化时，常常选用犬和大鼠；复制动脉粥样硬化动物模型时，常选用家兔和大鼠。

（11）研究放射病常用犬、猴、大鼠和小鼠。家兔在照射时容易发生放射性休克而死亡，不宜选用。

（12）研究免疫毒理常选用 C57BL/6 小鼠。

（13）研究新药毒理应选用两种以上不同种属实验动物。首先用小型实验动物（如小鼠、大鼠），获得结果后，再用大型实验动物（如犬、猴）复验。

在中医中药研究中实验动物的选择：“卫气营血”“血瘀”模型可选用家兔、大鼠，“寒证”“热证”模型常选用雌性大鼠，“血虚”“脾虚”模型常选用雄性大鼠或小鼠，“肝郁”模型常选用大鼠、小鼠，“阳虚”“阴虚”模型常选用雄性小鼠，“脉微欲绝”模型常选用猫，“气虚”模型可选用家兔，“里实”模型常选用犬来进行。

一切动物模型和动物实验结果都要推及人，实验动物和人毕竟不是同一种属，在动物身上无效的药物不等于临床无效，而在动物身上有效的药物也不等于临床有效。加之不同的动物有不同的功能和代谢特点，因此，肯定一个实验结果最好采用两种以上的动物进行比较观察。所选的实验动物中，一种为啮齿类动物，另一种为非啮齿类动物。常用的实验序列是：小鼠、大鼠、犬、猴或小型猪。

第三节　动物实验结果的评价及其意义

了解疾病的发生、发展和转归，寻找预防、治疗疾病的方法，是医药学动物实验的主要目的，其结果将直接或间接对人类产生影响。特别是新药研制过程中进行的动物实验，其结果的好坏对人类造成的影响更大。19世纪末20世纪初是化学合成药物形成高潮的时期。在此期间，有许多新药问世。对药物的作用机制的研究亦逐步深入至细胞水平。此时，合成或分离出来的药物未经严格的动物实验研究便进入临床试用，并以使用结果来判断其效用和毒性。这必然潜藏着许多问题，并实际上导致了许多药物悲剧的发生。

例如，1935—1937年，美国应用二硝基苯酚减肥，引起服用者发生白内障及骨髓抑制，死亡177人。1937—1959年，美国妇女用黄体酮保胎和治疗先兆流产，导致600多名女婴发生生殖器男性化。1954—1956年，美国的二甘醇磺胺酏剂造成107人死亡。1954—1956年，法国的有机锡胶囊引起207人视力障碍和102人死亡。1959—1962年，西德的沙利度胺（反应停）引起1万多名婴儿畸形。1966—1972年，日本的氯碘喹啉造成上千人双目失明或下肢瘫痪。上述惨案震惊了世界，并引起了各国政府和有关部门的高度重视。

20世纪70年代中期，美国食品药品监督管理局（Food and Drug Administration，FDA）在审评一家较大制药公司递交的两份新药申请报告时，对其实验做法和数据产生怀疑，因而开展了有针对性的调查。1975年，美国FDA局长在参议院报告了调查结果，指出药物毒性试验在动物实验设计、进行和报告过程中存在缺陷，其问题在于实验设计不严格、选择的实验动物种类不合适、样本数量不足、实验时间过短等，由此引起了美国国会的注意。FDA和环境保护局还对美国工业生物测试实验室（Industry Biology Test Laboratory，IBT）和生物统计测试公司所做的实验进行审计，发现801个项目中有594个无效，占75%，调查结果导致4个IBT官员被判有罪。

人们逐渐认识到，药品在临床应用前进行严格的安全性实验并制定严格的审批制度是非常必要的，对动物实验必须进行严格的监控。为此，美国FDA在1976年仿效药品生产质量管理规范（good manufacturing practice，GMP）发布了药品非临床研究质量管理规范（good laboratory practice，GLP），规定所有申报新药的资料必须来自GLP实验室，并有质控单位签字保证，否则一概不予受理。目前，欧洲、美洲和亚洲已经有约70个国家和地区颁布实施了本国或本地区的GLP。

GLP是指药品非临床研究质量管理规范。广义的GLP指“实验室研究在计划、执行、监督、记录和报告方面的组织过程和条件”，该定义表明GLP是一个管理工具，其目的是组织管理好实验室，以促进和保持实验室数据的质量。随着GLP的广泛采用，其范围逐渐扩大至整个药学研究，所有的非临床实验研究（如质量控制、化学检测、分离提取、药理实验等）都要遵循GLP的管理原则。同时还制定了标准操作规程（standard operating procedure，SOP），标准操作规程对每项工作都制定操作步骤，确保动物实验结果的可靠性和可重复性，促使GLP的实施。

GLP主要采用实验动物对药物做预测，研究中由于影响结果的因素复杂，因而要保证实验数据的科学性、可重复性和可靠性，就必须通过SOP文件的形式，对实验动物选择、模型建立、试验设计与实施、检测技术、供试品与对照品选择与保存、实验工作与数据记录、结果与结论的评价方法等作严格规范，对实验的全过程进行严格监控。对设施与仪器、人员配备与培训亦须严格要求。SOP文件的制定和执行，是毒理学等研究符合GLP规范的保证。因而，要将硬、软件建设以SOP文件形式确定下来。GLP机构的SOP起码应该包含下面一些基本内容。

（1）供试品和对照品的接受、贴标签、储存、处理、配制方法及取样等。

（2）动物实验室准备和动物饲养管理。
（3）设施和设备的维护、修理。
（4）动物的转移、饲养、安置、标记、编号等。
（5）动物的一般状况观察。
（6）各种检查、测试等操作。
（7）濒死或者已死动物的检查处理。
（8）动物的尸检以及组织病理学检查。
（9）实验标本的收集和编号。
（10）数据处理、储存和检索。
（11）研究单位、安全性研究机构，质量保证部门和专题负责人的职责。
（12）工作人员的健康检查制度。
（13）安全性研究机构认为需要制定标准操作规程的其他工作。

目前，新药研制共执行6个规范——中药材生产质量管理规范（good agriculture practice，GAP）、药品生产质量管理规范（GMP）、药品非临床研究质量管理规范（GLP）、药物临床试验管理规范（good clinical practice，GCP）、药品经营质量管理规范（good supply practice，GSP）、医疗机构药剂质量管理规范（good using practice，GUP）。“安全、可控、有效”是药品的基本要求。国际上一种新药要获得生产及临床应用许可，必须提供以下完整资料：起源和开发的概况及国外应用状况，化学物质的规格及试验方法，稳定性，急性、亚急性、慢性毒性，致畸性、致突变性、致癌性、依赖性、抗原性、局部刺激性等，药理作用，吸收、分布、代谢、排泄，以及临床试验结果等资料。

国家科学技术委员会及有关部门，在国内外广泛调研的基础上，根据我国国情和GLP的通行规范，制定并颁布了第16号令《药品非临床安全性研究质量管理规定》（试行，1993年）。这是我国启动GLP建设、实施GLP战略的标志。但是我国的制药工业与国际先进水平相比仍存在较大差距，其中最突出的就是专业规范（如GAP、GMP、GLP、GCP、GSP、GUP等）尚未与国际接轨。长期以来，我国的药品安全性研究并没有严格的管理规范，药品安全性评价的系统性、严谨性、权威性常受国外有关机构的质疑，产品难以进入国际市场，因药品生产质量管理不善导致的药害事故也屡屡发生。例如，发生在2001年的“梅花K事件”，2006的“亮菌甲素注射液事件”“鱼腥草注射剂事件”“欣弗事件”，2007年的“氨甲蝶呤事件”，2008年的“刺五加注射液事件”“博雅人免疫球蛋白事件”，2009年的“糖脂宁事件”等。

2003年，国家食品药品监督管理局颁布《药物非临床研究质量管理规范》（原局令第2号）；2017年，颁布了新的《药物非临床研究质量管理规范》。2007年，国家食品药品监督管理局对《药物非临床研究质量管理规范检查办法（试行）》进行了重新修订，并更名为《药物非临床研究质量管理规范认证管理办法》；2023年，又修订颁布了新的《药物非临床研究质量管理规范认证管理办法》。

《药物非临床研究质量管理规范认证管理办法》规范了GLP认证检查、审核、公告的程序和要求，提高了认证检查标准，加强了对通过认证的药物非临床研究机构的监督管理，确立了药物非临床安全性评价研究机构对人员和设施的重大变更或可能影响GLP实施的严重事件的报告制度，规定对已通过GLP认证的机构将实施随机检查、有因检查和3年1次的定期检查，并规定了定期检查的程序要求。新办法还明确规定了GLP认证申请机构的基本条件，要求申请机构应在申请前按照GLP的要求运行12个月以上，并按照GLP的要求完成申请试验项目的药物安全性评价研究。

《药物非临床研究质量管理规范认证管理办法》包括3个附件，其名称分别为：药物非临床研究质量管理规范认证申请表、GLP认证申请资料要求、药物非临床研究质量管理规范认证标准。

在“药物非临床研究质量管理规范认证申请表”中，列出了下列安全性试验申请项目：单次和多次给药毒性试验（啮齿类）、单次和多次给药毒性试验（非啮齿类）、生殖毒性试验（Ⅰ段、Ⅱ段、Ⅲ段）、遗传毒性试验（Ames、微核、染色体畸变、小鼠淋巴瘤试验）、致癌试验、局部毒性试验、免疫原性试验、安全性药理试验、依赖性试验、毒代动力学试验、其他毒性试验。

在“GLP认证申请资料要求”中，列举了需要提交的15项资料及需要填写的8个附表。

在“药物非临床研究质量管理规范认证标准”中，列出了GLP认证及复检的检查项目及检查内容。设定的检查项目由原来的166项细化完善为280项，其中关键项目6项、重点项目30项和一般项目244项。增强了检查标准的可操作性及评定方式的科学性和客观性。

国家食品药品监督管理局先后颁布了49项“药物研究技术指导原则”用于指导药物研究。

目前，我国在中药现代化和中药新药研发方面的工作取得了明显进步。2007年3月21日，国家科学技术部、卫生部、国家中医药管理局、国家食品药品监督管理局等16部委联合发布了《中医药创新发展规划纲要（2006—2020年）》（以下简称《纲要》）。这是在“九五”期间提出的《中药现代化发展纲要》的基础上，为促进中医药进一步发展的全面规划。《纲要》明确提出，中医药创新发展的基本任务是“继承，创新，现代化，国际化”，将中医临床研究、中药产业发展、基础理论研究、标准规范研究、创新体系建设和国际科技合作确定为中医药发展的优先领域。

《纲要》明确提出：加强中医药国际交流与合作，加快中医药国际化进程，推动中医药进入国际主流市场。中医药国际化的目标是要使中医药理论和实践得到国际社会的公认，使中医药服务和产品逐步进入国际医药和保健主流市场，让中医独特的医疗保健康复模式及其价值逐渐被国际社会所理解和接受，在国际上争取中医药的合法地位。2015年，诺贝尔生理学或医学奖授予了中国科学家屠呦呦，以表彰她在发现青蒿素以及采取乙醚萃取技术提炼药品，从而降低疟疾患者死亡率方面做出的杰出贡献。屠呦呦的获奖，表明了国际医学界对中国医学研究的深切关注，表明了中医药对维护人类健康的深刻意义，为中医药的现代化和国际化奠定了基础。

2016年2月22日，国务院印发《中医药发展战略规划纲要（2016—2030年）》（国发〔2016〕15号），将中医药发展列入国家发展层面，是党中央、国务院高度重视中医药事业发展的具体体现，是把中医医药列为国家战略的具体体现，是党中央、国务院希望在医疗卫生体制改革中充分发挥中医药作用的具体体现。如何将国际GLP规范与中药新药研究有机结合，从而使我国的中药研究既符合国际规范，又合乎中医药理论成为关键问题。

中药GLP具有自身的特殊性，其建设基础却更为薄弱。中药历经数千年的临床应用，证明了其安全性，但要被国际社会特别是发达国家所接受，仍需用客观、规范、国际所认可的检测标准和评价指标加以验证。而我国目前中药安全性评价还没有受到足够重视，技术设施落后，因此建立更多的中药安全性评价中心，按国际认可的合法规范评价中药的安全性，特别是严格评价打入国际市场的中药，是中药走向国际市场的重要基础。

与化学药相比，中药在许多方面具有特殊性，如制剂粗、用量大、毒性小、起效慢、疗程长、靶点多、给药途径以口服为主等，都给引进和执行GLP规范带来了困难。近年来，某国家宣布禁用黄连素及其所含的小檗碱，据说可能引起新生儿黄疸；某国家报道小柴胡汤对人有毒性；含有汞、砷等重金属的中药更被许多国家禁止进口。因此，必须用现代研究方法对中药的安全性进行研究，中药才有可能走向世界。建立中药现代化评价体系，从组织机构上保证我国生产的中药产品达到国际认可的水平，是当前我国中医药工作者的迫切任务之一。1999年，国家科学技术部先后在中国中医研究院（现中国中医科学院）和广州中医药大学组建了中药GLP重点实验室。目前获得国家食品药品监督管理局的药物GLP认证的中医药机构有中国中医科学院、广州中医药大学、上海中医药大学、黑龙江中医药大学、重庆市中药研究院5家单位。这些GLP机构为中药新药安全性研究的新路子。

上述国内外对新药研制的工作表明，动物毒性试验的监控意义重大。一般来说，动物毒性试验会出现下列四种结果中的一种，即真阴性、真阳性、假阴性和假阳性。真阴性和真阳性是正常结果，假阴性和假阳性是异常结果。假阳性可以使一个很有前途的新药被淘汰；假阴性的危害最大，可能使药物的毒性不被察觉，药物上市后直接危及人们的健康和生命。因此，要加强对动物实验质量的监控，以减少假阴性和假阳性出现的概率，确保动物实验的可靠性和可重复性。

第十五章 动物实验基本技术

第一节 实验动物分组与标记

一、分组

（一）分组原则

实验动物分组应严格按照随机分组的原则进行，使每只动物都有同等机会被分配到各个实验组中去，尽量避免人为因素对实验造成的影响。

（二）建立对照组

实验动物分组时应特别注意建立对照组。

1. 空白对照

空白对照指在对照组不加任何处理的“空白”条件下进行观察、研究。例如，动物中的诱癌试验，需设立与实验组动物种属、窝别、性别、体重均相同的空白对照组，以排除动物本身可能自然患癌的影响。

2. 实验对照

实验对照指在一定实验条件下所进行的观察、对比。例如，观察中药雾化吸入剂对于支气管哮喘的作用，为了排除单纯雾化作用的效应，在设立空白对照组时，还应该设立不加中药的雾化吸入组（如水液雾化吸入）。

3. 标准对照

标准对照是以正常值或标准值作为对照，在标准条件下进行观察的对照。例如，研究药物的疗效时，以公认的常规有效疗法作为对照。

4. 自身对照

自身对照指用药前后的自身对比观察；或是对照与实验在同一对象身上进行，即在观察的不同时期接受不同的疗法，然后比较它们的差异，这种方法称为自身交叉对照。

5. 相互对照

各实验相互对照。例如，中医各种不同证候的对照；中药组、西药组、中西药结合治疗急性心肌梗死的对照等。

二、标记编号

对随机分组后的实验动物进行标记编号，是动物实验准备工作中相当重要的一项工作。标记编号的方法应保证编号不对动物生理或实验反应产生影响，且号码清楚、易认、耐久和适用。目前，常用的标记编号方法有染色法、耳孔法、烙印法、挂牌法等标记编号方式。此外还有针刺法、断趾编号法、剪尾编号法、被毛剪号法、笼子编号法等。

（一）染色法

染色法是用化学药品在实验动物身体明显的部位，如被毛、四肢等处进行涂染，以染色部位、颜色不同来标记区分实验动物，是最常用、最易掌握的方法。

1. 常用染色剂

（1）3%～5%苦味酸溶液，可染成黄色。可2～3个月不褪色。

（2）0.5%中性红或品红溶液，可染成红色。

（3）2%硝酸银溶液，可染成咖啡色（涂染后在可见光下暴露10分钟）。

（4）煤焦油酒精溶液，可染成黑色。

2. 染色方法

染色法适用于被毛白色的实验动物如大白鼠、小白鼠等。

（1）单色涂染法。单色涂染法是用单一颜色的染色剂涂染实验动物不同部位的方法。常规的涂染顺序是从左到右、从上到下。左前肢为1号、左侧腹部2号、左后肢3号、头部4号、背部5号、尾根部6号、右前肢7号、右侧腹部8号、右后肢9号、不做染色标记为10号。此法简单、易认，在每组实验动物不超过10只的情况下适用。

（2）双色涂染法。双色涂染法是采用两种颜色同时进行染色标记的方法。例如，用苦味酸（黄色）染色标记作为个位数，用品红（红色）染色标记作为十位数。个位数的染色标记方法同单色涂染法；十位数的染色标记方法参照单色涂染法，即左前肢为10号、左侧腹部20号、左后肢30号、头部40号、背部50号、尾根部60号、右前肢70号、右侧腹部80号、右后肢90号，第100号不做染色标记。比如标记第12号实验动物，在其左前肢涂染品红（红色），在其左侧腹部涂上苦味酸即可。双色染色法可标记100位以内的号码。

（3）直接标号法。直接标号法是使用染色剂直接在实验动物被毛、肢体上编写号码的方法。实验动物太小或号码位数太多时，不宜采用此方法。

染色法虽然简单方便，不会给实验动物造成损伤和痛苦，但是长时间实验会使涂染剂自行褪色，或由于实验动物互相嬉闹、舔毛、摩擦、换毛、粪尿和饮水浸湿被毛等原因，易造成染色标记模糊不清，因而染色法对慢性实验不适用。如果所做慢性实验只能采用此种染色方法，则应注意不断地补充和加深染色。

另外，常用染色剂的毒性对实验动物的影响也是需要注意的一个问题。

（二）耳孔法

（1）耳孔法。用打孔机直接在实验动物的耳朵上打孔编号，另一种方法是用剪刀在实验动物的耳郭上剪缺口，根据在动物耳朵上打孔的部位或所剪缺口的多少及部位，来确认实验动物的编号。一般以左耳代表十位数，在左耳郭前方、外侧、后方打孔或剪缺口，打孔的编号依次为10、20、30号，剪1个缺口的编号依次为40、50、60号，剪2个缺口的编号依次为70、80、90号。以右耳代表个位数，在右耳郭前方、外侧、后方打孔或剪缺口，打孔的编号依次为1、2、3号，剪1个缺口的编号依次为4、5、6号，剪2个缺口的编号依次为7、8、9号。用打孔机在耳朵打孔后，必须用消毒过的滑石粉抹在打孔局部，以免伤口愈合过程中将耳孔闭合。耳孔法可标记三位数之内的号码。

（2）耳标签法。耳标签由塑料、铝或钢片制成，其上刻有号码，借助专用器械订于小鼠耳部。方便快捷。但标签易被同笼小鼠损坏，且若同笼内多块标签均掉下，会对鉴定及后续实验造成极大不便；同时，成本较高。

（三）烙印法

烙印法是直接把标记编号烙印在实验动物身体上的方法，犹如盖印章一样。烙印方法有两种，对犬等大动物，可将标记号码烙印在其皮肤上（如耳、面、鼻、四肢等部位），对家兔、豚鼠等动物，可用数字号码钳在其耳朵上钳上号码；烙印完成后，伤口涂抹酒精黑墨等颜料，即可清楚读出号码。烙印法对实验动物会造成轻微损伤，操作时宜轻巧、敏捷，必要时麻醉，以减少痛苦。

（四）挂牌法

挂牌法是将编好的号码烙印在金属牌上，挂在实验动物颈部、耳部、肢体或笼具上，用来区别实验动物的一种方法。金属牌应选用不生锈、刺激小的金属材料，制成轻巧、美观的小牌子。

实验人员可根据实验动物品种、实验类型及实验方式，选择合适的标记编号方法。一般来说，大鼠、小鼠多采用染色法，家兔宜使用耳孔法，犬、猴、猫、小型猪较适合挂牌法，犬还可用烙印法。

（五）目前的新方法

1. 大鼠、小鼠尾部自动编码标记方法

大鼠、小鼠尾部自动标号仪是目前国内外较先进的一款自动编码系统。该系统的显著的特点就是标号清楚、号码持久、简单灵活、操作方便。这套系统是在人类刺青技术的启发下研制成功的，可用英文和数字组合成三位以下编码，手动、自动随意转换，彩色触摸屏操作，有退格、取消功能。设置简单方便、接触动物体内组织的材料均使用一次性无菌材料（刺针、针导管、色料杯），色料采用经特殊处理的进口文身色料，保证了使用效果和动物的自身安全。

大鼠、小鼠尾部自动标号仪可以同时应用于小黑鼠、小白鼠以及大鼠。

2. 嵌入式射频识别技术移动 PDA 动物信息扫描系统

射频识别技术（radio frequency identification，RFID）俗称电子标签，作为新兴的技术目前在国外动物实验室已经广泛应用到动物的日常管理活动中，近年来国内的动物实验室也已陆续采用了该技术。RFID 广泛应用于物料跟踪、身份识别、产品定位等领域。通过在动物（鼠、兔、犬、猴）皮层植入低频 RFID 芯片（直径 2.1 mm × 12 mm），芯片自身带有一定的存储空间用于记录动物的 ID 号，当将专业的读写器靠近动物身体（植入芯片的位置）时，通过扫描按钮能自动将扫描到的动物 ID 信息显示在读写器的屏幕上，从而达到身份确认、方便管理的目的。

第二节　实验动物抓取与保定

一、小鼠的抓取与保定

小鼠性情较温顺，挣扎力小，比较容易抓取和保定。抓取时，先用右手将鼠尾部抓住并提起，放在表面比较粗糙的台面或笼具盖上，轻轻地用力向后拉鼠尾，当其向前挣脱时，用左手拇指和食指抓住小鼠两耳和头颈部皮肤，翻转抓住小鼠头颈部皮肤的左手，右手拉紧小鼠尾部，将后肢拉直，并用左手无名指和小指压紧尾巴和后肢，以手掌心和中指夹住背部皮肤，使小鼠整个身体呈一条直线，即可作注射或其他操作。熟练的实验人员，可采用左手单手抓取法，这样做起来更为方便，右手不必放下注射器等用具。不论采用什么方法，用手抓取时都要注意，过分用力会使动物窒息或颈椎脱臼，用力过小则小鼠头部可反转咬伤实验者的手。如果只想挪动小鼠，就用两手把动物提起来即可。

在进行解剖、手术、心脏采血、尾静脉注射时，可将小鼠用线绳捆绑在木板上，或固定在尾静脉注射架中。

二、大鼠的抓取与保定

抓取大鼠前最好戴上防护手套，右手轻轻抓住大鼠尾巴的中部并提起，迅速放在笼盖上或其他粗糙面上，左手顺势按、卡在大鼠躯干背部，稍加压力向头颈部滑行，以左手拇指和食指捏住大鼠两耳后部的头颈部皮肤，其余三指和手掌握住大鼠背部皮肤，完成抓取保定。

对大鼠进行解剖、手术、心脏采血、尾静脉注射时，可用线绳加木板，或尾静脉注射架等装置进行固定。

三、豚鼠的抓取与保定

豚鼠性情温顺，胆小易惊，一般不易伤人。捉拿时，实验人员可先用左手轻轻扣、按住豚鼠背部，顺势抓紧其肩胛上方皮肤，拇指和食指环箍其颈部，用右手轻轻托住其臀部，即可将豚鼠抓取保定。抓取豚鼠需讲究稳、准、柔、快，不可过分用力抓捏豚鼠的腰腹部，否则容易造成肝破裂、脾淤血而引起死亡。如果在动物实验操作过程中，豚鼠挣扎剧烈，实验人员遇到这种情况，可以用纱布将豚鼠头部蒙住，把豚鼠置于实验台上，实验人员稍用力扣、按住豚鼠，然后进行操作。

四、家兔的抓取与保定

家兔驯服不咬人，但四肢的爪尖锐，挣扎时容易抓伤人。正确抓取方法是，用右手抓住颈后部皮肤，提起家兔，然后用左手托住兔的臀部。

对家兔进行经口给药、注射、采血或热源实验时，常采用家兔保定栏固定。打开保定栏的前盖，抓取家兔放进栏内，右手抓住家兔耳朵将头部拉过保定栏的开孔，迅速关上栏门。假如家兔挣扎，可用手在它的背上轻轻抚摸，使它安静下来，否则家兔挣扎很容易损伤脊柱。

需要进行手术时，可将家兔固定在兔实验台上，四肢固定，门齿用细绳拴住，固定在实验台的铁柱上。

五、犬的抓取与保定

犬性情凶猛、咬人，但通人性。如果犬在动物实验前曾与实验人员有接触，受过驯养调教，抓取保定就比较容易。受过驯养的犬或比格犬的抓取保定，实验人员应弯下膝盖，一只胳膊绕着它的胸部，另一只胳膊绕着后肢的大腿，两只胳膊一起绕着将犬抱起。

抓取保定比较凶猛的犬时，应使用特制的长柄犬头钳夹住犬颈部，注意不要夹伤嘴或其他部位。夹住犬颈后，迅速用链绳从犬夹下面圈套住犬颈部，立即拉紧犬颈部的链绳使犬头固定。再用 1 m 长的绷带打一活套，从犬的背面或侧面将活套套在其嘴和面部，迅速拉紧活套结，将结打在颌上，然后绕到下颌打一个结，最后将绷带引至颈后部打结固定。

麻醉后用绷带捆住犬的四肢，固定在实验台上。头部用犬头固定器固定好后，就可解去嘴上的绷带，以利于犬的呼吸以及实验人员的观察。这时可以进行手术等实验操作。完成手术后，监视犬至由麻醉转苏醒才送回动物房，注意维持犬的体温和保持呼吸道畅通，犬无法进食时，应饲喂或输液。

六、猴的抓取与保定

（一）猴房内或露天大笼内捕捉

在猴房内或露天大笼内捕捉猴时采用捕猴网进行捕捉。捕猴网是用尼龙绳编织成的网袋，网孔直径以不超过 3 cm 为宜，网口系在直径 50 cm 大小的钢筋圈上（钢筋直径约 1 cm），捕猴网连有 1.5 m 长的木柄。捕捉时动作要迅速准确，不要损伤头部及其他要害部位。猴入网后，将圈网按在地上，紧紧压住猴头或抓住颈后部（以防回头咬人），再将猴双前肢反背于猴的身后，捉住后将猴由网中取出。在捕捉凶猛的雄猴时应戴上防护皮手套，并有 2～3 个人紧密配合。

（二）笼内捕捉

猴的笼内捕捉是指单笼饲养的实验猴在笼内的捕捉法。猴笼采用特殊设计，使笼的后壁可向前滑动，捕捉时拉动杠杆，使笼的后壁往前滑动，将猴夹在笼的前后壁之间，随即将猴的双前肢从笼隙拉出笼外并紧紧握住，使猴更加难以挣脱。另一人带上防护手套推开笼门，抓住猴头，然后小心地将双前肢反背于猴的身后，由笼中提出猴子。

（三）固定椅固定

猴固定椅基本上是由头枷和座椅构成，座椅可升降，头枷可固定猴头。固定椅可根据猴体型的大小随意旋转升降杆调整椅子的高度；猴头枷上颈孔的大小可根据猴脖子的粗细做调整；固定后，猴的头部与身体以枷板分开，操作者可避免被咬伤和抓伤，枷板同时又是工作台，可放少量器械。

七、小型猪的抓取与保定

小型猪非常温顺，抓取时打开笼门，抓住它的前肢，将其提出笼外。人工保定体型较小的猪时可将其抱在胸前或将两手放在它的腋下，固定胸部，使其背对保定者。

第三节　实验动物被毛去除方法

动物实验前应去除实验操作局部的被毛，以免影响实验操作和观察。常用的被毛去除方法有拔毛法、剪毛法、剃毛法和脱毛法 4 种。

一、拔毛法

实验动物被固定后，用食指和拇指将暴露部位的毛拔去。进行采血或动、静脉穿刺时，常用此方法暴露血管穿刺的部位。拔毛不但暴露了血管，而且刺激局部组织产生扩张血管的作用。例如，做兔耳缘静脉和鼠尾静脉采血，就要拔去上述静脉表面的被毛。

二、剪毛法

实验动物固定后，用水湿润局部被毛，绷紧局部皮肤，用剪刀紧贴皮肤表面剪去被毛。这是做家兔和犬颈部手术或家兔胸、腹部手术时，局部皮肤需要去除被毛时常采用的方法。

注意剪毛过程中切不可提起被毛，以免剪伤皮肤。同时，为了避免被毛到处飞扬，应预先准备一个盛有自来水的杯子装载剪下来的被毛。

三、剃毛法

实验动物固定后，用刷子蘸温肥皂水将需要暴露部位的被毛湿透，用剪毛法剪去被毛，然后用电动剃毛刀逆被毛生长方向剃去残余被毛。剃毛时必须绷紧局部皮肤，尽量不要剃破皮肤。剃毛法常用于大动物手术区域皮肤的术前准备。

剃毛刀除专用刀具以外，尚可用止血钳夹持半片新剃胡须刀片代替，但要小心，切勿割破皮肤和血管。

四、脱毛法

脱毛法是采用化学脱毛剂进行脱毛的方法。此法常用于大动物无菌手术，局部皮肤刺激性试验，观察实验动物局部血液循环等实验。

常用脱毛剂配方如下。

配方 1：硫化钠 8 g 溶于 100 mL 水中。

配方 2：硫化钠、肥皂粉、淀粉的比例为 3∶1∶7，再加水调成糊状。

配方 3：硫化钠 10 g 和生石灰 15 g 溶于 100 mL 水中。

脱毛方法：使用脱毛剂前应剪去局部被毛，但剪毛前不能用水湿润被毛，以免脱毛剂流入毛根造成损伤。脱毛时用镊子夹棉球或纱布团蘸脱毛剂涂抹在已剪去被毛的部位，3～5 分钟后，用温水洗去脱下的毛和脱毛剂。再用干纱布将水擦干，涂上一层油脂。注意操作时动作应轻巧，以免脱毛剂沾在实验人员的皮肤、黏膜上，造成损伤。

配方 1 和 2 适用于家兔和啮齿类动物的脱毛，配方 3 适合给犬脱毛。

第四节　实验动物给药与采血

常用的实验动物给药方法有灌胃、皮下注射、肌内注射、静脉注射、腹腔注射、吸入给药、皮肤给药等。常用的采血方法有割（剪）尾采血、眼眶静脉丛采血、断头采血、心脏采血、颈静脉（动脉）采血、股动脉（静脉）采血、耳静脉采血、前肢头静脉采血、后肢小隐静脉采血等。下面分别介绍小鼠、大鼠、豚鼠、家兔、犬、猴的给药与采血方法。

一、小鼠的给药与采血

（一）给药

1. 灌胃给药

小鼠专用灌胃器由注射器和灌胃针组成，灌胃针长 3 ～5 cm，直径约 1 mm，灌胃针尖端焊有一金属小圆球，金属球中空，用途是防止灌胃针插入时造成损伤；将灌胃针插头紧紧连接在注射器的接口上，吸入定量的药液；左手捉住小鼠，右手拿起准备好的注射器。将灌胃针针头尖端放进小鼠口咽部，顺咽后壁轻轻往下推，灌胃针会顺着食管滑入小鼠的胃，插入深度约 3 cm。用中指与拇指捏住针筒，食指按着针栓的头慢慢往下压，即可将注射器中的药液灌入小鼠的胃中。在插入过程中若遇到阻力或还可看见 1/3 的针管，则将灌胃针取出重新插入，因为这时灌胃针并没有插入胃中。每次灌胃剂量不超过 1 mL。

2. 注射给药

（1）皮下注射给药。皮下注射是将药液推入皮下结缔组织，药物经毛细血管、淋巴管吸收进入血液循环的过程。皮下注射常选项背部或大腿内侧的皮肤。操作时，常规消毒注射部位的皮肤，然后将皮肤提起，注射针头取一钝角角度刺入皮下，把针头轻轻向左右摆动，易摆动则表示已刺入皮下，再轻轻抽吸，如无回血，可缓慢地将药物注入皮下。拔针时左手拇指、食指捏住进针部位片刻，以防止药物外漏。注射量：0. 01 ～0. 03 mL/g。

（2）皮内注射给药。皮内注射是将药液注入皮肤的表皮和真皮之间，观察皮肤血管的通透性变化或皮内反应，接种、过敏试验等一般做皮内注射。先将注射部位的被毛剪掉，局部常规消毒，左手拇指和食指按住皮肤使之绷紧，在两指之间，用结核菌素注射器连接 4. 5 号针头，与皮肤呈 30°角穿刺，针头进入皮肤浅层，再向上挑起并稍刺入，将药液注入皮内。注射后皮肤出现一白色小皮丘，而皮肤上的毛孔极为明显。注射量：每次 0. 1 mL。

（3）肌内注射给药。小鼠体积小、肌肉少，很少采用肌内注射。当给小鼠注射不溶于水而混悬于油或其他溶剂中的药物时，采用肌内注射，注入小鼠大腿外侧肌肉。操作时一人保定小鼠，另一人用左手抓住小鼠的一条后肢，右手拿注射器。将注射器与肌肉呈 60°角迅速插入 1/4 针头，注入药液。用药量：不超过 0. 01 mL/g。

（4）静脉注射给药。将小鼠放在金属笼或鼠夹中，通过金属笼或鼠夹的孔拉出小鼠尾巴，用左手抓住小鼠尾巴中部。小鼠的尾部有 2 条动脉和 3 条静脉，2 条动脉分别在尾部的背侧面和腹侧面，3 条静脉呈“品”字形分布，一般采用左、右两侧的静脉。拔去沿尾部静脉走向的毛，置尾巴于 45 ～50 ℃温水中浸泡几分钟或用 75% 酒精棉球反复擦拭尾部，以达到消毒和使尾部血管扩张及软化表皮角质的目的。行尾静脉注射时，以左手拇指和食指捏住鼠尾两侧，使静脉更为充盈，用中指从下面托起尾巴，以无名指夹住尾巴的末梢，右手持 4 号针头注射器，使针头与静脉平行（小于 30°角），从尾巴的下 1/4 处进针，开始注入药物时应缓慢，仔细观察，如果无阻力，无白色皮丘出现，说明已刺入血管，可正式注入药物。有的实验需连日反复尾静脉注射给药，注射应尽可能从尾端开始，按次序向尾根部移动，更换血管位置注射给药。注射量：0. 005 ～0. 025 mL/g。拔出针头后，用拇指按在注射部位，轻压 1 ～2 分钟，防止出血。

（5）腹腔注射。左手抓取并固定小鼠，使鼠腹部朝上，鼠头略低于尾部，右手持注射器将针头刺入下腹部腹白线稍左侧或稍右侧的皮下，针头向前推进 3 mm 左右，接着使注射针头与皮肤呈 45°角刺入腹肌，穿过腹肌进入腹腔，当针尖穿过腹肌进入腹腔后抵抗感消失。固定针头，保持针尖不动，回抽针栓，若无回血、肠液和尿液后即可注射药液。注射量：0.01～0.02 mL/g。

（二）采血

1. 剪尾采血

小鼠固定后将其尾巴置于50 ℃热水中浸泡数分钟，使尾部血管充盈。擦干尾部，再用剪刀或刀片剪去尾尖1～2 mm，用试管接流出的血液，同时自尾根部向尾尖按摩。取血后用棉球压迫止血并用6%液体火棉胶涂在伤口处止血。每次采血量为0.1 mL。

2. 摘除眼球采血

左手抓住小鼠颈部皮肤，轻压在实验台上，取侧卧位，左手食指尽量将小鼠眼周皮肤往颈后压，使眼球突出。用眼科弯镊迅速夹去眼球，将鼠倒立，用器皿接住流出的血液。采血完毕立即用纱布压迫止血。每次采血量为0.6～1.0 mL。

3. 眼眶静脉丛（窦）取血

用毛细管（玻璃或塑料均可）或特制的眶静脉丛采血器采血均可。事先将毛细管或采血器浸泡在1%肝素溶液中数分钟，然后取出干燥备用。将小鼠放在实验台上，用乙醚等进行浅麻醉，采用一侧眼向上保定体位。左手拇指、食指抓住鼠耳之间的颈部头皮，并轻轻向下压迫颈部两侧，致小鼠静脉血回流障碍，眼球外突，眼眶静脉丛充血。右手持毛细管由内眦部插入结膜，使毛细管与眶壁平行地向喉头方向推进，深度3～5 mm。需轻轻转动毛细管，使其划破静脉丛，让血液顺毛细管流出。采血后用纱布轻压眼部止血。同一只小鼠可左、右眼交替使用，反复多次采血。每次采血量为0.4～0.6 mL。

4. 心脏采血

小鼠仰卧位固定，剪去胸前区被毛，皮肤消毒后，用左手食指在左侧第3至第4肋间触摸到心搏处，右手持带有4～5号针头的注射器，选择心搏最强处穿刺，当刺中心脏时，血液会自动进入注射器。每次采血量为0.5～0.6 mL。

5. 断头采血

左手拇指和食指从背部抓住小鼠颈部皮肤，将小鼠头朝下，右手用剪刀剪断小鼠颈部1/2～4/5，让血液流入试管。此法可采血0.8～1.2 mL。

二、大鼠的给药与采血

（一）给药

1. 灌胃给药

大鼠专用灌胃器由注射器和灌胃针组成，灌胃针长6～8 cm，直径约1.2 mm。大鼠的灌胃给药方法与小鼠基本相同，具体操作可参考小鼠的灌胃给药方法，大鼠食道长度为5 cm。大鼠灌胃量每次不超过0.01 mL/g。

2. 注射给药

（1）皮下注射给药。用左手保定大鼠，右手拿注射器。让大鼠头部正对着针头，在食指前下方的大鼠项部将针头插入皮下。大鼠注射量约为0.01 mL/g。

（2）皮内注射给药。具体操作方法与小鼠皮内注射给药方法相同。大鼠注射量：0.1 mL/次。

（3）肌内注射给药。具体操作方法与小鼠肌内注射给药方法相同。一次注射量不超过0.5 mL。

（4）静脉注射给药。具体操作方法与小鼠静脉注射给药方法相同，但大鼠尾部皮肤表面有较厚的鳞片，穿刺比较困难，可在尾巴的尾侧1/4～1/3处，皮肤相对较薄的部位进针。一次注射量为0.005～0.01 mL/g。

（5）腹腔注射给药。用左手保定大鼠于仰卧位，右手拿注射器，将针头在下腹部腹白线稍偏左侧（或右侧）的位置，朝头方向从下腹部几乎平行地刺入皮肤，针头刺入皮肤后进针3 mm左右，接着使注射针与皮肤呈45°角刺入腹肌，穿过腹肌进入腹腔，当针尖穿过腹肌进入腹腔后抵抗感消失。

固定针头，回抽针栓，若无回血、肠液和尿液后即可注射药液。注射量：0.01～0.02 mL/g。

（二）采血

1. 剪尾采血

剪尾方法与小鼠相同，剪去尾尖3～5 mm，每次采血量为0.3～0.5 mL。

2. 割尾静脉取血

大鼠麻醉后，将其尾巴置于50 ℃热水中浸泡数分钟，使尾部血管充盈，用锐利刀片切开尾静脉一段，用试管接取血液，大鼠尾的3条静脉可交替切割，由尾尖开始，一条静脉可被多次交替切割。采血后给伤口消毒并用棉球压迫止血。每次采血量0.2～0.3 mL。

3. 眼眶静脉丛（窦）取血

用毛细管（玻璃或塑料均可）或特制的眶静脉丛采血器采血均可。事先将毛细管或采血器浸泡在1%肝素溶液中数分钟，然后取出干燥备用。将大鼠放在实验台上，用乙醚等进行浅麻醉，采用一侧眼向上保定体位。左手拇指、食指抓住鼠耳之间的颈部头皮，并轻轻向下压迫颈部两侧，致大鼠静脉血回流障碍，眼球外突，眼眶静脉丛充血。右手持毛细管由内眦部插入结膜，使毛细管与眶壁平行地向喉头方向推进，深度3～5 mm。需轻轻转动毛细管，使其划破静脉丛，让血液顺毛细管流出。采血后用纱布轻压眼部止血。同一只大鼠可左、右眼交替使用，反复多次采血。每次采血量为0.4～0.6 mL，为保证动物健康，单次最大采血量不宜超过自身血容量的10%。

4. 摘除眼球采血

采血方法与小鼠相同，但少用。

5. 心脏采血

采血方法与小鼠相同。每次采血量为1.0～1.5 mL。

6. 断头采血

采血方法与小鼠相同。采血量为5.0～10.0 mL。

三、豚鼠的给药与采血

（一）给药

1. 灌胃给药

豚鼠的灌胃给药方法与大鼠、小鼠相同，其灌胃针长度为6～8 cm，直径为1.2 mm，食道长约5 cm，灌药量为1～5 mL。

2. 注射给药

（1）皮下注射给药。豚鼠皮下注射部位取颈背、腋下、侧腹或后肢皮下，注射方法与大鼠相同。一次注射量为0.01 mL/g。

（2）皮内注射给药。首先剪去皮内注射区域的毛，然后用脱毛剂除毛，间隔1天后才能进行皮内注射，注射方法与大鼠相同。一次注射量为0.1 mL。

（3）肌内注射给药。豚鼠选用大腿外侧肌肉进行注射。注射方法与大鼠相同。一次注射量不超过0.5 mL。

（二）采血

1. 心脏采血

仰卧位保定豚鼠，剪去胸前区被毛，皮肤消毒后，用左手食指在左侧第3至第4肋间触摸到心搏处，右手持带有4～5号针头的注射器，选择心搏最强处刺入2 cm，当刺中心脏时，血液会自动进入注射器。

2. 浅背侧足中静脉采血

实验助手保定豚鼠并将后肢膝关节拉直，实验者用酒精消毒足背，找出浅背侧足中静脉，左手拉住足趾，右手拿注射器穿刺静脉采血。采血后用纱布或脱脂棉压迫止血。

四、家兔的给药与采血

（一）给药

1. 灌胃给药

将家兔放进保定栏内，助手用手轻轻压住家兔的背部，防止兔的挣扎，操作者用左手拇指和中指挤压家兔两颊，将下颌挤开使家兔被动张口，右手将开口器从一侧口角插入口腔并固定，用浸泡在水中的 14 号细导尿管，经开口器的孔插入，向前推进约 15 cm 可达胃内，确认泡在水中的导管另一端没有冒气泡，家兔没有挣扎、发绀，说明没有误入气管，即可注入药液。灌胃量为每只每次 80～150 mL。

2. 注射给药

（1）皮下注射给药。用酒精消毒注射部位的皮肤，用左手拇指和中指捏起家兔背部皮肤形成皮肤皱褶，用食指按压皱褶的一端，形成三角体以增大皮下空隙。右手持注射器从皱褶下穿刺，左手松开皱褶，注入药液。一次注射量为 1～3 mL/kg。

（2）皮内注射给药。首先剪去皮内注射区域的毛，然后用脱毛剂除毛，间隔 1 天后才能进行皮内注射，注射方法与大鼠相同。一次注射量约为 0. 1 mL。

（3）肌内注射给药。剪去家兔臀部被毛，酒精消毒后，左手拇指和其他四指分开，绷紧注射部位皮肤，右手持注射器，与皮肤呈 60°角，迅速刺入肌肉，回抽无回血，即可推注药液。一次注射量不超过 2 mL。

（4）耳缘静脉注射给药。将家兔放在兔保定栏内固定，拔去家兔耳郭边缘被毛，可见沿着耳郭边缘走行的静脉。酒精消毒并揉搓血管后，用左手食指和中指夹住静脉近心端，拇指和小指夹住耳郭边缘部分，无名指和小指放在耳郭下做垫。右手拿注射器，针头的斜面朝上，以 20°角将针头插入静脉，放松对静脉近心端的压迫，缓慢地把药液注射进血管，每秒 0. 05～0. 10 mL。注射完毕拔出针头，用拇指轻轻按住注射部位止血。如果推注药液困难，说明针头可能不在血管中，应立即停止注射并拔出针头。

（5）腹腔注射给药。实验助手将家兔仰卧位保定，剪去下腹部注射部位的被毛，酒精消毒后，实验者右手拿注射器于左下腹（或右下腹）距离中线 1 cm 处呈 45°角穿刺，当针头穿过腹肌有落空感，表示针头已进入腹膜腔。固定针头，回抽注射器无回血液、尿液、肠液，即可注射药液。

（二）采血

1. 耳缘静脉采血

操作方法与家兔耳缘静脉注射给药方法相同，穿刺成功后即可抽血；也可只用针头不连接注射器，直接让血液滴在有抗凝剂的容器内；还可用刀片割破耳缘静脉，或用注射针头刺破耳缘静脉，让血液自然流出，滴入有抗凝剂的容器内。采血后用纱布压迫伤口止血。采血量为每次 5～10 mL。

2. 耳中央动脉采血

家兔耳郭中央有一条较粗、颜色鲜红的动脉，称为耳中央动脉。采血方法与家兔耳缘静脉采血方法相同。穿刺针从中央动脉末端朝心方向进针，穿刺成功可见动脉血进入针筒，取血完毕后注意压迫止血。穿刺过程中动脉常发生较长时间的痉挛性收缩，若遇到这种情况，可稍等一下，待动脉重新舒张后再抽血，同时注意操作要轻柔。如果遇到家兔耳中央动脉充盈不佳，可以用二甲苯涂抹动脉表面皮肤，约 60 秒后再进行动脉穿刺；如果因为天气寒冷引起动脉收缩，可以用提高室内温度的办法，待室温升高后，再开始采血。

3. 心脏采血

将兔仰卧位固定在兔台上。剪去心前区被毛，在左侧胸壁第 3 至第 4 肋间，用左手食指摸到心搏最明显处，常规消毒，右手持带 10～12 号针头的注射器，从心搏最强处垂直穿刺，进针深度约 3 cm，当有落空感时，可感觉到针尖随心搏而动，说明已插入心脏，即有血液涌进注射器内，采血完毕后迅速拔针，穿刺部位用消毒纱布遮盖，让兔卧位休息几分钟再放回笼子。如果有落空感并能感受到心脏搏动，却无血液流入注射器，可边退针（或边进针）边抽吸，一旦抽到血液，立即固定针头，继续抽血。穿刺时只能上、下垂直进退针，切不可左右前后摆动针头，以免刺破心脏。

五、犬的给药与采血

（一）给药

1. 口服给药

用右手将口服药片夹在拇指和食指之间，把左手放在犬的圈套上，用拇指和食指压着犬的上唇，用力使犬的头向后仰，继而把右手中指放在犬的下颌向下压。当犬的嘴张大时，快速把药片放在舌根隆起的部位，用喷壶迅速向犬的口腔侧壁喷少量的水，合上犬的嘴，维持头后仰姿势，右手在咽喉部轻轻按摩。借助犬本能的吞咽动作使犬服下药片。

2. 灌胃给药

在给犬灌胃时，将犬固定于特制的固定架上，实验时将木制开口器从一侧口角放入犬的口腔，用左手或绳子固定，右手持 12 号胃管由开口器的小圆孔向咽后壁方向不断插入，导管另一端置于一杯清水中，若连续逸出气泡，说明插入呼吸道，应立即拔出胃管，重新操作。若无气泡逸出，说明没有插入气管，插至约 20 cm，即可到达胃内。犬的灌药量为每只每次 200 ～ 500 mL。

3. 注射给药

（1）肌内注射给药。剪去犬臀部被毛，酒精消毒后，左手绷紧注射部位皮肤，右手持注射器，与皮肤呈 60°角，迅速刺入肌肉，回抽无回血，即可推注药液。一次注射剂量不超过 2 mL。

（2）头静脉注射给药。犬在清醒状态下被抓取，实验助手保定犬后，握住犬一侧前肢。实验者将前肢头静脉皮肤上的毛剪掉，酒精消毒擦拭局部皮肤，实验助手用右手拇指在前肢近心端压迫头静脉，实验者用右手拿起注射器，左手握住犬的前肢并将拇指固定于怒张的头静脉一侧，作为进针标志，针头以 10°角穿过皮肤插入血管，这个动作应一次性完成。伸出左手拇指和食指放在注射器上保持稳定，回抽注射器有回血，缓慢地把药液注入血管。拔出针头后用拇指按住注射部位 1 分钟止血。后肢小隐静脉的注射给药方法与前肢头静脉的注射方法相同。

（3）股静脉注射给药。犬在麻醉状态下仰卧位固定，在大腿根部股三角区剪毛消毒，做与后肢长轴垂直的切口，分离暴露位于股动脉内侧的股静脉，用注射器穿刺之，回抽注射器有回血，即可注入药液。

（二）采血

1. 头静脉、小隐静脉、股静脉采血

头静脉、小隐静脉、股静脉的采血方法与注射给药方法相同。

2. 颈外静脉采血

犬在清醒状态下被侧卧位固定，剪去颈部被毛，消毒。将犬颈部拉直，头向后仰，左手压住颈外静脉近心端使之充盈，右手拿注射器，针头沿平行血管的方向进针，刺入血管后，左手固定针头，右手抽血。采血完毕出针，要压迫针口止血。

3. 股动脉采血

犬在清醒状态下被仰卧位固定于犬解剖台上，右后肢向外伸直固定，剪去股三角区被毛、消毒。左手中指触摸股三角区内动脉搏动，右手拿注射器，于动脉搏动处垂直进针，若未见血，可边退针（或边进针）边抽吸，见到血液进入注射器后，左手固定针头，右手抽血。采血完毕迅速出针，用干棉球压迫针口止血 2 ～ 3 分钟。

4. 心脏采血

犬在麻醉状态下被仰卧位固定在犬解剖台上，前肢于背侧位置固定，剪去左侧第 3 至第 5 肋间的被毛，消毒。用左手食指触摸心脏搏动，右手拿带 7 号针头的注射器，于心搏最明显处进针，当有落

空感时，可感觉到针尖随心搏而动，说明已插入心脏，即有血液涌进注射器内，采血完毕后迅速拔针，穿刺部位用消毒纱布遮盖，让犬卧位休息数分钟再放回笼子。

六、猴的给药与采血

（一）给药

1. 灌胃给药

将猴固定于特制的固定椅上，头位于头枷上。实验时将木制开口器从一侧口角放入猴的口腔，开口器用左手或绳子固定，右手持12号胃管由开口器的小圆孔向咽后壁方向不断插入，导管另一端置于一杯清水中，若连续出现气泡，说明插入呼吸道，应立即拔出胃管，重新操作。若无气泡，说明没有插入气管，插至约20 cm，即可到达胃内。猴的灌药量为每只每次200～500 mL。

2. 注射给药

（1）肌内注射给药。剪去猴臀部被毛，酒精消毒后，左手绷紧注射部位皮肤，右手持注射器，与皮肤呈60°角，迅速刺入肌肉，回抽注射器无回血，即可推注药液。一次注射剂量不超过2 mL。

（2）头静脉注射给药。猴的头静脉行走在前肢臂下段至前臂上段之间的一段表浅位置。操作时，将猴的前肢拉出笼外，剪去头静脉表面的被毛，用力握住前肢近端造成血液回流障碍，头静脉怒张显露，用碘酒、酒精消毒，针头沿静脉回流方向刺入血管，回抽有回血后，注入药液。注射完毕应压迫止血。

（3）小隐静脉注射给药。猴的小隐静脉位于后肢的小腿近端后面，腘窝下方内侧。操作时紧握腘窝上方大腿部，小隐静脉即怒张，将小隐静脉表面被毛剪去，用酒精消毒，穿刺时绷紧小隐静脉附近皮肤防止滑动（该处皮下组织疏松，小隐静脉容易滑动），然后进行穿刺，回抽注射器有回血，即可注药。注射完毕应压迫止血。

（4）股静脉注射给药。股静脉位于腹股沟韧带下方的股三角内，股动脉内侧。操作时将猴仰卧位固定于手术台上，用手在股三角触摸股动脉搏动，剪去局部被毛，酒精消毒，左手食指触摸股动脉，右手持注射器沿股动脉内侧穿刺股静脉，穿刺时边进针边回抽，见到血液即固定针头，推注药液。注射完毕应压迫止血。

（二）采血

1. 末梢采血

进行一般血常规检查只需采少量血液，往往采用末梢采血方法。

（1）下唇采血。下唇血管丰富，是理想的末梢采血部位。操作时先将猴放入固定椅保定，实验助手保定猴的头部并蒙住猴的双眼，消毒下唇黏膜，实验者用消毒三棱针刺破下唇正中0.5 cm，用玻片或试管取血，取血完毕用棉球压迫止血。

（2）手掌采血。操作时将猴的前肢从笼的间隙拉出，在手掌大鱼际或小鱼际有毛与无毛的分界线附近，酒精消毒后用三棱针穿刺采血，取血完毕用棉球压迫止血。

（3）手指采血。操作时将猴的前肢或后肢从笼的间隙拉出，任意取前、后肢任何一个指（常用食指或中指），使用酒精消毒后用三棱针穿刺采血，取血完毕用棉球压迫止血。

2. 静脉采血

头静脉、小隐静脉、股静脉的采血方法，与注射给药方法相同。

3. 心脏采血

将猴仰卧位保定于手术台上，在左侧胸壁第4至第5肋间，用左手食指触摸心跳最明显处，剪去局部被毛，用碘酒、酒精消毒，采用带7号针头的注射器，边进针边回抽，见到血液即固定针头进行采血，采血完毕迅速退出针头，用消毒纱布轻轻压迫针口，让猴静卧数分钟再送回笼子。

七、小型猪的给药与采血

（一）给药

1. 灌胃给药

小型猪的灌胃给药方法与犬相似，在灌胃时，可预先做好中间有一孔的矩形小木块作为开口器，让猪咬住后，将其固定，然后再由此孔插入胃管给药。

2. 静脉注射给药

小型猪的静脉注射给药常选耳缘静脉进行，小型猪耳缘静脉比家兔粗大，更容易注射。将猪固定，用力擦拭猪耳，可清晰见到耳缘静脉，用碘酒、酒精消毒后，穿刺猪耳缘静脉，回抽有血，即可注入药液。给药完毕，注意压迫止血。

3. 腹腔注射给药

小型猪的腹腔注射通常选取自脐至两腰所划的三角区内，距腹白线左或右 4 ～5 cm 的部位进针。注射时注意不要伤及内脏。

（二）采血

静脉采血

小型猪的静脉采血多选耳缘静脉进行，本方法可采集中量或少量血液。将猪固定，用力擦拭猪耳，可清晰见到耳缘静脉，用碘酒、酒精消毒后，用连有 6 号针头的注射器直接抽取，取血手法同家兔耳缘静脉。注意抽吸速度不要太快。另外，因猪耳皮肤较厚，应选择锐利的针头。也可用刀片切开静脉，用吸管等物吸取血液。采血完毕，注意压迫止血。

第五节　实验动物麻醉方法

对实验动物进行麻醉的目的是消除实验过程中引起的痛苦和不适，确保实验动物的安全和动物实验的顺利进行。由于实验动物品种之间存在差异，应结合实验目的、实验动物种类、日龄及健康状况等因素综合考虑，决定选用的麻醉剂和麻醉方法。实验动物的麻醉方法有全身麻醉和局部麻醉两种。

一、实验动物常用麻醉方法

麻醉药有中、西药两种，中药麻醉还包括针刺麻醉法。本节主要介绍西药麻醉药，包括挥发性麻醉药和非挥发性麻醉药两种。

（一）全身麻醉药和麻醉方法

1. 全身麻醉药

常用的全身麻醉药包括非挥发性和挥发性两大类，非挥发性麻醉药如戊巴比妥钠、异戊巴比妥钠、硫喷妥钠、氨基甲酸乙酯（乌拉坦）、氯氨酮等，以及挥发性麻醉药如异氟烷、乙醚、氯仿等。全身麻醉药的用量及用途见表 15 - 1。

表 15－1　常用实验动物全身麻醉药及其用法和剂量

药物	适用动物	给药途径	给药剂量/（mg/kg）	给药量/（mL/kg）	配制浓度	维持时间
戊巴比妥钠	大鼠、小鼠	腹腔	45	2.3	2%	2～4 小时，中途加 1/5 的量，可延长麻醉效果 1 小时以上
	豚鼠	腹腔	40～50	2.0～2.5	2%	
	犬、猫、兔	静脉	30	1.0	3%	
		腹腔、皮下	40～50	1.4～1.7	3%	
异戊巴比妥钠	鼠类	腹腔	100	1.0	10%	4～6 小时
	犬、猫、兔	静脉	40～50	0.8～1.0	5%	
		腹腔、肌内	80～100	0.8～1.0	10%	
		直肠	100	1.0	10%	
硫喷妥钠	大鼠	静脉、腹腔	50～100	5.0～10.0	1%	15～30 分钟
	犬、猫、兔	静脉、腹腔	25～50	1.3～2.5	2%	
氨基甲酸乙酯（乌拉坦）	大鼠、小鼠	肌内	1 350	7.0	20%	2～4 小时
	豚鼠	肌内	1 350	7.0	20%	
	犬、猫、兔	腹腔、静脉	750～1 000	3～4	25%	
		直肠	1 500	6.0	25%	
氯氨酮	大鼠、小鼠	腹腔	100～200	0.1～0.2	10%	10～20 分钟
	猫	腹腔	10～40	0.01～0.04	10%	
	犬	腹腔	10～40	0.01～0.04	10%	
	猴	肌内	5～8	—	—	
乙醚	各种动物	吸入	—	—	—	—
氯仿	各种动物	吸入	—	—	—	—
异氟烷	兔、犬	肌内	—	0.1～0.2	—	45～60 分钟

2. 全身麻醉方法

全身麻醉简称“全麻”。全麻是指麻醉药通过呼吸道吸入、静脉和肌内注射等途径进入实验动物体内，使其产生短时间意识丧失、痛觉消失、肌肉松弛和反射抑制等中枢神经系统抑制现象。当麻醉药从体内排出或在体内代谢破坏后，实验动物逐渐清醒，不留后遗症。

全麻有吸入麻醉法和注射麻醉法两种途径，吸入麻醉法用挥发性麻醉药，注射麻醉法用非挥发性麻醉药。

1）吸入麻醉法。麻醉药经呼吸道吸入而产生麻醉者，称吸入麻醉法。常用药物为乙醚、氯仿等。吸入麻醉法有开放吸入和气管内插管吸入两种方法。动物实验大都采用开放吸入法，乙醚是最常用的麻醉药。本节只介绍开放吸入乙醚全麻术。

（1）物品准备：①啮齿类动物全麻要准备啮齿类动物麻醉盒（一种由透明材料做的盒子），也可用大烧杯、大瓶子等器皿代替。猫和家兔全麻要准备猫兔麻醉箱（比啮齿类动物麻醉盒大的透明材料做的箱子），由一塑料软管把乙醚瓶和麻醉箱连接在一起，乙醚瓶口塞上有一橡胶打气囊。上述麻醉容器均要求不漏气。②小烧杯、棉球。③乙醚点滴瓶，为 250 mL 的棕色小口瓶，瓶塞为软木塞，两侧开小孔，一个孔让空气进入，另一孔放有一小条棉花，让瓶内乙醚顺棉花滴出。④麻醉口罩，用金属网做成，为形状与犬嘴面部相吻合的面罩。⑤眼膏或眼罩，为一般油性眼膏，眼罩可用废乳胶手套剪成条状制作。

（2）开放吸入乙醚全麻术。大鼠和小鼠的开放吸入乙醚全麻术：准备啮齿类动物麻醉盒，将装有乙醚棉球（棉球经乙醚浸泡）的小烧杯放在麻醉盒内，把实验动物放入麻醉盒，观察实验动物的情况。开始1～2分钟，实验动物活动自由，甚至爬到小烧杯上去闻乙醚，但很快便出现兴奋、不停地爬行等现象，继而由兴奋转入抑制状态，失去运动能力。麻醉全过程需4～6分钟。当实验动物呈跌倒状态，说明已经进入深麻醉期，这时实验动物肌肉松弛、肌张力下降、角膜反射迟钝、皮肤痛觉消失，可以取出实验动物进行实验。当动物麻醉变浅时，可用盛有乙醚棉球的小烧杯放在其口鼻处补吸麻醉药，追加麻醉。

猫和家兔开放吸入乙醚全麻术：把实验动物放在麻醉箱内，往麻醉瓶内加入约20 mL乙醚，不断给气囊打气，使乙醚通过塑料管喷到麻醉箱内。当实验动物开始躁动，继而出现意识丧失、肌肉松弛、肌张力下降等中枢神经系统抑制的表现时，停止打气，拔掉塑料管，取出实验动物进行实验。

家犬开放吸入乙醚全麻术：固定家犬，双眼涂眼膏或戴眼罩，把大小合适、罩内加有几层纱布的麻醉口罩盖在家犬鼻部，将麻醉瓶的乙醚滴在面罩上，让家犬吸入乙醚蒸气，滴几滴乙醚后，拿开面罩让家犬呼吸新鲜空气，然后盖上面罩再滴乙醚，如此反复操作，待家犬肌张力明显下降、角膜反射迟钝、皮肤痛觉消失后，即可开始进行实验。实验过程中解开家犬的绑嘴带，将舌拉出放在口腔外一侧，以免家犬舌后缩堵住气道引起窒息。

麻醉过程中乙醚不能滴得太快，特别是在兴奋期，家犬挣扎厉害，若不注意拿开面罩让其呼吸新鲜空气，容易出现窒息现象。在实验过程中应不时地点滴乙醚，以维持麻醉时间及深度。

乙醚对呼吸道黏膜有刺激性并引起分泌物增多，导致实验动物呼吸困难和窒息。应在麻醉前使用阿托品类药物对抗这一不良反应，减少呼吸道并发症的发生。

（3）吸入乙醚全麻的分期。

第1期：镇痛期。指从麻醉给药开始到实验动物意识完全丧失的时期。此期实验动物各种反射存在、肌张力正常、血压升高、心跳加快。

第2期：兴奋期。指实验动物从意识和感觉消失到外科麻醉期开始的时期。实验动物挣扎、屏气、瞳孔开大、眼球快速转动、血压明显升高、心跳明显加快、呼吸不规则、各种反射亢进。此期应频频取开面罩，让实验动物多次呼吸新鲜空气。

第3期：外科麻醉期。指实验动物由兴奋状态转入抑制状态的时期。实验动物的呼吸由不规则状态变为规则状态，血压和心率平稳、肌肉松弛、反射活动下降，此期是实验操作的最佳时期。

第4期：麻醉中毒期。指麻醉过深导致实验动物处于垂危状态的时期。此期出现的时间不定，主要表现为心跳和呼吸微弱、不规则甚至停止，血压急剧下降甚至测不到，如果抢救不及时会导致死亡。

2）注射麻醉法。注射麻醉法是使用非挥发性麻醉药进行全麻的方法，在动物实验中比较常用。麻醉药物有戊巴比妥钠、硫喷妥钠、乌拉坦、氯氨酮等，其中使用频率最高的是戊巴比妥钠。

家兔、猫、犬、猴等实验动物常用腹腔注射或静脉注射戊巴比妥钠进行全麻，啮齿类实验动物则仅用腹腔注射戊巴比妥钠麻醉。戊巴比妥钠在使用时应配制成一定浓度的生理盐水溶液，进行注射麻醉。注射时首先推注麻醉药总量的2/3，然后进行仔细观察，如果已达到所需麻醉程度，可以不再注射余下的麻醉药。当实验动物进入麻醉兴奋期出现挣扎，针头容易滑脱，因此选择腹腔注射优于静脉注射。腹腔注射过程中，如果实验动物挣扎，可快速注射一定量的麻醉药后拔出针头，待实验动物较安静时重新穿刺补给麻醉药。

实验动物注射麻醉药的途径和剂量可参考表15－1。在具体使用时，还应结合实验动物的年龄、性别、体质和实验者自身的经验，对用药剂量进行调整。如年龄小、雌性、体质差的实验动物，用药剂量应稍微偏小；曾经被麻醉过的实验动物再次麻醉时，要考虑其对麻醉药的耐受性问题。麻醉过程中还应密切观察，根据具体情况对麻醉剂量进行调整。

（二）局部麻醉药和麻醉方法

局部麻醉法是局部使用麻醉药，可逆性地阻断感觉神经冲动的发出和传导，使实验动物在意识清醒的状态下出现麻醉局部感觉消失的方法。常用的局部麻醉药物有普鲁卡因和丁卡因等。局部麻醉方法有表面麻醉和局部浸润麻醉等。

（1）表面麻醉。主要用于局部黏膜麻醉，常用药物为2%盐酸丁卡因，使用方法有眼结膜囊点滴、鼻腔黏膜涂敷、咽喉和气管喷雾、尿道灌注等。

（2）局部浸润麻醉。主要用于手术切口等的麻醉，使用药物为0.5%～1.0%盐酸普鲁卡因，沿手术切口将麻醉药物注射于皮内、皮下组织和手术区深部组织，注射后1～3分钟内开始作用，可维持30～45分钟。局部麻醉药对感觉神经尤其是痛觉神经的作用时间比对运动神经的作用时间长。

进行局部麻醉时，注意每次注射都必须先回抽，以免把麻醉药注入血管内。进针后，若麻药用完还需继续用药，只将注射器取下另抽吸麻醉药，不必拔出针头，可以减少实验动物的疼痛及局部组织的损伤。

二、麻醉意外的抢救

实验过程中由于麻醉过深或其他原因，导致犬等大动物的呼吸系统、循环系统功能障碍，应积极进行抢救。如果实验动物大脑缺氧超过5分钟，会导致机体形态、功能的不可逆性损伤，虽然有恢复功能的可能，但已不宜作为实验对象，因而是否进行抢救要视实验动物当时的具体情况而定。

抢救方法要针对具体情况，采取对症治疗的措施。一般采用与所用麻醉药有拮抗作用的苏醒剂。如果实验动物呼吸停止但仍有心跳，必须立即停止供给麻醉剂，做人工呼吸，给实验动物吸入含95%氧气和5%二氧化碳的混合气体，应用呼吸中枢兴奋剂如尼克刹米等；如果呼吸、心跳均告停止，亦必须立即停止供给麻醉剂，张开实验动物的口腔，拉出舌头，给予氧气吸入，进行心脏胸外按摩，应用心脏和呼吸兴奋剂，如用0.1%肾上腺素适量行心内或静脉注射，静脉滴注50%葡萄糖溶液等。

第六节　实验动物体液采集

一、血液的采集

血液的采集已经在本章第四节做了专门介绍。

二、尿液的采集

实验动物的尿液常用代谢笼采集，也可通过其他装置来采集。

（一）用代谢笼采集尿液

代谢笼用于收集实验动物自然排出的尿液，是一种特别设计的为采集实验动物各种排泄物的密封式饲养笼，有的代谢笼除可收集尿液外，又可收集粪便和动物呼出的二氧化碳。一般简单的代谢笼主要用来收集尿液。放在代谢笼内饲养的实验动物，可通过其特殊装置收集尿液。

（二）导尿法采集尿液

导尿法采集尿液较适宜于犬、猴等大动物。导尿时一般不需要麻醉，将实验动物仰卧固定，用甘油润滑导尿管。对雄性动物，操作员用一只手握住阴茎，另一只手将阴茎包皮向下捋，暴露龟头，使尿道口张开，将导尿管缓慢插入，导尿管推进到尿道膜部时有抵抗感，此时注意动作轻柔，继续向膀胱推进导尿管，即有尿液流出。雌性动物尿道外口在阴道前庭，导尿时于阴道前庭腹侧将导尿管插入尿道外口，其后的操作同雄性动物导尿术。

用导尿法导尿可采集到没有污染的尿液，如果严格执行无菌操作，可收集到无菌尿液。

（三）输尿管插管采集尿液

一般用于要求精确计量单位时间内实验动物排尿量的实验。剖腹后，将膀胱牵拉至腹腔外，暴露膀胱底两侧的输尿管。在两侧输尿管近膀胱处用线分别结扎，于输尿管结扎处上方剪一个小口，向肾脏方向分别插入充满生理盐水的插管，用线结扎固定插管，即可见尿液从插管滴出，可以进行收集。采尿过程中要用38 ℃温生理盐水纱布遮盖切口及膀胱。

（四）压迫膀胱采集尿液

实验人员用手在实验动物下腹部加压，手法既轻柔又有力。当增加的压力使实验动物膀胱括约肌松弛时，尿液会自动流出，即可收集。

（五）穿刺膀胱采集尿液

实验动物麻醉固定后，剪去下腹部耻骨联合之上、腹正中线两侧的被毛，消毒后用注射针头接注射器穿刺。取钝角进针，针头穿过皮肤后稍微改变角度，以避免穿刺后漏尿，然后刺向膀胱方向，边缓慢进针边回抽，直至抽到尿液为止。

（六）剖腹采集尿液

按上述穿刺膀胱采集尿液法做术前准备，其皮肤准备范围应更大。剖腹暴露膀胱，直视下穿刺膀胱抽取尿液。也可于穿刺前用无齿镊夹住部分膀胱壁，从镊子下方的膀胱壁进针抽尿。

（七）提鼠采集尿液

鼠类被人抓住尾巴提起即出现排尿反射，以小鼠的这种反射最明显。可以利用这一反射收集尿液，当鼠类被提起尾巴排尿后，尿滴挂在尿道外口附近的被毛上，不会马上流失，操作人员应迅速用吸管或玻管接住尿液。

三、胸腔积液和腹腔积液的采集

（一）胸腔积液的采集

主要采用胸腔穿刺法收集实验动物的胸腔积液，也可处死实验动物剖开胸腔采集胸腔积液。

1. 穿刺点定位

于实验动物腋后线第 11 至第 12 肋间隙穿刺，穿刺针紧贴肋骨下缘，否则容易损伤肋间神经。也可在胸壁近胸骨左侧缘第 4 至第 5 肋间隙穿刺。

2. 穿刺方法

实验动物取立位或半卧位固定，局部皮肤去毛、消毒、麻醉，穿刺针头与注射器之间接三通连接装置。实验人员以左手拇指、食指绷紧局部皮肤，右手握穿刺针在紧靠肋骨下缘处垂直进针，穿刺肋间肌时产生一定阻力，当阻力消失有落空感时，说明已刺入胸膜腔；用左手固定穿刺针，打开三通连接装置，缓慢抽吸胸腔积液。

（二）腹腔积液的采集

实验动物被固定于站立位。局部皮肤去毛、消毒、麻醉。用无菌止血钳小心提起皮肤，右手持小针头或穿刺套管针沿下腹部靠腹壁正中线处轻轻垂直刺入，注意不可刺入太深，以免损伤内脏。针尖有落空感后，说明穿刺针已进入腹腔。腹腔积液多时可见腹腔积液自然滴出；腹腔积液少时，可稍微转动针头并回抽，若有腹腔积液流出，立即固定好针头及注射器位置继续抽吸。抽腹腔积液时速度不可太快，不宜一次抽出大量腹腔积液，避免因腹压突然下降导致实验动物出现循环功能障碍。

四、分泌液的采集

（一）阴道分泌液的采集

阴道分泌液的采集适于观察阴道角质化上皮细胞。

1. 滴管冲洗法

用消毒滴管吸取少量生理盐水仔细、反复冲洗被检雌性动物阴道，将冲洗液吸出滴在载玻片上晾干后染色镜检。也可直接将冲洗液置于低倍显微镜下观察，根据细胞类型变化鉴别实验动物动情周期中的不同时期。

2. 擦拭法

用生理盐水将消毒棉拭子湿润后，挤干棉拭子上的生理盐水，轻轻插入雌性动物阴道内，沿阴道内壁擦拭、转动，然后取出并做阴道涂片，进行镜检。

（二）精液的采集

1. 人工阴道套采精液法

人工阴道套采精液法适用于犬、猪、羊等大动物，采用特制的人工阴道套套在实验动物阴茎上采集精液。采精时，一手捏住阴道套，套住雄性动物的阴茎，以完全套住雄性动物的阴茎为佳，插入阴道套后，若实验动物发出低叫声，表明已经射精。此时可取下阴道套，拆下采精瓶，取出精液，迅速做有关检查。

2. 阴道栓采精液法

阴道栓采精液法是将阴道栓涂片染色，镜检凝固的精液。阴道栓是雄性大、小鼠的精液和雌鼠阴道分泌物混合，在雌鼠阴道内凝结而成的白色稍透明、圆锥形的栓状物，一般交配后 2 ～ 4 小时即可在雌鼠阴道口形成，并可在阴道停留 12 ～ 24 小时。

3. 其他采精液法

用电流等物理方法刺激雄性动物的阴茎或其他性敏感区，使雄性动物被刺激发情，直至射精，用采精瓶采集射出的精液。

（三）乳汁的采集

按摩挤奶收集乳汁的方法适合犬、猪、羊等大动物乳汁的采集。选用哺乳期的实验动物，在早上采集乳汁量最多，用手指轻轻抚摩实验动物乳头，使乳汁自然流出。若乳汁不能自然流出，可张开手掌从乳房基底部朝乳头方向按摩、挤压整个乳房，即可挤出乳汁。

五、骨髓的采集

采集骨髓一般选择胸骨、肋骨、髂骨、胫骨和股骨等造血功能活跃的骨组织。猴、犬、羊等大动物骨髓的采集用活体穿刺取骨髓的方法；大鼠、小鼠等小动物因骨头小难穿刺，只能剖杀后采胸骨、股骨的骨髓。

（一）猴、犬、羊等的骨髓采集法

1. 骨髓穿刺点定位

（1）髂骨：穿刺部位在髂前上棘后 2 ～ 3 cm 的髂嵴。

（2）胸骨：穿刺部位在胸骨中线，胸骨体与胸骨柄连接处，或选胸骨上 1/3 部。

（3）肋骨：穿刺部位在第 5 至第 7 肋骨各自的中点上。

（4）胫骨：穿刺部位在胫骨内侧，胫骨上端的下方 1 cm 处。

（5）股骨：穿刺部位在股骨内侧面，靠下端的凹面处。

2. 骨髓穿刺方法

（1）实验动物按要求固定，穿刺部位去毛、消毒、麻醉，要求局部麻醉范围直达骨膜，也可做全麻。

（2）操作人员戴消毒手套，确定穿刺点，估计从皮肤到骨髓的距离并依此确定骨髓穿刺针长度。左手拇指、食指绷紧穿刺点周围皮肤，右手持穿刺针在穿刺点垂直进针，小弧度左右旋转钻入，当有落空感时表示针尖已进入骨髓腔。用左手固定穿刺针，右手抽出针芯，连接注射器缓慢抽吸骨髓组织，当注射器内抽到少许骨髓时立即停止抽吸，取出注射器将骨髓推注到载玻片上，迅速涂片数张，以备染色镜检。

（3）左手压住穿刺点周围皮肤，迅速拔出穿刺针，用棉球压迫数分钟。若穿刺的是肋骨，除压迫止血外，还需胶布封贴穿刺点，防止发生气胸。

（二）大鼠、小鼠的骨髓采集法

将实验动物剖杀、固定，解剖取出股骨或胸骨，将取出的胸骨于第 3 胸骨节处剪断，将其断面的骨髓挤在有稀释液的试管内或玻片上，继而涂片、染色、镜检。

第七节　实验动物的处死方法

实验动物的处死方法有多种，应根据动物实验目的、实验动物品种（品系）及需要采集标本的部位等因素，选择不同的处死方法。不论采用哪种方法，都应遵循安乐死的原则。安乐死是指在不影响动物实验结果的前提下，使实验动物短时间无痛苦地死亡。处死实验动物时应注意，首先要保证实验人员的安全；其次要确认实验动物已经死亡，通过对呼吸、心跳、瞳孔、神经反射等指征的观察，对死亡作出综合判断；再者要注意环保，避免污染环境，还要妥善处理好尸体，处死实验动物的地点最好远离动物饲养房。

一、颈椎脱臼处死法

此法是将实验动物的颈椎脱臼，断离脊髓致死，为大鼠、小鼠最常用的处死方法。操作时实验人员用右手抓住鼠尾根部并将其提起，放在鼠笼盖或其他粗糙面上，用左手拇指、食指用力向下按压鼠头及颈部，右手抓住鼠尾根部用力拉向后上方，造成颈椎脱臼，脊髓与脑干断离，实验动物立即死亡。

二、断头处死法

此法适用于鼠类等较小的实验动物。操作时，动物在麻醉状态下，实验人员用左手按住实验动物的背部，拇指夹住实验动物右腋窝，食指和中指夹住左前肢，右手用剪刀在鼠颈部垂直将鼠头剪断，使实验动物因脑脊髓断离且大量出血死亡。

三、放血处死法

此法适用于各种实验动物。具体做法是将实验动物的股动脉、颈动脉、腹主动脉剪断，或剪破、穿刺实验动物的心脏放血，导致急性大出血、休克、死亡。

犬、猴等大动物应在轻度麻醉状态下，在股三角做横切口，将股动脉、股静脉全部暴露并切断，让血液流出；操作时用自来水不断冲洗切口及血液，既可保持血液畅流无阻，又可保持操作台清洁，使实验动物急性大失血死亡。

四、空气栓塞处死法

处死家兔、猫、犬常用此法。向实验动物静脉内注入一定量的空气，形成肺动脉或冠状动脉空气栓塞，或导致心腔内充满气泡，心脏收缩时气泡变小，心脏舒张时气泡变大，从而影响回心血量和心输出量，引起循环障碍、休克、死亡。空气栓塞处死法注入的空气量，猫和家兔为 20 ～ 50 mL，犬为 90 ～ 160 mL。

五、过量麻醉处死法

此法多用于处死豚鼠和家兔。快速过量注射非挥发性麻药（投药量为深麻醉时的 30 倍），或让动物吸入过量的乙醚，使实验动物中枢神经过度抑制，导致死亡。

六、二氧化碳吸入法

让实验动物吸入大量二氧化碳等气体而中毒死亡。

第八节　实验动物的病理剖检

一、病理剖检的基本要求

（一）实验动物背景资料记录

（1）实验动物来源、种类、年龄、性别、原编号、体重、临床症状等。

（2）剖检时间、地点，麻醉方法、时间，麻醉者，处死方法，解剖者，记录者，温度，湿度。

（3）其他指标：动物剖杀前禁食（不禁水）时间一致，为12小时。

（二）体表检查

一般用于组织学取材的实验动物剖杀前应先隔离检疫7～10天，用于实验组和对照组动物的病理剖检视不同动物实验的要求而定。剖检前的体表检查项目如下。

1. 发育状态

体格发育是否与年龄、品种相称，各部发育比例是否正常，有无畸形。

2. 营养状态

丰满还是消瘦，检查时可用手抚摸实验动物背、腰部，营养良好时，背、腰部厚实，皮肤弹性好；营养不良时，背、腰部椎骨突出，肋骨明显。

3. 精神状态

动物的自主活动、运动情况，对外界的反应（迟钝或亢进）、步态如何。

4. 感觉器官

眼睛的瞳孔是否清晰等圆，有无分泌物，眼睑有无发炎及红肿，球结膜颜色变化，有否潮红、苍白、黄染或发绀。

5. 呼吸系统

检查呼吸动作（如呼吸次数、节律），有无呼吸困难；上呼吸道检查如鼻腔分泌物多少、有无喷嚏和咳嗽；必要时可通过听诊检查肺部。

6. 消化系统

采食与饮水观察，包括食欲废绝、减退、亢进和异嗜；口腔黏膜颜色和气味。有无呕吐、腹泻、便秘，肛周有无污物，粪便数量、硬度、颜色、气味等。

7. 被毛和皮肤

检查皮肤颜色、温度、弹性，有无创伤、脓疡、疥癣、湿疹；毛发色泽、疏密，有无脱落。

（三）病理取材基本要求

（1）病理检查应分层次进行，先进行一般外观观察，然后剖检观察，再进行光镜详细检查。

（2）通常选择正常与病变交界处组织，即包括病变本身及病变周围组织。

（3）对照组动物相同器官取材时，选材部位应尽量一致。

（4）肉眼看不到明显病变时，各实验组与对照组选取标本位置应一致。

（5）所选组织应包括脏器全部层次结构或重要结构，如肾应包括皮质、髓质和肾盂。

（6）体积大和分叶的器官，应视不同组织选取多个部位，小器官可整体取材并固定，如淋巴结、扁桃体、甲状腺等。

（7）胃肠标本应将内容物冲洗掉，以免内容物影响组织的固定，产生自溶。

（8）所取材料应尽量保持肉眼标本的完整性，不宜过厚或过薄，一般厚3～5 mm，大小为1.5～2 cm^2。

（9）切取组织时不要挤压，使用锋利刀具，少用剪刀，勿选用被器械钳压过的部位。

（10）标本取材要熟练，尽可能快地完成整个过程，特别是易自溶的组织，如肠道、脑、腺体等。

（11）剖检记录应客观、详细，用形象描述而不能用诊断的病名来代替。

（12）同一实验中的对照组和实验组动物应交叉剖检，严格统一各种条件和操作，尽量避免各种可能的干扰因素。

二、病理剖检的基本操作

（一）常用器械及使用方法

1. 解剖刀

解剖刀主要用于切开和分割软组织，刀片宜用血管钳（或持针钳）夹持安装，避免割伤手指。常用的持刀法有以下四种：执弓式、抓持式、执笔式、反挑式。

2. 手术剪

手术剪用于分离与剪开。

3. 血管钳

血管钳用于分离和钳夹组织，钳夹缝合针和布巾等。

4. 手术镊

手术镊用于夹持组织，以利于解剖和缝合。

5. 拉钩

拉钩用于牵引和暴露。

（二）基本操作

1. 切开

待切开组织在同一平面上时，先绷紧组织，将刀刃与平面垂直，用力要得当，一次垂直切开，切口整齐而不偏斜，禁止斜切和锯切，以减少损伤。切开多层组织时，一般应按组织层次分层切开，避免损伤深层组织器官。

2. 组织分离法

可用锐性分离法，使用刀、剪等锐性器械直接切割，如皮肤、黏膜，精细结构和紧密连结组织的分离；也可用钝性分离法，使用刀柄、止血钳、剥离器、手指等分离，如肌肉、疏松结缔组织等的分离。

3. 结扎

结扎是用丝线打结的方法结扎组织和血管，参与缝合器官和皮肤。

4. 止血

大量出血导致胸、腹腔积血使剖检视野模糊不清，可能会影响或干扰病变的辨别和取材，因此动物剖检有时要求止血。

（1）纱布块压迫止血法。剖检过程中，为观察病变性质和部位，辨清组织和神经、血管通路，以及对较广泛的毛细血管渗出，可用纱布按压施行短暂性的止血，但不可用纱布来回擦拭血液，以免损伤组织。

（2）钳夹止血法。先用纱布块止血，看清出血点或血管后用止血钳的尖端垂直对准出血点，迅速而准确地钳夹并捻转，使血管闭塞而止血。

（3）结扎止血法。用于动脉出血或较大的血管出血。

三、剖检取材程序

（一）实验动物尸体的固定

实验动物尸体的固定通常为仰卧位固定。

（二）剖检顺序

剖检顺序多为先腹腔后胸腔，再脑、脊髓、骨髓、皮肤、肌肉等。取材顺序基本与此相同。

（三）检查内容

（1）位置：位置有无移位、异位。

（2）大小：体积增大、缩小或肿大。

（3）色泽：整体或局部颜色的增减改变。

（4）附加物：有无出血、积液、粘连。

（5）质地：硬、韧、软等。

（6）切面：多汁、泡沫状、带血、脓汁、干燥等。

（7）中空器官的黏膜面：有无出血、溃疡、增厚、隆起物等。

（四）剖检和取材的程序

1．腹腔和腹腔器官

沿腹部正中线切开剑突至肛门之间的腹前壁，再沿最低位肋骨分别向左右两侧切开侧腹壁至脊柱两旁，完全暴露腹腔器官。观察有无积液、血液和炎性渗出物，若有则用吸管吸出，测量容积并经离心沉淀涂片检查，必要时做细菌培养。检查腹膜是否光滑，有无充血、瘀血、出血、破裂、脓肿、粘连、肿瘤、寄生虫等，膈的紧张度以及有无破裂。

（1）脾。检查脾的大小、厚薄、硬度、性状、色泽，有无肥厚、破裂等。然后沿长轴将脾切成两半，切面要平整，检查脾小梁、红髓、滤泡的色泽，切面的出血量。

（2）胰。检查胰脏色泽和硬度，切片检查有无出血。

（3）胃肠。检查胃的大小、胃肠道浆膜面的色泽，有无粘连、肿瘤、寄生虫结节。然后沿胃大弯、肠系膜附着部依次剪开胃、十二指肠、空肠、回肠、盲肠、结肠、直肠。观察胃内有无异物，内容物的气味及性状，除去内容物，检查黏膜颜色，有无充血、出血、结节、溃疡、糜烂、增厚等，以及病变部位的深浅、位置、数目。检查肠系膜有无增厚，淋巴结有无肿大、出血、化脓。采用边剪开边观察的办法检查肠管，观察肠内容物数量、性状，有无气体、血液、异物、寄生虫，肠黏膜皱襞黏液量，有无增厚、水肿、充血、溃疡、坏死、淋巴组织性状以及有无炎症。

（4）肾。首先检查肾脏大小、硬度、被膜是否容易剥离，表面的色泽、平滑度，有无瘢痕、出血。然后检查切面皮质和髓质的色泽，有无瘀血、出血、化脓和梗死。注意观察皮质和髓质交界处的切面是否隆突，以及肾盂、输尿管、肾淋巴结的性状，有无肿瘤及寄生虫等。

（5）肝。首先检查肝脏的大小、被膜的性状、边缘的厚薄、实质的硬度和色泽，以及肝淋巴结、血管、肝管等的性状。然后做切面，检查切面的出血量、色泽，肝小叶性状，有无脓肿，肝坏死等变化。

（6）肾上腺。观察肾上腺的外形、大小、色泽和硬度，做纵切和横切，检查皮质和髓质的色泽以及有无出血。

2．盆腔器官

（1）膀胱。检查膀胱的大小、尿量及色泽，黏膜有无出血、炎症和结石等。

（2）雄性生殖器官。检查睾丸、附睾、凝固腺、前列腺有无粘连、出血、水肿、积液等。

（3）雌性生殖器官。沿子宫体背侧剪开子宫角，检查子宫内膜的色泽，有无充血、出血、炎症等，观察卵巢和输卵管有无粘连、出血、水肿、积液等。

3．胸腔、口腔及其器官

用镊子夹住胸骨剑突，剪断膈肌与胸骨的联结，提起胸骨，在胸椎两侧分别剪断左、右侧胸壁的肋骨，取下整个胸壁，打开胸腔，依次取出胸腺和心脏。将下颌骨的两下颌支内侧与舌联结的肌肉切断，将咽、喉、气管、食道与周围组织分离，用镊子夹住气管向上提起，剪断肺与胸膜的联结韧带，然后将咽、喉、气管、食道连同整个肺一并取出。若有积液应观察其数量和性状，尽量吸取，测量容积并涂片，检查胸膜色泽，有无出血、充血或粘连。

（1）心脏。剪开心包膜，暴露心脏，注意心包的光泽度及心包内液体的情况，心脏的大小、外形、心外膜情况。自下腔静脉入口处至右心房做直线剖开，从此直线中点沿心脏右缘剖至心尖部，从距离心尖部与心室间隔右侧1 cm处沿冠状动脉沟平行地剖至肺动脉；检查右心房、右心室、三尖瓣、肺动脉瓣、腱索有无病变。自左右肺静脉入口处将左心房直线切开，沿心脏左缘剖至心尖部，再从距离心尖部与心室间隔左侧1 cm处平行地剖开左心室的前壁和主动脉，检查二尖瓣、主动脉瓣和腱索有无病变，左心房、左心室内壁有无出血和感染。自冠状动脉口起剪开前降支和旋支，在主动脉根部右侧，于右心室的心外膜找到右冠状动脉主干，先横切一刀，再剪至后降支；观察有无粥样硬化和血栓等。

（2）口腔。检查牙齿的变化，口腔黏膜的色泽，有无外伤、溃疡和白斑，舌黏膜有无出血、外伤及舌苔的情况。

（3）咽喉。观察喉头、会厌软骨黏膜的色泽，淋巴结的性状及喉囊有无积脓。

（4）鼻腔。检查鼻腔和鼻中隔黏膜的色泽，有无出血、炎性水肿、结节、糜烂、溃疡穿孔及瘢痕等。

（5）下颌及颈部淋巴结。检查下颌及颈部淋巴结的大小、硬度，有无出血和化脓等。

（6）气管。检查气管有无出血、黏液量等。

（7）肺。检查肺的色泽，有无出血、炎症、肺气肿、肺萎缩、肿瘤等。

（8）其他器官。胸腺、甲状腺、扁桃体等的色泽，有无粘连、出血、水肿等。

4. 颅腔及脑

以猴为例。剥离颅顶部软组织，沿眉弓至枕外隆凸上0.5 cm处的连线，用弓形锯环绕该线锯开颅骨外板及板障，然后用丁字凿轻轻凿开内板，揭开颅盖，此时可见覆盖于脑表面的硬脑膜，切开硬脑膜暴露脑组织，在距颅骨锯口断端上0.5 cm处，从前向后环行剪开硬脑膜，枕部的硬脑膜应保留1.5 cm长，防止取脑过程向后推压脑组织时，枕骨断端损坏枕叶脑组织。向后方轻轻揭起硬脑膜及大脑镰，暴露脑组织，用手指从额骨前上方伸入颅前窝，轻轻推压大脑额叶，直至见到筛板上的嗅球为止，切断嗅丝与嗅球的联系，将嗅球与脑一齐拉起，见到视神经和视交叉时立刻停止，在脑底附近依次切断颈内动脉、视神经，再将脑向后拉，可见到垂体及漏斗，继续将脑向后拉起，切断连于脑的脑神经；从脑干腹侧面把手术刀伸入枕骨大孔，切断脊髓，即可将脑取出，用流水冲洗干净备用。新鲜脑很软，易变形和受挫伤，操作过程中必须用手扶托，取出脑后应立刻用纱布包裹，浸泡于固定液中保存，以免变形。

检查软脑膜、硬脑膜血管充盈情况，脑回之间的脑沟中液体的数量与色泽，脑表面凸起或凹下的地方是否明显，可用手触摸判定其硬度。用刀将脑做一水平切面，保留胼胝体，暴露侧脑室，注意检查尾状核有无出血、软化灶，侧脑室内容物数量、性质，然后将脑做多处切面，检查有无变化。

四、脏器测量和称重

（1）解剖后应迅速将脏器称重，以免水分蒸发造成差异，特别是肾上腺等小器官的称重。

（2）脏器称重前应尽量将周围脂肪组织和结缔组织剔除，并用滤纸吸去脏器表面血液及体液，特别是肾上腺、甲状腺、前列腺等较小的器官，更要新鲜称重，防止器官干燥失水而重量减轻。

（3）空腔器官称重前，应清除其腔内内容物，如心脏应除去血块。

第九节　异常毒性检查法

异常毒性有别于药物本身所具有的毒性特征，是指由生产过程中引入或其他原因所致的毒性。本法系给予动物一定剂量的供试品溶液，在规定时间内观察动物出现的异常反应或死亡情况，检查供试品中是否存在污染外源性毒性物质，以及是否存在意外的不安全因素。

（一）供试品溶液的制备

按品种项目规定的浓度制成供试品溶液。临用前溶液应平衡至室温。

（二）试验用动物

应选健康合格的动物，在试验前及试验的观察期内，均应按正常饲养条件饲养。做过本试验的动物不得重复使用。非生物制品试验，通常使用小鼠；生物制品试验注射，通常使用小鼠、豚鼠。

（三）非生物制品试验

除另有规定外，取小鼠5只，体重为18～22 g，每只小鼠分别静脉给予供试品溶液0.5 mL。应在4～5秒内匀速注射完毕。规定缓慢注射的品种可延长至30秒。除另有规定外，全部小鼠在给药后48小时内不得有死亡；若有死亡，应另取体重为19～21 g的小鼠10只复试，全部小鼠在48小时内不得有死亡。

（四）生物制品试验注射

除另有规定外，异常毒性试验应包括小鼠试验和豚鼠试验，试验中应设同批动物空白对照，观察期内，动物全部健存，且无异常反应，到期时每只动物体重应增加，则判定试验成立。按照规定的给药途径缓慢注入动物体内。

（1）小鼠试验法。除另有规定外，取小鼠5只，注射前每只小鼠称体重，应为18～22 g。每只小鼠腹腔注射供试品溶液0.5 mL，观察7天。观察期内，小鼠应全部健存，且无异常反应，到期时每只小鼠体重应增加，判定供试品符合规定。若不符合上述要求，应另取体重为19～21 g的小鼠10只复试1次，判定标准同前。

（2）豚鼠试验法。除另有规定外，取豚鼠2只，注射前每只豚鼠称体重，应为250～350 g。每只豚鼠腹腔注射供试品溶液5 mL，观察7天。观察期内，豚鼠应全部健存，且无异常反应，到期时每只豚鼠体重应增加，判定供试品符合规定。若不符合上述要求，可用4只豚鼠复试1次，判定标准同前。

第十节　兔的热原检查法

一、定义

本法系将一定剂量的供试品由静脉注入家兔体内，在规定时间内，观察家兔体温升高的情况，以判定供试品中所含热原的限度是否符合规定。

二、供试用家兔的要求

（1）健康合格，体重为1.7 kg以上（用于生物的制品检查的家兔体重为1.7～3.0 kg），雌兔应无孕。

（2）预测体温前7天即应用同一饲料饲养，在此期间内，体重应不减轻，精神、食欲、排泄等不得有异常现象。

（3）应在检查供试品前3～7天内预测体温，进行挑选。

（4）挑选试验的条件与检查供试品时相同，仅不注射药液，每隔30分钟测量体温1次，共测8次。8次体温均在38.0～39.6 ℃，且最高与最低体温的差不超过0.4 ℃的家兔，方可供热原检查用。

（5）用于热原检查后的家兔，对用于血液制品、抗毒素和其同一抗原性供试品检测的家兔可在5天内重复使用1次。若供试品判定为符合规定，至少应休息48 h方可供第2次检查用，其中升温达0.6 ℃的家兔应休息2周以上。若供试品判定为不符合规定，则组内全部家兔不再使用（取消每只家兔的使用次数不能超过10次的限制）。

三、试验前的准备

（1）热原检查前1～2天，供试用家兔应尽可能处于同一温度的环境中，实验室和饲养室的温度相差变化不得大于3 ℃，且应控制在17～25 ℃；在试验全部过程中，实验室温度变化不得大于3 ℃。

（2）应防止动物骚动并避免噪音干扰。

（3）家兔在试验前至少1小时开始停止给食，并置于适宜的装置中，直至试验完毕。

（4）测量家兔体温应使用精密度为±0.1 ℃的测温装置。测温探头或肛温计插入各兔肛门的深度和时间应相同，深度一般约6 cm，时间不得少于1.5分钟。每隔30分钟测量体温1次，一般测量2次，2次体温之差不得超过0.2 ℃，以此2次体温的平均值作为该兔的正常体温。当日使用的家兔，正常体温应在38.0～39.6 ℃，且同组各兔间正常体温之差不得超过1 ℃。

（5）与供试品接触的试验用器皿应无菌、无热原。去除热原通常采用干热灭菌法（250 ℃加热30分钟），也可用其他适宜的方法。

四、热原检查法

（1）取适用的家兔3只，测定其正常体温后15分钟以内，自耳静脉缓缓注入规定剂量并温热至约38 ℃的供试品溶液。

（2）然后每隔30分钟按前法测量其体温1次，共测6次，以6次体温中最高的一次减去正常体温，即该兔体温的升高温度（℃）。

（3）若3只家兔中有1只体温升高0.6 ℃或高于0.6 ℃，或3只家兔体温升高的总和达1.3 ℃或高于1.3 ℃，应另取5只家兔复试，检查方法同上。

五、结果判断

（1）在初试3只家兔中，体温升高均低于0.6 ℃，并且3只家兔体温升高总和低于1.3 ℃；或在复试的5只家兔中，体温升高0.6 ℃或高于0.6 ℃的家兔不超过1只，并且初试、复试合并8只家兔的体温升高总和为3.5 ℃或低于3.5 ℃，均认为供试品的热原检查符合规定。

（2）在初试3只家兔中，体温升高0.6 ℃或高于0.6 ℃的家兔超过1只；或在复试的5只家兔中，体温升高0.6 ℃或高于0.6 ℃的家兔超过1只；或在初试、复试合并8只家兔的体温升高总和超过3.5 ℃，均判定供试品的热原检查不符合规定。

（3）当家兔升温为负值时，均以0 ℃计。

第十一节　实验动物常用化学消毒剂

常用的实验动物化学消毒剂见表15－2。

表15－2　实验动物常用化学消毒剂

化学消毒剂	常用方式	使用浓度	用量	消毒时间	备注
过氧乙酸	喷雾法	1%～2%	8 mL/m^3	密闭1小时	甲液和乙液按1:1均匀混合，静置24小时或48小时后启用
	浸泡法	0.2%～0.5%	—	0.5～1.5小时	
	湿抹法	0.01%～0.05%	—	—	
	熏蒸法	混合原液	2～3 mL/m^3	密闭1.5小时	

续表 15－2

化学消毒剂	常用方式	使用浓度	用量	消毒时间	备注
新洁尔灭	浸泡法	0.1%	—	0.5 小时	—
	皮肤消毒	0.1%	—	—	—
来苏儿	浸泡、洗擦	3%～5%	—	—	本药有酚类臭味
福尔马林	熏蒸法	—	每立方米 30 mL 福尔马林加高锰酸钾 15 g	密闭 24 ～ 48 小时后通风 24 小时	应使用陶瓷器皿或金属器皿盛装药物，先放高锰酸钾，后加福尔马林
戊二醛	浸泡法	2%	—	0.5 小时	以 0.3% 碳酸氢钠作为缓冲，调节 pH 值达 7.5～8.5，灭菌作用显著增强
氢氧化钠	洗刷	1%～2%	—	消毒房舍 12 小时后用大量清水冲洗	有腐蚀性，多用于房舍消毒
漂白粉	喷洒	5%	—	—	常用剂型有粉剂、乳剂和澄清液，乳剂用于粪便清毒
	湿抹	20%	—	—	
速消净	喷雾	500×10^{-6}	—	—	—
	有效氯	每 20 g 粉剂加水 4 kg	—	—	—
	洗擦或浸泡	200×10^{-6}或 250×10^{-6} 有效氯	每 20 g 粉剂加水 8～10 kg	10 分钟（浸泡）	—
次氯酸钠	喷雾洗刷或浸泡	500×10^{-6}有效氯	30 mL/m^3	10 分钟	—
百毒杀	喷雾 擦拭 浸泡 大动物洗浴	0.025% 0.025% 0.025% 0.025%	40～50 mL/m^3	10 分钟	—
乙醇	皮肤消毒	70%	—	—	—
	浸泡	70%	—	0.5 小时	—
碘酊	皮肤消毒	2.5%	—	—	—
碘伏	皮肤消毒	5%	—	—	—
过氧化氢（双氧水）	洗涤化脓伤口	3%	—	—	—
高锰酸钾	洗涤伤口	1/5 000	—	—	—
龙胆紫	皮肤消毒	1%	—	—	—
氯己定	浸泡	0.1%	—	10 分钟	避免与肥皂或碱类接触
	皮肤消毒	0.02%～0.05%	—	—	
	洗涤伤口或黏膜消毒	0.01%～0.02%	—	—	

续表 15-2

化学消毒剂	常用方式	使用浓度	用量	消毒时间	备注
度米芬	浸泡	0.1%	—	10 min	—
	皮肤消毒	70%乙醇溶液	—	—	—
二氯异氰尿酸钠	喷雾	0.5%～1%	—	—	—
	浸泡	0.25%	—	10 min	—

第十六章 实验动物饲料营养和生产

在生命科学研究领域中，实验动物被公认为不可缺少的“活的精密仪器”。要保证实验动物在动物实验中具有良好的敏感性、准确性、重复性，必须使其达到一定的品质要求，即必须使实验动物达到标准化的要求。营养因素是所有影响实验动物质量的诸多因素中的基本要素，实验动物饲料的品质直接影响动物的营养供给。实验动物的营养与畜禽的营养不同，它不以生长速度、饲料利用率和经济效益为主要的目标，因此，强化标准化饲养，严把饲料生产环节，控制饲料生产的品质，是提供符合要求的实验动物的一个重要的环节。饲料的品质直接影响着实验动物质量，而动物质量又影响着生命科学研究。

第一节 饲料中的营养成分

实验动物饲料质量不仅影响实验动物质量，又间接影响着应用实验动物所做的实验结果的准确性。不仅国外对实验动物质量控制有明确规定，我国也先后就实验动物饲料质量控制制定和颁布了相应标准。动物需要的营养物质达数十种，可以概括为七大类，即蛋白质、脂肪、碳水化合物、矿物质、维生素、纤维素和水。

一、水及其营养功能

水对于动物生存的重要性仅次于氧气，没有水的存在，任何生命活动都无法进行。大部分饲料均含有水分，但不同种类的饲料含水量差异很大。对于植物性饲料，同一种原料由于收割期不同、利用部位不同、加工方法及贮存时间的不同，其水分的含量也不尽相同。

水是动物体的重要组成部分，同时又是在体内运送各种营养物质和代谢产物的载体，也是体温调节不可缺少的物质。水直接参加生化反应，促进各种生理活动，对维持血液循环、呼吸、消化、吸收、分泌、排泄等生理活动及新陈代谢的正常进行有重要意义。

动物对水的需要量受多种因素的影响，如动物种类、年龄、生长能力、环境温度、湿度等，因此动物在不同生理状况下需水量有所差异，及时获得足够的清洁饮水是动物进行正常代谢、生长、发育和维持健康必不可少的条件之一。

二、蛋白质及其营养功能

蛋白质是饲料中含氮物质的总称，包括纯蛋白质与氨化物两部分，因此也称为粗蛋白质。其中，氨化物是一类非蛋白质含氮物，在植物生长旺盛时期含量较多，主要包括：未结合成蛋白质分子的个别氨基酸、植物体中由无机氮合成蛋白质的中间产物，以及植物蛋白质经酶类和细菌分解后的产物。

蛋白质的基本构成单位是氨基酸，已知的氨基酸有 20 多种，以不同的组合形式形成不同的蛋白质，饲料中的蛋白质只有被消化分解为简单的氨基酸才能够被动物吸收利用。因此，蛋白质营养的实质是氨基酸营养。

（一）必需氨基酸和非必需氨基酸

从生理角度来看，构成机体蛋白质的 20 多种氨基酸对动物来说都是必不可少的，但从营养角度，并不都是必需的，因为某些氨基酸可在动物体内合成。因此，在营养学上将氨基酸分为必需氨基酸和非必需氨基酸两大类。必需氨基酸是指在动物机体内不能合成或合成的速度及数量不能满足动物正常的生长需要，必须由饲料来供给的氨基酸，包括精氨酸、蛋氨酸、苯丙氨酸、赖氨酸、组氨酸、异亮氨酸、亮氨酸、缬氨酸、苏氨酸、色氨酸；非必需氨基酸指动物体内能够合成，不依赖饲料供给的氨基酸，包括丙氨酸、丝氨酸、天冬氨酸、谷氨酸、酪氨酸、胱氨酸、甘氨酸等。

必需氨基酸中，赖氨酸、蛋氨酸、色氨酸在植物性饲料中的含量常不能满足动物的需要（复胃动物、盲肠发达的动物如兔和大鼠除外），而且饲料中上述氨基酸的缺乏还会影响其他氨基酸的利用。因此，在饲料学中，赖氨酸被称为第一限制性氨基酸，蛋氨酸则被称为第二限制性氨基酸。

（二）氨基酸平衡与氨基酸失衡

蛋白质的合理利用，不但要求日粮满足必需氨基酸的种类和数量，而且要求各种必需氨基酸之间的平衡。氨基酸平衡是指日粮氨基酸组分之间的相对含量与动物机体氨基酸需要量之间比值较为一致的相互比例关系。与氨基酸平衡对应的是氨基酸失衡，即一种或几种必需氨基酸过多或过少，相互间比例与动物的需要不一致，从而造成饲料利用率降低，动物生长迟缓、繁殖力下降的现象。

（三）蛋白质的互补作用

蛋白质营养价值的高低，主要决定于其氨基酸组成是否平衡。在饲养实践中，常用多种饲料搭配或添加部分必需氨基酸的方法，来提高饲料蛋白质的营养价值，这种作用即蛋白质的互补作用。如在苜蓿的蛋白质中赖氨酸含量较多（为5.4%），蛋氨酸含量较少（为1.1%）；而玉米蛋白质中赖氨酸的含量较少（为2.0%），蛋氨酸含量较多（为2.5%）。把这两种原料按一定的比例进行搭配，则两种限制性氨基酸的含量会有所提高，饲料利用率也将相应得到提高。因此，所谓蛋白质的互补作用实际上是必需氨基酸的互相补充。实验证明，在饲料中添加一定比例的赖氨酸、蛋氨酸可显著提高饲料的利用率。

蛋白质是构成一切细胞和组织的基本原料和重要成分，是生命存在的形式和物质基础，动物的肌肉、神经、结缔组织、皮肤、血液等均离不开蛋白质的参与。在动物的生命活动中，蛋白质对动物机体具有重要的营养作用。

蛋白质是修补机体组织的必需物质，动物各组织器官的蛋白质通过新陈代谢不断更新；蛋白质可以代替碳水化合物及脂肪的产热作用，在动物体内，当供给热能的碳水化合物及脂肪不足时，蛋白质也可以在体内经分解、氧化释放热能。多余的蛋白质可以在肝脏、血液及肌肉中贮存一定数量，或经脱氨作用转化为脂肪，以备营养不足时重新分解供应热能。

三、脂肪及其营养功能

脂类是脂肪和类脂等一些物质的总称，可分为脂肪与类脂两大类。脂肪由 3 分子脂肪酸与 1 分子的甘油结合而成，类脂由脂肪酸、甘油及其他含氮物质等结合而成。这类物质在用乙醚浸泡饲料时溶于乙醚，因此总称为粗脂肪。

脂肪是动物热能的主要来源，在体内是化学能贮备的最好形式，饲料中脂肪含量越高，所含能值也越高。脂肪也是构成动物组织的重要组成部分，各种器官和组织如神经、肌肉及血液等均含有脂肪。作为饲料中脂溶性维生素的溶剂，脂肪可保证动物对脂溶性维生素的消化、吸收和利用。

脂肪酸也分为两大类，即不饱和脂肪酸（脂肪酸碳链中部分碳原子互相以双键相连）及饱和脂肪酸（脂肪酸碳链中碳原子以单键相连）。在不饱和脂肪酸中，亚油酸、亚麻酸和花生四烯酸在动物体内不能合成，必须由饲料供给，称为必需脂肪酸。必需脂肪酸是构成组织的组成成分，对维持细胞及亚细胞膜的功能和完整性很重要。必需脂肪酸参与类脂代谢，在调节胆固醇的代谢，特别是输送、分解和排泄方面有重要意义。亚油酸是合成前列腺素的原料。

在以植物原料为主的饲料中，一般必需脂肪酸不易缺乏，故很少另外添加。

四、碳水化合物及其营养功能

碳水化合物是由碳、氢、氧三种元素构成，包括糖、淀粉、纤维素、半纤维素、木质素等，通常把碳水化合物分为粗纤维和可溶性碳水化合物（或称无氮浸出物）两大类。

粗纤维由纤维素、半纤维素、戊聚糖及镶嵌物质（木质素、角质等）所组成，是植物细胞壁的主要组成部分，也是饲料中最难消化的物质。纤维素即真纤维，其化学性质很稳定，弱的无机酸不能使其分解，在80%的硫酸作用下，才可达到使其水解的目的，其营养价值与淀粉相近。半纤维素在植物界的分布最广，易被稀酸所水解，大部分半纤维素和多糖一样，由相同的组成部分构成；另一些则由不同的单糖组成，个别的半纤维素则由非糖物质的分子构成。木质素是最稳定、最坚韧的物质，一般认为木质素含有甲氧基、乙酰基及芳香环。

一般动物难以利用粗纤维，但对草食性动物尤其是复胃动物，粗纤维却是必不可少的。在家兔、豚鼠等草食动物饲料中，若粗纤维含量不足，可造成消化机能紊乱，产生消化道疾病等。对于复胃动物（反刍动物），粗纤维在瘤胃及盲肠中经发酵形成的挥发性脂肪酸（乙酸、丙酸、丁酸）参与体内的碳水化合物代谢，通过三羧酸循环形成高能磷酸化合物，产生热能，是重要的能量来源。

无氮浸出物是一类易溶解的物质，包括单糖、二糖、多糖和淀粉等，可为单胃动物提供营养，又称为有效碳水化合物，是动物机体能量物质的主要来源。除主要供给动物所需的热能外，多余部分可转化为体脂和糖原，贮存在机体中以备必需时利用。

五、矿物质及其营养功能

饲料经充分燃烧后所余物质称为矿物质，或称为灰分，主要为钾、钠、钙、磷等。矿物质是动物生长发育和繁殖等生命活动中所不可缺少的一些金属和非金属元素，根据在动物体内含量不同，矿物质分为常量元素（占动物体重的0.01%以上）和微量元素（不足体重的0.01%）。常量元素包括钙、磷、钠、氯、硫、镁、钾等，微量元素包括铁、铜、锌、锰、碘等。这些元素有的是动物体的重要组成部分（如钙、磷是构成骨骼的主要成分），有的对机体的各种生理过程起着重要作用（如铁参与血液对氧的运送过程），若供给不足就会出现一系列缺乏症；过量供应时，则会出现中毒症。

矿物质在动物体内不能产热，但却与产生能量的碳水化合物、脂肪及蛋白质的代谢密切相关；在动物体内既不能合成也不能在代谢中消失，只能排泄于体外；虽然含量少但对动物的生命活动却很重要。

（一）常量元素的营养

1. 钙和磷

这两种元素是在动物体内含量最多的矿物元素，占动物机体矿物质总量的70%以上。钙和磷不仅是骨骼的主要组成部分，而且，钙对维持神经、肌肉的正常功能和正常凝血过程也有重要作用；磷是某些酶的重要组成部分，在脂类代谢和运输、能量代谢中起重要作用。

钙、磷或维生素D缺乏时，生长期动物可形成软骨病，对成年动物则造成骨性过度重吸收，形成骨质疏松。此外，钙缺乏导致血钙过低，会引起动物痉挛；缺磷时动物食欲不良，有异食癖。

钙、磷过多也会造成不良影响。钙过多可引起骨硬化症、软组织钙化并影响其他矿物元素的吸收。磷过多可使钙不足，引起严重骨重吸收，发生肋骨软化，影响正常呼吸。因此，在动物的饲料中既要保证适量的钙、磷数量又要保持两者适宜的比例。

2. 钾、钠、氯

这三种元素都是电解质，在维持细胞内外液的渗透压及机体酸碱平衡方面起协同作用，并且有各自特殊的作用。

钾促进细胞对中性氨基酸的吸收及蛋白质的合成，有维持心脏、肾脏、肌肉正常活动的重要意义。此外，钾还参与丙酮酸盐激酶的活化、肌酸磷酸化过程，影响细胞对葡萄糖的吸收。

钠大量存在于肌肉中，使肌肉兴奋性加强，对心肌活动起调节作用。氯是胃液中主要的阴离子，形成盐酸使胃蛋白酶活化，并保持胃内酸性，有杀菌作用。

正常情况下，动物可以通过肾脏调节钾、钠、氯的排出量。钾在植物中的含量比钠丰富，因此，应常在动物的饲料中补充食盐。但是，如果日粮中食盐过多，当动物饮水受限或肾功能异常时也会出现中毒症状。

3. 镁和硫

镁是构成骨骼和牙齿的成分，其余分布于软组织细胞中。镁是焦磷酸酶、胆碱酯酶、三磷酸腺苷酶等多种酶的活化剂，在糖与蛋白质代谢中起重要作用。

硫分布于全身每个细胞，存在于蛋氨酸、胱氨酸、生物素中，主要通过上述有机代谢物对机体起作用。

（二）微量元素的营养

1. 铁

大部分铁存在于血红蛋白和肌红蛋白中，部分与蛋白质结合形成铁蛋白存在于肝、脾和骨髓之中，少量存在于色素和多种氧化酶中。铁对保证机体组织内氧的输送有重要作用，并与细胞内生物氧化过程密切相关。

2. 铜

铜主要分布于肝、脑、肾、心的色素部分及毛发之中，是多种酶的成分和激活剂。红细胞的生成、骨骼的构成、被毛色素的沉着以及脑细胞和脊髓的质化均需要适量的铜。

3. 硒

硒分布于全身所有细胞，以肝脏、肾脏、肌肉中含量最高。硒是谷胱甘肽过氧化物酶的主要成分，对保护细胞膜的完整性起着重要作用，并为保护胰腺细胞的正常功能所需，还有助于维生素 E 的吸收和存留。

4. 其他微量元素

锰、锌、碘、钴、铬等同样为动物所必需，缺乏上述元素能引起某些组织的机能异常。

这些微量元素积极参与动物机体的生长发育、繁殖等主要机能和维持机体的健康。当缺乏或过剩时，会引起动物疾病的发生。

六、维生素

维生素是动物进行正常代谢活动所必需的营养素，属小分子的有机化合物，以辅酶或酶前体的形式参与酶系统工作。虽然动物对维生素的需要量甚微，但其对调节代谢的作用甚大。除个别维生素外，大多数在动物体内不能合成，必须由饲料或肠道寄生的细菌合成后提供。在正常情况下，水溶性维生素和脂溶性维生素 K 不会缺乏，但在高温灭菌时应当给予补充。豚鼠和非人灵长类动物体内不能合成维生素 C，必须在饲料中供给。

维生素种类很多，习惯上根据溶解性不同，分为脂溶性维生素及水溶性维生素。

（一）脂溶性维生素

脂溶性维生素包括维生素 A、D、E、K，可溶于脂肪和脂肪溶剂中，不溶于水。由于吸收后可在体内贮存，短期供给不足不会对生长发育和健康产生不良影响。

1. 维生素 A

天然维生素 A 只存在于动物性饲料中，植物体内只含有维生素 A 原，在消化道吸收之后进入体内，在小肠壁和肝脏内转变为维生素 A。维生素 A 主要贮存于动物的肝脏之中，其余贮存于脂肪中，当机体需要时再释放入血中。

维生素 A 是一般细胞和亚细胞结构必不可少的重要成分，有促进生长发育，维护骨骼的正常生长，修补、维护上皮组织的完整，促进结缔组织中黏多糖的合成，增强对疾病的抵抗力，维护细胞膜和细胞器膜结构的完整，维持正常视觉等作用。此外，维生素 A 还与动物的正常繁殖机能有关，与正常免疫机能有关。

维生素 A 缺乏将对机体产生广泛的影响：机体不能合成视紫红质，产生夜盲症；上皮组织增生、角质化、易被细菌感染而产生一系列的继发病变，尤其对眼、呼吸道和消化道、泌尿及生殖器官的影响最明显；影响幼龄动物生长和骨骼的正常生长发育。

2．维生素 D

维生素 D 是类固醇衍生物，虽然具有维生素 D 活性的化合物有十余种，但对动物起重要作用的却只有维生素 D_2 和 D_3。动物可从两个方面获得维生素 D，即在皮肤内形成或由饲料中获得。

维生素 D 的最主要的作用在于调节钙和磷的代谢，维持骨骼和牙齿的正常发育，此外还参与柠檬酸的代谢，维持血液中的氨基酸含量。

维生素 D 缺乏会严重影响钙磷代谢，影响骨骼生长发育。幼龄动物出现佝偻病，成年动物出现骨质疏松，特别是妊娠、哺乳和老年期的动物易出现骨质疏松。此外，血中钙、磷含量降低还影响肌肉和神经系统的正常功能。

3．维生素 E

维生素 E 又称生育酚，是一组有生物活性的化学结构相近似的酚类化合物，天然存在的生育酚有 α、β、γ、δ 四种，其中以 α－生育酚分布最广，活性最强。

维生素 E 的基本功能是保持细胞和细胞内部结构的完整，防止某些酶和细胞内部成分遭到破坏。维生素 E 具有很强的抗氧化作用，可抵制组织膜内多价不饱和脂肪酸的氧化，稳定细胞脂类，保证红细胞的完整。维生素 E 也是细胞呼吸的必需因子，参与体内 DNA、维生素 C 和辅酶 Q 的合成。此外，维生素 E 还与动物的生殖机能、免疫机能密切相关。

维生素 E 缺乏可使动物发生肌营养不良，急性表现为心肌变性，亚急性表现为骨骼肌变性，前者常发生死亡，后者运动机能障碍，严重时不能站立。长期缺乏维生素 E，可使红细胞寿命缩短，细胞膜溶解出现溶血性贫血。维生素 E 缺乏严重影响动物的繁殖机能，雄性动物精细胞形成受阻，精液品质不佳，精子数减少。雌性动物受胎率下降，即使受胎也会产生死胎或胎儿被吸收。

4．维生素 K

维生素 K 实际上是一组化合物的总称，现已发现有多种化合物具有维生素 K 活性。其中最重要的是维生素 K_1、K_2、K_3 三种。维生素 K 只有两种天然存在形式，维生素 K_1 仅存在于绿色植物中，维生素 K_2 则由微生物合成。

维生素 K 能促进肝脏合成凝血酶原，故具有促进血液凝固的作用，此外还能增强胃肠道蠕动和分泌机能，参与体内的氧化还原过程。动物机体一般不会产生维生素 K 缺乏，因为它广泛存在于饲料中，且在大肠内的细菌也能合成，但无菌动物可发生维生素 K 缺乏。

（二）水溶性维生素

水溶性维生素主要有 B 族维生素和维生素 C。由于很少或几乎不在体内贮存，水溶性维生素短时间缺乏或不足均会引起体内某些酶活性的改变，抑制相应的代谢过程，从而影响动物生长发育和抗病力，但在临床上不一定表现出来，只在较长时间后才出现缺乏症。

反刍动物瘤胃微生物可合成足够需要的 B 族维生素。单胃动物虽肠道微生物也可合成，但可以利用的较少，多数随粪排出体外。具有食粪癖的动物如兔，可从粪中得到 B 族维生素的补充。

1．维生素 B_1（硫胺素）

维生素 B_1 是一种分子组成中含有嘧啶环和噻唑环的化合物，动物机体内的贮存量在所有维生素中最少，故应经常供应。其主要功能是参与碳水化合物代谢，在能量代谢和葡萄糖转变成脂肪的过程中作为一种辅酶。另外，对维持神经组织及心肌的正常功能，维持正常的肠蠕动及脂肪在消化道的吸收均起一定作用。

维生素 B_1 缺乏将影响动物生长，可引起食欲减退、消化不良、胃部松弛等消化障碍，同时还会损伤神经活动性能，继续缺乏会造成神经炎，使神经系统进一步退化，导致瘫痪和肌萎缩。

2．维生素 B_2（核黄素）

维生素 B_2 由 1 个黄色素和 1 个还原形式核糖组成，也被称为核黄素，微溶于水，在中性或酸性溶液中加热是稳定的，广泛分布在植物与动物组织中。在动物体内，肝和肾含有较高浓度的核黄素，但机体的贮存能力有限。核黄素是机体中一些重要氧化还原酶的辅基，参与能量代谢，是生物氧化过程中不可缺少的重要物质，对促进生长、维护皮肤和黏膜的完整性，眼睛感光过程、水晶体的角膜呼吸过程具有重要作用。同时，维生素 B_2 与碳水化合物、蛋白质、核酸和脂肪的代谢有关，可提高机体对蛋白的利用率。

核黄素缺乏通常无明显的和特异的病变，甚至在严重缺乏时也只表现若干非特异性症状，如幼龄动物表现为生长停滞、食欲减退、被毛粗乱、眼角分泌物增多等。

3．维生素 B_3（泛酸）

维生素 B_3 由泛解酸和 β－丙氨酸组成，存在于一切组织之中，它是辅酶 A 的成分，是体内能量代谢中不可缺少的成分。泛酸参与碳水化合物、脂肪和蛋白质代谢，特别是对脂肪的合成与代谢起十分重要的作用。泛酸还是形成乙酰胆碱所必需的物质。

泛酸缺乏可使动物生长速度下降，皮肤受损，神经系统紊乱，抗体形成受阻。

4．维生素 B_4（胆碱）

维生素 B_4 是卵磷脂结构中的一个关键部分，在体内有重要的生理功能。作为某些磷脂类物质的一种成分，通过脂肪代谢防止脂肪肝；作为乙酰胆碱的成分，在神经传导方面起作用；作为不稳定甲基来源，用于肌酸的生成及几种激素的合成。

胆碱缺乏可引起动物生长缓慢，脂肪代谢障碍。

5．维生素 B_5（烟酸）

维生素 B_5 在生物氧化过程中起重要作用，对维护神经系统、消化系统和皮肤的正常功能，扩张末梢血管和降低血清胆固醇水平也有作用。

烟酸缺乏可使动物生长减缓、食欲丧失、出现鳞状皮炎、神经反射紊乱、运动失调、骨骼发育异常。

6．维生素 B_6（如吡哆醇）

吡哆醇、吡哆醛、吡哆胺都具有活性，总称为维生素 B_6，在蛋白质代谢中有特别重要的作用，在碳水化合物和脂肪的代谢中也起作用。此外，维生素 B_6 也是能量产生、中枢神经系统活动、血红蛋白合成及糖原代谢所必需的。

维生素 B_6 缺乏症最常见的是中枢神经系统紊乱，动物产生惊厥，外周神经发生进行性病变，导致运动失调，最后死亡。

7．维生素 B_7（生物素）

在通常情况下，动物肠道内的微生物都能合成生物素，并且合成的数量可以满足动物的营养需要。无菌动物由于缺少肠道微生物，可能会缺乏生物素，出现生长减缓、食欲不佳的表现。

8．维生素 B_{11}（叶酸）

维生素 B_{11} 是由蝶啶、对氨基苯甲酸与 L－谷氨酸结合而成的一组化合物，对于机体形成一碳化合物是不可缺少的，并与核酸的合成有关，参与细胞的形成。

叶酸缺乏时，动物生长受阻，食欲减退、脱毛、出现巨红细胞性贫血、白细胞减少、血小板减少。一般动物体内微生物可以合成叶酸，无菌动物或肠道菌群紊乱时易缺乏。

9．维生素 B_{12}

维生素 B_{12} 是一种含钴的化合物，有多种形式，一般指的是氰钴素，在自然界中的唯一来源是微生物合成，为造血器官的正常作用所必需。它维护神经系统的正常功能，参与碳水化合物、脂肪和蛋白质代谢。一般情况下动物不易发生维生素 B_{12} 的缺乏。

10．维生素 C

维生素 C 是六碳糖的衍生物，有 L 型和 D 型两种异构体，但只有 L 型对动物有生理作用。维生素 C 存在于一切生命组织，但实验动物中的非人灵长类动物和豚鼠则不能合成。维生素 C 对于骨骼组织细胞间质中骨胶原的形成，以及这些组织正常功能的维持都是必需的，对于机体的防御机能也有促进作用，还可促进肠道内铁的吸收，参与叶酸、酪氨酸、色氨酸代谢，调节脂肪、类脂（如胆固醇）代谢，具有较强的解毒作用及抗氧化作用。

维生素 C 缺乏时，动物生长阻滞，食欲减退，活动力差，皮下及关节弥散性出血，易骨折、贫血、下痢。

七、各种营养素间的关系

各种营养物质在代谢过程中，相互间存在着多种多样的复杂关系，一种营养物质在机体内的吸收利用，往往与其他营养物质密切相关。

饲料中蛋白质和能量物质（碳水化合物和脂类）的比例（也称为“蛋能比”）应适当。比例不当会影响营养素的利用率，造成浪费甚至造成营养障碍。动物生长发育的不同阶段对能量和蛋白质的要求是不同的。不同动物之间差别也很大，要按需供给。蛋白质的供给也不是越多越好，过多地供给蛋白质会造成机体将多余的蛋白质转化为能量，从而造成了蛋白质的浪费，同时又使饲料成本增加。

蛋白质的供给量对某些维生素如维生素 A、D、B_2 等的吸收也有明显的影响。若蛋白质不足，饲料中维生素 A 的利用率就降低。脂类含量也与维生素尤其是脂溶性维生素的吸收有明显关系。高脂饲料会影响钙的吸收，高蛋白质饲料则能提高机体对钙、磷的吸收。

纤维素与其他营养素的利用一般呈负相关，即纤维素多，则其他营养素的消化利用率降低。但对于草食动物而言，纤维素又是一种必需的营养素，若兔饲料中纤维素的含量过低时，会造成消化障碍，甚至死亡。

各种营养素的缺乏或过量供给都会导致机体正常的生理状态的平衡遭到破坏，使动物发生疾病，这类疾病通常称为“代谢病”。

影响实验动物营养需要的主要因素有遗传因素、生理状况、环境因素、生物因素。

第二节　实验动物饲料的分类

一、配合饲料的种类

（一）按配合饲料的营养成分和对动物的饲喂方式进行分类

1. 全价配合饲料

配合饲料是指根据养殖动物营养需要，将多种饲料原料和饲料添加剂按照一定比例配制的饲料，又称全日粮配合饲料。该饲料含有的各种营养物质和能量均衡，能够完全满足动物的各种营养需要，不需添加任何其他成分就可以直接饲喂，并能获得最大的经济效益。目前，大鼠、小鼠、家兔和豚鼠均采用全价配合饲料。

2. 混合饲料

混合饲料又称基础饲料，是由能量饲料、蛋白质饲料等按一定的比例组成，它基本上可满足动物需要，但营养不全面，还需另外添加一定量的青、粗饲料。部分中小单位用混合饲料饲养家兔、豚鼠等动物。

3. 代乳饲料

代乳饲料也称人工乳，专门为各种哺乳期动物配制，可代替自然乳的全价配合饲料，如可用其代替保姆动物饲喂一些剖腹产动物。

4. 浓缩饲料

浓缩饲料又称为蛋白质补充饲料，是指主要由蛋白质饲料（如鱼粉、豆饼等）、矿物质饲料（如骨粉、石粉等）和添加剂预混料按照一定比例配制而成的配合饲料半成品。

（二）按配合饲料的组分精细程度分类

1. 天然原料日粮

天然原料日粮是用经过适当机械加工的谷物、牧草等原料和适当的添加剂配制成的日粮或全价配合饲料。在正常情况下，繁育生产实验动物都是使用这种饲料。

2. 提纯日粮

提纯日粮是原料经精炼后配制的饲料，如用酪蛋白做蛋白质的来源，糖或淀粉做碳水化合物的来源，植物或动物油做脂肪来源，纤维素做粗纤维的来源，再加上化学纯的无机盐和维生素制备的日粮，这类饲料只用于某种动物实验。

3. 化学成分确切的日粮

采用化学上纯净的化合物（如氨基酸、糖、甘油三酯、必需脂肪酸、无机盐和维生素）制备的日粮为化学成分确切的日粮。这类饲料只适于有特殊营养素限定的实验使用。

（三）按饲料加工的物理性状分类

1. 粉状饲料

粉状饲料是把所有的原料按需要粉碎成大小均匀的颗粒再按比例混合好一种料型，这种饲料加工方法简单、成本低，但易引起动物挑食、造成浪费，同时饲养效果差。

2. 颗粒饲料

颗粒饲料是以粉料为基础，经过加压成型处理的块状饲料。这种料密度大、体积小、适口性好，具有增加动物的采食量、饲料报酬高的优点。由于加温加压能破坏饲料中的部分有毒成分（如大豆中的抗胰蛋白酶），但同时也使得一部分维生素和酶类受到破坏，在实际使用中应注意适量添加维生素。

3. 膨化饲料

膨化饲料是在高温高压下强迫湿粉通过模孔而形成的，这种饲料对非人灵长类动物、犬、猫等的适口性好，其他动物不宜使用。

4. 烘烤料

在其他方法不利实行灭菌或成型时，使用烘烤的方法烘制块料可起到一定的消灭微生物的作用。

（四）按所适用的动物分类

（1）按适用的动物不同，可分为大鼠料、小鼠料、豚鼠料、兔料等。

（2）按动物不同生理时期，分为生长饲料、繁殖饲料和维持饲料。

（3）按不同的饲养目的分类，如正常动物饲料、为某种动物模型所特制的饲料。

（4）按不同微生物级别的分类：普通饲料、^{60}Co 照射灭菌饲料、无菌饲料等。

第三节　实验动物的营养需要

一、实验动物的食性

不同种动物摄取食物的习性各不相同，这种习性称为食性。通常依其食性，即摄取主食种类的不同，将动物分为三大类：草食性动物，如豚鼠、兔、羊等；肉食性动物，如犬、猫等；杂食性动物，如小鼠、大鼠、金黄地鼠、猴等。

由于生活环境和饮食习惯的缘故，食性不同的实验动物在进化过程中，逐步形成了消化系统结构与功能的差异，因而对饲料的要求也各不相同。如肉食性动物犬、猫等对蛋白质的要求就明显高于草食性动物兔和豚鼠。即使同种实验动物的不同品系，甚至同一品系动物的不同生长期，对营养的要求亦不相同。因此，必须充分了解营养成分和饲料种类，并依照不同实验动物的食性及所属的品种、品系，而制定适当的饲料配方和加工工艺，以保证处于不同生长期动物的营养需要。

二、各种常用实验动物的营养需要特点和营养需要量

遗传和环境因素都会影响实验动物的营养需要。有许多文献证明了小鼠各品系间营养需要有明显差异。在隔离或屏障环境中培育的动物，其营养需要与同品系在普通环境中饲养的动物的营养需要差别更为明显。由于实验动物品种、品系繁多，饲养环境各异，对其营养需要量自然不能一概而论，但也不能对每一品种、品系逐一论述，本节仅就实验动物的营养特点和正常环境下同种动物最低营养需要量做一简要叙述。实验动物对各种营养物质的需要量见本书第十九章的表 19－5 至表 19－8。

（一）小鼠营养需要特点

小鼠饲料中含有 18%～20% 的蛋白质即可满足需要，也有文献指出，只要蛋白质消化率高，或者饲料中有 12% 的蛋白质，就不会发生蛋白质缺乏。小鼠喜食含糖量高的饲料，糖的比重可适当大些；有关小鼠对必需脂肪酸的需要的研究较少，但泌乳期小鼠喜食含脂类高的饲料；小鼠对维生素 A 的过量很敏感，特别是妊娠小鼠，过量的维生素 A 会造成胚胎畸形。小鼠对维生素 A 和 D 的需要量较高，应注意补充。

（二）大鼠营养需要特点

大鼠饲料中含 15%～20% 的蛋白质即可满足需要。在生长期以后蛋白质需要量锐减，可适当减少饲料中蛋白质含量，以延长其寿命。生长期的大鼠易发生脂肪酸缺乏，饲料中必需脂肪酸的需要量应占热能物质的 1.3%，一般饲料中应当添加脂肪。大鼠对钙、磷的缺乏有较大的抵抗力，但对镁的需要量较高，应注意补充。

（三）豚鼠营养需要特点

豚鼠对某几种必需氨基酸需要量很高，其中最重要的是精氨酸。若用单一蛋白质饲料，不补充其他氨基酸，则饲料中蛋白质含量需高达 35% 才能生长最快。豚鼠饲料中应保证一定比例的粗纤维，应达到 12%～14%，若粗纤维不足，可发生排粪较黏和脱毛现象。豚鼠不能自身合成维生素 C，对维生素 C 的缺乏特别敏感，缺乏时可引起坏血病、生殖机能下降、生长不良、抗病力降低，最后导致死亡，必须在饲料中补充。一般每只成年豚鼠每日需要量为 10 mg，繁殖豚鼠为 30 mg。将维生素 C 加入饲料中或直接加到饮水中。

（四）兔营养需要特点

在必需氨基酸中，精氨酸对兔特别重要，是第一限制性氨基酸。兔可以耐受高水平的钙，在初生时有很大的铁储备，因而不易贫血。兔肠道微生物可以合成维生素 K 和大部分 B 族维生素，并通过食粪行为而被兔自身所利用，但繁殖兔仍需补充维生素 K。

兔是草食动物，应保证饲料中的粗纤维在 12% 以上。饲料中含有 14%～17% 蛋白质即可满足需要。

（五）犬营养需要特点

对犬来说，供给脂肪、蛋白质除考虑满足能量之外，还应考虑改善饲料的适口性。犬能耐受高水平的脂肪，并要求日粮中有一定水平的不饱和脂肪酸。犬对维生素 A 需要量较大。尽管肠道内微生物可合成 B 族维生素，但仍需要补充维生素 B_{12}。

（六）猫营养需要特点

猫对脂肪需要量较高，特别是初生小猫。猫对蛋白质的需要量也较高，尤其是生长猫对蛋白质摄入量和质量都要求较高。猫还需要一定数量的牛磺酸，亚油酸的水平不能低于 1%。

（七）猴营养需要特点

猴饲料中含 16%～21% 的蛋白质即可满足猴生长的需要。维持饲料脂肪含量应大于等于 4%，生长、繁殖饲料中的脂肪含量应大于等于 5%。非人灵长类动物体内不能合成维生素 C，应在日粮中注

意补充瓜果、蔬菜。

动物为了维持生命及生长、繁殖等，需要各种营养物质。由于动物的不同，生长、妊娠、泌乳等生理状态的不同，以及温度、湿度等气候条件，耐受实验刺激、感染等外部条件的不同，动物对营养物质的需要都会有所差异。因此，研究动物所需要的各种营养物质种类，研究不同种类的动物在不同生理条件、不同环境条件及不同生产水平下各种营养素的需要量，研究不同营养素之间相互的作用等，是为不同种类的动物制定营养素的供给水平及制定动物配合饲料的重要依据。

三、动物所需营养素的种类及影响营养需要量的因素

实验动物和其他动物一样，所需的营养物质根据化学组成的不同共有约50种，就其主要功能可大略分为以下三大类：作为能量来源的脂肪、碳水化合物、蛋白质，作为身体构成成分的蛋白质、矿物质，调节身体功能的维生素、矿物质。

各种实验动物对以上所提到的营养素的需要量是不同的，除受到遗传因素影响而存在明显的种间差异外，还因性别、年龄、生理状况而不同。

（一）动物维持的营养需要

维持是指健康动物体重不发生变化，不进行生产，体内各种营养物质处于平衡状态。维持需要量是指动物处于维持状态下对能量、蛋白质等营养素的需要。

从生理角度来讲，维持状态的动物体内的养分处于合成代谢与分解代谢速度相等的“平衡”状态。维持需要就是用来满足动态平衡的需要，动物只有在维持需要得到满足之后，多余的营养物质才能用于生产。

（二）动物生长的营养需要

生长是指动物通过机体的同化作用进行物质积累、细胞数量增多和组织器官体积增大，从而使动物的整体体积及体重增加的过程。从生物化学角度看，生长是体内物质的合成代谢超过分解代谢的结果。从解剖学和组织学角度来看，即使同一动物，由于生长阶段不同，不同组织和器官的生长不同，在不同的生长时期对营养的需要也不同。

（三）动物繁殖的营养需要

动物的繁殖过程包括两性动物的性成熟、性机能的形成与维持，受精过程、妊娠及哺育后代等许多环节，要求在不同的繁殖过程提供适宜的营养物质。

四、饲养标准及其应用

饲养标准是根据动物种类、性别、年龄、生理状态、饲养目的与水平，以及饲喂过程中的经验，结合饲养试验的结果，科学地规定一只动物每天应该给予的能量和各种营养物质的数量。

饲养标准是制定全价营养饲料的重要依据，我国已于1994年颁布了实验动物全价营养饲料的国家标准，2001年和2010年对其进行了修订，规定了全价营养饲料的质量要求、试验方法、检验规则、标志、包装运输及贮存，并规定了相应的测定方法，成为实现饲养标准及实现实验动物标准化的重要保证。

第四节　实验动物饲料原料的质量标准

饲料原料是指来源于动物、植物、微生物或者矿物质，用于加工制作饲料但不属于饲料添加剂的饲用物质。禁止使用国务院农业行政主管部门公布的饲料原料目录以外的任何物质生产饲料。《饲料原料目录》之外的物质用作饲料原料的，应当经过科学评价并由农业农村部公告列入目录后，方可使用。饲料生产企业使用限制使用的饲料原料生产饲料的，应当遵守省级饲料管理部门的限制性

规定。

饲料的检测是实验动物饲料质量管理不可缺少的重要手段。需要定期对产品和原料进行抽样，通过外观形状，营养成分和有毒、有害物质含量的分析、检测和对饲料品质进行评定。

（一）感官形状的检验

根据饲料产品的种类，用手、眼、鼻等器官直接通过色泽、气味、手感、杂质情况等指标对饲料的新鲜程度、均匀度、含水量等进行直观判断。

例如，玉米合格的标准为：颗粒整齐、均匀饱满，色泽黄红色或黄白色，无烘焦煳化，无发芽、发酵、霉变、结块、虫蛀及异味异物。豆粕：呈浅黄褐色或浅黄色，不规则的碎片状，色泽一致，无发酵、霉变、烧焦、结块、虫蛀及异味、异臭、异物，无发热。磷酸氢钙：白色粉末，手捻软松，色泽均一，粒度均匀，无结块及异物。

企业每 3 个月应当至少抽取 5 种原料，对其主要卫生指标进行自检或委托有资质的机构检测；委托检测的，应当索取并保存受委托检测机构的计量认证证书及附表复印件。

企业应当建立进货台账，如实记录其采购原料的名称、产地、数量、生产日期、保质期、许可证明文件编号、质量检验信息、生产企业名称或者供货者名称及其联系方式、进货日期、经办人等信息。采购原料的记录保存期限不得少于 2 年。

（二）营养成分的测定

按照国家（或地方）实验动物饲料营养标准所规定的养分含量和分析方法，对原料的营养成分和混合均匀度等进行检测。

（三）饲料卫生指标的测定

定期对饲料产品和原料按国家或地方标准限定的有毒、有害物质含量和检测方法进行检测。

原料验收按 GB 13078—2017 饲料卫生标准规范。各企业也可以根据需要制定企业标准，但是，企业标准要高于国家标准。

第五节　实验动物饲料的加工及质量控制

目前，我国实验动物饲料的社会化生产和商品化供应处于刚刚起步阶段，在大部分地区仍以自产自用为主，由于设备条件和生产规模的限制，在饲料质量的控制方面还无法达到标准化管理的要求。随着实验动物标准化管理的加强，实验动物饲料的质量控制也正逐步纳入科学管理的轨道。单一饲料、饲料添加剂、添加剂预混合饲料生产企业应办理生产许可证和产品批准文号。

一、实验动物饲料加工生产

实验动物饲料的种类多、所采用的加工工艺也不尽相同，每道工序的设备选择、操作管理等都会对饲料质量有显著的影响，因此在整个生产过程均应按工艺标准严格控制。

不同种类的实验动物和用于不同实验目的的实验动物，对饲料的加工要求也各不相同。如常用实验动物大鼠、小鼠、豚鼠、兔的饲料，应制成具有一定硬度、不同直径规格的颗粒饲料，较为适合其摄食习性。犬、猫则以膨化饲料为好。而有的实验动物饲料根据实验目的不同，常要求制作成糊状、粉状或液体饲料以满足研究需要。但不论加工成什么形状，在饲料加工生产过程中都一定要严格执行操作规程，保证产品质量，接受质量监督。同时，在计量设计中要充分考虑饲料在经过高温灭菌、^{60}Co 照射等处理过程中各成分的损耗。

一般来讲，饲料加工的工序主要有原料的粉碎、配合、搅拌混匀、压制成型、分装等过程。

（一）原料的粉碎

用于加工配合饲料的各种原料，必须首先按照质量标准检查有无霉变，进行除杂工作，然后按要求进行粉碎；粉碎后的饲料要妥善保存，防止受潮。

（二）饲料配合

按配方要求将各种原料进行称量，依次投入混料箱内称之配合。饲料的配合过程要注意称量的准确和防止少投、误投。

（三）饲料的混合

将配合好的饲料在混料箱内经一定时间的搅拌，使各种原料均匀地分布。混合过程是饲料加工过程中保证质量的核心环节，混合均匀度是饲料质量检定的重要指标。影响混合均匀度的因素很多，一般要充分考虑设备的性能、原料的比重、体积、搅拌的时间等因素，对于用量较少的原料应采用逐级稀释的方法进行混合。

（四）成型

成型是将混合好的饲料粉料按不同的要求制成不同剂型的颗粒。加工过程中既要严格控制温度以尽量避免营养成分的破坏，又要保证适当的硬度和适口性。颗粒的大小因动物的不同而异，一般大鼠、小鼠的饲料直径以 10～12 mm 为宜，家兔、豚鼠饲料直径以 4～5 mm 为宜。

（五）成品分装

加工好的成品饲料应经过烘烤或其他方法将含水量降低到 10% 以下再按需要进行分装。用于饲养无菌动物和 SPF 动物的饲料可用塑料袋密封真空包装。

二、饲料的消毒

对于加工后的饲料要经过消毒，方可使之符合某一微生物控制级别的实验动物需要。用于饲料消毒的常用方法有干热、湿热、辐照及药物熏蒸等，应按饲养动物的不同要求和饲料类型以及所具备的条件来选择。

（一）干热消毒

在 80～100 ℃的条件下烘烤饲料 3～4 小时。此方法设备较简单，但温度不易掌握，灭菌不彻底，尤其是对饲料中营养成分的破坏较大。若温度超过 80 ℃，绝大多数维生素，尤其是维生素 C、维生素 B_1、维生素 B_6、维生素 A 就会受到破坏。因此在实践中多采用 80 ℃的烘烤温度，增加烘烤时间。

（二）高温高压灭菌法

在 121 ℃、0.1 MPa 的高温高压下加热 15 分钟以上，从而达到彻底灭菌的目的。此种方法对于绝大多数维生素的破坏严重，且有使饲料蛋白质凝固变性的缺点，对动物适口性差，动物采食量也会降低。

（三）药物熏蒸灭菌法

利用化学药品的气雾剂对饲料进行消毒，如用氧化乙烯进行灭菌。实验证明，即使熏蒸后将残余气体充分挥发，饲料中也还会残存一些对动物有害的化合物。

（四）射线照射灭菌法

通常在对谷物类饲料灭菌时采用 5 Mrad 的 ^{60}Co 照射，此方法对饲料的营养成分破坏最小。实验证明，γ 射线对于维生素 B_1、B_6 和维生素 A 仅有微小的破坏，对纯化学饲料则损失较大，应将剂量降至 3×10^{-5}～5×10^{-5} Gy。一般建议，SPF 动物用饲料，可用 3×10^{-5} Gy 照射，无菌动物饲料可用 5×10^{-5} Gy 照射。

三、饲料质量管理的内容

饲料由配方设计，经原料选择到加工、贮运的全过程都属质量管理的范畴。

（一）配方的选择

在饲料生产之前，应按不同需要对所设计的饲料配方进行饲养实验，经实验验证确实可行后，方可用于饲养实践，且确定后不能轻易改动。

（二）原料管理

实验动物饲料所用的原料不仅要确保按饲料配方的要求，确保各种营养物质的含量，而且还应根据价格、污染物的含量等因素进行选择，若条件允许应尽可能固定原料产地、收割季节、加工贮存方法等条件。

（三）生产设施的管理

按《实验动物管理条例》规定，各地实验动物管理机构应对实验动物饲料生产部门环境条件、设备、工艺、人员结构、监测设施和规章制度等按有关规定进行检查验收，合格者方可取得生产许可。

（四）贮运管理

实验动物饲料所用的原料、半成品、成品在贮存和运输过程中都要防止霉变；防止野鼠、昆虫和有毒有害物质的污染；分类存放，标志清楚、明显，严防原料或成品料混杂。

四、饲料的质量检测

饲料的检测是实验动物饲料质量管理必不可少的一个重要环节和手段。要定期对产品和原料进行抽样，通过外观、营养成分和有毒有害物质含量的分析、检测，对饲料的品质进行评定。企业应当在厂区内独立设置检验化验室，并与生产车间和仓储区域分离。企业应当至少配备 2 名专职饲料检验化验员。

（一）感官检验

对饲料的色泽、气味、杂质情况等指标，以及对饲料的新鲜度、均匀度、含水量进行直观判断。

（二）营养成分测定

按照国家实验动物饲料营养标准所规定的养分含量及分析方法对产品的营养成分和混合均匀度进行检测。

（三）饲料卫生指标的测定

按国家标准限定的有毒有害物质含量和检测方法，定期对饲料产品的原料进行检测。

第六节　实验动物饲料的储藏

一、实验动物饲料的原料贮存

实验动物饲料应按原料种类、进货日期分开保管，最好贴上标签。保管过程中要注意温湿度变化，防止鼠类、昆虫的污染。原料在保证正常生产使用量的前提下，尽量不要积压时间过久，对原料要求做到先进先出、账目清楚。

二、实验动物饲料的成品贮存

成品饲料同样要分类存放，标志清楚，标明生产日期，不能够与原料混贮。检测合格的产品才可进库。要定期清理成品饲料仓库，清扫存贮罐。注意饲料的温湿度变化，防止成品饲料霉变，防止野鼠、昆虫及有毒物质的污染。检测合格的产品才可进库，成品饲料的发放手续要完备，严格执行先进先出原则。一般饲料存放量不要过多，贮存时间不宜过长。原粮贮存 3 ～ 6 个月，粉状饲料 1 ～ 2 个月，动物性饲料 1～3 个月，成品颗粒饲料以不超过 1 个月为宜。具体存放期要根据饲料的含水量、存贮的季节、饲料仓库的温湿度等条件而定。

企业应当建立产品销售台账，如实记录出厂销售的饲料产品的名称、数量、生产日期、生产批次、质量检验信息、购货者姓名及其联系方式、销售日期等信息。出厂销售记录的保存期限不得少于 2 年。

企业应当建立原料仓储管理制度，实施出入库记录和垛位标识卡管理。

企业应当建立人员培训制度，根据岗位的不同需求制订年度培训计划，每年对员工至少进行 2 次饲料质量安全知识培训，并保存培训记录。

饲料生产企业规模较小或者人数较少的，技术、生产、质量机构负责人不得互相兼任。

第七节　实验动物饲料生产设备的使用

通过机械作用，将单一原料或配合混合料压实并挤压出模孔形成颗粒状饲料的过程称为制粒。

制粒前的调质要求原料的粉碎粒度要适中；蒸汽应是高温、少水的过饱和蒸汽，蒸汽压力在 0.2～0.4 MPa，蒸汽温度在 130～150 ℃；谷物淀粉的糊化温度一般在 70～80 ℃；调质耗时一般在 10～45 秒。

饲料厂对料仓的基本要求之一，是其中的物料能实现“先进先出，全进全出”。

分批式混合机一般应设置缓冲仓，以保证其后的输送设备能均匀地满负荷工作，同时可缩短混合周期。

混合过程是物料之间相互掺和和相互运动的一个过程。在外力作用下，物料的混合过程主要有对流混合、剪切混合和扩散混合三种形式。

混合均匀度的评定是基于统计分析方法和误差理论的基础上，即以样本代替总体，以统计的估计值代替真值。我国有关标准规定，评定混合均匀度用变异系数（coefficient of variability，CV）来量化。配合饲料要求其变异系数值不超过 10%，对于预混料饲料要求其变异系数值不超过 5%，与国外规定基本一致。

按混合工艺来划分，混合操作分为分批混合和连续混合两种。

一、粉碎机的使用

（一）操作规程

粉碎机粉碎室内，放入样品量应超过容量的一半。

坚硬样品不能粉碎，含水量过多，粉碎后呈糊状的黏稠的样品不能粉碎。

倾倒入粉碎室后，用手压住上盖，开启开关，以另一只手夹持机身。

粉碎中可关机，将粉碎机翻转数次，混匀样品，使粉碎室内样品全部被粉碎。

粉碎完毕，倒出样品，用小毛刷清理残留样。

（二）饲料机械产品的型号

饲料机械产品的型号一般由专业代号、产品品种代号、产品型式代号和产品的主要规格四部分组成。在 SFSP56×40 型锤片式粉碎机中，“S”表示饲料加工机械设备；“FS”表示粉碎机的“粉碎”；“P”表示锤片的“片”；“56×40”表示粉碎机的转子直径为 56 cm，粉碎室的宽度为 40 cm。

（三）粉碎机的分类

锤片式粉碎机有切向进料式、顶部进料式和轴向进料式三种；按筛板的形式划分，粉碎机分为有筛式和无筛式两种。

（四）原料被粉碎的程度

可用平均粒径和粒度的分布两个特征数来表示原料被粉碎的程度。

（五）粉碎饲用原料的方法

粉碎饲用原料主要有压碎、劈碎、折断、磨碎和冲击破碎五种方法。

（六）锤片式粉碎机锤片的排列要求

锤片式粉碎机锤片的排列要求是其运动轨迹不重复，沿粉碎室宽度方向物料不会被推向一侧，有利于转子的平衡。常用的锤片排列方式有螺旋线排列、对称排列、交错排列和对称交错排列。

二、逆流式冷却器的特点

逆流式冷却器在结构上主要是由旋转闭风喂料器、棱锥形散料器、冷却箱体、上下料位器、机架、集料斗及滑阀式排料机构等组成。

逆流式冷却器的特点是避免了冷风与热料直接接触而产生骤冷现象，因而能防止颗粒产生表面开裂，同时由于采用闭风器进料，且进风面积大，因此冷却效果显著。

三、电子配料秤

电子配料秤主要由秤斗、传力连接件、称重传感器、重量显示仪表和电子线路（含电源放大器、模数转换、调节元件、补偿元件等）组成。

饲料配料计量秤根据其工作原理可以分为容积式与重量式两类，按工作过程，其可以分为连续式与分批式（间歇式）两类。

配料计量秤的计量性能主要包括称量准确度、鉴别力、重复性和耐久性。

目前常见的配料工艺流程有多仓数秤（2～4 个配料秤）、多仓一秤和一仓一秤等几种。

四、制粒机

根据原料的不同特点或饲料产品的不同要求，制粒机环模模孔常见的有四种孔型：直形孔是最常见的孔型，阶梯孔适合加工小粒径的物料，外锥孔适合加工粗纤维含量多的物料，内锥孔适宜加工牧草类等体积大的物料。

制粒机环模模孔的开孔率大，产量就大。但开孔率过大，压模强度下降，使用寿命缩短。根据孔径大小，开孔率在 20%～30% 为宜。

粉状原料在调质器中吸收了来自蒸汽中的大量热能和水分，制粒过程中的机械摩擦伴随有一些附加热量，一般出机的颗粒料的温度在 75～95 ℃，水分在 14%～18%。

颗粒饲料的冷却是利用周围空气来冷却物料的。因此颗粒排出冷却器的温度不会低于室温，一般认为经冷却的颗粒饲料比室温下的高 3～5 ℃。水分降至 12%～13% 为合格。

冷却器的吸风量一般按每吨颗粒料吸风量 28～34 m^3/min 设计比较合适。当冷却小直径颗粒时，可用调节风门来减少吸风量。

［附］饲料和饲料添加剂生产许可管理办法

（2012年5月2日农业部令2012年第3号公布，2013年12月31日农业部令2013年第5号、2016年5月30日农业部令2016年第3号、2017年11月30日农业部令2017年第8号、2022年1月7日农业农村部令2022年第1号修订）

第一章　总　　则

第一条　为加强饲料、饲料添加剂生产许可管理，维护饲料、饲料添加剂生产秩序，保障饲料、饲料添加剂质量安全，根据《饲料和饲料添加剂管理条例》，制定本办法。

第二条　在中华人民共和国境内生产饲料、饲料添加剂，应当遵守本办法。

第三条　饲料和饲料添加剂生产许可证由省级人民政府饲料管理部门（以下简称省级饲料管理部门）核发。

省级饲料管理部门可以委托下级饲料管理部门承担单一饲料、浓缩饲料、配合饲料和精料补充料生产许可申请的受理工作。

第四条　农业农村部设立饲料和饲料添加剂生产许可专家委员会，负责饲料和饲料添加剂生产许可的技术支持工作。

省级饲料管理部门设立饲料和饲料添加剂生产许可证专家审核委员会，负责本行政区域内饲料和饲料添加剂生产许可的技术评审工作。

第五条　任何单位和个人有权举报生产许可过程中的违法行为，农业农村部和省级饲料管理部门应当依照权限核实、处理。

第二章　生产许可证核发

第六条　设立饲料、饲料添加剂生产企业，应当符合饲料工业发展规划和产业政策，并具备下列条件：

（一）有与生产饲料、饲料添加剂相适应的厂房、设备和仓储设施；

（二）有与生产饲料、饲料添加剂相适应的专职技术人员；

（三）有必要的产品质量检验机构、人员、设施和质量管理制度；

（四）有符合国家规定的安全、卫生要求的生产环境；

（五）有符合国家环境保护要求的污染防治措施；

（六）农业农村部制定的饲料、饲料添加剂质量安全管理规范规定的其他条件。

第七条　申请从事饲料、饲料添加剂生产的企业，申请人应当向生产地省级饲料管理部门提出申请。省级饲料管理部门应当自受理申请之日起10个工作日内进行书面审查；审查合格的，组织进行现场审核，并根据审核结果在10个工作日内作出是否核发生产许可证的决定。

生产许可证式样由农业农村部统一规定。

第八条　取得饲料添加剂生产许可证的企业，应当向省级饲料管理部门申请核发产品批准文号。

第九条　饲料、饲料添加剂生产企业委托其他饲料、饲料添加剂企业生产的，应当具备下列条件，并向各自所在地省级饲料管理部门备案：

（一）委托产品在双方生产许可范围内；委托生产饲料添加剂的，双方还应当取得委托产品的产品批准文号；

（二）签订委托合同，依法明确双方在委托产品生产技术、质量控制等方面的权利和义务。

受托方应当按照饲料、饲料添加剂质量安全管理规范和饲料添加剂安全使用规范及产品标准组织生产，委托方应当对生产全过程进行指导和监督。委托方和受托方对委托生产的饲料、饲料添加剂质量安全承担连带责任。

委托生产的产品标签应当同时标明委托企业和受托企业的名称、注册地址、许可证编号；委托生产饲料添加剂的，还应当标明受托方取得的生产该产品的批准文号。

第十条 生产许可证有效期为5年。

生产许可证有效期满需继续生产的，应当在有效期届满6个月前向省级饲料管理部门提出续展申请，并提交相关材料。

第三章 生产许可证变更和补发

第十一条 饲料、饲料添加剂生产企业有下列情形之一的，应当按照企业设立程序重新办理生产许可证：

（一）增加、更换生产线的；

（二）增加单一饲料、饲料添加剂产品品种的；

（三）生产场所迁址的；

（四）农业农村部规定的其他情形。

第十二条 饲料、饲料添加剂生产企业有下列情形之一的，应当在15日内向企业所在地省级饲料管理部门提出变更申请并提交相关证明，由发证机关依法办理变更手续，变更后的生产许可证证号、有效期不变：

（一）企业名称变更；

（二）企业法定代表人变更；

（三）企业注册地址或注册地址名称变更；

（四）生产地址名称变更。

第十三条 生产许可证遗失或损毁的，应当在15日内向发证机关申请补发，由发证机关补发生产许可证。

第四章 监督管理

第十四条 饲料、饲料添加剂生产企业应当按照许可条件组织生产。生产条件发生变化，可能影响产品质量安全的，企业应当经所在地县级人民政府饲料管理部门报告发证机关。

第十五条 县级以上人民政府饲料管理部门应当加强对饲料、饲料添加剂生产企业的监督检查，依法查处违法行为，并建立饲料、饲料添加剂监督管理档案，记录日常监督检查、违法行为查处等情况。

第十六条 饲料、饲料添加剂生产企业有下列情形之一的，由发证机关注销生产许可证：

（一）生产许可证依法被撤销、撤回或依法被吊销的；

（二）生产许可证有效期届满未按规定续展的；

（三）企业停产一年以上或依法终止的；

（四）企业申请注销的；

（五）依法应当注销的其他情形。

第五章 罚　　则

第十七条 县级以上人民政府饲料管理部门工作人员，不履行本办法规定的职责或者滥用职权、玩忽职守、徇私舞弊的，依法给予处分；构成犯罪的，依法追究刑事责任。

第十八条 申请人隐瞒有关情况或者提供虚假材料申请生产许可的，饲料管理部门不予受理或者不予许可，并给予警告；申请人在1年内不得再次申请生产许可。

第十九条 以欺骗、贿赂等不正当手段取得生产许可证的，由发证机关撤销生产许可证，申请人在3年内不得再次申请生产许可；以欺骗方式取得生产许可证的，并处5万元以上10万元以下罚款；涉嫌犯罪的，及时将案件移送司法机关，依法追究刑事责任。

第二十条　饲料、饲料添加剂生产企业有下列情形之一的，依照《饲料和饲料添加剂管理条例》第三十八条处罚：

（一）超出许可范围生产饲料、饲料添加剂的；

（二）生产许可证有效期届满后，未依法续展继续生产饲料、饲料添加剂的。

第二十一条　饲料、饲料添加剂生产企业采购单一饲料、饲料添加剂、药物饲料添加剂、添加剂预混合饲料，未查验相关许可证明文件的，依照《饲料和饲料添加剂管理条例》第四十条处罚。

第二十二条　其他违反本办法的行为，依照《饲料和饲料添加剂管理条例》的有关规定处罚。

第六章　附　　则

第二十三条　本办法所称添加剂预混合饲料，包括复合预混合饲料、微量元素预混合饲料、维生素预混合饲料。

复合预混合饲料，是指以矿物质微量元素、维生素、氨基酸中任何两类或两类以上的营养性饲料添加剂为主，与其他饲料添加剂、载体和（或）稀释剂按一定比例配制的均匀混合物，其中营养性饲料添加剂的含量能够满足其适用动物特定生理阶段的基本营养需求，在配合饲料、精料补充料或动物饮用水中的添加量不低于0.1%且不高于10%。

微量元素预混合饲料，是指两种或两种以上矿物质微量元素与载体和（或）稀释剂按一定比例配制的均匀混合物，其中矿物质微量元素含量能够满足其适用动物特定生理阶段的微量元素需求，在配合饲料、精料补充料或动物饮用水中的添加量不低于0.1%且不高于10%。

维生素预混合饲料，是指两种或两种以上维生素与载体和（或）稀释剂按一定比例配制的均匀混合物，其中维生素含量应当满足其适用动物特定生理阶段的维生素需求，在配合饲料、精料补充料或动物饮用水中的添加量不低于0.01%且不高于10%。

第二十四条　本办法自2012年7月1日起施行。农业部1999年12月9日发布的《饲料添加剂和添加剂预混合饲料生产许可证管理办法》、2004年7月14日发布的《动物源性饲料产品安全卫生管理办法》、2006年11月24日发布的《饲料生产企业审查办法》同时废止。

本办法施行前已取得饲料生产企业审查合格证、动物源性饲料产品生产企业安全卫生合格证的饲料生产企业，应当在2014年7月1日前依照本办法规定取得生产许可证。

第十七章 实验动物普通笼器具生产加工

第一节 实验动物笼器具种类

实验动物笼器具是使用塑料或不锈钢等材料制作的用于实验动物饲养和实验的各种工具。笼具是实验动物的生活场所，并对实验动物的活动范围进行限制。实验动物笼器具包括普通笼器具和特殊笼器具两大类。实验动物普通笼器具主要包括笼具、笼架和饮水设备；特殊笼器具包括层流架、隔离器、独立通气笼具、运输笼等。实验动物直接生活在笼具中，其小环境对动物非常重要。在笼具外的大环境达到标准的情况下，包围动物的小环境质量取决于笼具、笼架，它们离实验动物最近，产生的影响最直接，必须重视。

一、普通笼器具

实验动物普通笼器具包括笼具、笼架、饮水设备等。

（一）笼具

目前，常用的实验动物笼具，有带金属面罩的塑料盒及不锈钢笼具等多种式样，可供实验人员根据不同动物与不同用途选用。

1．鞋盒式笼具

鞋盒式笼具适合小型啮齿类动物繁殖及实验使用。鞋盒式笼具的盒体通常为长方形，可用透明或半透明塑料制作。透明笼盒用多聚碳酸盐塑料制成，可耐受高压消毒，且方便观察动物，适合喜光的品种、品系动物使用。半透明笼盒用聚苯乙烯和聚丙烯材料制作，耐高温能力不强，只能用消毒剂浸泡消毒，适合在黑暗或半黑暗环境繁殖的品种、品系动物。

鞋盒式笼具的盒盖通常用钻孔金属片或金属条编织制成。后者通风较好，可降低盒内有害气体浓度。此外，将盒体做得较宽浅也有利于通风。盒盖上可安装饮水器和饲料盒装置。

鞋盒式笼具的盒底密封，并使用垫料，因而保温性能好，动物还可在盒内建立自己的微环境。但其缺点是底面封闭，排泄物存在盒内，易引起交叉感染。

常用的鞋盒式塑料笼具尺寸举例：小鼠笼具约为300 mm×190 mm×140 mm（长×宽×高），大鼠笼具约为485 mm×350 mm×200 mm（长×宽×高），中豚鼠笼具约为500 mm×400 mm×200 mm（长×宽×高），大豚鼠笼具约为900 mm×600 mm×250 mm（长×宽×高）。

2．悬挂式金属网笼具

悬挂式金属网笼具多用不锈钢材料制作，有利于防止腐蚀和损坏。笼具下面常安装托盘，以收集排泄物。

该种笼具较鞋盒式笼具易清洗消毒，通风也较好，观察动物也很方便。其缺点是保温性和动物隐蔽性差，不太适合繁殖饲养某些实验动物，例如，豚鼠在悬挂式笼具中通常不繁殖或繁殖率很低。

常用的悬挂式金属网笼具尺寸举例：大鼠笼具约为400 mm×450 mm×350 mm（长×宽×高），兔笼具约为550 mm×500 mm×400 mm（长×宽×高）。

3．前开口式笼具

前开口式笼具适用于犬、猫和非人灵长类动物等大动物。

这种笼具通常用不锈钢、普通钢和玻璃钢制作。在前方开口处底面具坚实板状构造，可供动物休息。专用于猫和非人灵长类动物时，可在笼内装几块不同高度的木板，供动物休息和玩耍。用于非人灵长类动物实验者，应安装供保定动物用的挤压装置。

前开口式笼具尺寸举例：犬笼约为 1 500 mm × 1 000 mm × 1 100 mm（长 × 宽 × 高），猴笼约为 750 mm × 680 mm × 800 mm（长 × 宽 × 高）。

4. 其他笼具

其他笼具有组合式笼具、活动笼具、动物围栏等。

（二）笼架

笼架实际上是承托和悬挂笼具的支架，可增加单位体积内笼具的密度，笼架的层距和层数最好能够调整，这样，一个笼架就可供不同的笼具使用。笼架有抽屉式、平板式和自动冲水式三种类型，采用不锈钢或其他适宜材料制作，要求笼架架体稳定、牢固、平整，表面要光洁、耐酸耐碱、不易腐蚀、不生锈；实验动物普通笼具与笼架要匹配，不宜过大或过小，笼具移动要自如，不易脱落。笼架脚上可安装小轮，以便移动位置。

抽屉式笼架可安放悬挂式笼具，平板式笼架可安放各种笼盒或笼箱，自动冲水式笼具由架体、托盘、水箱、落水口和自动饮水器组成。其中，自动冲水装置帮助清理粪便，自动饮水装置提供饮水，常用于家兔的饲养。

一般动物笼架尺寸：长 1 800 ～ 2 100 mm，宽 400 ～ 600 mm，高 1 500 ～ 2 000 mm，分为3 ～ 4 层。例如，小鼠笼架较小，最常见的笼架分为 4 层、双面，约为 1 450 mm × 400 mm × 1 500 mm（长 × 宽 × 高），单面每层可摆放 7 个鞋盒式小鼠笼具。大鼠笼架尺寸约为 2 000 mm × 500 mm × 1 600 mm，分为 4 层，每层可安放 5 个鞋盒式大鼠笼具。干养式、换盘式豚鼠笼架尺寸约为 2 100 mm × 600 mm × 1 600 mm，分为 3 层，每层可安放 3 个豚鼠笼具。平挂式兔笼架尺寸约为 2 000 mm × 600 mm × 1 750 mm，分为 3 层，每层可安放 4 个金属兔笼。

（三）饮水设备

实验动物的饮水设备包括饮水瓶、饮水盆、自动饮水设备等。

实验动物笼器具的饮水瓶用无毒塑料树脂制成，常用于供小鼠、大鼠、地鼠、豚鼠等实验动物饮水。通常的做法是将饮水瓶的饮水管前端插入动物笼盒内，让动物自由饮水。

饮水瓶由瓶体、瓶塞、饮水管组成。瓶体采用无毒塑料树脂制作；瓶塞使用无毒橡胶制作，瓶塞面包裹铝皮或不锈钢皮，防止动物啃咬导致破损；饮水管采用不锈钢材料制成，长度不小于 6 cm，饮水管前端出水口孔应光滑圆整，孔径为 2 ～ 3 mm。

饮水瓶容量有 200 mL、250 mL、300 mL、400 mL、500 mL 等规格。

二、特殊笼器具

特殊笼器具有层流架、隔离器、独立通气笼笼具、运输笼等。详细内容见本书第十八章“实验动物特殊笼器具生产加工”。

第二节　实验动物笼器具产品标准

实验动物笼器具产品标准包括金属笼架具、金属笼箱、塑料笼箱和饮水瓶等装置的标准。

一、笼器具产品标准制定的依据

（一）金属笼器具产品参照的标准和法规

《GB/T 14925—2023 实验动物　环境及设施》、《中华人民共和国产品质量法》、江苏省地方标准《DB32/T 968—2006 实验动物笼器具　金属笼箱》、江苏省地方标准《DB32/T 967—2006 实验动物笼

器具　塑料笼箱》、江苏省地方标准《DB32/T 971—2006 实验动物笼器具　饮水瓶》、《GB/T 191—2008 包装储运图示标志》、《GB/T 4240—2009 不锈钢丝》等。

（二）GB/T 14925—2023 实验动物　环境及设施对实验动物笼具的要求

（1）笼具的材质应符合动物的健康和福利要求，无毒、无害、无放射性、耐腐蚀、耐高温、耐高压、耐冲击、易清洗、易消毒灭菌。

（2）笼具的内外边角均应圆滑、无锐口，动物不易噬咬、咀嚼。笼子内部无尖锐的突起，防止伤害到动物。笼具的门或盖有防备装置，能防止动物自己打开笼具或打开时发生意外伤害或逃逸。笼具应限制动物身体伸出受到伤害，包括伤害人类或邻近的动物。

（3）常用实验动物笼具的大小最低应满足表 17－1 的要求，大型实验动物的笼具尺寸应满足动物福利的要求和操作的需求。

表 17－1　常用实验动物所需居所最小空间

项目	小鼠			大鼠				豚鼠		
	<20 g	≥20 g	窝养	<200 g	200 400 g	>400 g	窝养	<350 g	≥350 g	窝养
底板面积/m^2	0.006 7	0.009 2	0.042	0.015	0.026	0.04	0.09	0.04	0.065	0.38
笼内高度/m	0.13			0.18				0.21		

项目	地鼠			猫		猪				鸡		
	<100 g	≥100 g	窝养	<2 kg	≥2 kg	<25 kg	25～50 kg	50～100 kg	≥100 kg	<1 kg	1～2 kg	>2 kg
底板面积/m^2	0.01	0.012	0.09	0.28	0.37	0.96	1.2	1.5	1.8	0.07	0.12	0.15
笼内高度/m	0.18			0.76（栖木）		0.8	1.0		1.2	0.4		0.6

项目	兔				犬			猴		
	<2 kg	2～4 kg	>4 kg	窝养	<10 kg	10～20 kg	>20 kg	<4 kg	4～8 kg	>8 kg
底板面积/m^2	0.14	0.28	0.37	0.42	0.6	1	1.5	0.5	0.6	0.9
笼内高度/m	0.35	0.4			0.8	0.9	1.1	0.8	0.85	1.1

注：①动物单笼饲养时，每个动物需要的空间应比推荐值高。②笼内高度为笼底到笼顶的高度，有栖木的笼具应增加相应高度。③窝养是指繁殖动物带仔时。④除窝养外，其他为群养时每只动物所需最小空间。

二、金属笼器具产品标准

（一）金属笼器具产品标准适用范围

本标准适用于以不锈钢丝制成的实验动物笼具、金属笼箱（以下简称笼箱）。用于大鼠、地鼠、豚鼠、兔、猫、犬、猴、猪等实验动物的繁殖、群养。

（二）金属笼器具产品的分类

金属笼箱系列产品分成大鼠、豚鼠、兔、猫、犬、猴、猪等的笼箱。

（三）金属笼器具产品标准的内容

金属笼箱产品标准的内容包括，实验动物笼具、金属笼箱的要求、试验方法、检验规则、标志、包装、运输、贮存。

（四）实验动物笼具、金属笼箱的结构、尺寸和要求

1）结构。笼箱由箱体和底板两部分组成。

2）尺寸。根据饲养动物的种类，笼箱的大小、数量及用户要求确定金属笼箱尺寸。笼箱的尺寸应保证实验动物所需的饲养面积与空间，不同动物所需的饲养面积和空间应符合表17－1的要求。

3）要求。

（1）采用1Cr18Ni9Ti不锈钢丝，应符合《GB/T 4240—2019 不锈钢丝》规定，焊后手工抛光或电解抛光，抛光后色泽均匀一致。

（2）实验动物金属笼箱不锈钢丝、不锈钢管的直径、间距要求见表17－2和表17－3。

表17－2　实验动物（大鼠、豚鼠、兔）金属笼箱不锈钢丝、不锈钢管直径、间距

项目	大鼠	豚鼠	兔
笼箱钢丝直径/mm	≥1.6	≥1.6	≥2.5
框架钢丝直径/mm	≥4.0	≥4.0	≥4.0
底网不锈钢丝直径/mm	≥1.8	≥1.8	≥2.0
不锈钢方管框大小	25.0 mm×25.0 mm×1.0 mm	25.0 mm×38.0 mm×1.0 mm	25.0 mm×38.0 mm×1.0 mm
托盘板厚直径/mm	≥0.7	≥0.7	≥0.7
笼箱不锈钢丝或管框间距/mm	10.0±1.0	20.0±1.0	24.0±5.0
笼箱底栅格间距/mm	8.5±1.0	8.5±1.0	15.0±2.0

表17－3　实验动物（猫、犬、猴、猪）金属笼箱不锈钢丝、不锈钢管直径、间距

项目	猫	犬	猴	猪
笼箱钢丝直径/mm	≥1.0	≥6.0	≥4.0	≥6.0
底网不锈钢丝直径/mm	≥3.0	≥3.0	≥3.0	5.0
不锈钢方管框大小	25.0 mm×25.0 mm×1.0 mm	25.0 mm×25.0 mm×1.0 mm	25.0 mm×25.0 mm×1.0 mm	—
不锈钢圆管框直径/mm	—	≥12.0	≥12.0	19.0
托盘板厚直径/mm	≥0.7	≥0.7	≥0.7	—
不锈钢封板直径/mm	—	—	≥0.7	—
笼箱不锈钢丝或管框间距/mm	30±1.0	30±1.0	30±1.0	30±1.0
笼箱底栅格间距/mm	15.0±2.0	40±1.0	25±1.0	40±1.0

（3）焊点应能承受20 N的静态拉力20秒，不断裂、不脱焊。

（4）笼箱外形偏差±5 mm。

（5）笼底栅格间距应与饲养动物的体型相适应，以不嵌脚趾、粪球易于下落为宜。

（6）笼箱折叠方便，表面光滑，无毛刺。

（7）笼门牢固，开启灵活，防止动物逃脱。

（五）试验方法

（1）外观。手触，目测。

（2）外形偏差、钢丝间隔、笼底栅格间距。用钢尺、卷尺测量。

（3）焊点拉力。在焊点处施加20 N的静态拉力20秒，观察有无断裂、脱焊现象。

（六）检验规则

（1）应对笼箱逐项进行检验，检验合格并附合格证方可出厂。

（2）组批。以每一个生产单元为一批，每批随机抽取1%笼箱供试验用，最少不少于2个。

（3）判定规则。产品经检验，若有不合格项，允许在同批产品中加倍抽样，对不合格项进行复检，如复检结果仍不合格，则该批产品为不合格品。

（七）标志、包装、运输和贮存

（1）标志。外包箱上应注明：①注册商标、产品名称、型号、数量、标准编号；②制造厂名称、地址、生产日期、批号；③体积（长×宽×高）；④毛重、净重；⑤符合 GB/T 191—2008 规定的图示标志。

（2）包装。采用瓦楞纸箱包装。

（3）运输。运输中应避免重压，不得与有毒物质混放。

（4）贮存。贮存时应保持通风、干燥，无腐蚀性气体。

三、金属笼架产品标准

（一）金属笼架产品标准适用范围

本标准适用于以不锈钢材料制成的实验动物笼架。

（二）金属笼架产品的分类

本标准适用于装载实验动物笼器具的笼架，如平板式、抽屉式、自动冲洗式，用于饲养实验动物。

（三）金属笼架产品标准的内容

金属笼架产品标准的内容包括实验动物笼器具笼架的结构和尺寸、要求、试验方法、检验规则、标志、包装、运输、贮存。

（四）实验动物金属笼架的结构、尺寸和要求

1）结构。笼架类型分为平板式、抽屉式、自动冲洗式，自动冲洗式由架体、托盘、水箱、落水口、自动饮水器组成。

2）尺寸。根据饲养动物的种类，笼箱的大小、数量，用户要求确定笼架尺寸，应外形美观、空间利用率高，移动、操作方便。

3）要求。

（1）架体采用铝合金或其他适宜材料制作，架体稳定、牢固、平整，装拆移动方便；表面光洁、耐腐蚀；架体、抽屉框尺寸偏差 ±1 mm；笼箱与架体匹配，使箱体移动自如，不易跌落。

（2）托盘采用玻璃钢、塑料或不锈钢材料制成，应平整、光滑，有一定坡度，一般要求在2°以上。

（3）水箱采用玻璃钢、塑料或不锈钢材料制成，应密封不漏。

（4）饮水器（属于自动饮水装置）采用不锈钢制成，应不渗漏、不堵塞、不生锈。其产品检验方法为，饮水器进水后，观察5分钟，应无泄漏。

（五）试验方法

（1）外观。手触、目测。

（2）尺寸。尺寸用钢尺、卷尺等测量。

（3）耐酸碱。分别在 pH＝2、pH＝10 的溶液中浸泡24小时，观察结果。

（4）密封性。水箱盛满净水后，静置，无漏水。

（六）检验规则

（1）应对产品逐台进行检验，检验合格并附有合格证方可出厂。

（2）组批。以每6个月生产的笼架为一批，每批按5%随机抽取。

（3）判定规则。笼架经检验若有不合格项目，允许在同批产品中加倍抽样，对不合格项进行复检，如复检结果仍不合格，则判该批产品不合格。

（七）标志、包装、运输和贮存

（1）标志。产品上应注明：①注册商标、产品名称、型号、数量、标准编号；②制造厂名称、地址、生产日期、批号；③体积（长×宽×高）；④毛重、净重；⑤符合 GB/T 191—2008 规定的图示标志。

（2）包装。架体先用软体材料包裹衬垫，再用聚丙烯打包带紧密捆扎；托盘用板条箱包装；水箱用瓦楞纸箱包装。

（3）运输。运输中应避免重压，不得与有毒物质混放。

（4）贮存。贮存时应保持通风、干燥，无腐蚀性气体。

四、塑料笼箱产品标准

（一）实验动物笼器具塑料笼箱产品标准适用范围

本标准适用于以无毒塑料树脂制成的实验动物笼器具塑料笼箱。该类笼器具塑料笼箱用于大鼠、小鼠、地鼠、豚鼠等实验动物的繁殖、群养。

（二）实验动物笼器具塑料笼箱产品的分类

实验动物笼器具塑料笼箱产品包括用于大鼠、小鼠、地鼠、豚鼠等实验动物繁殖、群养的塑料笼箱产品。

（三）实验动物笼器具塑料笼箱产品标准的内容

本标准规定了实验动物笼器具塑料笼箱的结构和尺寸、要求、试验方法、检验规则、标志、包装、运输和贮存。

（四）实验动物笼器具塑料笼箱的要求

1）结构。笼箱由带有隔板的网罩和箱体两部分组成。

2）尺寸。根据饲养动物的种类，笼箱的大小、数量，用户要求确定塑料笼箱尺寸。笼箱的尺寸应满足实验动物的饲养面积与空间，大鼠、小鼠、地鼠、豚鼠等实验动物所需的饲养面积和空间详见表17－1。

3）要求。

（1）塑料箱体。①外观：箱体表面光洁、平整、色泽均匀，不得有花斑、凹陷、裂痕。②应耐酸，耐碱，不易被腐蚀。③耐高温、高压，用高压蒸汽灭菌器121 ℃灭菌30分钟50次后不变形。④应能耐受冲击，在1 m高度自由落下水泥地面后不破损。⑤应无异常毒性。

（2）网罩。①外观：应平整、光滑，与箱体匹配。②不锈钢丝材料采用1Cr18Ni9Ti，应符合 GB 4806.9—2016，焊后应进行手工抛光或电解抛光，抛光后色泽均匀一致，无毛刺、无反光。③网罩钢丝间隔均匀整齐，间距为：小鼠（6.5±0.5）mm，大鼠、豚鼠、地鼠（8.5±1.0）mm。④网罩钢丝焊点应能承受20 N的静态拉力20秒，不断裂、不脱焊。⑤大鼠、豚鼠网罩设有搭扣，松紧适度。⑥应无异常毒性。

（3）隔板采用铝皮或不锈钢材料制成，翻动灵活。

（4）采用金属板材料制作的网罩应边缘光滑无毛刺、无反光、不易生锈。

（五）试验方法

1）外观。手触、目测。

2）尺寸。用钢尺、卷尺等测量。

3）耐冲击。将箱体端平，自1 m高度自由跌落到水泥地面上，观察是否破损。

4）耐高温耐高压。用高压蒸气灭菌器 121 ℃灭菌 30 分钟，观察结果。

5）耐酸碱。分别在 pH = 2、pH = 10 的溶液中浸泡 24 小时，观察结果。

6）焊点拉力。在焊点处施加 20 N 的静态拉力 20 秒，观察有无断裂、脱焊现象。

7）异常毒性试验——急性全身毒性试验。

（1）异常毒性试验定义。将一定剂量的供试液由静脉注入小鼠体内，在规定时间内观察小鼠有无毒性反应和死亡情况，以决定供试品是否符合规定的一种方法。

（2）设备及试剂。高压蒸汽灭菌器、动物天平、0.9% 氯化钠注射液。

（3）试验前准备。

器具灭菌：与供试液接触的所有器具置于高压蒸汽灭菌器内 121 ℃灭菌 30 分钟。

试验动物准备：动物试验所使用的动物及其管理应按照国家《实验动物管理条例》规定执行；试验用小鼠应来自具有实验动物生产许可证的单位，并饲养在屏障环境设施中；同一来源、同品种、雌者无孕，体重 17 ～23 g，做过本试验的小鼠不得重复使用；将小鼠随机分为试验和对照两组，每组 5 只，复试时每组 10 只 18 ～19 g 的小鼠。

（4）试验方法。

供试品数量：以每批聚丙烯塑料树脂制成塑料笼箱的 1% 为样品。

浸提介质：0.9% 无菌无热原氯化钠注射液。

空白对照液：0.9% 无菌无热原氯化钠注射液。

供试液制备：供试液制备应按无菌操作方法进行；将塑料笼箱材料制成小片，放入容器内，按每 3 cm^2 表面积加入浸提介质 1 mL，密封后置高压蒸汽灭菌器内 121 ℃灭菌 30 分钟；供试液应在制备后 24 小时内使用。

供试液注射及注射后动物反应观察指标：将小鼠放入固定器内，自尾静脉分别注入供试液或空白对照液，注射速度为 0.1 mL/s，注射剂量为 50 mL/kg（1 mL/20 g）；注射完毕后，观察小鼠即时反应，并于第 4 小时、24 小时、48 小时和 72 小时观察和记录试验组与对照组动物的一般状态、毒性表现及死亡动物数。塑料笼箱（聚丙烯塑料树脂）异常毒性试验的动物反应观察指标见表 17 -4。

表 17 -4　塑料笼箱（聚丙烯塑料树脂）异常毒性试验的动物反应观察指标

程度	症状
无	未见毒性症状
轻	轻度症状但无运动减少，无呼吸困难或腹部刺激症状
中	腹部刺激症状，呼吸困难，运动减少，眼睑下垂，腹泻
重	衰竭，发绀，震颤，严重腹部刺激症状，眼睑下垂，呼吸困难
死亡	注射后死亡

（5）试验过程中的注意事项：①注射完毕若发现有血或供试液外溢现象，此小鼠应弃去，另取小鼠依法操作。②试验后待观察小鼠喂养方法同试验前。③试验用小鼠笼箱内饲养数量不宜过多，避免造成其发热、出汗，影响试验结果。④实验室与饲养室室温控制在 20 ～26 ℃。

（6）结果判定：①在 72 小时观察期内，试验组动物的反应不大于对照组动物，则判定供试品合格。②若试验组动物有 2 只以上出现中度毒性症状或死亡，则判定供试品不合格。③若试验组动物有 2 只以上出现轻度毒性症状，或不超过 1 只动物出现中度毒性症状或死亡，则另取 10 只体重 18 ～19 g 小鼠为一组进行复试，如复试结果符合本项结果判定第①项要求，判定供试品合格。

（六）检验规则

（1）应对笼箱逐项进行检验，检验合格并附合格证方可出厂。

（2）组批和抽样：以每一个生产单元为一批，每批按 1% 随机抽取，不少于 5 个。

(七) 判定规则

笼箱经检验若有不合格项，允许在同批产品中加倍抽样，对不合格项进行复检，复检结果仍不合格，则该批产品不合格。

(八) 标志、包装、运输和贮存

(1) 标志。外包装箱上应注明：①注册商标、产品名称、型号、数量、标准编号；②制造厂名称、地址、生产日期、批号；③体积（长×宽×高）；④毛重、净重；⑤符合《GB/T 191—2008 包装储运图示标志》规定的图示标志。

(2) 包装。网罩用瓦楞纸箱包装，网罩间均用软体材料衬垫；箱体用瓦楞纸箱包装。

(3) 运输。运输中应避免重压，不得与有毒物质混放。

(4) 贮存。贮存时应保持通风、干燥，无腐蚀性气体。

五、饮水瓶产品标准

(一) 实验动物笼器具饮水瓶产品标准适用范围

本标准适用于以无毒塑料树脂为材料制成的实验动物笼器具饮水瓶（以下简称饮水瓶）。该类笼器具饮水瓶用于实验动物的繁殖、群养。

(二) 实验动物笼器具饮水瓶产品的分类

实验动物笼器具饮水瓶产品包括用于小鼠、大鼠、地鼠、豚鼠等实验动物繁殖、群养的饮水瓶产品。

(三) 实验动物笼器具饮水瓶产品标准的内容

本标准规定了实验动物笼器具饮水瓶的结构和规格、要求、试验方法、检验规则、标志、包装、运输和贮存。

(四) 实验动物笼器具饮水瓶的结构、规格和要求

1) 结构。饮水瓶由瓶体、瓶塞、饮水管组成。

2) 规格。饮水瓶容量规格为：200 mL、250 mL、300 mL、400 mL、500 mL。

3) 要求。

(1) 瓶体。①外观：瓶体表面光洁、平整、色泽均匀，不得有花斑、凹陷、裂痕。②应能耐酸，耐碱，耐高温、耐高压，用高压蒸汽灭菌器 121 ℃灭菌 30 分钟，50 次后不变形。③应能耐受冲击，在 1 m 高度自由落下水泥地面后不破损。④应无异常毒性。

(2) 瓶塞。①材料应用无毒橡胶；②瓶塞面应用铝皮或不锈钢皮包裹；③瓶口与瓶塞应匹配。

(3) 饮水管。①采用不锈钢材料制作，长度不短于 6 cm；②饮水管前端出水口孔应光滑圆整，孔径 2～3 mm。

(五) 试验方法

1) 外观。手触、目测。

2) 尺寸。用钢尺、卷尺等测量。

3) 耐冲击。将瓶体端平，自 1 m 高度自由跌落到水泥地面上，观察是否破损。

4) 耐温耐压。用高压蒸汽灭菌器 121 ℃灭菌 30 分钟，观察结果。

5) 耐酸碱。分别在 pH = 2、pH = 10 的溶液中浸泡 24 小时，观察结果。

6) 密封性。饮水瓶按实际规格装入净水后，倒置，当达到平衡后无水珠自由落下。

7) 异常毒性试验——急性全身毒性试验（异常毒性）。

(1) 异常毒性试验定义。将一定剂量的供试液由静脉注入小鼠体内，在规定时间内观察小鼠有无毒性反应和死亡情况，以决定供试品是否符合规定的一种方法。

(2) 设备及试剂。高压蒸汽灭菌器、动物天平、0.9% 氯化钠注射液。

（3）试验前准备。

器具灭菌：与供试液接触的所有器具置于高压蒸汽灭菌器内 121 ℃ 灭菌 30 分钟。

试验动物准备：动物试验所使用的动物及其管理应按照国家《实验动物管理条例》规定执行；试验用小鼠应来自具有实验动物生产许可证的单位，并饲养在屏障环境设施中；同一来源、同品种、雌者无孕，体重 17～23 g，做过本试验的小鼠不得重复使用；将小鼠随机分为试验和对照两组，每组 5 只，复试时每组 10 只 18～19 g 的小鼠。

（4）试验方法。

供试品数量：以每批聚丙烯塑料树脂制成饮水瓶的 1% 为样品。

浸提介质：0.9% 无菌无热原氯化钠注射液。

空白对照液：0.9% 无菌无热原氯化钠注射液。

供试液制备：供试液制备应按无菌操作方法进行；将饮水瓶按实际规格装入浸提介质，密封后置于高压蒸汽灭菌器内 121 ℃灭菌 30 分钟；供试液应在制备后 24 小时内使用。

供试液注射及注射后动物反应观察指标：将小鼠放入固定器内，自尾静脉分别注入供试液或空白对照液，注射速度为 0.1 mL/s，注射剂量为 50 mL/kg（1 mL/20 g）；注射完毕后，观察小鼠即时反应，并于第 4 小时、24 小时、48 小时和 72 小时观察和记录试验组与对照组动物的一般状态，毒性表现及死亡动物数。饮水瓶异常毒性试验的动物反应观察指标见表 17－5。

表 17－5　饮水瓶异常毒性试验的动物反应观察指标

程度	症状
无	未见毒性症状
轻	轻度症状但无运动减少，无呼吸困难或腹部刺激症状
中	腹部刺激症状，呼吸困难，运动减少，眼睑下垂，腹泻
重	衰竭，发绀，震颤，严重腹部刺激症状，眼睑下垂，呼吸困难
死亡	注射后死亡

（5）试验过程中的注意事项：①注射完毕若发现有血或供试液外溢现象，此小鼠应弃去，另取小鼠依法操作。②试验后待观察小鼠喂养方法同试验前。③试验用小鼠笼箱内饲养数量不宜过多，避免造成其发热、出汗，影响试验结果。④实验室与饲养室室温控制在 20～26 ℃。

（6）结果判定：①在 72 小时观察期内，试验组动物的反应不大于对照组动物，则判定供试品合格。②若试验组动物有 2 只以上出现中度毒性症状或死亡，则判定供试品不合格。③若试验组动物有 2 只以上出现轻度毒性症状，或不超过 1 只动物出现中度毒性症状或死亡，则另取 10 只体重 18～19 g 小鼠为一组进行复试，如复试结果符合本项结果判定第①项要求，判定供试品合格。

（六）检验规则

（1）应对产品逐项进行检验，检验合格并附合格证方可出厂。

（2）组批：以每一个生产单元为一批，每批随机抽取 1% 的饮水瓶供试验用，不少于 5 个。

（七）判定规则

检验结果若有不合格项，允许在同批产品中加倍抽样复验；对不合格项进行复检；如复检结果仍不合格，则该批产品不合格。

（八）标志、包装、运输和贮存

（1）标志。包装箱上应注明：①注册商标、产品名称、型号、数量、标准编号；②制造厂名称、地址、生产日期、批号；③体积（长 × 宽 × 高）；④毛重、净重；⑤符合 GB/T 191—2008 规定的图示标志。

（2）包装。瓶体用瓦楞纸箱包装，外用打包带捆紧；瓶塞用瓦楞纸箱或蛇皮袋包装。

（3）运输和贮存。应保持通风、干燥，无腐蚀性气体。

第三节　金属笼具原材料及其检验标准

一、金属笼具原材料种类

金属笼具原材料种类主要有板材、管材和线材。板料分为不同厚度、各种长宽尺寸的SUS 304板和铁板；管料分为各种厚度、各种外形尺寸的304#SUS管料和铁管料；线材分为各种大小外形尺寸的SUS 304圆钢。此外，还有次要原材料。

二、主要金属笼具原料的检验标准及检验

（一）板材

以抽样方式检验，抽样数量为单项型号板材的20%，具体标准及规程如下。

（1）对供应商送货单据及货物初步验收，依材料接收制度收料。

（2）先抽样并对样品板料做外观表面的检验，板料表面要求平整光滑，不能有划痕，且整板或局部没有变形，外观表面的抽检必须100%合格。

（3）用卷尺对板料的长宽尺寸及对角线尺寸进行测量，长宽尺寸及对角线尺寸要符合采购单所要求的规格和要求，尺寸偏差允许为±1 mm。

（4）用千分尺对板料厚度进行测量，厚度要符合采购单要求，尺寸偏差为±0.02 mm。

（5）板材各项抽检合格率为90%，合格率大于90%可直接收货；合格率小于80%则退货。合格率在80%～90%，则数量较小时进行全检，挑选合格品收货，不合格品退货；数量较多时需要再次抽样检查，抽检概率为30%，二次抽检合格率需大于90%，否则退货。

（二）管材

管材抽样数量为单项型号的20%，具体标准及规程如下。

（1）对供应商送货单据及实物做初步验收，依据原材料接收制度收料。

（2）先抽样并对样品和管料作外观表面的检测：管料外表面要求平滑，不能有划痕、渣痕。焊缝不能有局部裂纹、穿洞。外形不能有整体、局部变形。

（3）用卷尺对管料长度进行检测，长度要与采购单要求相符，尺寸偏差为±5 mm。

（4）用游标卡尺对管料壁厚及外形尺寸进行检验，壁厚及外形尺寸与采购单要求允许偏差为±0.02 mm。

（5）管材各项抽检合格率为90%，合格率大于90%可直接收货；合格率小于80%则退货。合格率在80%～90%，数量较小时则进行全检，挑选合格品收货，不合格品退货；数量较多时需要再次抽样，抽样概率为30%，二次抽检合格率需大于90%，否则退货。

（三）线材

线材抽样数量为单项型号的20%，具体标准及规程如下。

（1）对供应商送货单据及实物做初步验收，依据原材料接收制度收料。

（2）先抽样并对样品和线材做外观表面的检测：线材外表面要求平滑、有光泽，不能有划痕、渣痕。线材的圆度要合格，不能成椭圆形，外形不能有整体或局部变形。

（3）用游标卡尺对线材直径进行检测，要与采购单要求相符，尺寸偏差为±0.2 mm。

（4）线材各项抽检合格率为90%，合格率大于90%可直接收货；合格率小于80%则退货；合格率在80%～90%，数量较小时则进行全检挑选合格品收货，不合格品退货；数量较多时需要再次抽

样，抽样概率为30%，二次抽检合格率需大于90%，否则退货。

三、金属笼具次要原材料检验标准及检验

（一）次要原料种类

外购的金属笼具产品配件主要有脚轮、塑料制品件、导轨、拉手等，生产过程原材料包括焊条、砂轮、螺栓等五金配件。

（二）次要原料的检验标准和检验

1）外购的金属笼具产品配件如脚轮、塑料制品件、导轨、拉手等，以抽样方式检验，抽样概率为20%，具体标准及规程如下。

（1）对供应商送货单据及货物初步验收，依原材料接收制度收料。

（2）外观检验要求表面平整光滑、无划痕、无变形，要求100%合格。

（3）要求供货商提供完整、详细的技术及检验参数，并对配件的各技术参数进行验证。

（4）以上各项检验要求达到100%则收货。发现有1件不合格，要全部检验；不合格产品数少于10%时，挑出不合格产品后再收货；不合格产品多于10%时，全部退货。

2）生产过程原材料包括焊条、砂轮、螺栓等五金配件，检验要求如下。

（1）对供应商送货单据及货物初步验收，依公司原材料接收相关制度收料。

（2）外观检验要求表面平整光滑、无划痕、无变形，要求100%合格。

（3）要求供货商提供完整、详细的技术及检验参数，并对配件的各技术参数进行验证。

（4）以上各项检验要求达到100%则收货。发现有1件不合格，要全部检验；不合格产品数少于10%时，挑出不合格产品后再收货；不合格产品多于10%时，全部退货。

第四节　实验动物笼器具生产加工及部分加工机械

本节介绍实验动物笼器具的生产加工程序及加工机械等内容。

一、实验动物普通笼器具生产加工程序及要求

实验动物普通笼具生产加工程序包括备料、生产、入库、出库、安装、验收等。

（一）备料

（1）接到业务订单后应下达生产单，对生产单图纸的工艺要求及材质是否可以满足加工要求进行确认，再根据图纸及参数要求做好生产前的准备及生产工作，清理库存和准备要采购的所有生产物料，确保物料按时回厂。

（2）检查各机器设备及工具的安全及性能，清理工作场地，开动设备，检查运行状况。

（3）根据生产要求准备好原料、辅料及用具，并按其使用范围、作用和特性放在相应位置上。

（二）生产

实验动物笼器具生产作业要制定标准操作规程，内容包括作业程序、作业位置、姿势、动作等。

1．线材类产品生产

线材类实验动物笼器具产品有大、小鼠笼，兔笼，犬笼内网，猴笼网格等。

（1）线材加工车间应准备好304号不锈钢线材，将相应的线材卡好在卷线架上；把线头拉出卡在拉线机相应卡槽内，调整机器，按图纸尺寸拉直及冲剪相应尺寸的线材（剪线误差为±1 mm）。

（2）冲剪好的线材如需要弯形先弯形；不弯形的按笼的栅格梳密配好模夹，把相应的线材卡在模夹上开始碰焊。碰焊参数：碰焊材料大小ϕ1.6～6 mm钢线，时间0.1～3 s，交流电80～100 A。碰焊时焊趾不能太大，线材不能变形，表面应光滑无毛刺，焊点应能承受20 N的静态拉力20 s；不

断裂、脱焊（碰焊栅格误差为 ±1 mm）。

（3）将碰焊好的栅隔和弯好形的线材及标准件进行总体焊接。焊接参数：钨针 ϕ1.6 mm，交流电 100 ～150 A，气体流量 5 ～6 L/min，焊嘴至工作的距离 8 ～14 mm。在焊接过程中要随时检查焊接质量，如焊趾是否焊透，有无错焊、漏焊，受力处是否满焊，外表是否变形等。若发现问题应及时返工处理，确保焊接好的半成品笼箱全部合格（焊接外形尺寸误差为 ±1.5 mm）。

（4）将所有碰焊和焊接好的半成品笼箱进行打磨处理，用 150 号至 320 号叶轮细致地打磨，使其表面平整光滑，无毛刺。

（5）将打磨好的半成品笼箱拿到电解房，按电解工艺操作要求把所有半成品笼箱电解好，且电解后的产品应色泽均匀一致。

2. 板材类产品生产

板材类实验动物笼器具产品有水箱、排水槽、接粪盘、饲料盒、猴笼侧封板等，裁剪板材类的机床一般用剪床。

（1）板材加工车间应准备好图纸需要的所有 304 号不锈钢板材，根据图纸参数要求调整好剪板机开始剪板，剪板时要轻拿轻放，保证板材的表面不能刮花（剪板误差为 ±1 mm）。

（2）把剪好的板材摆放在工作台上，按照图纸尺寸开始划线，划完线后根据不同的形状上相应形状模具的冲床冲压。在冲压过程中手不能放在工作区，不能直接用手去拿冲好的物件，应通过取料器取出冲好的物件。如为非标形状，则人工剪出相应的非标形状（冲形误差为 ±1 mm）。

（3）将冲剪好形状的所有板材拿到折弯区，根据不同形状的板材调整好折弯机，再按照不同的形状折弯好所有的板材。折弯好的板材要轻拿轻放，堆放要整齐合理（折板误差为 ±1 mm）。

（4）将所有折弯好的板材拿到笼具生产加工区，按照图纸尺寸和结构把折弯好的半成品分别拼装焊接成相应的产品。焊接参数：钨针 ϕ1.6 mm，交流电 100 ～150 A，气体流量 5 ～6 L/min，焊嘴至工作的距离 8 ～14 mm。在焊接过程中要随时检查焊接质量，如焊巴是否焊透，有无错焊、漏焊，受力处是否满焊，外表是否变形等。若发现问题应及时返工处理，应确保焊接好的产品是合格的（焊接外形尺寸误差为 ±1.5 mm）。

（5）再把焊接好的产品先用 150 号至 320 号叶轮细致地打磨，若其表面平整光滑无深的磨痕。若表面是光板的则用细叶轮细致地打磨后再抛光；如表面是拉丝面的，则在打完磨后再用钢丝砂或磨砂机磨出与原有砂纹一致的砂纹。

3. 管架类产品

管架类实验动物笼器具产品有小鼠架、大鼠架、豚鼠架、兔笼架、犬笼外框架等。

（1）管材开料车间应根据图纸参数要求准备相应的 304 号不锈钢管材，再把相应大小的管材分别摆放在锯管架上；按照图纸尺寸开出相应尺寸的管材，在开管过程中要保护管材的表面，不能把表面划花（开管误差为 ±1 mm）。

（2）将开好的管材按照图纸需要加工。如需弯管，在弯管过程中如发现角度不对应及时调整（弯管误差为 ±1 nm）；如需冲叉口，则上冲床冲好叉口，同时也要保护管材的表面，不能把表面划花。

（3）所有管材加工好后，按照图纸尺寸拼装焊接。焊接参数：钨针 ϕ1.6 mm，交流电 100 ～150 A，气体流量 5 ～6 L/min，焊嘴至工作的距离 8 ～14 mm。在焊接过程中要随时检查焊接质量，如焊趾是否焊透，有无错焊、漏焊，受力处是否满焊，外表是否变形等。若发现问题应及时返工处理，应确保焊接好的产品是合格的（焊接外形尺寸误差为 ±2 mm）。

（4）将焊接好的产品先用 150 号至 320 号叶轮细致打磨，使其表面平整光滑，无深的磨痕。若表面为光面，用细叶轮细致地打磨后再抛光；若表面是拉丝面，则在打完磨后再用钢丝砂或磨砂机磨出与原有砂纹一致的砂纹。

（三）入库、出库、安装、验收

1）成品经检验合格后，进行包装（包括纸箱、标签、小盒、中盒、封口证、说明书等），然后入库；出库时应对产品发货单与货物进行核对，核对无误后方可发货。

2）注意对产品运输、搬运、安装过程中的保护，避免对产品造成损害。

3）发现产品存在质量问题时，应在最短时间对问题进行分析，以最快时间对有问题的产品进行处理（维修）。

4）产品的现场安装和验收：

（1）对需要到现场安装的产品进行再次检验后出库（发货）。

（2）发货时外勤人员带齐工具，以及本次外出安装的一切材料及零部件。

（3）到达安装现场，卸下货物后首先对现场进行观测，了解是否与图纸相符。

（4）根据现场情况，按安装的先后顺序安排货物进场。

（5）安装过程一定要做到科学、合理，根据客户要求按图施工。

（6）安装过程中出现问题，应及时向部门主管反应情况，尽快作出处理。

（7）安装完成后，应对产品作出最后调试及再次自检，以保证产品的质量。

（8）安装作业全部完成，请客户验收。

二、金属笼器具生产部分加工机械的用途和操作

实验动物普通笼器具生产加工机械包括焊机、钻床、磨床、铣床、车床、冲床、剪板机、压床、金属圆锯机和弯管机等，以及木工和钳工加工工具，部分加工后的笼器具还要进行电解，使笼器具表面光洁。

（一）笼器具生产机器相关参数

（1）笼器具生产机器同步齿形带传动，传动比应大于10；笼器具生产机器同步齿形带传动，带宽应比带轮齿宽小3～10 mm；笼器具生产机器齿轮传动的啮合点高度在2 m以上者，其防护装置应延伸到啮合点以上150 mm。

（2）笼器具生产机器链传动，中心距一般不大于5～6 m，最大传动速一般不大于15 m/s，传动比一般不大于7。

（3）笼器具生产设备操纵器之间的装配安全距离，限制最小内边距离为250 mm，最大内边距离为600 mm。

（4）车间内的压力机空运转时的噪声值不得超过90 dB。

（5）实验动物笼器具生产中使用的焊条在使用过程中应尽量烧完，剩余的焊条头长度一般不能超过5 cm。

（6）气体保护焊的焊钳由夹焊条处至握柄连接处止间距为152 mm。

（7）可燃、助燃气体气瓶，与明火的距离一般不得小于10 m。

（二）焊机

1. 焊机的用途和种类

焊机主要用于金属的焊接或切割。

2. 焊机种类

焊机种类有氩弧焊机、对焊机、交流焊机、直流焊机、高频焊机等。实验动物金属笼器具主要使用不锈钢材料，生产加工中氩弧焊机的使用频率较高。

3. 焊机操作举例

氩弧焊机的操作：操作者必须熟悉焊机的结构、性能，持证上岗，严禁超性能使用；焊机使用前准备氩弧焊接、碰焊或切割所用工具、仪表、防护用品（面罩、护套、手套、防尘口罩）等，仔细检查这些设备是否正常，所有电气连接是否打紧，焊机必须可靠接地，并在使用中做定期检查。使用的焊钳连接端至少要用2～3 m长的软线连接，否则不便于操作。按照图纸要求选择合适的氩弧焊接、碰焊或切割参数进行作业；打开焊机电源后，检查指示灯显示是否正常，并检查排气扇是否正

常，如果发现问题应停机检查，并找机修人员排除；作业时应戴好面罩、护套、手套、防尘口罩等防护用品，以免被电弧灼伤；检查气路各处，不得漏气，同时，气管不能出现死弯现象；焊接过程中要经常检查焊枪上高温焊嘴有无损坏，如果损坏要及时更换；焊接时要经常检查钨针的使用情况，如发现钨针起弧端变钝，应将其磨尖锐。钨针过短时应及时更换；开机后不要用手和身体接触带电的钨针、地线、焊丝，以防触电；在狭窄的场所进行焊接作业时，要注意有足够的通风，工作时人要在上风位，以防工作时吸入烟尘对身体造成伤害；作业完毕后，检查作业质量，查看焊缝表面药皮是否清理，焊缝是否平整，是否有漏焊，如果工件达不到图纸要求，需进行相应的处理；焊机不要磕碰，严禁将焊枪用后放在工件上或地上，以免发生事故，严禁踩压送气软管；工作完毕后，应切断电源，关掉气阀，清扫场地，做好工作记录。

（三）钻床

1. 钻床的用途

在金属笼器具生产加工中，钻床主要用于钻孔。

2. 钻床的种类

钻床的种类有台式钻床、立式钻床、摇臂钻床、特殊用途钻床等。

3. 钻床操作举例

立式钻床的操作：操作者要熟悉机床的一般性能和结构，禁止超性能使用；开车前要按润滑规定加油，检查油标油量及油路是否畅通，保持润滑系统清洁，并检查各手柄位置、操纵机构是否灵活、可靠；工件必须牢固地夹持在工作台或座钳上，钻通孔时工件下一定要放垫块，以免钻伤工作台面；钻制小件零件时，也应使用工具夹持，禁止用手拿着钻制；装钻头时要把锥柄和锥孔擦拭干净，装、卸钻头时要用规定工具将其夹紧，不得随意敲打；钻孔直径不得超过钻床额定的最大钻孔直径；加工零件时，各部均应锁紧，钻头未退出工件时不准停机；操作者离开机床、变速、调整、更换工件及钻头、清扫机床等时，均应停机；机床发生故障或不正常现象时，应立即停机排除；下班时要将各手柄放在非工作位置，切断电源，将机床清扫干净，保持清洁。

（四）磨床

1. 磨床的用途

在金属笼器具生产加工中，利用磨具对工件表面进行磨削加工的机床即磨床。大多数的磨床是使用高速旋转的砂轮进行磨削加工；少数的是使用油石、砂带等其他磨具和游离磨料进行加工，如珩磨机、超精加工机床、砂带磨床、研磨机和抛光机等。

2. 磨床的种类

磨床的种类有平面磨床、外圆磨床、内圆磨床、工具磨床、万能工具磨床、曲线磨床、光学曲线磨床、数控曲线磨床、导轨磨床、坐标磨床等。

3. 磨床的操作

操作者必须熟悉机床的结构、性能，凭证操作，严禁超负荷、超范围、超性能使用；开动前应先检查机床电源开关及各部位是否处于正常，检查电源线路是否有裸露、松脱的安全隐患。平面磨床等机器的砂轮卡盘一般采用抗拉强度不低于415 N/mm^2 的材料，卡盘与砂轮侧面的非接触部分应有不小于1.5 mm的足够间隙，并按润滑图表规定加油。装放工件时必须有加工过的基准面，安放工件后应检查磁盘吸附件是否牢固，并加上合适的靠铁，底面较小的工件要放在一个抗磁圈上，台面上要放专用挡板，磨斜度时使用的斜铁或小虎钳均应夹牢工件，严禁在磁盘上敲打或校直工件。开动砂轮时，应把液压传动开关手柄放在“停止”位置，调整手柄放在“低速”位置，砂轮快速移动手柄放在“后退”位置；进行磨削时，必须在砂轮和工件开动后再吃刀，开始吃刀不能过猛。开始工作时砂轮是冷的，应缓缓地送刀使其渐渐温暖，以免发生破裂；工件磨好后，电磁盘断电才能拆卸工件。砂轮换新时应在砂轮与法兰盘之间垫合适的纸垫，并均匀地夹牢，再通过静平衡，然后装上机床空运3～5分钟，确认无问题后才能投入使用。砂轮修正器的金刚石必须尖锐，修整砂轮时吃刀量为0.02～

0.05 mm，并用冷却液冷却，严禁用手持金刚石修整砂轮。磨床工作时应保持液压系统的正常工作压力，防止系统内进入空气，并注意不要使冷却液混入油压系统。使用工作台变速手轮时，必须放在应有位置，以免损坏传动齿轮。发现操纵手轮、手闸、变速手柄失灵时，不得加力扳动；当出现运转异常声、轴承或油温过高、砂轮运转不正常等现象时，应立即停机检查，若不能自行排除的应报告车间主任或机修进行处理。工作完毕，先关闭冷却液，将砂轮空运转2～3分钟使其干燥，并将各手柄放在非工作位置，切断电源，清扫机床，做好工作记录。如果磨头主轴是静压轴承结构的，除遵守上述规程外，在操作时应先启动静压供油系统，待压力正常后（可用手扳动砂轮主轴轻松自如）再开动磨头，并经常注意供油压力和油液清洁。停车时先停主轴，主轴停止后再停静压供油系统。

（五）铣床

1．铣床的用途

在金属笼器具生产加工中，铣床是用铣刀对工件进行铣削加工的机床，铣床除能铣削平面、沟槽、轮齿、螺纹和花键轴外，还能加工比较复杂的型面。

2．铣床的种类

铣床的种类有立式铣床、卧式铣床和龙门铣床等。

3．铣床的操作

操作者要熟悉机床的结构、性能和传动系统，严禁超性能使用，凭证操作；开机前应先检查接入电源的开关是否有裸露、松脱的安全隐患，或供电线路是否为完好状态，并且应按润滑规定加油；检查油标、油量是否正常，油路是否畅通，保持润滑系统清洁，润滑良好；检查手柄是否在规定位置，操作是否灵活；若停机时间较长，使用时应先低速空转使各传动系统正常后再使用；工作台面不允许放置金属物品，安放分度头、分度圆转台、虎钳或较重夹具和万能工具铣的拆装水平工作台、万能角度工作台时结合面要擦干净，要轻放轻取，以免碰伤手；所有刀杆、刀盘锥柄、弹簧夹头应清洁，主轴锥孔要擦干净，刀杆夹紧垫圈端面要平行并与轴线垂直；安装工件，铣刀必须牢固，螺栓、螺帽不得有滑牙或松动现象；换刀杆后必须将拉杆螺帽拧紧，切削前应先空转试验，确认无误后再进行切削加工；工作台移动之前，必须先拧松紧固螺钉；工作时应将不移动的导轨锁紧，以防切削时产生振动；自动走刀时必须使用定位保险装置，快速行程时应将手柄位置对准，并注意工作台的行动，防止发生碰撞，高速铣削时必须使用挡屑板（挡屑器具），防止铣屑飞出伤人；切削中刀具没有退出工件时不准停车，停车时应先停止进刀，后停止主轴；操作者离开机床、变换速度、更换刀具、测量尺寸、调整工件时都应停车；机床发生故障或有异常情况时，应立即停机检查，若自己不能排除，要及时报告车间主任或机修人员进行处理；机床上的各类部件及安全防护装置等不得任意拆除。所有附件均应妥善保管，保持完整良好；工作完毕应将工作台移至中间位置，各手柄放在非工作位置，切断电源，擦拭机床，打扫场地，保持整洁，做好当天的工作记录。

（六）车床

1．车床的用途

在金属笼器具生产加工中，车床是用车刀对旋转的工件进行车削加工的机床。在车床上还可用钻头、扩孔钻、铰刀、丝锥、板牙和滚花工具等进行相应的加工。

2．车床的种类

车床的种类有普通车床和落地车床、立式车床、转塔（六角）车床、多刀半自动车床、仿形车床及仿形半自动车床、单轴自动车床、多轴自动车床及多轴半自动车床、专门化车床等。

3．车床的操作

操作者必须熟悉机床的一般性能、结构、传动系统，并持证上岗，严禁超性能使用。清除车床上妨碍工作的杂物，检查防护装置，刀架是否正常牢固，各起动手柄是否灵活，电机电源接地装置是否良好，确认无误后方可开机。按照图纸准备刀具、量具、工具，启动车床时严格按照车床操作规程作业；根据图纸加工要求，把工件牢固的装夹在卡盘上，在机床主轴箱后，工件沿轴向不得超出

200 mm；加工偏心工件时，必须在卡盘或工件上加配适应的平衡重块，夹持牢固，并要经常检查，防止松动。按照图纸加工要求对工件进行调整，把选择好的刀具装夹到车床上，根据加工的精度和图纸的要求，选择相应进刀量、转速、吃刀量。切削对刀必须缓慢进行，自动对刀距工件 40～60 mm 时，应停止机动，改用手摇进给。在切削过程中，禁止测量工件、变换卡盘转速和方向，刀具退离工件前，不准停车。切削加工中不用的刀架应开到安全位置，生产加工过程中禁止把工具、夹具、量具、产品等物放在车床床身上和主轴变速箱上。工件切削完成后应对工件进行测量，如果切削符合图纸要求，操作停车按钮停车；如果工件不符合图纸要求则继续切削。工作完毕，将各手柄放置于非工作位置，并切断电源，把刀具从车床上拆卸下来，擦拭机床，打扫卫生。

车床加工的安全技术防护措施主要包括：①断屑。断屑主要通过改变刀具几何形状来解决，大致有三种方法：在车刀上磨断屑槽或台阶、采用断屑器、采用机械夹固不重磨硬质合金刀片。②工作点加防护挡板（罩）。③正确装好车刀。④断装夹工具的防护。⑤加工圆棒材料的防护。

（七）冲床

1. 冲床的用途

在金属笼器具生产加工中，冲床生产在一般情况下要配合模具，可以加工钣金类产品（不改变材料厚度，不去除材料的一种机械加工工艺），可以冲孔、落料、冲孔落料复合、成型、拉伸、修整、精冲、整形、铆接及挤压件等。

2. 冲床种类

冲床种类有手动冲压机、机械冲床、液压冲床、气动冲床、高速机械冲床、数控冲床等。按模式可分为可倾式与固定台式、开式与闭式等。

3. 冲床的操作

操作者熟悉设备的结构，性能和使用范围，并需要按技术规程持证上岗。工作前应先佩戴好耳塞、手套，并检查设备电路、电箱是否完好无损，电路接地是否完好，并检查安全防护装置是否完好齐全，各连接是否紧固，离合器、制动器是否灵敏可靠，脚踏板、连杆等转动装置不得松晃，压力机的销钉和螺栓应有防松动措施，并按润滑规定加油；为了缩小模具危险区的面积，应将上、下模之间的合口部位制成斜面，以减少手指被压伤的可能；卸料板与凸凹模合口边缘之间保持 15～25 mm 的距离，操作工的手指就不会被压伤。安装冲模时，必须在设备断电飞轮完全停止的情况下安装，较重的模具需有两人配合来安装，并使用千斤顶或支撑架等设备；冲模装好后，上下模底面必须平行，并擦拭干净，压紧可靠，合模对位正确（可用纸板试测）；在进行合模对位操作时，操作者必须手动用飞轮来进行调节。冲压应注意安全，不准在冲模托板下用手拿取物件；冲程调好后应拧紧螺钉（栓），冲力较大的冲床，还应调整限位碰切极限；冲压机在工作前应先作空转，确认各部件正常后方可投入使用；冲压事故发生率最高是在送取料阶段，工作过程中，人的头部和手不准伸入冲模空间，也不准用手拿取冲件和边余料，必须使用专用的铁钳取物；除了冲模和落料工序，一般都不得使用连续冲压，用脚踏板操纵时，脚不准经常放在上面；须两人以上操作的冲压，应由一人统一指挥；设备运转时，严禁进行清洗擦拭或到顶部观察运转情况和加油；工作中若发现设备故障或异常，应立即停机，并关闭电源，等飞轮完全停止后方可进行检查及排除故障。操作者解决不了的应报告维修部门进行处理。工作完毕后应先关掉电源，待飞轮停下后，把冲模御下，较重的模具需由两人以上配合拆模，并使用千斤顶及支撑架等设施；冲模卸下后要涂上少量机油防锈并放回模具架原处摆放。卸完模具后要将滑块停在下死点处，擦拭清扫场地。

（八）剪板机

1. 剪板机的用途

在金属笼器具生产加工中，剪板机用一个刀片相对另一固定刀片作往复直线运动，主要用于剪切板材。

2. 剪板机的种类

剪板机的种类有机械剪板机、数控剪板机、液压剪板机、数控摆式剪板机、数控前送料摆式剪板机、液压摆式剪板机、超厚液压摆式剪板机、液压闸式剪板机、深喉口剪板机、脚踏剪板机、精密剪板机等。

3. 剪板机的操作

操作者必须熟悉设备性能、结构、使用范围，凭证操作，严禁超性能超范围使用（特别不能剪切棒料）；开车前应按润滑规定加油，检查各处紧固螺栓是否可靠，上、下刀片认真对刀，调整好档料装置和开料尺寸卡位，经空运转2～3次后方可开始工作；油压剪床在油泵起动后，先要检查油泵油压力状况，待正常后用按钮对油缸进行充油。随后空剪动数次，使油缸中的空气和油回流入油箱；刀片刃口应保持锐利，若发现损坏或滞钝现象，应及时修磨或更换，上、下刃面必须保持平行；刀片间的间隙应根据剪切钢板厚度确定（一般按1:0.06比值）；剪切板料时若发现表面有硬疤、电渣等现象，应事先清除干净后才能剪切；剪切不同厚度和不同材质板料时，压板弹簧的压力（气压也要注意压力）及刀片间隙要调整适当，防止弹簧螺钉崩断或损伤刃口；剪切时工作台不得放置其他物品，以免进入刃口损坏设备，造成事故；要经常注意夹紧机构零件及离合器、制动器有无失灵现象，检查油压缸、油路管是否正常；剪切时要集中精力，随时注意设备运转情况，若发现不正常情况，应立即停机检查排除故障；操作者离开现场或调整、检查、清扫设备时，都应停机、切断电源；工作完毕时，应按规定擦拭设备，清扫场地，保持清洁。

（九）压床

1. 压床的用途

在金属笼器具生产加工中，压床主要用于对要求载荷大、变形量小的零件的防止变形或校正变形上；也可协助进行工件的折弯。

2. 压床的种类

压床的种类有手动压床、气动压床、小型压床、液压压床、油压压床和电子压床等。

3. 压床的操作

操作者必须熟悉设备的主要结构，性能和使用范围，并且有操作证，方可使用设备；油泵起动后，先检查油压表是否正常，待正常后用控钮对同步油缸进行充油，随后让滑块上下运动数次，使油缸中的空气和油进入油箱，保证滑块与下工作台平行，折弯工件两端角度一致；正确使用模具，根据板料的厚度、形状，选用适当的模口，并调整上下模具间的间隙，其间隙应比板料厚度大1 mm；根据板料厚度及折弯力大小选择压力吨位按钮，当满载荷时，板料宽度应按说明书规定；为确保折弯机精度，板料必须平整，并应放在机器中间，不宜单边载荷；确需单边载荷时，载荷压力和板料宽度按说明书规定；泵和阀的正常工作油温为15～65 ℃，油箱油量须至油标中心位置，并须经常清洗滤网和滤油器。而且每使用半年都需把油箱内的油过滤或甩掉；使用中应认真执行有关润滑制度，要注意检查液压系统的密封性，对发生严重漏油部位要及时检查处理；使用中还要随时观察设备的运动状况，若发现异常现象应立即停机检查，排查故障后方可使用；停机后切断电源，一切操作手柄应放于非工作位置，清扫设备，保持干净。

（十）金属圆锯机

1. 金属圆锯机的用途

在金属笼器具生产加工中，金属圆锯机主要用于金属的切割。

2. 金属圆锯机的操作

凭设备操作证操作设备，不允许超负荷使用设备；工作前应按润滑规定加油，并且检查冷却油箱是否有冷却用油，启动抽油泵，观察冷却油泵工作是否正常；检查锯片的紧固情况，不允许用未经刃磨的钝锯片强行锯削，若需更换锯片时，应注意夹持垫片受力均匀、紧固可靠；检查工作操作手柄和电动开关是否正常，开空车运转1～2分钟，一切正常后方可锯割工作；发现所锯工件锯口歪斜或锯口不符合所需角度，应立即停机调整；设备运行中操作者应经常注意设备运行情况，若发现问题，应立即停机，将锯片退回原位脱离工作，迅速通知机修人员处理，不允许设备带病运行；锯机尽可能不锯割铸铁，防止铁屑进入油箱，损坏箱内抽油泵；要经常清洗滤网，滤油器及冷却油箱；工作完毕，应切断电源，各操作手柄放回零位；打扫设备，保持清洁。

（十一）弯管机

1. 弯管机的用途

在金属笼器具生产加工中，弯管机主要用于管材的弯曲及修造。

2. 弯管机的操作

操作者必须熟悉机床性能、结构，凭证操作，严禁超性能使用；开机前按润滑规定加油，检查油量、油质，保证各部件润滑良好；检查管模、导向轮、夹紧块、导轮架及抽芯内模的完好情况及牢固情况；在工作前，启动电机和转轴，先空运转3分钟，观察各部件是否协调、可靠，机械连接运动系统工作是否正常；机床出现不正常现象或故障时，应立即停机通知检修人员检修；离开机床和停机工作时，必须切断电源，将各操作手柄置于非工作位置；清扫机床，保持清洁。

（十二）钳工工具

钳工工具包括钢锯、锉刀、手锤、凿子、虎钳、丝杆、螺母、扳手、螺丝刀、手钻、砂轮机等。

钳工主要完成机械无法完成的工作及刀具的安装等工作。使用砂轮机打磨时，人应站在砂轮的侧面，不得正对砂轮站立。

（十三）金属笼器具的电解

1. 电解的用途

为了保证不锈钢金属笼器具的表面平整、光洁，焊接处不会生锈，需要进行相应的加工处理。首先，采用机械抛光打磨设备处理工件表面的氧化皮和各种表面缺陷，使被处理表面初步达到一定的粗糙度；其次，对不锈钢金属笼器具进行电解。不锈钢电解是通过对电流密度，溶液黏度及温度的控制，使金属在电解液中选择性溶解（低凹处进入钝态而凸起部位活性溶解），结合溶液光亮剂和阳极极化作用，达到电化学整平抛光的目的。

2. 金属笼具电解的操作

电解工作人员须熟悉所使用设备的安全使用方法及设备的构造、性能以及维护方法，非本工种人员不得随便操作。工作前应穿戴好防护用品，并仔细地检查设备、吊夹具是否良好；电器设备等是否完好可靠。工作前，先开动通风、排风装置，然后再进行工作。在工作场地禁止饮食、吸烟、防止电解药水入口。向槽内倾倒电解液时，禁止用手直接接触电解液，不准站在酸及其他腐蚀物品的槽沿上面工作。强酸应储在带盖较密封的专用塑料桶内，不准超过其容积的4/5；严禁用其他容器储装。搬运及倒放酸液时，应采用专用小推车或妥善抬具，认真检查酸桶有无裂纹，再小心搬运使用；配制浓硫酸时应将浓硫酸缓缓倒入水中，并应不停地轻轻搅拌。严禁将水倒入酸中或将酸倒入热水中。在搬运较重物或配制浓酸时，必须由多人操作，由一人指挥。对所使用的各种电解辅助材料，有毒有害物品、浓硫酸、浓硝酸等要有专人负责保管。电解完成后，电解件必须经过彻底清洗。操作者下班时应清洗手、脸部。在用管子引流各种电解液或废液时，严禁用嘴吸引。工作完毕后，要切断电源，盖好电解槽，关闭风机，做好抽风机、排风机等所用设备的清洁，并冲洗干净工作场地，将工件堆放整齐。

（十四）注塑加工机械及原料

实验动物塑料笼盒及饮水瓶等均是通过注塑机生产出来的注塑件。

1. 生产注塑件所需设备

生产注塑件所需设备包括注塑机（全电动注塑机、立式注塑机、卧式注塑机）、注塑磨具（热流道模具、双色模具、塑料挤出模具）、塑料原料（首选聚醚酰亚胺，次选聚丙烯，后选聚乙烯等）、溶剂等。

塑料件的选择主要决定于塑料的类型（热塑性还是热固性）、起始形态以及制品的外形和尺寸。制作注塑件一般采用模压、传递模塑，也使用注射成型。还有以液态单体或聚合物为原料的浇铸等。

在这些方法中，以注射成型用得最多，也是最基本的成型方法。

2. 注塑件的主要工艺参数

（1）料筒温度：熔料温度是很重要的，所用的射料缸温度只是指导性的。熔胶温度可在射嘴处量度或使用空气喷射法来量度。射料缸的温度设定取决于熔胶温度、螺杆转速、背压、射料量和注塑件周期。为了便于控制，射料缸分了区，但不是所有区都设定为相同温度。如果运作时间长或在高温下操作，请将第一区的温度设定为较低的数值，这将防止塑料过早熔化和分流。注塑件开始前，确保液压油、料斗封闭器、模具和射料缸都处于正确温度下。

（2）熔料温度：熔体温度对熔体的流动性能起主要作用，由于塑胶没有具体的熔点（熔点是一个熔融状态下的温度段），塑胶分子链的结构与组成不同，因而对其流动性的影响也不同，刚性分子链［如聚碳酸酯（polycarbonate，PC）、聚苯硫醚（polyphenylene sulfide，PPS）等］受温度影响较明显，而柔性分子链［如聚酰胺（polyamide，PA）、聚丙烯（polypropylene，PP）、聚乙烯（polyethylene，PE）等］流动性通过改变温度并不明显，因而应根据不同的材料来调校合理的注塑件温度。

（3）模具温度：有些塑胶料由于结晶化温度高，结晶速度慢，需要较高模温；有些由于控制尺寸和变形，或者脱模的需要，要较高的温度或较低温度，如 PC 一般要求 60 ℃以上。而 PPS 为了达到较好的外观和改善流动性，模温有时需要 160 ℃以上，因而模具温度对改善产品的外观、变形、尺寸及胶模方面有不可低估的作用。

（4）注射压力：熔体克服前进所需的阻力，直接影响产品的尺寸，重量和变形等，不同的塑胶产品所需注射压力不同，对于 PA、PP 等材料，增加压力会使其流动性显著改善，注射压力大小决定产品的密度，即外观光泽性。它没有固定的数值，而模具填充越困难，注塑件压力也越大。

第五节　实验动物笼器具生产机器维护及安全生产

实验动物笼器具生产加工中容易发生机械伤害事故。机械伤害是指磨削机械本身、磨具或被磨削工件与操作者碰撞、接触所造成的伤害。因此，安全生产非常重要，应为工作人员设计舒适安全的工作环境。生产作业空间设计的基本原则是按照为操作者创造舒适、安全的作业条件的要求，合理地设计布置机器、设备和工具。本节对机器维护、相关安全参数和安全生产做简要介绍。

（一）机器维护

（1）笼器具生产设备零部件故障检测的重点是转动轴、轴承、齿轮、叶轮。

（2）笼器具生产设备内部经常出现的问题有出现裂纹、绝缘质量下降、由于腐蚀而引起的缺陷。

（3）笼器具生产设备出现撞击声的原因可能是零部件松动脱落、进入异物、转子不平衡。

（4）机器设备的气、液传动机构，应设有控制超压、防止泄漏装置。

（5）实验动物笼器具生产中使用的电焊机焊线容易损坏，操作人员必须经常检查，发现破损应及时处理。

（6）实验动物笼器具生产作业人员需经常检查焊线、氧气和氩气胶管、风机，发现漏气、漏电应立即修复或更换。

（二）安全生产

（1）制定工厂管理制度和消防安全制度。

（2）制定与实验动物笼器具生产有关机器及生产加工的操作规程，并严格执行。

（3）笼器具生产设备开动后，操作人员应对设备的运行情况是否正常及时进行确认，发现问题要及时处理。

（4）对于实验动物笼器具生产中使用的电器设备，必须做到使用时合闸送电，不用时应及时拉闸断电。

（5）实验动物笼器具生产中安装检修各种电器设备时必须严格按照《实用电工安全操作规程》的规定进行作业，采取有效的防护措施。

（6）笼器具生产设备的操作位置高出 2 m 以上时，应配置操作台、栏杆、扶手、围板等。

（7）笼器具生产防护装置的护栏高度应不低于 1 050 mm。

（8）正确安装紧固砂轮，必须装有砂轮防护罩。

第十八章 实验动物特殊笼器具生产加工

第一节 实验动物特殊笼器具的分类和定义

一、实验动物特殊笼器具的分类和定义

实验动物特殊笼器具有层流架、隔离器、独立通气笼具、运输笼等。

（一）层流架

层流架是自身带空气净化和通风系统，可作为实验动物饲养和动物实验观察的专用设备。一般为四周封闭、前方开启的柜形构造，侧边及背部安装空气净化系统，其内部分层放置动物饲养盒。

在某些情况下，可将层流架置于普通环境中，用作动物的短时间饲养、实验操作和处理后观察。亦可将其安放在屏障环境中，用于SPF级动物养殖和实验观察。在较多情况下，层流架内的空气压力高于外环境，为正压层流架。若进行感染动物实验研究，为了避免污染环境，需保持层流架内的气压低于外环境，这就是负压层流架。

实验动物层流架出厂前应逐台进行检验，检验合格并附合格证方可出厂；检验项目有架体外观、耐腐蚀性、气流速度、空气洁净度、落下菌数和噪音共6项。其中，气流速度、空气洁净度的测定应在层流架连续运行24小时以上再进行。

层流架的构造简单，投资较少，适合于小规模和短时间实验动物的养殖和实验。但该设备本身仅能控制空气洁净度和通风指标，而其他环境指标（如温度、湿度等），则只能在设施内控制。而且，该设备空间很小，开门操作时很易破坏其洁净度指标，因此操作时应严谨仔细。

（二）隔离器

隔离器是保持内环境完全无菌的密封装置，有正压和负压两种。正压隔离器用于SPF级动物、无菌级动物和悉生动物的饲养繁殖与动物实验，负压隔离器用于感染动物的饲养和实验。目前，唯有隔离器的内环境可以达到无菌，并培育出无菌级动物，其他实验动物设施设备都无法做到。

通常，隔离器用塑料制作外包裹层，内以刚性材料作为构架支撑，其造价较低。另有隔离器以不锈钢和玻璃作为外包裹层，可配置加热法空气灭菌送风系统，因为不锈钢外壳具有良好的散热性。

隔离器的核心控制指标是无菌，其他指标须在外环境调控。送入隔离器空气的净化有两种方式。一种较常用的方式是将空气经高效过滤，使其物理洁净度达到5级或7级，塑料隔离器一般配用过滤除菌法处理空气；另一种方式不考虑空气的物理洁净，而用高温杀灭空气中的所有微生物，不锈钢隔离器可配高温灭菌法处理空气。良好的隔离器可保证其中的动物1～3年处于无菌状态。一般来说，配置空气热灭菌系统的不锈钢隔离器具有更好的性能，可保持更长时间的无菌状态。

用于无菌级动物及实验用的隔离器都采用正压，即罩内空气压力高于外界，压差达150 Pa，这有利于保持罩内无菌。如果做烈性病原体感染研究或有毒挥发物实验，应采用负压隔离器，以保护外环境和人员安全。负压隔离器应采用不锈钢和玻璃制作的刚性外壳。

在我国，隔离器较常用于SPF级动物的饲养繁殖和动物实验，由于隔离器保持动物无菌有一定的时限，因而获取无菌动物种源是一个经常性的问题，必须在手术隔离器中完成。手术隔离器是适用于剖腹产操作的特殊隔离器，它的设计能保证剖腹产取得无菌幼仔。无菌幼仔剖取后经转移盒送入普

通饲养隔离器。

（三）运输笼

国际上常用的运输笼具有控温、控湿和空气过滤通风系统，其内部已基本达到屏障环境设施标准。运输笼实际上是一间特殊的、能移动的实验动物饲养设施。通常将卡车的车厢改造为屏障环境动物设施，其中具有控制各种环境指标的系统措施。

我国的 SPF 级动物普及后，保证动物运输过程的环境符合标准就成了需要解决的迫切问题。目前，我国多采用普通饲养盒外包无纺布的简易运输笼，具有粗过滤空气的作用，在一定程度上可保护内装动物不受外界微生物的感染，而温度、湿度及换气指标则不可能得到控制，因而原来合格的洁净动物经运输后就可能不再合格了。由于简易运输笼内环境恶劣，空气交换困难，动物在运输过程中易于死亡，或处于强烈应激状态，用此类包装运输的动物做实验，其结果的可靠性将明显降低。因此，研制合乎标准而又适合我国国情的运输笼为当务之急。

（四）独立通气笼具

独立通气笼具（individually ventilated cages，IVC）系统由初效过滤器、中效过滤器、高效过滤器、风机、静压箱、塑料笼盒、密封件、排气管的架体、控制电器等组成。IVC 不仅提供了标准的微环境，为啮齿类动物提供无菌环境和绝对可靠的分隔预防屏障，而且防止交叉感染，保障了实验人员的健康和安全。

IVC 可提供统一标准的通风，通过笼架上配置的设备将动物饲养笼的气体以侧流形式排出饲养笼外，防止有害物质或被污染的气体在动物饲养笼之间传播、扩散；同时，为动物提供优良的低氨、低二氧化碳微环境和最适宜的湿度。由于独立的通气系统，各种动物可以分隔饲养，又可以在同一工作区内管理。即使在设备简陋的工作间，IVC 也可以满足科研、实验等工作需要。此外，IVC 还适用于进行饲养免疫缺陷动物和 SPF 级动物等方面的研究。

由于笼盒内采用高效终端空气过滤器，因此在移动状况下可确保笼内空气达到 7 级，即使暂时停电，笼盒内也不会受到气流倒灌的污染。

目前，国际上使用最为广泛、有前景的实验动物特殊笼器具是 IVC 系统。本章主要对 IVC 系统进行介绍。

二、独立通气笼具的定义

独立通气笼具是指在密闭独立单元（笼盒或笼具）内，洁净气流高换气率独立通气，废气集中外排，并可在超净工作台内操作和用作实验的微型 SPF 级实验动物饲育与动物实验的设备。其特点是每个笼盒均具有独立的送排风功能。

换言之，这是一种以饲养盒为单位的独立送风的屏障设备，洁净空气分别送入各独立饲养盒使饲养环境保持一定的压力和洁净度，用以避免环境污染动物（正压）或者动物污染环境（负压），一切实验操作均需要在洁净工作台（正压）或生物安全柜（负压）中进行。该设备用于饲养无特定病原体级动物或感染（负压）动物。对实验动物生存空间进行严格的微生物控制的微型屏障环境。

IVC 内部的气流经过多级过滤器，形成以每个笼盒为单位的送排风独立封闭环境，确保动物免受微生物的污染，具有独立的控制系统，风速、风量可调节等，在人与动物之间起到屏障作用。IVC 具有保护实验动物，保护操作人员，保护环境以及具有节省能源的特点。

江苏省是我国实验动物笼器具 IVC 系统生产大省，当地厂家云集。早在 2006 年，江苏省即制定了关于 IVC 系统生产要求的地方标准《DB32/T 972—2006 实验动物宠器具　独立通气笼盒（IVC）系统》，对 IVC 系统各组成部件的性能和参数进行了规定。

总的来说，IVC 通气笼盒由初效过滤器、中效过滤器、高效过滤器、风机、静压箱、塑料笼盒、进排气管的架体及控制电器组成。

根据饲养动物的种类、笼箱的大小及数量、用户要求确定尺寸，机箱、架体尺寸应能满足塑料笼盒操作，塑料笼盒的尺寸应保证实验动物所需要的饲养面积与空间，不同动物饲养面积和空间符合《GB 14925—2023 实验动物　环境及设施》规定。

架体应由铝合金或其他适宜材料制作，架体应稳定、牢固、平整、装拆和移动方便。架体应做到表面光洁、耐腐蚀。架体中的通风管道符合《GB 50073—2013 洁净厂房设计规范》规定，各管件连接处焊缝无虚焊、胶焊，不应有泄漏。

IVC 系统的风机应低噪声、低能耗、可调速，并应保证连续运转 1 年以上。风机与架体应采用软管连接，架体应无明显振动。箱体外形应美观、平整、光洁，无明显瑕疵。电器设计安装符合《GB 4706. 1—2005 家用和类似用途电器的安全　第 1 部分：通用要求》家用和类似家用电器安全的规定。

塑料笼应符合《DB32/T 972—2006 实验动物笼器具　独立通气笼盒（IVC）系统》的规定。塑料笼箱有进排风口，以及上盖与底盖间均有耐高压的密封垫，保证塑料笼箱密封无泄漏。空气经初效、中效、高效三级过滤，使塑料笼箱内在静态时洁净度达到 100 000 级，气流分布均匀，流速为 0. 1 ～0. 25 m/s，每皿落下菌数应小于等于 3 个，噪音低于 60 dB。

三、啮齿类实验动物笼器具的演变及 IVC 系统的发展史

早期啮齿类动物（大鼠、小鼠）在饲养繁育时，为模仿它们在自然界的生活环境，笼器具多采用木质材料，透气干燥，适合啮齿类动物的生长发育和繁衍方式。然而，木质笼器具的缺点也很明显，极容易被动物啃坏，动物容易逃逸，清洁难度较大，笼盒内残留的有害气味（如氨味）太浓不容易除去，重要的是，可直接影响动物的生长发育。后来，有人改用金属铁皮和铁丝材料制成笼盒，但造价较高。

20 世纪五六十年代，我国实验动物工作者采用了打孔有盖的瓦罐代替木盒，达到了透气和易于清洗的要求。但是，瓦罐极易损坏，搬运不易，多次使用后，动物的尿液渗入瓦罐微孔后也很难清洗干净，异味仍然很重。

随着高分子材料科学技术的发展，国外实验动物笼盒率先使用无毒塑料制成的塑料盒，既轻便耐用，又易于清洁灭菌。经大量实践证明，无毒塑料是啮齿类动物生存环境的最佳材料，制成的笼盒完全适合啮齿类动物的生活和繁殖。

20 世纪 80 年代，意大利 Tecniplast 公司在带空气过滤帽塑料盒的盒帽上方加了一个进风口，希望促进盒内的通风换气，从而出现了第一个 IVC。IVC 笼盒经过十多年的使用、研究和不断改进，特别是在材料、净化、微电子等现代技术的带动下，一个全新的、高效节能的、更满足动物福利和我们对实验动物质量要求的小鼠饲养设备已经出现。随着生命科学对实验动物质量要求的不断提高，也随着实验动物标准化和生产使用许可证制度的推行，IVC 设备得到逐步推广应用。

四、IVC 系统与屏障环境设施的比较

IVC 设备的使用，目的是把操作人员与 SPF 级实验动物完全分开，笼盒内独立进排风方式，而屏障隔离环境设施则是人员按一定的程序进入 SPF 级动物生存的内环境，与动物混为一室的操作方法。二者都可以达到 SPF 级实验动物与动物实验环境设施标准的指标要求，但是也有很多不同之处，其比较见表 18 - 1。

表 18－1　IVC 系统与屏障隔离环境设施的比较

类别	项目	IVC 设备	屏障、隔离环境设施
建设	对笼盒外环境的要求	可简化	必须符合国标所有项目规定
	初始投入金额	低	高
	施工周期	短	长
	设备购置费用	高	低
	对能源总的需求	很低	很高
	供电或备用电需求	不一定	必须有
运行	日常维持费用	低	高
	设备安置的机动性	大	小
	抗不可预见风险的能力	强	弱
	紧急事故动物转移的可能性	有	没有
	设备多用途使用的灵活性	大	小
	设备、设施的维护保养	方便	困难
	笼盒内正、负压力调节	可调	不可调
使用	笼盒内换气次数	20 次/小时以上	3 次/小时以下
	笼盒内湿度	小	大
	笼盒内氨浓度	低	高
	更换垫料周期/次	2～3 周	3～4 天
	实验动物设施（室）内异味	轻	重
	对工作人员健康保护	好	差
	繁育和饲养 SPF 级动物	可以	可以
	大规模生产繁殖容积率	稍低	较高
	操作方法	稍复杂	简单
	人员进出程序	简单	复杂
	1 天内多次观察动物状况	方便	不方便
	多种动物实验于一室（架）	可以	不可以
	动物逃逸可能性	小	大
	多品系同毛色动物饲育一室（架）	可以	不可以
	动物实验使用小型仪器设备	方便	不方便
	动物实验使用大型仪器设备	有可能	不可能
	动物搬运	方便	不方便
	动物传染病传播速度	缓慢	很快
	药物灭菌笼盒	可以	不可以

五、IVC 产品的特点和市场前景

（一）国内 IVC 的研制与生产现状

目前，我国生产的 IVC 产品已经具有下面几个特点：①能提供洁净的微环境，完全满足实验动物标准化要求。②前期投资较少，是传统屏障系统投资额的 1/3。③让人与动物环境很好地隔离开，有效保护工作人员免受致敏原的伤害。④大量节省能源，以开放环境中的 IVC 为例，IVC 能耗是传统屏障环境设施的1/36。⑤降低劳动强度。IVC换气次数高，换垫料的时间可延长到2～3周。⑥防交叉感染。该应用解决了传统屏障环境设施中实验动物之间交叉感染的问题。

目前，我国对动物生产繁育以及动物实验的环境设施，传统做法是建一个大型的屏障环境设施，但是前期投资大，运行费用高，操作烦琐，废气影响工作人员健康，有不少地方甚至出现了建得起却用不起的状况。我们希望有一种建得起、用得起的设备。实践证明，经过适当改造外环境并配合IVC设备，就能很好解决当前的困扰。

（二）我国IVC产品市场前景

虽然我国十分重视科研工作，提出科教兴国战略，但投入的科研经费仍然有限。传统屏障环境设施建设和运行费用高，能源消耗巨大。目前，经济因素是实验动物事业发展的瓶颈，能源缺乏同样是制约国家经济发展的重要因素。在这样的国情背景下，节能环保是实验动物学科发展中不得不考虑的背景因素。

国家主管部门早在“九五”期间就提出了用屏障环境设施动物逐步取代普通环境设施动物的目标，缩短我国实验动物与国际的差距，因此相继颁布了《GB 14925—2023 实验动物　环境及设施》及相关法规。IVC一进入我国就引起了管理层及专家、学者的高度重视，在这样一种国情和政策环境下，IVC在国内市场的推广是一次难得的机遇。

目前，国内的IVC供应商主要有（以介入IVC市场的时间顺序为序）深圳市依科曼医疗设备有限公司、上海天环科技发展有限公司、上海绍丰实验动物设备有限公司、苏州市冯氏实验动物设备有限公司、苏州艾可林净化设备有限公司、苏州市苏杭科技器材有限公司、苏州新区枫桥净化设备有限公司、苏州新区枫桥教育实验动物笼具厂等多家企业，是他们把IVC引入国内并迅速国产化。

对于未来IVC的发展，有如下建议：

（1）加大科学技术投入，提高产品研发能力，生产出具有自主知识产权、高质量的新型IVC产品。

（2）厂商应该严格遵循国家或地方相关标准、规范要求，严把质量关，并主动接受质量检查。严格控制扰乱市场的粗制滥造的企业介入，避免仿冒品冲击市场，保护好整个行业的利益。

（3）企业在市场竞争的同时，加强技术交流与合作。集中公共资源的力量共同开创市场，使IVC市场逐步向纵深发展。

第二节　IVC系统的基本结构

IVC系统的基本结构由主机、笼架、笼盒、送排风系统等组成。

一、IVC系统基本结构

（一）主机

IVC系统控制主机内主要由2台低噪声风机、洁净空气过滤器装置及电子控制部分组成。IVC系统的进排气由各自单独的风机控制（也有单风机控制的IVC系统），可控调风机转速达到进排气总量平衡，以确保笼盒内外的压力差和换气次数符合动物生存或满足使用者的特殊需要（如负压要求）。笼盒内与外界的压差，可通过指针或数字式低压压差表直接显示。有的机组还专门设有电源断电、机械故障和过滤器失效等报警装置，利用各种换能器及半导体芯片或数码程序控制器、变频器等方法，实现自动报警、自动调控的目的。大多数主机上还设有盒笼内外温度、湿度的显示装置，以便使用者直接了解动物生存的主要环境条件。

（二）笼架

IVC系统的笼架是由1.0～1.2 mm厚的异型不锈钢管焊接或用高强度塑料接口套接而成。焊接笼架比较稳固，但管道内清洁较难。套接笼架拆卸方便，易清洁管腔。

根据各类型设备设定的笼盒数，笼架上安装相应数量的搁架，进排气管上设有相应数量的进排气导风橡胶嘴或皮碗，以便与笼盒接口密封吻合。有的在进排气口（嘴）上还设有自动气阀。笼盒上架密接后，进排气气阀自动打开，笼盒取下时，气阀自动关闭，使进风管中气压保持基本恒定，排气管中废气不易泄漏入室。若能安装一个超压保护装置或超压自动调节装置，就能避免当笼盒取下较多、气阀关闭太多而造成的笼盒内超压状态。

（三）笼盒

IVC 系统笼盒的形式、种类、规格很多。笼盒是由耐高温（至少能耐 130 ℃高温）抗腐蚀的透明或着色透明的高分子材料压模而成。一套笼盒由上盖、底盒、不锈钢网罩（或食槽、水瓶槽）、锁紧扣、进排气口组件（包括阀门或终端过滤器），以及硅橡胶密封垫圈等组成，有的上盖还有一个能透气的“生命之窗”过滤网。

IVC 系统的类别、形式基本上依据笼盒的结构和形式来区分。IVC 系统笼盒种类不同，其对动物室建筑设计的要求及操作的规范也不同，交易中的性能价格比也不同。

二、IVC 系统整机的类型及特点

目前，国内外 IVC 系统的整机款有机盒一体式、机盒分体式和无主机式三种。

（一）机盒一体式 IVC

机盒一体式的 IVC 系统是把主机（包括进排气风机、过滤系统和控制面板）均安置在笼架的上部或下面。

这种款式的优点是：占地面积小，动物室空间的容积率大，空调能源的利用率高，经济效益相对高。缺点是：由于风机的运转，带动机架共振所产生的低频振动噪声及风机运转产生的空气动力噪声衰减比较少，经笼架直接传入笼盒内，将对动物有一定的影响。为了减少对动物的刺激，设计时必须采用防震措施和利用极低噪声的风机，这将增加 IVC 系统设备的成本。另外，主机及控制面板位置太高或太低，操作和维护保养（更换过滤器）均不够方便。

（二）机盒分体式 IVC

机盒分体式的 IVC，主机与笼架分开，各自成为一个活动单元，进排气以软管相连，主机机箱可放置在笼架的一侧或中间。根据主机功率的大小，一般一台主机可供 1 ～ 4 架笼架进排气。笼架排列可依房间大小，以一字式、星形式和双列平行式等多种连接方式排列。

为减少小动物室内噪声及减少主机更换、维修和保养时对动物的影响，机盒分体式可以把主机集中放置在隔壁单独的机房中，分别用管道通向周围各动物室 IVC 笼架，实现主机与笼架完全分开的最佳状态。甚至只要把主机设计成单一的洁净空气进排气机组，可供多套笼架同时使用，排气可通过管道或排风罩，直接与建筑物排气系统相连，以减少 IVC 独立的排气管道的设置，与建筑结构一体化、规范化。

机盒分体式 IVC 的优缺点正好与机盒一体式 IVC 相反。

（三）无主机式 IVC

无主机式 IVC 即 IVC 系统设备上不带有主机机箱，只有 IVC 笼架和笼盒的 IVC。

这种无主机式 IVC 笼盒上设有高效过滤器，IVC 排气总管连接动物室建筑物系统排气，利用建筑物排气系统的抽吸作用，使笼盒内保持一定的负压状态，动物室内的空气经过笼盒上的过滤器自然补充新风进笼盒，达到笼盒内换气的目的。因此，也是负压式 IVC 的一种形式。然而，由于建筑物排气系统的控制有一定的难度，笼内负压气流的流量和换气次数受控于建筑物排气系统，呈被动状态，较难用自控方式随意调节相关系数。

三、IVC 系统笼盒的种类及特色

IVC 系统也称为“微型隔离器”（microisolator），这表示 IVC 笼盒具有隔离器的密封、隔离特性，这也是 IVC 系统设备的关键所在。IVC 笼盒是动物繁育、生长、生活的微环境，是动物起居、饮食和活动的唯一空间和场所。为了保证实验动物的微生物控制质量，笼盒与外界完全隔离。笼盒的高气密性能防止盒外非洁净空气进入笼盒，在盒内形成良好的气流和扩散，把盒内的废气完全地置换出去，使笼盒内保持既清新又洁净干燥的优化环境。

IVC 系统笼盒种类繁多，可以分为静态笼顶过滤盒、通气笼顶过滤盒、终端过滤式笼盒、内置水瓶式笼盒、外置水瓶式笼盒、无整体金属网盖式笼盒、膜盖式笼盒等。

（一）国外的品种与规格

国外 IVC 笼盒有适合小鼠、大鼠和豚鼠等啮齿类实验动物饲养、繁育的多种品种规格。目前，国内外许多机构正在研制和开发实验兔、实验犬、小型猪等中型动物甚至大型动物的 IVC 笼具。笼盒使用没有明显的动物限制，只要满足动物舒适生存空间的最小允许要求，各种笼盒是可以互用的。最常用的 IVC 笼盒规格有 4 类：

（1）小鼠繁育笼盒。笼底的面积为 340 cm^2 左右，适合饲养 1 对繁育鼠或 4 ～5 只实验鼠。

（2）小鼠实验笼盒。笼底的面积为 530 cm^2 左右，适合放置 6 ～8 只实验小鼠，作为实验动物的同一个实验组群饲养。

（3）大鼠繁育、实验笼盒。笼底面积为 800 cm^2 左右，适合 1 对繁育大鼠或 3 ～4 只实验大鼠的饲养，也可作为小鼠的群养笼盒。

（4）豚鼠实验笼盒。笼底面积约为 1 400 cm^2 左右，适合 1 ～2 只实验豚鼠或 6 ～8 只实验大鼠的饲养，也可作为大鼠的群养笼盒。

（二）国内的品种与规格

国内 IVC 系统设备从研制到生产历史较短，有的还刚刚开始，国产 IVC 笼盒的品种、规格与国外相比要少得多。到目前为止，仅有小鼠、大鼠和实验兔 3 个动物品种的笼盒。其规格也只有小鼠繁育笼，小鼠实验笼盒，大鼠和兔繁育、实验笼盒等几种。

实验动物环境设施 GB 14925—2023 对各类动物所需居所最小空间已作出具体规定。因此，国产 IVC 笼盒的设计与推广应用中，设计者应按国际规定提出自己设计型号的适用范围和使用要求，而使用者也应该合理地选择使用，否则产品将被视为不合格。

第三节　IVC 系统的设计原则和检测方法

一、设计原则

根据 IVC 定义规定，IVC 系统设计的基本原则，应使其笼盒内的微环境指标达到和超过《GB 14925—2023 实验动物　环境设施》标准中大鼠、小鼠屏障环境的指标要求，而且使其功能充分体现人、动物、环境三方面保护的目的，既要保护动物免受空气中微生物和排泄物的污染，又要保护周围环境和科学技术人员操作的安全及健康。

IVC 系统的设计理念：应使动物生存和人类工作环境更优化，操作使用和管理更方便，能源消耗更节省，人和动物的安全健康保障更可靠，性能价格比更趋合理。

二、主要技术参数

（一）IVC 系统设备外部指标参考标准

饲育大鼠、小鼠等啮齿类实验动物的 IVC 系统设备，动物生活居住的笼盒内，总体环境技术指标均需达到或超过国家标准屏障环境要求。

由于 IVC 动物室的特殊性，指标中的温度、日温差、相对湿度、照度及昼夜明暗交替时间等项目的指标参数，可由房间大环境来控制，而且控制的方式也较多样化。温度控制，既可使用空调箱的中央控制系统，也可以使用单间分体空调机控制温度，使用时开启，不用时关闭。其他项目（如湿度、照度、昼夜明暗交替时间等）都可以在房间内单独设置器具控制，非常灵活方便。

IVC 笼盒内的氨浓度指标是动态管理监控指标，可参照《GB 14925—2023 实验动物　环境及设施》列出的“各类动物所需居所最小空间”中的规定，确定笼盒内允许饲养动物的数量，适当调整动物饲育的密度以及调节 IVC 笼盒的换气次数来达到。IVC 系统设备的实际有效换气次数远高于屏障环境和隔离环境笼盒内的实际换气次数（国外有的 IVC 笼盒内换气次数最高可达到 110 次/小时），才能符合笼盒中动物生活环境需求，高换气次数能保障笼盒内氨浓度不超标。这也是 IVC 系统设备的一大优点。

（二）IVC 系统设备本身指标参考标准

IVC 系统设备本身需要控制达到的国标项目有：换气次数、气流速度、笼盒内外压差、空气洁净度、落下菌数和噪声 6 项。这也是 IVC 系统设备的主要技术参数。

1. 换气次数

IVC 系统设备是由数十到上百个笼盒与进排气风机共同构建而成的一个气密性的系统，每个笼盒内的换气次数，实际上就是整个设备系统要求的总换气次数。换气次数取决于进排气风机的功率（即风量）和各级过滤膜。风机的功率可用可调硅调压器或变频调速调压器进行无级调节，随时按需控制风量的大小，以适应过滤膜动态阻力的变化，维持一定的换气次数，保持笼盒内动物生存环境的达标和优化。

（1）排气口风速测定及换气量计算：测定风速常用热球式电风速仪、Tr 式微风速仪和数字式风速仪。IVC 系统的排风口一般为圆形，直径在 200 mm 以下。测定时，在径向上选 2 个测定点。不同点的风速差异很大，进行测定，求出风速的均值，代入如下公式，求出每小时换气量。

$$Q = 3\,600\ Sv$$

式中：Q 为每小时换气量（m^3/h）；

　　v 为平均风速（m/s）；

　　S 为 IVC 总排气管口有效横截面积（m^2）。

IVC 设备进气采用室内进气，进排气温度相同，测定时控制室温在 20 ℃时，一般可不用校正系数修正。

（2）换气次数计算：IVC 换气次数可通过如下公式求得

$$R = Q/V$$

式中：R 为每小时换气次数（次/小时）；

　　Q 为每小时换气量（m^3/h）；

　　V 为 IVC 笼盒总容积（m^3）。

IVC 系统内的换气次数是指笼盒内直接的换气次数，可人工随意调节。根据用户所需设定范围，利用余压阀或压差传感器可调节转换器和风机，实现自动控制。

IVC 的换气次数一般选用 5～50 次/小时为宜。国外也有设计高达 100 次/小时的 IVC 系统设备，而且以 C57BL/6 小鼠的繁育生长实验证明，在 30 次/小时、60 次/小时、100 次/小时 3 组设备中进行比较，结果认为，60 次/小时为最佳。国内 IVC 大多用于动物实验和珍贵动物的保种繁育，换气次数太高，使笼盒内吹在动物身上的气流速度大大提高，对亚健康状态的实验动物和娇弱珍贵的动物可能会产生影响。

国外有的 IVC 设备能在机箱控制面板上，利用流量换能器和芯片处理技术，直接用数字显示即时的换气次数，以便控制和报警。

2. 气流速度

IVC 系统设备的气流速度与实验动物环境设施国家标准屏障环境中要求的气流速度在概念上有一定的差距。屏障环境的气流速度是指整个洁净房间顶送风四角回风的气流速度。因此，在测定时应选离护围 0.5 m，离地面高度 1.0 m 的数个具有代表性的位置点作为测定点。室内测定的气流速度值与笼盒内动物身上实际感受到的气流速度是完全不一样的，盒笼内动物身上的气流速度要小得多。而 IVC 设备的气流速度应该是指笼盒内动物在各个位置活动或休息时，直接感受到气流速度，这对动物健康是至关重要的。

为此，IVC 设备内的气流速度（笼盒内风速）应该是越小越好，决不能采用屏障环境设施洁净房间内的气流速度范围来衡量。IVC 设备笼盒内动物水平气流速度一般选用小于或等于 0.1 m/s 为宜，笼盒内气流速度太小，将会影响换气量和换气次数。换气次数与气流速度呈正比，需要找到最佳平衡点。

（1）IVC 系统设备笼盒内气流速度的测量仪器。气流速度的测量仪器为精度 0.01 以上的热球电风速计，校准仪器后进行检测，也可以用微型风速仪直接放在笼盒内不同位置进行检测。

（2）笼盒内气流速度测定方法。先准备一只四壁布孔的测试盒，放在运行的 IVC 机架上，笼盒布孔空间上下距离一般为小鼠笼盒 3 cm，大鼠笼盒 5 cm，或以笼盒正中水平平面为准，孔径以风速仪探头粗细而定，孔口用玻璃胶布堵住。测定时，打开一只孔口玻璃胶布，把探头伸进笼盒内，在检测水平平面上选择动物活动和休息的代表性位置，布点测定盒内风速，一般小鼠笼盒测 6 个位点，大鼠笼盒测 12 个位点的风速，其平均值即该笼盒内的气流速度数值。

3. 笼盒内外压差

IVC 系统设备机箱控制面板上，必须以指针式或数字式压力表的形式直接显示运行状态，IVC 笼盒内外的压差，以显示该 IVC 系统是正压运行还是负压运行。

然而，IVC 笼盒内外的压差指标概念与屏障环境的梯度压差的含义也是不同的。屏障环境的梯度压差是为了在操作开或关动物室门时，为防止逆向交叉感染，保持一定梯度的压差，使气流在开门的瞬间形成气流单向运行趋势，抵御亚清洁区或非清洁区的气流逆向进入清洁区域，而且清洁的程度按区域依次递减压差形成一个必要的梯度。而 IVC 设备是密封性相当好的一个系统，人与动物完全分开，操作也是把笼盒放在 5 级洁净层流柜中进行的。只要按规定程序操作，不可能污染动物生存的盒内环境。盒内外压差只表示过滤膜阻力的动态变化程度和正负压状态。笼盒内进、排气相当，笼盒内外压差为零时，是全进全排，全新风效率最高的时刻。

为此，笼盒密封性好的 IVC 设备的笼盒内外压差一般应选用 3 ～ 20 Pa 连续可调的范围为宜。当然，规定的正压 IVC 笼盒内外压差是 +3 ～ +10 Pa，负压 IVC 笼盒内外压差也可为 -3 ～ -20 Pa，若能双向可调，则表示性能更好。当然，笼盒密封性欠佳的 IVC 设备，只能成为正压式 IVC 系统，不能成为负压式 IVC 系统。笼盒内外正压差适当高一点，对笼盒内动物有一定的保护性。但应注意，动物生存的适宜环境是低压差环境，也就是尽量接近正常大气压的环境。

4. 空气洁净度

IVC 笼内是无特定病原体级动物生存的环境，IVC 系统设备的空气洁净度是指静态测定笼盒内环境流动空气的洁净度。由于 IVC 笼盒的密闭性及进入空气需经过机组的三级过滤，一般空气洁净度均可达到 7 级及以上。好的 IVC 系统设备，笼盒内环境的空气洁净度可不超过 5 级，其洁净性能更优。

（1）空气洁净度测量仪器。空气洁净度测量的仪器应使用经定期标定的各种尘埃粒子计数器。

（2）空气洁净度测量方法。测量 IVC 笼盒内的空气洁净度，因其笼盒内的空间很小，只要把 IVC 送风管内的尘埃吹干净，把专用测试笼盒洗净上架开机运转数小时（江苏省标准为 48 小时）后，即可检测。

检测时，把尘埃粒子计数器采样管通过测试盒盒壁孔插入盒内，按测定气流速度方法选点测量，然后求其平均值即可。

IVC 系统设备上所有的笼盒，均由一套过滤系统，统一供给洁净空气，原则上一台 IVC 设备只要测试一个位置笼盒的数据，即可代表该机组的供气洁净度。不同位置若洁净度有差别，表示过滤膜后连接到导管中的清洁工作未做好，扬起积尘，吹向笼盒。若使用的笼盒是终端高效（或亚高效）过滤膜保护的 IVC，则笼盒内洁净度容易保持。

5. 落下菌数

环境微生物常以气溶胶的方式进行传播。固态气溶胶的中介物是尘埃颗粒。空气中落下菌数的多寡，与尘埃颗粒的大小以及数量呈正比。通常，IVC 笼盒内的空气洁净度较好，常介于屏障环境和隔离环境的空气洁净度。因此，笼盒内的落下菌数指标也相应较好，一般以小于等于 3 个/皿为指标。若笼盒内空气洁净度达 5 级，则落下菌数可在 1 个/皿。

（1）测定落下菌数的血液琼脂培养基的制备。将一灭菌的普通琼脂培基（pH 7.6），隔水加热至完全融化。冷却至 50 ℃左右，以无菌操作加入灭菌脱纤维兔血或羊血，轻轻摇匀（勿产生气泡），立即倾注到灭菌平皿（直径为 9 cm），每个注入 15 ～25 mL。待琼脂凝固后，翻转平皿（盖在下），放入 37 ℃保温箱内，经 24 小时无菌培养后，若无细菌生长，即可使用。

（2）笼盒内落下菌数测定方法。按 IVC 系统标准化操作规范（见本章第四节），在 5 级超净工作台或生物安全柜中打开笼盒盖，放入有无菌培养基的平皿，在盒内打开平皿盖，将平皿盖朝下放置于同一盒内，然后盖上 IVC 笼盒盖，扣紧固定后放上笼架，通气 30 分钟。接着，取下笼盒，在超净工作台或生物安全柜上打开笼盒盖，盖上平皿盖，将平皿放入 37 ℃保温箱内培养 24 小时或 48 小时，计算菌落数。

6. 噪声

IVC 设备的噪声除环境噪声外，主要声源来自机组中的风机（功率越大，噪声越大），以及系统管理设计中，管道粗细、弯头和风管内空气流速互相匹配产生的空气动力噪声等因素。机箱安置在笼架顶上的机架一体式 IVC 系统，噪声源还有低频振动的部分。

由于动物对声波的敏感性和灵敏度远比人类高，而且容易感觉的声波范围比人类大，人类听不到的次声波和超声波对动物也有刺激反应。噪声的频谱很广，对动物的影响尤为显著，这也是 IVC 设备设计时必须充分考虑的重要技术参数。IVC 设备的噪声应指笼盒内的实际噪声。其指标应以国标中规定的数值，即不超过 60 dB 为宜。

（1）笼盒内噪声测量的仪器。笼盒内噪声测量的仪器应使用标定后的声级仪。

（2）笼盒内噪声测量方法。利用上架运行的专用测试盒，把声级仪探头伸入笼盒内中心位置，以声级仪 A 档为主，直接测量盒内噪声数值。当外界环境噪声太大时，为防止环境噪声本底影响 IVC 设备的实际噪声，应选择夜晚安静时进行测量。为获得真实可靠的 IVC 系统设备噪声数值，应把 IVC 系统设备放入消声室内的防震台上测量。

IVC 系统的主要技术参数，除上面所论述的 6 项技术指标以外，还有笼盒间压差项目，这在《GB 14925—2001 实验动物　环境及设施》国家标准中是没有的，但对于啮齿类 IVC 系统来讲，应该是主要考核指标。众所周知，啮齿类 IVC 系统是一个多笼盒的组合体，由一台机组供气（集中供气的组合设计更是如此），由于连接笼盒的管路网络复杂，管道粗细弯曲，对管道中气流的阻力分配不均，容易造成各笼盒间压差不一，气体流量大小也不同，使各笼盒的实际换气次数不一样，造成笼盒中实验动物的生存环境不一致，将直接影响动物个体的生物学特征和动物实验结果的可比性。

为此，《GB 14925—2010 实验动物　环境及设施》中，在动物多笼盒组合式 IVC 系统的设计标准和检测中，把 IVC 系统各笼盒间压差值也作为主要技术指标考虑进去。

三、设计引用标准

IVC 系统设备的技术性能，涉及实验动物通风、净化、电气安全和安全、噪声和不锈钢材料等诸多方面。其中，使用的低噪声风机、塑料等是采用国外标准生产的器材，质量有一定保证。为此，在设计 IVC 系统时，应着重引用和参考国内已颁布的相关技术标准，包括：《GB 14925—2023 实验动物　环境及设施》《GB 4706.1—2005 家用和类似用途电器的安全通用要求》《GBJ 243 通风与空调工程施工及验收规范》《GBJ 232 电器装置安装工程施工及验收规范》《GBJ 73 洁净厂房设计规范》《GB

3096—2008 声环境质量标准》《GB 4806.9—2016 不锈钢丝》《GB 191—2008 包装储运图示标志》。

另外，由于江苏省是我国国内 IVC 系统设备生产大省，本教材参考了该省地方标准，即《DB32/T 972—2006 实验动物笼器具　独立通气笼盒（IVC）系统》。

第四节　IVC 系统的标准操作规范

IVC 系统是小型啮齿类实验动物新一代 SPF 级笼内净化通气的饲养设备。国际上广泛应用于昂贵的转基因动物、基因剔除动物和动物实验等，是传统屏障环境设施的替代性设备。其最大的优点是：节省能源、保护环境、操作简便、防止动物交叉感染和易于运行管理。根据 IVC 系统笼盒的不同特点和性能，IVC 系统的操作程序和规范，应按照超净工作台或生物安全柜内做微生物学实验的程序和无菌操作规则，结合实验动物的特点进行合理使用，方能保证笼盒内实验动物的微生物、寄生虫质量达到 SPF 级动物国家标准。

IVC 系统的标准化操作规范（standard operating procedure，SOP）应包括以下内容。

一、操作人员进出实验动物室的管理

（一）屏障设施操作程序

1）人员进出路线应按屏障环境以单向流的流程规定进行，不得逆向进出。

2）人员清洁程序：

（1）人员进入外厅更衣室，先脱去外衣，将个人物品一并放入自己的衣柜中，在换鞋处第一次换鞋，进入内厅。

（2）在进入淋浴区前的第一更衣间，脱去全部衣服，第二次换鞋。

（3）进入淋浴区淋浴，并用指刷刷净指甲沟。

（4）在第二更衣室穿上无菌工作衣，戴上一次性无菌口罩和帽子，并第三次换鞋。

（5）进入风淋室风淋，然后打开清洁区域的门，进入清洁走廊。

（6）进灭菌的清洁物品储藏室，取灭菌笼器具、饲料、垫料及通过传递窗或渡槽进来的实验器材，从清洁走廊进入 IVC 系统动物饲育室或动物实验室。

（7）取下 IVC 笼盒，置洁净层流台上，打开笼盒盖，进行喂饲或换笼等操作。操作完毕后盖上笼盒盖，放回 IVC 笼架上。

（8）在 IVC 系统动物室操作完成后，打开通向污物走廊的门，将废弃物、换下的笼器具及不用的实验器材随人员一并推入污物走廊，关紧通向污物走廊的 IVC 系统动物室门。

（9）若还有第二、第三间 IVC 系统动物室需要操作，则在把该室的废弃物等推入污物走廊后，从里面关上通向污物走廊的门，人员可以从 IVC 系统动物室进入清洁走廊，然后再进入另一间 IVC 系统动物室。

（10）工作结束，操作人员从最后一间 IVC 系统动物室进入污物走廊，用物料车搜集各室推入污物走廊中的废弃物、换下的笼器具等物品，经缓冲间过渡，送入洗刷室洗涤和将废弃物打包处理。

（11）人员从洗刷室穿过灭菌准备间和内厅，回到更衣室，脱下工作服、帽、鞋和口罩，放入布料类收集装置内，换上自己的内衣和进来时穿过的鞋，离开更衣间。在外面换鞋处换上自己的鞋，到外厅换上自己的外衣，取回自己的物品，离开屏障环境设施。

二、饲育物品进出实验动物室的管理

（一）笼盒的清洗、消毒灭菌

1. 笼盒清洗

（1）收集已经使用过的笼盒。实验动物繁育与实验所使用的笼盒，严格分开放置，并有固定醒

目的标记区分。

（2）将笼盒中的垫料分别倒入废物倾倒箱中，倒完后去除废物倾倒箱中的垃圾塑料袋，扎紧、外运、焚烧。

（3）笼盒应用热水（80 ℃）浸泡1～2小时，然后在加入适量中性洗涤剂的热水中刷洗，洗毕，再用清水冲净，斜位倒放在不锈钢架上自然晾干。

2. 笼盒高温、高压灭菌

（1）底笼和上盖分开，用双层布包裹笼盒，也可用双布袋套装，金属网盖可安放其中，饲料和水瓶另行集中灭菌。

（2）放入预真空高压灭菌器内，以131 ℃（1.2 kg/cm^2）灭菌3分钟或121 ℃（1.05 kg/cm^2）灭菌30分钟。

（3）灭菌后，按照灭菌操作程序，依次取出布包笼盒，运至IVC动物室备用，使用时用无菌操作方法将灭菌笼盒放入超净工作台。

（4）屏障环境中笼盒的收集、清洗、灭菌，按物流方向，汇集在洗刷室和灭菌准备间的双扉高压灭菌器中进行；灭菌后打开洁净区侧高压灭菌器门，取出灭菌笼盒，存放在清洁物品储藏室内备用。

3. 笼盒药物消毒灭菌

（1）把洗净晾干的IVC笼盒，如笼盒内有终端过滤膜的，装上过滤膜。

（2）用0.5%～2%浓度的过氧乙酸均匀喷洒在笼盒内壁上下，立即盖好笼盖，插入IVC笼架通气孔，通气、灭菌。排空12小时，盒内过氧乙酸残余物已彻底排空，笼盒内已达到消毒灭菌要求。若使用其他药物灭菌，则按其使用浓度和方法进行消毒灭菌。

（二）动物饲料及其灭菌

1. 饲料

IVC笼盒饲养实验动物为SPF级，所喂饲的饲料首选商品化的全价营养配合颗粒无菌饲料。这类饲料一般有繁殖料、育成料和维持料，繁殖料供繁殖哺乳动物使用；育成料供离乳生长发育的动物使用，用于实验的动物一般可喂饲维持料。

2. 灭菌

1）动物饲料首选^{60}Co辐照灭菌的真空小包装饲料，在使用前应注意所有饲料的生产日期、保质期，以及真空包装有无破损、辐照灭菌指示剂是否变色，以确定饲料的质量和灭菌的效果。

2）若饲养的动物数量较多，也可用高温高压灭菌方法。将所选动物全价营养颗粒料放入有孔眼的不锈钢有盖容器中，用双层布料包裹，放入预真空高压蒸汽灭菌器，灭菌温度、压力及时间等参数与笼盒灭菌相同。进入层流超净工作台的方法也一样。

3）屏障设施动物饲料传递方法：

（1）渡槽传递^{60}Co辐照灭菌的真空小包装饲料，检查确定饲料质量后将饲料浸入屏障环境灭菌准备间外面渡槽的灭菌液中，进行外包装表面灭菌，屏障环境内工作人员从里面取出，擦干液体，检查包装有无破损后，存放在清洁物品储藏室备用。渡槽的药液可用速消净。

（2）传递窗传递辐照灭菌饲料，可将已检查过质量的辐照饲料，依次放入传递窗（不要垒得太紧），用2%的过氧乙酸喷洒或紫外线灯对包装的表面进行消毒，关好传递窗的门并密封60分钟后，打开清洁区侧传递窗门，将灭菌后的饲料放入清洁物品储藏室备用。

（3）用高压灭菌器灭菌动物饲料的方法，与笼盒等物品一样，按屏障环境内物流程序进行。

（三）动物饮用水处理与管理

1）超滤加酸化除菌、抑菌水制作。水的运行程序：自来水—加压水泵—砂滤器粗滤—活性炭过滤器—5 μm过滤器—1 μm过滤器—紫外线灭菌器—计量加液泵加入适量化学纯盐酸—不锈钢或无毒塑料容器储存—进入超净工作台—灌装IVC笼盒内水瓶。

2）高温高压灭菌水制作。在洗净的动物饮水瓶中装上自来水，放入有孔眼的不锈钢容器中，排列紧密，防止倾倒，用双层布包裹，然后放入高温高压灭菌容器内，经 121 ℃、30 分钟高压灭菌，传至超净工作台门边，按无菌操作方法传入超净工作台内，备用。

3）管理。

（1）设定加压水泵应每周对砂滤器反冲洗 1 次，每次 30 分钟。

（2）每天观察净水器的各个部件（加压水泵、沙滤器、活性炭过滤器、5 μm 过滤器、1 μm 过滤器、紫外线灭菌器、计量加液泵）运行是否正常。观察 5 μm 过滤器、1 μm 过滤器的颜色是否变黄，适时更换过滤器。

（3）观察紫外线灯是否正常。

（4）注意计量加液泵中的 10% 浓度化学纯盐酸的消耗进度，适时补充。

（5）每加一次盐酸，都要对动物饮用水采样，做 pH 检测，pH 控制在 2.5～3.0。

（6）同笼饮水瓶，可在超净工作台或生物安全柜内灌装酸化水，饮水瓶应定期取出清洗、灭菌，方可使用。清洗灭菌方法与高温高压灭菌水制作相同，也可用消毒灭菌浸泡法消毒灭菌。

（7）实验使用的动物数量较少，也可用技术监督部门认可的市售人用过滤净水，加适当化学纯盐酸，pH 达到 2.5～3.0，制成动物饮用酸化水，这就简化了过滤水管理的程序，短期动物实验质量也可保证。

（四）动物室垫料的选材、消毒与灭菌

1. 选材

IVC 动物笼盒内使用的垫料，其主要作用是：吸附动物排泄的水分和对动物保温。垫料应选择吸水性强、无刺激气味、无毒害、粉尘少、有一定柔韧性、不为动物所吃以及便于清扫的材料。常用的垫料有木屑、刨花、碎玉米芯、碎纸条及膨化吸附材料，木材垫料忌有挥发性刺激味道和用有毒性的松木材料，否则会影响动物的正常生理和干扰实验的结果。如果使用有干燥吸附剂的（人用）尿垫边角料，其效果更好，IVC 笼盒的更换时间将大大延长。

2. 消毒与灭菌

垫料的原材料（木屑、刨花、碎玉米芯、碎纸条等）常携带有各种病原微生物、寄生虫和昆虫卵，使用前必须经过高温高压灭菌。灭菌方法与笼盒及饮用水消毒灭菌相同。另外，有条件的话，也可用射线辐照方法或化学熏蒸方法灭菌。

三、动物进出实验动物室管理

（一）引进动物资质及来源调查

引种动物或实验使用动物，必须来自国家认可的啮齿类动物保种中心或有生产许可证的实验动物供应基地，并附有该动物相应级别的有效合格证书。国外引进的珍贵和稀缺实验动物，必须办理主管部门和海关（动、植物出入境检验检疫局）的批准文件，方可引入。

（二）进入前检查

在引进实验动物前，应先检查核对动物运输盒上的各种标志（动物品种、品系、规格、数量等），并检查包装箱及过滤膜有无破损，确认一切正确无损，方可移入 IVC 系统动物室或屏障设施中的 IVC 系统动物室，屏障环境设施操作程序则应按屏障环境设施标准化操作程序执行。

（三）运输笼盒外部灭菌及动物转移

用新配置的 2% 过氧乙酸溶液喷洒动物运输笼盒外表面，少许时间后把动物运输笼盒移至超净工作台内打开，同时把早已消毒灭菌并已放在超净工作台内部的 IVC 笼盒盒盖轻轻打开，用消毒镊子夹住动物尾巴，把动物放入 IVC 系统笼盒内。

（四）屏障环境下 IVC 系统引进动物

屏障环境内的 IVC 系统引进动物时，应先将动物运输笼盒放进传递窗，向传递窗中喷洒 2% 过氧

乙酸或其他高效药物灭菌剂并开启紫外灯，经药物和紫外线消毒灭菌3分钟后，打开屏障设施洁净侧传递窗门，将动物笼盒移入屏障环境内，打开动物运输笼盒，用镊子把笼盒内动物移入事先准备好的IVC笼盒。

（五）动物带出实验室的程序

（1）动物实验使用的仪器设备，除可以放进超净工作台使用的小型仪器设备以外，大型仪器设备的实验和测试，都必须把动物携带出IVC系统动物实验室或屏障环境IVC系统动物室，到专用实验室或检测室检测。IVC笼盒的密封性、安全性应确保SPF级实验动物方便带出，不被污染。

（2）具有笼盒终端过滤器或有笼盒“生命之窗”的IVC系统设备均可方便地携带动物离开IVC系统动物实验室。若检测动物的数量较多，也可使用IVC动物运输笼（架）车。

（3）当外面气温与实验室温度相差较大时，携出动物必须使用IVC保温运输笼（架）车，实验场所温度必须达到实验动物环境及设施国家标准中所规定的要求，参照其他相应指标。

（4）若要做接触动物机体的相关测试，实验场所（或其他实验室）必须准备有ISO 5级（相当于旧规范100级）超净工作台，在超净工作台或生物安全柜中按规定程序才能打开IVC笼盒。接触动物机体的探头或器械必须经过灭菌处理。

（5）利用大型仪器设备对实验动物进行检测，可把IVC笼盒放在超净工作台中，先取出不锈钢金属网盖、水瓶和食料，放入少许乙醚棉球，盖好笼盖，对动物实施麻醉。当动物不太活动时，连笼盖一起进行检测，或在笼盒内放入灭菌小动物保定器，限制动物活动，进行检测，确保动物不会受到污染。

（6）屏障环境IVC系统动物室中的动物，如需要带出实验室外做实验，必须按屏障设施管理规范进行。

四、实验器材进出动物室管理

（一）耐高温消毒灭菌类器材可进行高温、高压灭菌

（1）解剖刀柄、镊子、针头等金属器材，培养器皿等剥离器材，以及工作服等棉织品器材，可以进行高温、高压灭菌。

（2）分门别类用双层棉布包裹、打包、扎紧。

（3）放进高温高压灭菌器中灭菌，灭菌温度、压力及时间同笼盒灭菌。

（4）冷却后，按无菌操作方法移入早已开启运转的超净工作台中备用。

（二）不耐高温消毒灭菌类器材采用药液浸泡灭菌

（1）已经过辐照灭菌密封的一次性塑料注射器、橡胶导管、乳胶手套等封装橡塑制品表面灭菌，以及蜡封口瓶可采用药液浸泡灭菌等。

（2）用适当压力先检查不耐高温消毒灭菌器材的外包装密封性能，把试剂溶液瓶倒过来检查瓶口蜡封效果，只有包装密封性能好的才能用药液浸泡灭菌法灭菌。

（3）在药液浸泡容器中，放入2%浓度过氧乙酸药液（也可用其他灭菌药物），用量以完全浸泡器材为度。

（4）把需要灭菌的器材浸泡在药液容器中，1小时后取出，转入超净工作台，并在台中用灭菌毛巾擦干表面备用。

（5）实验中紧急需用的金属手术器械，也可用药液浸泡法消毒灭菌。

（三）不耐高温、不耐浸泡的小型仪器采用熏蒸、紫外线灭菌

（1）小型仪器，如微量天平、血压计、计数器、节拍器及专用的小动物功能性模拟训练器，可采用此法灭菌。

（2）仪器放进超净工作台或生物安全柜内，停止运转，关闭移门并用封箱胶带封缝，只开紫外线灯，用（适量）甲醛与高锰酸钾按2:1比例混合汽化熏蒸，辅以紫外线臭氧消毒灭菌。

（3）熏蒸24～48小时，然后开启超净工作台或生物安全柜风机及实验室室内排风机，排尽甲醛气体后，即可使用。

五、饲养人员或实验人员操作的管理

（一）准备工作

（1）紫外线灯照射30分钟后，开启超净工作台或生物安全柜风机，净化工作台内环境。打开工作灯达到工作照度。

（2）检查超净工作台或生物安全柜中已经准备好的各种灭菌用品是否齐全。若需更换笼盒，检查灭菌笼盒准备情况，并用不锈钢车移至超净工作台或生物安全柜的门边。

（3）检查喷雾器喷洒效果及超净工作台或生物安全柜内、外抹用的药液是否已经配好。

（4）打开房间内排风系统，排除打开笼盒时逸出的所有有味气体。

（5）检查IVC系统机组各种表头指针及目视各笼盒内的动物情况，估测IVC系统运行情况是否正常。

（6）记录影响实验动物生长繁殖发育的主要环境参数，如温度、相对湿度等。

（二）操作程序

（1）戴好一次性口罩、帽子及医用乳胶手套。

（2）用双手轻轻抬起IVC笼盒外端，沿笼架隔挡向外移出笼盒，放在超净工作台或生物安全柜旁的不锈钢小推车上。

（3）用药液喷雾器充分喷洒双手手套外表及IVC笼盒的外面；灭菌并粘取出笼盒表面的尘埃，防止进入超净工作台或生物安全柜时被层流气体吹扬。也可用戴手套的双手浸入药液容器中，捞起并拧干药液毛巾，擦干手套及笼盒外表面。

（4）打开超净工作台或生物安全柜，把笼盒移入超净工作台或生物安全柜。

（5）适当拉下超净工作台或生物安全柜门（高度满足操作者两手在台中活动自由即可），打开IVC笼盒上盖与下底之间的紧固扣并打开笼盖，将盒盖侧放在一边。

（三）动物生活状态观察与管理

（1）添加饲料：添加饲料时，用小剪刀剪开辐照灭菌后的塑料包装，加满饲料槽，根据动物的数量，一般加一次料可维持3天左右食用。

（2）添加饮用水：啮齿类动物的饮水量不大，一瓶250 mL的水能满足4～8只小鼠3天饮用。一般笼盒内断水的主要原因是水瓶塞不紧或饮水口漏水。防止笼内断水的关键是选择优质水瓶和水瓶嘴，灌水后把瓶盖塞紧。添加饮用水时，打开笼盖，取出水瓶，观察水瓶中剩余水质是否浑浊，若发现浑浊，立刻更换消毒灭菌后的饮水瓶。

（3）更换笼盒：更换IVC笼盒时，可先将灭菌过的笼盒移入超净工作台或生物安全柜中铺放适量灭菌垫料，然后打开旧笼盒的金属网盖，用无菌大镊子（镊头上最好套上一段乳胶管），夹住动物尾巴，把动物移至新的笼盒中，盖上金属网盖，加足饲料及饮用水，盖上盒盖，扣上紧固扣，最后把原笼盒上的动物卡片移插至新的笼盒上，并把换下的笼盒放入专用塑料袋中密封，集中运外处理。

（4）幼仔离乳分窝：方法同更换笼盒。

（5）动物实验：按上述方法，打开笼盒盖，在超净工作台或生物安全柜内再次对带有乳胶手套的双手用75%浓度的酒精棉球擦拭消毒灭菌。从笼盒内取出动物，放在小动物手术台（板）上进行麻醉、实验。实验完毕再次检查动物饲料、饮水及笼盒的污染情况，视情况添换。

（6）做完超净工作台或生物安全柜的饲养盒实验工作，盖好笼盒盖，打开超净工作台移门，取出笼盒，放回IVC系统笼架上的原位置。对准笼架进风口，沿笼架搁档，轻轻推入，插入接口后在笼架固定钮内放下即可。

六、动物室或动物实验室清洁卫生管理

全封闭IVC系统设备可随意放置在任何环境中使用，但环境越清洁，尘埃颗粒越少，对IVC系

统设备中过滤膜的保护越好，过滤膜的使用寿命也将大大提高，操作时不慎污染的机会也将减少。因此，无论在何种环境中安放并使用 IVC 系统设备，实验动物室的清洁卫生都是至关重要的，每天都要清扫、擦拭和保持干净。

（1）操作使用完毕，应及时打扫干净，然后用消毒液依次擦拭超净工作台或生物安全柜、不锈钢推车、IVC 系统笼架、主机箱等设备，清除死角尘埃，消毒灭菌。

（2）消毒液拖擦地面。密切注意机箱底部、台脚、凳脚周围干净与否。

（3）每周擦拭墙壁 1 次，每月擦拭顶棚 1 次，保持四角无尘，无蜘蛛网，无各种污渍。

（4）每天操作结束，清扫完成后，开启定时控制紫外线灯半小时，进行室内空气消毒。若有大量笼盒需要换盒，为防止动物实验中有害微生物气溶胶的扩散、污染，换盒后应立即对动物实验室的空气进行 1 次喷雾消毒、灭菌。

（5）IVC 系统实验动物室或动物实验室内各种饲育物品、用具，实验仪器及器材均需摆放整齐有序，药品及实际标签清晰完好，与饲育动物及动物实验无关的物品，一律不得带入存放在 IVC 系统实验动物室或动物实验室内。

（6）每天工作结束，将 IVC 系统实验室内的废物垃圾袋密封，带出集中处理。

七、IVC 系统设备的维护与保养管理

IVC 设备是一种低噪声、高洁净级别、密封性好、可连续运行的实验动物净化专用设备，其维护保养要点如下：

（1）每天检查 IVC 系统主机箱上所有仪表的参数是否符合机组正常运行要求，特别注意风机供电的电压不得低于额定启动电压，以免烧坏风机。

（2）检查笼内外压差表，使压差维持在规定的数值范围内。如果压差小，说明滤膜通透性好，透气量略大于排气量，笼盒内维持正压，抗逆向污染好。这种情况下，加大排气量，则笼盒内换气量增大。若加大进气风机电压，压差还是太小，则说明过滤膜已堵塞，进气量已无法加大，笼内外正压差小。此时应逐级更换滤膜，增加滤膜通透性。

（3）检查和更换机箱内滤膜的程序：初效过滤膜—中效过滤膜—高效过滤膜。过滤膜更换时间应根据 IVC 系统的放置环境的洁净度不同而不同。原则上，1～3 个月更换 1 次初效过滤膜，6～9 个月更换 1 次中效过滤膜，1～1.5 年更换 1 次高效过滤膜。

（4）IVC 笼盒终端过滤膜的更换，主要是更换笼盒排气口的过滤膜。由于笼盒终端过滤膜的结构、大小，过滤膜有效面积，膜孔的通透性及所用的垫料的性质等的不同，过滤膜的动态堵塞率或通透性变化也有差异，因此很难给出更换过滤膜的参考时间，只能以目视观察，前后对比，以笼盒内水汽的凝集和盒内垫料的干湿度等，作为更换笼盒终端过滤膜的依据。

（5）检测噪声。噪声是刺激啮齿类动物神经－内分泌系统的有害物理因素，严重时会影响动物的繁殖和生长发育。

（6）屏障环境实验动物室都需要双回路电源或大型备用发电机，确保供电不间断。IVC 系统设备需经常检查双回路供电的切换装置，进行自备小型发电机的发电演练，以及检查不间断电源和动物室断电电话自动报警系统。

（7）每月检查 IVC 系统的主机箱控制系统及报警系统的各种开关、换能器、电池、指示灯、仪表和保险丝的接触状况、运行状况，确保机组运行正常。

第十九章 实验动物及环境设施的检测

实验动物及环境设施的检测内容，包括实验动物遗传学、微生物和寄生虫学、营养学和环境设施的检测，这些检测是确保实现实验动物标准化的重要手段。

第一节 遗传学检测

培育出适合科学研究需要，并保持培育动物的遗传特征不发生改变，这是实验动物繁殖育种的最终目标，为此必须以遗传学知识为基础，一方面采取一定的交配繁殖方法培育出具有目的特性的动物，另一方面对培育出的动物进行遗传学检测，以确保动物遗传质量符合遗传学要求。

一、实验动物遗传分类及命名

《GB 14923—2022 实验动物 遗传质量控制》是实施实验动物遗传学监测的国标，其中规定了哺乳类实验动物遗传分类及命名原则、繁殖交配方法和近交系动物（小鼠、大鼠）的遗传质量标准。其附录 A、B、C 分别规定了基因修饰动物，远交群的繁殖方法，常用近交系小鼠、大鼠的遗传生化标记基因等内容的遗传质量标准。附录 C“常用近交系小鼠、大鼠的遗传标记基因”应用举例：经查表得知，近交系小鼠 BALB/c 的 H-2 单倍型是 $H-2^{d}$。

以下介绍实验动物的遗传分类及命名。

（一）近交系动物

在一个动物群体中，任何个体基因组中 99% 以上的等位基因为纯合时定义为近交系。

经典近交系经至少连续 20 代的全同胞兄妹交配培育而成。品系内所有个体都可以追溯到起源于第 20 代或以后代数的一对共同祖先。近交系的近交系数大于 99%。

近交系动物的繁殖群分为基础群、血缘扩大群和生产群，基础群和血缘扩大群以全同胞兄妹交配方式进行繁殖，生产群动物一般以随机交配方式进行繁殖，但繁殖代数一般不应超过 4 代。

近交系又产生出亚系和支系。

（1）亚系：一个近交系内各个分支的动物之间，因遗传分化而产生差异，称为近交系的亚系。

（2）支系：经过技术处理或改变饲养环境的动物品系称为支系。例如：将来自 BALB/c 小鼠的胚胎，经冷冻并在液氮中保存 10 年，复苏后移植到 ICR 小鼠体内，生出的小鼠就是 BALB/c 小鼠的支系。

（二）封闭群动物

封闭群动物又称远交群，是以非近亲交配方式进行繁殖生产的一个实验动物种群，在不从外部引入新个体的条件下，至少连续繁殖 4 代以上的群体。

（三）杂交群动物

杂交群动物是由两个不同近交系杂交产生的后代群体。子一代简称 F1。

杂交一代动物的遗传组成是均等地来自两个亲本品系的。

（四）实验动物的其他遗传分类名称

实验动物的其他遗传分类名称有：重组近交系、重组同类系、同源突变近交系、同源导入近交系、染色体置换系、核转移系、混合系、互交系、遗传修饰动物（含转基因动物、基因定点突变动物、诱变动物）等。详细内容见本书第四章“实验动物遗传学”。

二、遗传性状检测方法及相关仪器设备

（一）遗传性状检测方法

遗传性状分为质量性状和数量性状，用于遗传检测的标记基因受单基因支配，应从基因型和表型关系明确的性状中进行筛选。目前，遗传检测方法主要用于近交系动物，主要方法有质量遗传性状、数量遗传性状和其他性状的检测。

（1）质量遗传性状的检测方法：包括形态学的毛色基因测试法、生物化学的生化标记基因检测法、免疫学的标记基因检测法和皮肤移植检测法、细胞遗传学的染色体 C 带形态观察、分子生物学的 DNA 多态性检测技术（RFLP 法、DNA 指纹技术、RAPD 技术、微卫星 DNA 技术、单核苷酸多态性技术等）。

（2）数量遗传性状的检测方法：包括下颌骨测定法、生物学特性（生长发育、繁殖性状、血液生理和生化指标等参数）检测方法。

（3）其他性状的检测方法：针对对应性状的检测，如 SHR 大鼠的高血压、糖尿病模型的血糖值、SCID 小鼠的渗漏率等。

（二）相关仪器设备基本要求

实验动物遗传学检测室要求具有独立的采样区域和操作区域，配备主要仪器设备：离心机、组织匀浆机、超声波破碎仪、紫外分光光度计、凝胶成像系统仪、蛋白电泳仪、PCR 仪、电穿孔仪、空气浴振荡培养箱、隔水式/电热恒温培养箱、倒置显微镜、超净工作台、低温冰箱等。

三、实验动物的遗传质量监测

（一）近交系动物的遗传质量检测标准及内容

1．近交系动物的遗传质量标准

近交系动物应符合以下要求：

（1）具有明确的品系背景资料，包括品系名称、近交代数、遗传组成、主要生物学特性等，并能充分表明新培育的或引种的近交系动物符合近交系定义的规定。

（2）用于近交系保种及生产的繁殖系谱及记录卡应清楚完整，繁殖方法科学合理。

（3）经遗传检测（生化标记基因检测法，免疫标记基因检测法等）质量合格。

2．近交系小鼠、大鼠遗传检测方法及实施

1）生化标记检测（纯度检测的常规方法）。

（1）抽样。对基础群，凡在子代留有种鼠的双亲动物都应进行检测。对生产群，按表 19－1 要求从每个近交系中随机抽取成年动物，雌雄各半。

表 19－1 近交系动物生化标记检测抽样数量

生产群中雌性种鼠数量/只	抽样数目
<100	6 只
≥100	≥6%

（2）生化标记基因的选择及常用近交系动物的生化遗传概貌。近交系小鼠选择位于 10 条染色体上的 14 个生化位点，近交系大鼠选择位于 6 条染色体上的 11 个生化位点，作为遗传检测的生化标记。以上生化标记基因的名称及常用近交系动物的生化标记遗传概貌参见 GB 14923—2022 附件“常用近交系小鼠、大鼠的遗传生化标记基因”。

（3）结果判断：近交系动物生化标记检测结果判定见表 19－2。

表 19－2　近交系动物生化标记检测结果判定

检测结果	判断	处理
与标准遗传概貌完全一致	未发现遗传变异，遗传质量合格	—
有一个位点的标记基因与标准遗传概貌不一致	可疑	增加检测位点数目和增加检测方法后重检，确实只有一个标记基因改变可命名为同源突变系
两个或两个以上位点的标记基因与标准遗传概貌不一致	不合格	淘汰，重新引种

2）免疫标记检测。

（1）皮肤移植法：每个品系随机抽取至少 10 只相同性别的成年动物，进行同系异体皮肤移植。移植全部成功者为合格，发生非手术原因引起的移植物的排斥判为不合格。

（2）微量细胞毒法：按照生化标记检测抽样数量（表 19－1）检测小鼠 H-2 单倍型，结果符合标准遗传概貌的为合格，否则为不合格。

3）其他方法。除以上两种方法外，还可选用其他方法进行遗传质量检测，如毛色基因测试（coat color gene testing）、下颌骨测量法（mandible measurement）、染色体标记检测（chromosome markers testing）、DNA 多态性（DNA polymorphisms）检测法、基因组测序（genomic sequence）法等。

3．检测时间间隔

近交系动物生产群每年至少进行 1 次遗传质量检测。

（二）封闭群动物的遗传质量检测标准及内容

1．封闭群动物的遗传质量标准

封闭群动物应符合以下要求：

1）具有明确的遗传背景资料，来源清楚，有较完整的资料（包括种群名称、来源、遗传基因特点及主要生物学特性等）。

2）用于保种及生产的繁殖系谱及记录卡应清楚完整，繁殖方法科学合理。

3）封闭繁殖，保持动物的基因异质性及多态性，避免近交系数随繁殖代数增加而过快上升。

4）经遗传检测（生化标记基因检测法、DNA 多态性检测法等）判定基因频率稳定，经下颌骨测量法判定为相同群体。

2．封闭群动物小鼠、大鼠遗传检测方法及实施

1）生化标记基因检测（多态性检测）。

（1）抽样：随机抽取雌雄各 25 只以上动物进行基因型检测。

（2）生化标记基因的选择：选择代表种群特点的生化标记基因，如小鼠选择位于 10 条染色体上的 14 个生化位点，大鼠选择位于 6 条染色体上的 11 个生化位点，作为遗传检测的生化标记。

（3）群体评价：按照哈迪－温伯格（Hardy-Weinberg）定律，无选择的随机交配群体的基因频率保持不变，处于平衡状态。根据各位点的等位基因数计算封闭群体的基因频率，进行 χ^2 检验，判定是否处于平衡状态。处于非平衡状态的群体应加强繁殖管理，避免近交。

2）其他方法。除以上方法外，还可选用其他方法进行群体遗传质量检测，如下颌骨测量法、DNA 多态性检测法及统计学分析法等。统计项目包括生长发育、繁殖性状、血液生理和生化指标等多种参数，通过连续监测把握群体的正常范围。

3．检测时间间隔

封闭群动物每年至少进行 1 次遗传质量检测。

（三）杂交群动物的遗传质量检测标准及内容

由于杂交群动物（F1 动物）遗传特性均一，不进行繁殖而直接用于实验，一般不对这些动物进行遗传质量监测，需要时参照近交系的检测方法进行质量监测。

第二节　寄生虫学检测

两种生物生活在一起，其中一种生物从中获利、生存，这种生物叫寄生虫，是一种专营寄生生活的生物。寄生生活是指两种生物生活在一起，就营养、居住和利害关系来看，其中一种生物从中获利、生存，而另一种生物受到损害，获利并生存的生物叫寄生虫，受害的一方叫宿主。寄生虫通过夺取营养，摄取、消化和吸收宿主组织，机械性损伤，有毒的代谢产物毒害作用和免疫病理作用等综合作用损害宿主。

实验动物的寄生虫种类繁多，包括蠕虫、原虫和节肢动物。蠕虫又包含吸虫、绦虫和线虫等，对实验动物的危害则以线虫为主；原虫包含鞭毛虫类、阿米巴类、纤毛虫类、艾美尔球虫和卡氏肺孢子虫等；节肢动物包含螨、蚤、虱等。

换言之，实验动物的三大类寄生虫是线虫、原虫和节肢动物。传播疾病的节肢动物称为传播媒介或病媒节肢动物，由病媒节肢动物传播的疾病称为虫媒病。

一、寄生虫检测参考标准

（一）寄生虫检测参考标准

实验动物按寄生虫控制分级和检测依据的是《GB 14922—2022 实验动物　微生物寄生虫学等级及监测》。此外，还有实验动物寄生虫国家检测标准 10 项（GB/T 18448.1 至 18448.10—2001）。部分体内外寄生虫（蠕虫、原虫、体外寄生虫）的检测可参见本书第五章“实验动物微生物与寄生虫学”相关内容及表 5－13 至表 5－15。

（二）实验动物按寄生虫控制的分级

1. 实验动物寄生虫学等级

根据《GB 14922—2022 实验动物　微生物寄生虫学等级及监测》，实验动物寄生虫学等级可分为普通级动物、SPF 级动物和无菌级动物。

（1）普通级动物：不携带所规定的人兽共患寄生虫。

（2）SPF 级动物：除普通级动物应排除的寄生虫外，不携带对动物健康危害大和（或）对科学研究干扰大的寄生虫。

（3）无菌级动物：无可检出的一切生命体的动物。

2. 各种动物应排除的寄生虫

参照本书第五章“实验动物微生物与寄生虫学”中的表 5－7 至表 5－9，各种实验动物应排除的寄生虫情况如下。

（1）小鼠和大鼠：SPF 级小鼠和大鼠应排除体外寄生虫、弓形虫、全部蠕虫（以线虫为主）、鞭毛虫和纤毛虫。溶组织内阿米巴不属于无特定病原体级小鼠和大鼠应排除的项目。

（2）豚鼠、地鼠和兔：普通级的豚鼠、地鼠和兔均应排除体外寄生虫、弓形虫；SPF 级豚鼠、地鼠和兔，除普通级豚鼠、地鼠和兔应排除的寄生虫外，还应排除鞭毛虫、全部蠕虫，豚鼠还应排除纤毛虫。在必要时检测项目中，地鼠和兔要求排除艾美尔球虫。

（3）犬和猴：普通级犬和猴应排除体外寄生虫和弓形虫；SPF 级犬和猴，除普通级犬和猴应排除的寄生虫外，还应排除全部蠕虫和鞭毛虫；SPF 级猴还应排除溶组织内阿米巴和疟原虫；SPF 级犬在必要时检测项目中，要求溶组织内阿米巴检测阴性。

（三）寄生虫检测

1. 检测要求

（1）外观指标：动物应外观健康，无异常。

（2）寄生虫学指标：参见本书第五章“实验动物微生物与寄生虫学”相关内容及表格5－13至表5－15。

2. 检测程序

寄生虫检测程序包括：动物—编号—外观检查—麻醉—拔毛或梳毛（体外寄生虫检测）—取血（弓形虫等项检测）—挤压或刀片刮取皮层物取样（体外寄生虫检测）—解剖、脏器、肠内容物、粪便等取样（体内寄生虫检测）—检测—检测报告。

3. 检验方法和步骤

1）检测标准：《GB/T 18448.1—2001 实验动物　体外寄生虫检测方法》《GB/T 18448.3—2001 实验动物　兔脑原虫检测方法》《GB/T 18448.4—2001 实验动物　卡氏肺孢子虫检测方法》《GB/T 18448.5—2001 实验动物　艾美尔球虫检测方法》《GB/T 18448.6—2001 实验动物　蠕虫检测方法》《GB/T 18448.7—2001 实验动物　疟原虫检测方法》《GB/T 18448.8—2001 实验动物　犬恶丝虫检测方法》《GB/T 18448.9—2001 实验动物　肠道溶组织内阿米巴检测方法》《GB/T 18448.10—2001 实验动物　肠道鞭毛虫和纤毛虫检测方法》《GB/T 18448.2—2008 实验动物　弓形虫检测方法》。

2）常用实验动物的寄生虫检测步骤。

（1）按照国标要求必检项目，SPF级小鼠和大鼠的寄生虫检测步骤：采集皮毛、刮取皮层物等检测体外寄生虫；采血进行弓形虫抗体的检测；处死小鼠或大鼠，检查肠道粪便，检查是否有蠕虫、鞭毛虫和纤毛虫。必要时的检测项目：取肺脏检测卡氏肺孢子虫，取腹腔液涂片或取脑组织检测兔脑原虫。

（2）按照国标要求必检项目，普通级豚鼠、地鼠和兔的寄生虫检测步骤：采集皮毛、刮取皮层物等检测体外寄生虫；采血进行弓形虫抗体的检测。

（3）按照国标要求必检项目，普通级犬和猴的寄生虫检测步骤为：采集皮毛、刮取皮层物等检测体外寄生虫，采血进行弓形虫抗体的检测。

3）部分寄生虫检测方法举例。

（1）钩虫卵：检测钩虫病最常用、阳性率高的方法是粪便饱和盐水漂浮法，检查钩虫卵。

（2）鞭毛虫：鞭毛虫病是由于人们摄入含有感染期虫卵的食物或饮水而感染的，鞭毛虫病最常用的实验诊断方法为直接涂片法，而检查蓝氏贾第鞭毛虫包囊常用的方法是粪便饱和盐水浮聚法。

（3）卡式肺孢子虫：对小鼠、大鼠或兔的肺组织检查卡式肺孢子虫。

（4）溶组织内阿米巴：检查溶组织内阿米巴包囊使用的方法是碘液涂片法。

（5）犬恶丝虫：采集犬的血液进行镜检，检查犬恶丝虫。

（6）疟原虫：疟原虫能够感染的动物是猴，采猴血做厚、薄血涂片检查疟原虫，薄涂片中疟原虫形态典型，易辨认，但诊断时发现疟原虫较难，费时间；厚涂片上发现疟原虫容易，省时间，但疟原虫形态不典型，不易辨认。豚鼠、兔、犬等动物不会感染疟原虫。

4. 检测规则

1）检测频率。

（1）普通级动物每3个月至少检测动物1次。

（2）SPF级动物每3个月至少检测动物1次。

（3）无菌级动物。每年至少检测动物1次，每2～4周检测1次动物粪便标本。

2）取样要求。

（1）选择成年动物用于检测。

（2）取样数量：在每个小鼠、大鼠、地鼠、豚鼠和兔生产繁殖单元，以及每个犬、猴生产繁殖群体中，根据动物多少取样，取样数量见表19－3。

表 19－3　实验动物不同生产繁殖单元取样数量

群体大小/只	取样数量*/只
<100	>5
100～500	>10
>500	>20

注：* 每个隔离器检测 2 只。

3）取样、送检。

（1）应在每一生产繁殖单元的不同方位（如四角和中央）选取动物。

（2）动物送检容器应按动物级别要求编号和标记，无菌包装好，安全送达检测实验室，并附送检单，写明送检动物的品种品系、级别、数量和检测项目。

（3）无特殊要求时，兔、犬和猴的活体取样，可在生产繁殖单元进行。

4）检测项目的分类。

（1）必须检测项目是指在进行实验动物质量评价时必须检测的项目。

（2）必要时检测项目是指从国外引进实验动物时，怀疑有本病流行时，申请实验动物生产许可证和实验动物质量合格证时必须检测的项目。

5）结果判定。在检测的各等级动物中，如果有 1 只动物的 1 项指标不符合该等级标准要求，则判为不符合该等级标准。

5．报告

报告应包括检测结果、检测结论等项内容。

第三节　微生物学（细菌、真菌、病毒）检测

微生物是一类肉眼看不见，有一定形态结构，能够在适宜环境中生长繁殖的细小生物的总称。微生物包括细菌、真菌、放线菌、螺旋体、霉形体、立克次氏体、衣原体和病毒。

本节重点描述细菌、真菌和病毒的检测。

一、细菌

（一）生物学特性

1．细菌的形态

细菌基本形态可分为球菌、杆菌、螺形菌三大类。细菌形体微小，测定细菌大小的常用单位是微米（μm），通常借助于生物光学显微镜或电子显微镜进行观察，用普通显微镜的油镜头观察细菌的总放大倍数为 4 000 倍（40×100）。

细菌属于单细胞生物，由细胞膜、细胞壁、细胞质、核质体和内容物组成，部分微生物如真菌等则有细胞核。细菌的特殊结构有荚膜、芽孢、鞭毛等。荚膜是有些细菌生活在一定营养条件下形成的；芽孢是某些细菌在其生长的一定阶段所形成，是细菌的休眠结构；鞭毛是细菌的运动器官。

2．细菌的繁殖

细菌的生长繁殖需要水、无机盐、碳水化合物、蛋白质、生长因子作为营养物质。

细菌的繁殖方式分为有性繁殖和无性繁殖两种。一般以二等分裂法的无性繁殖方式为主进行繁殖。研究细菌的形态与染色特性，通常采用处于对数生长期的细菌。细菌在固体培养基上培养，由一

个细菌繁殖起来的肉眼可见的细菌细胞堆积群体，称为菌落。

3. 细菌染色原理

细菌经结晶紫初染和碘液媒染后，细胞膜和细胞质染上了不溶于水的结晶紫-碘复合物。革兰氏阴性细菌细胞壁含脂类较多，当以95%乙醇脱色时，脂类被溶去，而肽聚糖少且疏松，不易收缩，形成较大的孔隙，结晶紫-碘复合物极易被脱出，最后细胞被复红复染成红色。革兰氏阳性细菌的细胞壁含脂类少，肽聚糖多且紧密，95%乙醇作用后肽聚糖收缩，细胞壁孔隙缩小，结晶紫-碘复合物不能脱出，细胞经复红复染后仍为紫色。由此可见，在革兰氏染色中，不同染色特性的原因取决于细胞壁及其孔隙的大小。

4. 细菌的分类

细菌经过革兰氏染色，划分成革兰氏阴性菌和革兰氏阳性菌两大类，除染色差别以外，两类细菌还在形态、构造、化学组分、生理生化和致病性等方面存在差别。

革兰氏阳性细菌：葡萄球菌、链球菌、肺炎双球菌、炭疽杆菌、白喉杆菌、破伤风杆菌。

革兰氏阴性细菌：痢疾杆菌、伤寒杆菌、大肠杆菌、变形杆菌、绿脓杆菌、百日咳杆菌、霍乱弧菌、脑膜炎双球菌、结核杆菌、布鲁氏菌。

5. 细菌形态和理化性状举例

（1）葡萄球菌接触酶试验为阳性。

（2）链球菌接触酶试验为阴性。

（3）根据链球菌所引起的溶血现象，可以将其分为α、β、γ三种。

（4）沙门菌为革兰氏阴性杆菌，无芽孢，无荚膜。

（5）吲哚试验又叫靛基质试验，该试验是检查细菌能不能利用色氨酸。

（二）病原菌

1. 病原微生物和人兽共患病的概念

凡能引起人和动植物发病的微生物称为病原微生物。

人类也可以被感染发病的一类动物疾病称为人畜共患病，又叫人兽共患病。

2. 鉴定葡萄球菌致病性的检测

（1）颜色：金黄色者多为致病性。

（2）溶血情况：溶血者多为致病性。

（3）血浆凝固酶试验：凝血者为致病性。

（4）甘露醇发酵试验：厌氧条件下发酵者有致病性。

（5）动物试验或核酸酶试验：动物感染。

3. 病原菌的主要检测程序

（1）样本的采集。

（2）细菌形态学检查：染色镜检或培养后涂片染色镜检。

（3）细菌的分离培养：根据平板培养基上形成的菌落特征初步鉴定细菌。

（4）细菌的生化试验：细菌纯培养后，选做适当的系列生化试验，鉴定细菌的种类。

（5）血清学试验：用诊断液检测样本中的病原菌或血清中的抗体。

二、真菌

真菌是一种真核生物。“真菌”一词的拉丁文原意为“蘑菇”，最常见的真菌是各类蕈类，另外真菌也包括霉菌和酵母。真菌和植物、动物、细菌最大的不同之处在于，真菌的细胞有以甲壳素为主要成分的细胞壁，不同于主要是由纤维素组成的植物细胞壁。

真菌通常分为三类，即酵母菌、霉菌和蕈菌（大型真菌）。低等真菌的菌丝无隔膜，高等真菌的菌丝都有隔膜，前者称为无隔菌丝，后者称有隔菌丝。在多数真菌的细胞壁中最具特征性的是含有甲壳质（chitin），其次是纤维素。常见的真菌细胞器有：线粒体、微体、核糖体、液泡、溶酶体、泡囊、内质网、微管、鞭毛等，常见的内含物有肝糖、晶体、脂体等。

真菌是单鞭毛生物，不进行光合作用，真菌的细胞是典型异养生物。它们从动物、植物的活体、死体和它们的排泄物，以及断枝、落叶和土壤腐殖质中来吸收和分解其中的有机物，作为自己的营养。真菌的异养方式有寄生和腐生。

有些真菌属能引起人类和一些动物皮肤病的病原菌。常见的真菌感染多为白色念珠菌、阴道纤毛菌、放线菌等。盐水涂片中注意寻找真菌孢子、菌丝或纤毛菌丛。真菌培养中，其菌落有三种类型，分别是酵母型、类酵母型、丝状型。

真菌营养生长阶段的结构称为营养体，当营养生活进行到一定时期时，真菌就开始转入繁殖阶段，形成各种繁殖体即子实体。真菌的繁殖体包括无性繁殖（asexual reproduction）形成的无性孢子和有性生殖（sexual reproduction）产生的有性孢子。

真菌无性繁殖是指营养体不经过核配和减数分裂产生后代个体的繁殖。它的基本特征是营养繁殖，通常直接由菌丝分化产生无性孢子。常见的无性孢子有游动孢子、孢囊孢子和分生孢子三种类型。

真菌有性生殖是经过两个性细胞结合后，细胞发生减数分裂产生孢子的繁殖方式。多数真菌由菌丝分化产生配子囊，通过雌、雄配子囊结合形成有性孢子。整个过程可分为质配、核配和减数分裂三个阶段。经过有性生殖，真菌可产生卵孢子、接合孢子、子囊孢子和担孢子四种类型的有性孢子。

三、病毒

病毒是最微小的非细胞生物，同所有的生物一样，病毒是一类具有基因、复制、进化特点，并占据着特殊生态地位的生物实体。在细胞外环境中，以形态成熟的病毒体形式存在，具有一定的大小、形状、密度、沉降系数和化学组成，类似化学分子；在细胞内环境中，则表现出生物体的基本特征（基因组的复制导致病毒的繁殖，随之出现遗传和变异等一系列典型的生命活动）。

病毒具有如下特点：①形体微小，能通过细菌滤器，用电子显微镜才能观察到。②无细胞结构，其主要成分是核酸和蛋白质。③每种病毒只含有一种类型的核酸（RNA 或 DNA）。④因缺乏完整的酶系统和能源，故只能寄生于活细胞内，依靠宿主细胞的代谢系统合成蛋白质和核酸。⑤病毒以其基因为模板，在宿主细胞内复制出新的病毒颗粒。⑥为了在生物界保存其种属，病毒具备从一个宿主转移到另一个宿主的能力，并具有对敏感宿主的侵染性和复制性。⑦在宿主体外，能以大分子状态存在，并可长期保持其侵染能力。⑧有些病毒的核酸能整合到宿主细胞的基因组中，并能诱发潜伏感染。

（一）病毒培养技术

1. 细胞培养技术

细胞培养技术是对由组织分散成的单个细胞或对某一型细胞群进行的体外培养方法，即模拟体内的生理环境条件，为细胞提供适宜的营养条件和温度，在无菌操作的基础上，使离体组织细胞生长增殖并进行传代的技术。

2. 单层细胞培养

用于培养病毒的细胞有原代细胞、传代细胞（二倍体细胞株和传代细胞系）两种。

3. 鸡胚的接种途径

鸡胚的接种途径有羊膜腔接种、绒毛尿囊膜接种、尿囊腔接种和卵黄囊接种四种。

4. 病毒感染性的定量方法

间接计数在病毒检验过程中较为常用，是判定病毒感染性的定量方法，常用的方法有空斑形成单位法、50%终点法、血凝试验和干扰测定。

（1）空斑形成单位试验。将不同稀释倍数的动物病毒与平铺于平板表面的宿主细胞混合，当病毒颗粒在一大片宿主细胞上引发感染时，会造成细胞被溶解而形成空斑，每个空斑系由一个病毒颗粒所造成，计算空斑数目再乘以稀释倍数，即可得知原来的病毒感染单位的浓度。凡是能在细胞培养物中产生空斑的病毒都可用空斑形成单位试验来测定其滴度。

（2）50%终点法。将病毒悬浮液经一系列稀释后，接种至动物、鸡胚或培养成单层的细胞，将每个稀释度造成的动物、鸡胚致死量或细胞病变做成曲线，找出造成50%动物、鸡胚死亡或病变的终点稀释度。LD_{50}为造成50%动物或鸡胚死亡的病毒含量。ID_{50}即指可造成50%动物或鸡胚感染的剂量。$TCID_{50}$即半数组织培养感染剂量，指能在半数细胞培养板孔或试管内引起50%细胞产生病变效应的病毒剂量。

5. 病毒纯化的一般原则

病毒纯化的一般原则是：释放病毒至细胞外，去除细胞碎块，病毒悬液浓缩。

6. 病毒的保存

病毒的保存方法有：低温（－60～－25 ℃）、超低温（－70 ℃以下）冰箱或液氮罐（－196～－150 ℃）保存，或冷冻干燥保存。

（二）病毒血清学试验方法

利用病毒血清学试验检测病毒的最常用的方法有：中和试验、补体结合试验、红细胞凝集试验、红细胞凝集抑制试验、免疫荧光试验、免疫酶试验、酶联免疫吸附试验等。

1. 中和试验

中和试验是在体外适当条件下孵育病毒与特异性抗体的混合物，使病毒与抗体相互反应，再将混合物接种到敏感的宿主体内，然后测定残存的病毒感染力的一种方法。中和试验必须在敏感的动物体内（包括鸡胚）和细胞培养中进行。中和试验所用的病毒应是具有感染力的病毒，抗体对病毒的中和作用主要是阻止病毒与靶细胞的相互作用。用于中和试验的病毒必须先进行病毒滴度的测定，通常以100$TCID_{50}$/单位体积或100LD_{50}/单位体积作为标准的病毒试验浓度。

中和抗体是指凡是能与病毒结合并使其失去感染力的抗体。

2. 血凝试验

有些病毒和病毒表面的血凝素能引起人或某些哺乳动物的红细胞发生凝集，这就是血凝试验（红细胞凝集试验）。

凝集试验是指颗粒性抗原与相应性抗体结合后形成的肉眼可见的凝集块反应。

3. 血凝抑制试验

血清中血凝素抗体能够与病毒血凝素分子的抗原位点特异性结合，干扰病毒血凝素与红细胞上受体的结合过程，从而抑制红细胞凝集。

血凝试验和血凝抑制试验的应用：①应用特异性抗体发现和鉴定新分离的病毒；②应用标准病毒悬液测定血清中的相应抗体；③用于临床病原学诊断；④病毒的型或亚型鉴定；⑤病毒抗原变异分析等。

4. 免疫荧光试验

免疫荧光技术是将抗体或抗原标记上荧光色素，再进行抗原－抗体反应，由于荧光素在紫外光或蓝紫光的照射下激发出可见的荧光，因此，出现荧光就说明标记物的存在，同时也反映了抗原或抗体的存在。

5. 间接酶联免疫吸附试验

包被于固相载体表面的已知抗原与待检血清中的特异性抗体结合成免疫复合物，此复合物可与相应的第二抗体酶结合物结合，在酶的催化作用下底物发生反应，产生有色物质。

（三）病毒检测

1. 标本的采集

（1）从病原体入侵部位取材。

（2）从病原体感染的靶器官取材。

（3）根据病原体的排泄途径取材。

（4）从环境中采集标本时，则应根据目的，参考病原体可能存在的环境，传播途径采集标本。

2. 病毒的分离和鉴定

从实验动物、外环境中采集标本，经过适当的处理，采用一系列物理、化学、生物学等手段，将病毒从标本中分离出来，并通过有关特异性方法鉴定属何种病毒，这一类方法称为病毒的分离与鉴定。

1）病毒的分离方法：细胞培养法、鸡胚接种法、动物接种法。

2）病毒的鉴定方法：

（1）初步鉴定。①根据临床表现、流行病学特征与标本来源。②生物学特性：细胞病变效应、血吸附和血凝作用、干扰现象、理化特性、接种动物的观察。

（2）最终鉴定。①血清学与免疫学方法：中和试验、血凝抑制试验、免疫荧光试验、酶免疫学试验。②病毒基因的鉴定：PCR 技术，核酸分子杂交技术、核酸序列分析。③电子显微镜技术：超薄切片电子显微镜技术、负染电子显微镜技术、免疫负染电子显微镜技术、免疫超薄切片电子显微镜技术。

（四）病毒感染的早期诊断技术

（1）对潜伏期较短的病毒，由于机体未能对感染的病毒产生相应的抗体，因此，应选择检测病毒颗粒或病毒抗原及病毒核酸。对于潜伏期 10 天以上的病毒感染，可检测特异性 IgM 抗体作为早期感染的指标。

（2）IgM 抗体是原发感染的证据，也是早期感染的证据，IgM 检测方法有 ELISA 法和免疫荧光法等。

（3）病毒特异成分的检测。①核酸成分的检测：核酸杂交、PCR。②感染材料中病毒抗原成分的检测：免疫荧光技术、酶免疫技术、ELISA、免疫胶体金技术。③感染细胞中特征性包涵体的检测：核内包涵体、胞浆内包涵体、胞质内和胞核内包涵体。

（4）电镜或免疫电镜技术：负染标本电镜技术、免疫电镜技术。

（五）与实验动物病毒疾病及检测相关联的内容

（1）血清的分离：应将采集的血液置 37 ℃1 小时或 4 ℃过夜后离心，取上清。

（2）感染病毒的细胞在胞核或胞浆内存在可着色的斑块状结构称包涵体。

（3）人畜共患病包括狂犬病、流行性出血热、猴疱疹病毒病、淋巴细胞脉络丛脑膜炎等。

（4）兔出血症是兔的一种急性高度接触性传染病。以呼吸系统出血，实质器官水肿、淤血及出血性变化为特征。兔出血症病毒能凝集人的“O”型血红细胞，该红细胞凝集试验阳性有助于兔出血症的确诊。

（5）狂犬病发病过程包括前驱期、兴奋期和麻痹期。

（6）要求免疫后的普通级犬的犬瘟热病毒抗体检测阳性率达到 70% 。

（7）鼠肝炎病毒（MHV）与大鼠冠状病毒（RCV）同属冠状病毒。

（8）消毒是抑制或杀灭物体中的病原微生物的方法，但不一定能杀死细菌芽孢。通常用化学的方法来达到消毒的作用。灭菌是指把物体上所有的微生物（包括细菌芽孢在内）全部杀死的方法，通常用物理方法来达到灭菌的目的。

四、实验动物微生物（细菌、真菌、病毒）学等级检测

（一）检测标准和指标

1. 外观指标

实验动物应外观健康、无异常。

2. 病原菌指标

参见本书第五章“实验动物微生物与寄生虫学”中的表5－1至表5－6。

3. 检测程序

（1）检测的动物应于送检当日按细菌、真菌、病毒要求联合取样检查。

（2）检测程序：动物—编号—外观检查—麻醉—皮肤取样（真菌检查）—取血（分离血清，检查病毒抗体或其他病原的抗体）—无菌解剖（气管分泌物、肠内容物、脏器分离细菌）—检测—检测报告。

4. 检测方法

按GB/T 14926.1～14926.64中的规定分项进行检测，包括：《GB/T 14926.1—2001 实验动物 沙门菌检测方法》《GB/T 14926.3—2001 实验动物 耶尔森菌检测方法》《GB/T 14926.4—2001 实验动物 皮肤病原真菌检测方法》《GB/T 14926.5—2001 实验动物 多杀巴斯德杆菌检测方法》《GB/T 14926.6—2001 实验动物 支气管鲍特杆菌检测方法》《GB/T 14926.8—2001 实验动物 支原体检测方法》《GB/T 14926.9—2001 实验动物 鼠棒状杆菌检测方法》《GB/T 14926.10—2008 实验动物 泰泽病原体检测方法》《GB/T 14926.11—2001 实验动物 大肠埃希菌0115a，c：K（B）检测方法》《GB/T 14926.12—2001 实验动物 嗜肺巴斯德杆菌检测方法》《GB/T 14926.13—2001 实验动物 肺炎克雷伯杆菌检测方法》《GB/T 14926.14—2001 实验动物 金黄色葡萄球菌检测方法》《GB/T 14926.15—2001 实验动物 肺炎链球菌检测方法》《GB/T 14926.16—2001 实验动物 乙型溶血性链球菌检测方法》《GB/T 14926.17—2001 实验动物 绿脓杆菌检测方法》《GB/T 14926.18—2001 实验动物 淋巴细胞脉络丛脑膜炎病毒检测方法》《GB/T 14926.19—2001 实验动物 汉坦病毒检测方法》《GB/T 14926.20—2001 实验动物 鼠痘病毒检测方法》《GB/T 14926.21—2008 实验动物 兔出血症病毒检测方法》《GB/T 14926.22—2001 实验动物 小鼠肝炎病毒检测方法》《GB/T 14926.23—2001 实验动物 仙台病毒检测方法》《GB/T 14926.24—2001 实验动物 小鼠肺炎病毒检测方法》《GB/T 14926.25—2001 实验动物 呼肠孤病毒Ⅲ型检测方法》《GB/T 14926.26—2001 实验动物 小鼠脑脊髓炎病毒检测方法》《GB/T 14926.27—2001 实验动物 小鼠腺病毒检测方法》《GB/T 14926.28—2001 实验动物 小鼠细小病毒检测方法》《GB/T 14926.29—2001 实验动物 多瘤病毒检测方法》《GB/T 14926.30—2001 实验动物 兔轮状病毒检测方法》《GB/T 14926.31—2001 实验动物 大鼠细小病毒（KRV和H-1株）检测方法》《GB/T 14926.32—2001 实验动物 大鼠冠状病毒/延泪腺炎病毒检测方法》《GB/T 14926.41—2001 实验动物 无菌动物生活环境及粪便标本的检测方法》《GB/T 14926.42—2001 实验动物 细菌学检测 标本采集》《GB/T 14926.43—2001 实验动物 细菌学检测 染色法、培养基和试剂》《GB/T 14926.44—2001 实验动物 念珠状链杆菌检测方法》《GB/T 14926.45—2001 实验动物 布鲁氏菌检测方法》《GB/T 14926.46—2008 实验动物 钩端螺旋体检测方法》《GB/T 14926.47—2008 实验动物 志贺菌检测方法》《GB/T 14926.48—2001 实验动物 结核分枝杆菌检测方法》《GB/T 14926.49—2001 实验动物 空肠弯曲杆菌检测方法》《GB/T 14926.50—2001 实验动物 酶联免疫吸附试验》《GB/T 14926.51—2001 实验动物 免疫酶试验》《GB/T 14926.52—2001 实验动物 免疫荧光试验》《GB/T 14926.53—2001 实验动物 血凝试验》《GB/T 14926.54—2001 实验动物 血凝抑制试验》《GB/T 14926.55—2001 实验动物 免疫酶组织化学法》《GB/T 14926.56—2008 实验动物 狂犬病病毒检测方法》《GB/T 14926.57—2008 实验动物 犬细小病毒检测方法》《GB/T 14926.58—2008 实验动物 传染性犬肝炎病毒检测方法》《GB/T 14926.59—2001 实验动物 犬瘟热病毒检测方法》《GB/T 14926.60—2001 实验动物 猕猴疱疹病毒Ⅰ型（B病毒）检测方法》《GB/T 14926.61—2001 实验动物 猴逆转D型病毒检测方法》《GB/T 14926.62—2001 实验动物 猴免疫缺陷病毒检测方法》《GB/T 14926.63—2001 实验动物 猴T淋巴细胞趋向性病毒Ⅰ型检测方法》《GB/T 14926.64—2001 实验动物 猴痘病毒检测方法》。

5. 检测所需仪器设备

（1）负压屏障环境动物实验室及 IVC 笼具，供动物取材使用。

（2）主要仪器设备：超净工作台、隔水式电热恒温培养箱、细菌培养箱、二氧化碳培养箱、烘箱、生物光学显微镜、电子显微镜及配套设备、离心机、组织匀浆机、超声波破碎仪、紫外分光光度计、凝胶成像系统仪、蛋白电泳仪、PCR 仪、倒置显微镜、低温冰箱等。

6. 检测规则

1）检测频率。

（1）普通级动物：每 3 个月至少检测动物 1 次。

（2）SPF 级动物：每 3 个月至少检测动物 1 次。

（3）无菌级动物：每年检测动物 1 次。每 2 至 4 周检查 1 次动物的生活环境标本和粪便标本。

2）取样要求。

（1）应选择成年动物用于检测。

（2）取样数量：在每个小鼠、大鼠、地鼠、豚鼠和兔的生产繁殖单元，以及每个犬、猴生产繁殖群体中，根据动物的多少取样。取样数量见表 19－4。

表 19－4　实验动物不同生产繁殖单元取样数量

群体大小/只	取样数量*/只
<100	不少于 5
100～500	不少于 10
>500	不少于 20

注：* 每个隔离器检测 2 只。

3）取样、送检。

（1）应在每一个生产繁殖单元的不同方位（如四角和中央）选取动物。

（2）动物送检容器应按动物级别要求编号和标识，无菌包装好，安全送达实验室，并附送检单，写明动物品种品系、等级、数量和检测项目。

（3）无特殊要求时，兔、犬和猴的活体取样，可在生产繁殖单元进行。

4）检测项目的分类。

（1）必须检测项目：指在进行实验动物质量评价时必须检测的项目。

（2）必要时检测项目：指从国外引进实验动物时，怀疑有本病流行时，申请实验动物生产许可证和实验动物质量合格证时必须检测的项目。

5）结果判定。在检测的各等级动物中，如果有某项指标不符合该等级标准指标要求，则判为不符合该等级标准。

6）报告。根据检测结果，出具报告。

第四节　营养学检测

饲料对实验动物机体生长、发育、繁殖、健康及实验结果存在明显的影响。充足均衡的营养保证了实验动物的健康，而健康的实验动物才能确保动物实验的结果可靠。实验动物饲料的检测对于保证实验动物质量很有帮助。

一、实验动物饲料检测指标

本书第七章“实验动物营养学”中将营养物质概括为七大类，即蛋白质、脂肪、碳水化合物、矿物质、维生素、纤维素和水。本书第十六章“实验动物饲料营养和生产”中提出，饲料的检测是实验动物饲料质量管理必不可少的一个重要环节和手段，生产单位应当设置检验化验室，定期对产品和原料进行抽样检测，通过外观、营养成分和有毒有害物质含量三方面的分析和检测，对饲料的品质进行评定。

（一）实验动物饲料的国家标准和国家检测标准

1．实验动物饲料国家标准

属于实验动物饲料国家标准有3项：《GB/T 14924.1—2001 实验动物　配合饲料通用质量标准》《GB/T 14924.2—2001 实验动物　配合饲料卫生标准》《GB/T 14924.3—2010 实验动物　配合饲料营养成分》。

2．实验动物饲料国家检测标准

属于实验动物饲料国家检测标准有4项，分别对饲料营养成分、氨基酸、维生素、矿物质和微量元素的检测做出了规定：《GB/T 14924.9—2001 实验动物　配合饲料　常规营养成分的测定》《GB/T 14924.10—2008 实验动物　配合饲料　氨基酸的测定》《GB/T 14924.11—2001 实验动物　配合饲料　维生素的测定》《GB/T 14924.12—2001 实验动物　配合饲料　矿物质和微量元素的测定》。

（二）实验动物饲料的检测

实验动物饲料的检测包括外观检验、营养成分测定和饲料卫生指标的测定三方面内容。

1．外观检验

外观检验是对饲料的色泽、气味、杂质情况等指标，以及对饲料的新鲜度、均匀度、含水量进行直观判断。

2．营养成分测定

营养成分测定是按照国家实验动物饲料营养标准所规定的养分含量及分析方法，对产品的营养成分和混合均匀度进行检测。检测项目含各种营养成分（水分和其他挥发性物质、粗蛋白、粗脂肪、粗纤维、粗灰分、钙、总磷）、各种氨基酸（赖氨酸、蛋氨酸＋胱氨酸、精氨酸、组氨酸、色氨酸、苯丙氨酸＋酪氨酸、苏氨酸、亮氨酸、异亮氨酸、缬氨酸）、各种维生素（维生素 B_1、维生素 B_2、维生素 B_6、泛酸、叶酸、生物素、维生素 B_{12}、胆碱、维生素C）、各种矿物质和微量元素（镁、钾、钠、铁、锰、铜、锌、碘、硒）。

营养成分测定的各项指标详见表19－5至表19－8。

表19－5　配合饲料常规营养成分指标（每千克饲粮含量）

指标	小鼠、大鼠		豚鼠		地鼠		兔		犬		猴	
	维持饲料	生长、繁殖饲料	维持饲料	生长、繁殖饲料	维持饲料	生长、繁殖饲料	维持饲料	生长、繁殖饲料	维持饲料	生长、繁殖饲料	维持饲料	生长、繁殖饲料
水分和其他挥发性物质/g	≤100	≤100	≤110	≤110	≤100	≤100	≤110	≤110	≤100	≤100	≤100	≤100
粗蛋白/g	≥180	≥200	≥170	≥200	≥200	≥220	≥140	≥170	≥200	≥260	≥160	≥210
粗脂肪/g	≥40	≥40	≥30	≥30	≥30	≥30	≥30	≥30	≥45	≥75	≥40	≥50

续表 19－5

指标	小鼠、大鼠		豚鼠		地鼠		兔		犬		猴	
	维持饲料	生长、繁殖饲料	维持饲料	生长、繁殖饲料	维持饲料	生长、繁殖饲料	维持饲料	生长、繁殖饲料	维持饲料	生长、繁殖饲料	维持饲料	生长、繁殖饲料
粗纤维/g	≤50	≤50	100～150	100～150	≤60	≤60	100～150	100～150	≤40	≤30	≤40	≤40
粗灰分/g	≤80	≤80	≤90	≤90	≤80	≤80	≤90	≤90	≤90	≤90	≤70	≤70
钙/g	10～18	10～18	10～15	10～15	10～18	10～18	10～15	10～15	7～10	10～15	8～12	10～14
总磷/g	6～12	6～12	5～8	5～8	6～12	6～12	5～8	5～8	5～8	8～12	6～8	7～10
钙:总磷	1.2:1～1.7:1	1.2:1～1.7:1	1.3:1～2.0:1	1.3:1～2.0:1	1.2:1～1.7:1	1.2:1～1.7:1	1.3:1～2.0:1	1.3:1～2.0:1	1.2:1～1.4:1	1.2:1～1.4:1	1.2:1～1.5:1	1.2:1～1.5:1

表 19－6　配合饲料氨基酸指标（每千克饲粮含量）

指标	小鼠、大鼠		豚鼠		地鼠		兔		犬		猴	
	维持饲料	生长、繁殖饲料	维持饲料	生长、繁殖饲料	维持饲料	生长、繁殖饲料	维持饲料	生长、繁殖饲料	维持饲料	生长、繁殖饲料	维持饲料	生长、繁殖饲料
赖氨酸/g	≥8.2	≥13.2	≥7.5	≥8.5	≥11.8	≥13.2	≥7.0	≥8.0	≥7.1	≥11.1	≥8.5	≥12.0
蛋氨酸+胱氨酸/g	≥5.3	≥7.8	≥5.4	≥6.8	≥7.0	≥7.8	≥5.0	≥6.0	≥5.4	≥7.2	≥6.0	≥7.9
精氨酸/g	≥9.9	≥11.0	≥8.0	≥10.0	≥11.3	≥13.8	≥7.0	≥8.0	≥6.9	≥13.5	≥9.9	≥12.9
组氨酸/g	≥4.0	≥5.5	≥3.4	≥4.0	≥4.5	≥5.5	≥3.0	≥3.5	≥2.5	≥4.8	≥4.4	≥4.8
色氨酸/g	≥1.9	≥2.5	≥2.4	≥2.8	≥2.5	≥2.9	≥2.2	≥2.7	≥2.1	≥2.3	≥2.3	≥2.7
苯丙氨酸+酪氨酸/g	≥11.0	≥13.0	≥12.0	≥15.0	≥12.7	≥17.3	≥11.0	≥13.0	≥10.0	≥15.6	≥13.1	≥15.4
苏氨酸/g	≥6.5	≥8.8	≥6.5	≥7.5	≥8.0	≥8.8	≥5.6	≥6.5	≥6.5	≥7.8	≥6.3	≥7.9
亮氨酸/g	≥14.4	≥17.6	≥12.5	≥13.5	≥15.0	≥17.6	≥11.5	≥13.0	≥8.1	≥16.0	≥13.5	≥15.9
异亮氨酸/g	≥7.0	≥10.3	≥7.2	≥8.0	≥10.3	≥11.8	≥6.0	≥7.2	≥5.0	≥7.9	≥7.2	≥8.2
缬氨酸/g	≥8.4	≥11.7	≥8.0	≥9.3	≥10.5	≥11.2	≥7.5	≥8.3	≥5.4	≥10.4	≥9.0	≥10.9

表 19－7　配合饲料维生素指标（每千克饲粮含量）

指标	小鼠、大鼠		豚鼠		地鼠		兔		犬		猴	
	维持饲料	生长、繁殖饲料	维持饲料	生长、繁殖饲料	维持饲料	生长、繁殖饲料	维持饲料	生长、繁殖饲料	维持饲料	生长、繁殖饲料	维持饲料	生长、繁殖饲料
维生素 A/IU	≥7 000	≥14 000	≥7 500	≥12 500	≥10 000	≥14 000	≥6 000	≥12 500	≥8 000	≥10 000	≥10 000	≥15 000
维生素 D/IU	≥800	≥1 500	≥700	≥1 250	≥2 000	≥2 400	≥700	≥1 250	≥2 000	≥2 000	≥2 200	≥2 200
维生素 E/IU	≥60	≥120	≥50	≥70	≥100	≥120	≥50	≥70	≥40	≥50	≥55	≥55
维生素 K/mg	≥3.0	≥5.0	≥0.3	≥0.4	≥3.0	≥5.0	≥0.3	≥0.4	≥0.1	≥0.9	≥1.0	≥1.0
维生素 B_1/mg	≥8	≥13	≥7	≥10	≥8	≥13	≥7	≥10	≥6	≥13	≥4	≥16
维生素 B_2/mg	≥10	≥12	≥8	≥15	≥10	≥12	≥8	≥15	≥4	≥5	≥5	≥16
维生素 B_6/mg	≥6	≥12	≥6	≥9	≥6	≥12	≥6	≥9	≥5	≥6	≥5	≥13
烟酸/mg	≥45	≥60	≥40	≥55	≥45	≥60	≥40	≥55	≥50	≥50	≥50	≥60
泛酸/mg	≥17	≥24	≥12	≥19	≥17	≥24	≥12	≥19	≥9	≥27	≥13	≥42
叶酸/mg	≥4.00	≥6.00	≥1.00	≥3.00	≥4.00	≥6.00	≥1.00	≥3.00	≥0.16	≥1.00	≥0.20	≥2.00
生物素/mg	≥0.10	≥0.20	≥0.20	≥0.45	≥0.10	≥0.20	≥0.20	≥0.45	≥0.20	≥0.20	≥0.10	≥0.40
维生素 B_{12}/mg	≥0.020	≥0.022	≥0.020	≥0.030	≥0.020	≥0.022	≥0.020	≥0.030	≥0.030	≥0.068	≥0.030	≥0.050
胆碱/mg	≥1 250	≥1 250	≥1 000	≥1 200	≥1 250	≥1 250	≥1 000	≥1 200	≥1 400	≥2 000	≥1 300	≥1 500
维生素 C/mg	—	—	≥1 500	≥1 800	—	—	—	—	—	—	≥1 700	≥2 000

注：配合饲料维生素含量最高上限为下限值的2倍。

表 19－8　配合饲料常量矿物质和微量矿物质指标（每千克饲粮含量）

指标	小鼠、大鼠		豚鼠		地鼠		兔		犬		猴	
	维持饲料	生长、繁殖饲料	维持饲料	生长、繁殖饲料	维持饲料	生长、繁殖饲料	维持饲料	生长、繁殖饲料	维持饲料	生长、繁殖饲料	维持饲料	生长、繁殖饲料
镁/g	≥2.0	≥2.0	≥2.0	≥3.0	≥2.0	≥2.0	≥2.0	≥3.0	≥1.5	≥2.0	≥1.0	≥1.5
钾/g	≥5	≥5	≥6	≥10	≥5	≥5	≥6	≥10	≥5	≥7	≥7	≥8
钠/g	≥2.0	≥2.0	≥2.0	≥3.0	≥2.0	≥2.0	≥2.0	≥3.0	≥3.9	≥4.4	≥3.0	≥4.0
铁/mg	≥100	≥120	≥100	≥150	≥100	≥120	≥100	≥150	≥150	≥250	≥120	≥180
锰/mg	≥75	≥75	≥40	≥60	≥75	≥75	≥40	≥60	≥40	≥60	≥40	≥60
铜/mg	≥10	≥10	≥9	≥14	≥10	≥10	≥9	≥14	≥12	≥14	≥13	≥16
锌/mg	≥30	≥30	≥50	≥60	≥30	≥30	≥50	≥60	≥50	≥60	≥110	≥140
碘/mg	≥0.5	≥0.5	≥0.4	≥1.1	≥0.5	≥0.5	≥0.4	≥1.1	≥1.4	≥1.7	≥0.5	≥0.8
硒/mg	0.1～0.2	0.1～0.2	0.1～0.2	0.1～0.2	0.1～0.2	0.1～0.2	0.1～0.2	0.1～0.2	0.1～0.2	0.1～0.2	0.1～0.2	0.1～0.2

注：配合饲料矿物质含量最高上限为下限值的2倍。

3. 饲料卫生指标的测定

饲料卫生指标的测定是指定期对饲料产品的原料按国家标准限定的有毒有害物质含量和检测方法进行检测。其中：

（1）规定饲料检测的化学污染物（砷、铅、镉、汞、六六六、滴滴涕、黄曲霉毒素 B_1）指标。

（2）规定饲料检测的微生物［菌落总数、大肠菌群、霉菌和酵母数、致病菌（沙门菌）］指标。SPF 级及以上级别动物饲料应经过高压消毒灭菌处理。

对饲料消毒仅仅可以抑制或杀灭物体中的病原微生物，而应用最广泛的、最有效的高压蒸汽灭菌法则可以达到杀灭饲料中病原微生物及其芽孢的效果。高压蒸汽灭菌压力达 103.4 kPa，灭菌温度为 121.3 ℃，该灭菌条件对饲料的灭菌效果最佳。

实验动物饲料化学污染物和微生物指标见表 19－9 和表 19－10。

表 19－9　饲料中化学污染物指标

项　　目	指　　标
砷/(mg/kg)	≤0.7
铅/(mg/kg)	≤1.0
镉/(mg/kg)	≤0.2
汞/(mg/kg)	≤0.02
六氯环己烷（六六六）/(mg/kg)	≤0.3
双对氯苯基三氯乙烷（滴滴涕）/(mg/kg)	≤0.2
黄曲霉毒素 B_1/(μg/kg)	≤20.0

表 19－10　饲料中化学污染物指标

项　　目	动物种类					
	小鼠、大鼠	兔	豚鼠	地鼠	犬	猴
菌落总数/(CFU/g)	$\leq 5\times10^1$	$\leq 1\times10^5$	$\leq 1\times10^5$	$\leq 1\times10^5$	$\leq 5\times10^4$	$\leq 5\times10^4$
大肠菌群/(MPN・100g)	≤30	≤90	≤90	≤90	≤30	≤30
霉菌和酵母数/(CFU・g)	≤100	≤100	≤100	≤100	≤100	≤100
致病菌（沙门菌）	不得检出					

第五节　环境设施检测

一、实验动物环境检测指标

本书第六章“实验动物环境生态学”中，将实验动物环境分为普通环境、屏障环境和隔离环境。第六章的表 6－4“普通环境指标”和表 6－5“屏障环境指标”、表 6－7“隔离环境指标”列出了不同等级环境设施和不同等级动物的环境技术指标。其中普通环境的检测指标有 9 项，屏障环境和隔离环境的检测指标有 12 项。

普通环境的环境检测指标有 9 项：温度、最大日温差、相对湿度、最小换气次数、动物笼具周边处气流速度、氨浓度、噪声、照度、昼夜明暗交替时间。

屏障环境和隔离环境的环境检测指标有12项：在普通环境9项检测指标的基础上（温度、最大日温差、相对湿度、最小换气次数、动物笼具周边处气流速度、氨浓度、噪声、照度、昼夜明暗交替时间），增加以下3项环境检测指标：相通区域的最小静压差（或隔离设备内外的静压差）、空气洁净度、沉降菌平均浓度。

二、影响实验动物环境的因素

本书第六章“实验动物环境生态学”第二节中列出了影响实验动物环境的因素，包括气候因素（温度、湿度、气流和风速）、理化因素（光照、噪声、粉尘、有害气体和杀虫剂、消毒剂）、生物因素（微生物、社会因素、饲养密度）。现对部分影响实验动物环境的因素加以举例。

气流速度：气流速度异常主要通过影响动物的神经系统来危及动物的健康。

湿度：国家标准中小鼠房的湿度是40%～70%，这指的是小鼠房的相对湿度。湿度过高对动物的影响如下：小鼠过敏性休克的死亡率随湿度增加而明显升高；温度为21 ℃时，发现动物鼻腔内细菌数在湿度为25%～30%时数量最小，85%～90%时最多；动物室空气中的细菌数与氨气浓度在湿度高的情况下增高；小鼠的仙台病毒在高湿环境下发病率高。

光照：光照对动物的生殖影响很大，其关键在于每日光照的明暗周期；光照能控制垂体中促性腺激素和肾上腺皮质激素的分泌。

落下菌数（沉降菌）和尘粒数：实验动物设施环境指标中，广义的空气洁净度包括落下菌数（沉降菌）和尘粒数等两项。

三、实验动物环境设施的检测

（一）环境设施检测所需仪器设备

温湿度计、风速计、风量罩、压差表（微压计）、尘埃粒子计数器、超净工作台、细菌培养箱、烘箱、声级计、照度计、大型气泡吸收管、空气采样机、流量计、具塞比色管、分光光度计、基于纳氏试剂比色法的现场氨测定仪。

（二）实验动物环境设施检测标准

按照《GB 14925—2023 实验动物　环境及设施》的附录A至附录I进行实验动物环境设施的检测。附录A至附录I的检测项目包括温湿度、气流速度、换气次数、静压差、空气洁净度、空气沉降菌、噪声、照度、氨气浓度9项。

1．温湿度检测

1）检测条件。应在设施竣工空调系统运转24小时后或设施正常运行之中进行检测。

2）检测仪器。检测仪器应采用标准水银干湿温度计及热敏电阻式数字型温湿度测定仪，其中温度测量的分辨率应在0.1 ℃以上，相对湿度测量的分辨率应在1%以上。

3）检测方法。

（1）检测时，应根据设施设计要求的空调和洁净等级确定动物饲育区及实验工作区，并在区内布置测点。一般饲育室应选择动物笼具放置区域范围为动物饲育区。

（2）测点应为房间中间一点，并应在温湿度读数稳定后记录。

2．气流速度检测

1）检测条件。应在设施竣工空调系统运转24小时后或设施正常运行之中进行检测，系统在设计状态下运行。

2）检测仪器。检测仪器为分辨率在0.05 m/s以上的热球式电风速计等。

3）检测方法。

（1）应根据设计要求和使用目的确定动物饲育区与实验工作区，并在区内布置测点。

（2）一般空调房间应选择放置在实验动物笼具处的具有代表性的位置布点。对于安装好的动物笼具，应在笼具周边0.1 m位置点，且间距不应大于0.2 m，具体方法按照《GB 50447—2008 实验动物设施建筑技术规范》。尚无安装笼具时，在离围护结构0.5 m，离地高度1.0 m及室内中心位置布点。

（3）每个测点的数据应在测试仪器稳定运行条件下检测并读取。

（4）结果计算。应取各检测点平均值，并根据各检测点各次检测值判定室内气流速度变动范围及稳定状态。

3. 换气次数检测

1）检测条件。应在设施竣工空调系统运转24小时后或设施正常运行之中进行检测，系统在设计状态下运行。

2）检测仪器。检测仪器为分辨率在0.05 m/s以上的热球式电风速计，或分辨率在1 m^3/h以上的风量罩。

3）检测方法。

（1）应通过检测送风口风量及室内体积来计算换气次数。

（2）对于非单向流洁净室，检测送风口风量应采用套管法、风量罩法或风管法（直接在风管上开检测孔，在管内检测），检测新风口风量应采用风口法（直接在紧邻风口的截面上多点检测）。

（3）选用带流量计的风量罩法时，应直接得出风量。风量罩面积应接近风口面积，检测时应将风量罩口完全罩住风口，风量罩截面应与风口对中，风量罩边与接触面应严密无泄漏。

4）结果计算。

采用风速计时，风量应按下式计算：

$$Q = 3\,600\ Sv$$

式中：Q 为所求换气量，单位为立方米每小时（m^3/h）；

S 为有效横截面积，单位为平方米（m^2）；

v 为平均风速，单位为米每秒（m/s）。

换气次数应按下式计算：

$$n = Q_0/V$$

式中：n 为换气次数，单位为次每小时（次/小时）；

Q_0 为送风量，单位为立方米每小时（m^3/h）；

V 为室内容积，单位为立方米（m^3）。

4. 静压差检测

1）检测条件。应在设施竣工空调系统运转24小时后或设施正常运行之中检测，所有房间的门应关闭。

2）检测仪器。检测仪器应为分辨率在1.0 Pa以上的微压计。

3）检测方法。

（1）应从平面上最里面的房间依次向外检测相邻相通房间的压差，直至测出洁净区与非洁净区、室外环境（或向室外开口的房间）之间的压差。

（2）每个测点的数据应在设施与仪器稳定运行的条件下读取。

5. 空气洁净度检测

1）检测条件。应在设施竣工空调系统运转24小时后或设施正常运行之中进行检测，所有房间应提前清洁，室内检测人员不应超过2人。

2）检测仪器。检测仪器为最小采样粒径小于或等于0.3 μm，最小采样量大于或等于2.83 L/min的尘埃粒子计数器。

3）检测方法。

（1）检测仪器应充分预热，采样管应干净，连接处不应渗漏。

（2）采样管长度应为仪器的允许长度，当无规定时，不宜大于 1.5 m。

（3）检测人员应在采样口的下风侧。

（4）应在实验动物饲育区内或动物实验区，选择有代表性测点的气流上风向进行检测。

4）测点布置。

（1）测点数量应按照表 19－11 选择，测点应均匀分布。

表 19－11　检测点数

房间面积小于或等于/m^2	最少测点	房间面积小于或等于/m^2	最少测点
2	1	76	15
4	2	104	16
6	3	108	17
8	4	116	18
10	5	148	19
24	6	156	20
28	7	192	21
32	8	232	22
36	9	276	23
52	10	352	24
56	11	436	25
64	12	636	26
68	13	1 000	27
72	14	>1 000	按式（E.1）

（2）当面积大于 1 000 m^2时，应按下式计算最少测点数量：

$$N_L = 27 \times \frac{A}{1\ 000}$$

式中：N_L为最少测点数量，应向上进位到整数；

A 为房间面积，单位为平方米（m^2）。

5）每点最小采样量。5 级洁净实验动物环境（设施）要求每个测点采样量不应小于 24.1 L，7 级不应小于 6.9 L。

6）结果计算。应在读数基本稳定时记录。当单个测点采样次数多于 1 次时，应计算平均值作为单点检测结果。每个测点检测结果均不应超过标准值为合格。

6. 空气沉降菌检测

1）检测条件。应在设施竣工空调系统运转 24 小时后或设施正常运行之中进行检测。检测前，设施应进行表面擦拭消毒灭菌。

2）检测仪器。应采用直径 90 mm（ϕ90）、灌注通用培养基（如胰酪大豆胨琼脂培养基）的培养皿和 37 ℃恒温箱。

3）检测方法。

（1）每 5～10 m^3 应设置 1 个测定点，并应将培育皿放在地面上或高于地面 0.8 m 的平面上。

（2）每次检测应至少设置 1 个阴性对照皿。

（3）平皿打开后放置 30 分钟，加盖，放于 37 ℃恒温箱培养 48 小时后计算菌落数（个/皿）。

（4）结果计算。计算各培养皿菌落平均值。

7. 噪声检测

1）检测条件。应在设施竣工空调系统运转24小时后或设施正常运行之中进行检测，室内平均噪声和背景噪声之间的差值不应小于3 dB（A）。

2）检测仪器。仪器为分辨率不低于0.1 dB（A）的声级计。

3）检测方法。

（1）测点布置。面积小于或等于10 m^2 的房间，应于房间中心离地1.2 m高度设一个点；面积大于10 m^2 的房间，应在室内离开墙壁反射面1.0 m及中心位置、离地面1.2 m高度布点检测。

（2）实验动物设施内噪声测定以声级计A档为准进行测定。

（3）进行检测时，应测定空调净化系统停止运行后的背景噪声。室内噪声与背景噪声相差大于或等于10 dB（A）时，不修正。相差小于10 dB（A）时，应对测点值进行修正：相差6～9 dB（A）时应减1 dB（A）；相差4～5 dB（A）时应减2 dB（A）；相差3 dB（A）时应减3 dB（A），相差小于3 dB（A）时测定值无效。

4）结果计算。测点超过1个时，取各检测点平均值。

8. 照度检测

实验动物设施内的照度分为工作照度和动物照度两类。

1）检测条件。灯具应具有100小时以上的使用时间，检测前开灯15分钟以上。

2）检测仪器。检测仪器应为分辨率不低于1 lx的便携式照度计。

3）检测方法。

（1）应在实验动物设施内选定几个具有代表性的点测定工作照度，并应距地面0.8 m、离开墙面1.0 m处布置测点。

（2）应关闭工作照度灯，打开动物照度灯，在动物饲养盒笼盖或笼网上测定动物照度。检测时，笼架不同层次和前后均应选点。

4）结果计算。取各检测点平均值。

9. 氨浓度检测

1）检测条件。应在实验动物设施处于正常生产或实验工作状态下进行，垫料更换符合时限要求。

2）检测仪器。

（1）靛酚蓝分光光度计和纳氏试剂分光光度计：大型气泡吸收管、空气采样器、具塞比色管、分光光度计。

（2）直接检测：便携式氨气检测仪。

3）检测方法。实验动物设施环境中氨浓度检测应按照《GB/T 18204.2 公共场所卫生检验方法　第2部分：化学污染物》的规定执行，包括靛酚蓝分光光度计法、纳氏试剂分光光度计法。

采用氨气检测仪直接检测法应取得委托方同意，检测仪应定期校准，现场采样检测布点要求应按《GB/T 18204.2 公共场所卫生检验方法　第2部分：化学污染物》的规定执行。

参考文献

[1] 方喜业，邢瑞昌，贺争鸣. 实验动物质量控制（下册）[M]. 北京：中国标准出版社，2008.

[2] 顾为望，黄韧，潘甜美. 实验动物屏障设施建设与管理 [M]. 西安：陕西科学技术出版社，2002.

[3] 广东省人民代表大会常务委员会. 广东省实验动物管理条例. 2010.

[4] 贺争鸣，李根平，徐平，等. 写在《实验动物管理条例》发布实施三十周年 [J]. 实验动物科学，2018，35（4）：1 - 13.

[5] 江苏省质量技术监督局. 实验动物笼器具　代谢笼：GB 32/T1215—2008 [S/OL]. [2008 - 06 - 20]. https://www.lascn.com/.

[6] 江苏省质量技术监督局. 实验动物笼器具　独立通气笼盒（IVC）：DB 32/T792—2006 [S/OL]. [2008 - 06 - 20]. https://www.lascn.com/.

[7] 江苏省质量技术监督局. 实验动物笼器具　隔离器：DB 32/T1216—2008 [S/OL]. [2006 - 12 - 01]. https://www.lascn.com/.

[8] 江苏省质量技术监督局. 实验动物笼器具　金属笼箱：DB 32/T968—2006 [S/OL]. [2006 - 12 - 01]. https://www.lascn.com/.

[9] 江苏省质量技术监督局. 实验动物笼器具　塑料笼箱：DB 32/T967—2006 [S/OL]. [2006 - 12 - 01]. https://www.lascn.com/.

[10] 江苏省质量技术监督局. 实验动物笼器具　饮水瓶：DB 32/T971—2008 [S/OL]. [2006 - 12 - 01]. https://www.lascn.com/.

[11] 江苏省质量技术监督局. 实验用猪　第 1 部分：环境设施（普通级）：DB 32/T1650.1—2010 [S/OL]. [2010]. https://www.lascn.com/.

[12] 江苏省质量技术监督局. 实验用猪　第 2 部分：配合饲料：DB 32/T1650.2—2008 [S/OL]. [2010]. https://www.lascn.com/.

[13] 江苏省质量技术监督局. 实验用猪　第 3 部分：遗传、微生物和寄生虫控制：DB 32/T1650.3—2008 [S/OL]. [2010]. https://www.lascn.com/.

[14] 科学技术部，财政部. 关于发布国家科技资源共享服务平台优化调整名单的通知：国科发基〔2019〕194 号 [EB/ OL].（2019 - 06 - 11）[2021 - 02 - 10]. http：//www.gov.cn/xinwen/2019 - 06/11/content_5399105.htm.

[15] 李根平，陈振文，孙德明，等. 初级动物实验专业技术人员考试参考教材 [M]. 北京：中国农业大学出版社，2011.

[16] 李根平，陈振文，郑振辉，等. 中级动物实验专业技术人员考试参考教材 [M]. 北京：中国农业大学出版社，2011.

[17] 李根平，邵军石，李学勇，等. 实验动物管理与使用手册 [M]. 北京：中国农业大学出版社，2010.

[18] 李根平，郑振辉，孙德明，等. 初级实验动物专业技术人员考试参考教材 [M]. 北京：中国农业大学出版社，2011.

[19] 萨仁娜. 简明饲料配方手册 [M]. 北京：中国农业出版社，2002.

[20] 山内忠平. 实验动物的环境与管理 [M]. 沈德余，译. 上海：上海科学普及出版社，1989.

[21] 孙德明，李根平，陈振文，等. 实验动物从业人员上岗培训教材 [M]. 北京：中国农业大学出版社，2011.

[22] 孙靖. 实验动物学基础 [M]. 北京：北京科学技术出版社，2005.

[23] 王阴槐，高虹. 悉生动物简介 [J]. 实验动物科学与管理，1999，16 (3)：32 - 37.

[24] 魏世辉，王志军. 眼科实验动物学 [M]. 北京：人民军医出版社，2010.

[25] 夏咸柱，秦川，钱军. 实验动物科学技术与产业发展战略研究 [M]. 北京：科学出版社，2016.

[26] 许钟麟. 洁净室设计 [M]. 北京：地震出版社，1994.

[27] 袁伯俊，王治乔. 新药临床前安全性评价与实践 [M]. 北京：军事医学科学出版社，1997.

[28] 张宗兴，祁建成，吕京，等. 实验动物隔离器现场评研究价方法. 中国卫生工程学 [J]. 2015，14 (1)：3 - 7.

[29] 郑振辉，李根平，陈振文，等. 中级实验动物专业技术人员考试参考教材 [M]. 北京：中国农业大学出版社，2011.

[30] 中国建筑工业出版社. 现行建筑设计规范大全 [M]. 北京：中国建筑工业出版社，1985.

[31] 中华人民共和国国家质量监督检验检疫总局，中国国家标准化管理委员会. 实验动物 环境及设施：GB 14925—2023 [S/OL]. [2023 - 11 - 27]. https://www.lascn.com/.

[32] 中华人民共和国国家质量监督检验检疫总局，中国国家标准化管理委员会. 实验动物 配合饲料营养成分：GB 14924.3—2010 [S/OL]. [2010 - 12 - 23]. https://www.lascn.com/.

[33] 国家市场监督管理局，中国国家标准化管理委员会. 实验动物 微生物、寄生虫等级及监测：GB 14922—2022 [S/OL]. [2022 - 12 - 29]. https://www.lascn.com/.

[34] 国家市场监督管理局，中国国家标准化管理委员会. 实验动物 微遗传质量控制：GB 14923—2022 [S/OL]. [2022 - 12 - 29]. https://www.lascn.com/.

[35] 邹移海，黄韧，连志成，等. 中医实验动物学 [M]. 广州：暨南大学出版社，1999.

[36] 邹移海，徐志伟，黄韧，等. 实验动物学 [M]. 2 版. 北京：科学出版社，2012.

附 录 实验动物及相关产品供应单位名录

广东省实验动物管理和监督检测机构信息表

单位名称	广东省科学技术厅
地址	广东省广州市连新路171号
邮政编码	510033
负责与实验动物相关的管理工作	负责广东省实验动物管理工作
实验动物管理工作具体内容	承办实验动物的生产和使用许可核准工作
具体管理部门	实验室与平台基础处
联系人	谢一心
联系电话	020-83163650
电子邮箱	skjt_sysc@gd.gov.cn
传真	83163912
广东省科学技术厅网上办理系统	http://gdstc.gd.gov.cn/

单位名称	广东省实验动物监测所
地址	广东省广州市科学城风信路11号
邮政编码	510663
网址	http://www.gdlami.com/
实验动物行政许可申请	广东政务服务网广东省科学技术厅网上服务窗口进行在线填写表单及提交材料
网址	http://www.gdzwfw.gov.cn/portal/branch-hall?orgCode=006939801
联系人	邓少嫦
许可证咨询电话	020-84106805，020-84106828
电子邮箱	skjt_sysc@gd.gov.cn
实验动物监督和检验测试工作	负责广东省实验动物和动物实验的质量技术监督和检验测试工作
联系人	闵凡贵
咨询检测电话	020-84106820
其他服务项目：AAALAC认证机构和CNAS认证机构，具备正压屏障环境（大鼠、小鼠、豚鼠、兔实验）、负压屏障环境（限实验动物国标中规定的微生物和寄生虫检测）、普通环境（犬、猴、兔实验），许可证号SYXK（粤）2012-0122。 可以开展实验动物检测、动物实验服务、生物毒性评价、检测新技术研究、心血管疾病动物模型研究、小型猪研究	

部分实验动物（含相关产品）生产及动物实验单位信息表

单位名称	广州中医药大学大学实验动物中心（大学城）
地址	广东省广州市番禺区大学城外环东路232号
邮政编码	510006
联系人	符路娣
联系电话	020－39358525
手机	13535213339
邮箱	fuludi123@163.com
网址	http://www.gzucm.edu.cn
生产许可证号	SCXK（粤）2019－0047
生产动物名称	SPF级：小鼠、大鼠
使用许可证号	SYXK（粤）2018－0085
动物实验项目	屏障环境（大鼠、小鼠），普通环境（豚鼠、兔）

单位名称	华南农业大学实验动物中心
地址	广东省广州五山华南农业大学
邮政编码	510642
联系人	余文兰
联系电话	020－38617467－801
手机	13560318952
邮箱	315817345@qq.com
网址	http://web.scou.cdu.cn
生产许可证	SCXK（粤）2022－0048
生产动物名称	SPF级：小鼠、大鼠
使用许可证号	SYXK（粤）2022－0136等
动物实验项目	普通环境（豚鼠、兔、犬、猪），屏障环境（大鼠、小鼠、鸡）

单位名称	广州市花都区花东信华实验动物养殖场
地址	广东省广州市花都区花东镇四联村
邮政编码	510897
联系人	刘宝华
联系电话	13922355711
手机	13922355711
邮箱	liubaohua－75@163.com
生产许可证号	SCXK（粤）2019－0023
生产动物名称	普通级：豚鼠、新西兰兔
其他服务项目：提供实验动物托管服务，承接大鼠、小鼠、家兔、豚鼠、犬等动物实验，提供动物实验操作、动物实验室设计、动物及环境设施检测等技术咨询服务	

单位名称	广州市金科净化技术有限公司
地址	广东省广州市越华路116/609室
邮政编码	510034
联系人	翁卫平
联系电话	020－83377337
手机	13302200235
邮箱	jinkejinghua@163.com
网址	http://www.gzgoldence.com
其他服务项目：专业设计、制造、安装实验动物设施	

单位名称	中山大学实验动物中心
地址	广东省广州市番禺区广州大学城外环东路132号中山大学东校区
	广东省广州市越秀区中山二路74号中山大学北校区
邮政编码	510006
联系电话	020－39943341，020－87330983
网址	http://www.sysu.cdu.cn
生产许可证号	SCXK（粤）2021－0029
生产动物名称	SPF级：小鼠、大鼠
使用许可证号	SYXK（粤）2021－0112等
动物实验项目	普通环境（豚鼠、兔、犬），屏障环境（大鼠、小鼠）
其他服务项目：细胞体外实验、实验动物临床病理检测服务等	